软件开发微视频讲解大系

Oracle 数据库管理
从入门到精通

（微课视频版，适用于实战和 OCP 认证）

何　明　编著

中国水利水电出版社
www.waterpub.com.cn

·北京·

内 容 提 要

《Oracle 数据库管理从入门到精通》是一本**覆盖 OCP** 认证内容、带有视频讲解、浅显易懂、幽默风趣、实例**丰富、可操作性**很强的 Oracle DBA（Oracle 数据管理员）入门用书，适用于 **Oracle 12c**、**Oracle 11g**、**Oracle 10g**、**Oracle 9i** 等多个版本。

《Oracle 数据库管理从入门到精通》全书分为 25 章，内容有：Oracle 的安装及相关配置，Oracle 的体系结构，数据库管理工具，Oracle 实例的管理，数据字典和控制文件，重做日志文件，表空间和数据文件的管理，存储结构和它们之间的关系，管理还原数据，创建数据库，表管理与维护，索引的管理与维护，管理和维护数据完整性，用户及系统资源和安全的管理，管理权限，管理角色，非归档模式下的冷备份和恢复，数据库的归档模式，数据库的联机备份及备份的自动化，归档模式下的数据库恢复，数据的移动，闪回技术、备份恢复与优化，设计、程序及内存的优化，I/O 优化，EM、iSQL*Plus 和数据库自动管理，SQL 语句追踪与优化等。

《Oracle 数据库管理从入门到精通》使用生动而简单的生活实例来解释复杂的计算机和数据库概念，多数概念和例题都给出了商业应用背景，或以故事的形式出现，很多例题不加修改或略加修改后便可用于实际工作中。

《Oracle 数据库管理从入门到精通》适合作为 **Oracle DBA** 的入门用书，也可作为企业内训、社会培训、应用**型高校**的 Oracle 数据库管理教材。

图书在版编目（C I P）数据

Oracle 数据库管理从入门到精通 / 何明编著. --
北京 ： 中国水利水电出版社，2017.11（2020.3重印）
　（软件开发微视频讲解大系）
　ISBN 978-7-5170-5371-2

　Ⅰ. ①O… Ⅱ. ①何… Ⅲ. ①关系数据库系统 Ⅳ.
①TP311.138

中国版本图书馆CIP数据核字（2017）第099150号

丛　书　名	软件开发微视频讲解大系	
书　　　名	Oracle 数据库管理从入门到精通	Oracle SHUJUKU GUANLI CONG RUMEN DAO JINGTONG
作　　　者	何明　编著	
出版发行	中国水利水电出版社	
	（北京市海淀区玉渊潭南路 1 号 D 座　100038）	
	网址：www.waterpub.com.cn	
	E-mail：zhiboshangshu@163.com	
	电话：（010）62572966-2205/2266/2201（营销中心）	
经　　　售	北京科水图书销售中心（零售）	
	电话：（010）88383994、63202643、68545874	
	全国各地新华书店和相关出版物销售网点	
排　　　版	北京智博尚书文化传媒有限公司	
印　　　刷	三河市龙大印装有限公司	
规　　　格	203mm×260mm　16 开本　35.25 印张　828 千字	
版　　　次	2017 年 11 月第 1 版　2020 年 3 月第 5 次印刷	
印　　　数	14001—17000 册	
定　　　价	89.80 元	

前　言

Preface

许多想进入 Oracle 数据库领域的初学者，为了能成为 Oracle 专业人员而投入了大量的金钱、时间和精力，但最终半途而废。其实，他们本来可能会成为优秀的 Oracle 数据库管理员或开发人员，是错误的培训理念、落后的培训方法、糟糕的培训教材和平庸的培训教师使他们误入了歧途，并彻底扼杀了他们在这方面的才华，摧毁了他们的信心。不少培训中心以应试的方式培养了一批又一批的只会纸上谈兵的数据库管理员和开发员。

这种现状是整个中国 IT 培训行业的悲哀。其实，教师这个职业有点像医生，医生把握着病人的生命，教师影响着学生的未来。一个平庸的教师或平庸的教材要浪费许多也可能是成千上万个学生宝贵的资源（时间、金钱和精力），甚至断送一些学生的美好未来。

学习一门手艺实际上也是一种投资（需要投入大量的时间和精力，也包括金钱）。作为一种智力投资，投资者（读者）在投资之前，当然想知道市场的现状和未来的走势。智力投资，要比投资在不动产（如房地产）上灵活，因为投资者可以带着这些无形资产走遍海角天涯。

Oracle 是一个适合于大中型企业的数据库管理系统，其市场占有率是所有的数据库管理系统中最高的，而且在可以预见的将来其霸主地位也是无法动摇的，主要的用户有银行、电信、移动通信、航空、保险、金融、跨国公司和电子商务等。根据 WTO 的有关协议，从 2005 年起，我国在以上多数领域逐年开放市场。随着这些领域外资的大量涌入，对 Oracle 数据库管理员和开发人员的需求也在急剧增加。而在国外 Oracle 数据库管理员和开发人员的工资都相当高，这些公司不可能也没有能力从国外带来大批的 Oracle 从业人员。

回首二十多年的 IT 工作生涯，感触良多，从大学刚毕业开始，从底层的程序员做起一直到写第一本 Oracle 的培训教材为止，算起来有整整一代人的时间了。说句时髦的话是 "二十年磨一剑"；说句不好听的话是 "二十多年还没混个一官半职，还在 IT 工作的第一线与年轻人一起冲锋陷阵也算够 '背' 的了"。

这二十多年，我最大的收获之一就是对 IT 领域特别是 Oracle 数据库领域的深刻领悟。虽然这种领悟对我个人来说已经太晚了（有点像结了婚才知道怎样谈恋爱，大学毕业了才知道怎样念大学似的），但是相信这种领悟以及我个人的一些工作经验和教训会帮助许多读者少走弯路。

IT 领域是变化最快的领域，有不少学者或专家认为平均每两到三年就有 50% 的知识需要更新。回首二十多年的 IT 工作生涯，我发现许多真正核心的东西很多年都没变过。以 Oracle 为例，从大约二十五年前的 **Oracle 7** 到现在的 **Oracle 12c**，其体系结构甚至基本命令几乎没什么变化。之所以许多人认为每次升级变化都很大，是因为第一次学习时就没有完全理解，因此每次升级时都跟学习新的一样。

这本书是我二十多年曲折的 IT 工作经验的结晶，是以一位 Oracle 从业人员的视角来介绍在实际工作中所需的 Oracle 知识和技能，即尽可能地介绍工作中常用的和相对稳定的 Oracle 知识和技能。

现在，许多媒体上都刊登不少莫名其妙的招聘广告，如果有人按照广告上的标准来要求自己，学到退休能达到招聘的要求就不错了。但是又有不少培训中心利用这些招聘广告做宣传，办起了一个又一个培训速成班。为此，本书还介绍了一些 Oracle 行业中鲜为人知的陷阱和误区，从而使读者避免被那些莫

名其妙的招聘广告和一些所谓的"成功人士"的豪言壮语引入歧途。

目前多数培训中心的 Oracle 数据库管理（有的也称为 Oracle 体系结构等）的培训时间为 2～4 天，Oracle 公司为 5 天，每天 6 小时。如果是初学者，想在这么短的时间学会 Oracle 数据库管理应该是"天方夜谭"。在国外，这一部分的培训对于初学者的培训时间一般最少为 4 周（对 SQL 部分的培训时间至少为 3 周），而且硬件和软件环境比我知道的任何一个国内的培训机构都好。例如，绝大多数国外的培训机构都会提供至少一个如 CBT（Computer Based Training）或 Oracle Simulators（模拟器）之类的多媒体模拟环境，但在国内的培训机构中我还没见过。尽管这样，学生还是累得叫苦连天。

在 Oracle 的学习和培训中也要坚持"科学发展观"，即要按科学的规律来进行培训和学习。以 Oracle 公司的 5 天培训为例，这种培训是为已经具有一定 Oracle 实际工作经验的 Oracle 从业人员设计的。Oracle 的这部分《学生指南》（student guide）共两本（Oracle 8 为 3 本），与大学教科书的厚度相当。读者认真想一下就能意识到：即使是小说，在那么短的时间内完全理解也不是一件容易的事，更何况是一门新兴的学科。正如 OCP 证书中所称呼的，Oracle 的 OCP 培训是培训 Oracle 专业人员的，即培养专才的。培养专才需要时间，根本不能速成，更不能立竿见影。专才的培养需要时间、好的教师、好的教材和合适的软硬件环境。

Oracle 系统在业内有"贵族系统"的美名，以其培训和教材之昂贵、课程之难学而闻名。由于中国目前的人均收入与发达国家相比还有一定的差距，虽然许多人知道 Oracle 系统是一个应用很广泛的优秀的数据库管理系统，但面对如此昂贵的学费和难学的高门槛也只得放弃学习了。

本书的目的就是把 Oracle 数据库从高雅的象牙塔中请出来，使它的"贵族"身份"平民"化，是一套普通人能买得起、读得懂的 Oracle 数据库实用教材。

本书是 Oracle 数据库管理的实用教材。虽然它几乎覆盖了 OCP 或 OCA 考试的全部内容，但其重点是实际工作中能力的训练。本书的内容和例题设计由浅入深，为了消除初学者对计算机教材常有的畏惧感，本书把那些难懂而且又不常用的内容尽量放在后面章节，并删除了个别非常难懂而且一般的 Oracle 工作人员都很少听到的内容。根据我多年的 IT 工作和教学经验，一般在某个系统中常用的功能是很少的，相信还不到一半。因为绝大多数难懂的操作可以通过其他操作的组合来实现。

与其他同类书籍相比，本书具有三大特点。第一个特点是，本书并不是一条命令接另一条命令地简单介绍，而是把相关的命令有机地组合在一起来介绍。例如，在执行一条 Oracle 命令之前，先介绍使用什么命令来格式化显示输出以使结果的显示更加清晰；接下来，再介绍使用什么命令来查看当前数据库相关信息；之后，再介绍怎样执行所学的 Oracle 命令；最后，还要介绍使用什么样的方法来验证所执行的命令是否真的成功等。**与其他很多同类书籍不同，书中几乎所有的例题都是完整的，读者只要按照书中的例子操作一定会得到与书中所给的相同（或相似，因为每个数据库系统的配置可能略有不同）的结果。**

第二个特点是，为了消除初学者对 **Oracle** 教材常有的畏惧感，本书并未追求学术上的完美，而是使用生动而简单的生活实例来解释复杂的计算机和数据库概念，避免用计算机的例子来解释计算机和数据库的概念。

第三个特点是，本书是自成体系的，即读者在阅读本书时基本不需要其他的参考书（除了必备的 SQL 知识外，读者可参阅我的另一本 Oracle 入门书——《从实践中学习 Oracle/ SQL》）。

由于以上的设计，本书对学生的计算机专业知识几乎是没有任何要求的。对以前培训学生的跟踪回访表明，这样的设计是合理的。

本书中多数概念和例题都给出了商业应用背景，且许多例题是以场景或故事的形式出现的，同时很多例题及其解决方案是企业中的数据库管理员或数据库开发人员在实际工作中经常遇到或可能遇到的。因此，很多例题不加修改或略加修改后便可应用于实际工作中。

现在，国内的 Oracle 培训有些误入歧途。许多参加培训的学生认为只要交了钱参加了培训课程就可以学会 Oracle，因为不少培训机构就是这样宣传的。培训是一个互动的过程，无论多好的老师、多好的教材都没有办法保证那些不学习的人掌握所讲授的内容。科学已经证明：一个人要想掌握课堂上所学的内容，其所用的时间应该至少为 1：3，即每听一个小时的课至少要用 3 个小时来理解和消化。

因此，希望读者在学习本书之前，最好安装上 Oracle 服务器和设置好实验环境，在阅读本书时，最好把书上的例题在计算机上做一两遍。这些例题是经过仔细筛选的，对读者理解书中的文字解释非常有帮助。本书与 OCP 或 OCA 考试的第二门——Oracle 数据库管理/体系结构的级别相当，但重点放在训练学习者的实际工作能力上。读者在接近完全理解本书内容的基础上，再做一些模拟考试题，通过 OCP 或 OCA 的第二门的考试应该没什么问题了（Oracle 10g 只考一门就可以通过 OCA 认证）。

本书首先教读者设置一个与真实的生产数据库相近的模拟环境，读者通过对这个与真实的生产数据库相近的数据库的操作，可以获得对真实的生产数据库进行维护和管理的实际知识与技能，成为真正的数据库管理员而不是只能说不能干的"纸上数据库管理员"。

为了帮助读者，特别是没有从事过 IT 工作的读者了解商业公司和 Oracle 从业人员的真实面貌，书中设计了一个虚拟人物"金元宝（宝儿）"。利用此人的求职、工作和在事业上的成长过程来帮助读者理解真正的 Oracle 从业人员在商业公司中如何工作，以及公司的 Oracle 数据库系统的现状。

现在，社会上常说的一句话是，"一个项目可以带出一个队伍。"在本书中也设计了一个虚拟的项目。该项目是由某报上的一篇文章引起的，这篇文章的题目是"中国妇女解放运动的先驱——潘金莲"。最初有学者想用科学的方法证明潘金莲到底是不是中国妇女解放运动的先驱。之后，由于民众的热忱空前高涨，参加讨论的人越来越多，争论也越来越激烈。所以作为中国妇女解放运动的先驱的候选人也在不断地增多，最后该项目定名为"寻找中国妇女解放运动的先驱工程"，简称"先驱工程"。

从第 6 章开始，本书的虚拟人物"宝儿"就要为这个浩大的先驱工程创建所需的几乎所有 Oracle 数据库组件，从数据表空间、还原表空间和临时表空间等开始，一直到创建 Oracle 用户为止。宝儿还要对这些组件进行日常管理和维护。通过宝儿在先驱工程工作的过程，读者不仅能掌握相关的 Oracle 操作技能，还能理解 Oracle 从业人员在实际的项目中是如何工作的。

也许有的读者会想："如果我遇上像先驱工程那样没谱的项目，我就不干了。"其实这种想法是错误的。实际上，一个没谱的项目或失败的项目照样可以带出一个好的技术队伍，甚至带出一批专家来。另外，在一个项目开始时又有几个人能高瞻远瞩地知道它的结局呢？一个项目的高科技含量与该项目有没有谱无关。

本书中的人物、项目和公司等都是虚构的，另外，也有不少虚构的故事，在这些故事中使用了不少夸张性的语言，其目的只是增加读者的兴趣。**许多人认为学习 Oracle 数据库管理系统是一件既枯燥又令人生畏的事，希望本书的写法能在枯燥的 Oracle 学习与娱乐之间达到某种程度的平衡，从而不至于使读者在整个的学习过程中神经一直绷得很紧。**

本书是我用心所写。我个人的性格是要么不做，要做就要尽心尽力地做。一个人的精力有限，不可能什么事都做，而且什么事都做得很好（除非在梦中）。所以在写书时也本着宁可不写书，也绝不能写烂书的原则。因为烂书可能要浪费成千上万名读者宝贵的时间，甚至断送一些读者的美好未来，写烂书就像做假药一样等于是在做损。

当读者阅读本书时，可能会发现本书没有指定练习题。这是因为几乎每一章都有很多例题，读者只要把这些例题做上一两遍也就达到了练习的目的。另外，本书在每章的结尾处并未给出思考题，而使用了"您应该掌握的内容"这样的句子。之所以没有使用"思考题"这个词，是为了避免束缚读者的想象力。**使用"您应该掌握的内容"这样无束缚的表述的好处是：当您思考所列出的内容时，只要已经理解它们就可以了，至于如何解释和回答它们已经变得不重要了。**

《从实践中学习 Oracle/SQL》一书出版后，有些读者发来电子邮件，建议在每一章的开始以简短的方式列出这一章的目的或重点，但经过仔细的权衡还是没有加，主要原因是避免增加书的篇幅。如果读者有类似的阅读习惯可以在读一章之前先浏览这一章的目录和该章末尾的"您应该掌握的内容"，就可以清楚这一章要讲的内容了。

如果读者安装和使用过 Oracle 系统，本书第 0 章的大部分内容可以不看。但是对虚拟环境的配置和虚拟人物的介绍最好看一下，这样对理解本书的内容会有所帮助。如果不是数据库管理员而且时间又很紧，本书的第 9 章、第 13～15 章可以暂时不看，因为这些章所介绍的主要是数据库管理员所需的知识和技能。

书作为一种古老的单向交流工具，它的承载能力是很有限的，因此产生二义性几乎是不可避免的。为了减少二义性的产生，笔者曾把本书中许多章的初稿分别发给了多个我所执教的培训机构的学生们，并根据他们阅读后的反馈对相关的章节做了相应的修改，其中有些章节是全部重写甚至重写了几遍。尽管做了这些努力，但也很难保证该书像武侠或爱情小说那样容易理解，因为它毕竟不是一本消遣的书。

本书既可以作为学校或培训机构及企业的 Oracle 数据库管理课程的教材，也适合作为自学教材。本书的编写目的有三个。

（1）把那些没有计算机或 Oracle 背景但想加入 IT 产业的人带入 Oracle 这个行业中。

（2）为那些有计算机或 Oracle 经验但没受过 Oracle 正规培训的人提供一套系统而完整的 Oracle 培训教材。

（3）为那些非计算机从业人员，如管理或行政人员，了解和使用 Oracle 提供一套完整易学的培训教材。

本书中的绝大多数例题都分别在 Oracle 8 的 8.0.4 和 8.0.5、Oracle 8i 的 8.1.5 和 8.1.7 等版本上测试过。在定稿时，所有的例题都在 Oracle 9i 的 9.0.1 或 9.2 版本上测试过。最后，绝大多数例题又都在 Oracle 10g、Oracle 11g 和 Oracle 12c 上重新测试过。所以对读者所使用的 Oracle 版本几乎没什么要求。

注意：本书中提到的所有其他书籍，有需要的读者请自行在网店中搜索购买学习。

参与本书编写和资料整理的还有：王莹、万妍、王逸舟、牛奎奎、王威、程玉萍、万群柱、王静、范萍英、王洁英、王超英、万新秋、王莉、黄力克、万节柱、万如更、李菊、万晓轩、赵菁、张民生和杜蘅等。在此对他们辛勤和出色的工作表示衷心的感谢。

如果读者对本书有任何意见或要求，欢迎来信提出。E-mail 为 sql_minghe@aliyun.com。

最后，预祝读者能够顺利地乘上 Oracle 这叶方舟（也许是"贼船"）！

作　者

再版说明

自从本书的第一版《ORACLE DBA 基础培训教程——从实践中学习 Oracle DBA》于 2006 年出版以来，收到了许许多多读者的反馈——有的是通过网上书店和 IT 论坛的留言或书评，有的是通过电子邮件，其中也包括了一些宝贵的建议，甚至一些鼓励。

在飞速发展的 **IT** 领域，一本数据库管理的书能够走过十年的历程已经实属不易了，这主要应该归功于广大读者的热情支持。从读者的一些书评和电子邮件中，我体会到了他们对 **Oracle 数据库**知识和技术的渴望。说实话，我也曾多次有过放弃写作的想法。正是读者那种求知的渴望和热情支撑着我继续写下去。

对计算机的书籍感到发怵可能是许多读者都有过的经历。因为许多书对初学者来说就像天书一样，即使一个字一个字咀嚼也很难理解，经常是读了几遍也不能完全领会。也许正像一些专家说的"越读不懂，越说明水平不高，就越应该刻苦地学。"

现在我已经是该退休的人了，回首自己走过的人生，常常会想，"如果我能早些知道如何学习，我会少走许多弯路，少浪费很多时间""如果我那时能找到了一本通俗易懂的教材，也许学习起来就不会那么吃力了"。在教学和与学生的接触的过程中，我发现不少学生正在经历我曾经经历过的曲折、困惑与探索。

我常常想，许多事业有成的人也许与我有同样的经历和感悟，但由于他们身居高位而无法说出实情，因为这些人也许希望让大家看到他们的与众不同、聪明绝顶、一看就懂、过目不忘的天才能力（也许真有天才，不过应该是凤毛麟角）。

如果我也不说出来，许多年轻人还得像我一样走太多不该走的路、读太多不该读的书、浪费太多宝贵的时间与生命。如果将这些用了自己毕生的经历才获得的感悟和成果写出来以帮助读者少走弯路，这也算是人生中所做的善事吧。

通俗易懂和实用一直贯穿本书的始终。本书并没有追求学术上的完美，所以尽可能地用现实生活中的例子来解释数据库和计算机的概念。另外，为了帮助读者更好地理解所介绍的内容，本书提供了大量的例子，并常常以故事的方式交代一些重要例子的商业背景。

随着科技的快速发展与进步，Oracle 也与时俱进，不断地引入一些新功能并进一步完善和改进了现有功能并推出了新版本 Oracle 12c。为了反映这样的现状，本书在原书的基础上主要增加了如下新内容：

➥ Oracle 后台进程、内存缓冲区和文件。
➥ Oracle 12c 的多租户容器数据库和可插入式数据库体系结构。
➥ 与 Oracle 12c 多租户容器数据库相关的数据字典。
➥ Oracle 12c 可插入式数据库的开启与连接。
➥ Oracle 12c 的图形管理和维护工具 EM Database Express。
➥ 如何设置 Oracle 12c 的 EM Database Express 的 http 端口。
➥ 如何设置 Oracle 12c 的 EM Database Express 的 https 端口。
➥ 使用 Oracle 12c 的 EM Database Express 进行数据库的管理和维护。

- 使用 Oracle 12c 的 EM Database Express 进行数据库的优化。
- 如何在 Oracle SQL Developer 中创建 DBA 连接。
- 使用 Oracle SQL Developer 从事 DBA 的管理与维护工作。
- 使用 Oracle SQL Developer 进行数据库的逻辑备份。
- 使用 Oracle SQL Developer 获取快照的信息。
- 使用 Oracle SQL Developer 查看基线的信息。
- 使用 Oracle SQL Developer 创建基线和删除基线。
- 使用 Oracle SQL Developer 创建和浏览 AWR 报告。
- 恢复管理器（Recover Manager，RMAN）简介。
- RMAN 完全备份（full backup）和增量备份（incremental backup）。
- 快速增量备份（块更改追踪）。
- 启用块更改追踪以加快增量备份的速度。
- 如何配置快速恢复区。
- 整个数据库闪回的体系结构。
- 配置闪回数据库的具体步骤和命令。
- 将 SYSDBA 权限授予普通用户以及 SYSDBA 权限的管理和维护。
- Oracle 11g 和 Oracle 12c 诊断文件，ADR 和 ADRCI 的使用。
- 在 Oracle 11g 和 Oracle 12c 中一些数据字典和其他配置参数的变化。
- 怎样精确地控制还原数据的存储时间以及怎样获取当前所有还原段的信息等。

为了不过多地增加本书的厚度，本书正文不包括已经不经常使用的特性（如数据字典管理的表空间等）。但是为了方便那些对这部分内容感兴趣的读者，将这些内容以电子版的方式放在资源包"内容补充"文件夹中了。为了方便主讲老师的教学需要，本书的每一章都配有比较详细的教学幻灯片，老师可以根据实际教学需要进行适当的剪裁和添加。为了方便读者学习，在赠送的资源包中还包括了一些比较冗长和复杂命令的脚本文件。考虑到 Oracle 11g 和 Oracle 12c 的逐步普及，与版本相关的例题全部在 Oracle 11.2 和 Oracle 12.1 版上测试过。

为了降低初学者，特别是自学者学习的难度，在资源包中为每一章都准备了教学视频。每章的教学视频都由两部分组成——第一部分是 PPT 的讲解，另一部分是数据库的实际操作（一般为多段视频）。

绝大多数人相信 IT 领域是变化最快的领域之一，有不少学者或专家认为平均每两到三年就有 50% 的知识需要更新。但是认真地回顾几十年 IT 产业发展的历程，我们却惊奇地发现许多真正核心的东西很多年都没变过。以 Oracle 为例，从二十多年前 Oracle 7 到现在的 Oracle 12c，其体系结构甚至基本命令几乎没什么变化。之所以许多人认为每次升级变化都很大，是因为第一次学习时就没有完全理解，因此每次升级时都跟学习新的一样。因此，本书的重点还是放在那些基本上不变的常用内容上。

在上次修订本书时我绝大多数时间住在厦门软件园，我曾去过若干个软件园区，发现所有的软件园区都建在荒郊野岭。结果却惊奇而意外地发现在厦门软件园那段时间我的工作效率非常高而且思路也很敏捷。在这次修订这套书时我一直都在新西兰，而新西兰更是一个远离了尘世喧嚣的地方。

开始也不知道为什么？原来当一个人远离尘世的喧嚣，来到一个安静的环境时，一直绷紧的神经会松弛下来，一直躁动和不安的心也会平静下来。在这种情况下，人才更容易捕捉到瞬间即逝的灵感和更加理性的思考和分析。这一点已经得到了科学的证实。我曾在香港生活和工作了 3 年多，非常钦佩香港人那种工作热情和敬业精神，几乎每个人都在拼命地工作，许多人几乎是每天加班或打两份工。不过说心里话，我并不喜欢香港，因为在那非常忙碌的 3 年中，我虽然逐渐适应了香港快速的工作节奏，但却没有时间冷静下来思考自己下一步应该做什么和可以做什么，感觉自己就像一头蒙着眼睛拉磨的驴，一直在拼命地跑（工作），但永远在原地转圈。这也是我下决心离开这个"东方之都"的最主要的原因。

与香港相比我更喜欢新西兰和厦门，我喜欢这些地方的宁静，因为这可以使人冷静地思考和规划自己的未来。现在回想我们的祖先，真的为他们对人性的透彻理解而折服。历代著名的庙宇基本上都位于寂静的崇山峻岭之中，因为只有远离闹市的喧嚣和花花世界的诱惑，僧人们才能专心念经礼佛，才能静心、开悟。

读者在学习这本书时，尽量让自己处于比较安静的环境，使自己的内心平静下来。因为只有静谧才能使人专心、让人的思绪有条理，才能让你逐步领悟 Oracle 的真谛，成为 Oracle 的大师。

注意：本书不配带光盘，本书提到的所有资源均需通过下面的方法下载后使用。

（1）读者朋友可以加入下面的微信公众号下载资源或咨询本书的任何问题。

（2）登录网站 xue.bookln.cn，输入书名，搜索到本书后下载。

（3）读者可加入 QQ 群 825883715 与其他读者互动交流，在群公告查看资源下载链接，或咨询本书其他问题。

（4）如果在图书写作上有好的建议，可将您的意见或建议发送至邮箱 sql_minghe@aliyun.com 或 945694286@qq.com，我们将根据您的意见或建议在后续图书中酌情进行调整，以更方便读者学习。

何　明

目 录

Contents

第 0 章 Oracle 的安装及相关配置

虽然本章的内容不是 Oracle 课程所必需的，但对读者进行上机操作和理解数据库的维护与管理却十分必要。为了便于读者理解，提高学习兴趣，本书中构造了一个与实际的商用数据库环境近似的模拟环境，并通过一个虚构的"数据库管理员"的求职和工作经历来介绍相关内容。

本章主要介绍了如何在 Windows 系统上安装 Oracle 以及配置相关的模拟环境等内容。

0.1 Oracle 的安装

安装 Oracle 之前，需要先安装 Windows 2003 Server、Windows Server 2008、Windows XP、Windows 7 或 Windows 8 任意一款操作系统。

如果安装的是 Oracle 10g，则内存应该最少为 512MB，但是最好为 1GB 或以上。**如果安装的是 Oracle 11g 并要安装 Oracle Application Express，内存最好为 2GB 或以上。如果安装的是 Oracle 12c，内存最好为 4GB 或以上。**

从 Oracle 体系结构或 SQL 的角度来看，从 Oracle 的早期版本到其最新版本，其实变化很小。因此，如果单纯是为了学习 Oracle 数据库管理与维护，安装 Oracle 10g 或 Oracle 11g 就可以了。如果读者的硬件比较紧张，也可以安装 Oracle 9i，甚至 Oracle 8 或 Oracle 8i（但是这两个版本不能在 Windows XP、Windows 7 和 Windows 8 上安装）。

在 Windows 操作系统上安装 Oracle 数据库管理系统并不太难，但要细心。其实在许多 Oracle 版本的安装过程中，除了 Oracle 系统的安装目录外，几乎不用做任何选择，都用默认值即可，甚至 Oracle 系统的安装目录也可以使用默认值。

📢 提示：

> 下载的资源包中有 Oracle 10g、Oracle 11g 和 Oracle 12c 的安装视频，另外还包括了 Oracle 11g 的卸载视频。如果在安装 Oracle 系统时遇到问题，可以参考资源包中的 Oracle 安装视频。
>
> **约定 1**：如果没有特殊说明，本书的操作是在 Oracle 11g 版本下完成的。在遇到由于版本不同而引起的操作差别时，本书会加以说明。如果这些说明与所使用的系统无关，读者完全可以忽略它们。
>
> **约定 2**：SQL 和 SQL*Plus 的语句是大小写无关的。尽管 Oracle 公司建议："为了增加易读性，命令关键字一般为大写，而其他部分一般为小写"，但是实际情况并非如此。许多熟悉 UNIX 或 C 语言的用户倾向于整个语句全部小写，而许多熟悉 Windows 的用户又倾向于整个语句全部大写。为了使读者适应 Oracle 产业的这种实际情况，本书在使用 SQL 和 SQL*Plus 的语句时并不严格地区分大小写。不过，建议读者在使用 SQL 或 PL/SQL 开发软件时，最好遵守 Oracle 公司的建议，这样会使软件的易读性增加，而且也更易于维护。
>
> **约定 3**：命令方括号中的内容为可选项，如下面的创建视图命令中[WITH READ ONLY]为可选项；竖线 "|" 为两者选一，如[FORCE|NOFORCE]；下划线为默认值，如 NOFORCE。
>
> ```
> CREATE [OR REPLACE] [FORCE|NOFORCE] VIEW view
>   (alias[, alias]...)]
> AS subquery[WITH CHECK OPTION [CONSTRAINT constraint]]
> [WITH READ ONLY];
> ```

在安装 Oracle 数据库管理系统之前，最好先关闭防火墙之类的软件（等安装成功之后再开启）。安装 Oracle 11.1.0.6.0（Oracle 11g）数据库管理系统的简化步骤（在安装之前可能需要先打 Windows 补丁）

如下。

✍ 说明：

> 用户在安装 Oracle 数据库管理系统之前，需购买软件安装光盘（因版权问题，本书不带安装光盘），购买后按下面的步骤操作即可。

（1）将 Oracle 11.1.0.6.0（Oracle 11g）数据库管理系统的第 1 张光盘插入光驱（如果没有选件，Oracle 11g 只用一张光盘），Windows 操作系统会自动搜索 Oracle 系统的安装程序并运行该程序（如果 Windows 操作系统没有自动搜索到 Oracle 系统的安装程序，可以在光盘中找到 Setup 程序并运行它）。如果已经复制到硬盘上，可以使用资源管理器找到安装程序所在的目录（文件夹），如图 0-1 所示。

（2）在图 0-1 所示窗口中双击 setup.exe 图标，弹出如图 0-2 所示窗口，Oracle 开始自动检查操作系统的配置是否符合安装要求，如果有问题就会报错，如果没问题则会进入如图 0-3 所示界面。

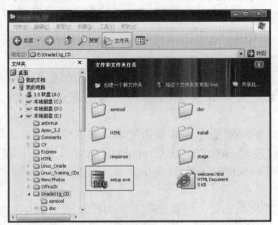

图 0-1　　　　　　　　　　　　　　　　　　　图 0-2

图 0-3

📢 注意：

> 如果您是从 Oracle 官方网站上下载的压缩包，一共有两个压缩文件。要先将它们解压缩并合并之后才能安装，即将第 2 个压缩包中的 database\stage\Components 目录中的所有子目录合并到第 1 个压缩包中的 database\stage\Components 目录中。在下载之前可能需要注册，注册和下载都是免费的。另外，如果安装的是 Oracle 11.2 或

Oracle 12.1，系统首先会显示"配置安全更新"界面并要求输入电子邮件和"My Oracle Support 口令"。因为我们使用的是免费的，所以并没有"Oracle Support 口令"。此时，这一界面可以不填写而直接单击"下一步"按钮。当系统出现错误提示时不用理会，回答"是"继续操作。在系统类型界面中一定要选择服务器类型。

（3）修改 Oracle 安装目录的路径。例如，D 盘没有足够的磁盘空间，但 F 盘几乎是空的，就可以将路径改为 F 盘。此外，还可以在此修改全局数据库名、输入数据库口令并确认。其中，数据库名和口令读者可以自定义，如数据库名为 superdog，口令为 wang。需要注意的是，"安装类型"应该选择"企业版"。设置后的效果如图 0-4（a）所示。

📢 注意：

> 如果安装的是 Oracle 12c，系统会显示如图 0-4（b）所示的界面，此时最好要取消选中 Create as Container database 复选框。这样安装的 Oracle 12c 数据库就与之前的版本完全相同了，将来的数据库连接、操作、管理和维护都会简单许多。

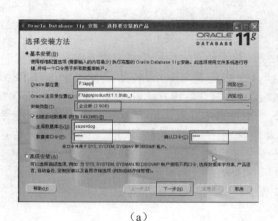

（a）

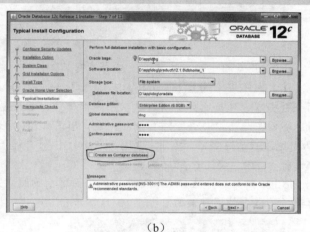

（b）

图 0-4

（4）单击"下一步"按钮，打开如图 0-5 所示界面。在此稍等片刻，待系统处理完之后，将自动进入如图 0-6 所示界面。

图 0-5

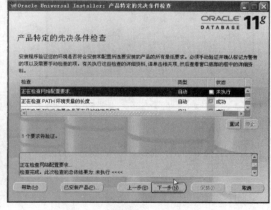

图 0-6

（5）待系统处理完之后，单击"下一步"按钮，进入如图 0-7 所示界面。

（6）在此临时界面中只需静待处理 100% 完成，然后单击"下一步"按钮。

（7）在弹出的如图 0-8 所示界面中保持默认设置不变，直接单击"下一步"按钮。

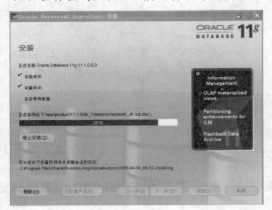

图 0-7

图 0-8

（8）之后将出现概要界面，单击"安装"按钮，在经过若干界面之后将显示如图 0-9 所示界面。

（9）出于安全考虑，**Oracle 10g、Oracle 11g 和 Oracle 12c 在安装之后，会将除了 SYS 和 SYSTEM 两个数据库管理员之外的所有默认用户都锁住。如果要使用这些默认的用户，就要将其解锁。** 在图 0-9 所示界面中单击"口令管理"按钮，在弹出的如图 0-10 所示界面中可以锁定/解除锁定数据库用户账号和/或更改默认口令，如在此将 HR 用户和 OE 用户解锁并修改其口令。为了简单起见，将 HR 用户的口令设置为 HR，将 OE 用户的口令设置为 OE（这显然是不安全的）。另外，要注意的是，Oracle 11g 和 Oracle 12c 的口令是区分大小写字母的，而之前的版本是不区分的。使用同样的方法也可以将 scott 用户解锁（其口令使用默认的 tiger）。最后，单击"确定"按钮。

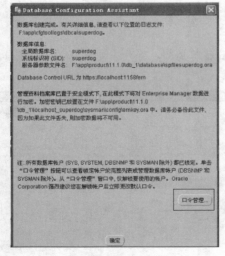

图 0-9

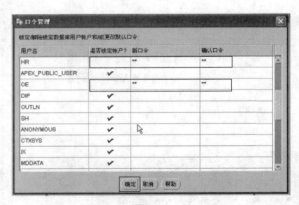

图 0-10

（10）之后出现与图 0-9 所示界面完全相同的界面，如图 0-11 所示。单击"确定"按钮，经过一段时间的运行，将会出现如图 0-12 所示"安装 结束"界面。此时最好记录下企业管理器的端口号，本例中为 1158。需要注意的是，在 **Oracle 10g** 中使用网络浏览器启动企业管理器时，在地址栏中输入的是"**http://主机名：端口号/em**"；而在 **Oracle 11g** 中，使用网络浏览器启动企业管理器时，在地址栏中输入的是"**https://主机名：端口号/em**"。最后，单击"退出"按钮。

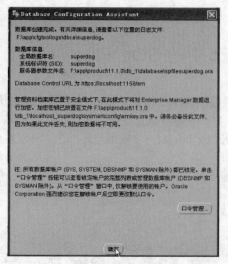

图 0-11　　　　　　　　　　　　　　　　　　　图 0-12

📢 提示：

> 需要指出的是，Oracle 12c 使用的是一个名为 Enterprise Manager Database Express 的图形工具来管理和维护数据库，该工具需要简单的配置才能使用。这将在后面的章节中详细介绍。

在实际安装 Oracle 时，一般系统都会提示输入数据库的名称，这时可以接受默认的数据库名，该默认数据库名与安装的 Oracle 版本有关。另外，在 Oracle 9.2 或以上的版本中，在安装的过程中会要求输入 SYS 和 SYSTEM 两个用户的口令。

📢 提示：

> 在第一次安装 Oracle 系统时，可以请人帮忙。因为一旦安装失败了，彻底卸载 Oracle 11g 之前的 Oracle 数据库系统并不是一件很容易的事。但是也用不着害怕，只是多花些时间而已。正所谓是：最好的老师就是错误，每个人都从错误中学到过许多平时学不到的东西；错误也是难免的，只要改了就是好同志。

由于在 Oracle 10g 和 Oracle 11g 中必须使用 Internet 浏览器来登录 Oracle 数据库企业管理器和 iSQL*Plus 图形工具，因此在使用 Oracle 的图形工具之前，首先要获得其 HTTPS 端口号（在 Oracle 10g 中登录企业管理器要使用 HTTP 端口）。 为此要进入 $ORACLE_HOME\install 目录（其中，$ORACLE_HOME 为 Oracle 的安装目录，笔者计算机上为 F:\app\product\11.1.0\db_1\install），找到名为 portlist.ini 的正文文件即可看到所需要的端口号，其中就包括企业管理器的端口号。可以使用"记事本"打开这一文件，在 UNIX 和 Linux 下可以使用 vi 等正文编辑器打开该文件。

📢 提示：

> Oracle 数据库管理系统可以从 Oracle 的官方网站上免费下载，Oracle 公司声明只要不用于商业目的，Oracle 的软件都是免费的，也允许进行非商业目的的复制和安装。所以，对于个人用户，Oracle 软件不存在盗版问题。

iSQL*Plus 工具是从 Oracle 9i 开始引入的，但是在 Oracle 9i 中，其端口号存放在不同的文件中。该工具的端口号一般存放在 $ORACLE_HOME\Apache\Apache\ports.ini 文件中，其中$ORACLE_HOME 为 Oracle 的安装目录。例如 E:\ORACLE\ora92\Apache\Apache\ports.ini 文件中。

需要指出的是，Oracle 11g 和 Oracle 12c 在默认安装时已经不再自动安装 iSQL*Plus 这一工具了，取而代之的是安装了 Oracle SQL Developer 图形开发工具，其功能更强大。

作为重要的 Oracle 工具，SQL*Plus 是所有 Oracle 版本必带的而且是自动安装的，利用它可以输入 SQL 语句、开发和运行 PL/SQL 程序以及进行 Oracle 数据库的管理与维护。

0.2　Oracle 11g 和 Oracle 12c 中的 SQL*Plus

Oracle 11g 和 Oracle 12c 默认安装的 SQL*Plus 并不是早期版本中使用的 Oracle 公司称之为图形界面的 SQL*Plus，而是一种命令行界面的 SQL*Plus。在 Oracle 11g 中启动 SQL*Plus 的具体操作步骤如下。

（1）单击"开始"按钮，选择"所有程序"→Oracle-OraDb11g_home1→"应用程序开发"→SQL Plus 命令，如图 0-13 所示。

（2）在弹出的如图 0-14 所示窗口中的 Enter user-name 处输入 scott，在 Enter password 处输入 tiger。

图 0-13

图 0-14

（3）按 Enter 键，即可启动 SQL*Plus 并以 scott 用户登录 Oracle 数据库，如图 0-15 所示。

（4）此时就可以输入 SQL 语句、PL/SQL 语句或 SQL*Plus 命令了，如图 0-16 所示。

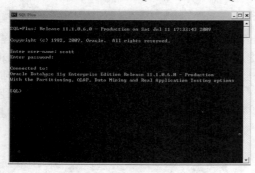

图 0-15

图 0-16

提示：

在 Oracle 10g、Oracle 11g 和 Oracle 12c 中，出于安全考虑，所有 Oracle 的默认用户，包括 scott 用户都被锁住。此时，要先以 SYSTEM 或 SYS 用户登录数据库，即在图 0-14 所示窗口中的 Enter user-name 处输入 system，在 Enter password 处输入管理员口令（在安装 Oracle 数据库时输入的），之后使用如下命令将 scott 用户解锁：

```
alter user scott identified by tiger account unlock;
```

0.3 scott 用户及其对象维护

在本书中，许多练习会用到 scott 用户中的表或其他对象。如果读者按本书的要求来做书中的例题，应该不会出现问题。但万一 scott 用户中的某个对象出现了问题该怎么办呢？也许有人会告诉您，要重装 Oracle 系统。如果真的碰上这样的人，相信过不了多久您就可以成为他的师傅了。

✍ 建议：

如果 scott 用户中的某个对象出现问题了，可以通过运行一个名为 scott.sql 的脚本文件来重建 scott 用户和它所拥有的一切。在 Oracle 8i 或以上的版本中，这个脚本文件在 $ORACLE_HOME\rdbms\admin 目录下。$ORACLE_HOME 是指 Oracle 系统的安装目录。

笔者计算机上一个 Oracle 10g 数据库系统的 $ORACLE_HOME（Oracle 安装目录）为 F:\oracle\product\10.2.0\db_1，所以该脚本文件的路径和名称为 F:\oracle\product\10.2.0\db_1\RDBMS\ADMIN\scott.sql。如果是 Oracle 11g，该脚本文件的路径和名称可能为 F:\app\Administrator\product\11.1.0\db_1\RDBMS\ ADMIN\ scott.sql。而在笔者另一个计算机中的 Oracle 12c 数据库系统上，该脚本文件的路径和名称就变成了 D:\app\dog\product\12.1.0\dbhome_1\ RDBMS\ADMIN\scott.sql。

以数据库管理员用户 system 登录系统之后，在 SQL> 提示符下运行该脚本文件，命令如下。

```
SQL> @F:\oracle\product\10.2.0\db_1\RDBMS\ADMIN\scott.sql;
或
SQL> @F:\app\Administrator\product\11.1.0\db_1\RDBMS\ADMIN\scott.sql;
或
SQL> @D:\app\dog\product\12.1.0\dbhome_1\RDBMS\ADMIN\scott.sql;
```

当以上命令执行成功之后，Oracle 系统将重新安装 scott 用户和该用户下的所有表和其他对象。

0.4 虚拟环境的创建

在许多有关 Oracle 数据库管理的书中常常谈到，要将不同类型的文件放在不同的磁盘上。有时所介绍的计算机系统可能有多达十几个乃至二十几个磁盘。但在培训机构中或个人自学的过程中很难找到这样的环境。以下通过在磁盘上创建目录的方法来构造一个模拟环境。读者可以在所选定的磁盘上或目录中创建如下的目录：Backup、disk1、disk2、disk3、…、disk10 等，如图 0-17 所示。

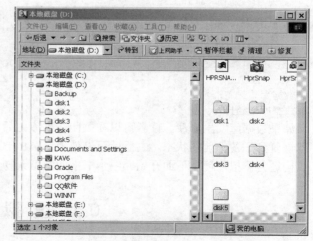

图 0-17

这样在以后的练习中就可以将这些目录想象为相应的磁盘了。

目录 Backup 是做数据库备份时使用的。由于操作失误可能会使数据库系统崩溃，有时可能不得不重装 Oracle 系统。为了预防这种"灾难"的发生，下面就做一个全备份。若数据库发生崩溃，只要利用该备份恢复数据库即可，而无须重装

Oracle 系统。以下就是备份的步骤。

（1）首先以 sysdba 权限登录数据库，命令如下。

```
SQL> connect sys/oracle as sysdba
Connected.
```

（2）使用如下类似的 SQL*Plus 命令和 SQL 语句找到控制文件所在的目录，也就是所有的联机重做日志文件和数据文件所在的目录（在 Oracle 默认安装时所有的文件都放在同一个目录中）。

```
SQL> col name for a60
SQL> SELECT name
  2   FROM v$controlfile;
NAME
------------------------------------------------------------
F:\APP\ADMINISTRATOR\ORADATA\DOG\CONTROL01.CTL
F:\APP\ADMINISTRATOR\FLASH_RECOVERY_AREA\DOG\CONTROL02.CTL
```

（3）使用如下的命令关闭数据库：

```
SQL> shutdown immediate
数据库已经关闭。
c 已经卸载数据库。
ORACLE 例程已经关闭。
```

（4）为了方便，此时可先在 D:\Backup 目录下创建一个名为 database 的子目录，即 D:\Backup\database。接下来就可以使用如下的操作系统命令复制相关的文件了。

```
SQL> host copy F:\app\Administrator\oradata\dog\*.*  D:\Backup
SQL> host copy F:\app\Administrator\product\11.2.0\dbhome_1\database\*.*D:\Backup\
database
```

上面的第 1 条命令是复制所有的联机重做日志文件、控制文件和数据文件；第 2 条命令是复制参数文件和口令文件，该命令是可选的，但为了管理上的方便还是应该做的。

到此为止，全备份工作已经完成。读者也可以使用如下命令重新打开 Oracle 数据库继续本书的学习。

```
SQL> startup

ORACLE 例程已经启动。

Total System Global Area         778387456 bytes
Fixed Size                         1374808 bytes
Variable Size                    251659688 bytes
Database Buffers                 520093696 bytes
Redo Buffers                       5259264 bytes
数据库装载完毕。
数据库已经打开。
```

如果数据库发生崩溃，读者可以在关闭数据库之后，将所做的备份复制到原来的目录下，这样数据库就恢复到了备份前的状态，之后就可以使用 STARTUP 命令启动数据库并继续工作。

构造完模拟环境，下面开始介绍本书中的虚拟人物。

0.5 虚 拟 人 物

为了讲解方便，在本书中利用一个虚构的人物——金元宝的求职和工作经历来介绍 Oracle 数据库在实际商业环境中的管理和应用。以下是该人物的简介。

　　金元宝（小名宝儿）出生在一个并不富裕的农民家庭，"元"是按家谱排下来的。他的家族有过显赫的历史，其祖上曾有人中过进士，做过朝廷大员。但在近几代，金家却没有人能再现往日的辉煌。宝儿的出世似乎给他的家庭乃至整个家族带来了一线希望。乡亲们说宝儿一出世就有许多与其他孩子不一样的地方，所以经家族的长辈们反复论证取名为宝儿。

　　在宝儿的成长过程中，他的父母亲乃至整个家族的长辈们都对他格外关心（以至于家族中有些同辈们不时地流露出几分嫉妒），但他们对宝儿的过失从不姑息，总是以最严厉的家法伺候。在众人的关怀和帮助下，加之聪明和勤奋，宝儿一路过关斩将顺利考入了大学。在送他上大学的那天，村里像过盛大节日一样，乡亲们一直把宝儿送到村口。在临别时，母亲哭着对他说："我苦了大半辈子不为别的，就希望你能成才，你一定要刻苦学习，为妈争口气。"他大伯对宝儿说："你的几个堂哥堂弟是没指望了，现在能为金家光宗耀祖的只能靠你一人了，别忘了等你拿到什么士的时候，把你那张证明和带什么士帽的照片寄给我一张，我要把它们放在家中最显眼的地方以教育金家的后人。"

　　宝儿就这样带着全家人的重托和几代人的希望开始了大学的生活。他深知肩上的担子有多重，因此学习简直是在拼命。光阴荏苒，很快宝儿以优秀的成绩毕业了。但是由于当时的就业形势不好，他没有找到一份理想的工作。从大量的招聘广告上，宝儿发现 Oracle 数据库管理员（DBA）的薪水很高，而且主要是设在大都市的大公司，许多还是大型的跨国公司才设立这一职位。为了不辜负全家人的重托和几代人的希望，宝儿开始了他北漂到大都市的 Oracle DBA 求职的艰辛历程。

　　作为一名刚刚走出校门的大学生，宝儿在大都市的求职过程异常艰难。他在短短的几个月内发出了数百封与 Oracle DBA 有关的求职信，但始终没有一个公司肯为他提供一个能实现梦想的舞台。一天，他无意中在报纸上看到了某大型跨国公司招聘 Oracle DBA 的广告，此时的宝儿已经对招聘广告感到了麻木，他并没有认真地阅读这份广告，而只是看到 Oracle DBA 后就机械地按广告上的地址把准备好的简历和求职信寄了出去。

　　几天后，宝儿无意中又仔细地阅读了这份版面巨大的广告，此时他后悔不该发那封求职信，因为这份招聘广告对应征者有如下要求：

- ➥ 诚信的工作态度、团队精神，勇于面对挑战。
- ➥ 良好的中英文交流技巧。
- ➥ 能熟练地使用和维护 Oracle 数据库。
- ➥ 精通 Oracle 开发工具。
- ➥ 精通 HP UNIX。
- ➥ 精通 Sun Solaris。
- ➥ 精通 IBM AIX。
- ➥ 精通 HP True64 UNIX。
- ➥ 精通 Java/.Net。

……

　　看完这则广告，宝儿在想，这些要求实在是太高了。就在宝儿陷入绝望之际，奇迹出现了——几天后该公司的人事经理竟然打来电话问他是否还对这份 Oracle DBA 的工作感兴趣。宝儿简直不敢相信自己的耳朵，他的回答就可想而知了。之后人事经理约他当天就去面试，面试的过程也是出乎意料的顺利，他不但获得了这份工作，而且公司给他的工资比他的期望值高出了许多，公司还要求他最好第二天就来上班。宝儿回到家里不时地掐自己，因为他担心自己在做梦。

第 1 章　Oracle 的体系结构

本章内容比较枯燥，但它是理解以后章节的基础。如果读者在开始学习时对有些内容未能完全理解，先不用太着急，可以继续学习后面的内容，等使用了 Oracle 系统一段时间之后，一些概念就容易理解了。

1.1　Oracle 引入复杂的体系结构的原因

数据库管理系统引入非常复杂的内存和外存体系结构的主要原因是有效地管理稀有的系统资源。资源不足不只是数据库管理系统所面对的。其实，在我们五千年的人类发展历史中，我们的祖先一直在同资源不足作斗争。历史上粮食和土地等一直都是稀有资源，还记得我们的祖先用什么方法来管理这些稀有资源的吗？用战争，我们的祖先为粮食而战，为土地而战；我们当代人类为石油而战，为市场而战，为金钱而战。

那么在 Oracle 数据库中什么是稀有资源？它们又是如何来管理的呢？如果读者接触过数据库或读过相关的书籍，应该会有印象，数据库的数据量和输入/输出量都是相当大的，而这些数据一般都存在硬盘（外存）上，因此硬盘为数据库的一类资源。为了方便介绍，图 1-1 给出了硬盘的内部结构示意图。

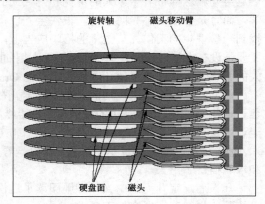

图 1-1

从图 1-1 可以看出，所有硬盘上数据的访问都是靠硬盘的旋转和磁头的移动来完成的，这种旋转和移动是机械运动。因为在计算机中所有数据的修改操作必须在内存中进行，所以内存也是数据库的一类资源。为了帮助读者更好地了解内存与外存的区别，表 1-1 给出了内存和外存的简单比较。

表 1-1

项　　目	内　　存	外存（硬盘）
数据访问速度	很快	很慢
存储的数据	临时	永久
价钱	很贵	相当便宜

从表 1-1 的比较可知，内存的数据访问速度要比外存（硬盘）快得多，一般要快 $10^3 \sim 10^5$ 倍。这是因为内存的数据访问是电子速度，而硬盘的数据访问主要取决于机械速度。也就是说，**如果一个数据库管理系统能够使绝大多数（如 90%以上）数据操作在内存中完成，那么该数据库管理系统的效率将非常高。**但是由于内存中的数据在断电或出现系统故障时会消失，所以数据库管理系统还必须保证，所有的数据改动都必须及时写到硬盘上，以保障不会丢失数据；即使数据库崩溃之后，所有提交过的数据都能得到完全恢复。尽管可以通过加大内存来提高数据库管理系统的效率，但在大多数情况下信息系统的开发和维护经费都是有限的。

通过以上的讨论，读者应该意识到，在数据库管理系统中最宝贵的稀有资源是内存。为了高效地使用内存这种稀有资源，同时保证不会丢失任何数据库中的数据，**Oracle 数据库管理系统引入了一个非常**

复杂的体系结构。

1.2　Oracle 数据库中常用的术语

为了讲解容易，在详细讨论 Oracle 体系结构之前，先介绍一下相关的名词和术语。在这里只给出实用的解释，并不追求学术上的严谨。

- 进程（process）：一段在内存中正在运行的程序。如果没有学过计算机操作系统相关课程，可以把进程想象成能够自动完成某些特定任务的任何东西，如训练有素的宠物、跑龙套的演员等。
- 后台进程（background process）：进程的一种。在内存中运行时，不占显示，而且它的优先级比前台进程低。需要注意的是，在运行的进程中只能有一个前台进程，但可以同时有多个后台进程。
- 缓冲区（buffer）：一段用来临时存储数据的内存区。
- 主机（host）：计算机系统的另一个称呼。
- 服务器（server）：一台在网络中向其他计算机系统提供一项或多项服务的主机。
- 客户机（client）：一台使用由服务器（server）提供服务的计算机系统。

1.3　Oracle 数据库管理系统的体系结构

为了能使 Oracle 数据库管理系统满足商业用户的要求，Oracle 引入了类似如图 1-2 所示的复杂的体系结构。

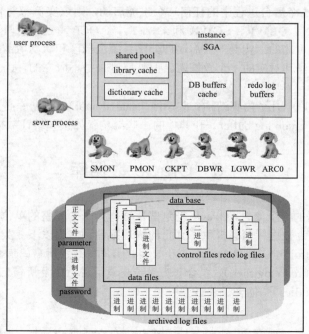

图 1-2

上述体系结构主要包括 Oracle 服务器（server），还包括一些其他的关键文件、用户进程和服务器进程等。Oracle 服务器由 Oracle 实例和 Oracle 数据库两大部分组成。它是一个数据库管理系统，提供了一致、开放和多样的信息管理的方法和途径。服务器中的一些结构并不在处理 SQL 语句时使用，而是为了改进数据库系统的效率或数据的恢复等而设计的。

1.4　Oracle 服务器

Oracle 服务器（Oracle Server）实际上是一个逻辑上的概念，一个 Oracle 服务器与一台计算机之间并不存在一一对应的关系。**Oracle 服务器 = 实例**（instance）**+ 数据库**（database）。虽然在一台计算机上有时可以安装多个 Oracle 服务器，但是一般情况下都是只安装一个，因为在实际工作中一台计算机上跑一个 Oracle 服务器有时效率都很难保证。Oracle 服务器一般包括以下 3 种安装方式。

（1）基于主机方式：在此种配置下，用户可直接在安装了数据库的计算机上登录 Oracle 数据库。

（2）客户端-服务器（client-server）（两层模型）方式：数据库和客户终端分别安装在不同的计算机上，用户可通过网络从个人计算机（客户端）上访问数据库。

（3）客户端-应用服务器-服务器（client-application server-server）（三层模型）方式：用户首先从自己的个人计算机登录应用服务器，再通过应用服务器访问真正的数据库。

1.5　Oracle 实例

Oracle 实例是一种访问数据库的机制，它由内存结构和一些后台进程组成。它的内存结构也称为系统全局区（**System Global Area**，**SGA**）。系统全局区是实例的最基本的部件之一。实例的后台进程中有 **5 个是必需的**，即只要这 5 个后台进程中的任何一个未能启动，则该实例都将自动关闭。这 5 个后台进程分别是 **SMON**、**PMON**、**DBWR**、**LGWR** 和 **CKPT**。在 OCP 考题中有时可能会问哪些后台进程是可选的？除了这 5 个都是可选的。实例一旦启动即分配系统全局区和启动所需的后台进程。这里应该指出的是，每个实例只能操作其对应的一个数据库。但是反过来是不成立的，因为一个数据库可以同时被几个实例操作（在 Oracle 集群中）。

系统全局区中包含了以下几个内存结构：共享池（shared pool）、数据库高速缓冲区（database buffer cache）、重做日志缓冲区（redo log buffer）和其他的一些结构（如锁和统计数据）等。

1.6　Oracle 数据库

Oracle 数据库是数据的一个集合，**Oracle** 把这些数据作为一个完整的单位来处理。**Oracle 数据库**也称为物理（外存）结构，为数据库信息提供了真正的物理存储，它由以下 **3 类操作系统文件**组成。

（1）控制文件（control files）：包含了维护和校验数据库一致性所需的信息。

（2）重做日志文件（redo log files）：包含了当系统崩溃后进行恢复所需记录的变化信息。

（3）数据文件（data files）：包含了数据库中真正的数据。

1.7　Oracle 其他的关键文件

除了以上 **3 类数据库文件**之外，**Oracle** 服务器还需要其他的一些文件，这些文件不属于**数据库**。其中包括以下几种。

- 初始化参数文件（parameter files）：定义了实例的特性，如系统全局区中一些内存结构的大小、DBWR 的个数等。
- 密码文件（password files）：包含了数据库管理员或操作员用户在启动和关闭实例时所需的密码。虽然 Oracle 数据库提供了相当完善的安全管理机制，但是在 Oracle 数据库没有开启时如何验证要启动数据库的人是真正的数据库管理员或操作员呢？这就是 Oracle 引入密码文件的原因。
- 归档重做日志文件（archived redo log files）：是重做日志文件的脱机备份。在系统崩溃后恢复时可能需要这些文件。

1.8　建立与 Oracle 实例的连接

Oracle 实例是用 Oracle 的 STARTUP 命令启动的（该命令将在后面的章节中详细介绍）。它的启动就意味着 SGA 的所有内存结构都已生成，所有必需的后台进程都已在内存中运行。那么此时用户又是如何使用 Oracle 数据库呢？

用户在向 Oracle 数据库发出 SQL 命令之前必须与实例建立连接。用户启动一个工具如 SQL*Plus，或运行一个利用 Oracle 工具开发的应用程序，如用 Oracle Forms 开发的应用程序时，该工具或应用程序就被作为一个用户进程来执行。注意，用户进程是不能直接访问数据库的。用户进程是运行在客户端的。

在专用连接的情况下（即默认情况下），当一个用户登录 Oracle 服务器时（如在 SQL*Plus 的提示下输入用户名和密码），如果登录成功（即用户名和密码都准确无误），Oracle 就在服务器所运行的计算机上创建一个服务器进程。在这种连接下，该服务器进程只能为该用户进程提供服务，用户进程与服务器进程是一对一的关系。用户进程向服务器进程发请求，服务器进程对数据库进行实际的操作并把所得的结果返回给用户进程。就好像一个富豪想炒股票，但又不懂股票市场的运作，于是他请了一位股票经纪人。这位富豪就相当于用户进程，而股票经纪人就相当于服务器进程，股票市场就相当于 Oracle 服务器。

一个用户每次登录 Oracle 服务器，如果成功，该用户就与 Oracle 服务器建立了连接，而这种连接的状态被称为会话。一个会话始于用户成功地登录 Oracle 服务器，终止于用户退出或非正常终止连接。一个数据库用户可能同时有多个会话存在，即用相同的用户名和密码同时登录多次。

◀ 提示：

> 虽然连接与会话都与用户进程紧密相关，但是这两者之间还是有很大的不同。连接是指一个用户进程与一个 Oracle 数据库实例之间的通信路径，而会话代表的是一个当前用户登录该数据库实例的状态。

1.9　各种不同的连接方式

连接是用户进程与 Oracle 服务器之间的通信路径。与 Oracle 服务器（Oracle Server）的 3 种安装方式相对应，一个数据库用户可能用以下 3 种方式之一与 Oracle 服务器连接。

（1）基于主机方式：此时的用户进程与服务器进程是在同一台计算机的相同的操作系统上的，用户进程与 Oracle 服务器之间的通信路径是通过操作系统内部进程通信（Inter Process Communication，IPC）机制来建立的。

（2）客户端-服务器（client-server）（两层模型）方式：用户进程与 Oracle 服务器之间的通信是通过网络协议（如 TCP/IP）来完成的。

（3）客户端-应用服务器-服务器（client-application server-server）（三层模型）方式：用户的个人计算机通过网络与应用服务器或网络服务器通信，而该应用服务器或网络服务器又是通过网络与运行数据库的计算机相连的。例如，用户使用浏览器通过网络运行 Windows 2012 Server 上的应用程序，而 Windows 2012 Server 又从运行在 UNIX 主机上的 Oracle 数据库中提取数据。

以上所介绍的连接是用户进程与服务器进程的一对一的连接，也称为专用服务器连接（dedicated server connection）。除了这种连接外，在联机事务处理（Online Transaction Processing，OLTP）系统的配置时还有另外的一种连接，它在 Oracle 9i 之前的版本中称为多线程（MTS）连接，在 Oracle 9i 或以后的版本中称为共享服务器（shared server）连接。有关这种连接在 Oracle 的网络和调优的书籍中介绍。

1.10   服务器进程

当 **Oracle 创建一个服务器进程的同时要为该服务器进程分配一个内存区，该内存区称为程序全局区（Program Global Area，PGA）。与 SGA 不同，PGA 是一个私有的内存区，不能共享，且只属于一个服务器进程。它随着服务器进程的创建而被分配，随着服务器进程的终止而被回收。** 在专用服务器进程的配置情况下，程序全局区主要包括了以下结构。

（1）排序区（sort area）：用于处理 SQL 语句所需的排序。

（2）Cursor 状态区（cursor state）：用于指示会话当前所使用的 SQL 语句的处理状态。

（3）会话信息区（session information）：包括了会话的用户权限和优化统计信息。

（4）堆栈区（stack space）：包括了其他的会话变量。

如果是共享服务器进程或多线程的配置，以上这些结构除了堆栈区外大部分都将存在于 SGA 中。如果有 large pool，它们就会被存在于 large pool 中，否则它们就会被存在于共享池中。

📢 提示：

> 在许多中文的 Oracle 书中将 Cursor 一词翻译成游标（或光标），实际上这是一个误会。虽然 Cursor 的英文字面意思确实是游标（或光标），但是在这里与游标（或光标）毫无关系。实际上，Cursor 是 Current set of rows 的缩写。引入 Cursor 这一数据结构的目的就是为了减少 I/O——将磁盘操作变成内存操作。当要对一个或几个表中的一批数据进行反复的处理时，为了避免重复地访问这些表（访问硬盘），Oracle 可以将这批数据一次性装入内存。而这些数据行被称为活动集（Active set），Oracle 使用一个指针指向活动集的第一行（第一个记录），如图 1-3 所示。程序可以利用这个指针来处理活动集中的所有数据行，就不需要重复地访问硬盘了。有关 Cursor 的详细介绍属于 PL/SQL 程序设计的课程。

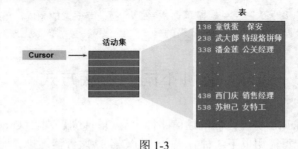

图 1-3

1.11   Oracle 执行 SQL 查询语句的步骤

如果用户在 SQL*Plus 下输入了如下的查询语句：SELECT * FROM dept;，那么 Oracle 又是如何来处理这个语句的呢？SQL 语句的执行主要由用户进程与服务器进程来完成，其他的一些进程可能要辅助完成这一过程。查询语句与其他的 SQL 语句有所不同，如果一个查询语句执行成功，就要返回查询的结果，而其他的 SQL 语句只是返回执行成功或失败的信息。查询语句的处理主要包括以下 3 个阶段：编译（parse）、执行（execute）和提取数据（fetch）。

➥ 编译（parse）：在进行编译时，服务器进程会将 SQL 语句的正文放入共享池（shared pool）的库高速缓存（library cache）中并将完成以下处理。

　　↻　首先在共享池中搜索是否有相同的 SQL 语句（正文），如果没有就进行后续的处理。

　　↻　检查该 SQL 语句的语法是否正确。

　　↻　通过查看数据字典来检查表和列的定义。

　　↻　对所操作的对象加编译锁（parse locks），以便在编译语句期间这些对象的定义不能被改变。

　　↻　检查所引用对象的用户权限。

　　↻　生成执行该 SQL 语句所需的优化的执行计划（执行步骤）。

　　↻　将 SQL 语句和执行计划装入共享的 SQL 区。

以上的每一步操作都是在处理正确时才进行后续的处理。如果不正确，就返回错误。

➥ 执行（execute）：Oracle 服务器进程开始执行 SQL 语句是因为它已获得了执行 SQL 语句所需的全部资源和信息。

➥ 提取数据（fetch）：Oracle 服务器进程选择所需的数据行，并在需要时将其排序，最后将结果返回给用户（进程）。

1.12　共　享　池

　　SGA 中的共享池（shared pool）是由库高速缓存（library cache）和数据字典高速缓存（data dictionary cache）两部分所组成。服务器进程将 SQL（也可能是 PL/SQL）语句的正文和编译后的代码（parsed code）以及执行计划都放在共享池（shared pool）的库高速缓存中。在进行编译时，服务器进程首先会在共享池中搜索是否有相同的 SQL 或 PL/SQL 语句（正文），如果有就不进行任何后续的编译处理，而是直接使用已存在的编译后的代码和执行计划。

◀))提示：

> 库高速缓存包含了共享 SQL 区和共享 PL/SQL 区两部分，它们分别存放 SQL 和 PL/SQL 语句以及相关的信息。在 Oracle 11g 和 Oracle 12c 中，库高速缓存还可以包括 SQL 或 PL/SQL 的执行结果，这样其他使用相同 SQL 或 PL/SQL 语句的进程就可以直接共享这些结果了，其效率将更高。

　　要想共享 SQL 或 PL/SQL 语句：第一，库高速缓存（library cache）要足够大，因为只有这样，要共享的 SQL 或 PL/SQL 语句才不会被很快地淘汰出内存；第二，SQL 或 PL/SQL 语句要是能共享的通用代码（generic code），因为 Oracle 是通过比较 SQL 或 PL/SQL 语句的正文来决定两个语句是否相同的，只有当两个语句的正文完全相同（字母大小写 Oracle 会自动转换，而且多余的空格或制表键 Oracle 也会自动地压缩。）时，Oracle 才重用已存在的编译后的代码和执行计划。这里通过以下的实例来进一步解释这一点。读者猜猜如下的两个 SQL 语句是否相同？

```
select * from emp where sal >= 1500;
select * from emp where sal >= 1501;
```

答案是不相同的（在 Oracle 默认的配置下，Oracle 8i 和 Oracle 9i 以及更高的版本可以通过重新设置 CURSOR_SHARING 参数来修改默认配置，有兴趣的读者可参阅 Oracle 调优方面的书籍）。

可以通过使用绑定变量的方式来重写以上的 SQL 语句，代码如下：

```
SELECT * FROM emp WHERE sal >= :g_sal;
```

上述语句就是可以共享的通用代码，因为变量不是在编译阶段而是在运行阶段赋值的。引入库高速缓存的目的是共享 SQL 或 PL/SQL 代码。那么 Oracle 又是怎样有效地管理库高速缓存的呢？Oracle 是使用一个称为 LRU（Least Recently Used）的队列（list）或算法（algorithm）来实现对库高速缓存的管理的。LRU 队列的算法大致如下：刚使用的内存块（的地址）放在 LRU 队列的头上（最前面），当一个服务器进程需要库高速缓存的内存空间而又没有空闲的内存空间时，该进程就从 LRU 队列的尾部（最后面）获得所需的内存块，这些内存块一旦被使用，它们（的地址）就立即放在 LRU 队列的最前面。这样那些长时间没使用过的内存块将自然地移到 LRU 队列的尾部而被最先使用。

从以上的讨论可知，为了能够共享 SQL 或 PL/SQL 的代码，库高速缓存要足够大，因为这样，那些可以共享的 SQL 或 PL/SQL 代码才不会被很快地淘汰出内存。不过 Oracle 并没有给出直接设置库高速缓存大小的方法，只能通过设置共享池的大小来间接地设置库高速缓存的大小。

介绍完库高速缓存，接下来将介绍数据字典高速缓存。**当 Oracle 在执行 SQL 语句时，服务器进程将把数据文件、表、索引、列、用户和其他的数据对象的定义和权限的信息放入数据字典高速缓存。如果在这之后，有进程（用户）需要同样的信息，如表和列的定义，那么所有的这些信息都将从数据字典高速缓存中获得。**因为以上所说的这些信息都是存在 Oracle 数据库的数据字典中，这也可能就是将该部分内存称为数据字典高速缓存的原因。

表和列的定义等重用的机会要比 SQL 语句大，因此为了能达到共享这些信息的目的，数据字典高速缓存应该尽可能设置得大一些。不过与库高速缓存一样，Oracle 并没有给出直接设置数据字典高速缓存大小的方法，只能通过设置共享池的大小来间接地设置数据字典高速缓存的大小。在 Oracle 9i 之前的版本，可以通过修改参数文件中的 SHARED_POOL_SIZE 的值来改变共享池的大小，但一定要重新启动 Oracle 数据库。在 Oracle 9i 或以后的版本中，也可以使用类似于例 1-1 的命令来改变共享池的大小：

例 1-1

```
SQL> ALTER SYSTEM SET SHARED_POOL_SIZE = 250M;
系统已更改。
```

但是所改变共享池的大小受限于 SGA_MAX_SIZE 参数。该参数将在以后的章节中详细介绍。

📢 **注意：**

在本书中采用如下的约定：

SQL>为 SQL*Plus 的提示符。

没有阴影的内容为要输入的 SQL 语句或 SQL*Plus 命令等。如在例 1-1 中要输入 ALTER SYSTEM SET SHARED_POOL_SIZE = 250M;。

阴影中的内容为系统显示（输出）的结果。如在例 1-1 中的"系统已更改。"。

📢 **提示：**

即使把共享池设置得足够大且所使用的 SQL 或 PL/SQL 语句是能共享的代码，Oracle 也并不能一定使用内存（共享池）中的代码。例如，当有用户修改了某个对象的定义之后，所有使用这个对象的内存（共享池）中的代码全部被 Oracle 设置为无效，因此在使用时必须重新编译。

1.13 数据库高速缓冲区

如果用户发出了以下的 SQL 语句：SELECT * FROM emp，Oracle 又是怎样提取数据库中的数据呢？服务器进程将首先在数据库高速缓冲区（database buffer cache）中搜寻所需的数据，如果找到了就直接使用而不进行磁盘操作；如果没找到就将进行磁盘操作把数据文件中的数据读入到数据库高速缓冲区中。

从以上的讨论可知，**为了能够共享数据库中的数据，数据库高速缓冲区要足够大**，因为只有这样那些可以共享的数据才不会被很快地淘汰出内存。**Oracle 也是使用 LRU 的队列（list）或算法（algorithm）来实现对数据库高速缓冲区的管理**。在早期的版本中可以使用参数文件中的 DB_BLOCK_SIZE 和 DB_BLOCK_BUFFERS 两个参数来设置数据库高速缓冲的大小。其中 DB_BLOCK_SIZE 为 Oracle 数据块（内存缓冲区）的大小，在 Oracle 数据库中内存和外存的数据块的大小是相同的。DB_BLOCK _BUFFERS 为内存缓冲区的个数。数据库高速缓冲区大小为这两个参数的乘积。但是 DB_BLOCK_SIZE 的值是在创建数据库时设定的，如果要改变该参数的值一般需要重建数据库。因此多数情况下只能通过改变 DB_BLOCK_BUFFERS 的值来调整数据库高速缓冲区大小，但此时必须重新启动 Oracle 数据库。**在 Oracle 9i 或以后的版本中，Oracle 引入了另一个参数 DB_CACHE_SIZE，这个参数是一个动态参数，即可以在数据库运行时动态地改变该参数**。可以使用类似于例 1-2 的命令来改变数据库高速缓冲区的大小。

例 1-2

```
SQL> ALTER SYSTEM SET DB_CACHE_SIZE = 250M;
系统已更改。
```

1.14　内存缓冲区顾问

Oracle 9i 或以后的版本还提供了一个称为内存缓冲区顾问（v$db_cache_advice）的工具来帮助获得调整数据库高速缓冲区的统计信息。内存缓冲区顾问一共有 3 种状态。

（1）ON：打开该工具，为该工具分配内存并进行统计信息的收集，要有一定的内存和 CPU 开销。

（2）READY：关闭该工具，为该工具分配内存但不进行统计信息的收集，因此没有 CPU 的开销。

（3）OFF：关闭该工具，不为该工具分配内存也不进行统计信息的收集，因此既没有内存的开销也没有 CPU 开销。

可以通过修改初始化参数 DB_CACHE_ADVICE 的值来改变该工具的状态。该参数是一个动态参数，因此可以使用 ALTER SYSTEM 命令来修改。例如可以利用类似于例 1-3 的 SQL 语句来查看它的状态：

例 1-3

```
SQL> select id, name, block_size, advice_status
  2  from v$db_cache_advice;
     ID NAME                 BLOCK_SIZE ADV
---------- -------------------- ---------- ---
      3 DEFAULT                    4096 ON
      3 DEFAULT                    4096 ON
      3 DEFAULT                    4096 ON
      3 DEFAULT                    4096 ON
      3 DEFAULT                    4096 ON
...
已选择 20 行。
```

此时，例 1-3 的显示结果表明了内存缓冲区顾问是在开启状态。

🔊 提示：

显示结果中的...表示省略了一些行的显示。

之后可以使用类似于例 1-4 的命令将内存缓冲区顾问工具关闭。

例 1-4

```
SQL> alter system set db_cache_advice = off;
系统已更改。
```

这时可以再使用类似于例 1-5 的 SQL 语句来查看它的状态。

例 1-5

```
SQL> select id, name, block_size, advice_status
  2  from v$db_cache_advice;

      ID NAME                     BLOCK_SIZE ADV
---------- -------------------- ---------- ---
       3 DEFAULT                      4096 OFF
       3 DEFAULT                      4096 OFF
       3 DEFAULT                      4096 OFF
       3 DEFAULT                      4096 OFF
       3 DEFAULT                      4096 OFF
...
已选择 20 行。
```

此时，例 1-5 的显示结果表明已成功地关闭了内存缓冲区顾问（详细地介绍该工具的使用已超出了本书的范围，有兴趣的读者可参阅 Oracle 调优方面的书籍）。

1.15　重做日志缓冲区

从理论上来讲，如果数据库不会崩溃，则根本没有必要引入重做日志缓冲区（redo log buffer）。引入**重做日志缓冲区的主要目的（在 Oracle 8i 之前的版本中也是唯一的目的）就是数据的恢复。Oracle 在使用任何 DML 或 DDL 操作改变数据之前都将恢复所需的信息，即在写数据库高速缓冲区之前，先写入重做日志缓冲区。**

与执行查询语句有所不同，Oracle 在执行 DML 语句时只有编译（parse）和执行（execute）两个阶段。以下是 Oracle 执行 UPDATE 语句的步骤。

（1）如果数据和回滚数据不在数据库高速缓冲区中，则 Oracle 服务器进程将把它们从数据文件中读到数据库高速缓冲区中。

（2）Oracle 服务器进程在要修改的数据行上加锁（行一级的锁，而且是在内存的数据行上加锁）。

（3）Oracle 服务器进程将数据的变化信息和回滚所需的信息都记录在重做日志缓冲区中。

（4）Oracle 服务器进程将回滚所需的原始值和对数据所做的修改都写入数据库高速缓冲区。之后在数据库高速缓冲区中，所有的这些数据块都将被标为脏缓冲区，因为此时内外存的数据是不同的（不一致的）。

Oracle 处理 INSERT 或 DELETE 语句的步骤与处理 UPDATE 语句的步骤大体相同。

📢 注意：

有关回滚数据在本书的后面章节中还要介绍，读者也可以参阅笔者的《从实践中学习 Oracle SQL 培训教程——从实践中学习 Oracle SQL 及 Web 快速应用开发》12.20 节的 268～269 页。

1.16　大池、Java 池和 Streams 池

除了以上所介绍的内存缓冲区之外，SGA 中还有可能包含大池（large pool）、Java 池（Java pool）

和 Streams 池（Streams pool）三个可选的内存缓冲区。

　　引入 large pool 的主要目的应该是提高效率。**large pool** 是一个相对比较简单的内存结构，与 **shared pool** 不同的是它没有 **LRU** 队列。在多线程（**MTS**）或共享服务器（**shared server**）连接时，**Oracle** 服务器进程的 **PGA** 的大部分区域（也称为 **UGA**）将放入 **large pool**（stack space 除外）。另外，在大规模 **I/O** 及备份和恢复操作时可能使用该区。可以通过设置参数 LARGE_POOL_SIZE 的值来配置 large pool 的大小。该参数也是一个动态参数。

　　引入 Java pool 的目的是能够编译 Java 语言的命令。如果要使用 Java 语言就必须设置 Java pool。Java 语言在 Oracle 数据库中的存储与 PL/SQL 语言几乎完全相同。可以通过设置参数 JAVA_POOL_SIZE 的值来配置 Java pool 的大小。其数字的单位是字节（bytes）。

　　Streams pool 是由 Oracle Streams 使用的，以存储捕获和应用所需的信息。

1.17　内存缓冲区大小的设定

　　在 Oracle 9i 之前的版本中，只能通过设置初始化参数文件中的一些参数来间接地设置 SGA 的大小，如 DB_BLOCK_BUFFERS、LOG_BUFFER、SHARED_POOL_SIZE 等。而且所有的这些参数都是静态的，即当修改完初始化参数文件中这些参数的值之后，必须重新启动 Oracle 数据库。

　　在 Oracle 9i 以后的版本中，SGA 为动态的。SGA 中的内存缓冲区，如数据库高速缓冲区和共享池等都可以动态地增加和减少。Oracle 是利用所谓的区组（granule）来管理 SGA 的内存的。区组就是一片连续的虚拟内存区，是 Oracle 分配和回收内存区的基本单位。

　　区组的大小取决于所估计的 SGA 的大小。如果 SGA 的尺寸小于 128MB，则区组的大小即为 4MB；如果 SGA 的尺寸大于或等于 128MB，则区组的大小就为 16MB。Oracle 数据库一旦启动，SGA 中的每个内存缓冲区就会获得所需的区组。SGA 中至少包括 3 个区组：一个是 SGA 固定区（其中包含了重做日志缓冲区）；一个是数据库高速缓冲区；一个是共享池。

🔊 提示：

> Oracle 12c、Oracle 11g 和 Oracle 10g 较高的版本对 SGA 的尺寸进行了重新定义，当 SGA 的尺寸小于或等于 1GB 时，区组的大小为 4MB；当 SGA 的尺寸大于 1GB 时，区组的大小就为 16MB。实际上，这种改进主要得益于内存价格的暴跌和容量的稳步增加。

　　Oracle 数据库管理员可通过 **ALTER SYSTEM SET** 命令来分配和回收区组。但总的内存大小不能超过参数 **SGA_MAX_SIZE** 所设定的值。

　　动态分配和回收内存的最大优点是在调整内存缓冲区大小时不需要重新启动数据库，这对于 **24** 小时运营、**7** 天营业的商业数据库是至关重要的。

1.18　内存缓冲区信息的获取

　　可以使用例 1-6 的命令来获得参数 SGA_MAX_SIZE 的值。

例 1-6

```
SQL> show parameter SGA_MAX_SIZE
NAME                                 TYPE                  VALUE
------------------------------------ --------------------- ------
sga_max_size                         big integer           744M
```

该命令的显示表明这个系统目前 SGA 总的内存大小为 744MB，另外也可以使用例 1-7 的命令来获得 SGA 的相关信息。

例 1-7

```
SQL> show sga
Total System Global Area        778387456 bytes
Fixed Size                        1374808 bytes
Variable Size                   260048296 bytes
Database Buffers                511705088 bytes
Redo Buffers                      5259264 bytes
```

也可以先使用例 1-8 和例 1-9 的 SQL*Plus 命令来格式化显示输出。之后，利用数据字典 v$parameter，使用例 1-10 的 SQL 查询语句来获得参数 SGA_MAX_SIZE 的值。

例 1-8

```
SQL> col name for a20
```

例 1-9

```
SQL> col value for a25
```

例 1-10

```
SQL> select name, type, value
  2    from v$parameter
  3    where name = 'sga_max_size';
NAME                    TYPE   VALUE
-------------------- ---------- ----------
sga_max_size             6  780140544
```

介绍完 SGA 的各个部分内存缓冲区之后，下面将详细讨论 Oracle 的主要后台进程。

1.19　重做日志写进程及快速提交

重做日志写进程（LOG writer，LGWR）负责将重做日志缓冲区的记录顺序地写到重做日志文件中。为了更好地理解 LOG writer 的操作原理，在这里先介绍 Oracle 提交（commit）语句是如何工作的。

Oracle 服务器是使用了一种称为快速提交（fast commit）的技术，该技术既能保证 Oracle 系统的效率，又能保证在系统崩溃的情况下所有提交的数据可以得到恢复。为此 Oracle 系统引入了系统变化数（System Change Number，SCN）。无论任何时候只要某个事务（transaction）被提交，Oracle 服务器都将产生一个 SCN（号码）并将其赋予该事务的所有数据行。在同一个数据库中，SCN 是单调递增的并且是唯一的。为了避免在进行一致性检验时操作系统时钟可能引发的问题，Oracle 服务器将 SCN 作为 Oracle 的内部时间戳来保证数据文件中的数据的同步和数据的读一致性。

当在 SQL*Plus 中发了 commit 语句之后，Oracle 的内部操作步骤如下。

（1）服务器进程将把提交的记录连同所产生的 SCN（号码）一起写入重做日志缓冲区中。

（2）重做日志写进程将把重做日志缓冲区中一直到所提交的记录（包括该记录）的所有记录连续地写到重做日志文件中。在此之后，Oracle 服务器就可以保证即使在系统崩溃的情况下所有提交的数据也可以得到恢复。

（3）Oracle 通知用户（进程）提交已经完成。

（4）服务器进程将修改数据库高速缓冲区中的相关数据的状态并释放资源和打开锁等。

此时可能这些数据并未被写到数据文件中，这些数据缓冲区被标为脏缓冲区，因为相同的数据在内外存中为不同的版本。数据库高速缓冲区中的数据是由 DBWR 写到数据文件中的。

曾有不少学生问过这样一个问题："为什么不同时写两个数据文件呢？"Oracle 的这种解决方案的最大优点是在保证不丢失数据的同时，数据库的效率不会受到很大影响。**因为重做日志文件中的记录是以最紧凑的格式存放的，所以它的 I/O 量要比对数据文件的操作少得多。另外 LGWR 是顺序地将重做日志缓冲区中的记录写到重做日志文件中的，这样其 I/O 速度要比将数据块写到数据文件中快得多。**

重做日志写进程（LGWR）要在下列情况下将重做日志缓冲区的记录（内存）顺序地写到重做日志文件（外存）中。

- 当某个事务被提交时。
- 当重做日志缓冲区中所存的记录已超过缓冲区容量的 1/3。
- 在 DBWR 将数据库高速缓冲区中修改过的数据块写到数据文件之前（如果需要）。
- 每 3 秒钟。

因为在进行数据库恢复时需要重做日志数据，所以重做日志写进程（LGWR）只有在重做日志数据写到重做日志文件（磁盘）上时才能确定提交已经完成。在 Oracle 8i 之前的版本中，重做日志数据的唯一目的和用处就是数据库恢复。Oracle 在 Oracle 8i 的版本中引入了重做日志挖掘器（logminer）的工具。该工具可以将重做日志文件或归档重做日志文件中的数据转换成用户能理解的正文信息。在 Oracle 8i 中，该工具只有命令行操作方式。Oracle 9i 加强了该工具的功能并引入了日志挖掘浏览器（logminer viewer）的图形界面工具。

1.20　数据库写进程

在本章开始时曾介绍过数据库的典型操作就是大规模的输入/输出（I/O），**因此为了提高 Oracle 系统的效率，一要减少 I/O 量，这可能是 Oracle 引入 LGWR 的原因之一；二要减少 I/O 次数，这可能是 Oracle 引入数据库写进程（DBWR/DBWn）的主要原因。**

🔊 提示：

在 Oracle 的英文书中有些将"数据库写进程"用 DBWR 表示，有些将它用 DBWn 表示。这是因为在一个 Oracle 实例中可以启动多个数据库写进程，特别是在要进行大规模输入/输出并且运行在多 CPU 计算机上的 Oracle 数据库系统。Oracle 早期的版本允许在一个实例上最多启动 10 个数据库写进程，分别是 DBW0～DBW9。Oracle 11g 对此进行了扩充，允许在一个实例上最多启动 36 个数据库写进程，分别是 DBW0～DBW9 和 DBWa～DBWz。而 Oracle 12c 又进行了扩充，允许在一个实例上最多启动 100 个数据库写进程，除了 Oracle 11g 的 36 个之外，还可以包括了 DBW36～DBW99。不过在单 CPU 的系统上只使用一个数据库写进程。Oracle 是使用参数 DB_WRITER_PROCESSES 来设置数据库写进程的个数的，如果在实例启动时没有说明数据库写进程的个数，Oracle 将根据 CPU 的个数来决定参数 DB_WRITER_PROCESSES 的设置。

可以使用如下例 1-11 的 SQL*Plus 的 show parameter 命令列出系统目前所启动的数据库写进程的个数。
例 1-11

```
SQL> show parameter DB_WRITER_PROCESSES
NAME                                 TYPE                VALUE
------------------------------------ ------------------- -------
db_writer_processes                  integer             1
```

数据库写进程负责将数据库高速缓冲区中的脏缓冲区中的数据写到数据文件上。为了提高效率，数据库写进程并不是数据库高速缓冲区中的数据一有变化就写数据文件，而是积累了足够多的数据一次写一大批内存数据块到数据文件上。

数据库写进程将在下列事件之一发生时把数据库高速缓冲区中的数据写到数据文件上：

- 当脏缓冲区的数量超过了所设定的限额。
- 当所设定的时间间隔已到。
- 当有进程需要数据库高速缓冲区却找不到空闲的缓冲区时。
- 当校验（检查）点发生时。
- 当某个表被删除（drop）或被截断（truncate）时。
- 当某个表空间被设置为只读状态（read only）时。
- 当使用类似于 ALTER TABLESPACE users BEGIN BACKUP 的命令对某个表空间进行联机备份时。
- 当某个表空间被设置为脱机状态（offline）或重新设置为正常状态（normal）时等。

1.21　系统监督进程

从前面的论述中可以知道，由于某种原因（如断电）Oracle 系统崩溃了，SGA 中任何没有来得及写到磁盘中的信息都将丢失，如有些已经提交的数据还没有真正地被写到数据文件中时就会丢失。在这种情况下，当数据库重新开启时，系统监督进程（SMON）将自动地执行 Oracle 实例的恢复工作。其步骤如下。

（1）执行前滚（roll forward），即将已经写到重做日志文件中但还没写到数据文件中的提交数据写到数据文件中（Oracle 是用 SCN 号码来识别提交记录的）。

（2）在前滚完成后立即打开数据库，此时用户就可以登录并使用数据库了。这时在数据文件中可能还有一些没有提交的数据。之所以这样安排，主要是为了提高系统的效率。

（3）回滚没有提交的事务（数据）。除了 SMON 进程之外，服务器（server）进程也可能进行回滚没有提交的事务，但该进程只回滚它所用到的加锁的数据行。

除此之外，SMON 进程还要执行如下的磁盘空间的维护工作：

- 回收或合并数据文件中相连的空闲区。
- 释放临时段（在执行 SQL 语句时用作排序的磁盘区），将它们还给临时文件以作为空闲区使用。

1.22　进程监督进程

当某个进程崩溃时（如在没有正常退出 Oracle 的情况下重新启动了所用的 PC），进程监督进程（PMON）将负责如下清理工作。

- 回滚用户当前的事务。
- 释放用户所加的所有表一级和行一级的锁。
- 释放用户所有的其他资源等。

1.23　校验（检查）点和校验点进程

Oracle 系统为了提高系统的效率和数据库的一致性，引入了一个称为校验点的事件。该事件是在当 DBWR 进程把在 SGA 中所有已经改变了的数据库高速缓冲区中的数据（包括提交的和没提交的数据）写到数据文件上时产生的。从理论上讲，校验点（checkpoint）和校验点进程可以完全不需要，因为 Oracle

系统利用重做日志数据和 SCN 号是能够保证数据库的完全恢复的。引入校验点可能是为了提高系统的效率。因为所有到校验点为止的变化了的数据都已写到了数据文件中，在实例恢复时校验点之前的重做日志记录已经不再需要，这样实例恢复速度就加快了。

在校验点事件发生时，Oracle 要将校验点号码（Oracle 系统自动产生的）写入所有相关的数据文件的文件头中。还要将校验点号码、重做日志序列号、归档日志名称和最低和最高 SCN 号都写入控制文件中。

尽管经常产生校验点可以加快实例恢复的速度，但是由于在产生校验点时 Oracle 系统要进行大量的 I/O 操作，所以过于频繁地产生校验点会使数据库正常的联机操作受到冲击。最后数据库管理员要在实例恢复的速度和联机操作之间进行折衷。一般的生产或商业数据库的校验点间隔是在 20 分钟或以上。

1.24　归档日志进程

以上 5 个后台进程都是必需的，即它们中的任何一个停止后实例都将自动关闭。**在可选后台进程中，归档日志（ARCH/ARCn）进程可能是最重要的一个可选后台进程，因为如果 Oracle 数据库的数据文件丢失或损坏，一般数据库要进行完全恢复，Oracle 数据库应运行在归档方式。**

在 Oracle 数据库中，重做日志文件被划分为若干个组。当一组重做日志的文件被写满后，Oracle 就开始写下一组重做日志，这被称为日志切换。切换是以循环的方式进行的，即当最后一组写满后，又开始写第一组。因此如果只有重做日志文件，即 Oracle 数据库运行在非归档方式下，当遇到数据文件丢失或损坏时，Oracle 系统很难保证完全恢复数据库中的数据。因为此时所需的重做记录可能因重做日志循环使用而被覆盖了。

在归档方式下，ARCn 进程将把切换后的重做日志文件复制到归档日志文件。可以把归档日志文件看成是重做日志文件的备份，但归档日志文件是脱机的，即除了在进行（复制）时，Oracle 数据库在正常运行时是不会关注归档日志文件的。Oracle 系统确保在一组重做日志的归档操作完成之前不会重新使用该组重做日志。在 Oracle 数据库中归档操作一般是自动执行的。利用这些归档日志文件，Oracle 系统就能确保在遇到数据文件丢失或损坏后可以完全恢复数据库中的数据。

那么怎样才能知道 Oracle 目前到底启动了多少个后台进程呢？可以使用例 1-12 的查询语句获取这方面的准确信息，其中 "where background = '1'" 子句保证只显示后台进程。为了使显示清晰易读，最好先使用例 1-13 和例 1-14 的 SQL*Plus 命令格式化一下显示输出结果。

例 1-12

```
SQL> select pid, username, program
  2  from v$process
  3  where background = '1'
  4  order by program;
     PID USERNAME                        PROGRAM
-------------------------------------- ------------------
      36 SYSTEM                          ORACLE.EXE (CJQ0)
      12 SYSTEM                          ORACLE.EXE (CKPT)
       6 SYSTEM                          ORACLE.EXE (DBRM)
      10 SYSTEM                          ORACLE.EXE (DBW0)
       8 SYSTEM                          ORACLE.EXE (DIA0)
       5 SYSTEM                          ORACLE.EXE (DIAG)
       4 SYSTEM                          ORACLE.EXE (GEN0)
      11 SYSTEM                          ORACLE.EXE (LGWR)
```

```
 9 SYSTEM                         ORACLE.EXE (MMAN)
16 SYSTEM                         ORACLE.EXE (MMNL)
15 SYSTEM                         ORACLE.EXE (MMON)
 2 SYSTEM                         ORACLE.EXE (PMON)
 7 SYSTEM                         ORACLE.EXE (PSP0)
19 SYSTEM                         ORACLE.EXE (Q000)
25 SYSTEM                         ORACLE.EXE (Q002)
20 SYSTEM                         ORACLE.EXE (QMNC)
14 SYSTEM                         ORACLE.EXE (RECO)
40 SYSTEM                         ORACLE.EXE (SMCO)
13 SYSTEM                         ORACLE.EXE (SMON)
 3 SYSTEM                         ORACLE.EXE (VKTM)
24 SYSTEM                         ORACLE.EXE (W000)
```

已选择 21 行。

例 1-13

```
SQL> col program for a30
```

例 1-14

```
SQL> set pagesize 35
```

例 1-12 查询显示的结果不但包括了所介绍过的 5 个必需的后台进程，而且还包括了许多其他的后台进程，但是并未包括归档后台进程 ARCn，这是因为数据库目前是运行在非归档方式（模式）。其中，RECO 后台进程是用于分布式数据库的。

1.25　小　　结

在本章即将结束时，请读者考虑一个问题：在数据库（数据文件）中所存的数据是否一致？也可以说成是数据库（数据文件）中所存的数据是否被提交？

要回答这个问题首先要知道数据库当前的状态。如果数据库是处在正常关闭状态，数据库所存的数据当然是一致的。如果数据库是非正常关闭状态，则数据库中应该会存在不一致的数据。另外，如果数据库处在正常运行（开启）状态，则数据库中可能既存在一致的数据又存在不一致的数据。

数据库处在正常运行（开启）状态时数据库中所存的数据是一致的，这一点很容易理解，怎么可能有不一致的数据呢？设想有某个用户发了如下的 DML 语句：UPDATE emp SET sal = sal * 0.9;（您知道这个 DML 语句的商业含义吗？可能是公司长期亏损，为了避免最终倒闭的厄运，公司要求全体员工"同舟共济"，集体减薪 10%），进一步假设 emp 表中有几十万条记录，而且该用户还有个坏习惯，他每次发了 DML 语句后既不提交也不回滚。可以想象经过一段时间，在数据库高速缓冲区中的这些数据块就会自动地排到 LRU 队列的尾部。如果此时有一个 SQL 语句需要从数据文件中读入大量的数据到内存，而此时数据库高速缓冲区中已没有空闲的内存块（缓冲区）可用，因此 DBWR 进程要把在 LRU 队列尾部的没有提交的数据写到数据文件上。

另一个类似的问题是：数据库写进程（DBWR/DBWn）是提交之前把在数据库高速缓冲区中的数据写到数据文件上还是在提交之后写？答案是：可能在之前也可能在之后写。读者只要仔细回忆一下本章所介绍的有关内容就不难理解这一点了。

在 OCP 考试中有人统计过，与 SGA 和后台进程有关的问题大约占考试题的 20% 以上。虽然这些题变化多端，但是只要能真正地理解 SGA 和后台进程以及它们之间的关系是不难回答的。

本章主要讲解与 Oracle 数据库管理系统相关的基本概念和原理，基本上没有实际操作，可能有些读者读起来比较乏味，但本章中的许多内容对理解以后章节的内容是至关重要的，希望读者把本章弄懂。

1.26　您应该掌握的内容

在学习第 2 章之前，请检查您是否已经掌握了以下内容：

- 在数据库系统中什么是稀有资源。
- Oracle 服务器（server）的组成。
- Oracle 服务器的 3 种安装方式。
- Oracle 体系结构的轮廓。
- Oracle 实例（instance）。
- Oracle 引入实例的目的。
- Oracle 数据库（database）。
- Oracle 其他的几个关键文件。
- 怎样建立与实例（instance）的连接。
- 服务器进程和程序全局区（program global area，PGA）。
- Oracle 执行 SQL 查询语句的主要步骤。
- Oracle 实例的系统全局区。
- 共享池（shared pool）的组成。
- 库高速缓存（library cache）的工作原理。
- 数据字典高速缓存（data dictionary cache）的工作原理。
- 怎样设置共享池。
- 数据库高速缓冲区（database buffer cache）的工作原理。
- 重做日志缓冲区（redo log buffer）的工作原理。
- Oracle 执行 UPDATE 语句的步骤。
- 怎样设置内存缓冲区的大小。
- 怎样获取内存缓冲区信息。
- 重做日志写进程的工作原理。
- 快速提交（fast commit）技术。
- 数据库写进程（DBWR/DBWn）的工作原理。
- 系统监督进程（SMON）的工作原理。
- 进程监督进程（PMON）的工作原理。
- 引入校验点（checkpoint）事件和校验点进程的原因。
- 校验点进程的工作原理。
- 引入归档日志文件和归档日志（ARCH/ARCn）进程的原因。
- 归档日志进程的工作原理。

第 2 章　数据库管理工具

在第 1 章中介绍了与 Oracle 数据库管理系统相关的基本概念和体系结构，在本章中将介绍管理和维护 Oracle 数据库管理系统的数据库管理员常用的工具。这些管理工具被分为两大类：一类为命令行工具，而另一类为图形工具。尽管图形工具使用方便而且易于学习，但并不是在所有的 Oracle 生产数据库上都能得到，而命令行工具是在所有的 Oracle 数据库中都能得到的。因此，建议读者把学习的重点放在命令行工具上。

2.1　Oracle 通用安装程序

Oracle 通用安装程序（**Oracle Universal Installer**）是在 **Oracle 8i** 引入的一个基于 **Java** 的通用安装程序。该程序独立于任何计算机平台，操作简单。它可被用来在使用 **Java** 的任何平台上安装、升级，或删除 **Oracle 软件组件和创建数据库**。该安装程序具有如下的特性：

- ➥ 探测各组件之间的依赖关系并据此进行相应的安装。
- ➥ 允许基于网上的安装。追踪组件库和部件的安装。卸载已安装的组件。
- ➥ 支持多个 Oracle Homes（多个不同版本的 Oracle 数据库）。
- ➥ 支持全球化技术（在 Oracle 8i 或之前的版本中称为国家语言支持技术）。
- ➥ 它既可以交互方式运行，也可以非交互方式运行。

2.2　交互式启动 Oracle Universal Installer

在 Windows 操作系统上可以用如图 2-1 所使用的方法交互式启动通用安装程序（Oracle Universal Installer）。

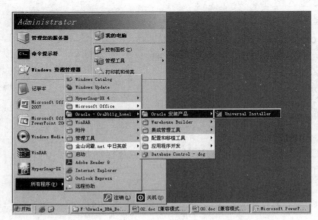

图 2-1

按图 2-1 的显示，读者需单击的顺序为：“开始”→“所有程序”→Oracle-OraDb11g_ home1→“Oracle

安装产品"→Universal Installer。

在 UNIX 或 Linux 系统上可以用如下的方法交互式启动 Oracle Universal Installer（其中$为 UNIX 操作系统提示符）：

```
$ ./runInstaller
```

📣 注意：

千万不要在 root 用户下安装 Oracle，因为这样 Oracle 系统的所有文件包括数据文件和日志文件的属主都是 root 用户，将来 Oracle 系统很难管理和维护。最好使用 oracle 用户来安装 Oracle 系统。

2.3 非交互式启动 Oracle Universal Installer

当需要安装多个完全相同的 Oracle 数据库系统时，如果用以上的交互方式启动 Oracle Universal Installer，就需要每次都回答完全相同的问题。这样做既麻烦又容易出错。这也许就是引入非交互方式启动 Oracle Universal Installer 来安装 Oracle 数据库系统的原因。其另一个原因可能是所使用的终端为非图形终端。

在 Windows 系统上可以用如下方法在 DOS 提示符下来非交互式地启动 Oracle Universal Installer：

```
D:\>setup.exe -responfile 响应文件名 -silent
```

其中，响应文件为正文文件，该文件中包含了 Oracle Universal Installer 在安装过程中所需的变量和值，如 ORACLE_HOME 的目录值和安装类型（Typical 或 Custom 安装）等。

在 UNIX 上可以用如下的方法来非交互式地启动 Oracle Universal Installer（其中$为 UNIX 操作系统提示符）：

```
$ ./runInstaller -responfile 响应文件名 -silent
```

详细介绍 Oracle Universal Installer 和响应文件中的内容已超出了本书的范围，如果读者对此感兴趣，可参阅 Oracle Universal Installer Concepts Guide 或类似的图书和文档。

2.4 Oracle 数据库配置助手

在 Oracle 的早期版本中创建数据库一直是一件令人"望而生畏"的工作，因为在早期版本中只能使用手工（命令行）方式来创建数据库。Oracle 公司在其 Oracle 8 的 Windows 版上引入了 Oracle 数据库助手（Oracle Database Assistant）的图形工具。利用该图形工具，数据库管理员或用户可以很轻松地创建数据库。

Oracle 公司在推出 Oracle 8i 版本时使用 Java 重写了该工具，并将其改名为 Oracle 数据库配置助手（Oracle Database Configuration Assistant，ODCA）。该图形工具不但可以运行在 Windows 环境上，还可以运行在 UNIX 或其他环境上。

Oracle Database Configuration Assistant 可以被用来创建数据库、修改数据库配置选项和删除数据库管理模板等。

在 Windows 系统上可以用如图 2-2 所示的方法来启动，单击的顺序为："开始"→"所有程序"→Oracle - OraDb11g_home1（在读者的系统上可能略有不同）→"配置和移植工具"→Database Configuration Assistant。

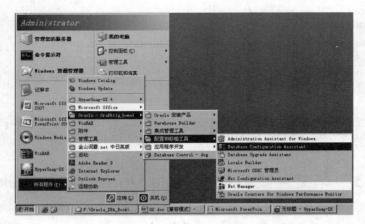

图 2-2

也可以使用命令行的方式来启动 Oracle 数据库配置助手（在 UNIX 或 Linux 操作系统上都是以这一方法启动 Oracle 数据库配置助手的），其具体方法如下：

（1）开启一个 DOS 窗口。

（2）如果 PATH 变量没有设置好，使用 cd 命令切换到 Oracle 数据库配置助手可执行程序所在的目录，如 cd I:\app\Administrator\product\11.2.0\dbhome_1\BIN。

（3）在操作系统提示符下输入 dbca，之后按回车键。

2.5　使用 Oracle 数据库配置助手创建数据库

以下是使用 Oracle 数据库配置助手创建数据库的步骤。

（1）启动 Oracle Database Configuration Assistant。

（2）在图 2-3 中单击"下一步（N）"按钮。

（3）之后出现如图 2-4 所示的界面，选中"创建数据库"单选按钮，单击"下一步（N）"按钮，如图 2-5 所示。

图 2-3

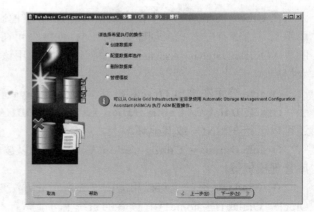

图 2-4

（4）在图 2-5 中应先用鼠标选中"一般用途或事务处理"或"数据仓库"，**注意，不要选中"定制数据库"**。之后单击"下一步（N）"按钮，如图 2-6 所示。

图 2-5

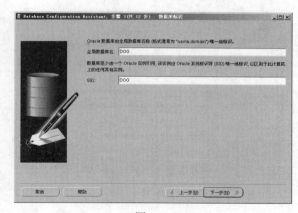

图 2-6

（5）在图 2-6 中应先输入用户所选定的数据库名，如 DOG（狗）。之后单击"下一步（N）"按钮，出现管理选项界面，接受默认，继续单击"下一步（N）"按钮。随后将出现数据库身份证明界面，如图 2-7 所示。

（6）此时在图 2-7 中可选择"所有账户使用同一管理口令"单选按钮、输入并确认 DBA 口令（如wang），之后单击 "下一步（N）"按钮。在接下来的几个界面中还是接受默认继续单击"下一步（N）"按钮，直到出现如图 2-8 所示的画面为止。

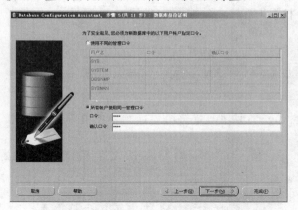

图 2-7

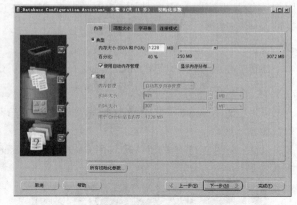

图 2-8

（7）在图 2-8 中可以调整多项数据库配置，但在这里仍然使用默认配置，之后单击"下一步（N）"按钮，界面如图 2-9 所示。

（8）在图 2-9 中仍然使用默认配置，之后单击"下一步（N）"按钮，接下来会出现如图 2-10 所示的界面。

（9）在图 2-10 中如果仍然使用默认配置并单击"完成（F）"按钮，就会创建一个名为 DOG 的新数据库，但在这里建议单击"取消"按钮，因为在一台计算机上创建两个数据库将会使系统效率大大降低而且也会给操作和维护带来不必要的麻烦。

🔊 提示：

此时，也可以选择"生成数据库创建脚本"复选框生成创建 DOG 数据库的脚本文件。之后就可以将这一脚本文件略做修改，利用它在用户的计算机上以命令行的方式手工地创建数据库了，这样看起来技术的含金量是不是很高？

图 2-9   图 2-10

2.6　数据库管理员用户 sys 和 system

如果利用以上方法或任何其他的方法创建了一个数据库，Oracle 就会自动地创建两个超级用户：**sys** 和 **system**，也被称为数据库管理员用户，被授予数据库管理员角色（DBA role）。在进行数据库维护和管理时需要以这两个用户之一登录。

其中 sys 用户拥有数据库中数据字典，在早期版本中它的默认口令为 change_on_install。在使用 sys 用户连接数据库时，应该使用 SYSDBA 或 SYSOPER 权限来连接，否则系统会报错。以下通过一个例子来演示这一过程。

📢 提示：

出于安全的考虑，使用 Oracle 10g、Oracle 11g 和 Oracle 12c 创建一个数据库时必须输入 sys 和 system 用户的密码，即这两个用户不允许使用默认口令了。

（1）使用 scott 用户登录数据库，该用户的密码为 tiger。读者可以按图 2-11 所示使用 SQL*Plus 登录数据库。

（2）在图 2-11 中的"请输入用户名"处输入 scott、在"输入口令"处输入 tiger，之后将出现如图 2-12 所示的画面。

图 2-11   图 2-12

📢 提示：

本例是在 2012 年完成的，怎么 SQL*Plus 显示的系统当前日期为 2038 年呢？原因是计算机的时钟错了（为了说明问题，我之前将计算机的时钟往前拨了 26 年）。这也说明了 Oracle 为什么要使用 SCN 号作为 Oracle 的内部时间戳的高明之处。

（3）输入 connect sys/wang 命令，Oracle 系统会产生如图 2-13 所示的错误信息。

（4）输入 connect sys/wang as sysdba 命令，即会成功地连接到数据库上并得到如图 2-14 所示的界面。

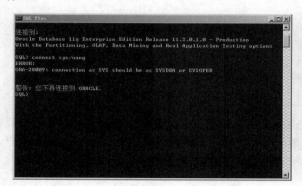

图 2-13

图 2-14

其中，system 用户拥有由 Oracle 工具所使用的附加的内部表和视图，在早期版本中它的默认口令为 manager。在使用 system 用户连接数据库时，可以不使用 SYSDBA 或 SYSOPER 权限来连接。输入 connect system/manager 命令，Oracle 系统会产生如图 2-15 所示的界面。

图 2-15

可能有读者还是要问：sys 和 system 这两个数据库管理员用户到底有什么区别呢？通过以下的几个例子，读者就很容易地看出它们之间的差别了。**假设现在还是以 system 用户登录数据库，否则要切换到 system 用户。现在使用例 2-1 的 SQL*Plus 命令试着列出当前数据库是否运行在归档模式，系统会显示权限不足的错误信息。如果使用例 2-2 的 SQL*Plus 命令试着立即关闭数据库，系统同样会显示权限不足的错误信息。**

例 2-1

```
SQL> archive log list
ORA-01031: 权限不足
```

例 2-2

```
SQL> shutdown immediate
ORA-01031: 权限不足
```

之后使用例 2-3 的 **connect** 命令切换到 sys 用户。接下来，使用例 2-4 的 **archive log list** 命令，这次系统就列出了与归档相关的全部信息。如果此时重新执行例 2-2 的 **shutdown immediate** 命令，数据库将被关闭。

例 2-3

```
SQL> connect sys/wang as sysdba
已连接。
```

例 2-4

```
SQL> archive log list
数据库日志模式              非存档模式
自动存档                  禁用
存档终点                  USE_DB_RECOVERY_FILE_DEST
最早的联机日志序列          15
当前日志序列              17
```

相信通过以上的例子，读者应该清楚 sys 和 system 这两个超级用户之间的细微差别了。**如果还有疑问，可以把 sys 用户理解成乾隆爷**——他老人家有至高无上的权利，谁也限制不了他；而将 **system** 用户理解成和绅大人——他是一人之下，万万人之上。

📖 约定：

在本书后面的章节中，如果未加说明，即默认以 system 用户登录。

2.7 SQL*Plus 命令行工具

SQL*Plus 是一个 Oracle 的命令行工具，提供了与数据库进行交互和维护数据库的能力。 在 Oracle 8i 之前的版本是不支持一些数据库管理员命令的，如启动或关闭数据库。从 Oracle 8i 开始，Oracle 公司将原本属于服务器管理程序（server manager）的数据库管理员命令都加到了 SQL*Plus 中。从 Oracle 9i 开始，Oracle 公司取消了 server manager，以前使用 server manager 完成的工作现在都可以由 SQL*Plus 来完成。

SQL*Plus 是管理和维护数据库的标准命令行界面（工具），现在可以被用来启动和关闭数据库、建立和运行查询、添加数据行、修改数据和生成个性化的报告（reports）等。前面已介绍了一种与 SQL*Plus 连接的方法，现在介绍另一种 Oracle 专业人员常常使用的连接方法。

（1）选择"开始"→"运行（R）"命令，如图 2-16 所示，将出现如图 2-17 的画面。

📢 提示：

更方便和快捷的方法是同时按下微软的标志键（在 Ctrl 和 Alt 键中间）和 R 键。这样是不是更专业？

（2）在如图 2-17 所示的"运行"对话框中输入 cmd 并单击"确定"按钮，出现如图 2-18 所示的界面。

图 2-16　　　　　　　图 2-17　　　　　　　图 2-18

（3）在 DOS 提示符下输入 sqlplus/nolog 命令，就可以连接到 SQL*Plus 并出现如图 2-19 所示的界面。

（4）在 SQL*Plus 提示符下输入诸如 connect system/wang 命令，就可与 Oracle 数据库系统成功地进行连接，并出现如图 2-20 所示的界面。

图 2-19

图 2-20

2.8　Oracle 10g 企业管理器（EM）

从 **Oracle 8 到 Oracle 8i，再到 Oracle 9i、Oracle 10g、Oracle 11g 和 Oracle 12c，几乎每一次 Oracle 的企业管理器都有较大的变化。其中 Oracle 10g 的变化可能是最大的，因为其改变了启动方式。**

为了启动数据库控制台，首先应进入 ORACLE_HOME\BIN 目录，笔者的 Oracle 10g 数据库的 ORACLE_HOME 为 J:\oracle\product\10.1.0\Db_1。之后可以使用 emctl status dbconsole 命令来查看一下企业管理器控制台进程的状态，如图 2-21 所示。

如果企业管理器控制台进程没有启动，可以使用 emctl start dbconsole 命令来启动企业管理器控制台进程，如图 2-22 所示。

图 2-21

图 2-22

以下是登录和使用 Oracle 10g 数据库控制台的步骤。

（1）启动 Internet 浏览器，并在 Internet 浏览器中输入 http://sun-moon:5500/em，就可以启动企业管理器控制台的登录界面了，其中 sun-moon 是笔者所用的主机名，5500 是企业管理器控制台的 HTTP 端口号，如图 2-23 所示。

（2）在图 2-23 的"用户名"处输入 sys，"口令"处输入 Oracle（读者的数据库可能是不同的密码），在"连接身份"处选择 SYSDBA。单击"登录"按钮后，进入企业管理器控制台，如图 2-24 所示。

（3）现在就可以使用 Oracle 10g 的企业管理器来管理和维护 Oracle 数据库了。例如，可以在如图 2-24 所示的界面中选择"管理"选项卡，将出现如图 2-25 所示的界面。

（4）此时如果单击"控制文件"超链接，就会得到如图 2-26 所示的界面。在图 2-26 中显示了所操作的数据库的全部控制文件，包括它们的状态和物理文件名。

图 2-23

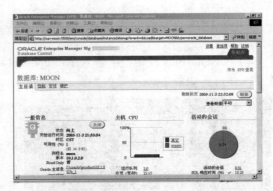

图 2-24

图 2-25

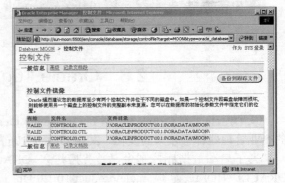

图 2-26

以上简单地介绍了 Oracle 10g 企业管理器的启动和使用，读者可以通过练习很快地掌握它的使用方法。但是在真正理解本书所介绍的内容之前，最好少用或不用这个强大的图形工具，因为任何操作上的失误对数据库系统来说都可能是灾难性的。

2.9　Oracle 11g 企业管理器（EM）

实际上，Oracle 11g 企业管理器与 Oracle 10g 的差别不大。为了要启动 Oracle 11g 企业管理器，需要首先找到 Oracle 11g 企业管理器控制台的 HTTPS 端口号，注意 Oracle 11g 使用的是 https 而不是 http。 为此要进入 $ORACLE_HOME\install 目录（其中，$ORACLE_HOME 为 Oracle 的安装目录，这台计算机上为 I:\app\Administrator\product\11.2.0\dbhome_1\install），找到名为 portlist.ini 的正文文件即可看到所需要的端口号，其中就包括企业管理器的端口号。可以使用"记事本"打开这一文件，而在这台计算机上其端口号为 1158。

有了 https 的端口号就可以开始启动 Oracle 11g 数据库控制台。以下是登录和使用 Oracle 11g 数据库控制台的步骤。

（1）启动 Internet 浏览器，并在 Internet 浏览器中输入 https://localhost:1158/em，就可以启动企业管理器控制台的登录界面了，其中 localhost 是主机名表示本机，1158 是企业管理器控制台的 HTTPS 端口号，如图 2-27 所示。

（2）在图 2-27 的"用户名"处输入 sys，"口令"处输入 wang（读者的数据库可能是不同的密码），在"连接身份"处选择 SYSDBA。单击"登录"按钮后，进入企业管理器控制台，如图 2-28 所示。

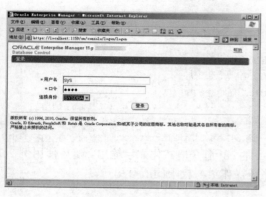

图 2-27   图 2-28

（3）现在就可以使用 Oracle 11g 的企业管理器来管理和维护 Oracle 数据库了。例如，可以在如图 2-28 所示的界面中选择"服务器"选项卡，出现如图 2-29 所示的界面。

（4）此时如果单击"控制文件"超链接，就会得到如图 2-30 所示的界面。在图 2-30 中显示了所操作的数据库的全部控制文件，包括它们的状态和物理文件名。

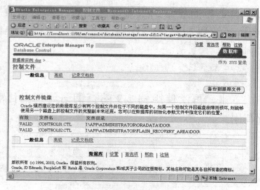

图 2-29   图 2-30

以上简单地介绍了 Oracle 11g 企业管理器的启动和使用，读者可以通过练习很快地掌握它的使用方法。**细心的读者可能已经发现 Oracle 11g 企业管理器控制台中的选项卡比 Oracle 10g 的多，这也显示了 Oracle 11g 企业管理器比 Oracle 10g 的功能要多。另外，读者可能已经注意到了 Oracle 11g 将 Oracle 10g 的"管理"选项卡改为了"服务器"选项卡。尽管有了一些改动，这两个版本的企业管理器的操作基本上没有多大的变化。**

2.10　将 SYSDBA 权限授予普通用户

大型和超大型数据库系统的管理和维护往往需要多个，有时可能十多个甚至几十个数据库管理员。在这种情况下，如果所有的数据库管理员都使用 sys 用户来管理和维护数据库，一旦出了事故就很难追查到具体的责任人。一般在这样的大型和超大型数据库系统中，所有的数据库管理员都不允许以 sys 或 **system 用户登录进行日常的数据库管理和维护，每一个数据库管理员都有自己个人的帐号并赋予了 SYSDBA 权限，每一个人都只能以个人的帐号登录数据库。**

为了将 SYSDBA 权限授予普通用户，必须首先使用 sys 用户登录 Oracle 数据库，可以在 DOS 窗口中使用例 2-5 的命令登录数据库。

例 2-5

```
I:\Documents and Settings\Administrator>sqlplus sys/wang as sysdba
SQL*Plus: Release 11.2.0.1.0 Production on 星期一 9月 3 16:27:55 2012
Copyright (c) 1982, 2010, Oracle. All rights reserved.
连接到：
Oracle Database 11g Enterprise Edition Release 11.2.0.1.0 - Production
With the Partitioning, OLAP, Data Mining and Real Application Testing options
```

为了使查询显示的结果清晰易读，最好先使用例 2-6 的 col 命令格式化显示输出。随后使用例 2-7 的查询语句列出目前系统具有 SYSDBA 和 SYSOPER（系统操作员）权限的所有用户。

例 2-6

```
SQL> col username for a15
```

例 2-7

```
SQL> select * from V$PWFILE_USERS;
USERNAME     SYSDBA    SYSOPER    SYSASM
---------- -------- --------- ---------
SYS          TRUE      TRUE       FALSE
```

从例 2-7 的显示结果可以看出系统默认只有 SYS 用户具有 SYSDBA 权限。现在，可以**使用例 2-8 的 DDL 授权语句将 SYSDBA 权限授予 SYSTEM 用户。**

例 2-8

```
SQL> grant sysdba to system;
授权成功。
```

接下来，再次使用例 2-9 的查询语句列出目前系统具有 SYSDBA 和 SYSOPER（系统操作员）权限的所有用户。

例 2-9

```
SQL> select * from V$PWFILE_USERS;
USERNAME     SYSDBA      SYSOPER     SYSASM
---------- ----------- ---------- ---------
SYS          TRUE        TRUE        FALSE
SYSTEM       TRUE        FALSE       FALSE
```

从例 2-9 的显示结果可以清楚地看出：**目前系统除了 SYS 用户具有 SYSDBA 权限之外，SYSTEM 用户也同样具有了 SYSDBA 权限。也可以使用例 2-10 的 DDL 授权语句将 SYSDBA 权限一次授予多个普通用户。**

例 2-10

```
SQL> grant sysdba to scott, hr, oe;
授权成功。
```

接下来，使用例 2-11 的查询语句再次列出目前系统具有 SYSDBA 和 SYSOPER（系统操作员）权限的所有用户。

例 2-11

```
SQL> select * from V$PWFILE_USERS;
USERNAME     SYSDBA    SYSOPER    SYSASM
---------- -------- --------- ---------
SYS          TRUE      TRUE       FALSE
SYSTEM       TRUE      FALSE      FALSE
SCOTT        TRUE      FALSE      FALSE
```

```
HR              TRUE            FALSE           FALSE
OE              TRUE            FALSE           FALSE
```

从例 2-11 的显示结果可以清楚地看出：目前系统除了 SYS 和 SYSTEM 用户具有 SYSDBA 权限之外，SCOTT、HR 和 OE 用户也同样都具有了 SYSDBA 权限。如果 SCOTT 用户不再需要 SYSDBA 权限了，可以使用例 2-12 的 DDL 回收权限语句将 SCOTT 用户的 SYSDBA 权限收回。

例 2-12

```
SQL> revoke sysdba from scott;
撤销成功。
```

接下来，使用例 2-13 的查询语句再次列出目前系统具有 SYSDBA 和 SYSOPER（系统操作员）权限的所有用户。

例 2-13

```
SQL> select * from V$PWFILE_USERS;
USERNAME    YSDBA    SYSOPER   SYSASM
---------- -------- --------- ---------
SYS         TRUE     TRUE      FALSE
SYSTEM      TRUE     FALSE     FALSE
HR          TRUE     FALSE     FALSE
OE          TRUE     FALSE     FALSE
```

从例 2-13 的显示结果可以清楚地看出：在目前系统中 SCOTT 用户已经没有 SYSDBA 权限了。也可以使用例 **2-14** 的 **DDL** 回收权限语句一次将多个用户的 **SYSDBA** 权限收回。

例 2-14

```
SQL> revoke sysdba from system, oe, hr;
撤销成功。
```

最后，使用例 2-15 的查询语句再次列出目前系统具有 SYSDBA 和 SYSOPER（系统操作员）权限的所有用户。

例 2-15

```
SQL> select * from V$PWFILE_USERS;
USERNAME    SYSDBA   SYSOPER   SYSASM
---------- -------- --------- ---------
SYS         TRUE     TRUE      FALSE
```

从例 2-15 的显示结果可以看出：系统又恢复到默认的状态——即只有 SYS 用户具有 SYSDBA 权限，因为其他用户的 SYSDBA 权限都已经被收回了。原来这授予和回收 SYSDBA 权限也不是那么复杂。

2.11　Oracle 12c EM Database Express

Oracle 也是够与时俱进的了，在 **Oracle 12c** 中已经没有 **Oracle 10g** 和 **Oracle 11g** 的企业管理器了。取而代之的是使用了一个称为 **Enterprise Manager (EM) Database Express** 的新管理工具。该工具是一个轻量级的基于互联网的图形管理工具，可以为单个的 **Oracle** 数据库（或 **Oracle** 数据库集群）提供基于互联网的数据库管理和维护功能，其中包括数据库的配置、管理、维护、诊断、优化以及性能监督等。EM Database Express 这一新的图形管理工具的体系结构如图 2-31 所示。

Oracle 引入 **EM Database Express** 的目的是：只要数据库一安装就可以即刻使用之前版本的企业管理器的绝大多数主要功能，并且其开发成本很低，同时在数据库内部所占的空间也很小（所占的空间只有 **50～100MB**）。在数据库内运行时，**EM Database Express** 使用最低限度的 **CPU** 和内存开销，因为数据库仅仅运行 **SQL** 调用而是网络浏览器本身负责运行和显示网页（用户接口）。

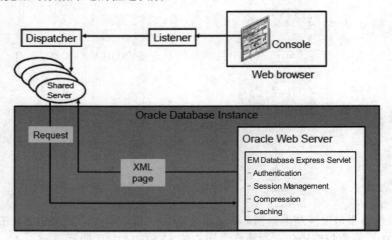

EM Database Express 的用户接口（UI）是使用基于 Web 控制台与（Oracle 预安装的）XML DB 中提供的内置 Web 服务器进行通信的。当处理来自控制台的请求时，EM Database Express servlet 处理这些请求，其中包括 Authentication（验证）、Session Management（会话管理）、Compression（压缩）和 Caching（高速缓存）。该 servlet 处理报告的请求并且返回网络浏览器所呈现的 XML 网页。通常每个网页只有一个请求，以减少浏览器与数据库之的往返次数。

图 2-31

因为需要使用 Oracle 内置的 XML DB，所以 Enterprise Manager Database Express 只能在 Oracle 数据库开启时才能使用。这也就意味着不能使用 EM Database Express 启动数据库。其他的一些需要数据库改变状态的操作，如开启或关闭归档模式，在 Enterprise Manager Database Express 也是没有的。现在明白什么叫轻量级的管理工具了吧？

EM Database Express 要求安装 XML DB 组件。不过读者也用不着担心，因为**所有 Oracle 12.1.0 或以上版本的 Oracle 数据库都默认安装了 XML DB。但是可能要在数据库中激活 Enterprise Manager Database Express。**激活 EM Database Express 的具体步骤如下。

（1）检查分派程序（dispatcher）的初始化参数配置，以确认配置了相关的 dispatcher。

（2）使用 SQL 语句查看 http 或 https 的端口号配置。

（3）若没有配置，执行 dbms_xdb_config 软件包中相关过程进行配置。

要激活 EM Database Express，必须至少为 XML DB 配置一个 TCP 协议的分派程序。可以使用例 2-16 的 SQL*Plus 命令显示当前 Oracle 系统中分派程序的初始化参数配置。

例 2-16

```
SQL> show parameter dispatcher
NAME                      TYPE       VALUE
--------------------      --------   ---------------------------------
dispatchers               string     (PROTOCOL=TCP) (SERVICE=dogXDB)
max_dispatchers           integer
```

例 2-16 的显示结果表明：在这个 Oracle 数据库已经为 dogXDB 服务配置了一个 TCP 协议的 dispatcher。

要激活或使用 EM Database Express，需要首先知道 http 或 https 的端口号。**可以分别使用例 2-17 和例 2-18 的 SQL 查询语句列出数据库实例所使用的 http 或 https 的端口号。例 2-18 的查询语句的结果表明该系统的 https 端口号为 5500，所以现在就可以在网络浏览器中使用 https://localhost:5500/em 启动**

EM Database Express 了。

例 2-17

```
SQL> select dbms_xdb_config.gethttpport from dual;
GETHTTPPORT
-----------
          0
```

例 2-18

```
SQL> select dbms_xdb_config.gethttpsport from dual;
GETHTTPPORT
-----------
       5500
```

但是由于例 2-17 的查询语句的结果为 0,所以在该系统上并没有配置 http 端口,所以应该**使用例 2-19**
的 SQL*Plus 执行命令设置 http 端口(注意此时不能再使用端口 5500 了,因为该端口已经被占用了)。

例 2-19

```
SQL> exec dbms_xdb_config.sethttpport(5501)
PL/SQL procedure successfully completed.
```

接下来,再次使用例 2-20 的 SQL 查询语句列出 http 的端口号。这次例 2-20 的查询语句结果已经是
5501 了,这就表示 http 的端口号已经设置成功了。随后,就可以在网络浏览器中使用 http://localhost:5501/
em 启动 EM Database Express 了。

例 2-20

```
SQL> select dbms_xdb_config.gethttpport from dual;
GETHTTPPORT
-----------
       5501
```

有了 https 的端口号就可以开始启动 Oracle 12c 的 EM Database Express 了。以下就是登录和使用
Oracle 12c 的 EM Database Express 的步骤(也可以使用 http 的端口 5501 连接 Oracle 12c 的 EM Database
Express)。

(1)启动 Internet 浏览器,并在 Internet 浏览器中输入 https://localhost:5500/em,就可以启动 EM
Database Express 的登录界面了,其中 localhost 是主机名表示本机,5500 是 EM Database Express 的
HTTPS 端口号,如图 2-32 所示。

(2)在图 2-32 的"用户名"处输入 sys,"口令"处输入 wang(读者的数据库可能是不同的密码),
在"连接身份"处选择 SYSDBA。单击"登录"按钮后,进入 EM Database Express 的主页,如图 2-33
所示。

在后续章节中将会陆续详细地介绍 EM Database Express 这一基于网络的图形工具的相关操作。
图 2-34 显示了 EM Database Express 的菜单和每个子菜单的结构布局。其中,包括四个主菜单:配置
(Configuration)、存储(Storage)、安全(Security)以及性能(Performance)。而每个主菜单中又包含
多个子菜单,"配置"子菜单包括 Initialization Parameters(初始化参数)、Memory(内存)、Database
Feature Usage(数据库功能的使用情况)以及 Current Database Properties(当前数据库的属性);"存储"
子菜单包括 Tablespaces(表空间)、Undo Management(还原管理)、Redo Log Groups(重做日志组)、
Archive Logs(归档日志)以及 Control Files(控制文件);"安全"子菜单包括 Users(用户)、Roles(角
色)和 Profiles(概要文件);"性能"子菜单包括 Performance Hub(性能中心)和 SQL Tuning Advisor
(SQL 优化指导)。用户可以通过使用这些主菜单和子菜单来方便地管理和维护 Oracle 数据库,以及获
取数据库的相关信息。

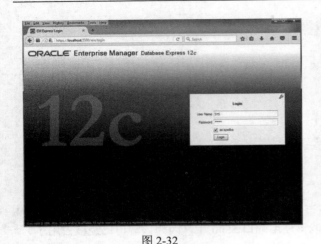

图 2-32

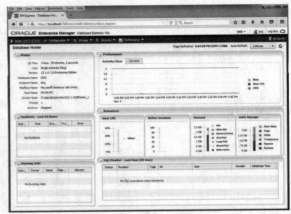

图 2-33

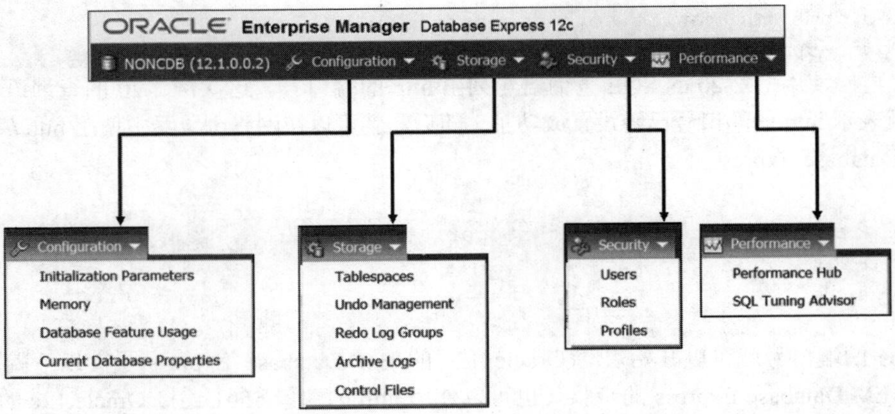

图 2-34

2.12 SQL Developer 简介

如果使用的是 Oracle 11g 和 Oracle 12c，则默认已经安装了 Oracle SQL Developer 这个图形工具。Oracle SQL Developer 是 Oracle 公司最近几年才推出的一个图形化的开发工具，它支持 Oracle 9.2.0.1 或以上的所有 Oracle 的版本。这个工具是免费的，可以在以下的网址免费下载：http://www.oracle.com/technology/products/database/sql_developer。另外，这个工具不需要安装，只要将下载的 Oracle SQL Developer 套件解压缩之后，就可以直接运行并使用。Oracle SQL Developer 是使用 Java 开发的，它支持 Windows、Linux 和 Mac 操作系统的 X 平台。Oracle SQL Developer 既可以直接与数据库服务器连接，也可以从远程的桌面系统连接到数据库系统。

Oracle SQL Developer 还可以直接连接到第三方的数据库，如 TimesTen（Oracle 的内存数据库）和 Microsoft Access 等。

☞ 指点迷津：

在下载 Oracle SQL Developer 套件时，最好下载带有 JDK 的套件。因为 Oracle SQL Developer 运行时需要 JDK，否则可能需要单独安装 JDK。

　　可以在 Windows 操作系统上启动 Oracle 12c 数据库的 SQL Developer 图形工具，按顺序依次选择："开始"→"所有程序"→Oracle-Ora DB12Homel→Application Development→SQL Developer 命令，如图 2-35 所示。

　　使用 SQL Developer 不仅可以浏览和开发数据库用户对象，而且也可以进行数据库的管理和维护。利用 SQL Developer 这一图形工具，具有数据库管理员（DBA）权限的用户可以查看和编辑与数据库管理与维护相关的信息并可以执行 DBA 操作。读者可能还记得，在 2.11 节中所介绍的 EM Database Express 是不能执行启动和关闭数据库的，而 SQL Developer 是可以执行启动和关闭数据库的操作。如果要执行数据库管理员的操作，就需要使用 DBA 导航器。这一导航器与连接导航器类似，因为所有已经定义的数据库连接都具有相应的节点。如果 SQL Developer 启动之后看不到 DBA 导航器，需要依次选择"查看（View）"→DBA 命令，如图 2-36 所示。

图 2-35　　　　　　　　　　　　　　　　　图 2-36

　　接下来，需要添加 DBA 连接，其操作如图 2-37 所示。在随后弹出的页面中填写相关的信息，其中连接名（Connection Name）是自己选的，不过最好是有意义的名字；角色（Role）一定要选择 SYSDBA，SID 是实例名；在连接（Connect）之前最好要测试（Test）一下，如果有错误，要先找到问题并加以解决。只有当状态（States）显示成功（Success）之后，连接才能够成功，如图 2-38 所示。

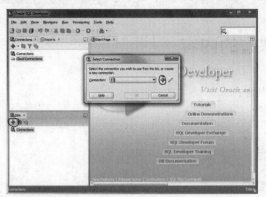 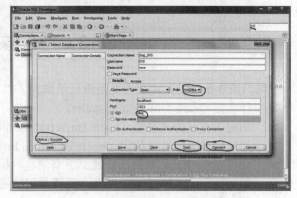

图 2-37　　　　　　　　　　　　　　　　　图 2-38

　　随即，右击连接名（Dog_SYS），选择管理数据库（Manage Database），如图 2-39 所示。在弹出的窗口中输入 SYS 的密码，最后就会出现如图 2-40 所示的页面。可以在这个页面中选择开启和关闭数据库的方式。

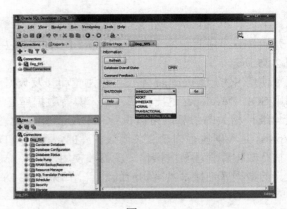

| 图 2-39 | 图 2-40 |

利用 **Oracle SQL Developer** 这一图形工具，除了可以进行 **SQL** 和 **PL/SQL** 开发和调试工作之外，还可以执行如下的数据库管理员操作：

- ↘ 数据库（包括可插入数据库）的开启或关闭。
- ↘ 数据库的配置：初始化参数、自动还原管理、当前数据库属性、还原点和查看数据库功能的使用情况。
- ↘ 查看数据库的状态。
- ↘ **RMAN 备份与恢复。**
- ↘ **利用数据泵导入或导出数据。**
- ↘ 调度程序的设置。
- ↘ 控制文件、重做日志组、归档日志、数据文件、表空间以及临时表空间组的存储配置。

☞指点迷津：

为了帮助有兴趣的读者更好地了解 Oracle SQL Developer 的使用，在赠送的资源包 "内容补充" 文件夹中有一章电子版的 Oracle SQL Developer 介绍。另外，建议读者尽量不要使用 Oracle 数据库自带的 Oracle SQL Developer，因为自带的是较低的版本。读者最好在 Oracle 官方网站下载比较新的版本，这样才能显得与时俱进！

2.13　您应该掌握的内容

在学习第 3 章之前，请检查您是否已经掌握了以下内容：

- ↘ 什么是 Oracle Universal Installer。
- ↘ 如何以交互方式使用 Oracle Universal Installer。
- ↘ 如何以非交互方式使用 Oracle Universal Installer
- ↘ 如何使用 Oracle 数据库配置助手来创建数据库。
- ↘ 如何使用 sys 和 system 这两个管理员用户连接数据库。
- ↘ 什么是 SQL*Plus。
- ↘ 如何启动 SQL*Plus。
- ↘ 如何使用 SQL*Plus。
- ↘ 什么是 Oracle 企业管理器。
- ↘ 使用 Oracle 企业管理器（OEM）时应注意的问题。

- 如何启动 Oracle 10g 的企业管理器。
- 如何使用 Oracle 10g 的企业管理器。
- 如何启动 Oracle 11g 的企业管理器。
- 如何使用 Oracle 11g 的企业管理器。
- 怎样将 SYSDBA 权限赋予其他用户。
- 怎样收回其他用户的 SYSDBA 权限。
- 怎样显示哪些用户具有 SYSDBA 权限。
- 如何启动 Oracle 12c 的 EM Database Express。
- 如何使用 Oracle 12c 的 EM Database Express。
- 如何启动 Oracle 12c 自带的 Oracle SQL Developer。
- 如何使用 Oracle 12c 的 Oracle SQL Developer。

第 3 章　Oracle 实例的管理

Oracle 实例（instance）的管理是 Oracle 数据库管理员最重要的日常工作之一，其中包括初始化参数文件的管理和维护、以各种不同的方式启动或关闭 Oracle instance，以及对 Oracle instance 所出现的问题进行诊断和维护等。

3.1　初始化参数文件

初始化参数文件（initialization parameter files）是每个 Oracle 数据库中最重要的文件之一，有点像 UNIX 或 Linux 操作系统中的.profile 文件。实例启动时 Oracle 将读入该文件的每个参数项，并使用这些参数来配置 Oracle instance。

在 Oracle 数据库中有如下两种类型的参数。

（1）显式：在初始化参数文件中有一个参数项。

（2）隐式：在初始化参数文件中没有参数项，但使用 Oracle 的默认值。

在一个 Oracle 数据库中可以有多个初始化参数文件共存，但每次 Oracle 实例启动时只能读取（使用）一个初始化参数文件。有多个初始化参数文件的原因是有些 Oracle 数据库系统在不同的时段运行方式可能不同，如平时可能主要是 DML 和短查询操作，而月末或年尾时主要是生成月报表或年报表的长查询操作。该文件中的参数项何时变化起作用取决于所使用的初始化参数文件的类型。在 Oracle 9i 或之后的 Oracle 版本中共有两种不同类型的初始化参数文件，分别如下。

（1）静态参数文件（PFILE）：该文件为正文文件。

（2）动态服务器参数文件（SPFILE）：该文件为二进制文件。

静态参数文件的文件名一般为 initSID.ora，动态服务器参数文件的文件名一般为 spfileSID.ora。这里的 SID 为实例名。

Oracle 8i 和以前的版本只能使用静态参数文件，而在 Oracle 9i 及以后的版本中既可以使用静态参数文件，也可以使用动态服务器参数文件。初始化参数文件的内容包括：

- 实例名和与该实例相关的数据库名。
- 控制文件名称和位置。
- 系统全局区的配置，如 shared pool 的配置。
- 还原段（回滚段）的配置。
- 该实例所能同时启动的进程数。
- 标准数据块的大小。
- 是否允许 DBA 远程登录等。

3.2　静态参数文件

静态参数文件（PFILE）是一个正文文件，可以使用操作系统提供的正文编辑器进行编辑。Oracle 只在实例启动时读这一文件，因此为了使对这一文件中参数的修改起作用必须重启实例。在 UNIX 操作系统下，该文件默认是在 $ORACLE_HOME/dbs 目录下。在 Windows 操作系统下，该文件默认是在

$ORACLE_HOME\database 下，但在许多 Oracle 版本中，在这一目录下的参数文件中只存了指向真正参数文件的指针（文件名），如图 3-1 和图 3-2 所示。

图 3-1

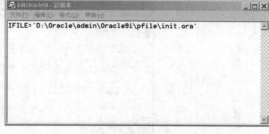

图 3-2

📢 提示：

对于 Oracle 12c 数据库管理系统，在 Windows 操作系统上该文件的默认目录是$ORACLE_HOME\dbs，如：D:\app\dog\product\12.1.0\dbhome_1\dbs。

3.3　静态参数文件的创建和例子

Oracle Universal Installer 在安装时创建了一个样本的初始化参数文件，其名为 init.ora。可以使用操作系统的复制命令产生所需的参数文件，但文件名要含有实例名作为标识。如果实例名为 bear（熊），那么这一数据库的初始化参数文件名就为 initbear.ora。此时可使用如下的操作系统命令在 Windows 系统下产生这一正文的初始化参数文件。

```
copy init.ora $ORACLE_HOME\database\initbear.ora
```

也可以使用如下的操作系统命令在 UNIX 系统下产生这一正文的初始化参数文件。

```
cp init.ora $ORACLE_HOME/dbs/initbear.ora
```

之后就可以利用操作系统的正文编辑器来编辑这一初始化参数文件，根据数据库的需要进行必要的修改。

如图 3-3 所示是一个在笔记本电脑上安装的 Oracle 数据库的正文初始化参数文件的简化版本。

在图 3-3 中，以#开头的为注释，以下按顺序解释每一行的含义（注释行除外）。

- ↘ 标准数据块的大小为 4KB（4096B）。
- ↘ 数据库高速缓冲区（database buffer cache）的大小为 33MB。
- ↘ 数据库的名称为 SUN。
- ↘ 数据库报警日志文件和后台进程追踪文件放在 C:\oracle\admin\SUN\bdump 目录下。
- ↘ 用户的追踪文件放在 C:\oracle\admin\SUN\udump 目录下。
- ↘ 共有 3 个控制文件，都放在 C:\oracle\oradata\SUN 目录下。
- ↘ 该数据库的实例名也为 SUN。
- ↘ Java 池（Java pool）的大小为 33MB。
- ↘ 大池（large pool）的大小为 8MB。
- ↘ 共享池（shared pool）的大小为 50MB。

- 该实例可启动最多 150 个进程。
- 该实例使用自动的还原段（回滚段）管理。
- 当某一事务（transaction）结束后其还原数据至少要保留 900 秒。
- 所使用的还原表空间为 UNDOTBS1。

图 3-3

📢 提示：

读者初始化文件的配置可能会略有不同。

3.4 动态服务器参数文件

动态服务器参数文件（**SPFILE**）是一个二进制文件，它总是保存在服务器上，而且是由 **Oracle** 服务器自动维护的。

📢 注意：

读者不可以手工修改这一文件。如果手工修改了，该文件可能将成为无效的文件。

动态服务器参数文件是在 **Oracle 9i** 中引入的，并在 **Oracle 9i**、**Oracle 10g**、**Oracle 11g** 和 **Oracle 12c** 中广泛使用。引入这一文件的主要目的是能在不需要关闭和启动数据库的情况下修改实例或数据库的配置。这在 **Oracle 9i** 之前的版本中是做不到的。在 Oracle 9i 之前要想调整实例或数据库的一些配置，如共享池（shared pool）的大小，必须首先修改 PFILE 的相应参数并存盘，之后要 shutdown 数据库，然后再 startup 数据库，此时所做的修改才会生效。这对于 24 小时运营、7 天营业的数据库（如银行、电信等）来说是无法接受的。

引入动态服务器参数文件的另一个好处是它提供了自我调优的能力，而且由于该文件存放在服务器端，因此恢复管理器（**RMAN**）可以备份这一参数文件。该文件在 UNIX 或 Linux 操作系统下默认存放在 $ORACLE_HOME/dbs 目录下，在 Windows 操作系统下存放在 $ORACLE_HOME\database 目录下，如图 3-4 所示。

图 3-4

3.5　动态服务器参数文件的创建和参数的浏览

动态服务器参数文件可以利用 **PFILE** 通过使用 **CREATE SPFILE** 命令来建立。只有具有 **SYSDBA** 权限的用户才能发出这一命令。该命令的格式如下：

```
CREATE SPFILE [='SPFILE名'] FROM PFILE [='PFILE名']
```

在这里：

➥　SPFILE 名为要创建的 SPFILE 的文件名。

➥　PFILE 名为用来创建 SPFILE 文件的 PFILE 文件名，PFILE 文件一定在服务器上。如果 SPFILE 名和 PFILE 名没有包含在命令中，例如使用了如下的命令：

```
CREATE SPFILE FROM PFILE
```

Oracle 将使用默认的 **PFILE** 文件产生一个默认的 **SPFILE** 文件，默认 **SPFILE** 文件名为 **SPFILE** 实例名.ORA（在图 **3-4** 中，其实例名为 **SUN**，所以默认 **SPFILE** 文件名为 **SPFILESUN.ORA**），该默认文件在 **UNIX** 操作系统下存放在$ORACLE_HOME/dbs 目录下，在 **Windows** 操作系统下存放在 **$ORACLE_ HOME\database** 目录下。

如图 3-5 所示是一个在笔记本电脑上安装的 Oracle 数据库的动态初始化参数文件中的内容。

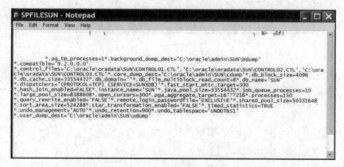

图 3-5

在图 3-5 中以*开头的参数对所有的实例都适用。尽管在许多操作系统下可以使用操作系统工具浏览 SPFILE 中的参数，但是手工修改 SPFILE 文件中的参数会使该文件变成无效的文件。因此在不少的 Oracle 书中建议利用 SPFILE 文件生成 PFILE 文件，之后再利用操作系统编辑器来浏览或编辑 PFILE 中的参数。其命令如下：

```
CREATE PFILE [='PFILE名'] FROM SPFILE
```

📢 提示：

以上命令在数据库紧急救援时可能会用到，例如在 SPFILE 中的某个关键初始化参数变为无效的而无法开启数据库时，就可以使用上面的命令生成正文初始化参数文件，之后用正文编辑器修改有问题的初始化参数，随后存盘。最后再利用刚刚生成的 PFILE 使用 CREATE SPFILE 命令重新建立正确的 SPFILE。完成之后，就可以启动 Oracle 数据库了。

也可以利用 SPOOL 命令使用例 3-1～例 3-4 的方法来获得 Oracle 数据库的全部参数（有关 SPOOL 命令的用法可参看《名师讲坛——Oracle SQL 入门与实战经典》3.11 节或其他相关书籍）。

例 3-1

```
SQL> connect sys/oracle as sysdba
Connected.
```

例 3-2

```
SQL> spool c:\sql\parameter
```

例 3-3

```
SQL> show parameter
```

当显示器的输出结束后再输入如下的命令。

例 3-4

```
SQL> spool off
```

之后就可以利用操作系统编辑器来浏览 c:\sql\parameter.LST，如图 3-6 所示。

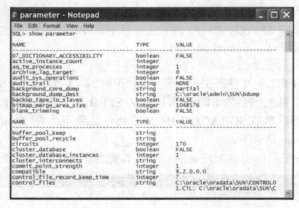

图 3-6

如果想修改 **SPFILE** 文件中的参数，最好的方法是使用 **ALTER SYSTEM SET** 这一 Oracle 的 SQL 命令，这样做既安全又容易。有关这一命令的用法将在以后的章节中陆续介绍。

提示：

初始化参数可以被分为两大类：基本参数（常用的）和高级参数。虽然初始化参数很多，但是需要配置的基本参数只有大约 30 个（在 Oracle 10g 或之前的版本中只有大约 20 个），而且它们几乎都有默认值。这些默认值对一般的生产系统是可以接受的。有研究表明：在用户不清楚一个参数的含义的情况下，修改这个参数值的后果有 90%以上的情况是使 Oracle 系统的性能变得更差。因为修改一个参数配置往往会对系统的其他部分产生连带的影响。所以，如果不清楚一个参数的含义，最稳妥的方法是接受 Oracle 的默认。其他的高级参数有 300 多个。有关初始化参数的查看和设置在后续章节中会陆续介绍。

3.6 启动数据库

要使用 Oracle 的 **STARTUP** 命令来启动数据库。当 Oracle 收到 **STARTUP** 命令之后，其执行顺序如下：

（1）首先使用服务器上的 spfileSID 文件启动实例。

（2）如果没有找到 spfileSID 文件，就使用服务器上默认的 SPFILE 文件启动实例。

（3）如果没有找到默认的 SPFILE 文件，就使用服务器上的 initSID 文件启动实例。

（4）如果没有找到 initSID 文件，就使用服务器上默认的 PFILE 文件启动实例。

也可以在 STARTUP 命令中使用 PFILE 选项来覆盖以上的优先次序，其代码如下。

```
STARTUP PFILE=D:\app\dog\product\12.1.0\dbhome_1\database\initdog.ora
```

🔊 提示：

可以在数据库关闭的情况下，在 SYS 用户中使用命令 create pfile from spfile; 生成正文的初始化参数文件 initdog.ora，该文件与服务器参数文件在同一目录中。

有几种不同的方式启动 Oracle 数据库，这是通过在 STARTUP 命令中使用不同的选项来实现的。STARTUP 命令的格式如下：

```
STARTUP [FORCE] [RESTRICT] [PFILE=文件名]
    [OPEN [RECOVER][database]
    |MOUNT
    |NOMOUNT]
```

首先介绍以非加载（NOMOUNT）方式启动数据库。这是一种特殊的状态，该状态只有在创建数据库时或重建控制文件期间使用。其命令为：STARTUP NOMOUNT。

以 NOMOUNT 方式启动数据库时，Oracle 只启动实例，并不打开数据库中的任何文件，即连控制文件都不打开。该状态一般是在创建数据库时使用，此时 Oracle 将进行如下的工作。

   ↘ 分配 SGA，即配置所有的内存缓冲区和相关的结构。

   ↘ 启动所需的全部后台进程。

   ↘ 打开报警文件（alertSID.log）和追踪文件（trace），其状态如图 3-7 所示。

接下来介绍以加载（MOUNT）方式启动数据库。这也是一种特殊的状态，该状态在对数据库进行某些特殊的维护期间使用，如对系统表空间进行恢复、修改数据文件名，或移动数据文件等。其命令为 STARTUP MOUNT。

以 MOUNT 方式启动数据库时，Oracle 启动实例并打开控制文件。此时 Oracle 将进行如下的工作：

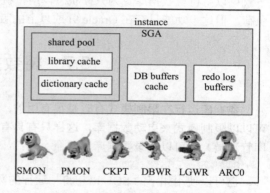

图 3-7

   ↘ 将一数据库与已启动的实例关联起来。

   ↘ 利用初始化参数文件中的说明锁定并打开控制文件。

   ↘ 读控制文件以获取数据文件和重做日志文件的名称和状态信息，但并不检查这些文件此时是否存在。

最后介绍以开启（OPEN）方式启动数据库，这是数据库正常操作的状态。在该状态下，任何合法的用户都可以与数据库进行连接执行正常的数据访问操作。其命令为 STARTUP OPEN 或 STARTUP（因为 STARTUP 命令的默认方式为 OPEN）。

以 OPEN 方式启动数据库时，Oracle 启动实例，并打开控制文件。此时 Oracle 还将进行如下的工作：

   ↘ 打开所有的联机数据文件。

   ↘ 打开所有的联机重做日志文件。

当打开数据库时，任何数据文件或联机重做日志文件如果不存在，Oracle 服务器将返回出错信息。最后 Oracle 服务器还将检查所有的联机数据文件和所有的联机重做日志文件能否打开并检查数据库的一致性。如果需要，SMON 后台进程则进行实例恢复。

除了利用在 **STARTUP** 命令中使用不同的选项将数据库置为所需的状态之外，也可以使用 **ALTER DATABASE** 命令将数据库从 **NOMOUNT** 状态转变成 **MOUNT** 状态，或从 **MOUNT** 状态转变成 **OPEN** 状态。例如，数据库现在是在 MOUNT 阶段，可以使用如下命令将其转变成 OPEN 状态。

```
ALTER DATABASE OPEN [READ WRITE]|READ ONLY;
```

由于 READ WRITE 状态是默认的，所以很少使用，即将数据库由 MOUNT 状态转换成可读可写的开启状态一般都使用命令：

```
ALTER DATABASE OPEN;
```

为了防止用户进程修改数据库中的数据，可以将数据库的状态置为只读。其命令如下：

```
ALTER DATABASE OPEN READ ONLY;
```

只读状态下的数据库是不能产生重做日志信息的，但可以进行如下的操作：

➥ 执行查询。

➥ 使用本地管理的表空间来执行磁盘排序。

➥ 将数据文件脱机和联机，但不能对表空间进行这样的操作。

➥ 执行数据文件和表空间的脱机恢复。

将数据库置为只读状态主要是为待机（standby）数据库设计的。在 Oracle 9i 之前待机数据库只是为了防止大灾难而设的一个备用系统，在平时只处于待机状态；而有时主数据库又非常繁忙，如在年末或月末生成年报表或月报表期间，系统可能已经不堪重负了。这实际上也是一种资源的浪费。在这种情况下就可以将待机数据库置为只读状态，用待机数据库来产生月报表或年报表等，以减缓主数据库的工作负荷。但这一功能只有在 Oracle 9i 或以上的版本中可以使用。

3.7　将数据库置为限制模式

数据库运行在限制模式有时是很有用的，如要维护数据库的结构，或对数据库进行导入和导出等。可以以限制模式来启动数据库，这样只有具有 **RESTRICTED SESSION** 系统权限的用户（一般为数据库管理员）才可以登录数据库。其命令为：

```
STARTUP RESTRICT
```

也可以使用如下的 SQL 语句将一运行的数据库状态置为限制模式：

```
ALTER SYSTEM ENABLE RESTRICTED SESSION;
```

但是在利用以上的 **SQL** 语句将一运行的数据库状态置为限制模式时，**Oracle** 服务器只保证将来登录数据库的用户必须具有 **RESTRICTED SESSION** 系统权限，在此之前已经在数据库上的用户可以继续工作。因此可能需要使用 **ALTER SYSTEM KILL SESSION** 命令杀死这些用户进程。下面用一个例子来演示这一过程。

（1）首先以 scott 用户（密码为 tiger）登录 Oracle 数据库，登录成功之后将得到如图 3-8 所示的界面。

（2）启动 DOS，并在 DOS 提示符下输入 sqlplus /nolog。当进入 sqlplus 后，在 SQL>提示符下以数据库管理员身份登录，如图 3-9 所示。

图 3-8

图 3-9

（3）利用数据字典 v$session 来获得所要杀死的用户进程的 SID（会话标识符）和 SERIAL#（序列号）等信息，如图 3-10 所示。

（4）由图 3-10 可知 scott 用户的 SID 为 10，SERIAL#为 52，于是可以使用如图 3-11 所示的 ALTER SYSTEM KILL SESSION 命令来杀死 scott 用户进程。

图 3-10

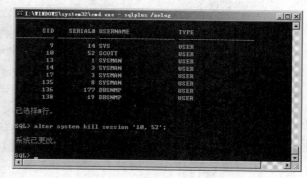

图 3-11

（5）当 ALTER SYSTEM KILL SESSION 命令被成功执行之后（系统显示：系统已更改，或类似的显示），再试着在以 scott 用户登录的会话中输入 SQL 语句，此时系统会显示出错信息，如图 3-12 所示。

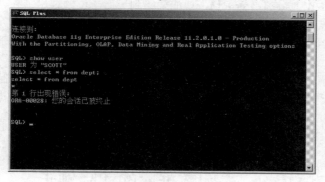

图 3-12

从图 3-12 所示结果可知 scott 用户的会话已经被终止。此时就可以进行所需的数据库维护工作了。

3.8　关闭数据库

为了应对各种不同的实际运行情况，Oracle 提供了 4 种不同的关闭数据库的方法，如表 3-1 所示。

表 3-1

关 闭 方 式	A	I	T	N
允许新的连接	No	No	No	No
等待到当前所有的会话结束	No	No	No	Yes
等待到当前所有的事务（交易）结束	No	No	Yes	Yes
强制性检查点和关闭文件	No	Yes	Yes	Yes

其中：

```
A = ABORT
I = IMMEDIATE
T = TRANSACTIONAL
N = NORMALSHUTDOWN
```

命令格式如下：

```
SHUTDOWN [NORMAL | TRANSACTIONAL | IMMEDIATE | ABORT ]
```

现在请读者思考一个问题，那就是在以上 4 种关闭数据库的方式中，哪种在系统重新启动时需要进行数据库的恢复？在回答这个问题之前可仔细研究表 3-1。因为只要所发检查点成功，就表示数据库已经同步了，在重启系统时也就不需要恢复了。因此**在以上 4 种关闭数据库的方式中，只有 SHUTDOWN ABORT 在系统重新启动时需要进行数据库的恢复。**

在 SHUTDOWN IMMEDIATE 时，Oracle 系统是将用户没有提交的数据自动回滚。虽然在系统重新启动时不需要进行数据库的恢复，但用户需要重新输入那些没有提交的数据。

为了使初学者更好地理解以上 4 种关闭数据库方式的含义，这里列举一个生活中的例子。相信不少读者都有逛商场的经历，有时可能正赶上商场在关门，此时商场一般会在门口站一名保安或工作人员。

SHUTDOWN NORMAL 就相当于：如果有人要进商场，保安或工作人员就会对此人说对不起，商场已关门了，欢迎您明天再来之类的话而将他/她挡在商场的门外；但是对那些已经在商场内的顾客，无论是否购买东西，商场的工作人员都不会干预，他们要等到最后一位顾客尽了兴、逛够了，离开商场之后再关门（顾客至上）。

SHUTDOWN TRANSACTIONAL 就相当于：如果有人要进商场，保安或工作人员同样也会将此人挡在商场的门外；而对已经在商场内的顾客，凡是闲逛而不买东西的，一律"轰出"商场；但对那些正在买东西的顾客就要另眼看待，等他们付完钱之后（等交易结束之后）再将他们送出商场（金钱至上）。

SHUTDOWN IMMEDIATE 可能相当于：有人正在买盗版光盘，此时工商执法人员来了，卖盗版光盘的小贩赶紧将钱退给此人（即将交易回滚），之后以最快的速度收好东西逃之夭夭。

SHUTDOWN ABORT 可能相当于：商店着火了，已经没时间做任何事了，得赶紧逃命了。

3.9　关闭数据库的实际例子

通过 3.8 节的讨论，读者可能已理解了 4 种关闭数据库方式的含义，但如何在实际工作中使用它们呢？"实践出真知"，还是通过例子来解释。以下的例子演示了 SHUTDOWN 命令的应用过程。

📢 提示：

读者不要在 Oracle 10g、Oracle 11g 或 Oracle 12c 上试 shutdown 或 shutdown normal 命令，因为在这几个版本的 Oracle 中，Oracle 数据库启动时会有几个用户默认登录，如 sysman（可以使用本章 3.7 节介绍的 v$session 数据字典获取相关的信息）。如果想使用 shutdown 命令，必须首先使用 alter system kill session 命令终止这些相关的会话（用户）。

（1）以 scott 用户登录 Oracle 数据库，当连接成功之后，为了安全起见可以先创建一个临时表 emp_temp，最后使用 UPDATE 语句来修改表中的 sal 列，但不要结束这一交易（transaction），如图 3-13 所示。

（2）此时启动 DOS，并在 DOS 提示符下进入 SQL*Plus，之后在 SQL*Plus 提示符下（SQL>）以 SYSDBA 身份登录，最后输入 shutdown transactional 命令，如图 3-14 所示。

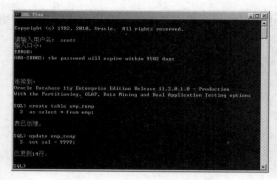
图 3-13

图 3-14

（3）此时会看到系统好像停滞不动了，这是因为 Oracle 系统在以 TRANSACTIONAL 方式 SHUTDOWN 时要等到当前所有的交易都结束后才能关闭数据库。如果这时试图以 scott 用户或其他用户登录，会发现是无法登录的，因为在所有的 shutdown 过程中 Oracle 是不允许新用户连接（登录）的。此时在 scott 会话中使用 COMMIT（或 ROLLBACK）结束交易（transaction），如图 3-15 所示。

（4）最后就会看到数据库很快将被关闭，这是因为当前所有的交易都已经结束了，如图 3-16 所示。

图 3-15

图 3-16

在这里并未给出 SHUTDOWN IMMEDIATE 和 SHUTDOWN ABORT 命令的例子，因为这两个命令的使用相对比较简单，只要在 SYSDBA 用户身份登录的会话中输入 SHUTDOWN IMMEDIATE 或 SHUTDOWN ABORT 就行了。如果读者感兴趣，可以自己试一下。

3.10　如何利用诊断文件来监督实例

诊断文件是一种获取数据库信息的重要工具，对管理 Oracle 实例是至关重要的。在这些诊断文件中包含了数据库系统运行过程中所碰到的重大事件的有关信息，它们被用来解决实例所遇到的问题，帮助在日常工作中更好地管理数据库。

在 Oracle 数据库中共有 3 种类型的常见诊断文件，分别是报警文件（在 UNIX 系统下为 alertSID.log，在 Windows 系统下早期版本为 SIDALRT.log，Oracle 11g 和 Oracle 12c 为 alert_SID）、后台进程追踪文件（background trace files）和用户进程追踪文件（user trace files）。报警文件包括了数据库日常操作的信息，在 Oracle 11g 之前的版本中，这个文件存放在由 BACKGROUND_DUMP_DEST 参数所定义的目录下。该文件必须由数据库管理员来管理。作为一名合格的数据库管理员，应该每天都要查看报警文件，以获取数据库的诊断或出错信息。一般是从下往上查看，也可以利用报警文件的提示到追踪文件中查找更详细的信息。

在报警文件中记录了一些命令和重要事件的结果，其中包含如下的信息。

- 数据库启动或关闭的时间。
- 所有非默认初始化参数。
- LGWR 正在写的日志序列号。
- 日志的切换信息。
- 所执行的 ALTER 语句。
- 创建的表空间和还原段等。

其中每一记录项都有与之相关的时间戳。

那么，怎样才能找到报警文件和后台进程追踪文件及用户进程追踪文件呢？可以使用 SHOW PARAMETER 命令或使用数据字典 v$parameter。首先需要以 system 或 sys 用户登录数据库。为了便于阅读，可使用例 3-5～例 3-7 的 SQL*Plus 格式化语句。

例 3-5
```
SQL> col name for a30
```
例 3-6
```
SQL> col value for a50
```
例 3-7
```
SQL> set line 100
```
之后，就可以使用如例 3-8 的查询语句来获得报警文件和后台进程追踪文件及用户进程追踪文件的准确位置。

例 3-8
```
SQL> select name, value
  2  from v$parameter
  3  where name like '%_dest';
NAME                          VALUE
--------------------------    --------------------------------------------
log_archive_dest
log_archive_duplex_dest
log_archive_min_succeed_dest  1
standby_archive_dest          %ORACLE_HOME%\RDBMS
db_create_file_dest
db_recovery_file_dest
audit_file_dest               D:\APP\DOG\ADMIN\DOG\ADUMP
background_dump_dest           D:\APP\DOG\PRODUCT\12.1.0\DBHOME_1\RDBMS\TRACE
user_dump_dest                D:\APP\DOG\PRODUCT\12.1.0\DBHOME_1\RDBMS\TRACE
core_dump_dest                D:\app\dog\diag\rdbms\dog\dog\cdump
diagnostic_dest               D:\APP\DOG
11 rows selected.
```
现在就可以到 D:\APP\DOG\PRODUCT\12.1.0\DBHOME_1\RDBMS\TRACE 目录下找到报警文件和所需的后台进程追踪文件了，如图 3-17 所示。

此时，可在 DBA 用户下查询数据字典 dba_tablespaces，以得到所有的表空间名和状态的信息，之后可以将选定的表空间（如 USERS）的状态用 ALTER TABLESPACE 命令改成 READ ONLY，然后再改回 READ WRITE，如图 3-18 所示。

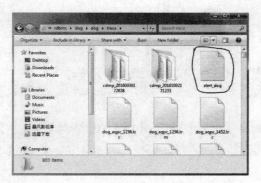
图 3-17

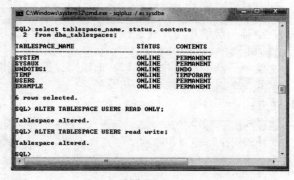
图 3-18

现在，再用编辑器打开报警文件，并移动到该文件的末尾，其显示如图 3-19 所示。

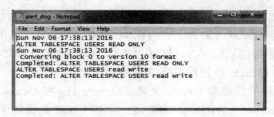
图 3-19

从图 3-19 显示的结果可以看出报警文件记录了所发的 ALTER 语句的所有细节。

后台进程追踪文件记录了任何后台进程，如 LGWR、SMON 等所遇到的错误。这些文件在遇到错误时才产生，可被用来进行诊断和排错。它们同报警文件存放在同一个目录中，也存放在由 BACKGROUND_DUMP_DEST 参数定义的目录下，如图 3-20 所示。

用户进程追踪文件是由用户进程创建的，也可以由服务器进程产生。它们包含了用来追踪用户 SQL 语句的统计信息，也包含了用户的错误信息。这些文件是当一个用户（进程）遇到用户会话错误时创建的，它们被存放在由 USER_DUMP_DEST 参数定义的目录下，其大小由 MAX_DUMP_FILE_SIZE 参数来定义，默认大小为 10MB，如图 3-21 所示。

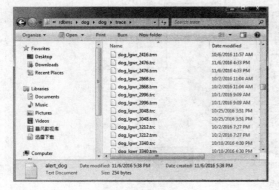
图 3-20

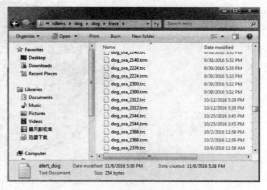
图 3-21

如果想让 Oracle 服务器产生用户进程追踪文件，需要修改一个 Oracle 的参数——SQL_TRACE。该参数是一个动态参数，既可以在会话一级修改，也可以在实例一级修改。

在会话一级开启用户（进程）追踪可以使用如下命令：

```
ALTER SESSION SET SQL_TRACE = TRUE
```
在会话一级终止用户（进程）追踪可以使用如下命令：
```
ALTER SESSION SET SQL_TRACE = FALSE
```
在实例一级开启用户（进程）追踪可以通过在初始化参数文件中修改如下参数来完成：
```
SQL_TRACE = TRUE。
```

📢 注意：

建议尽量不要在实例一级开启用户（进程）追踪，因为这样会产生大量的追踪文件并对系统的效率产生冲击。另外即使在会话一级开启用户（进程）追踪，等追踪结束后也应尽快关闭追踪。

3.11 Oracle 11g 和 Oracle 12c 诊断文件

Oracle 11g 和 Oracle 12c 使用一个新的参数 DIAGNOSTIC_DEST 取代了早期版本中的 3 个参数：USER_DUMP_DEST、BACKGROUND_DUMP_DEST 和 CORE_DUMP_DEST。从 Oracle 11g 开始，所有追踪信息存放的默认位置都由 DIAGNOSTIC_DEST 参数定义，该参数默认为$ORACLE_BASE/diag。如果定义了老的参数，Oracle 系统将忽略这些参数的定义。

为了方便 Oracle 管理员维护和诊断 Oracle 系统，Oracle 11g 和 Oracle 12c 引入了自动诊断资料库（Automatic Diagnostic Repository，ADR）。ADR 是一个基于文件的资料库，其中存储了数据库的诊断数据，如追踪、卸载的事件、报警日志和健康监督报告等。ADR 对于安装的多个 Oracle 实例和多个 Oracle 产品具有一个统一的目录结构，而且它存储在任何数据库之外。也正因为如此，在数据库关闭的情况下，ADR 仍然可以访问以进行问题的诊断。每一产品的每一个实例都将其诊断数据存储在自己的 ADR 家目录中。这种统一的 ADR 目录结构是由跨越多个产品及多个实例的统一格式的诊断数据所组成的，而且 Oracle 还提供了一组统一的工具使客户和 Oracle 支持人员并肩协同地分析跨越多个实例的诊断数据。ADR 目录结构和功能示意图如图 3-22 所示。

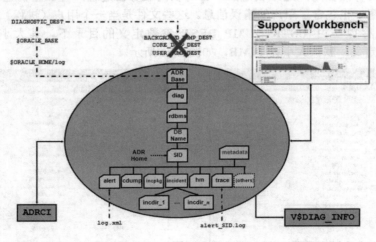

图 3-22

ADR 的位置是由初始化参数 DIAGNOSTIC_DEST 所设定的。如果这一参数没有定义或为 NULL，那么数据库启动时将按如下的方式来设定 DIAGNOSTIC_DEST 参数：

（1）如果设置了 ORACLE_BASE 环境变量，参数 DIAGNOSTIC_DEST 将被设置成$ORACLE_BASE。

（2）如果环境变量 ORACLE_BASE 没有设置，参数 DIAGNOSTIC_DEST 将被设置成$ORACLE_HOME/log。

从图 3-22 可以看出：在 ADR Base 中，可以有多个 ADR Homes，而每一个 ADR Home 就是一个特定 Oracle 产品或组件的一个特定实例的所有诊断数据的根目录。

Oracle 11g 和 Oracle 12c 会产生两个报警文件：一个是正文格式的，而另一个是 XML 格式的。正文格式的报警文件与之前版本中的一模一样，这个文件存放在每个 ADR home 的 TRACE 目录下；而 XML 格式的报警文件存放在每个 ADR Home 中的 ALERT 目录下。XML 格式的报警文件可以通过企业管理器和 ADRCI（这是 Oracle 11g 和 Oracle 12c 提供的一个命令行工具，在接下来的部分要介绍）命令行工具来浏览。

在 incident 目录下可能包含多个子目录，每一个子目录都是由一个特定的事件（incident）所命名的，而这个子目录中只包含了卸载的特定事件信息。hm 目录包含了由健康监督程序（health monitor）所产生的检查运行报告。metadata 目录包含了资料库本身所需的重要文件，类似于数据库中的数据字典，可以使用 Oracle 11g 和 Oracle 12c 提供的 ADRCI 工具来查询这一数据字典。

那么，如何确定 ADR 在文件系统上的位置呢？可以使用例 3-10 的 SQL*Plus 命令来完成这一工作。不过为了使显示的信息清晰易读，最好先使用例 3-9 的 set 命令格式化显示输出的结果。

例 3-9
```
SQL> set line 100
```
例 3-10
```
SQL> show parameter DIAGNOSTIC_DEST
NAME                      TYPE                   VALUE
------------------        ---------------------  ----------------------
diagnostic_dest           string                 I:\APP\ADMINISTRATOR
```
从例 3-10 的显示结果可知，这一命令实际上显示的是 ADR 的根目录。如果要了解 ADR 中一些重要文件的具体位置，可以使用数据字典视图 V$DIAG_INFO。首先，可以使用例 3-11 的 SQL*Plus 命令显示出视图 V$DIAG_INFO 的结构。

例 3-11
```
SQL> desc V$DIAG_INFO
名称                      是否为空?              类型
----------------------    ---------------        ----------------------
INST_ID                                          NUMBER
NAME                                             VARCHAR2(64)
VALUE                                            VARCHAR2(512)
```
为了使显示结果清晰易读，应该首先使用例 3-12～例 3-14 的 SQL*Plus 格式化语句。最后使用例 3-15 的 SQL 语句列出 ADR 目录结构的细节。

例 3-12
```
SQL> set pagesize 30
```
例 3-13
```
SQL> col value for a50
```
例 3-14
```
SQL> col name for a22
```
例 3-15
```
SQL> col name for a22
SQL> SELECT name, value FROM V$DIAG_INFO;
NAME                      VALUE
```

```
--------------------      --------------------------------------------------
Diag Enabled              TRUE
ADR Base                  i:\app\administrator
ADR Home                  i:\app\administrator\diag\rdbms\dog\dog
Diag Trace                i:\app\administrator\diag\rdbms\dog\dog\trace
Diag Alert                i:\app\administrator\diag\rdbms\dog\dog\alert
Diag Incident             i:\app\administrator\diag\rdbms\dog\dog\incident
Diag Cdump                i:\app\administrator\diag\rdbms\dog\dog\cdump
Health Monitor            i:\app\administrator\diag\rdbms\dog\dog\hm
Default Trace File        i:\app\administrator\diag\rdbms\dog\dog\trace\
                          dog_ora_3000.trc
Active Problem Count      0
Active Incident Count     0
```

以上查询语句的结果列出了 ADR 的所有重要目录，多数目录的名称是一目了然的，这里需要指出的是：

- **Diag Trace**，为存放正文格式的报警文件和前台或后台进程追踪文件的位置。
- **Diag Alert**，为存放 XML 格式的报警文件的位置。
- **Default Trace File**，为存放会话的追踪文件的路径，SQL 追踪文件也存在此处。

Oracle 11g 和 Oracle 12c 加强了对追踪和 dump 数据的管理和维护，也使其管理和维护更为便捷。表 3-2 给出了 Oracle 11g 和 Oracle 12c 与之前版本中各类追踪数据和卸载（dump）数据之间的比较。

表 3-2

Diagnostic Data	Previous Location	ADR Location
Foreground process traces	USER_DUMP_DEST	$ADR_HOME/trace
Background process traces	BACKGROUND_DUMP_DEST	$ADR_HOME/trace
Alert log data	BACKGROUND_DUMP_DEST	$ADR_HOME/alert & trace
Core dumps	CORE_DUMP_DEST	$ADR_HOME/cdump
Incident dumps	USER|BACKGROUND_DUMP_DEST	$ADR_HOME/incident/incdi r_n

从表 3-2 可以清楚地看出：Oracle 11g 和 Oracle 12c 不再区分前台和后台追踪文件，而是将这两种文件都放入 ADR 家目录下的/trace 目录中；所有的 nonincident 追踪文件也都存储在这个/trace 子目录中；在早期版本中，致命的错误（critical error）信息是直接 dump（存放）到对应进程的追踪文件中，而 Oracle 11g 和 Oracle 12c 是 dump 在 ADR 家目录下的/incident 目录中。这也是 Oracle 11g 和 Oracle 12c 与早期版本的主要区别。从 Oracle 11g 开始，Incident dumps 被存放在与普通进程追踪文件不同的文件中。

◀⑴ 提示：

> 追踪（trace）与卸载（dump）之间的主要区别是：trace 是一种较多的连续输出（如当 SQL 追踪开启时），而 dump 是为了响应一个事件（如一个 incident）而产生的一次性输出。另外，每个 core dump 是一个特定端口（port）的二进制内存 dump。

可以使用如下 DOS 命令，利用"记事本"来浏览或编辑正文格式的报警文件。首先在 SQL*Plus 提示符下输入 DOS 的 host 命令切换到 DOS 操作系统，如例 3-16。接下来，使用 DOS 系统的 cd 命令切换到存放正文格式的报警文件所在的目录，如例 3-17。随即，使用 DOS 系统的 dir 命令列出当前目录下所有以 al 开始的文件以确定报警文件的确切的文件名，如例 3-18。最后，使用 notepad alert_dog.log 命令利用"记事本"开启报警文件 alert_dog.log，如例 3-19。随后，就可以利用"记事本"来浏览或编辑这个报警文件了。

例 3-16

```
SQL> host
Microsoft Windows [版本 5.2.3790]
(C) 版权所有 1985-2003 Microsoft Corp.
I:\Documents and Settings\Administrator>
```

例 3-17

```
cd i:\app\administrator\diag\rdbms\dog\dog\trace
```

例 3-18

```
I:\app\Administrator\diag\rdbms\dog\dog\trace>dir al*
 驱动器 I 中的卷是 新加卷
 卷的序列号是 7449-5E76
 I:\app\Administrator\diag\rdbms\dog\dog\trace 的目录
2012-09-02  08:07            152,956 alert_dog.log
               1 个文件         152,956 字节
               0 个目录 131,657,641,984 可用字节
```

例 3-19

```
I:\app\Administrator\diag\rdbms\dog\dog\trace>notepad alert_dog.log
```

在完成了以上操作之后，可以使用 DOS 的 exit 命令返回 SQL*Plus。实际上，以上所有的操作都可以使用微软的资源管理器来完成，只不过使用命令比使用图形工具更专业而已。

3.12　Oracle 11g 和 Oracle 12c 的 ADRCI

在 3.11 节中，提到可以使用企业管理器和命令行工具 ADRCI 来浏览或编辑 XML 格式的报警文件。本节将简要地介绍 ADRCI 这一由 Oracle 11g 和 Oracle 12c 引进的命令行工具。

ADRCI 是 ADR 命令行解释器（ADR Command Interpreter）的缩写，它是一个应用程序，能够以命令行的方式完成所有 OEM 的支持工作台（Support Workbench）所允许的所有操作。可以使用 ADRCI 浏览所有 ADR 中的追踪文件和 XML 格式的报警文件。实际上，ADRCI 是一个在操作系统下运行的应用程序。

要浏览 XML 格式的报警文件，需要启动一个 DOS 窗口，之后使用 cd 命令切换到存放 XML 格式的报警文件的目录，如例 3-20。接下来，输入 adrci 就将进入 ADR 命令行解释器的控制（也就是以交换的方式使用 ADRCI），如例 3-21。

例 3-20

```
cd D:\app\dog\diag\rdbms\dog\dog\alert
```

例 3-21

```
D:\app\dog\diag\rdbms\dog\dog\alert>adrci
ADRCI: Release 12.1.0.2.0 - Production on Mon Nov 7 14:57:04 2016
Copyright (c) 1982, 2014, Oracle and/or its affiliates.  All rights reserved.
ADR base = "D:\app\dog"
adrci>
```

现在，可以使用例 3-22 的 ADRCI 命令列出 ADR 家目录的全路径。当然，也可以使用 ADRCI 的 SET HOMEPATH 命令改变当前 ADR 的家目录。

例 3-22

```
adrci> show homes
```

```
ADR Homes:
diag\rdbms\dog\dog
```

如果想浏览整个报警文件，可以使用例 3-23 的 ADRCI 命令。该命令执行后，系统会使用记事本开启当前目录中的报警文件，可以慢慢阅读。为了节省篇幅，这里省略了输出显示结果。

例 3-23

```
adrci> show alert
```

也可以使用例 3-24 的 ADRCI 命令显示报警文件中最后 10 条记录（注意这里是 10 条记录而不是 10 行数据，因为一条记录可能要显示多行）。也是为了节省篇幅，这里省略了大部分输出显示结果。

例 3-24

```
adrci> show alert -tail
2012-09-03 07:31:31.906000 +08:00
Thread 1 opened at log sequence 23
  Current log# 2 seq# 23 mem# 0: I:\APP\ADMINISTRATOR\ORADATA\DOG\REDO02.LOG
......
```

还可以在以上命令的最后添上一个数字 n，这样就会显示报警文件中最后 n 条记录。例如，show alert –tail 38 就是显示报警文件中最后 38 条记录。**还可以在以上命令的最后添上"-F"选项，如例 3-25。**

例 3-25

```
adrci> show alert -tail -F
2016-11-07 14:50:34.928000 +13:00
SMON: enabling tx recovery
Starting background process SMCO
......
```

当以上命令执行之后，光标会停在最后一行不停地闪烁。当有新的数据添加到报警文件时，这些数据就将显示在屏幕上。之后，光标又将停在最后一行不停地闪烁，继续等待下一组报警信息的到来。这也就是行家们常说的利用报警信息对数据库进行追踪，是不是也挺简单的？此时，同时按下 Ctrl+C 键就将停止等待状态并退出 ADRCI。

还可以使用例 3-26 的 ADRCI 命令显示报警文件中只包含字符串'%ORA-600%'的报警日志信息。由于在这个数据库上并未出现过 ORA-600 这类错误，所以显示结果是空的。

例 3-26

```
adrci> SHOW ALERT -P "MESSAGE_TEXT LIKE '%ORA-600%'"
ADR Home = I:\app\Administrator\diag\rdbms\dog\dog:
*********************************************************
```

也可以使用 ADRCI 的命令搜索追踪文件，如可以使用例 3-27 的 ADRCI 命令列出当前 ADR 家目录中所有追踪文件的文件名。还可以加上搜索条件，如使用例 3-28 的 ADRCI 命令列出当前 ADR 家目录中所有包含字符串 lgwr 的追踪文件。这个命令中的%是一个通配符，而且搜索字符串是区分大小写的。

例 3-27

```
adrci> show tracefile
diag\rdbms\dog\dog\trace\alert_dog.log
diag\rdbms\dog\dog\trace\dog_ckpt_1532.trc
diag\rdbms\dog\dog\trace\dog_ckpt_1536.trc
......
```

例 3-28

```
adrci> show tracefile %lgwr%
    diag\rdbms\dog\dog\trace\dog_lgwr_1544.trc
```

可以使用 ADRCI 的 show incident 命令显示所有 incident 的信息，如例 3-29。由于在我们的数据库上并未产生任何 incident，所以没有显示任何 incident 的信息。

例 3-29

```
adrci> show incident
ADR Home = D:\app\dog\diag\rdbms\dog\dog:
************************************************************
0 rows fetched
```

如果是在真实的系统上运行 show incident 命令，其显示类似图 3-23 所示。从图 3-23 可以看出每个 incident 都有一个 incident ID、问题键、以及 incident 创建的日期。

```
ADR Home = /u01/app/oracle/product/11.1.0/db_1/log/diag/rdbms/orclbi/orclbi:
************************************************************
INCIDENT_ID          PROBLEM_KEY               CREATE_TIME
----------------     ------------------        -------------------------------
3808                 ORA 603                   2007-06-18 21:35:49.322161 -07:00
3807                 ORA 600 [4137]            2007-06-18 21:35:47.862114 -07:00
3805                 ORA 600 [4136]            2007-06-18 21:35:25.012579 -07:00
3804                 ORA 1578                  2007-06-18 21:35:08.483156 -07:00
4 rows fetched
```

图 3-23

为了方便重大错误的诊断和解决，Oracle 11g 和 Oracle 12c 引入了两个概念——问题（problem）和事件（incident）。

（1）problem 是数据库中一个重大的错误，这个错误在 ADR 中被追踪。每一个 problem 都由一个唯一的 problem ID 标识并且具有一个 problem key（问题键），即一组描述这个问题的属性。problem key 包括了 ORA 错误号、错误参数值和其他的信息。如 ORA-07445 表示操作系统异常（operating system exception）。

（2）Incident 是一个问题（problem）的单一出现。当一个问题出现多次时，Oracle 为每一次出现创建一个 incident。这些 incidents 在 ADR 中被追踪。每一个 incident 都是由一个数字的 incident ID 所标识，这个 ID 在一个 ADR home 中是唯一的。

通过前面的介绍，读者应该已经了解到 ADRCI 是一个功能强大的命令行工具，利用这一工具可以完成不少数据库诊断的工作。现将 ADRCI 这一工具所提供的功能总结如下：

- ↘　在自动诊断资料库（ADR）中浏览诊断数据。
- ↘　浏览健康报告。
- ↘　将 incident 和问题信息打包成一个 zip 文件发送给 Oracle 支持人员。

实际上，ADRCI 所提供的命令远远不止所介绍的这些。**可以使用 ADRCI 的 help 命令列出所有 ADRCI 的常用命令，也可以使用 ADRCI 的 help extended 命令列出其他的 ADRCI 扩展命令。另外，还可以使用 ADRCI 的 help command 命令列出某一特定 ADRCI 命令的详细描述，如使用例 3-30 的 ADRCI 的命令列出 show homes 命令的详细描述。**

例 3-30

```
adrci> help show homes
  Usage: SHOW HOMES | HOME | HOMEPATH
        [-ALL | -base <base_str> | homepath_str1 ... ]
  Purpose: Show the ADR homes in the current ADRCI session.
.....
```

当使用完 ADRCI 之后，可以使用 EXIT 命令或 QUIT 命令退出 ADRCI 返回操作系统，如例 3-31。

例 3-31
```
adrci> exit
D:\app\dog\diag\rdbms\dog\dog\alert>
```
除了以上介绍的以交互方式使用 ADRCI，也可以使用批处理方式使用 ADRCI，可以在操作系统提示符下输入 **adrci –help** 命令以列出有关 **help** 命令的信息，如例 3-32。

例 3-32
```
D:\app\dog\diag\rdbms\dog\dog\alert>adrci -help
Syntax:
  adrci [-help] [script=script_filename]
       [exec = "one_command [;one_command;...]"]
Options      Description                  (Default)
------------------------------------------------------------
script        script file name            (None)
help          help on the command options (None)
exec          exec a set of commands      (None)
------------------------------------------------------------
```
根据例 3-32 的显示结果最后一行的解释，即可以在操作系统上直接执行一个或多个 ADRCI 的命令，如例 3-33。

例 3-33
```
ADRCI EXEC="SHOW HOMES; SHOW INCIDENT"
ADR Homes:
diag\rdbms\dog\dog

ADR Home = D:\app\dog\diag\rdbms\dog\dog:
*****************************************************************
0 rows fetched
```
通过以上的介绍，读者应该对 ADRCI 这一强大的命令行工具有所了解了。如果想深入了解这一工具，读者可参阅 Oracle 的 Oracle® Database Utilities 文档，这一文档可以在 Oracle 官方网站上免费下载。另外，本书所介绍的 ADRCI 操作也可以使用 Oracle 企业管理器这一图形工具来完成。

3.13　您应该掌握的内容

在学习第 4 章之前，请检查一下您是否已经掌握了以下的内容。

- ↘　什么是静态参数文件。
- ↘　什么是动态服务器参数文件。
- ↘　参数文件中的内容。
- ↘　Oracle 系统是怎样使用参数文件的。
- ↘　怎样创建和维护参数文件。
- ↘　用 3 种不同的方式启动 Oracle 数据库。
- ↘　怎样使数据库运行在限制模式。
- ↘　怎样找到并杀死不需要的用户进程。
- ↘　理解 4 种关闭数据库的方式。
- ↘　如何在实际工作中使用这些关闭数据库的方法。

➘　什么是报警文件。

➘　怎样使用报警文件。

➘　什么是后台进程追踪文件。

➘　什么是用户进程追踪文件。

➘　怎样开启和终止用户（进程）追踪。

➘　熟悉 Oracle 11g 和 Oracle 12c 追踪信息存放位置的变化。

➘　熟悉自动诊断资料库。

➘　了解 ADR 的目录结构。

➘　怎样获取 ADR 目录的详细结构。

➘　Oracle 11g 和 Oracle 12c 在处理进程追踪文件时与之前版本之间的差别。

➘　熟悉 ADR 命令行解释器——ADRCI。

➘　怎样以交互方式使用 ADRCI。

➘　熟悉常用的 ADRCI 命令。

➘　怎样以批处理方式使用 ADRCI。

第 4 章　数据字典和控制文件

数据字典和控制文件是 Oracle 中非常重要的内容，优秀的 DBA 应熟练掌握数据字典和控制文件的使用方法，以更好地管理和维护数据库。

4.1　数据字典简介

数据字典是由 Oracle 服务器创建和维护的一组只读的系统表 [与审计有关的数据字典（以 AUD$开头的表）除外，这些表是可以修改的]。数据字典中存放了有关数据库和数据库对象的信息，Oracle 服务器就是依赖这些信息来管理和维护 Oracle 数据库的。数据字典分为两大类：一类为基表，另一类为数据字典视图。

Oracle 服务器在数据库创建时通过运行 sql.bsq 来自动生成这些基表。在任何数据库中，基表永远是被最先创建的对象。考虑到系统效率，Oracle 服务器以最简捷（最快）的方式来操作数据字典的基表，数据字典的基表中所存的数据就像天书一样，几乎没什么人能看懂，因此很少有人直接访问这些基表。

绝大多数用户，包括数据库管理员（DBA）都是通过访问数据字典视图来得到数据库的相关信息。数据字典视图把数据字典基表的信息转换成了人们较为容易理解的形式。它们包括用户名、用户的权限、对象名、约束和审计等方面的信息。数据字典视图是通过运行 catalog.sql 脚本文件来产生的。 读者可以在 $ORACLEHOME\rdbms\admin（在笔者的一个系统上为 D:\app\dog\product\12.1.0\dbhome_1\RDBMS\ADMIN）目录下找到该脚本文件和 sql.bsq 脚本文件，以及许多其他的数据库管理和维护所需的脚本文件。如果使用的是在安装 Oracle 系统时创建的默认数据库或 Oracle 图形工具（DBCA）创建的数据库，则 catalog.sql 脚本文件都是自动运行的。

4.2　数据字典中所存的信息

数据字典中存储了如下的数据库信息：
- 数据库的逻辑结构和物理结构，如表空间和数据文件的信息。
- 所有数据库对象定义的信息。这些对象包括表、索引、视图、序列号、同义词、过程、函数、软件包和触发器等。
- 所有数据库对象的磁盘空间分配的信息，如对象所分配的磁盘空间和当前正在使用的磁盘空间。
- Oracle 用户名。
- 每个用户所授予的权限和角色。
- 完整性约束的信息。
- 列的默认值。
- 审计信息等。

4.3　数据字典的操作和使用

数据字典主要是由 Oracle 服务器来使用的。Oracle 服务器通过访问基表来获得诸如用户、用户对象和存储结构等方面的信息并利用这些信息进行所需的数据库的管理和维护。通常只有 Oracle 服务器可以修改数据字典中的数据。在 Oracle 数据库运行期间，如果数据库的结构发生了变化，Oracle 服务器会及时地修改相应的数据字典以记录这种变化。那么，哪些 SQL 语句可以引起 Oracle 服务器修改数据字典呢？

首先是 DDL 语句，如增加或减少表空间，增加或减少用户。其次是 DCL 语句，如授予用户权限、回收用户权限等（读者通过本书第 2 章 2.13 节"将 SYSDBA 权限授予普通用户"的学习应该已经了解了这一点）。当数据管理员或用户发了 DDL 或 DCL 语句时，Oracle 服务器都要将相关的信息记录到数据字典中。

另外，某些 DML 语句也可能间接地引起 Oracle 服务器修改数据字典，如引起表的磁盘存储空间扩展的插入（insert）或修改（update）语句。当这类 DML 语句被执行时，Oracle 也要将相关磁盘存储空间变化的信息记录到数据字典上。

但是，任何用户包括数据库管理员（DBA）都不能直接使用 DML 语句修改数据字典中的内容。所有用户和数据库管理员（DBA）只能通过访问数据字典（视图）来得到数据库的相关信息。一些数据字典视图可以被所有用户访问，而另一些只能被数据库管理员访问。既然数据字典是表或视图，因此可以使用 SQL 的查询语句从数据字典中获取信息。

4.4　数据字典视图

数据字典视图分为 3 大类。它们用前缀来区别，其前缀分别为 USER、ALL 和 DBA。许多数据字典视图包含相似的信息。

为了帮助读者理解，下面参照图 4-1 来解释每类数据字典视图。

➥ USER_*：有关用户所拥有的对象的信息，即用户自己创建的对象的信息。

➥ ALL_*：有关用户可以访问的对象的信息，即用户自己创建的对象的信息再加上其他用户创建的对象但该用户有权访问的信息。

➥ DBA_*：有关整个数据库中对象的信息。

这里的 * 可以为 **TABLES**、**INDEXES**、**OBJECTS** 等。

以前缀为 USER 开始的数据字典视图中的列与 ALL 和 DBA 中的列几乎是相同的。但是以前缀为 ALL 和 DBA 开始的数据字典视图中比 USER 中多了一列 OWNER。下面用数据字典*_OBJECTS

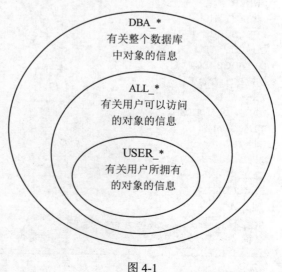

DBA_*
有关整个数据库
中对象的信息

ALL_*
有关用户可以访问
的对象的信息

USER_*
有关用户所拥有
的对象的信息

图 4-1

来演示它们之间的这一区别。首先必须以 DBA 用户连接数据库，因为只有 DBA 用户可以使用 DBA_*
数据字典。可以使用例 4-1 的命令来达到这一目的，或在启动 SQL*plus 时以 system 用户登录，该用户
的口令是在创建数据库时设定的。

例 4-1

```
SQL> connect system/wang
已连接。
```

现在可以使用例 4-2～例 4-4 的 SQL*Plus 命令来分别显示 user_objects、all_objects 和 dba_ objects 中
的每一列的定义。

例 4-2

```
SQL> desc user_objects
```

名称	是否为空？	类型
OBJECT_NAME		VARCHAR2(128)
SUBOBJECT_NAME		VARCHAR2(30)
OBJECT_ID		NUMBER
DATA_OBJECT_ID		NUMBER
OBJECT_TYPE		VARCHAR2(18)
CREATED		DATE
LAST_DDL_TIME		DATE
TIMESTAMP		VARCHAR2(19)
STATUS		VARCHAR2(7)
TEMPORARY		VARCHAR2(1)
GENERATED		VARCHAR2(1)
SECONDARY		VARCHAR2(1)

例 4-3

```
SQL> desc all_objects
```

名称	是否为空？	类型
OWNER	NOT NULL	VARCHAR2(30)
OBJECT_NAME	NOT NULL	VARCHAR2(30)
SUBOBJECT_NAME		VARCHAR2(30)
OBJECT_ID	NOT NULL	NUMBER
DATA_OBJECT_ID		NUMBER
OBJECT_TYPE		VARCHAR2(18)
CREATED	NOT NULL	DATE
LAST_DDL_TIME	NOT NULL	DATE
TIMESTAMP		VARCHAR2(19)
STATUS		VARCHAR2(7)
TEMPORARY		VARCHAR2(1)
GENERATED		VARCHAR2(1)
SECONDARY		VARCHAR2(1)

例 4-4

```
SQL> desc dba_objects
```

名称	是否为空？	类型
OWNER		VARCHAR2(30)
OBJECT_NAME		VARCHAR2(128)
SUBOBJECT_NAME		VARCHAR2(30)

```
OBJECT_ID                                              NUMBER
DATA_OBJECT_ID                                         NUMBER
OBJECT_TYPE                                            VARCHAR2(18)
CREATED                                                DATE
LAST_DDL_TIME                                          DATE
TIMESTAMP                                              VARCHAR2(19)
STATUS                                                 VARCHAR2(7)
TEMPORARY                                              VARCHAR2(1)
GENERATED                                              VARCHAR2(1)
SECONDARY                                              VARCHAR2(1)
```

从例 4-2、例 4-3 和例 4-4 显示的结果可以看出：user_objects 中没有 OWNER 这一列，而 all_objects 和 dba_objects 中都包含了 OWNER 这一列。这也许是因为使用 user_objects 的用户是在查看自己的对象，用户当然应该知道自己是谁，所以 OWNER 这一列也就没必要了。其他的 USER_*、ALL_*和 DBA_*数据字典也遵循同样的规律。如*_tables 和*_indexes。

以上所有的数据字典视图都是静态视图，即当数据库发生变化时，Oracle 服务器并不及时地刷新这些视图中的信息。只有当执行了 Oracle 的 ANALYZE 命令之后，这些视图才会被刷新。在较新的 Oracle 版本中，也可以通过运行 DBMS_STATS 软件包来刷新这些视图。

数据字典视图包含了以下信息：

➥ 对象的属主。
➥ 用户所拥有的权限。
➥ 对象的创建时间。
➥ 对象存储参数的设置。
➥ 对象存储空间的使用情况等。

4.5 格式化数据字典视图的输出

假设仍在 system 用户下，现在想知道用户 scott 所拥有的所有对象及它们的一些细节。可以使用例 4-5 的查询语句。

例 4-5

```
SQL>   SELECT owner, object_name, object_id, created, status
   2   FROM   all_objects
   3   WHERE  owner = 'SCOTT';
OWNER
-------------------------------------------------------------------
OBJECT_NAME                                            OBJECT_ID
------------------------------------------------------------- ----------
CREATED          STATUS
-------------- --------------
SCOTT
PK_DEPT
                                                          73195
02-11 月 -16      VALID
SCOTT
DEPT
                                                          73194
02-11 月 -16      VALID
......
```

从例 4-5 的显示结果可以看出这一语句确实得到了所需要的结果，但其显示却很乱，很难看懂。前面讲到的"如果想得到好看的显示输出，要使用 SQL*Plus 的格式化命令。例 4-6 使用了 3 个 COLUMN 命令来分别格式化列 owner、object_name 和 object_type。

例 4-6

```
SQL> col owner for a12
SQL> col object_name for a12
SQL> col object_type for a10
```

现在可以使用例 4-7 的 SQL*Plus 执行命令再次运行 SQL*Plus 缓冲区内的 SQL 语句以显示有关用户 scott 所拥有的所有对象的信息。

例 4-7

```
SQL> SELECT owner, object_name, object_id, created, status, object_type
2    FROM all_objects
3    WHERE owner='SCOTT';
OWNER        OBJECT_NAME    OBJECT_ID    CREATED      STATU    OBJECT_TYP
----------   -----------    ---------    --------     ------   ----------
SCOTT        PK_DEPT        73195        02-11月 -16   VALID    INDEX
SCOTT        DEPT           73194        02-11月 -16   VALID    TABLE
SCOTT        EMP            73196        02-11月 -16   VALID    TABLE
SCOTT        PK_EMP         73197        02-11月 -16   VALID    INDEX
SCOTT        BONUS          73198        02-11月 -16   VALID    TABLE
SCOTT        SALGRADE       73199        02-11月 -16   VALID    TABLE
SCOTT        EMP_TEMP       74694        31-10月 -16   VALID    TABLE

已选择 7 行。
```

很显然例 4-7 的显示结果非常清晰，也更容易理解。

4.6 如何使用数据字典视图

介绍了这么多数据字典视图，到底对初学者有什么用处呢？如果是刚被某个公司聘为 Oracle 的工作人员，一定想知道在自己的账号（用户名）下有哪些表。数据字典 user_tables 里就存有这些信息，可以用下面的 SQL 查询语句（如例 4-8）来得到所需要的信息（假设现在是以 scott 用户登录的）。

例 4-8

```
SQL> SELECT table_name
2    FROM user_tables;
TABLE_NAME
-----------
DEPT
EMP
BONUS
SALGRADE
EMP_TEMP
```

📢 提示：

在您的系统上显示的表可能会有所不同。

要想知道有哪些表可以使用，这时数据字典 all_tables 就派上了用场。使用类似以下的查询语句（如例 4-9）可以得到所需要的信息。

例 4-9

```
SQL> SELECT table_name, owner
  2  FROM all_tables
  3  WHERE owner NOT LIKE '%SYS';
TABLE_NAME                          OWNER
------------------------------      -------
XDB$IMPORT_TT_INFO                  XDB
XDB_INDEX_DDL_CACHE                 XDB
HELP                                SYSTEM
WWV_FLOW_DUAL100                    APEX_040200
DEPT                                SCOTT
EMP                                 SCOTT
BONUS                               SCOTT
SALGRADE                            SCOTT
EMP_PL                              SCOTT
XDB$XIDX_IMP_T                      XDB
OL$NODES                            SYSTEM
OL$HINTS                            SYSTEM
OL$                                 SYSTEM

13 rows selected.
```

提示：

与早期的版本相比，Oracle 11g 和 Oracle 12c 增加了不少表，其中以 APEX_ 开始的用户是 Oracle Application Express 的用户。Oracle Application Express 是 Oracle 11g 和 Oracle 12c 的一个图形化的开发和部署工具，它适合于基于数据库的互联网应用程序的开发。如果读者对这方面感兴趣或有需要，可以参阅我们的另一本由清华大学出版社出版的书《Oracle 快速 Web 应用开发——从实践中学习 Oracle Application Express》。

另外，一个用户可能会用到的数据字典是 user_catalog。可以用例 4-10 的 SQL*Plus 命令得到该数据字典的结构。

例 4-10

```
SQL> desc user_catalog
 名称                                         是否为空？  类型
-------------------------------------------- --------- ----------
 TABLE_NAME                                  NOT NULL  VARCHAR2(128)
 TABLE_TYPE                                            VARCHAR2(11)
```

提示：

在 Oracle 12c 之前 TABLE_NAME 列的长度是 30 个字符，而 Oracle 12c 将其增加到了 128 个字符。因此在 Oracle 12c 中查询 user_catalog 之前最好使用 col 命令格式化一下 TABLE_NAME 列，如：col TABLE_NAME for a30。

从例 4-10 显示的结果可以看出，一个用户可用 user_catalog 看到他所拥有的所有表的名字和类型。与使用 user_tables 相比，也许使用 user_catalog 更简单，如例 4-11 所示。

例 4-11

```
SQL> select * from user_catalog;
TABLE_NAME                          TABLE_TYPE
------------------------------      -----------
BONUS                               TABLE
```

```
DEPT                              TABLE
EMP                               TABLE
EMP_TEMP                          TABLE
SALGRADE                          TABLE
```

数据字典 user_catalog 有一个别名叫做 cat。用户可以用它得到和 user_catalog 完全相同的信息，如例 4-12 所示。

例 4-12

```
SQL> select * from cat;
TABLE_NAME                        TABLE_TYPE
------------------------------    -----------
BONUS                             TABLE
DEPT                              TABLE
EMP                               TABLE
SALGRADE                          TABLE
```

4.7   动态性能表（视图）

除了以上介绍的静态数据字典视图之外，**在 Oracle 数据库中还有另一大类数据字典视图，即动态性能视图。动态性能视图是一组虚表。在 Oracle 数据库运行期间，这些虚表存在于内存中。在整个数据库运行期间，Oracle 服务器将当前数据库的活动记录在这组虚表中。因此这些动态性能视图中的信息（这些信息是来自内存和控制文件）实时地反映了数据库运行的状态。**

📢 提示：

Oracle 数据库中以 V$开始的动态性能视图有些像 Unix 和 Linux 操作系统的/proc 文件系统（内存文件系统）。

sys 用户拥有所有的动态性能视图。它们的名字都是以 v$开头。利用动态性能视图可以获得类似如下信息：

➥   会话活动的信息。
➥   对象打开或关闭的信息。
➥   对象在线或离线的信息等。

一般 Oracle 数据库管理员经常使用这些动态性能视图（也有人称它们为数据库调优工具）来监督 Oracle 数据库的运行，或获取诊断和调优所需要的信息。要记住：这些动态性能视图是不允许进行 DML 操作的。

曾经有不少学生问：怎样才能知道所使用的数据库上有哪些数据字典（视图）？**可以通过查询数据字典 v$fixed_table 或 dictionary 来得到 Oracle 数据库中所有的数据字典（视图）。数据字典 dictionary 中只有两列 TABLE_NAME 和 COMMENTS，它列出了所有的数据字典——既包括静态的也包括动态的数据字典（视图）。在 COMMENTS（注释）列中给出了所列的数据字典（系统表）的简单解释。而 v$fixed_table 只是列出了动态数据字典（系统表）的名和类型等，也未给出任何解释。**

尽管不少 Oracle 书中讲可以使用 select * from dictionary 或 select * from v$fixed_table 语句来获得所在数据库上所有的数据字典（视图），但这样做会显示上千行的结果。一种解决的方法是使用 SQL*Plus 的 SPOOL 命令将输出的结果送到一个正文文件中（有关 SPOOL 命令的使用可参阅《名师讲坛——Oracle SQL 入门与实战经典》的第 3 章 3.11 节或其他相关书籍）。另一种解决的方法是在查询语句中利用 WHERE 子句来限制查询语句所产生的输出，如例 4-13 所示。为了节省篇幅，这里省略了显示输出结果。

例 4-13

```
SQL> SELECT *
  2  FROM dictionary
  3  WHERE TABLE_NAME LIKE '%TABLE%';
```

如果想知道某个数据字典中的某一列的含义，可以使用数据字典 dict_columns。该数据字典中包含了 3 列：表（数据字典）名、列名和列的解释。如果读者对数据字典 dba_tables 中的 INITIAL_EXTENT 列特别感兴趣，想知道存了什么信息，可使用例 4-14 的查询语句来获得这方面的信息。

例 4-14

```
SQL> SELECT *
  2  FROM dict_columns
  3  where table_name = 'DBA_TABLES'
  4  and column_name = 'INITIAL_EXTENT';
TABLE_NAME   COLUMN_NAME   COMMENTS
-----------  --------------  -----------------------------------
DBA_TABLES   INITIAL_EXTENT  Size of the initial extent in bytes
```

从显示的结果可知：数据字典 dba_tables 中的 INITIAL_EXTENT 这一列为第一个（首次）分配的磁盘区（extent）的字节数。读者可以使用类似的查询语句来获得任何感兴趣的列的详细信息。

4.8　数据字典应用实例

宝儿上班的第一天，公司的总经理面见了他，并为他安排了一个月试用期的工作，并对他说："考虑到你刚来公司，在这一个月想给你安排一些比较容易的活，主要是让你熟悉公司的数据库系统，因此在这一个月，你的主要工作是把公司的 Oracle 数据库的配置和结构等做成文档。"这一个又一个的惊喜是他做梦都想不到的，他甚至怀疑是否是他的祖先显了灵。

但宝儿一开始工作就遇到了麻烦，他发现他的前任 DBA 早已离开公司，而且没有留下任何有用的文档。本来有不少工作是应该由操作系统管理员做的，可公司没设这一职位。此时的宝儿成了该公司唯一的 IT 专家，可他以前从来没听说过该公司所用的操作系统，对公司的 Oracle 数据库配置也一无所知。

宝儿心想，不管怎样，公司给他搭起了一个实现梦想的舞台，只要有一线希望就要付出 200%的努力，因为他深知从现在起每挺过一天就离梦想近了一步。也许是天无绝人之路，在一位好心人的帮助下，**宝儿终于很快地知道如何在该系统上启动 SQL*Plus 了**。于是他用例 4-15 的 SQL*Plus 命令切换到管理员用户。

例 4-15

```
SQL> connect system/wang as sysdba
已连接。
```

为了得到公司的 Oracle 数据库的名字、创建日期等，他首先想到了数据字典 v$database，于是他发出了例 4-16 的 SQL 查询语句。

例 4-16

```
SQL> SELECT name, created, log_mode, open_mode
  2  FROM v$database;
NAME     CREATED       LOG_MODE       OPEN_MODE
-------- ------------- -------------- ----------------
DOG      26-10 月 -16  NOARCHIVELOG   READ WRITE
```

显示的结果表示：公司的 Oracle 数据库的名字为 DOG，创建日期为 2016 年 10 月 26 日，该数据库运行在非归档模式，数据库的状态为可读可写（正常状态）。

之后他想知道运行公司 **Oracle 数据库的计算机的主机名、Oracle 数据库的实例名及 Oracle 数据库管理系统的版本。因为这些信息是 Oracle 网络连接时不可缺少的。**为了使输出的显示更优美，宝儿使用了例 4-17 的 SQL*Plus 格式化命令。

例 4-17

```
SQL> col host_name for a15
```

接下来宝儿利用数据字典 v$instance 发出了例 4-18 的 SQL 查询语句。

例 4-18

```
SQL> SELECT host_name, instance_name, version
  2  FROM v$instance;
HOST_NAME         INSTANCE_NAME      VERSION
----------------- ----------------   ------------
MOON-PC           dog                12.1.0.2.0
```

显示的结果表示：运行公司 Oracle 数据库的计算机的主机名为 MOON-PC，公司 Oracle 数据库的实例名也为 dog，Oracle 数据库管理系统的版本为 12.1.0.2.0。

📢 提示：

虽然有的书建议可以使用操作系统命令或工具来获得计算机的主机名，但这在实际工作中有时并不容易。因为如果是一位 Oracle 顾问，客户使用的操作系统可以说是五花八门，很难做到精通所有的操作系统。所以使用数据字典 v$instance 应该是一个更好的选择。

因为公司购买了一些商用软件，这对 **Oracle 数据库管理系统的版本有一些特殊的要求，**于是宝儿利用数据字典 v$version 发出了例 4-19 的 SQL 查询语句。

例 4-19

```
SQL> SELECT banner
  2  FROM v$version;
BANNER
--------------------------------------------------------------------------
Oracle Database 12c Enterprise Edition Release 12.1.0.2.0-64bit Production
PL/SQL Release 12.1.0.2.0 - Production
CORE    12.1.0.2.0      Production
TNS for 64-bit Windows: Version 12.1.0.2.0 - Production
NLSRTL Version 12.1.0.2.0 - Production
```

显示的结果给出了有关公司所安装的 Oracle 数据库管理系统版本方面的详细信息。

接下来他利用数据字典 v$controlfile 来获取控制文件名字，不过在使用之前，他先用类似例 4-20 的 SQL*Plus 命令对输出进行了格式化。

例 4-20

```
SQL> col name for a60
```

接下来，宝儿利用数据字典 v$controlfile 发出了例 4-21 的 SQL 查询语句。

例 4-21

```
SQL> SELECT name FROM v$controlfile;
NAME
-----------------------------------
D:\APP\DOG\ORADATA\DOG\CONTROL01.CTL
D:\APP\DOG\ORADATA\DOG\CONTROL02.CTL
```

从这个语句的输出可以清楚地看出：该数据库共有 2 个控制文件，它们放在了同一个硬盘的相同目录下，而文件名略有不同。

为了得到公司的 **Oracle 数据库的重做日志的配置信息**，他想到了**数据字典 v$log**，于是发出了**例 4-22** 的 SQL 查询语句。

例 4-22

```
SQL> SELECT group#, members, bytes, status, archived
  2  FROM v$log;
   GROUP#    MEMBERS     BYTES   STATUS                          ARCHIV
---------- ---------- ---------- ------------------------------- ------
        1          1   52428800  CURRENT                         NO
        2          1   52428800  INACTIVE                        NO
        3          1   52428800  INACTIVE                        NO
```

例 4-22 显示的结果表示：公司的 Oracle 数据库一共有 3 组（group）重做日志，每个重做日志组中只有一个成员（member），每个重做日志成员的大小为 50MB，都没有被归档（最后一列都为 NO），Oracle 数据库当前正在操作的重做日志组为第 1 组（STATUS 列为 CURRENT）。

当然他也想知道每个重做日志（成员）文件所存放的具体位置。于是他想到了**数据字典 v$logfile** 并发出了**例 4-23** 的 **SQL*Plus 命令**和**例 4-24** 的 **SQL 查询语句**。

例 4-23

```
SQL> col member for a60
```

例 4-24

```
SQL> SELECT group#, member
  2  FROM v$logfile;
   GROUP# MEMBER
---------- --------------------------------
        3 D:\APP\DOG\ORADATA\DOG\REDO03.LOG
        2 D:\APP\DOG\ORADATA\DOG\REDO02.LOG
        1 D:\APP\DOG\ORADATA\DOG\REDO01.LOG
```

例 4-24 显示的结果表示：公司的 Oracle 数据库的所有重做日志（成员）文件都存放在 D 盘的相同目录（D:\APP\DOG\ORADATA\DOG）下。

为了评估公司的 **Oracle 数据库的备份和恢复策略并确定归档文件的具体位置**，他发出了**例 4-25** 的 **Oracle 命令**。

例 4-25

```
SQL> archive log list
数据库日志模式             非存档模式
自动存档                   禁用
存档终点                   D:\app\dog\product\12.1.0\dbhome_1\RDBMS
最早的联机日志序列         23
当前日志序列               25
```

例 4-25 显示的结果表示：公司的 Oracle 数据库运行在非归（存）档模式，ARCH 后台进程也没有启动（自动存档禁用）。

接下来他想知道公司的 **Oracle 数据库中到底有多少表空间以及每个表空间的状态**。这时他想起了**数据字典 dba_tablespaces**，于是发出了例 4-26 的 SQL*Plus 格式化命令和例 4-27 的 SQL 查询语句。

例 4-26

```
SQL> col tablespace_name for a15
```

例 4-27

```
SQL> select tablespace_name, block_size, status, contents, logging
  2   from dba_tablespaces;
TABLESPACE_NAME BLOCK_SIZE STATUS        CONTENTS         LOGGING
--------------- ---------- ------------- ---------------- ---------
SYSTEM                8192 ONLINE        PERMANENT        LOGGING
SYSAUX                8192 ONLINE        PERMANENT        LOGGING
UNDOTBS1              8192 ONLINE        UNDO             LOGGING
TEMP                  8192 ONLINE        TEMPORARY        NOLOGGING
USERS                 8192 ONLINE        PERMANENT        LOGGING
EXAMPLE               8192 ONLINE        PERMANENT        NOLOGGING

已选择 6 行。
```

例 4-27 显示的结果表示：公司的 Oracle 数据库一共有 6 个表空间，它们的数据块大小都为 8KB，都是联机（在线）状态，除了 TEMP 和 EXAMPLE 之外，都受到重做日志的保护，其中 TEMP 为临时表空间（排序时用），而 UNDOTBS1 为还原表空间，其他的都是永久的表空间。

当知道了以上表空间的信息之后，**他当然也想了解每个表空间存在哪个磁盘上以及文件的名字等信息。这时他想起了数据字典 dba_data_files，**于是发出了例 4-28 的 SQL*Plus 格式化命令和例 4-29 的 SQL 查询语句。

例 4-28

```
SQL> col file_name for a56
```

例 4-29

```
SQL> SELECT file_id, file_name, tablespace_name, bytes/1024/1024 MB
  2   FROM dba_data_files;
   FILE_ID FILE_NAME                                     TABLESPACE_NAME          MB
---------- --------------------------------------------- ----------------- ---------
         1 D:\APP\DOG\ORADATA\DOG\SYSTEM01.DBF           SYSTEM                  800
         3 D:\APP\DOG\ORADATA\DOG\SYSAUX01.DBF           SYSAUX                  670
         5 D:\APP\DOG\ORADATA\DOG\UNDOTBS01.DBF          UNDOTBS1                645
         6 D:\APP\DOG\ORADATA\DOG\USERS01.DBF            USERS                     5
         7 D:\APP\DOG\ORADATA\DOG\EXAMPLE01.DBF          EXAMPLE            1260.625
```

例 4-29 显示的结果给出了每个表空间所属的数据文件的文件号、文件名及字节数（大小）。查询语句中的"bytes/1024/1024 MB"是将字节转换成 MB 并将显示的列名改为 MB。

最后，**宝儿也想知道公司的 Oracle 数据库系统上到底有多少用户和什么时候创建的。**这时他想起了**数据字典 dba_users，**于是发出了例 4-30 的 SQL 语句。

例 4-30

```
SQL> SELECT username, created
  2   FROM dba_users;
USERNAME                      CREATED
----------------------------- -----------
OE                            30-SEP-16
SCOTT                         30-SEP-16
SYSKM                         11-SEP-14
BI                            30-SEP-16
PM                            30-SEP-16
MDDATA                        11-SEP-14
SYSBACKUP                     11-SEP-14
```

```
IX                                  30-SEP-16
SH                                  30-SEP-16
...
```

例 4-30 显示的结果给出了公司的 Oracle 数据库系统中的所有用户和他们的创建日期。

当宝儿得到所有的信息之后就开始写他一生中也是公司有史以来的第一份 Oracle 数据库文档。他用了两周多的时间完成了这份具有里程碑意义的重要文档，当然里面加了不少精彩的分析和注释。据说当经理看完了这份装潢精美的文档之后，即刻通知宝儿，他的试用期已经结束并与宝儿签了正式合同。当宝儿捧着那份对他来说如此珍贵的合同时，他那颗一直提到嗓子眼的心终于放下了。

4.9　控制文件的定义及引入的目的

Oracle 数据库的控制文件是数据库中极其重要的文件。该文件是一个比较小的二进制文件，记载了物理数据库的当前状态。每一个控制文件只属于一个数据库，但为了防止控制文件丢失，一个数据库一般有不止一个控制文件。这些控制文件中的内容完全一样。在数据库装载或打开之前，Oracle 服务器必须能够访问控制文件。当数据库在打开状态下，Oracle 服务器会随时修改控制文件中的内容。任何用户，包括数据库管理员都不能修改控制文件中的数据。

如果由于某种原因 Oracle 服务器不能访问控制文件，数据库就将无法正常工作。**如果一个数据库的所有控制文件都出了问题，那么这个数据库就需要进行恢复。**因此实际的商用数据库至少需要两个（一般为 3 个）控制文件，为了防止磁盘的物理故障，这些控制文件最好放在不同的物理磁盘上，而且最好放在不同的物理磁盘控制器上。

4.10　控制文件中所存的内容

控制文件中到底存放了哪些信息呢？**控制文件中存放了有关数据库的如下信息：**

（1）数据库的名字。该名取自初始化参数说明的数据库名字或 CREATE DATABASE 语句中所使用的名字。

（2）数据库标识符。该标识符是在创建数据库时 Oracle 自动生成的。

（3）数据库创建的时间戳。它是在数据库创建时生成的。

（4）联机重做日志文件的名字和准确位置。当在增加、删除和修改重做日志文件时，Oracle 会修改相关的信息。

（5）当前日志的序列号。它是在日志切换时 Oracle 记录的。

（6）校验（检查）点信息。该信息是在产生校验点时 Oracle 记录的。

（7）日志的历史信息。这些信息是在日志切换时 Oracle 记录的。

（8）归档日志文件的准确位置和状态。这些信息是在重做日志文件被归档（复制到归档日志文件）时 Oracle 记录的。

（9）数据文件的名字和准确位置。当在增加、删除和修改数据文件的名字时，Oracle 会修改相关的信息。

（10）表空间的信息。当在增加或删除表空间时，Oracle 会修改相关的信息。

（11）备份的准确位置和状态。这些信息是由恢复管理器记录的。

有关数据库的这些内容将在后续章节中陆续介绍。

4.11　从控制文件中获取信息的数据字典

既然控制文件中存放了如此多的有关数据库的重要信息，那么怎样才能获得这些信息呢？答案是利用数据字典。**可以使用如下的数据字典从控制文件中抽取信息：**

- v$archived
- v$archived_log
- v$backup
- v$database
- v$datafile
- v$log
- v$logfile
- v$loghist
- v$tablespace
- v$tempfile

有关这些数据字典的使用将在后续章节中陆续介绍。

4.12　如何限定控制文件的大小

控制文件是一个 Oracle 服务器经常操作的文件。如果读者对计算机比较熟悉，应该会想到这个文件需要配置得尽可能小。那么如何限定控制文件的大小呢？很遗憾！Oracle 并未给出直接的方法，但 Oracle 数据库管理员可以间接地决定控制文件的大小。控制文件由两大部分组成：可重用的部分和不可重用的部分。

可重用的部分的大小可用 CONTROL_FILE_RECORD_KEEP_TIME 参数来控制，该参数的默认值为 7 天，即可重用的部分的内容保留 7 天，一周之后这部分的内容可能会被覆盖。可重用的部分是供恢复管理器来使用的，这部分的内容可以自动扩展。如果读者对这部分的内容很感兴趣，可以阅读有关 Oracle 数据库备份和恢复的书籍。

Oracle 数据库管理员可以使用 CREAT DATABASE 或 CREAT CONTROLFILE 语句中的下列关键字（参数）来间接影响不可重用的部分的大小：

- MAXDATAFILES
- MAXINSTANCES
- MAXLOGFILES
- MAXLOGHISTORY
- MAXLOGMEMBERS

例如，当读者在 CREAT DATABASE 语句中包含了 MAXDATAFILES 1024 时，Oracle 就在控制文件中预留 1 024 个记录的空间。因此为了使控制文件尽可能小，应该在创建数据库时把以上的参数设置得尽可能小。但这样做的风险是：一旦数据库需要扩展时，而且所需的规模超过了所设置的参数大小，如数据文件的个数超过了 1024，就可能需要重建数据库。在实际工作中是在能够保持控制文件尽可能小的同时，又要为数据库今后的扩展留下足够的空间，这实际上是在两个相互矛盾的选择上进行的折中。

4.13　怎样查看控制文件的配置

怎样才能得到控制文件中全部记录的相关信息呢？读者可以通过数据字典 **v$controlfile_record_section** 来获得。例如，可以使用例 4-31 的 SQL 查询语句来获得控制文件中全部记录的相关信息。

例 4-31

```
SQL> SELECT type, record_size, records_total, records_used
  2   FROM v$controlfile_record_section;
TYPE                        RECORD_SIZE RECORDS_TOTAL RECORDS_USED
--------------------------- ----------- ------------- -------------
DATABASE                            316             1             1
CKPT PROGRESS                      8180            11             0

REDO THREAD                         256             8             1
REDO LOG                             72            16             3
DATAFILE                            520           100             7
FILENAME                            524          2298             9
TABLESPACE                           68           100             6
TEMPORARY FILENAME                   56           100             1
RMAN CONFIGURATION                 1108            50             0
LOG HISTORY                          56           292            20
OFFLINE RANGE                       200           163             2
ARCHIVED LOG                        584            28             0
...
已选择 41 行。
```

🔊 提示：

如果显示内容被分成了两部分，需要使用类似于 **set pagesize 50** 的 SQL*Plus 命令先格式化输出。另外，在 Oracle9i 上例 4-31 的查询显示结果只有 23 行，而 Oracle 11g 是 37 行，Oracle 12c 为 41 行。这是因为 Oracle 11g 和 Oracle 12c 对控制文件进行了扩充，增加了不少新的内容，特别是与备份和恢复相关的内容。而且有些记录的大小也增加了，如 DATABASE 记录由原来的 192 字节增加到了 316 字节。

在例 4-31 的 SQL 查询语句中：

➥ record_size 为每个记录的字节数。

➥ records_total 为该段所分配的记录个数。

➥ records_used 为该段所使用的记录个数。

也可以通过在命令中使用 WHERE 子句来限制，以便获得读者所感兴趣记录的相关信息，如例 4-32 所示。

例 4-32

```
SQL> SELECT type, record_size, records_total, records_used
  2   FROM v$controlfile_record_section
  3   WHERE type IN ( 'DATAFILE', 'TABLESPACE', 'REDO LOG');
TYPE                 RECORD_SIZE RECORDS_TOTAL RECORDS_USED
-------------------- ----------- ------------- ------------
REDO LOG                      72            16            3
DATAFILE                     520           100            7
TABLESPACE                    68           100            6
```

例 4-32 显示的结果给出了控制文件中的所有重做日志（redo log）、数据文件（datafile）和表空间（tablespace）所使用的记录情况。

🔊 提示：

> 曾有学生和一些读者反映例 4-31 和例 4-32 显示的结果好像没有什么实际意义。初看上去好像是对的，但是如果接手的是一个已经运行多年的数据库，可能就完全不同了。如此时您的公司上了一个新的而且很大的项目，为了方便项目管理，领导要求为该项目创建若干个专门的表空间来存放该项目的信息。这时如果使用类似例4-31 或例 4-32 查询语句，结果发现表空间的记录或文件的记录已经快用完了。可能就需要采取一些其他的方法了。实际上，在管理和维护运行了多年的数据库时，类似例 4-31 或例 4-32 查询结果是非常重要的。

讲了这么久的控制文件，现在可能有读者要问这个文件到底存在哪儿？又如何能找到它们所在的居所呢？如果您使用的是正文的初始化参数文件，可能有人会告诉您通过查看初始化参数文件来得到。当然这是一种可行的方法，但是笔者却不太愿意使用这种方法，**因为频繁地使用初始化参数文件，有时会无意中破坏 Oracle 数据库。**

建议可使用数据字典 v$parameter 来获取控制文件的名字。 例如，使用例 4-33 的 SQL 查询语句来完成这一工作。

例 4-33

```
SQL> SELECT value
  2    FROM v$parameter
  3    WHERE name = 'control_files';
VALUE
-----------------------------------------------------------------
D:\APP\DOG\ORADATA\DOG\CONTROL01.CTL,
D:\APP\DOG\ORADATA\DOG\CONTROL02.CTL
```

另外，也可以利用数据字典 v$controlfile 来获取控制文件的名字。 不过在使用它之前，最好先用类似例 4-34 的 SQL*Plus 命令格式化以下输出：

例 4-34

```
SQL> col name for a60
```

接下来，就可以使用例 4-35 的 SQL 查询语句来获得每个控制文件所在的磁盘、目录和文件名。

例 4-35

```
SQL> SELECT name FROM v$controlfile;
NAME
------------------------------------
D:\APP\DOG\ORADATA\DOG\CONTROL01.CTL
D:\APP\DOG\ORADATA\DOG\CONTROL02.CTL
```

该语句的输出应该更清楚一些。从这个语句的输出可以清楚地看出，该数据库共有两个控制文件，它们放在了同一个硬盘的同一个目录下，而只是文件名略有不同而已。

4.14 怎样添加和移动控制文件

尽管 Oracle 的文档一再强调为了防止磁盘的物理故障，一个数据库一般有多个控制文件，而且这些控制文件应该存放在不同的物理磁盘上。但事实是 Oracle 的许多版本默认安装是将所有的控制文件放在同一个硬盘的相同目录下（许多软件公司在为用户安装 Oracle 数据库时也是使用的默认安装）。那么如何在一个已经安装的 Oracle 数据库中添加或移动控制文件呢？**以下是在一个已经安装的 Oracle 数据库**

中使用正文初始化参数文件添加或移动控制文件的具体步骤：

（1）利用数据字典 v$controlfile 来获取现有控制文件的名字。

（2）正常关闭 Oracle 数据库，如 shutdown 或 shutdown immediate。

（3）将新的控制文件名添加到参数文件的 CONTROL_FILES 参数中。

（4）使用操作系统的复制命令将现有控制文件复制到指定位置。

（5）重新启动 Oracle 数据库。

（6）利用数据字典 v$controlfile 来验证新的控制文件的名字是否正确。

（7）如果有误，重做上述操作；如果无误，删除无用的旧控制文件。

如果使用了服务器初始化参数文件（SPFILE），其步骤会略有不同。**以下是在一个已经安装的 Oracle 数据库中使用二进制初始化参数文件添加或移动控制文件的具体步骤：**

（1）利用数据字典 v$controlfile 来获取现有控制文件的名字。

（2）修改 SPFILE，使用 alter system set control_files 命令来改变控制文件的位置。

（3）正常关闭数据库，如 shutdown 或 shutdown immediate。

（4）使用操作系统的复制命令将现有控制文件复制到指定位置。

（5）重新启动 Oracle 数据库，如 startup。

（6）利用数据字典 v$controlfile 来验证新的控制文件的名字是否正确。

（7）如果有误，重做上述操作；如果无误，删除无用的旧控制文件。

例 4-36 就是一个在第（2）步中使用 Oracle 的 alter system set control_files 命令的例子。

例 4-36

```
SQL> alter system set control_files =
  2   'D:\Disk3\CONTROL01.CTL',
  3   'D:\Disk6\CONTROL02.CTL',
  4   'D:\Disk9\CONTROL03.CTL' SCOPE=SPFILE;
系统已更改。
```

📢 提示：

如果读过其他 Oracle 数据库管理的书，可能会发现多数的这类书上只有 4 步，即没有本书的第（1）、（6）和（7）步。从理论上讲，如果操作 100% 的正确，这样做也是可以的（不过还会留下一些垃圾文件）。但在管理生产数据库时，建议还是使用本书的方法来操作，千万不要过分自信。

4.15　控制文件的备份

由于控制文件是一个极其重要的文件，除了以上所说的将控制文件的多个副本存在不同的硬盘上的保护措施外，**在数据库的结构变化之后，应立即对控制文件进行备份。可以使用类似例 4-37 的 Oracle 命令来对控制文件进行备份。**

例 4-37

```
SQL> alter database backup controlfile to 'I:\backup\control.bak';
数据库已更改。
```

当该命令正确执行后，应该使用操作系统工具验证一下控制文件的备份是否已经存在于指定的目录，如图 4-2 所示。

📢 注意：

读者应尽可能使用当前的控制文件而不是备份控制文件进行数据库的恢复。因为使用备份控制文件进行的恢复是不完全恢复，而不完全恢复会造成数据库的数据丢失。

也可将创建控制文件的命令备份到一个追踪文件中。该追踪文件包含有重建控制文件所需的 **SQL** 语句。可使用如例 **4-38** 所示的 SQL 语句来产生这一追踪文件。

例 4-38

```
SQL> alter database backup controlfile to trace;
数据库已更改。
```

该追踪文件是在用户的追踪文件所在的目录下，在刚执行完以上 SQL 语句后，它应该是最新的一个追踪文件。可以通过对操作系统文件进行时间排序来很容易地找到它，也可以用正文编辑器来查看它的内容，如图 4-3 所示。

🔊 提示：

现在应该尽快将该文件从用户的追踪文件所在的目录中复制到其他目录下，并将文件名改为有意义的文件名。否则随着时间的推移，将会很难找到该文件。

图 4-2

图 4-3

4.16　移动控制文件的实例

以下通过一个实际的例子来演示如何在一个已经安装的数据库中添加或移动控制文件。以下的操作假设数据库使用了服务器初始化参数文件（SPFILE），如果没有使用，操作会略有不同。可能有读者想知道怎样才能确定自己的系统是使用的正文初始化参数文件（PFILE）还是服务器初始化参数文件（SPFILE）。首先要以 system 或 sys 用户登录数据库系统，之后使用如下的 SQL*Plus 命令来确定：show parameter pfile。

🔊 提示：

在本书的第一和第二版中都是使用正文初始化参数文件（PFILE）移动控制文件的实例，由于 Oracle 10g、Oracle 11g 和 Oracle 12c 默认普遍使用服务器初始化参数文件，为了节省篇幅，在这一版中将使用正文初始化参数文件（PFILE）移动控制文件的实例的内容以电子版的形式放在了资源包中，而在书中只保留了使用服务器初始化参数文件移动控制文件的实例。

经理对宝儿前一段时间的表现看在眼里，喜在心头，非常满意。因此她想把更重的担子交给宝儿。几个月前计算机的一块硬盘突然坏了，从而导致了公司 Oracle 数据库的崩溃。虽然公司的软件顾问和公司的"高手"们全力抢救，但公司的 Oracle 数据库中的一些重要的数据还是丢失了。软件顾问公司最后解释：是数据库的当前控制文件全部丢失造成的。当经理问有没有办法保证这种事情不再发生时，软件顾问公司的回答是肯定的，但是要重新配置整个数据库，其收费是宝儿年薪的数倍。经理把宝儿叫到她的办公室，让宝儿检查数据库的控制文件配置，如果不合理，看有没有办法重新配置。她给了宝儿一个月的时间，并告诉他不用急，时间不够可往后延。最后要求他在做完之后给她写一份详细的报告。

宝儿接到这项任务后，可以说是喜出望外。他终于有机会开始实现全家几代人的梦想了。他首先使用例 **4-39** 的 **SQL*Plus** 格式化命令和例 **4-40** 的 **SQL** 查询语句来查看一下数据库的控制文件的现有配置。

例 4-39

```
SQL> col name for a55
```

例 4-40

```
SQL> SELECT name
  2  FROM v$controlfile;
STATUS  NAME
------- -------------------------------------------------------
        F:\ORACLE\PRODUCT\10.2.0\ORADATA\JINLIAN\CONTROL01.CTL
        F:\ORACLE\PRODUCT\10.2.0\ORADATA\JINLIAN\CONTROL02.CTL
        F:\ORACLE\PRODUCT\10.2.0\ORADATA\JINLIAN\CONTROL03.CTL
```

🔊 提示：

Oracle 11g 只有两个控制文件，一个仍然与数据文件和重做日志文件放在同一目录中，另一个放在了闪回区（如 I:\APP\ADMINISTRATOR\FLASH_RECOVERY_AREA\DOG 目录中而文件名仍然为 CONTROL02.CTL）。Oracle 12c 也只有两个控制文件，全部与数据文件和重做日志文件放在同一目录中。为了使读者适应不同 Oracle 不同版本，这里使用了 Oracle 10g。

看了输出，宝儿大吃一惊：这么重要的数据库竟然所有的控制文件都放在一个硬盘上，难怪硬盘一坏就要丢失数据。出于慎重的考虑，他又用操作系统工具验证了一下。为了使后面的操作看起来更加专业，下面的操作使用 DOS 命令来完成。于是启动 DOS 窗口，如图 4-4 和图 4-5。

图 4-4   图 4-5

之后，在 DOS 窗口中使用例 4-41 操作系统的 cd 命令切换到控制文件所在的操作系统目录。

例 4-41

```
F:\>cd F:\ORACLE\PRODUCT\10.2.0\ORADATA\JINLIAN
```

接着，使用例 4-42 操作系统的列目命令 dir 列出所有以 .ctl 结尾的操作系统文件。

例 4-42

```
F:\oracle\product\10.2.0\oradata\jinlian>dir *.ctl
 驱动器 F 中的卷是 本地磁盘
 卷的序列号是 7045-3BF8

 F:\oracle\product\10.2.0\oradata\jinlian 的目录
```

```
2008-06-04  08:33a                    7,061,504 CONTROL01.CTL
2008-06-04  08:33a                    7,061,504 CONTROL02.CTL
2008-06-04  08:33a                    7,061,504 CONTROL03.CTL
               3 个文件      21,184,512 字节
               0 个目录  31,290,335,232 可用字节
```

由于在此之前，宝儿对公司的服务器做了认真的调查，他知道第 3、6 和 9 号硬盘（Disk3、Disk6 和 Disk9）上有足够的磁盘空间而且是高速盘。因此他决定将控制文件分别移到这 3 个盘上。为此，他再次使用例 4-43 操作系统的 cd 命令切换回操作系统的根目录。

例 4-43

```
F:\oracle\product\10.2.0\oradata\jinlian>cd F:\
```

随后，分别使用例 4-44、例 4-45 和例 4-46 的操作系统创建目录命令创建 3 个子目录。

例 4-44

```
F:\>mkdir disk3\jinlian
```

例 4-45

```
F:\>mkdir disk6\jinlian
```

例 4-46

```
F:\>mkdir disk9\jinlian
```

然后，使用例 4-47 的操作系统列目命令验证所创建的 3 个子目录是否已经存在。

例 4-47

```
F:\>dir disk3 disk6 disk9
 驱动器 F 中的卷是 本地磁盘
 卷的序列号是 7045-3BF8
 F:\disk3 的目录
2008-06-04  09:55a    <DIR>          .
2008-06-04  09:55a    <DIR>          ..
2008-06-04  09:55a    <DIR>                   jinlian
               0 个文件              0 字节

 F:\disk6 的目录

2008-06-04  09:55a    <DIR>          .
2008-06-04  09:55a    <DIR>          ..
2008-06-04  09:55a    <DIR>                   jinlian
               0 个文件              0 字节
 F:\disk9 的目录
2008-06-04  09:55a    <DIR>          .
2008-06-04  09:55a    <DIR>          ..
2008-06-04  09:55a    <DIR>                   jinlian
               0 个文件              0 字节
               3 个目录  31,290,331,136 可用字节
```

做完了上面的准备工作，就切换回 SQL*Plus 窗口并**使用例 4-48 的 Oracle 命令 alter system set control_files** 将控制文件移动到刚创建的新目录中。

例 4-48

```
SQL> alter system set control_files =
  2  'F:\Disk3\jinlian\CONTROL01.CTL',
  3  'F:\Disk6\jinlian\CONTROL02.CTL',
  4  'F:\Disk9\jinlian\CONTROL03.CTL' SCOPE=SPFILE;
```

接下来，使用例 4-49 的 SQL*Plus 命令立即关闭 Oracle 实例。

例 4-49

```
SQL> shutdown immediate
数据库已经关闭。
已经卸载数据库。
ORACLE 例程已经关闭。
```

之后，使用例 4-50、例 4-51 和例 4-52 的操作系统复制命令**将控制文件分别复制到刚刚创建的 3 个新目录中。**

例 4-50

```
SQL> host copy F:\ORACLE\PRODUCT\10.2.0\ORADATA\JINLIAN\CONTROL01.CTL
F:\disk3\jinlian\CONTROL01.CTL
```

例 4-51

```
SQL> host copy F:\ORACLE\PRODUCT\10.2.0\ORADATA\JINLIAN\CONTROL01.CTL
F:\disk6\jinlian\CONTROL02.CTL
```

例 4-52

```
SQL> host copy F:\ORACLE\PRODUCT\10.2.0\ORADATA\JINLIAN\CONTROL01.CTL
F:\disk9\jinlian\CONTROL03.CTL
```

📢 提示：

host 表示后面的命令是操作系统命令而不是 Oracle 命令。如果是在 SVRMGR>提示下（使用的是 server manager），也可以使用! 来代替 host。另外，在不同的 Oracle 版本中控制文件的命名方式可能会有不同，读者最好按所使用的 Oracle 版本的约定来命名文件。

然后，切换回 DOS 窗口，使用例 4-53 的操作系统列目命令验证上面所复制的 3 个控制文件是否已经存在于相应的目录中。

例 4-53

```
F:\>dir  disk3\jinlian disk6\jinlian disk9\jinlian
 驱动器 F 中的卷是 本地磁盘
 卷的序列号是 7045-3BF8
 F:\disk3\jinlian 的目录
2008-06-04  10:07a       <DIR>          .
2008-06-04  10:07a       <DIR>          ..
2008-06-04  10:01a            7,061,504 CONTROL01.CTL
             1 个文件      7,061,504 字节
 F:\disk6\jinlian 的目录
2008-06-04  10:07a       <DIR>          .
2008-06-04  10:07a       <DIR>          ..
2008-06-04  10:01a            7,061,504 CONTROL02.CTL
             1 个文件      7,061,504 字节
 F:\disk9\jinlian 的目录
2008-06-04  10:07a       <DIR>          .
2008-06-04  10:07a       <DIR>          ..
2008-06-04  10:01a            7,061,504 CONTROL03.CTL
             1 个文件      7,061,504 字节
             2 个目录 31,269,138,432 可用字节
```

当确认以上操作准确无误之后，就切换回 SQL*Plus 窗口并使用例 4-54 的命令**立即启动 Oracle 实例。**

例 4-54

```
SQL> startup
```

```
ORACLE 例程已经启动。

Total System Global Area  612368384 bytes
Fixed Size                  1250428 bytes
Variable Size             209718148 bytes
Database Buffers          394264576 bytes
Redo Buffers                7135232 bytes
数据库装载完毕。
数据库已经打开。
```

之后，再次使用例 4-55 的 SQL 查询语句从数据字典 v$controlfile 中**重新获取数据库的控制文件的新物理路径和文件名**。

例 4-55

```
SQL> select * from v$controlfile;
STATUS  NAME
------- --------------------------------
        F:\DISK3\JINLIAN\CONTROL01.CTL
        F:\DISK6\JINLIAN\CONTROL02.CTL
        F:\DISK9\JINLIAN\CONTROL03.CTL
```

当宝儿看到上面 SQL 语句的显示结果时，心里别提有多高兴了。因为他用实际行动证明了自己是一位当之无愧的数据库管理员。宝儿是一个非常细心的人，尽管此时应做的工作都已完成，但还是**用操作系统工具删除了所有旧的和无用的控制文件，以免在操作系统中留下任何垃圾文件**。

下面的操作就是清除旧的无用的控制文件（即垃圾文件）。首先要切换回 DOS 窗口，之后使用例 4-56 的操作系统的 **cd** 命令切换到旧的控制文件所在的操作系统目录。

例 4-56

```
F:\>cd  F:\ORACLE\PRODUCT\10.2.0\ORADATA\JINLIAN
```

随后，使用例 4-57 的操作系统列目命令 **dir** 列出这一目录中的所有操作系统文件。

例 4-57

```
F:\oracle\product\10.2.0\oradata\jinlian>dir
 驱动器 F 中的卷是 本地磁盘
 卷的序列号是 7045-3BF8
 F:\oracle\product\10.2.0\oradata\jinlian 的目录
2008-04-25  05:22p      <DIR>          .
2008-04-25  05:22p      <DIR>          ..
2008-06-04  10:01a            7,061,504 CONTROL01.CTL
2008-06-04  10:01a            7,061,504 CONTROL02.CTL
2008-06-04  10:01a            7,061,504 CONTROL03.CTL
2008-06-04  10:01a          104,865,792 EXAMPLE01.DBF
2008-06-04  10:01a           52,429,312 REDO01.LOG
2008-06-04  10:01a           52,429,312 REDO02.LOG
2008-06-04  10:01a           52,429,312 REDO03.LOG
2008-06-04  10:01a          272,637,952 SYSAUX01.DBF
2008-06-04  10:01a          503,324,672 SYSTEM01.DBF
2008-05-31  11:06p           20,979,712 TEMP01.DBF
2008-06-04  10:01a           36,708,352 UNDOTBS01.DBF
2008-06-04  10:01a           17,047,552 USERS01.DBF
              12 个文件    1,134,036,480 字节
               2 个目录 31,269,097,472 可用字节
```

之后，使用例 4-58 的操作系统删除命令 del 删除所有以 contro 开头的操作系统文件（即控制文件）。

例 4-58

```
F:\oracle\product\10.2.0\oradata\jinlian>del contro*
```

最后，再次使用例 4-59 的操作系统列目命令 dir 重新列出这一目录中的所有操作系统文件。

例 4-59

```
F:\oracle\product\10.2.0\oradata\jinlian>dir
 驱动器 F 中的卷是 本地磁盘
 卷的序列号是 7045-3BF8
 F:\oracle\product\10.2.0\oradata\jinlian 的目录
2008-06-04  10:16a      <DIR>              .
2008-06-04  10:16a      <DIR>              ..
2008-06-04  10:01a          104,865,792 EXAMPLE01.DBF
2008-06-04  10:01a           52,429,312 REDO01.LOG
2008-06-04  10:01a           52,429,312 REDO02.LOG
2008-06-04  10:01a           52,429,312 REDO03.LOG
2008-06-04  10:01a          272,637,952 SYSAUX01.DBF
2008-06-04  10:01a          503,324,672 SYSTEM01.DBF
2008-05-31  11:06p           20,979,712 TEMP01.DBF
2008-06-04  10:01a           36,708,352 UNDOTBS01.DBF
2008-06-04  10:01a           17,047,552 USERS01.DBF
              9 个文件   1,112,851,968 字节
              2 个目录 31,290,281,984 可用字节
```

从例 4-59 的显示输出结果可以看出所有的控制文件都已经不见了。到此为止，他的控制文件移动工作就可以结束了。

虽然以上的工作用了宝儿不到一天的工夫，但他却花了两周多的时间写了一份非常精美的报告。当宝儿把这份珍贵的报告呈交给经理时，她一边读着报告一边自言自语地说：" 看来这垃圾桶里还真能捡到宝啊！"尽管宝儿还无法理解这话的意思，但从经理脸上露出的灿烂笑容可以看出经理对他的工作十分满意。

◀))) **提示：**

只要将以上的 DOS 命令转换成 UNIX 命令就可以在 UNIX 或 Linux 操作系统上运行这些操作。

4.17　您应该掌握的内容

在学习第 5 章之前，请检查一下您是否已经掌握了以下的内容：

- 什么是数据字典。
- 数据字典中所存的信息有哪些。
- 数据字典的分类。
- 静态数据字典。
- 动态数据字典。
- Oracle 服务器是怎样维护数据字典的。
- 数据字典的使用。
- DBA 开始工作时可能用到的一些数据字典。
- 什么是控制文件。

- ↘ 控制文件中所存的信息。
- ↘ Oracle 服务器是如何使用和维护控制文件的。
- ↘ 如何控制控制文件的大小。
- ↘ 怎样查看控制文件。
- ↘ 怎样移动或增加控制文件。
- ↘ 怎样备份二进制控制文件。
- ↘ 怎样备份正文控制文件。
- ↘ 怎样移动或添加控制文件。

第 5 章　重做日志文件

如果数据库不会崩溃，根本就不需要重做日志文件。如果读者读过数据库原理之类的书可能还有印象，就是为了在数据库崩溃之后能够恢复已提交的数据，一般数据库都有一个日志文件（catalog）来存放变化的信息。一个数据库只有一个日志文件。虽然从理论上来说，Oracle 也可以使用上面所谈到的日志文件结构，但 Oracle 却引入了一种相当复杂的日志文件结构，Oracle 称之为重做日志。

5.1　引入重做日志的目的

通过第 1 章的学习，读者可能已经知道所有数据库高速缓冲区中已经提交的变化数据都会记录在重做日志文件中[也有个别的例外，如直接写（direct writes）]。读者可以回忆一下第 1 章中有关 **Oracle 的快速提交技术**。正是由于这种优秀的提交技术，**Oracle 服务器能够保证所有的已经提交的数据一定会被记录在重做日志文件上。一旦数据库崩溃，Oracle 服务器就使用重做日志文件中的这些数据来进行数据库的恢复工作。可以说引入重做日志文件的目的就是为了数据库的恢复**（在 Oracle 8i 之前的版本中这些数据除了用作恢复之外，别无它用）。为此 Oracle 引入了一种如图 5-1 所示的重做日志结构。

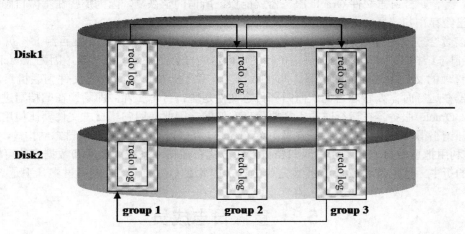

图 5-1

看了图 5-1 后，可能有读者会问："Oracle 为什么要引入这么复杂的重做日志结构呢？"其实如果只是为了恢复，有一个日志文件也就足够了。这个问题曾有许多学生或同行问过。答案是除了恢复之外还要考虑效率。在数据库中日志文件是一个频繁操作的文件。计算机操作的文件越大，系统的效率越低，因此为了确保系统的效率，日志文件应该尽可能地小。但是这也带来一个问题，就是小文件可能很快被写满。为了解决这一"世纪难题"，Oracle 使用了多组（group）重做日志。

5.2　重做日志组

图 5-1 中每个重做日志文件（redo log）叫做成员（member），每个大方框为一个重做日志组（group）。

同组中每个成员中所存的信息完全相同。重做日志组（group）是一个逻辑上的概念（即只存在于 Oracle 数据库中，而在操作系统文件系统上是看不到的）。读者仔细研究一下图 5-1 就会发现如果每个组中只有一个重做日志文件（成员），那么重做日志组与重做日志文件就相同了。要保证 Oracle 数据库正常工作需要至少两个重做日志组。

重做日志写进程（LGWR）在任意时刻只能写一组重做日志组，LGWR 后台进程正在写的重做日志组称作当前（current）重做日志组。LGWR 将把完全相同的信息从重做日志缓冲区（redo log buffer）中复制到该组的每个重做日志文件中。它是以循环的方式写重做日志组的。当 LGWR 写满了一组重做日志时，它就开始写下一组重做日志。这称为日志切换（switch）。当写满了最后一组重做日志时，LGWR 开始又写第一组重做日志。

Oracle 用以上这种循环的操作方式的确解决了在本章开始时所说的为了提高数据库系统的效率而产生的日志文件不够大的难题。但是这种循环的操作方式本身又带来了另一个严重的问题。那就是当 LGWR 循环写了一圈之后再写重做日志组中的文件时，这些重做日志文件中的信息就要被覆盖掉，从这时起 Oracle 数据库就无法保证在数据库崩溃后能够恢复全部提交过的数据。为了解决这一难题，Oracle 引入了称为归档/存档（archived）日志的结构。

如果 Oracle 数据库运行在归档模式下时（Oracle 数据库的默认模式为非归档方式），当 LGWR 的写操作从一个重做日志组切换到另一个重做日志组后，归档写进程（ARCH/ARCR0）就会将原来的重做日志文件中的信息复制到归档日志文件中。可以把归档日志文件看成是重做日志文件的备份。Oracle 服务器保证在归档写进程没有将重做日志文件中的信息复制到归档日志文件中之前，LGWR 不能再写这组重做日志文件。有了归档日志文件 Oracle 服务器就能保证所谓的全恢复，因为那些在重做日志文件中被覆盖掉的信息已经存在归档日志文件中了。

可能有读者会问，这样做是否太麻烦了，如果多设一些重做日志组（如几百组）不就不需要归档（archived）日志结构了吗？从理论上讲是可行的，但这同样会产生效率的问题，因为 Oracle 服务器的效率随着所管理的文件数的增加而下降。与重做日志文件不一样，重做日志文件为联机日志文件，即 Oracle 服务器在运行时需要管理它们。而归档日志文件是脱机日志文件，即除了在归档写进程进行复制的那一瞬间，Oracle 服务器在运行时是不需要管理它们的。因此使用归档日志文件要比使用很多组重做日志系统的开销小得多，也有 Oracle 的文章称为 Oracle 的这种日志结构为两级日志结构。

Oracle 利用把重做日志分组和引入归档日志的方式在数据库系统的效率和数据库的可恢复性之间进行了巧妙的折中。这也是 Oracle 的得意之作之一，因此在 OCP 或 OCA 的考试中几乎是必考的内容。

5.3 重做日志成员

在每个重做日志组中的每个数据文件称为成员。请读者再仔细地分析一下图 5-1。为什么每个重做日志组中要有不止一个成员呢？从理论上讲，如果重做日志文件不会损坏，每个重做日志组中只要有一个成员就足够了。但是大家都知道作为一种磁盘文件没有人敢担保它们永远不出问题。一旦某个重做日志成员损坏了，该成员中所记录的恢复所要用的信息也就不见了，也就是说此时的数据库无法进行全恢复。这种情况对于银行和电信之类的系统是完全不能接受的。

那么怎样才能预防以上的惨剧发生呢？Oracle 是使用文件冗余的方法来解决这一难题的。**尽管 Oracle 默认每个重做日志组中只有一个成员，但是 Oracle 建议在生产数据库中每个重做日志组应该至少有两个成员（每个成员为一独立的物理文件），而且最好将它们放在不同的物理磁盘上（最好放在不同的 I/O 控制器上），以防止重做日志（成员）文件的物理错误。**在许多生产数据库中每个重做日志组中有 3 个成员。

在每个重做日志组中有不止一个成员时，如果 Oracle 服务器当前正在操作的重做日志组中有一个成员坏了，Oracle 服务器继续使用该组中其他没有问题的成员并将相关的错误信息写入报警文件中。只有当该组中所有的成员都坏时，Oracle 才会关闭系统。**如果重做日志组不是 Oracle 服务器当前正在操作的组，即使该组中所有的成员都坏了，Oracle 服务器照常工作，只有等 Oracle 切换到该组时 Oracle 才会关闭系统。**

所以 **Oracle 数据库管理员应该经常查看报警文件，一旦发现了某个成员出了问题就要尽快地采取措施及时修复损坏的重做日志成员**（如何维护或修复重做日志在后面将会很快讲到）。不要等某个组所有的成员都坏了而造成了系统关闭时才开始修复，因为这样可能会造成数据的丢失。

5.4 日志切换和检查点

联机重做日志文件是以一种循环的方式来使用，当一组联机重做日志文件被写满时，LGWR 将开始写下一组日志文件。这被称为日志切换。此时还要产生检查（校验）点操作，还有一些信息将被写到控制文件中。

除了以上讲的重做日志的自动切换和自动产生的检查点之外，Oracle 数据库管理员可以根据管理和维护的需要，在任何时候强制性地进行重做日志切换，也可以强制性地产生检查点。

强制性产生重做日志切换的命令为 ALTER SYSTEM SWITCH LOGFILE。

强制性产生检查点的命令为 ALTER SYSTEM CHECKPOINT。

也可以通过设置 FAST_START_MTTR_TARGET 参数方式来强制产生检查点，其参数设置如下：

```
FAST_START_MTTR_TARGET = 900
```

FAST_START_MTTR_TARGET 参数值的单位是秒。以上参数设置的含义是：实例恢复的时间不会超过 900 秒（15 分钟）。该参数是 Oracle 9i 引入的，它对从事 Oracle 服务的公司或顾问很有用。因为在有的 Oracle 服务合同中可能客户要求加入这样的条款：如果 Oracle 系统崩溃了，实例恢复的时间最长为 15 分钟。在这种情况下服务公司的专家或顾问们就可以利用以上所介绍的参数设置很轻松地完成这一看上去十分艰巨的工作。

在 Oracle 8i 之前，实例恢复的时间是完全无法控制的。虽然在 Oracle 8i 中引入了一个控制实例恢复时间的参数 FAST_START_IO_TARGET，其参数值的单位是数据块的个数。但该参数的设置并非易事，因为要想准确地设置这一参数，数据库管理员必须对所用磁盘的 I/O 速率非常清楚。这对普通的数据库管理员要求可能过高。

在 Oracle 9i 或以上版本中，Oracle 系统有一个内部的自适应算法，该算法会将 FAST_START_MTTR_TARGET 参数中所设的秒数自动地转换成数据块的个数。Oracle 保证只要产生了以上数据块数的 I/O 时就自动产生检查点，从而保证每次实例恢复的 I/O 量最多为这些数据块数，也就保证了每次实例恢复的时间不会超过所设定的时间。

5.5 获取重做日志的信息

Oracle 提供了两个可获取重做日志信息的数据字典，它们是 v$log 和 v$logfile。 在第 4 章中读者已经看到了这一点。为了使用这两个数据字典应该以 system 用户登录 Oracle 系统。为了获得数据库中有多少个重做日志组，每个组中有多少个成员及它们的大小和状态等信息，可以使用例 5-1 的 SQL 查询语句。

例 5-1

```
SQL> SELECT group#, sequence#, members, bytes, status, archived
  2  FROM v$log;
GROUP#  SEQUENCE#    MEMBERS      BYTES STATUS           ARCHIV
------  ----------  ----------  ---------- ---------------- -------
     1         25           1    52428800 CURRENT          NO
     2         23           1    52428800 INACTIVE         NO
     3         24           1    52428800 INACTIVE         NO
```

例 5-1 显示的结果表明：该 Oracle 数据库共有 3 个重做日志组，其组号分别为 1、2、3；序列号分别为 25、23、24（Oracle 数据库所产生的每个重做日志都有唯一的序列号以供将来进行数据库恢复时使用）；每个重做日志组中只有一个成员，其大小都为 50MB（这个例子在 Oracle 11g 和 Oracle 12c 上执行的，不同的 Oracle 版本中默认成员的大小会有所不同）；所有的重做日志组都没有归档，因为该数据库当前正运行在非归档模式。

以上从左到右解释了例 5-1 显示结果中除状态（status）之外的每一列的含义。下面解释状态（status）列中所显示常用状态的含义。

 ⮡ inactive：表示实例恢复已不再需要这组联机重做日志组了。
 ⮡ active：表示这组联机重做日志组是活动的但不是当前组，在实例恢复时需要这组联机重做日志组。如这组重做日志正在归档。
 ⮡ current：表示这组联机重做日志组是当前组，并也隐含该联机重做日志组是活动的。
 ⮡ unused：表示 Oracle 服务器从来没写过该组联机重做日志组，这是重做日志刚被添加到数据库中的状态。

为了获得数据库中每个重做日志组的每个成员所在的目录、文件名及它们的状态等信息，可以使用如例 5-3 所示的 SQL 查询语句。为了使显示更容易阅读，最好先使用例 5-2 的 SQL*Plus 命令格式化查询语句的显示输出。

例 5-2

```
SQL> col member for a45
```

例 5-3

```
SQL> SELECT group#, status, type, member
  2  FROM v$logfile;
GROUP# STATUS   TYPE     MEMBER
------ -------- -------- ---------------------------------------------
     3          ONLINE   I:\APP\ADMINISTRATOR\ORADATA\DOG\REDO03.LOG
     2          ONLINE   I:\APP\ADMINISTRATOR\ORADATA\DOG\REDO02.LOG
     1          ONLINE   I:\APP\ADMINISTRATOR\ORADATA\DOG\REDO01.LOG
```

例 5-3 显示的结果表明：该 Oracle 数据库共有 3 个重做日志组，其组号分别为 1、2、3；每个组中只有一个成员而且都处在联机状态；这 3 个成员的文件名分别是 REDO01.LOG、REDO02.LOG、REDO03.LOG，所有的成员都存在 I:\APP\ADMINISTRATOR\ORADATA\ DOG\目录下。

以上从左到右解释了例 5-3 显示结果中除状态（status）之外的每一列的含义。下面解释状态列中所显示的常用状态的含义。

 ⮡ 空白：表示该文件正在使用。
 ⮡ stale：表示该文件中的内容是不完全的。
 ⮡ invalid：表示该文件不可以被访问。
 ⮡ deleted：表示该文件已不再有用了。

5.6 添加和删除联机重做日志文件组

讲了这么多有关重做日志的内容，读者可能会问：怎样在 Oracle 数据库中加入新的重做日志组呢？**创建新的重做日志组的 SQL 命令格式如下：**

```
ALTER DATABASE [数据库名]
    ADD LOGFILE [GROUP 正整数] 文件名
    [, [GROUP 正整数] 文件名]...]
```

下面利用例子来演示如何在 Oracle 数据库中加入新的重做日志组，首先应以 system 或 sys 用户登录。

📢 提示：

以下操作是在 Oracle 10g 上进行的。如果使用的是 Oracle 11g 或 Oracle 12c 或其他版本，其操作完全相同，但是查询显示的结果可能略有差别。

之后就可以使用类似例 5-4 的 SQL 命令在数据库中加入一组新的重做日志组，该组共有两个成员，文件名分别是 J:\DISK3\REDO04A.LOG 和 J:\DISK6\ REDO04B.LOG，其大小都为 15MB。由于在 **ADD LOGFILE 后面没有使用 GROUP 选项，所以 Oracle 系统会自动地在最大的组号上加 1 来产生新的组号。**

例 5-4

```
SQL> alter database add logfile
  2  ('j:\Disk3\redo04a.log', 'j:\Disk6\redo04b.log')
  3  size 15M;

Database altered.
```

接下来使用例 5-5 的 SQL 查询语句，验证以上所发的加入一组新的重做日志组的 SQL 命令是否正确。

例 5-5

```
SQL> SELECT group#, sequence#, members, bytes, status, archived
  2  FROM v$log;
```

GROUP#	SEQUENCE#	MEMBERS	BYTES	STATUS	ARC
1	29	1	10485760	CURRENT	NO
2	27	1	10485760	INACTIVE	NO
3	28	1	10485760	INACTIVE	NO
4	0	2	15728640	UNUSED	YES

例 5-5 显示的结果表明：**刚才的确加入了一组新的重做日志组，其组号为 4，共有两个成员，每个成员的大小都为 15MB。**

之后为了获得数据库中刚创建的重做日志组的每个成员所在的目录和文件名等信息，可以使用例 5-7 的 SQL 查询语句。但是为了使显示更容易阅读，最好先使用例 5-6 的 SQL*Plus 命令格式化查询语句的显示输出。

例 5-6

```
SQL> col member for a50
```

例 5-7

```
SQL> SELECT *
  2  FROM v$logfile;
```

```
   GROUP# STATUS TYPE    MEMBER
---------- ------ ------- ------------------------------------------------
        3 STALE  ONLINE  J:\ORACLE\PRODUCT\10.1.0\ORADATA\MOON\REDO03.LOG
        2 STALE  ONLINE  J:\ORACLE\PRODUCT\10.1.0\ORADATA\MOON\REDO02.LOG
        1        ONLINE  J:\ORACLE\PRODUCT\10.1.0\ORADATA\MOON\REDO01.LOG
        4        ONLINE  J:\DISK3\REDO04A.LOG
        4        ONLINE  J:\DISK6\REDO04B.LOG
```

从例 5-7 显示的结果可以看出：**新添加的重做日志组为第 4 组，共有两个成员，分别存放在 J:\DISK3
和 J:\DISK6 目录下，其文件名分别为 REDO04A.LOG 和 REDO04B.LOG。**

📢 提示：

在本书中为了模拟真实的商业环境，使用了 DISK1，DISK2，…，DISK10 目录来模拟物理磁盘。另外，在加
入新的重做日志组之前，最好用 v$logfile 数据字典查看一下所操作的数据库的重做日志文件的命名方式，新的
重做日志文件名最好与它们保持一致。

介绍了如何在 Oracle 数据库中加入新的重做日志组之后，下面介绍如何删除一组不需要的重做日志
组。**删除重做日志组的 SQL 命令的格式如下：**

```
ALTER DATABASE [数据库名]
    DROP LOGFILE {GROUP 正整数|('文件名'[, '文件名']...)}
      [,{GROUP 正整数|('文件名'[, '文件名']...)}]...
```

下面利用例子来演示如何删除数据库中的一组重做日志组，首先应以 system 或 sys 用户登录。之后
就可以使用类似例 5-8 的 SQL 命令删除数据库中的一组重做日志组。

例 5-8

```
SQL> ALTER DATABASE DROP LOGFILE GROUP 4;
Database altered.
```

接下来应该使用例 5-9 和例 5-10 的 SQL 查询语句来验证以上所发的删除一组重做日志组的 SQL 命
令是否正确。

例 5-9

```
SQL> SELECT group#, sequence#, members, bytes, status, archived
  2  FROM v$log;
   GROUP#  SEQUENCE#     MEMBERS        BYTES  STATUS        ARC
---------- ---------- ---------- ------------ ------------ ----
        1         29          1     10485760  INACTIVE      NO
        2         31          1     10485760  CURRENT       NO
        3         28          1     10485760  INACTIVE      NO
```

例 5-10

```
SQL> SELECT *
FROM v$logfile;
   GROUP# STATUS TYPE    MEMBER
---------------------------------------------------------------------
        3 STALE  ONLINE  J:\ORACLE\PRODUCT\10.1.0\ORADATA\MOON\REDO03.LOG
        2        ONLINE  J:\ORACLE\PRODUCT\10.1.0\ORADATA\MOON\REDO02.LOG
        1 STALE  ONLINE  J:\ORACLE\PRODUCT\10.1.0\ORADATA\MOON\REDO01.LOG
```

从例 5-9 和例 5-10 的查询语句显示结果可以确定第 4 组重做日志已被彻底地删除了。

> 当前的重做日志组不能删除。如果要删除，先使用 ALTER SYSTEM SWITCH LOGFILE 命令进行切换。每个实例至少有两组重做日志才能正常工作。最后要说的是当一组重做日志被删除后，它的操作系统文件依然存在，只能用操作系统命令删除，否则会留下一些无用的垃圾文件。

接下来就可以使用微软系统的资源管理器（在其他的操作系统上可能要使用另外的系统工具）来找到重做日志所对应的操作系统文件，如图 5-2 所示。

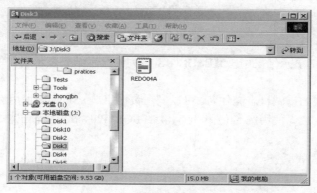

图 5-2

从图 5-2 的显示结果可以看出，与重做日志所对应的操作系统文件确实依然存在，应用类似的方法找到所有的操作系统文件，并用操作系统命令（或工具）将它们从操作系统中彻底地删除掉。

5.7　添加和删除联机重做日志成员（文件）

一般 Oracle 的默认安装是每个重做日志组一个成员，这对绝大多数生产数据库来说是根本无法接受的。因此在这种情况下，数据库管理员应该在每个重做日志组中再添加至少一个新成员，以防止重做日志文件的物理错误。**创建新的重做日志成员（文件）的 SQL 命令格式如下：**

```
ALTER DATABASE [数据库名]
   ADD LOGFILE MEMBER
   [ '文件名' [REUSE]
   [, '文件名' [REUSE]]...
       TO {GROUP 正整数
   |('文件名'[, '文件名']...)
   }
   ]...
```

下面利用例子演示如何在每个重做日志组中添加一个成员，首先应以 system 或 sys 用户登录。之后就可以使用例 5-11 的 SQL 命令在每个重做日志组中添加一个成员。它们的文件名分别是 J:\DISK3\REDO01B.LOG、J:\DISK3\REDO02B.LOG 和 J:\DISK3\REDO03B. LOG，其大小与原来的成员一样都为10MB。

例 5-11

```
SQL> ALTER DATABASE ADD LOGFILE MEMBER
  2 'J:\DISK3\redo01b.log' to GROUP 1,
  3 'J:\DISK3\redo02b.log' to GROUP 2,
  4 'J:\DISK3\redo03b.log' to GROUP 3;
Database altered.
```

接下来应该使用例 5-12 的 SQL 查询语句来验证以上所发的在每个重做日志组中添加一个新成员的 SQL 命令是否正确。

例 5-12

```
SQL> SELECT group#, sequence#, members, bytes, status, archived
  2  FROM v$log;
   GROUP#   SEQUENCE#    MEMBERS    BYTES STATUS              ARC
---------- ---------- ---------- ---------- ----------------   ---
        1         29          2   10485760 INACTIVE            NO
        2         31          2   10485760 INACTIVE            NO
        3         32          2   10485760 CURRENT             NO
```

在例 5-12 查询语句的显示结果中，**MEMBERS 一列的显示结果表示现在每一重做日志组都含有两个成员了。**

为了获得每个新创建的重做日志文件名，可以利用数据字典 v$logfile 使用例 5-15 的 SQL 查询语句。为了使显示输出更清晰，应先使用例 5-13 和例 5-14 的 SQL*Plus 命令将输出格式化一下。

例 5-13

```
SQL> COL MEMBER FOR A50
```

例 5-14

```
SQL> SET LINE 100
```

例 5-15

```
SQL> SELECT *
  2  FROM v$logfile;
   GROUP# STATUS TYPE    MEMBER
-------------------------------------------------------------------------------
        3          ONLINE J:\ORACLE\PRODUCT\10.1.0\ORADATA\MOON\REDO03.LOG
        2 STALE    ONLINE J:\ORACLE\PRODUCT\10.1.0\ORADATA\MOON\REDO02.LOG
        1 STALE    ONLINE J:\ORACLE\PRODUCT\10.1.0\ORADATA\MOON\REDO01.LOG
        1 INVALID ONLINE J:\DISK3\REDO01B.LOG
        2 INVALID ONLINE J:\DISK3\REDO02B.LOG
        3 INVALID ONLINE J:\DISK3\REDO03B.LOG

6 rows selected.
```

从例 5-15 查询显示的结果可以看出：**每个重做日志组都添加了一个新成员，它们都存放在 J:\DISK3 目录下，其文件名分别为 REDO01B.LOG、REDO02B.LOG 和 REDO03B.LOG。**

介绍完了如何在重做日志组中添加成员之后，现在开始介绍如何删除不需要的重做日志成员。**删除重做日志成员的 SQL 命令的格式如下：**

```
ALTER DATABASE [数据库名]
DROP LOGFILE MEMBER '文件名'[, '文件名']...
```

下面利用例子来演示如何删除一个重做日志成员，首先应以 system 或 sys 用户登录。之后就可以使用例 5-16 的 SQL 命令删除一个重做日志成员。

例 5-16

```
SQL> ALTER DATABASE DROP LOGFILE MEMBER
  2  'J:\DISK3\REDO03B.LOG';
Database altered.
```

✍建议：

不能使用上面介绍的命令同时删除每个重做日志组的一个成员，因为不能删除当前组的成员。如要删除，应该先使用 ALTER SYSTEM SWITCH LOGFILE 命令进行切换。如果想删除刚刚加入的成员,有时可能会遇到麻烦。从例 5-15 显示的结果可以看出:刚刚加入的成员的状态都为 INVALID,因此在删除它们之前可能要发若干 ALTER SYSTEM SWITCH LOGFILE 命令多次进行切换,还要等很久。比较容易的方法是:先关闭数据库,再开启数据库,之后就可以轻松地删除这些成员了。

当删除了重做日志成员之后,最好还是使用数据字典 v$log 和 v$logfile 验证一下。

◀》 注意:

当前的重做日志组不能删除。如果要删除,先使用 ALTER SYSTEM SWITCH LOGFILE 命令进行切换。每个重做日志组中至少有一个成员才能正常工作。因此如果要删除的成员是该组中最后一个有效的成员,就不能删除。如果数据库运行在归档模式,而要删除的成员还没有被归档完,那也无法删除。最后要说的是,当一个重做日志成员被删除后,其操作系统文件依然存在(OMF 方式除外),只能用操作系统命令删除,否则会留下一些无用的垃圾文件。

◀》 提示:

所谓的重做日志维护或修复就是将有问题的重做日志组或成员删除掉,之后再重建它们。至于是操作重做日志组还是成员,更多的是个人习惯(不是方向路线问题),本人更偏向于对重做日志组进行操作。怎样才能知道哪个重做日志出了问题呢? 还记得报警文件吗? 所有重做日志的问题都会记录在报警文件中。

尽管许多 Oracle 数据库看上去一直平稳地工作,其实 Oracle 的数据库管理员们可能在幕后已经做了大量的工作。所以有人认为 Oracle 系统是一个"人-机"系统。多数 Oracle 数据库系统之所以一直平稳地工作,除了因为 Oracle 是一个非常好的数据库管理系统之外,还因为那些优秀的数据库管理员们在幕后的辛勤工作。

毫无疑问,一名优秀的数据库管理员对许多企业或机构来说都是宝贵的财富。但**要想做好数据库管理员的工作并非易事。设想您找到了一份数据库管理员的工作,老板是一位成功的企业家,但他对 IT 一窍不通。自从您进了他的公司以来,由于您的辛勤工作加之聪明才智,所管理的数据库在几个月中没出过任何问题。那您的老板会怎样看您呢?**

5.8　清除联机重做日志文件

在有些情况下,可能无法使用"将有问题的重做日志组或成员删除掉,之后再重建它们"的方法来进行重做日志的维护或修复。如数据库中只有两个重做日志组,或崩溃的重做日志文件属于当前的重做日志组。在这种情况下,如果数据库是开启的话,由于一个联机重做日志文件崩溃使得归档活动不能继续进行,最终导致数据库的挂起。**此时可以使用 ALTER DATABASE CLEAR LOGFILE 命令重新初始化联机重做日志文件,其命令格式如下:**

```
ALTER DATABASE CLEAR LOGFILE GROUP 组号;
```

如果崩溃的重做日志文件已经不能归档,可以在以上的命令中使用 UNARCHIVED 关键字来清除已崩溃的重做日志文件,从而避免对它们进行归档。其命令格式如下:

```
ALTER DATABASE CLEAR UNARCHIVED LOGFILE GROUP 组号;
```

◀》 注意:

尽管以上介绍的两个命令可以帮助解决某些重做日志维护上的难题,但它们同时也留下了安全的隐患。因为当 Oracle 服务器执行了以上任何一条命令之后,Oracle 数据库以前的备份都将变为无用,所以接下来应该尽快做一个全备份。因此以上两个命令应该作为最后的选择。说实在的,到了这步田地,数据库管理员有不可推卸的责任。一般配置良好的数据库每个重做日志组有 3 个成员并且放在不同的磁盘上,作为数据库管理员一个成员坏了不知道,两个成员坏了还不知道,这样的管理员应该挨板子了。

下面利用例子来演示如何清除一个重做日志文件，首先应以 system 或 sys 用户并加上 AS SYSDBA 选项登录。为了安全起见，首先为数据库做一个脱机（关闭数据库）的全备份。读者在以后的实际工作中也应该养成习惯，在做危险操作之前尽量做一个备份。万一不行了还能回到原点。以下是数据库备份和清除一个重做日志文件的步骤。

（1）为了备份所需的文件，使用例 5-18 的查询语句来获取所有控制文件的文件名。之前可以使用例 5-17 的 SQL*Plus 命令来格式化显示输出。

例 5-17

```
SQL> col name for a55
```

例 5-18

```
SQL> select * from v$controlfile;
STATUS   NAME
-------  -------------------------------------------------------
         J:\ORACLE\PRODUCT\10.1.0\ORADATA\MOON\CONTROL01.CTL
         J:\ORACLE\PRODUCT\10.1.0\ORADATA\MOON\CONTROL02.CTL
         J:\ORACLE\PRODUCT\10.1.0\ORADATA\MOON\CONTROL03.CTL
```

（2）因为在 Oracle 默认安装时，所有的控制文件、数据文件和重做日志文件都放在同一个目录下，因此可以使用例 5-19 的命令快速地关闭数据库。

例 5-19

```
SQL> shutdown immediate
Database closed.
Database dismounted.
ORACLE instance shut down.
```

（3）之后，可以使用例 5-20 的操作系统命令将所有的控制文件、数据文件和重做日志文件复制到备份目录中。

例 5-20

```
SQL> host copy J:\ORACLE\PRODUCT\10.1.0\ORADATA\MOON\*.* J:\BACKUP\
```

（4）接下来，可以使用例 5-21 的操作系统命令将口令文件和参数文件等也复制到指定的备份目录中。

例 5-21

```
SQL> host copy J:\\ORACLE\PRODUCT\10.1.0\Db_1\database\*.* J:\Backup\ database\
```

（5）等做完了所需的备份之后，就可以使用例 5-22 的命令启动 Oracle 数据库。

例 5-22

```
SQL> startup
ORACLE instance started.

Total System Global Area  171966464 bytes
Fixed Size                   787988 bytes
Variable Size             145750508 bytes
Database Buffers           25165824 bytes
Redo Buffers                 262144 bytes
Database mounted.
Database opened.
```

（6）等数据库打开时，可以使用例 5-23、例 5-24 和例 5-25 的 SQL 查询语句以获得所有重做日志组和成员的详细信息。

例 5-23

```
SQL> SELECT group#, sequence#, members, bytes, status, archived
  2  FROM v$log;
   GROUP#  SEQUENCE#    MEMBERS      BYTES STATUS           ARC
---------- ---------- ---------- ---------- ---------------- ---
        1         39          1   10485760 CURRENT          NO
        2         37          1   10485760 INACTIVE         NO
        3         38          1   10485760 INACTIVE         NO
```

例 5-24

```
SQL> COL MEMBER FOR A50
```

例 5-25

```
SQL> SELECT *
  2  FROM v$logfile;
   GROUP# STATUS  TYPE    MEMBER
----------------------------------------------------------------------
        3 STALE   ONLINE  J:\ORACLE\PRODUCT\10.1.0\ORADATA\MOON\REDO03.LOG
        2 STALE   ONLINE  J:\ORACLE\PRODUCT\10.1.0\ORADATA\MOON\REDO02.LOG
        1         ONLINE  J:\ORACLE\PRODUCT\10.1.0\ORADATA\MOON\REDO01.LOG
```

（7）现在可以使用例 5-26 的命令来清除第 3 组重做日志。

例 5-26

```
SQL> alter database clear logfile group 3;
Database altered.
```

（8）之后，再使用例 5-27 和例 5-28 的 SQL 查询语句以获得所有重做日志组和成员的详细信息。

例 5-27

```
SQL> SELECT group#, sequence#, members, bytes, status, archived
  2  FROM v$log;
   GROUP#  SEQUENCE#    MEMBERS      BYTES STATUS           ARC
---------- ---------- ---------- ---------- ---------------- ---
        1         39          1   10485760 CURRENT          NO
        2         37          1   10485760 INACTIVE         NO
        3          0          1   10485760 UNUSED           NO
```

例 5-28

```
SQL> SELECT *
  2  FROM v$logfile;
   GROUP# STATUS  TYPE    MEMBER
----------------------------------------------------------------------
        3         ONLINE  J:\ORACLE\PRODUCT\10.1.0\ORADATA\MOON\REDO03.LOG
        2 STALE   ONLINE  J:\ORACLE\PRODUCT\10.1.0\ORADATA\MOON\REDO02.LOG
        1         ONLINE  J:\ORACLE\PRODUCT\10.1.0\ORADATA\MOON\REDO01.LOG
```

从例 5-27 的结果显示可以看出：第 3 组重做日志的序列号（SEQUENCE#）已经变为 0。这也是为什么当清除一个重做日志后需要做数据库全备份的原因所在。因为 Oracle 在进行数据库恢复时，要求重做日志的序列号必须是连续的。

（9）最后，应该再关闭数据库做一个数据库的全备份。

5.9　利用 OMF 来管理联机重做日志文件

利用 **Oracle 管理文件（Oracle Managed Files）** 来自动管理和维护重做日志文件是 **Oracle 9i** 开始引

入的。该方法简化了重做日志的管理和维护。

下面还是利用例子来演示如何利用 OMF 来自动管理和维护重做日志文件，首先应以 system 或 sys 用户登录。之后就可以使用类似下面例 5-29、例 5-30 和例 5-31 的 SQL 命令设定每个重做日志成员存放的目录。

例 5-29

```
SQL> alter system set DB_CREATE_ONLINE_LOG_DEST_1 = 'J:\DISK3';
System altered.
```

例 5-30

```
SQL> alter system set DB_CREATE_ONLINE_LOG_DEST_2 = 'J:\DISK6';
System altered.
```

例 5-31

```
SQL> alter system set DB_CREATE_ONLINE_LOG_DEST_3 = 'J:\DISK9';
System altered.
```

📢》**提示：**

在 Oracle 自动管理文件的方法中是使用 **DB_CREATE_ONLINE_LOG_DEST_n** 来设定默认的联机重做日志文件和控制文件的位置，其中 n 为 1～5 的自然数——最多可以定义 5 个目录。而这种自动管理文件的方法可以与手工管理文件的方法混合使用。

现在就可以使用例 5-32 的命令以 OMF 方式在所运行的数据库中加入一组新的重做日志，在该组重做日志中共有 3 个成员，分别存放在例 5-29、例 5-30 和例 5-31 所定义的目录下。文件名由 Oracle 服务器自动生成，其大小都为 100MB。

例 5-32

```
SQL> alter database add logfile;
Database altered.
```

接下来应该使用例 5-33 的 SQL 查询语句来验证以上所发的加入一组新的重做日志组的 SQL 命令是否正确。

例 5-33

```
SQL> SELECT group#, sequence#, members, bytes, status, archived
  2  FROM v$log;

    GROUP#  SEQUENCE#    MEMBERS       BYTES STATUS            ARC
---------- ---------- ---------- ---------- ----------------- ---
         1         39          1   10485760 INACTIVE          NO
         2         37          1   10485760 INACTIVE          NO
         3         40          1   10485760 CURRENT           NO
         4          0          3  104857600 UNUSED            YES
```

例 5-33 所显示的结果表明：新加入的重做日志组为第 4 组，共有 3 个成员，其大小都为 100MB。

为了获得数据库中刚刚创建的重做日志组的每个成员所在的目录和文件名等信息，要使用例 5-36 的 SQL 查询语句。但是为了使显示更容易阅读，最好先使用例 5-34 和例 5-35 的 SQL*Plus 命令格式化查询语句的显示输出。

例 5-34

```
SQL> COL MEMBER FOR A50
```

例 5-35

```
SQL> set line 120
```

例 5-36

```
SQL> select * from v$logfile;
```

```
  GROUP# STATUS TYPE    MEMBER
--------------------------------------------------------------------
     3         ONLINE  J:\ORACLE\PRODUCT\10.1.0\ORADATA\MOON\REDO03.LOG
     2 STALE   ONLINE  J:\ORACLE\PRODUCT\10.1.0\ORADATA\MOON\REDO02.LOG
     1 STALE   ONLINE  J:\ORACLE\PRODUCT\10.1.0\ORADATA\MOON\REDO01.LOG
     4         ONLINE  J:\DISK3\MOON\ONLINELOG\O1_MF_4_XQDBDVC6_.LOG
     4         ONLINE  J:\DISK6\MOON\ONLINELOG\O1_MF_4_XQDBDYBD_.LOG
     4         ONLINE  J:\DISK9\MOON\ONLINELOG\O1_MF_4_XQDBF148_.LOG

6 rows selected.
```

从例 5-36 显示的结果可以看出：新添加的重做日志组为第 4 组，共有 3 个成员，它们分别存放在 J:\DISK3、J:\DISK6 和 J:\DISK9 目录下。其中\MOON\ONLINELOG 子目录是 Oracle 服务器自动加上的，它们的文件名也是 Oracle 服务器自动产生的。

接下来，应该使用 Windows 的资源管理器（在其他的操作系统上可能要使用另外的系统工具）来找到重做日志所对应的所有操作系统文件，如图 5-3 所示。

图 5-3 中所显示的结果表明：重做日志所对应的操作系统文件确实存在于 J:\DISK9\MOOM\ONLINELOG 目录下，其文件的大小也确实为 100MB。可以反复地使用这一方法从而得到另外两个成员的相关信息。

下面再利用例子来演示如何在数据库中删除一组以 OMF 方式创建的重做日志组，首先应以 system 或 sys 用户登录。之后就可以使用例 5-37 的 SQL 命令删除数据库中的一组重做日志组。

例 5-37

```
SQL> alter database drop logfile group 4;
Database altered.
```

现在，可以利用数据字典 v$log 和 v$logfile 通过使用例 5-38 和例 5-39 的查询语句以获得目前所有重做日志组和成员的详细信息。

例 5-38

```
SQL> SELECT group#, sequence#, members, bytes, status, archived
  2  FROM v$log;
    GROUP#  SEQUENCE#    MEMBERS       BYTES STATUS           ARC
---------- ---------- ---------- ---------- ---------------- ----
         1         39          1   10485760 INACTIVE         NO
         2         37          1   10485760 INACTIVE         NO
         3         40          1   10485760 CURRENT          NO
```

例 5-39

```
SQL> select * from v$logfile;
  GROUP# STATUS TYPE    MEMBER
--------------------------------------------------------------------
     3         ONLINE  J:\ORACLE\PRODUCT\10.1.0\ORADATA\MOON\REDO03.LOG
     2 STALE   ONLINE  J:\ORACLE\PRODUCT\10.1.0\ORADATA\MOON\REDO02.LOG
     1 STALE   ONLINE  J:\ORACLE\PRODUCT\10.1.0\ORADATA\MOON\REDO01.LOG
```

从例 5-38 和例 5-39 显示的结果可以看出：第 4 组重做日志已经被成功地删除。**与手工方式不同的是，此时 Oracle 服务器会自动地删除所对应的操作系统文件**。这一点可以通过使 Windows 的资源管理器（在其他的操作系统上可能要使用另外的系统工具）来查找重做日志所对应的操作系统文件而得到证实，如图 5-4 所示。

图 5-3

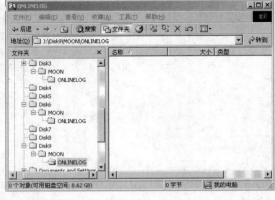

图 5-4

5.10　联机重做日志的配置

许多版本的 Oracle 默认配置是每个联机重做日志组中只有一个成员。这对绝大多数商业系统是无法接受的，因为任何一个成员的损毁，都可能需要进行数据库的恢复而且很可能是不完全恢复。在这种情况下应该把每个联机重做日志组中的成员数增加到至少两个，多数生产数据库为 3 个。

在有些版本的 Oracle 默认配置是只有两个联机重做日志组。这对绝大多数商业系统也是无法接受的，因为 Oracle 要求为了保证数据库的正常运行必须有两个正常工作的联机重做日志组。这使得数据库的维护变得非常艰难。在这种情况下应该再增加至少一组联机重做日志，以方便数据库的管理和维护。另外在不少版本的 Oracle 默认配置有 3 个联机重做日志组。即使在这种情况下还是应该再增加一两个额外的联机重做日志组，以方便数据库的管理和维护。

准确地决定在实际的商业数据库中联机重做日志组的个数及成员的大小并非易事，一般这是一个逐步调整的过程。一般报警文件或 LGWR 的追踪文件是数据库管理员获取这方面信息的重要来源。如果这些文件中的信息表明，联机重做日志组的切换过于频繁（如一两分钟切换一次），可能应该增加每个联机重做日志文件（成员）的大小。如果这些文件中的信息表明，因为检查点不能及时完成或某个联机重做日志组不能被及时归档而使 LGWR 频繁等待，可能应该增加联机重做日志组的个数。

最后请读者思考两个问题：

（1）在同一个数据库中每个联机重做日志组中的成员个数能否不同？

（2）在同一个数据库中不同的联机重做日志组中其成员的大小能否不同？

其实只要读者重新复习一下 5.6 节就自然地知道答案了。第 1 个问题的回答是可以的。因为在 5.6 节中刚刚加入的第 4 组联机重做日志有两个成员，而其他的 3 组中都只有一个成员。但这只是一个临时的维护状态，一般在数据库正常运行时，每个联机重做日志组中的成员个数是应该相同的，这样才便于维护。

第 2 个问题的答案也是可以的。因为在 5.6 节中刚刚加入的第 4 组联机重做日志的两个成员都为 15MB，而其他的 3 组中的每个成员都为 10MB。但这也只是一个临时的维护状态，一般在数据库正常运行时，每个联机重做日志组中的成员的大小应该是相同的，这样才便于维护。

所以如果参加 OCP 或 OCA 的考试时碰到了类似的问题，如果问的是可不可以，答案是可以；如果问的是应不应该，答案是不应该。

5.11　重做日志配置的应用实例

自从宝儿成功地重新配置了公司数据库的控制文件之后，总经理对他的工作能力已不再有任何怀疑了。因为仅这一项工作就为公司节省了大量的资金。自然总经理也想把更艰巨的任务交给宝儿。一天，总经理想起曾有一位高级软件顾问警告过公司："公司数据库的重做日志配置存在严重缺陷，如果某个重做日志损毁，就可能造成数据的丢失。"因为软件顾问公司的要价太高，所以将重做日志重新配置这件事情搁下来了。于是她把宝儿叫到她的办公室，**让宝儿检查公司数据库的重做日志配置，看是否有问题，如果有问题，看能否重新配置**，之后再写一个完整的报告给她。这次她没有为宝儿限定时间，并嘱咐他**不用着急，一定别丢失数据**。

宝儿接到这项任务后，别提多高兴了。他知道自己已经开始在成功的大道上大踏步地前进了。他首先使用 system 用户登录 Oracle 系统，之后使用例 5-40 的 SQL 查询语句来**查看一下数据库的重做日志的现有配置**。

例 5-40

```
SQL> SELECT group#, sequence#, members, bytes, status, archived
  2  FROM v$log;
   GROUP#   SEQUENCE#   MEMBERS       BYTES STATUS           ARC
---------- ---------- ---------- ---------- ---------------- ----------------
        1         42          1   10485760 INACTIVE         NO
        2         44          1   10485760 CURRENT          NO
        3         43          1   10485760 INACTIVE         NO
```

看到例 5-40 的显示结果宝儿简直不敢相信自己的眼睛，这么重要的数据库居然所有重做日志组中都只有一个成员。接下来宝儿使用例 5-43 的 SQL 查询语句来**查看一下数据库的每个重做日志文件存放的位置**。但为了使显示的结果容易阅读，他先使用了例 5-41 和例 5-42 的 SQL*Plus 格式化命令。

例 5-41

```
SQL> col member for a55
```

例 5-42

```
SQL> set line 120
```

例 5-43

```
SQL> SELECT *
  2  FROM v$logfile;
  GROUP# STATUS TYPE    MEMBER
-------------------------------------------------------------------------------
       3 STALE  ONLINE  J:\ORACLE\PRODUCT\10.1.0\ORADATA\MOON\REDO03.LOG
       2        ONLINE  J:\ORACLE\PRODUCT\10.1.0\ORADATA\MOON\REDO02.LOG
       1 STALE  ONLINE  J:\ORACLE\PRODUCT\10.1.0\ORADATA\MOON\REDO01.LOG
```

看到例 5-43 的显示输出，又使宝儿大吃一惊，居然所有的重做日志文件都放在一张磁盘上。如果这张磁盘坏了，数据将会全部丢失啊。宝儿此时的心情可以用"且喜且忧"来形容。喜的是他又有机会表现自己了，忧的是公司的数据库好像是一位病入膏肓的患者，是看哪儿哪儿有病而且病得还不轻，别哪天数据库真的崩溃了砸在自己手里。

根据他的调查，为了数据库的安全，宝儿决定将每个重做日志组的成员（文件）都增加到 3 个。为了使数据库的重做日志的维护变得容易，他决定将重做日志组增加到 5 个。为了提高数据库运行的效率，每个重做日志成员（文件）的大小都置为 15MB。

通过前一段时间的辛勤工作，宝儿对公司的服务器已经非常熟悉，他知道第 3、6 和 9 号硬盘（Disk3、Disk6 和 Disk9）上有足够的空间而且是高速盘。因此他决定将重做日志的 3 个文件分别放到这 3 个盘上。为了使将来的数据库维护工作更加容易，他在所选定的每个磁盘上都创建了 \MOON\ONLINELOG 目录用来存放重做日志文件（成员），其中 MOON 为数据库名，如图 5-5 所示。

图 5-5

做完了上述准备工作后，宝儿决定先在数据库中添加两个新的重做日志组：第 4 和第 5 组。 于是他发出了例 5-44 和例 5-45 的 SQL 语句。

例 5-44

```
SQL> ALTER DATABASE ADD LOGFILE
  2  ('J:\DISK3\MOON\ONLINELOG\REDO04A.LOG',
  3   'J:\DISK6\MOON\ONLINELOG\REDO04B.LOG',
  4   'J:\DISK9\MOON\ONLINELOG\REDO04C.LOG')
  5  SIZE 15M;
Database altered.
```

例 5-45

```
SQL> ALTER DATABASE ADD LOGFILE
  2  ('J:\DISK3\MOON\ONLINELOG\REDO05A.LOG',
  3   'J:\DISK6\MOON\ONLINELOG\REDO05B.LOG',
  4   'J:\DISK9\MOON\ONLINELOG\REDO05C.LOG')
  5  SIZE 15M;
Database altered.
```

为了保险起见，宝儿使用例 5-46 的 SQL 查询语句来验证以上添加的新重做日志组的命令是否真的成功了。

例 5-46

```
SQL> SELECT group#, sequence#, bytes, members, status, archived
  2  FROM v$log;
```

GROUP#	SEQUENCE#	BYTES	MEMBERS	STATUS	ARC
1	45	10485760	1	CURRENT	NO
2	44	10485760	1	INACTIVE	NO
3	43	10485760	1	INACTIVE	NO
4	0	15728640	3	UNUSED	YES
5	0	15728640	3	UNUSED	YES

例 5-46 的显示结果清楚地表明，他已经成功地在数据库中新增加了两个重做日志组，它们分别是第 4 和第 5 组，每个组中都有 3 个成员，而且每个成员的大小都为 15MB。

接下来，宝儿使用例 5-47 的 SQL 语句来验证所添加的新的重做日志文件（成员）是否真的存放在他所规定的磁盘和目录下。

例 5-47

```
SQL> SELECT *
  2  FROM v$logfile;
  GROUP# STATUS TYPE    MEMBER
---------------------------------------------------------------------------
       3 STALE  ONLINE  J:\ORACLE\PRODUCT\10.1.0\ORADATA\MOON\REDO03.LOG
```

```
     2 STALE  ONLINE   J:\ORACLE\PRODUCT\10.1.0\ORADATA\MOON\REDO02.LOG
     1        ONLINE   J:\ORACLE\PRODUCT\10.1.0\ORADATA\MOON\REDO01.LOG
     4        ONLINE   J:\DISK3\MOON\ONLINELOG\REDO04A.LOG
     4        ONLINE   J:\DISK6\MOON\ONLINELOG\REDO04B.LOG
     4        ONLINE   J:\DISK9\MOON\ONLINELOG\REDO04C.LOG
     5        ONLINE   J:\DISK3\MOON\ONLINELOG\REDO05A.LOG
     5        ONLINE   J:\DISK6\MOON\ONLINELOG\REDO05B.LOG
     5        ONLINE   J:\DISK9\MOON\ONLINELOG\REDO05C.LOG
```

```
9 rows selected.
```

从例 5-47 的显示结果可以看出：所添加的新的重做日志文件（成员）都存放在他所规定的磁盘和目录下了。

从例 5-47 的显示结果还可以看出：**第 1 组重做日志为当前组，所以宝儿决定先删除第 3 组重做日志**，于是他发出了例 5-48 的命令。

例 5-48

```
SQL> ALTER DATABASE DROP LOGFILE GROUP 3;
Database altered.
```

为了安全起见，尽管已经看到了 Database altered 的显示，宝儿还是使用了例 5-49 的 SQL 查询语句进一步确认他所发的命令是否真的成功了。

例 5-49

```
SQL> SELECT group#, sequence#, bytes, members, status, archived
  2  FROM v$log;
   GROUP#  SEQUENCE#      BYTES  MEMBERS STATUS           ARC
---------- ---------- ---------- ---------- ---------------- ---
        1         45   10485760          1 CURRENT          NO
        2         44   10485760          1 INACTIVE         NO
        4          0   15728640          3 UNUSED           YES
        5          0   15728640          3 UNUSED           YES
```

例 5-49 显示的结果表明：第 3 组重做日志已经被成功地删除了。于是宝儿使用例 5-50 的命令**重新在数据库中加入他所需要的第 3 组重做日志。**

例 5-50

```
SQL> ALTER DATABASE ADD LOGFILE GROUP 3
  2  ('J:\DISK3\MOON\ONLINELOG\REDO03A.LOG',
  3   'J:\DISK6\MOON\ONLINELOG\REDO03B.LOG',
  4   'J:\DISK9\MOON\ONLINELOG\REDO03C.LOG')
  5  SIZE 15M;
Database altered.
```

也同样是为了安全起见，尽管已经看到了 Database altered 的显示，宝儿还是使用了例 5-51 的 SQL 查询语句进一步确认他所发的命令是否真的成功了。

例 5-51

```
SQL> SELECT group#, sequence#, bytes, members, status, archived
  2  FROM v$log;
   GROUP#  SEQUENCE#      BYTES  MEMBERS STATUS           ARC
---------- ---------- ---------- ---------- ---------------- ---
        1         45   10485760          1 CURRENT          NO
        2         44   10485760          1 INACTIVE         NO
        3          0   15728640          3 UNUSED           YES
```

4	0	15728640	3	UNUSED	YES
5	0	15728640	3	UNUSED	YES

例 5-51 的显示结果表明：他已经成功地重新加入了新的第 3 组重做日志，该组重做日志也有 3 个成员，而且每个成员的大小都为所需的 15MB。接下来宝儿使用了例 5-52 的命令**删除了现有的第 2 组重做日志。**

例 5-52

```
SQL> ALTER DATABASE DROP LOGFILE GROUP 2;
Database altered.
```

当看到了 Database altered 的显示之后，宝儿就使用例 5-53 的命令**重新在数据库中加入他所需要的第 2 组重做日志。**

例 5-53

```
SQL> ALTER DATABASE ADD LOGFILE GROUP 2
  2  ('J:\DISK3\MOON\ONLINELOG\REDO02A.LOG',
  3  'J:\DISK6\MOON\ONLINELOG\REDO02B.LOG',
  4  'J:\DISK9\MOON\ONLINELOG\REDO02C.LOG')
  5  SIZE 15M;
Database altered.
```

还是为了安全起见，尽管已经看到了 Database altered 的显示，宝儿还是使用了例 5-54 的 SQL 查询语句进一步确认他所发的命令是否真的成功了。

例 5-54

```
SQL> SELECT group#, sequence#, bytes, members, status, archived
  2  FROM v$log;
```

GROUP#	SEQUENCE#	BYTES	MEMBERS	STATUS	ARC
1	45	10485760	1	CURRENT	NO
2	0	15728640	3	UNUSED	YES
3	0	15728640	3	UNUSED	YES
4	0	15728640	3	UNUSED	YES
5	0	15728640	3	UNUSED	YES

例 5-54 显示的结果表明：他已经成功地重新加入了新的第 2 组重做日志，该组重做日志也有 3 个成员，而且每个成员的大小都为所需的 15MB。

接下来改革已经到了攻坚阶段（重新配置数据库也应算改革吧），因为他马上要操作的重做日志组是当前组，而当前组是不能删除的。于是宝儿**使用例 5-55 的命令进行了重做日志切换。**

例 5-55

```
SQL> ALTER SYSTEM SWITCH LOGFILE;
System altered.
```

之后，宝儿使用了例 5-56 的 SQL 查询语句来进一步确认他所发的命令是否真的成功了。

例 5-56

```
SQL> SELECT group#, sequence#, bytes, members, status, archived
  2  FROM v$log;
```

GROUP#	SEQUENCE#	BYTES	MEMBERS	STATUS	ARC
1	45	10485760	1	ACTIVE	NO
2	46	15728640	3	CURRENT	NO
3	0	15728640	3	UNUSED	YES
4	0	15728640	3	UNUSED	YES
5	0	15728640	3	UNUSED	YES

例 5-56 的显示结果表明：他所做的重做日志切换已经成功，因为当前重做日志组已经变为第 2 组。但是此时宝儿又遇到一个棘手的难题，即第 1 组的状态为活动的，而活动的重做日志组是不能删除的。他当然可以等到第 1 组变为非活动的（inactive）后再删除该组，**但是为了加快工作进度，他又使用例 5-57 发了一条重做日志切换命令。**

例 5-57

```
SQL> ALTER SYSTEM SWITCH LOGFILE;
System altered.
```

之后，宝儿使用了例 5-58 的 SQL 查询语句来进一步**确认第 1 组重做日志的状态是否已经变成了非活动的（inactive）。**

例 5-58

```
SQL> SELECT group#, sequence#, bytes, members, status, archived
  2  FROM  v$log;
   GROUP#  SEQUENCE#       BYTES  MEMBERS STATUS           ARC
---------- ---------- ---------- ---------- ---------------- ----------------
        1         45   10485760          1 INACTIVE         NO
        2         46   15728640          3 INACTIVE         NO
        3         47   15728640          3 CURRENT          NO
        4          0   15728640          3 UNUSED           YES
        5          0   15728640          3 UNUSED           YES
```

例 5-58 的显示结果已经清楚地表明：第 1 组重做日志的状态已经变成了非活动的。这正是宝儿所希望的。接下来他使用了例 5-59 的命令**删除了现有的第一组重做日志。**

例 5-59

```
SQL> ALTER DATABASE DROP LOGFILE GROUP 1;
Database altered.
```

当看到 Database altered 之后，他立即使用例 5-60 的命令**在数据库中重新加入新的他所需要的第 1 组重做日志。**

例 5-60

```
SQL> ALTER DATABASE ADD LOGFILE GROUP 1
  2  ('J:\DISK3\MOON\ONLINELOG\REDO01A.LOG',
  3   'J:\DISK6\MOON\ONLINELOG\REDO01B.LOG',
  4   'J:\DISK9\MOON\ONLINELOG\REDO01C.LOG')
  5  SIZE 15M;
Database altered.
```

看到了 Database altered 的显示后，宝儿知道他已经成功了。但是出于慎重，他还是使用了例 5-61 的 SQL 查询语句进一步确认他所发的命令是否真的成功了。

例 5-61

```
SQL> SELECT group#, sequence#, bytes, members, status, archived
  2  FROM  v$log;
   GROUP#  SEQUENCE#       BYTES  MEMBERS STATUS           ARC
---------- ---------- ---------- ---------- ---------------- ----------------
        1          0   15728640          3 UNUSED           YES
        2         46   15728640          3 INACTIVE         NO
        3         47   15728640          3 CURRENT          NO
        4          0   15728640          3 UNUSED           YES
        5          0   15728640          3 UNUSED           YES
```

例 5-61 的显示结果表明：他已经成功地重新加入了新的第一组重做日志，该组重做日志也有 3 个成员，而且每个成员的大小也都为所需的 15MB。

到此为止，对宝儿来说应该是大功告成了。正像前面介绍的那样，宝儿是一个十分细心的人，接下来他使用了例 5-63 的 SQL 查询语句进一步确认每个重做日志文件（成员）是否都存放在了他所规定的磁盘和目录中。为了显示清晰，他又先使用了例 5-62 的 SQL*Plus 格式化命令。

例 5-62

```
SQL> set pagesize 25
```

例 5-63

```
SQL> SELECT *
  2   FROM v$logfile
  3   ORDER BY group#, member;
    GROUP# STATUS    TYPE     MEMBER
---------- -------  -------  --------------------------------
         1           ONLINE   J:\DISK3\MOON\ONLINELOG\REDO01A.LOG
         1           ONLINE   J:\DISK6\MOON\ONLINELOG\REDO01B.LOG
         1           ONLINE   J:\DISK9\MOON\ONLINELOG\REDO01C.LOG
         2           ONLINE   J:\DISK3\MOON\ONLINELOG\REDO02A.LOG
         2           ONLINE   J:\DISK6\MOON\ONLINELOG\REDO02B.LOG
         2           ONLINE   J:\DISK9\MOON\ONLINELOG\REDO02C.LOG
         3 STALE     ONLINE   J:\DISK3\MOON\ONLINELOG\REDO03A.LOG
         3 STALE     ONLINE   J:\DISK6\MOON\ONLINELOG\REDO03B.LOG
         3 STALE     ONLINE   J:\DISK9\MOON\ONLINELOG\REDO03C.LOG
         4           ONLINE   J:\DISK3\MOON\ONLINELOG\REDO04A.LOG
         4           ONLINE   J:\DISK6\MOON\ONLINELOG\REDO04B.LOG
         4           ONLINE   J:\DISK9\MOON\ONLINELOG\REDO04C.LOG
         5           ONLINE   J:\DISK3\MOON\ONLINELOG\REDO05A.LOG
         5           ONLINE   J:\DISK6\MOON\ONLINELOG\REDO05B.LOG
         5           ONLINE   J:\DISK9\MOON\ONLINELOG\REDO05C.LOG

15 rows selected.
```

当看到了例 5-63 的优美而一致的显示输出时，宝儿终于可以确信他所做的重新配置准确无误了，因为显示的结果表明：该数据库共有 5 个重做日志组，每组中都有 3 个成员（文件），它们分别存放在 J:\DISK3\MOON\ONLINELOG\、J:\DISK6\MOON\ONLINELOG\ 和 J:\DISK9\MOON\ NLINELOG\目录下，其文件名分别为 REDO0＃A.LOG、REDO0＃B.LOG 和 REDO0＃C.LOG，其中＃为重做日志的组号（1、2、3、4、5）。

紧接着宝儿使用资源管理器（在其他的操作系统上可能要使用另外的系统工具）以检查他所创建的重做日志成员所对应的所有操作系统文件是否都已存在，如图 5-6 所示。

图 5-6 显示的结果表明：宝儿创建的重做日志所对应的操作系统文件确实存在于 J:\DISK9\MOOM\ONLINELOG 目录下，其文件的大小也确实都为 15MB。他可以反复地使用这一方法，从而得到另外两个目录下所有重做日志所对应的操作系统文件。

到此为止，宝儿的工作已经彻底完成了。但是他对工作的要求是精益求精。于是他又一次使用 Windows 的资源管理器以找到旧的、无用的重做日志成员所对应的所有操作系统文件，如图 5-7 所示。

图 5-6

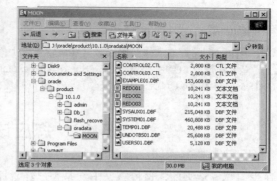

图 5-7

之后他在操作系统上删除了所有的无用而应该废弃的重做日志文件,最后再一次使用 Windows 的资源管理器来确认所有无用的重做日志成员所对应的操作系统文件是否都已被删除,如图 5-8 所示。

图 5-8

图 5-8 显示的结果表明:宝儿已经在数据库中成功地删除了所有无用的重做日志文件。**当宝儿看到他这么快就顺利地完成了软件公司声称要用一个月左右才能完成的工作时,连他自己也觉得他是一个超级 DBA 了。**

之后,宝儿又用了数周时间完成了公司有史以来第 **2 份划时代的数据库报告。里面不但加了许多精彩的分析,还提出了一些预防由于重做日志文件损毁可能造成的数据库崩溃的具体措施。**据说当宝儿将这一装帧精美的报告呈给经理时,她一边读着报告一边自言自语地说:"幸亏阿婶病了。"虽然宝儿不解其意,但从她神采飞扬的表情已经猜出经理对他的工作很满意。

最后,还是一位好心人向宝儿透露了一件在公司中老少皆知的秘密。由于公司为世界 700 强企业之一,所以公司招聘 DBA 的广告一登出,就吸引了众多的数据库高手来求职。公司主管已被这种空前的盛况冲昏了头脑,在面谈时竟白白地放跑了许多"数据库高手"。就在招聘接近尾声时,公司收到了宝儿的求职信。据说负责审查求职信的人力资源总监一看宝儿是刚毕业不久的新手,连信都没仔细读就顺手将宝儿的求职信扔进了废纸篓里。也许是宝儿的求职热情和决心感动了上苍,负责打扫卫生的阿婶刚好发高烧,而当时正是非典期间,所以阿婶有多日未上班。就在公司主管清醒过来,再与公司认为不错的 DBA 联系时,这些高手们都早已进了别的公司。可此时公司的数据库已在无人看管的状况下运行许多天了。这时公司的人力资源总监忽然灵机一动想到了那个废纸篓。就这样宝儿在公司就有了一个从垃圾桶里捡来的 DBA 的美称。

照猫画虎：

以上重做日志配置的应用实例虽然是在微软系统上做的，但是它们只要略加修改就可以应用在其他操作系统上。笔者就曾在 SUN 的 Solaris 7、Solaris 8 和 Solaris 9 操作系统上，以及 Oracle Linux 3~6 和 HP 的 Tru64 UNIX5.1A、Tru64 UNIX5.1B 等操作系统上进行过类似的重做日志的重新配置。

5.12　您应该掌握的内容

在学习第 6 章之前，请检查一下您是否已经掌握了以下的内容：

- ◥ 引入重做日志的目的。
- ◥ 什么是重做日志组。
- ◥ 什么是重做日志成员。
- ◥ 重做日志是怎样工作的。
- ◥ 如何控制重做日志的切换和检查点的产生。
- ◥ 怎样使用数据字典 v$log 和 v$logfile。
- ◥ 怎样添加和删除一组联机重做日志。
- ◥ 怎样添加和删除联机重做日志成员。
- ◥ 怎样清除联机重做日志文件。
- ◥ 在什么情况下需要清除联机重做日志文件。
- ◥ 清除联机重做日志文件的副作用是什么。
- ◥ 怎样利用 OMF 来管理联机重做日志文件。
- ◥ OMF 管理联机重做日志文件和手工管理之间的差别。
- ◥ 怎样实现联机重做日志的合理配置。

第 6 章　表空间和数据文件的管理

Oracle 中表空间是一个或多个数据文件的逻辑集合，而数据文件实际上是存储模式对象数据的一个容器/仓库。一个数据库一般有多个表空间，每个表空间都由一个或多个数据文件组成，但每个数据文件只能属于一个表空间，而每个表空间只能属于一个数据库。本章将详细介绍表空间和数据库管理的相关知识。

6.1　Oracle 引入逻辑结构的目的

Oracle 数据库管理系统并没有像其他数据库管理系统那样直接地操作数据文件，而是引入了一组逻辑结构，如图 6-1 所示。

图 6-1 的虚线左边为逻辑结构，右边为物理结构。与计算机原理或计算机操作系统中所讲的有些不同，在 Oracle 数据库中，逻辑结构为 Oracle 引入的结构，而物理结构为操作系统所拥有的结构。

曾有不少学生问过同样的一个问题，那就是 **Oracle 为什么要引入逻辑结构呢？**

首先是为了增加 Oracle 的可移植性。Oracle 公司声称其 Oracle 数据库是与 IT 平台无关的，即在某一厂家的某个操作系统上开发的 Oracle 数据库（包括应用程序等）可以几乎不加修改移植到另一厂家的另外的操作系统上。要做到这一点就不能直接操作数据文件，因为数据文件是与操作系统相关的。

其次是为了减少 Oracle 从业人员学习的难度。因为

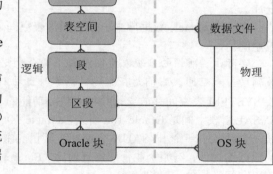

图 6-1

有了逻辑结构 Oracle 的从业人员就可以只对逻辑结构进行操作，而在所有的 IT 平台上逻辑结构的操作都几乎完全相同，至于从逻辑结构到物理结构的映射（转换）是由 Oracle 数据库管理系统来完成的。

6.2　Oracle 数据库中存储结构之间的关系

其实图 6-1 类似于一个 Oracle 数据库的存储结构之间关系的实体—关系图。如果读者学过实体—关系模型（E-R 模型），从图 6-1 中可以很容易地得到 Oracle 数据库中存储结构之间的关系。为了帮助那些没有学过 E-R 模型的读者理解图 6-1，也是为了帮助那些学过但已经忘得差不多了的读者恢复一下记忆。下面对 E-R 模型和图 6-1 给出一些简单的解释。

在图 6-1 中，圆角型方框为实体，实线表示关系，单线表示一的关系，三条线（鹰爪状线）表示多的关系。于是可以得到：

➴　每个数据库是由一个或多个表空间组成的（至少一个）。

➴　每个表空间基于一个或多个操作系统的数据文件（至少一个）。

➥ 每个表空间中可以存放一个或多个段（segment）。

➥ 每个段是由一个或多个区段（extent）所组成。

➥ 每个区段是由一个或多个连续的 Oracle 数据块所组成。

➥ 每个 Oracle 数据块是由一个或多个连续的操作系统数据块（OS 块）所组成。

➥ 每个操作系统数据文件是由一个或多个区段所组成。

➥ 每个操作系统数据文件是由一个或多个操作系统数据块所组成。

有关段、区段和 Oracle 数据块在接下来的章节中会详细介绍。

6.3 表空间和数据文件之间的关系及表空间的分类

通过前面的讨论可知：Oracle 将数据逻辑地存放在表空间里，而物理地存放在数据文件里。表空间（tablespaces）在任何一个时刻只能属于一个数据库，但是反过来并不成立，因为一个数据库一般都有多个表空间。每个表空间都是由一个或多个操作系统的数据文件组成的，但是一个操作系统的数据文件只能属于一个表空间。

表空间可以被进一步划分成一些更小的逻辑存储单位。在一个 Oracle 数据库中，每个数据文件（data files）可以而且只能属于一个表空间和一个数据库。数据文件实际上是存储模式对象数据的一个容器/仓库。

在一个 Oracle 数据库中一般有两类表空间，分别是系统（system）表空间和非系统（non-system）表空间。

实际上，所谓的系统表空间包括了两个表空间：一个是 SYSTEM 表空间，另一个是 SYSAUX（系统辅助）表空间。它们是在创建数据库时自动创建的必须存在的表空间。这两个表空间通常必须联机。在 SYSTEM 表空间存放支持数据库核心功能的表，如数据字典表，并且还包含了系统还原（回滚）段。SYSAUX 表空间是 Oracle 10g 引入，Oracle 10g 将之前版本中几个不同的存放系统工具或组件的表空间统一合并成了一个 SYSAUX 表空间，其目的主要是方便管理和维护。SYSAUX 表空间存放了一些附加的数据库组件，例如企业管理器资料库（Enterprise Manager Repository）。要使所有数据库组件正常运行，该表空间必须处于联机状态。

虽然在 SYSTEM 表空间和 SYSAUX 表空间中可以存放用户数据，但考虑到 Oracle 系统的安全和效率，以及管理上的方便，在系统表空间上不应该存放任何用户数据。

◀》提示：

> SYSAUX 表空间可以设置为脱机以执行表空间恢复，而 SYSTEM 表空间则不能设置为脱机。这两个表空间都不能设置为只读。另外，在 Oracle 10g、Oracle 11g 和 Oracle 12c 中还可以创建大文件表空间（大小为 8TB ～ 128TB），但默认创建的依然是小文件表空间。

非系统（non-system）表空间可以由数据库管理员创建，在非系统表空间中存储一些单独的段，这些段可以是用户的数据段、索引段、还原段和临时段等。引入非系统表空间可以方便磁盘空间的管理，也可以更好地控制分配给用户磁盘空间的数量。引入非系统表空间还可以将静态数据和动态数据有效地分开，也可以按照备份的要求将数据分开存放。可以使用如下的命令创建一个非系统表空间：

```
CREATE TABLESPACE 表空间名
    [DATAFILE 子句]
    [MINIMUM EXTENT 正整数[K|M]]
    [BLOCKSIZE 正整数[K]]
    [LOGGING|NOLOGGING]
```

```
[DEFAULT 存储子句]
[ONLINE|OFFLINE]
[PERMANENT|TEMPORARY]
[区段管理子句]
[段管理子句]
```

下面对以上命令中的一些子句和选项给出进一步的解释。

- ➥ 表空间名：所要创建的表空间名。
- ➥ DATAFILE 子句：组成所要创建的表空间的文件说明。
- ➥ MINIMUM EXTENT：表空间中所使用的每个 EXTENT 都必须是该参数所指定数的整数倍。
- ➥ BLOCKSIZE：为该表空间说明非标准块的大小。在使用该子句之前，必须先设置 DB_CACHE_SIZE 和 DB_nK_CACHE_SIZE 参数，而且该子句中所说明的正整数一定与 DB_nK_CACHE_SIZE 参数的设定相对应。
- ➥ LOGGING：说明在该表空间中所有数据的变化都将写入重做日志文件中，这也是默认方式。
- ➥ NOLOGGING：说明在该表空间中所有数据的变化不都写入重做日志文件中，NOLOGGING 只影响一些 DML 和 DDL 命令。
- ➥ DEFAULT 存储子句：说明所有在该表空间中所创建的对象的默认存储参数。
- ➥ OFFLINE：说明该表空间在创建后立即被置为脱机，即不能使用。

还有一些其他的子句和选项，将在后续的章节中陆续介绍。

6.4　表空间中的磁盘空间管理

在 Oracle 8 和更早的版本中，所有表空间中的磁盘空间管理都是由数据字典来管理的。在这种表空间的管理方法中，所有的空闲区由数据字典来统一管理。每当区段被分配或收回时，Oracle 服务器将修改数据字典中相应的（系统）表。

在数据字典（系统）管理的表空间中所有的 EXTENTS 的管理都是在数据字典中进行的，而且每一个存储在同一个表空间中的段可以具有不同的存储子句。在这种表空间的管理方法中可以按使用者的需要修改存储参数，所以存储管理比较灵活但系统的效率较低。如果使用这种表空间的管理方法，有时需要合并碎片。

由于 Oracle 8 对互联网的成功支持和在其他方面的卓越表现使得 Oracle 的市场占有率急速地增加，同时 Oracle 数据库的规模也开始变得越来越大。这样在一个大型和超大型数据库中就可能有成百乃至上千个表空间。由于每个表空间的管理信息都存在数据字典中，也就是存在系统表空间中。这样系统表空间就有可能成为一个瓶颈从而使数据库系统的效率迅速地下降。

正是为了克服以上弊端，Oracle 公司从 Oracle 8i 开始引入了另一种表空间的管理方法，称为本地管理的表空间。

本地管理的表空间其空闲 EXTENTS 是在表空间中管理的，它是使用位图（bitmap）来记录空闲 EXTENTS，位图中的每一位对应于一块或一组块，而每位的值指示空闲或分配。当一个 EXTENT 被分配或释放时，Oracle 服务器就会修改位图中相应位的值以反映该 EXTENT 的新的状态。位图存放在表空间所对应的数据文件的文件头中。

使用本地管理的表空间减少了数据字典表的竞争，而且当磁盘空间分配或收回时也不会产生回滚（还原），不需要合并碎片。在本地管理的表空间中无法按实际需要来随意地修改存储参数，所以存储管理不像数据字典（系统）管理的表空间那样灵活，但系统的效率较高。

因为在本地管理的表空间中，表空间的管理（如磁盘空间的分配与释放等）已经不再需要操作数据字典了，所以系统表空间的瓶颈问题得到了很好的解决。因此 **Oracle 公司建议用户创建的表空间应该尽可能地使用本地管理的表空间。**在 Oracle 9i 或以上的版本中本地管理的表空间为默认方式，但是在 Oracle 8i 中数据字典管理的表空间为默认方式。

◀)) 提示：

在本书的前两版中都有专门章节介绍数据字典管理表空间的创建与维护。不过在 Oracle 10g、Oracle 11g 和 Oracle 12c 中，默认为本地管理的表空间。而且 Oracle 11g 和 Oracle 12c 已经声明数据字典管理表空间只是为了与之前版本兼容而保留。实际上，从 Oracle 9.2 开始，如果 SYSTEM 表空间为本地管理的，Oracle 系统就不允许再创建数据字典管理的表空间。正是基于这些原因，在这一版中将数据字典管理表空间的创建、管理、维护、升级的内容以电子版的形式放在了资源包中，而在书中只保留了与本地管理的表空间相关的内容。

6.5 创建本地管理的表空间

曾有位学者在一份报纸上发表了一篇震撼了整个神州大地的文章，文章的题目是："中国妇女解放运动的先驱——潘金莲"。这篇文章一发表就在社会上引发了激烈的争论，真是"一石击起千层浪"。一位考古学的博士想利用统计学的方法科学地证明潘金莲到底是不是中国妇女解放的先驱。首先他必须将大量的数据分门别类地存入数据库中。假设他找到了您并让您在 Oracle 数据库方面帮他的忙。

您首先要为这个项目创建一个名为 jinlian（金莲）的表空间。**为了平衡 I/O，决定该表空间将基于两个数据文件，分别是 J:\DISK2\MOON\JINLIAN01.DBF 和 J:\DISK4\ MOON\JINLIAN02.DBF，**其大小都为 50MB（在实际中可能为几百兆或更大）。**为了方便磁盘存储的管理，决定使用本地管理的表空间（EXTENT MANAGEMENT LOCAL）。**根据调查，决定**每个 EXTENT 的大小为 1MB**（UNIFORM SIZE 1MB）。于是发出了例 6-1 的 DDL 语句来**创建名为 jinlian_的表空间。**

例 6-1

```
SQL> CREATE TABLESPACE jinlian
  2  DATAFILE 'I:\DISK2\DOG\JINLIAN01.DBF' SIZE 50 M,
  3          'I:\DISK4\DOG\JINLIAN02.DBF' SIZE 50 M
  4  EXTENT MANAGEMENT LOCAL
  5  UNIFORM SIZE 1M;
表空间已创建。
```

紧接着为了验证所创建的表空间是否为本地管理的，使用了例 6-2 的查询语句。但为了使该语句的显示结果更清晰，需要使用 **SQL*Plus** 命令对输出进行格式化。

例 6-2

```
SQL> SELECT tablespace_name, block_size, extent_management, segment_space_
     management
  2  FROM dba_tablespaces
  3  WHERE tablespace_name LIKE 'JIN%';
TABLESPACE_NAME      BLOCK_SIZE EXTENT_MANAGEMENT    SEGMENT_SPAC
-------------------- ---------- -------------------- --------------
JINLIAN                    8192 LOCAL                AUTO
```

例 6-2 查询语句的结果表明表空间 JINLIAN 确实是一个本地管理的表空间，因为 extent_management 列的显示结果为 **LOCAL**。现在可以使用例 6-3 查询语句来验证其他的磁盘存储参数。

例 6-3

```
SQL> select tablespace_name, initial_extent, next_extent,
```

```
  2          max_extents, pct_increase, min_extlen
  3  from dba_tablespaces
  4  WHERE tablespace_name LIKE 'JIN%';


TABLESPACE_NAME INITIAL_EXTENT NEXT_EXTENT MAX_EXTENTS PCT_INCREASE MIN_EXTLEN
--------------------------------------------------------------------------
JINLIAN              1048576     1048576 2147483645            0    1048576
```

从例 6-3 查询语句的结果显示可以清楚地看出：所有的存储参数都是按照要求设置的，因为
INITIAL_EXTENT 为 1MB（1 048 576 字节），NEXT_EXTENT 也为 1MB（1048576 字节），MIN_EXTENT
也同样为 1MB（1 048 576 字节）。此时还应使用例 6-4 的查询语句来验证与文件有关的信息。

例 6-4

```
SQL> SELECT file_id, file_name, tablespace_name, autoextensible
  2  FROM dba_data_files
  3  WHERE TABLESPACE_NAME LIKE 'JIN%';
  FILE_ID FILE_NAME                               TABLESPACE_NAME AUTOEX
---------- ------------------------------------   --------------- ------
       6  I:\DISK2\DOG\JINLIAN01.DBF              JINLIAN         NO
       7  I:\DISK4\DOG\JINLIAN02.DBF              JINLIAN         NO
```

从例 6-4 查询语句的结果显示可以清楚地看出：表空间 JINLIAN 有两个操作系统文件，分别是
I:\DISK2\DOG\JINLIAN01.DBF 和 I:\DISK4\DOG\JINLIAN02.DBF。最后再利用操作系统工具，如
Windows 资源管理器来验证真正的物理文件是否真的生成了，如图 6-2 所示。

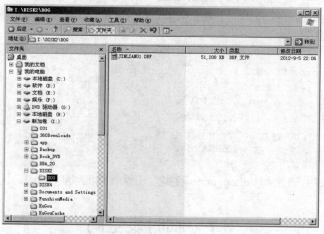

图 6-2

从图 6-2 的结果显示可以清楚地看出：物理文件 I:\DISK2\DOG\JINLIAN01.DBF 确实已经生成，其
大小也为 50MB。利用相同的方法也可以查看 JINLIAN 表空间的另一个物理文件的情况。

6.6　还原表空间

还原表空间是 Oracle 9i 开始引入的，它是用来自动地管理还原（回滚）数据的。 在这一节只对还原
表空间作一个简单的介绍，后面有一章来专门详细地介绍这方面的内容。还原表空间是用来存储还原段
的，在还原表空间中不能包含任何其他的对象。还原表空间中的区段（extent）是由本地管理的，而且在

创建还原表空间的 SQL 语句中只能使用 DATAFILE 和 EXTENT MANAGEMENT 子句。

接下来为潘金莲项目的数据**单独创建一个还原表空间，名为 jinlian_undo，所基于的操作系统文件名为 I:\DISK7\DOG\jinlian_undo.DBF，其大小为 20MB。**于是就可以使用例 6-5 的 SQL 语句来创建所需的还原表空间了。

例 6-5

```
SQL> CREATE UNDO TABLESPACE jinlian_undo
  2   DATAFILE 'I:\DISK7\DOG\jinlian_undo.DBF'
  3   SIZE 20 M;
表空间已创建。
```

现在查看所创建的还原表空间 jinlian_undo 到底是数据字典管理的还是本地管理的。可以使用例 6-6 的 SQL 查询语句来获取相关的信息。

例 6-6

```
SQL> SELECT tablespace_name, block_size, extent_management, segment_space_
       management
  2   FROM dba_tablespaces
  3   WHERE tablespace_name LIKE 'JIN%';
TABLESPACE_NAME BLOCK_SIZE EXTENT_MANAGEMENT    SEGMENT_SPAC
--------------- ---------- -------------------- ------------
JINLIAN               8192 LOCAL                AUTO
JINLIAN_UNDO          8192 LOCAL                MANUAL
```

例 6-6 的查询结果表明：还原表空间 jinlian_undo 是本地管理的，因为 extent_management 列的显示结果为 LOCAL。之后当然也可以确认一下表空间 jinlian_undo 到底是不是还原表空间，因此可以使用如例 6-7 所示的 SQL 查询语句。

例 6-7

```
SQL> SELECT tablespace_name, status, contents
  2   FROM dba_tablespaces
  3   WHERE tablespace_name LIKE 'JIN%';
TABLESPACE_NAME STATUS    CONTENTS
--------------- --------- ------------
JINLIAN         ONLINE    PERMANENT
JINLIAN_UNDO    ONLINE    UNDO
```

例 6-7 的查询结果表明：表空间 jinlian_undo 确实为还原表空间，因为 contents 列的显示结果为 UNDO。

6.7 临时表空间

临时表空间主要是作为排序操作使用的。当在用户的 SQL 语句中使用了诸如 ORDER BY、GROUP BY 子句时，Oracle 服务器就需要对所选取的数据进行排序，如果排序的数据量很大，内存的排序区（在 PGA 中）就可能装不下，因此 **Oracle 服务器就要把一些中间的排序结果写到磁盘上，即临时表空间中。**当用户的 SQL 语句中经常有大规模的多重排序而内存的排序区不够时，使用临时表空间就可以改进数据库的效率。

临时表空间可以由多个用户共享，在其中不能包含任何永久对象。临时表空间中的临时段是在实例启动后当有第一个排序操作时创建的，临时段在需要时可以通过分配 **EXTENTS** 来扩展，并一直可以扩展到大于或等于在该实例上所运行的所有排序活动的总和。

当创建临时表空间时，必须使用标准数据块。另外，Oracle 还推荐使用本地管理的表空间。

接下来为潘金莲项目的数据**单独创建一个临时表空间，其名称为 jinlian_temp，所基于的操作系统文件名为 J:\DISK8\MOON\jinlian_temp.DBF，其大小为 10MB。**如果在创建临时表空间之前，想查看在数据库中究竟有多少个表空间及它们的状态，可以使用如例 6-8 中的 SQL*Plus 格式化命令，之后发出例 6-9 的 SQL 查询语句。

例 6-8

```
SQL> col tablespace_name for a15
```

例 6-9

```
SQL> SELECT tablespace_name, status, contents
  2  FROM dba_tablespaces;
TABLESPACE_NAME STATUS              CONTENTS
--------------- ------------------- ----------
SYSTEM          ONLINE              PERMANENT
SYSAUX          ONLINE              PERMANENT
UNDOTBS1        ONLINE              UNDO
TEMP            ONLINE              TEMPORARY
USERS           ONLINE              PERMANENT
EXAMPLE         ONLINE              PERMANENT
JINLIAN         ONLINE              PERMANENT
JINLIAN_UNDO    ONLINE              UNDO
```

已选择 8 行。

例 6-9 查询语句的显示结果表明：**在该数据库中只有一个临时表空间，该表空间的名为 TEMP，因为只有该表空间的 CONTENTS 列的值为 TEMPORARY。**

为了得到临时表空间和对应的临时数据文件，可以使用数据字典 **v\$tablespace** 和 **v\$tempfile**。于是可使用例 6-12 带有两个表连接的 SQL 查询语句，但为了使显示的结果更加清晰，首先使用了例 6-10 和例 6-11 的 SQL*Plus 格式化命令。

例 6-10

```
SQL> col file for a50
```

例 6-11

```
SQL> col tablespace for a12
```

例 6-12

```
SQL> SELECT f.file#, t.ts#, f.name "File", t.name "Tablespace"
  2  FROM v$tempfile f, v$tablespace t
  3  WHERE f.ts# = t.ts#;
FILE#   TS# File                                        Tablespace
------  ---- ------------------------------------------- ----------
     1     3 I:\APP\ADMINISTRATOR\ORADATA\DOG\TEMP01.DBF  TEMP
```

例 6-12 查询语句的显示结果表明：3 号（TS#为 3）表空间 temp 所对应的数据文件为 I:\APP\ADMINISTRATOR\ORADATA\DOG\TEMP01.DBF，文件号为 1（FILE#为 1）。现在就可以使用例 6-13 的 SQL 语句来**创建所需的临时表空间了。**

例 6-13

```
SQL> CREATE TEMPORARY TABLESPACE jinlian_temp
  2  TEMPFILE 'I:\DISK8\DOG\jinlian_temp.dbf'
  3  SIZE 10 M
```

```
 4    EXTENT MANAGEMENT LOCAL
 5    UNIFORM SIZE 2 M;
表空间已创建。
```

接下来再使用例 **6-14**～例 **6-16** 的 **SQL** 查询语句来验证该表空间是否已经建立，是否为临时表空间以及所对应的数据文件是否也被创建等。

例 6-14

```
SQL> select tablespace_name, status, contents
  2   from dba_tablespaces
  3   where tablespace_name LIKE 'JIN%';
TABLESPACE_NAME        STATUS     CONTENTS
---------------        ---------  ----------------

JINLIAN                ONLINE     PERMANENT
JINLIAN_TEMP           ONLINE     TEMPORARY
JINLIAN_UNDO           ONLINE     UNDO
```

例 6-15

```
SQL> SELECT f.file#, t.ts#, f.name "File", t.name "Tablespace"
  2   FROM v$tempfile f, v$tablespace t
  3   WHERE f.ts# = t.ts#;
FILE#  TS#  File                                                    Tablespace
------ ---- ------------------------------------------------------- ---------------
    1    3 I:\APP\ADMINISTRATOR\ORADATA\DOG\TEMP01.DBF    TEMP
    2    9 I:\DISK8\DOG\JINLIAN_TEMP.DBF                  JINLIAN_TEMP
```

例 6-16

```
SQL> SELECT tablespace_name, block_size, extent_management,
  2          segment_space_management, min_extents
  3   FROM dba_tablespaces
  4   WHERE tablespace_name LIKE 'JIN%';

TABLESPACE_NAME BLOCK_SIZE EXTENT_MANAGEMENT    SEGMENT_SPAC MIN_EXTENTS
--------------- ---------- -------------------- ------------ -----------

JINLIAN             8192 LOCAL                AUTO                   1
JINLIAN_TEMP        8192 LOCAL                MANUAL                 1
JINLIAN_UNDO        8192 LOCAL                MANUAL                 1
```

例 6-14～例 6-16 的查询语句显示结果表明：已经成功地创建了临时表空间 jinlian_ temp。最后再利用操作系统工具，如微软的资源管理器来验证一下临时表空间所对应的物理文件是否真的生成了。

本地管理的临时表空间是基于临时数据文件（temp files）的，这些文件与普通的数据文件非常相似，但它们还具有如下特性：

- ↳ 临时数据文件的状态不能置为只读。
- ↳ 不能将临时数据文件重新命名。
- ↳ 临时数据文件总是置为 NOLOGGING 状态。
- ↳ 不能使用 ALTER DATABASE 命令创建临时数据文件。
- ↳ 以只读方式运行的数据库需要临时数据文件。
- ↳ 介质恢复是不能恢复临时数据文件的。

另外，为了优化某一临时表空间中排序的效率，还应将 UNIFORM SIZE 设为 SORT_ AREA_SIZE（PGA 中排序区的大小）参数的整数倍。

6.8 默认临时表空间

默认临时表空间是在 Oracle 9i 开始引入的。如果在创建一个数据库时没有设定默认临时表空间，那么任何一个用户如果在创建它时没有使用 TEMPORARY TABLESPACE 子句，他就将使用 system 表空间作为排序区。这将使 system 表空间碎片化，从而降低了数据库系统的效率。如果在创建一个数据库时没有设定默认临时表空间，则 Oracle 服务器将把 system 表空间是默认临时表空间的报警信息写入报警文件。

因此说明一个数据库范围的默认临时表空间可以消除使用系统（system）表空间对临时数据进行排序的现象，从而提高数据库系统的效率。默认临时表空间既可以在创建数据库时同时创建，也可以在数据库创建之后单独创建。

在创建数据库的同时创建默认临时表空间需使用 CREATE DATABASE 命令，在数据库创建之后改变默认临时表空间需使用 ALTER DATABASE 命令。在数据库创建期间建立默认临时表空间的方法将在以后的章节中介绍。

首先可以利用数据字典 database_properties 使用例 6-20 的查询语句来得到当前的默认临时表空间。为了使显示清晰，此时应首先使用例 6-17～例 6-19 的 SQL*Plus 格式化命令。

例 6-17

```
SQL> COL PROPERTY_NAME FOR A30
```

例 6-18

```
SQL> COL PROPERTY_VALUE FOR A16
```

例 6-19

```
SQL> COL DESCRIPTION FOR A38
```

例 6-20

```
SQL> SELECT *
  2  FROM DATABASE_PROPERTIES
  3  WHERE PROPERTY_NAME LIKE 'DEFAULT_TEMP%';
PROPERTY_NAME                  PROPERTY_VALUE DESCRIPTION
------------------------------------------------------------------------
DEFAULT_TEMP_TABLESPACE TEMP           Name of default temporary tablespace
```

例 6-20 的查询语句显示结果表明：表空间 temp 为当前的默认临时表空间。**随着潘金莲项目的不断进展，有关该项目的数据处理也变得越来越频繁，为了提高该项目的数据处理的速度，决定将 jinlian_temp 临时表空间设为默认临时表空间，**于是发出了例 6-21 命令。

例 6-21

```
SQL> ALTER DATABASE
  2  DEFAULT TEMPORARY TABLESPACE jinlian_temp;
数据库已更改。
```

接下来可以使用例 6-22 的 SQL 查询语句来验证现在的默认临时表空间是否为 jinlian_temp。

例 6-22

```
SQL> SELECT *
  2  FROM DATABASE_PROPERTIES
  3  WHERE PROPERTY_NAME LIKE 'DEFAULT_TEMP%';
PROPERTY_NAME                  PROPERTY_VALUE DESCRIPTION
------------------------------------------------------------------------
DEFAULT_TEMP_TABLESPACE JINLIAN_TEMP Name of default temporary tablespace
```

当不再处理金莲项目数据时，需注意应将默认临时表空间再改回为 **temp** 表空间，此时应使用例 6-23 的命令。

例 6-23

```
SQL> ALTER DATABASE
  2  DEFAULT TEMPORARY TABLESPACE temp;
数据库已更改。
```

再使用例 6-24 的 SQL 查询语句来验证现在的默认临时表空间是否为 temp。

例 6-24

```
SQL> SELECT *
  2  FROM DATABASE_PROPERTIES
  3  WHERE PROPERTY_NAME LIKE 'DEFAULT_TEMP%';
PROPERTY_NAME                PROPERTY_VALUE DESCRIPTION
------------------------------------------------------------------------
DEFAULT_TEMP_TABLESPACE TEMP          Name of default temporary tablespace
```

最后介绍在默认临时表空间上的一些限制。**首先默认临时表空间不能被删除，除非有一个新的可以使用的默认临时表空间，也就是说，必须先使用 ALTER DATABASE 将一新的临时表空间设置为默认临时表空间，之后才能删除旧的（默认）临时表空间。另外，使用旧的（默认）临时表空间的用户被自动地赋予新的默认临时表空间。**

因为默认临时表空间必须是临时（temporary）表空间或是系统表空间，所以不能将默认临时表空间改为一个永久表空间，也不能将默认临时表空间设置为脱机（在接下来的几节内容中将介绍这些操作）。

6.9　设置表空间为脱机

一个表空间的正常状态是联机（online）状态，此时数据库用户可以访问该表空间中的数据。然而，**有时数据库管理员需要将某一表空间设置为脱机状态，以进行数据库的维护。其维护工作包括：**

➥　在数据库处于打开状态下移动数据文件。

➥　在数据库处于打开状态下恢复一个表空间或一个数据文件。

➥　执行对表空间的脱机备份（虽然对表空间可以进行联机备份）。

➥　使数据库的一部分不可以被访问，而其他的部分可以被正常地访问。

当一个表空间被设置为脱机状态时，该表空间上的数据是不可以访问的。如果用户试图访问该表空间上的数据就会收到出错信息。

当一个表空间被设置为脱机状态时或重新被设置为联机状态时，**Oracle** 会把这一事件记录在数据字典和控制文件中，也会记录在报警文件中。如果当数据库被关闭时，某一表空间为脱机状态，那么当数据库被加载（**mount**）和重新打开时，该表空间仍保持为脱机状态。注意，并不是所有的表空间都可以被设置为脱机状态，**以下的表空间不能被设置为脱机状态：**

➥　SYSTEM 表空间。

➥　上面有活动的还原/回滚段的表空间。

➥　默认临时表空间。

假设 jinlian 数据表空间出了些问题，需要对它进行维护。于是要将它的状态设为脱机。为了慎重起见，还是先使用了例 6-25～例 6-27 的 SQL 查询语句，以获取该表空间和对应的数据文件现在的状态。

例 6-25

```
SQL> select tablespace_name, status, contents
```

```
  2  from dba_tablespaces
  3  where tablespace_name LIKE 'JIN%';
TABLESPACE_NAME      STATUS     CONTENTS
--------------- --------- ----------------

JINLIAN              ONLINE     PERMANENT
JINLIAN_TEMP         ONLINE     TEMPORARY
JINLIAN_UNDO         ONLINE     UNDO
```

例 6-26

```
SQL> col name for a55
```

例 6-27

```
SQL> SELECT file#, name, status
  2  FROM v$datafile
  3  Where name LIKE '%JIN%';;
 FILE# NAME                                                      STATUS
------- ------------------------------------------------------ -------
     6 I:\DISK2\DOG\JINLIAN01.DBF                              ONLINE
     7 I:\DISK4\DOG\JINLIAN02.DBF                              ONLINE
     8 I:\DISK7\DOG\JINLIAN_UNDO.DBF                           ONLINE
```

从例 6-25 和例 6-27 的查询结果显示可以看出：表空间 jinlian 以及与它相对应的两个数据文件 I:\DISK2\DOG\JINLIAN01.DBF 和 I:\DISK4\DOG\JINLIAN02.DBF 都处在联机状态。**此时就可以使用例 6-28 的命令将表空间 jinlian 置为脱机状态。**

例 6-28

```
SQL> ALTER TABLESPACE jinlian OFFLINE;
表空间已更改。
```

接下来应验证以上命令是否成功。可以使用例 6-29 和例 6-30 的查询语句以获取该表空间和它对应的数据文件现在的状态。

例 6-29

```
SQL> select tablespace_name, status, contents
  2  from dba_tablespaces
  3  where tablespace_name LIKE 'JIN%';
TABLESPACE_NAME      STATUS     CONTENTS
--------------- --------- ----------------

JINLIAN              OFFLINE    PERMANENT
JINLIAN_TEMP         ONLINE     TEMPORARY
JINLIAN_UNDO         ONLINE     UNDO
```

例 6-30

```
SQL> SELECT file#, name, status
  2  FROM v$datafile
  3  Where name LIKE '%JIN%';
 FILE# NAME                                            STATUS
------ ------------------------------------------- -----------
     6 I:\DISK2\DOG\JINLIAN01.DBF                   OFFLINE
     7 I:\DISK4\DOG\JINLIAN02.DBF                   OFFLINE
     8 I:\DISK7\DOG\JINLIAN_UNDO.DBF                ONLINE
```

从例 6-29 和例 6-30 的查询结果显示可以看出：表空间 jinlian 以及与它相对应的两个数据文件 I:\DISK2\DOG\JINLIAN01.DBF 和 I:\DISK4\DOG\JINLIAN02.DBF 都已经处在脱机状态。这说明例 6-28 的命令已经成功地执行。

当维护工作结束后，应尽快地使用如例 6-31 的命令将表空间 jinlian 置回为联机状态。

例 6-31

```
SQL> ALTER TABLESPACE jinlian ONLINE;
表空间已更改。
```

接下来应验证以上命令是否成功。可以使用例 6-32 和例 6-33 的查询语句以获取该表空间和它对应的数据文件现在的状态。

例 6-32

```
SQL> select tablespace_name, status, contents
  2  from dba_tablespaces
  3  where tablespace_name LIKE 'JIN%';
TABLESPACE_NAME      STATUS      CONTENTS
---------------      ---------   ----------------
JINLIAN              ONLINE      PERMANENT
JINLIAN_TEMP         ONLINE      TEMPORARY
JINLIAN_UNDO         ONLINE      UNDO
```

例 6-33

```
SQL> SELECT file#, name, status
  2  FROM v$datafile
  3  Where name LIKE '%JIN%';
FILE#  NAME                                                  STATUS
------ ---------------------------------------------------   -------
    6  I:\DISK2\DOG\JINLIAN01.DBF                            ONLINE
    7  I:\DISK4\DOG\JINLIAN02.DBF                            ONLINE
    8  I:\DISK7\DOG\JINLIAN_UNDO.DBF                         ONLINE
```

从例 6-32 和例 6-33 的查询结果显示可以看出：表空间 jinlian 以及与它相对应的两个数据文件 I:\DISK2\DOG\JINLIAN01.DBF 和 I:\DISK4\DOG\JINLIAN02.DBF 都已经处在联机状态，这说明例 6-31 的命令已经成功地执行。现在就可以通知使用 jinlian 表空间上数据的用户正常地操作该表空间上的数据了。

6.10   只读表空间

当一个表空间处在只读（read-only）状态时，在该表空间中的数据只能进行读操作，也就是说在上面的数据是不会变化的，因此也就不需要重做日志的保护，所以操作只读状态表空间上的数据时，不会产生重做操作，这提高了系统的效率。由于只读表空间上的数据是不变的，所以对该表空间只要做一次备份就够了。这不但减少了数据库系统的维护工作量，同时减轻系统的负荷。因此，**如果将一个数据库精心设计并把许多不变的数据归类放在一个或几个表空间中，然后将它们的状态改为只读，将会使该数据库的维护更加容易且效率更高。**

当使用命令将一个表空间的状态改为只读时，一开始该表空间处于一种中间的状态。在这种状态下，除了那些没有完成的事务之外在该表空间中不能进行任何的写操作，一旦那些没有完成的事务结束（既可以是提交也可以是回滚），该表空间就被置为只读状态。

将一个表空间的状态改为只读时，Oracle 会产生检查点。可以删除只读表空间中的对象，如表和索引，这是因为删除对象的命令是 DDL 语句，它们只修改数据字典而不是数据文件。

将一个表空间的状态改为只读时或反过来将一个表空间的状态改为可读可写（正常）状态时，该表空间必须处于联机状态。

随着潘金莲项目不断进展，有关该项目的数据处理也变得越来越频繁，系统的效率已经成为了一个大问题。经过仔细分析，发现潘金莲项目的数据是以批处理的方式定期输入的，一旦输入后，上面的数据是不能修改的。**于是为了提高该项目的数据处理速度，决定在每次输入数据之后将 jinlian 表空间的状态改为只读，**于是发出了例 6-34 的命令。

例 6-34

```
SQL> ALTER TABLESPACE jinlian READ ONLY;
表空间已更改。
```

接下来应验证以上命令是否成功。可以使用例 6-35 的查询语句以获取表空间的状态信息。

例 6-35

```
SQL> select tablespace_name, status, contents
  2  from dba_tablespaces
  3  where tablespace_name LIKE 'JIN%';
TABLESPACE_NAME                  STATUS     CONTENTS
------------------------------- --------- -------------
JINLIAN                          READ ONLY  PERMANENT
JINLIAN_TEMP                     ONLINE     TEMPORARY
JINLIAN_UNDO                     ONLINE     UNDO
```

从例 6-35 的查询结果显示可以看出表空间 jinlian 已经处在只读状态（read_only）。这说明例 6-34 的命令已经成功地执行。

当需要重新向 jinlian 表空间中输入数据时，就可以使用例 6-36 的命令将表空间的状态又改回为可读可写（正常）状态。

例 6-36

```
SQL> ALTER TABLESPACE jinlian READ WRITE;
表空间已更改。
```

接下来应验证以上命令是否成功地将表空间 jinlian 改回为可读可写（正常）状态。可以使用例 6-37 的查询语句以获取表空间的状态信息。

例 6-37

```
SQL> select tablespace_name, status, contents
  2  from dba_tablespaces
  3  where tablespace_name LIKE 'JIN%';
TABLESPACE_NAME                  STATUS     CONTENTS
------------------------------- --------- ---------
JINLIAN                          ONLINE     PERMANENT
JINLIAN_TEMP                     ONLINE     TEMPORARY
JINLIAN_UNDO                     ONLINE     UNDO
```

从例 6-37 的查询结果显示可以看出：表空间 jinlian 已经处在正常状态（online）。这说明例 6-36 的命令已经成功地执行。

最后还可以利用操作系统工具，如微软的记事本来查看报警文件中的内容，如图 6-3 所示。**如果是 Oracle 11g 和 Oracle 12c，也可以使用 ADRCI 来查看报警文件，**其操作是：在启动 ADRCI 之后，输入 show alert -tail 5 命令，如图 6-4 所示。

从图 6-3 和图 6-4 报警文件的显示可以看出：表空间 jinlian 所有状态的变化及相应的时间都已经被详细地记录在报警文件中。

图 6-3

图 6-4

6.11 重置表空间的大小

如果是数据字典管理的表空间，在创建表空间时所设置的存储参数不合适，可以使用如下的命令进行修改：

```
ALTER TABLESPACE 表空间名
    [MINIMUM EXTENT 正整数[K|M]
    |DEFAULT 存储子句 ]
```

如果是本地管理的表空间，则表空间的存储设置是不能改变的。但用户可以重新设置表空间的大小。可以通过如下的方法来增加表空间的大小。

（1）改变数据文件的大小。

↘ 在创建表空间时使用 AUTOEXTEND ON 自动改变（扩展）数据文件的大小。

↘ 在创建表空间之后使用带有 AUTOEXTEND ON 选项的 ALTER DATABASE 命令手动地开启自动扩展数据文件大小的功能。

（2）使用 ALTER TABLESPACE 语句来增加数据文件。

可以利用数据字典 dba_data_files 使用类似于例 6-41 的查询语句来确定哪些表空间或数据文件可以自动扩展。不过最好先使用例 6-38～例 6-40 的 SQL*Plus 格式化命令以使 SQL 语句的输出更加清晰。

例 6-38

```
SQL> col file_name for a40
```

例 6-39

```
SQL> set line 100
```

例 6-40

```
SQL> col tablespace_name for a15
```

例 6-41

```
SQL> SELECT file_id, tablespace_name, file_name, autoextensible
  2  FROM dba_data_files
  3  WHERE file_name LIKE '%JIN%';
  FILE_ID TABLESPACE_NAME FILE_NAME                                    AUTOEX
--------- --------------- ------------------------------- -------
        6 JINLIAN         I:\DISK2\DOG\JINLIAN01.DBF                   NO
        7 JINLIAN         I:\DISK4\DOG\JINLIAN02.DBF                   NO
        8 JINLIAN_UNDO    I:\DISK7\DOG\JINLIAN_UNDO.DBF                NO
```

从例 6-41 查询语句的结果显示可以清楚地看出：所有以 JINLIAN 开头的表空间都不能自动扩展，

因为 autoextensible 列的显示结果都为 NO。

　　随着潘金莲项目不断地向前推进，不断有新的数据加入，原来的 jinlian 表空间已经接近饱和，所以此时应该设置使 jinlian 表空间的大小在达到最大值时可以自动扩展。于是发出了例 6-42 的 DDL 命令。

例 6-42

```
SQL> ALTER DATABASE DATAFILE
  2  'I:\DISK4\DOG\JINLIAN02.DBF' AUTOEXTEND ON
  3  NEXT 1 M;
数据库已更改。
```

现在可以利用数据字典 dba_data_files 使用类似于例 6-43 的 SQL 查询语句来确定 jinlian 表空间所对应的数据文件中哪一个现在可以自动扩展。

例 6-43

```
SQL> SELECT file_id, tablespace_name, file_name, autoextensible
  2  FROM dba_data_files
  3  WHERE file_name LIKE '%JIN%';
  FILE_ID TABLESPACE_NAME FILE_NAME                          AUTOEX
--------- --------------- ---------------------------------- ------
        6 JINLIAN         I:\DISK2\DOG\JINLIAN01.DBF         NO
        7 JINLIAN         I:\DISK4\DOG\JINLIAN02.DBF         YES
        8 JINLIAN_UNDO    I:\DISK7\DOG\JINLIAN_UNDO.DBF      NO
```

从例 6-43 查询语句的结果显示可以清楚地看出：jinlian 表空间所对应的数据文件 I:\DISK4\DOG\JINLIAN02.DBF 已经变为可以自动扩展，因为 autoextensible 列的显示结果为 YES。

6.12　手工重置数据文件的大小

　　如果表空间的容量不够了，数据库管理员可以使用 ALTER DATABASE 来手工增加或减少数据文件的大小。通过改变某个数据文件的大小来增加空间就不用增加更多的数据文件。 用户也可以通过手工重置某个数据文件的大小来重新收回数据文件中没用的空间。如果所说明的数据文件的大小已经小于数据文件中所存的全部对象的大小总和，那么数据文件的大小将只被减少到数据文件中最后一个对象的最后一个数据块。

　　假设金莲表空间中的磁盘空间已经接近用完，此时若想手工地将该表空间所对应的一个数据文件增加到 100MB。首先应利用数据字典 dba_data_files 使用类似于例 6-44 的查询语句来确定 jinlian 表空间所对应的数据文件的尺寸。

例 6-44

```
SQL> SELECT file_id, file_name, tablespace_name,
  2         bytes/(1024*1024) MB
  3  FROM dba_data_files
  4  WHERE tablespace_name LIKE 'JIN%'
  5  ORDER BY tablespace_name;
FILE_ID FILE_NAME                          TABLESPACE_NAME       MB
------- ---------------------------------- --------------- --------
      6 I:\DISK2\DOG\JINLIAN01.DBF         JINLIAN               50
      7 I:\DISK4\DOG\JINLIAN02.DBF         JINLIAN               50
      8 I:\DISK7\DOG\JINLIAN_UNDO.DBF      JINLIAN_UNDO          20
```

从例 6-44 查询语句的结果显示可以清楚地看出：jinlian 表空间所对应的两个数据文件都为 50MB。

现在可以使用例 6-45 的命令**将数据文件 I:\DISK2\DOG\JINLIAN01.DBF 的尺寸加大到 100MB。**

例 6-45

```
SQL> ALTER DATABASE DATAFILE 'I:\DISK2\DOG\JINLIAN01.DBF' RESIZE 100 M;
```

之后，还应再利用数据字典 dba_data_files 使用类似于例 6-46 的查询语句来确定 jinlian 表空间所对应的数据文件 I:\DISK2\DOG\JINLIAN01.DBF 的尺寸是否已经成功地改为 100MB。

例 6-46

```
SQL> SELECT file_id, file_name, tablespace_name,
  2         bytes/(1024*1024) MB
  3  FROM dba_data_files
  4  WHERE tablespace_name LIKE 'JIN%'
  5  ORDER BY tablespace_name;

FILE_ID FILE_NAME                           TABLESPACE_NAME       MB
------- -- --------------------------------  ----------------  --------
      6 I:\DISK2\DOG\JINLIAN01.DBF          JINLIAN              100
      7 I:\DISK4\DOG\JINLIAN02.DBF          JINLIAN               50
      8 I:\DISK7\DOG\JINLIAN_UNDO.DBF       JINLIAN_UNDO          20
```

从例 6-46 查询语句的结果显示可以清楚地看出：jinlian 表空间所对应的一个数据文件 I:\DISK2\DOG\JINLIAN01.DBF 的尺寸已经加大到 100MB。

也可以使用例 6-47 的命令**通过向 jinlian 表空间中添加一个新的数据文件的方式来增加该表空间的尺寸。**

例 6-47

```
SQL> ALTER TABLESPACE jinlian
  2  ADD DATAFILE 'I:\DISK6\DOG\JINLIAN03.DBF'
  3  SIZE 80 M;
```

之后，还是应该再利用数据字典 dba_data_files 使用类似于例 6-48 的查询语句来确定是否已经成功地向 jinlian 表空间中加入了一个大小为 80MB 的新数据文件 I:\DISK6\DOG\ JINLIAN03.DBF。

例 6-48

```
SQL> SELECT file_id, file_name, tablespace_name,
  2         bytes/(1024*1024) MB
  3  FROM dba_data_files
  4  WHERE tablespace_name LIKE 'JIN%'
  5  ORDER BY tablespace_name;

FILE_ID FILE_NAME                           TABLESPACE_NAME       MB
------- --------------------------------    ----------------  --------
      6 I:\DISK2\DOG\JINLIAN01.DBF          JINLIAN              100
      9 I:\DISK6\DOG\JINLIAN03.DBF          JINLIAN               80
      7 I:\DISK4\DOG\JINLIAN02.DBF          JINLIAN               50
      8 I:\DISK7\DOG\JINLIAN_UNDO.DBF       JINLIAN_UNDO          20
```

从例 6-48 查询语句的结果显示可以清楚地看出：此时已经成功地向 jinlian 表空间中加入了一个大小为 80MB 的新数据文件 I:\DISK6\DOG\JINLIAN03.DBF。

6.13　移动数据文件的方法

有时某个磁盘的 **I/O** 可能过于繁忙，这可能影响到 **Oracle** 数据库系统的整体效率，此时就应该将一个或几个数据文件移动到其他的磁盘上以平衡 **I/O**。有时某个磁盘可能已经毁损，此时为了能使数据库系统继续运行，也要将一个或几个数据文件移动到其他的磁盘上。**Oracle** 一共提供了两条移动数据文件的语句。

第一条移动数据文件语句的格式如下：

```
ALTER TABESPACE 表空间名
    RENAME DATAFILE '文件名'[, '文件名']...
    TO '文件名'[, '文件名']...
```

该语句只适用于上面没有活动的还原数据或临时段的非系统表空间中的数据文件。要求在使用该语句时，表空间必须为脱机状态且目标数据文件必须存在，因为该语句只修改控制文件中指向数据文件的指针（地址）。

移动数据文件或重新命名数据文件的步骤如下：

（1）使用数据字典获取所需的表空间和数据文件的相关信息。

（2）将表空间置为脱机。

（3）使用操作系统命令移动或复制要移动的数据文件。

（4）执行 ALTER TABLESPACE RENAME DATAFILE 命令。

（5）将表空间置为联机。

（6）使用数据字典获取所需的表空间和数据文件的相关信息。

（7）如果需要，使用操作系统命令删除无用的数据文件。

第二条移动数据文件语句的格式如下：

```
ALTER DATABASE [数据库名]
    RENAME FILE '文件名'[, '文件名']...
    TO '文件名'[, '文件名']...
```

该语句适用于系统表空间和不能置为脱机的表空间中的数据文件。要求在使用该语句时，数据库必须运行在加载（**mount**）状态且目标数据文件必须存在，因为该语句只修改控制文件中指向数据文件的指针（地址）。

移动数据文件或重新命名数据文件的步骤如下：

（1）使用数据字典获取所需的表空间和数据文件的相关信息。

（2）关闭数据库系统。

（3）使用操作系统命令移动或复制要移动的数据文件。

（4）将数据库置为加载状态。

（5）执行 ALTER DATABASE RENAME FILE 命令。

（6）打开数据库系统。

（7）使用数据字典获取所需的表空间和数据文件的相关信息。

（8）如果需要，使用操作系统命令删除无用的数据文件。

通过以上的讨论是否已经掌握了如何移动数据文件的方法？如果还觉得不十分理解，下面再通过一个实际的例子来演示两种移动数据文件方法的全过程。

6.14　移动数据文件的应用实例

由于前一段时间宝儿的辛勤工作和出色表现，公司的数据库终于成为一个安全可靠的数据库了。据说宝儿的前任就是因为数据库崩溃后丢失了一些宝贵的数据而被炒了鱿鱼。公司数据库的安全一直就像悬在公司的高级管理层头上的一把利剑，令他们整日提心吊胆，宝儿终于使他们可以高枕无忧了。现在几乎所有的经理都认为宝儿的水平比公司的软件顾问们高至少一个等级，他们现在终于明白了这些所谓的数据库高手们能提出的建议只有两条：一是重装系统，二是升级软硬件。

正是在这种大好的革命形势下，公司决定将宝儿破格提升为高级数据库管理员。但是在提升之前还要对他进行最后一次考验。**虽然自从宝儿来公司工作以来，公司的数据库一直没出过问题，但是数据库效率还是不能令人完全满意。公司的软件顾问们曾发现系统的一个磁盘的 I/O 量过大。因此总经理叫宝儿找到原因并加以解决。**还是老一套，做完后要写一个完整的报告交给她，她也没有给宝儿具体的时限。当宝儿接到这一任务时，他知道自己已经开始在成功的大道上飞奔了。

宝儿首先以 system 用户登录数据库系统。为了使输出的显示更加清晰，他使用了例 6-49 和例 6-50 的 SQL*Plus 的格式化命令。

例 6-49
```
SQL> col file_name for a50
```
例 6-50
```
SQL> set line 120
```
接下来他想知道公司数据库中数据文件的分布情况，查看它们是否存在 I/O 竞争。于是他使用了例 6-51 的 SQL 查询语句。

例 6-51
```
SQL> select file_id, file_name, tablespace_name
  2  from dba_data_files
  3  where file_name NOT LIKE '%JIN%'
  4  order by file_id;
FILE_ID  FILE_NAME                                           TABLESPACE_NAME
-------  --------------------------------------------------  ----------------
      1  I:\APP\ADMINISTRATOR\ORADATA\DOG\SYSTEM01.DBF       SYSTEM
      2  I:\APP\ADMINISTRATOR\ORADATA\DOG\SYSAUX01.DBF       SYSAUX
      3  I:\APP\ADMINISTRATOR\ORADATA\DOG\UNDOTBS01.DBF      UNDOTBS1
      4  I:\APP\ADMINISTRATOR\ORADATA\DOG\USERS01.DBF        USERS
      5  I:\APP\ADMINISTRATOR\ORADATA\DOG\EXAMPLE01.DBF      EXAMPLE
```
看了例 6-51 查询语句的结果显示，宝儿再一次感到了巨大的震撼。**难怪这张盘的输入/输出量那么大，原来所有数据文件都放在一张盘上了。**现在宝儿决定先将输入/输出量较大的两个非系统表空间 **users** 和 **example** 所对应的数据文件移到其他磁盘上，为了使受影响的用户尽可能地少，他决定在数据库开启状态下进行这一工作。为了了解表空间当前的状态，他使用了例 6-52 的 SQL 查询语句。

例 6-52
```
SQL> SELECT tablespace_name, status, contents
  2  FROM dba_tablespaces
  3  WHERE tablespace_name NOT LIKE '%JIN%';
TABLESPACE_NAME  STATUS             CONTENTS
---------------  -----------------  -----------
SYSTEM           ONLINE             PERMANENT
SYSAUX           ONLINE             PERMANENT
UNDOTBS1         ONLINE             UNDO
TEMP             ONLINE             TEMPORARY
USERS            ONLINE             PERMANENT
EXAMPLE          ONLINE             PERMANENT

已选择 6 行。
```
从例 6-52 的查询结果显示可以看出：所有的表空间都处在联机状态（online）。于是**宝儿使用了**

例 6-53 和例 6-54 的 **DDL** 命令分别将 **users** 表空间和 **example** 表空间的状态改为脱机（**offline**）。

例 6-53
```
SQL> ALTER TABLESPACE USERS OFFLINE;
表空间已更改。
```

例 6-54
```
SQL> SQL> ALTER TABLESPACE example OFFLINE;
表空间已更改。
```

宝儿做事非常谨慎，虽然以上两个命令执行之后，他已经看到了系统的显示"表空间已更改。"，但他还是使用了例 **6-55** 的 **SQL** 查询语句来验证对这两个表空间状态的修改是否真的成功。

例 6-55
```
SQL> SELECT tablespace_name, status, contents
  2   FROM dba_tablespaces
  3   WHERE tablespace_name NOT LIKE '%JIN%';
TABLESPACE_NAME   STATUS              CONTENTS
---------------   -----------------   ------------
SYSTEM            ONLINE              PERMANENT
SYSAUX            ONLINE              PERMANENT
UNDOTBS1          ONLINE              UNDO
TEMP              ONLINE              TEMPORARY
USERS             OFFLINE             PERMANENT
EXAMPLE           OFFLINE             PERMANENT
```

已选择 6 行。

例 6-55 的查询结果显示表明：表空间 users 和 example 都已经处在脱机状态。于是宝儿分别使用了例 6-56 的操作系统命令将表空间 users 所对应的数据文件 I:\APP\ADMINISTRATOR\ORADATA\DOG\USERS01.DBF 复制到 I:\DISK2\ORADATA 目录中，使用例 6-57 的操作系统命令将 I:\APP\ADMINISTRATOR\ORADATA\DOG\EXAMPLE01.DBF 复制为 I:\DISK4\ORADATA 目录中。

例 6-56
```
SQL> HOST COPY I:\APP\ADMINISTRATOR\ORADATA\DOG\USERS01.DBF I:\DISK2\ORADATA
```
例 6-57
```
SQL> HOST COPY I:\APP\ADMINISTRATOR\ORADATA\DOG\EXAMPLE01.DBF I:\DISK4\ORADATA
```

之后，宝儿利用操作系统工具，如微软资源管理器来验证所对应的物理文件是否都真的生成了，如图 6-5 所示。

图 6-5

当宝儿确信所有的物理文件都已经复制到指定的地方后，他使用了例 6-58 和例 6-59 的命令来重新命名了表空间 users 和 example 所对应的数据文件名（在控制文件中修改了指向这些文件的地址或指针）。

例 6-58
```
SQL> ALTER TABLESPACE users RENAME
  2  DATAFILE 'I:\APP\ADMINISTRATOR\ORADATA\DOG\USERS01.DBF'
  3  TO       'I:\DISK2\ORADATA\USERS01.DBF';
表空间已更改。
```

例 6-59
```
SQL> ALTER TABLESPACE example RENAME
  2   DATAFILE 'I:\APP\ADMINISTRATOR\ORADATA\DOG\EXAMPLE01.DBF'
  3   TO       'I:\DISK4\ORADATA\EXAMPLE01.DBF';
表空间已更改。
```

之后，宝儿使用了例 6-60 和例 6-61 的命令分别将 users 表空间和 example 表空间的状态重新改回为联机（online）。

例 6-60
```
SQL> ALTER TABLESPACE users ONLINE;
表空间已更改。
```

例 6-61
```
SQL> ALTER TABLESPACE example ONLINE;
表空间已更改。
```

当以上两个命令执行之后，宝儿已经看到了系统的显示"表空间已更改。"，但谨慎的他还是使用了例 6-62 的 SQL 查询语句来验证对这两个表空间状态的修改是否真的成功。

例 6-62
```
SQL> SELECT tablespace_name, status, contents
  2   FROM dba_tablespaces
  3   WHERE tablespace_name NOT LIKE '%JIN%';
TABLESPACE_NAME STATUS              CONTENTS
--------------- ------------------- ------------
SYSTEM          ONLINE              PERMANENT
SYSAUX          ONLINE              PERMANENT
UNDOTBS1        ONLINE              UNDO
TEMP            ONLINE              TEMPORARY
USERS           ONLINE              PERMANENT
EXAMPLE         ONLINE              PERMANENT

已选择 6 行。
```

例 6-62 的查询结果显示表明：表空间 users 和 example 都已经处于联机状态。接下来宝儿使用了例 6-63 的 SQL 查询语句来验证表空间 users 和 example 所对应的操作系统数据文件是否已经指向了新的文件。

例 6-63
```
SQL> select file_id, file_name, tablespace_name
  2  from dba_data_files
  3  where file_name NOT LIKE '%JIN%'
  4  order by file_id;
FILE_ID FILE_NAME                                           TABLESPACE_NAME
------- -------------------------------------------------- ----------------
      1 I:\APP\ADMINISTRATOR\ORADATA\DOG\SYSTEM01.DBF      SYSTEM
```

```
2  I:\APP\ADMINISTRATOR\ORADATA\DOG\SYSAUX01.DBF      SYSAUX
3  I:\APP\ADMINISTRATOR\ORADATA\DOG\UNDOTBS01.DBF     UNDOTBS1
4  I:\DISK2\ORADATA\USERS01.DBF                        USERS
5  I:\DISK4\ORADATA\EXAMPLE01.DBF                      EXAMPLE
```

例 6-63 的查询结果显示表明：表空间 users 所对应的操作系统数据文件已经指向了新的文件 I:\DISK2\ORADATA\USERS01.DBF，而表空间 example 所对应的操作系统数据文件已经指向了新的文件 I:\DISK4\ORADATA\EXAMPLE01.DBF。

最后，宝儿利用操作系统工具（如微软的资源管理器）找到了旧的且应废弃的物理文件，如图 6-6 所示。之后，他在操作系统中删除了这些垃圾文件。

图 6-6

到此为止，宝儿可以保证两个非系统表空间 users 和 example 所对应的操作系统数据文件的移动已经成功了。

接下来，他要做一件更加艰巨的工作：**移动系统表空间**。因为在前面的工作中宝儿已经十分了解公司数据库中表空间的状态和它们对应的数据文件的情况，所以他立即使用例 6-64 的命令**切换到 SYSDBA 用户**（否则无法关闭数据库）。

例 6-64

```
SQL> CONNECT SYS/wang AS SYSDBA
已连接。
```

接下来他使用了例 6-65 的命令**快速地关闭了数据库**。

例 6-65

```
SQL> SHUTDOWN IMMEDIATE
数据库已经关闭。
已经卸载数据库。
ORACLE 例程已经关闭。
```

当看到"ORACLE 例程已经关闭。"的系统显示之后，宝儿立即使用了例 6-66 的命令**启动实例并将数据库置为加载状态**。

例 6-66

```
SQL> STARTUP MOUNT
ORACLE 例程已经启动。

Total System Global Area   778387456 bytes
Fixed Size                   1374808 bytes
Variable Size              268436904 bytes
Database Buffers           503316480 bytes
```

```
Redo Buffers                         5259264 bytes
数据库装载完毕。
```

此时，宝儿使用了例 6-67 的操作系统命令**将 SYSTEM 表空间所对应的物理数据文件 I:\APP\ ADMINISTRATOR\ORADATA\DOG\SYSTEM01.DBF 复制到 I:\DISK1\ORADATA 目录中。**

例 6-67

```
SQL> HOST COPY I:\APP\ADMINISTRATOR\ORADATA\DOG\SYSTEM01.DBF I:\DISK1\ORADATA
```

📢 提示：

> 细心的读者会发现，在上面的例子中命令使用的次序与 6.13 节中介绍的有些差别，这是故意安排的。因为数据库处在加载状态时数据文件是关闭的，所以也可以进行数据文件的复制（或移动），与数据库处在关闭状态时效果完全一样。

图 6-7

当复制命令执行完之后，宝儿就利用操作系统工具（如微软的资源管理器）来验证真正的物理文件是否真的生成了，如图 6-7 所示。

当宝儿确信所要求的物理文件都已经复制到指定的地方后，就使用了例 6-68 的命令重新命名了表空间 system 所对应的数据文件名（在控制文件中修改了指向该文件的地址或指针）。

例 6-68

```
SQL> ALTER DATABASE RENAME
  2  FILE 'I:\APP\ADMINISTRATOR\ORADATA\DOG\SYSTEM01.DBF'
  3  TO  'I:\DISK1\ORADATA\SYSTEM01.DBF';
数据库已更改。
```

当看到了"数据库已更改。"的显示之后，宝儿马上使用例 6-69 的命令**将数据库的状态置为打开（OPEN）状态，**以便使数据库系统尽快地对外提供服务。

例 6-69

```
SQL> ALTER DATABASE OPEN;
数据库已更改。
```

到此为止，系统表空间移动的全部工作已经完成，但是作为一名出色的数据库管理员，**宝儿依然还是使用了例 6-70 的 SQL 查询语句来验证所作的移动操作是否成功。**

例 6-70

```
SQL> select file_id, file_name, tablespace_name
  2  from dba_data_files
  3  where file_name NOT LIKE '%JIN%'
  4  order by file_id;
FILE_ID  FILE_NAME                                         TABLESPACE_NAME
-------- ------------------------------------------------- ---------------
      1 I:\DISK1\ORADATA\SYSTEM01.DBF                      SYSTEM
      2 I:\APP\ADMINISTRATOR\ORADATA\DOG\SYSAUX01.DBF      SYSAUX
      3 I:\APP\ADMINISTRATOR\ORADATA\DOG\UNDOTBS01.DBF     UNDOTBS1
      4 I:\DISK2\ORADATA\USERS01.DBF                       USERS
      5 I:\DISK4\ORADATA\EXAMPLE01.DBF                     EXAMPLE
```

例 6-70 的查询结果显示表明：表空间 system 所对应的操作系统数据文件已经指向了新的操作系统文件 I:\DISK1\ORADATA\SYSTEM01.DBF。

最后，宝儿利用操作系统工具（如微软的资源管理器）找到旧的且应废弃的物理文件 **SYSTEM01.DBF**，如图 6-8 所示。之后在操作系统中删除了该垃圾文件。

当宝儿移动完所有的数据文件之后，使用数据库系统的所有用户都感到命令的响应时间快多了。宝儿又一次用实际行动证明了他是一位当之无愧的超级数据库管理员。

图 6-8

6.15 删除表空间

当一个表空间没用时，可以使用命令删除它。但是以下几种表空间不能删除：第一种是系统表空间，第二种是上面有活动段的表空间。删除表空间的 **SQL** 命令格式如下：

```
DROP TABLESPACE 表空间名
  [INCLUDING CONTENTS [AND DATAFILES] [CASCADE CONSTRAINTS]]
```

其中：

➢ INCLUDING CONTENTS 子句用来删除段。

➢ AND DATAFILES 子句用来删除数据文件。

➢ CASCADE CONSTRAINTS 子句用来删除所有的引用完整性约束（referential integrity constraints）。

这里使用以下的例子来演示如何删除在本章中所创建的所有表空间。首先使用例 6-71 的 SQL 查询语句找到要删除的表空间和所对应的数据文件。

例 6-71

```
SQL> select file_id, file_name, tablespace_name
  2  from dba_data_files
  3  where file_name LIKE '%JIN%'
  4  order by file_id;
  FILE_ID FILE_NAME                             TABLESPACE_NAME
--------- ------------------------------------- -----------------
        6 I:\DISK2\DOG\JINLIAN01.DBF            JINLIAN
        7 I:\DISK4\DOG\JINLIAN02.DBF            JINLIAN
        8 I:\DISK7\DOG\JINLIAN_UNDO.DBF         JINLIAN_UNDO
        9 I:\DISK6\DOG\JINLIAN03.DBF            JINLIAN
```

根据例 6-71 查询语句的结果，先使用例 6-72 的命令删除表空间 jinlian。

例 6-72

```
SQL> DROP TABLESPACE jinlian;
表空间已删除。
```

现在就应使用例 6-73 的 SQL 查询语句来验证是否成功地删除表空间 jinlian。

例 6-73

```
SQL> select file_id, file_name, tablespace_name
  2  from dba_data_files
```

```
  3  where file_name  LIKE '%JIN%'
  4  order by file_id;
FILE_ID FILE_NAME                                           TABLESPACE_NAME
--------- ------------------------------------------------  ----------------
        8 I:\DISK7\DOG\JINLIAN_UNDO.DBF                      JINLIAN_UNDO
```

虽然例 6-73 查询语句的结果表明 jinlian 表空间和它所对应的 3 个数据文件已经被删除，但是真正的操作系统文件并没有被删除。DROP TABLESPACE jinlian 删除的只是控制文件中指向数据文件的指针，而不是数据文件本身。可以利用操作系统工具（如微软的资源管理器）来找到旧的且应废弃的物理文件，如图 6-9 所示。之后在操作系统中删除这 3 个垃圾文件即可。

图 6-9

接下来可以使用带有 INCLUDING CONTENTS AND DATAFILES 子句的 DROP TABLESPACE 命令来删除表空间 jinlian_undo，如例 6-74 所示。

例 6-74

```
SQL> DROP TABLESPACE JINLIAN_UNDO INCLUDING CONTENTS AND DATAFILES;
表空间已删除。
```

现在使用例 6-75 的 SQL 查询语句来验证 Oracle 是否成功地删除了表空间 jinlian_undo。

例 6-75

```
SQL> select file_id, file_name, tablespace_name
  2  from dba_data_files
  3  where file_name  LIKE '%JIN%'
  4  order by file_id;
未选定行
```

例 6-75 查询语句的结果表明：表空间 jinlian_undo 以及它所对应的数据文件已经被成功地删除。

在本章中还创建了一个临时表空间，可以使用例 6-79 的 SQL 查询语句来获得临时表空间和它们对应的数据文件。不过，为了使输出显示更加清晰，还应使用例 6-76～例 6-78 的 SQL*Plus 格式化命令。

例 6-76

```
SQL> col file for a50
```

例 6-77

```
SQL> col tablespace for a15
```

例 6-78

```
SQL> set line 120
```

例 6-79

```
SQL> SELECT f.file#, t.ts#, f.name "File", t.name "Tablespace"
  2  FROM v$tempfile f, v$tablespace t
  3  WHERE f.ts# = t.ts#;
FILE#       TS#  File                                       Tablespace
----- ---------- ---------------------------------------- ------------
    1          3 I:\APP\ADMINISTRATOR\ORADATA\DOG\TEMP01.DBF TEMP
    2          9 I:\DISK8\DOG\JINLIAN_TEMP.DBF               JINLIAN_TEMP
```

根据例 6-79 查询语句的结果，可以使用例 6-80 的带有 INCLUDING CONTENTS AND DATAFILES 子句的 DROP TABLESPACE 命令删除表空间 jinlian_temp。

例 6-80
```
SQL> DROP TABLESPACE JINLIAN_TEMP INCLUDING CONTENTS AND DATAFILES;
表空间已删除。
```
现在还是应该使用例 6-81 的查询语句来验证是否成功地删除了临时表空间 JINLIAN_TEMP。

例 6-81
```
SQL> SELECT f.file#, t.ts#, f.name "File", t.name "Tablespace"
  2  FROM v$tempfile f, v$tablespace t
  3  WHERE f.ts# = t.ts#;
FILE#      TS#  File                                   Tablespace
-----  ----------  ------------  ----------------------------  -----------
    1             3 I:\APP\ADMINISTRATOR\ORADATA\DOG\TEMP01.DBF   TEMP
```

例 6-81 查询语句的结果表明 jinlian_temp
临时表空间和它所对应的数据文件已经被删
除。与例 6-72 中删除表空间的命令不同，带有
INCLUDING CONTENTS AND DATAFILES 子
句删除表空间的命令在删除表空间的同时应该
也删除真正的操作系统文件。可以利用操作系
统工具（如微软的资源管理器）来验证那些与
被删除的表空间所对应的物理文件是否还存
在，如图 6-10 所示。

图 6-10

图 6-10 的显示结果表明：与临时表空间
jinlian_temp 所对应的数据文件 I:\DISK7\DOG\
JINLIAN_TEMP.DBF 却依然如故。可以利用同样的方法来验证表空间 jinlian_undo 所对应的数据文件是
否也已经被删除了，其结果与表空间 jinlian_temp 的情况一模一样。

🔊 提示：

> INCLUDING CONTENTS AND DATAFILES 子句是 Oracle 9i 引入的。在 Oracle 9.2 中，如果使用了这一子句删
> 除表空间，其表空间所对应的数据文件确实被删除了，但是在 Oracle 11.2 中操作系统文件却依然存在。其原因是
> 什么，我也搞不清楚。查对过 Oracle 11g 的 SQL Language Reference，上面的解释确实是表空间所对应的数据文
> 件也一起删除。不过读者也没有必要太介意，软件产品经常都会有一些莫名其妙的问题，知道怎样绕过去就行
> 了，在这种情况下再使用操作系统命令或工具删除表空间所对应的操作系统文件就可以了。

6.16 利用 OMF 来管理表空间

利用 Oracle 管理文件 OMF（Oracle Managed Files）来自动管理和维护表空间和所对应的数据文件是
Oracle 9i 开始引入的。该方法简化了表空间和所对应的数据文件的管理和维护。

在使用 **OMF 自动管理和维护表空间和所对应的数据文件之前，必须使用下列方式之一来定义
DB_CREATE_FILE_DEST 参数：第一种，在初始化参数文件中设置该参数；第二种，使用 ALTER
SYSTEM 命令动态地设置该参数。**

之后在表空间被创建时，数据文件将被自动地建立并存放在 **DB_CREATE_FILE_DEST 参数所定
义的目录中，其文件的默认大小为 100MB，并且 AUTOEXTEND 参数被设置为 UNLIMITED。**

下面仍然利用例子来演示如何利用 OMF 来自动管理和维护表空间和所对应的数据文件。首先以
system 或 sys 用户登录，之后就可以使用例 6-82 的 SQL 命令设定数据文件存放的目录。

例 6-82

```
SQL> ALTER SYSTEM SET
  2  db_create_file_dest = 'I:\DISK5\ORADATA';
系统已更改。
```

之后，就可以使用不带文件名子句的创建表空间语句来创建一个新的表空间 daji（妲己），如例 6-83 所示。

例 6-83

```
SQL> CREATE TABLESPACE daji;
表空间已创建。
```

虽然并没有在创建表空间的语句中说明数据文件名，但 **Oracle 会自动地在例 6-82 中指定的目录下生成表空间所对应的数据文件。因为没有使用 SIZE 子句指定文件的大小，所以数据文件的大小默认为 100MB。**此时可以利用操作系统工具（如微软的资源管理器）来验证所生成的物理文件，如图 6-11 所示。

图 6-11

🔊 提示：

在 Oracle 11.2 中，Oracle 系统会在定义的 db_create_file_dest 目录下自动创建"数据库名\DATAFILE"子目录，而早期的版本不会只在所定义的 db_create_file_dest 目录下创建数据文件。如果是在 Oracle 12c 的可插入数据库上，Oracle 系统会在定义的 db_create_file_dest 目录下自动创建"数据库名\系统产生的序列号\DATAFILE"子目录，如 E:\DISK5\DOG\3A005210CB504E2D9C7FC672B5292456\DATAFILE。

接下来可以使用例 **6-84** 的命令为表空间 **daji** 添加一个新文件，其大小为 **50MB**，也与例 **6-83** 中的数据文件放在同一目录下。

例 6-84

```
SQL> ALTER TABLESPACE daji ADD DATAFILE SIZE 50 M;
表空间已更改。
```

现在可以使用例 6-85 的 SQL 查询语句来验证表空间 daji 和它的两个数据文件是否都已生成（在此之前可能需要使用 SQL*Plus 的格式化命令）。

例 6-85

```
SQL> SELECT file_id, file_name, tablespace_name
  2  FROM dba_data_files
  3  WHERE tablespace_name = 'DAJI';
FILE_ID FILE_NAME                                           TABLESPACE_NAME
------- --------------------------------------------------- ----------------
      6 I:\DISK5\ORADATA\DOG\DATAFILE\O1_MF_DAJI_84K6Q0K2_.DBF  DAJI
      7 I:\DISK5\ORADATA\DOG\DATAFILE\O1_MF_DAJI_84K7CTK2_.DBF  DAJI
```

　　从例 6-85 查询语句的结果显示可以清楚地看出：表空间 daji 和它的两个数据文件已经存在而且文件名都是 Oracle 系统自动生成的（与鬼画符差不多）。

　　此时，也可以使用例 6-86 的查询语句以获得所生成表空间 daji 和它所对应的两个数据文件大小等信息。

例 6-86

```
SQL> SELECT file_id ID, file_name, tablespace_name,
  2          bytes/(1024*1024) MB
  3  FROM dba_data_files
  4  WHERE tablespace_name = 'DAJI';
ID FILE_NAME                                             TABLE    MB
-- ----------------  ----------------------------------- -----  ----
 6 I:\DISK5\ORADATA\DOG\DATAFILE\O1_MF_DAJI_84K6Q0K2_.DBF  DAJI   100
 7 I:\DISK5\ORADATA\DOG\DATAFILE\O1_MF_DAJI_84K7CTK2_.DBF  DAJI    50
```

　　例 6-86 查询语句的显示结果给出了与表空间 daji 所对应的每个操作系统文件的全名。其文件的大小分别是 100MB 和 50MB。此时可以利用操作系统工具（如微软的资源管理器）来验证所生成的物理文件，如图 6-12 所示。

　　图 6-12 显示的结果给出了与例 6-86 查询语句几乎完全相同的信息。最后可以使用例 6-87 的 SQL 语句将刚创建的表空间 daji 从数据库中删除。

例 6-87

```
SQL> DROP TABLESPACE daji;
表空间已删除。
```

　　下面使用例 6-88 的 SQL 查询语句来验证表空间 daji 和它的两个数据文件是否真的都已经被删除了。

例 6-88

```
SQL> SELECT file_id ID, file_name, tablespace_name,
  2          bytes/(1024*1024) MB
  3  FROM dba_data_files
  4  WHERE tablespace_name = 'DAJI';
未选定行
```

　　例 6-88 查询语句的显示结果表明：表空间 daji 和它所对应的两个数据文件都已经成功地被删除。

　　与手动管理的表空间不一样，使用 OMF 管理的表空间在被删除时，与表空间所对应的所有数据文件都会在操作系统上自动被删除。 此时可以利用操作系统工具（如微软的资源管理器）来验证那些与被删除的表空间 daji 所对应的物理文件是否还存在，如图 6-13 所示。

　　图 6-13 显示的结果给出了与例 6-88 查询语句几乎完全相同的信息，即表空间 daji 和它所对应的两个操作系统文件都已经被成功地删除了。

图 6-12

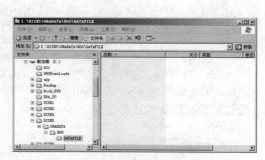

图 6-13

6.17　创建表空间的应用实例

有关中国妇女解放运动的先驱究竟是谁的争论还在激烈地进行着。在一位学者的倡导下，一个名为"寻找中国妇女解放运动的先驱工程"，简称"先驱工程"的科研项目启动了。

宝儿所在的公司也成为了该工程最大的赞助商之一。凭着敏锐的商业嗅觉，公司当然要抓住这一宣传自己的绝好机会，因为公司的许多产品的消费群体就是那些前卫的女性。公司除了提供其他的赞助之外，最主要的是提供一个数据库服务器和信息技术上的全面支持。这一工作重担理所当然地落在宝儿肩上。

公司最初想为先驱工程购买一台服务器，但在一次会议上，宝儿提出了一个全新的方案。该方案是使用公司现在几乎闲置、员工平时练手的服务器（这台计算机是为了做集群而买的，因为集群没做成，所以改为练习机了）。首先为它增加 CPU、内存和磁盘，接下来为先驱工程创建它所需要的一些独立的表空间，然后将该工程的数据都存放到这些表空间中。这样做，既节省了开销，又减少了维护工作量，而且该服务器还可以继续作为练习机使用。真是一举多得，完全符合公司少花钱多办事而且还办好事的一贯原则。

因此宝儿决定为先驱工程创建 4 个相应的表空间。它们是先驱工程的数据表空间 pioneer_data、先驱工程的索引表空间 pioneer_indx、先驱工程的还原表空间 pioneer_undo 和先驱工程的临时表空间 pioneer_temp； 与这些表空间所对应的操作系统文件分别是 J:\DISK2\MOON\pioneer_data.dbf、J:\DISK4\MOON\ pioneer_indx.dbf、J:\DISK6\MOON\pioneer_undo.dbf 和 J:\DISK8\MOON\ pioneer_temp.dbf；其大小分别为：100MB、100MB、50MB 和 50MB；而且都为本地管理的表空间。

首先宝儿使用 system 用户登录公司的数据库系统，如图 6-14 所示。

图 6-14

接下来宝儿使用例 6-89 的 SQL 查询语句以获得当前数据库中所有表空间和它们所对应的操作系统文件以及它们的大小等信息。

例 6-89

```
SQL> SELECT file_id, file_name, tablespace_name,
  2         bytes/(1024*1024) MB
  3  FROM dba_data_files;
FILE_ID FILE_NAME                                           TABLESPACE_NAME MB
-----------------------------------------------------------------------------
      4  J:\ORACLE\PRODUCT\10.1.0\ORADATA\MOON\USERS01.DBF      USERS       5
      3  J:\ORACLE\PRODUCT\10.1.0\ORADATA\MOON\SYSAUX01.DBF     SYSAUX     210
      2  J:\ORACLE\PRODUCT\10.1.0\ORADATA\MOON\UNDOTBS01.DBF    UNDOTBS1    25
      1  J:\ORACLE\PRODUCT\10.1.0\ORADATA\MOON\SYSTEM01.DBF     SYSTEM     450
      5  J:\ORACLE\PRODUCT\10.1.0\ORADATA\MOON\EXAMPLE01.DBF    EXAMPLE    150
```

之后，宝儿使用例 6-90 的查询语句以获得当前数据库中每个表空间是数据字典管理的还是本地管理的以及它们的数据块大小等信息。

例 6-90

```
SQL> SELECT tablespace_name, block_size, extent_management
  2         segment_space_management, min_extents
```

```
  3   FROM dba_tablespaces;
TABLESPACE_NAME   BLOCK_SIZE EXTENT_MAN SEGMEN   MIN_EXTLEN
---------------- ---------- ---------- ------ ------------
SYSTEM                 8192 LOCAL      MANUAL       65536
UNDOTBS1               8192 LOCAL      MANUAL       65536
SYSAUX                 8192 LOCAL      AUTO         65536
TEMP                  8192 LOCAL      MANUAL      1048576
USERS                 8192 LOCAL      AUTO         65536
EXAMPLE               8192 LOCAL      AUTO         65536

6 rows selected.
```

最后，宝儿使用例 6-91 的查询语句以获得当前数据库中每个临时表空间和与之对应的临时数据文件的信息。

例 6-91

```
SQL> SELECT f.file#, t.ts#, f.name "File", t.name "Tablespace"
  2   FROM v$tempfile f, v$tablespace t
  3   WHERE f.ts# = t.ts#;
   FILE# TS# File                                          Tablespace
------------------------------------------------------------------------
       1   3 J:\ORACLE\PRODUCT\10.1.0\ORADATA\MOON\TEMP01.DBF  TEMP
```

当宝儿获得了他所需要的全部信息之后，就**使用了例 6-92～例 6-95 的 4 个创建本地表空间的 SQL 语句开始创建所需的表空间**。

例 6-92

```
SQL> CREATE TABLESPACE pioneer_data
  2   DATAFILE 'J:\DISK2\MOON\pioneer_data.dbf'
  3   SIZE 100 M
  4   EXTENT MANAGEMENT LOCAL
  5   UNIFORM SIZE 1M;
Tablespace created.
```

例 6-93

```
SQL> CREATE TABLESPACE pioneer_indx
  2   DATAFILE 'J:\DISK4\MOON\pioneer_indx.dbf'
  3   SIZE 100 M
  4   EXTENT MANAGEMENT LOCAL
  5   UNIFORM SIZE 1M;
Tablespace created.
```

例 6-94

```
SQL> CREATE UNDO TABLESPACE pioneer_undo
  2   DATAFILE 'J:\DISK6\MOON\pioneer_undo.dbf'
  3   SIZE 50 M
  4   EXTENT MANAGEMENT LOCAL;
Tablespace created.
```

例 6-95

```
SQL> CREATE TEMPORARY TABLESPACE pioneer_temp
  2   TEMPFILE 'J:\DISK8\MOON\pioneer_temp.dbf'
  3   SIZE 50 M
```

```
   4    EXTENT MANAGEMENT LOCAL
   5    UNIFORM SIZE 2 M;
Tablespace created.
```

当执行完最后一个创建临时表空间的命令之后，宝儿使用例 6-96 的 SQL 查询语句以获得刚创建的表空间和它们所对应的操作系统文件，以及它们的大小等信息。

例 6-96

```
SQL> SELECT file_id, file_name, tablespace_name,
  2          bytes/(1024*1024) MB
  3    FROM dba_data_files
  4    WHERE tablespace_name LIKE 'PION%';
   FILE_ID FILE_NAME                              TABLESPACE_NAME        MB
---------- -------------------------------------  ------------------  ------
         6 J:\DISK2\MOON\PIONEER_DATA.DBF         PIONEER_DATA          100
         7 J:\DISK4\MOON\PIONEER_INDX.DBF         PIONEER_INDX          100
         8 J:\DISK6\MOON\PIONEER_UNDO.DBF         PIONEER_UNDO           50
```

例 6-96 查询语句显示的结果表明：所创建的表空间和它们所对应的数据文件以及其大小都准确无误。

接下来，宝儿使用了例 6-97 的 SQL 查询语句以获得刚创建的 4 个表空间是数据字典管理的还是本地管理的，以及它们的数据块大小等信息。

例 6-97

```
SQL> SELECT tablespace_name, block_size, extent_management,
  2          segment_space_management, min_extents, contents
  3    FROM dba_tablespaces
  4    WHERE tablespace_name LIKE 'P%';
TABLESPACE_NAME BLOCK_SIZE EXTENT_MAN SEGMEN MIN_EXTENTS CONTENTS
--------------- ---------- ---------- ------ ----------- ---------
PIONEER_DATA          8192 LOCAL      MANUAL     1048576 PERMANENT
PIONEER_INDX          8192 LOCAL      MANUAL     1048576 PERMANENT
PIONEER_TEMP          8192 LOCAL      MANUAL     2097152 TEMPORARY
PIONEER_UNDO          8192 LOCAL      MANUAL       65536 UNDO
```

例 6-97 查询语句显示的结果表明：所创建的 4 个表空间都是本地管理的，数据块的大小都为 8KB，所有表空间中段的空间管理都是手动的，其中 pioneer_data 和 pioneer_indx 为永久表空间，pioneer_temp 为临时表空间，pioneer_undo 为还原表空间。这些信息正是宝儿在创建这些表空间时所定义的。

之后，宝儿使用了例 6-98 的查询语句以获得刚创建的临时表空间和与之对应的临时数据文件的信息。

例 6-98

```
SQL> SELECT f.file#, t.ts#, f.name "File", t.name "Tablespace"
  2    FROM v$tempfile f, v$tablespace t
  3    WHERE f.ts# = t.ts#
  4    AND t.name LIKE 'P%';
FILE#      TS# File                                 Tablespace
------ ---------- -----------------------------------  ------------
     2         11 J:\DISK8\MOON\PIONEER_TEMP.DBF       PIONEER_TEMP
```

例 6-98 查询语句显示的结果表明：刚创建的临时表空间为 pioneer_temp，该临时表空间所对应的操作系统文件为 J:\DISK8\MOON\PIONEER_TEMP.DBF。这些信息也正是宝儿在创建这一表空间时所定义的。

最后，宝儿还利用操作系统工具（如微软的资源管理器）来找到每一个与刚创建的表空间所对应的操作系统文件，如图 6-15 所示。

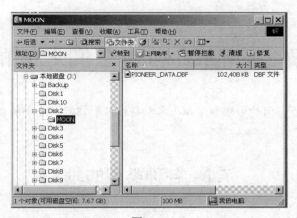

图 6-15

6.18 您应该掌握的内容

在学习第 7 章之前，请检查您是否已经掌握了以下内容：
- Oracle 引入逻辑结构的目的。
- Oracle 物理结构和逻辑结构的区别。
- Oracle 主要存储结构之间的关系。
- 表空间的分类。
- 本地管理表空间的维护和管理。
- 还原表空间的维护和管理。
- 临时表空间的维护和管理。
- 默认临时表空间的设置与管理。
- 表空间的联机与脱机状态之间的切换。
- 表空间的只读与正常状态之间的切换。
- 怎样重置表空间的大小。
- 怎样移动可以脱机的数据文件。
- 怎样移动不能脱机的数据文件。
- 怎样删除表空间。
- 怎样在删除表空间语句中使用 INCLUDING CONTENTS AND DATAFILES 子句。
- 怎样利用 OMF 来管理和维护表空间。

第 7 章　存储结构和它们之间的关系

第 6 章详细地介绍了表空间的管理和维护。本章将继续介绍段和更小的存储结构的管理和维护，首先从介绍段（segments）开始。

7.1　各种类型的段

什么是段？段是在数据库中占有磁盘空间的对象。这些段使用数据库的数据文件中的磁盘空间。 Oracle 为了数据库管理和维护的方便，提供了如下多种不同类型的段。

➥　■　**表（table）**

表在有的书中也叫正规表或普通表，为 **Oracle 数据库中最重要的段。如果读者学习过数据库管理系统或信息系统分析与设计等课程，可能还记得在这些课程中有一个非常重要的概念——实体（entity）。所谓数据库逻辑设计就是实体关系模型设计，在这里，实体就是表，关系就是约束（主要是外键约束），因此实体关系模型设计也就是表的设计和表与表之间关系的设计。** 在规范化（normalization）的过程中所使用的属性就是表中的列。**在备份和恢复策略中所要考虑的也主要是表，因为数据主要存在表中。**

表是数据库中最常用的存储数据的机制，在表段中所存储的数据是无序的，数据库管理员几乎无法控制某一行数据所存放在一个表中的具体位置。 Oracle 规定一个表中的所有数据必须存放在一个表空间中。

➥　■　分区表（table partition）

当一个表的规模很大或并行操作非常频繁时，可以把这个表划分成若干个分区（partition）。此时表已经成了逻辑的概念，而每一个分区为一个存储数据的段，每个分区的存储参数都可以单独定义。

在某些大型或超大型数据库中使用分区表有时可能是无法避免的，如银行和电信系统。如电信的客户表可能很大，此时可以将客户表按客户所居住的地区分区。这样做的好处是可以改进数据库的可获得性，因为对于分区表，一个分区损毁了并不影响其他分区的操作。另外，可以通过把每个分区放在不同的磁盘上以提高并行操作的能力，从而达到改进系统效率的目的。

要使用分区表，必须使用 Oracle 的企业版分区表的选项。Oracle 为管理和操作分区表提供了一大批的专门命令。详细讨论这些命令和分区表管理已经超出了本书的范畴，这里不再赘述。

➥　⌂　索引（index）

引入索引段的目的是加快基于某一特殊键（索引关键字）的查询速度，这样的查询可以很快地查找到在某一表中所需数据行的准确位置。 如果一个表有 5 个索引，那么就会有 5 个相应的索引段。基于某一特定的索引的所有索引记录都存储在一个索引段中。

➥　■　簇（cluster）

在一些商业系统中，诸如订单系统或发票系统，在设计这样的系统时为了减少数据的冗余，在规范化过程中把本来属于一张订单或一张发票的数据存放在了不同的表中。但是用户，如经理，他们在工作中还是习惯于使用传统的订单或发票，因此为了把这些相关的表组合成传统的订单或发票就要进行多表的连接。如果这些表很大而且连接又是经常的操作，就可能严重地影响数据库系统的效率，于是 Oracle 系统引入了一种称为簇（cluster）的段。

可以将上面所说的订单或发票定义成簇，并定义订单号或发票号为簇号。Oracle 会将相同簇号（cluster number）的数据行（即使是属于不同的表）也存放在同一个数据块中（也可能是相邻的数据块中）。这样在进行这些表的连接操作时，Oracle 就可以很快地把相同簇号的数据行连接在一起。

📢 提示：

簇已经不再是传统意义上的关系表了。笔者个人的意见是簇能不用就不用，能少用就少用。因为这样做可以减少管理和维护的负担，也可以使跨 IT 平台的移植变得更加容易。

➥ 🗝 索引分区（index partition）

当在一个大型或超大型表上创建索引时，这个索引也可能很大，所以也可以像分区表那样，将该索引划分为若干个分区，每个索引分区为一单独的段。这样一个索引可以分布在不同的表空间上。但是每个索引分区（段）只能存放在一个表空间中。引入索引分区的主要目的也是减少输入或输出竞争。要使用索引分区也必须使用 Oracle 的企业版分区表的选项。

➥ 🗂 索引表（index-organized table）

如果用户的查询主要是基于索引关键字，那么在索引树的叶子结点中的数据行的地址部分可以存放真正的数据，这种存储结构就称为索引表。索引表可以大大地加快基于索引关键字的查询，但是这种存储结构不适合 DML 操作非常频繁的表。

➥ 📋 临时段（temporary segment）

当在 SQL 语句中使用了诸如 ORDER BY、GROUP BY 或 DISTINCT 等子句时，Oracle 服务器就要试着在内存中进行排序。如果内存中排不下就要把中间的结果写到磁盘上，该磁盘区就是临时段。

➥ ⊙ 还原段（undo segment）

还原段在 Oracle 9i 之前称为回滚段（rollback segment），用来存放事务（transaction）对数据库所作的改变。在对任何数据块或索引块改变之前，所有的原始值都将存放到还原段中。这样做不但允许用户可以还原所做的变化，而且还可以在一个进程对某一行数据进行 DML 操作的同时，允许其他进程对该行数据进行读操作（读的是存放到还原段的原来的数据）。

➥ 📇 大对象段（LOB segment）

大对象（LOB）数据类型是从 Oracle 8 开始引入的，是用来存储例如大的正文文档、图像或音像信息的。在一个表中可以有一列或多列 LOB 数据类型。如果 LOB 类型的列很大，Oracle 服务器就会将该列的值单独存放在另一个段中，该段就称为大对象段，在表中只包含了一个指向相应大对象（LOB）数据的指针（地址）。

➥ 🗐 嵌套表（nested table）

嵌套表是一种特殊的表，该表中的某一列又是由一个用户定义的表组成，即表中套表。前面所介绍的订单或发票也可以使用嵌套表来实现。在这种情况下，被称为嵌套表的内表将被存放在另外一个段中。

📢 提示：

嵌套表也不再是传统意义上的关系表了，笔者个人的意见也是嵌套表能不用就不用，能少用就少用。因为这样做可以减少管理和维护的负担，也可以使跨 IT 平台的移植变得更加容易。

➥ 📋 自举段（bootstrap segment）

自举段是在数据库被创建时由 sql.bsq 脚本建立的，也被称为高速缓存段。该段在实例打开数据库时帮助初始化数据字典高速缓存区，不能对自举段进行任何的查询或修改，数据库管理员也无须对该段进行任何维护。

7.2 存储子句的优先级

介绍完段的相关内容后，接下来讨论存储参数的设置和它们的优先级。图 7-1 所示是 Oracle 存储参数优先级的示意图。

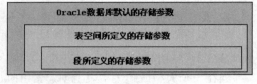

图 7-1

存储子句可以在段一级说明以控制区段（extent）在段中是如何分配的。其分配原则如下：

- 任何在段一级说明的存储参数将覆盖在表空间一级所对应的选项设置，但是表空间一级的参数 MINIMUM EXTENT 或 UNIFORM SIZE 除外。
- 当存储参数在段一级没有显式地定义时，它们默认为表空间一级所定义的参数值。
- 当存储参数在表空间一级没有显式地定义时，Oracle 数据库系统的默认参数值将被使用。
- 如果在表空间一级已经定义了 MINIMUM EXTENT 的大小，将应用于该表空间中将来所有段的区段（extent）的分配。
- 某些存储参数不能在表空间一级定义，这些存储参数只能在段一级说明。
- 如果对存储参数进行了修改，新的存储参数只适用于还没有分配的区段（extent）。

7.3 区 段

区段（extent）是在表空间中由某个段所使用的一块（磁盘）空间，是一组连续的 Oracle 数据块。从理论上来说 Oracle 根本没有必要引入区段，因为直接使用 Oracle 数据块来进行磁盘空间的分配完全行得通。**Oracle 引入区段的目的是为了提高系统的效率，因为利用区段来进行磁盘空间的分配可以大大地减少磁盘分配的次数。**另一个重要的原因是，Oracle 的磁盘分配算法是一个递归算法，而递归算法效率本身都比较低，减少磁盘分配的次数也就等于减少了该递归算法使用的次数。

那么 Oracle 在什么情况下分配区段呢？在如下的情况下，Oracle 分配一个区段：

- 当一个段被创建（created）时。
- 当一个段被扩展（extended）时。
- 当一个段被改变（altered）时。

那么 Oracle 又是在什么情况下回收一个区段呢？在如下的情况下，Oracle 回收一个区段：

- 当一个段被删除（dropped）时。
- 当一个段被改变时。
- 当一个段被截断（truncated）时。

以下是一个使用空闲区段的示意图，如图 7-2 所示。

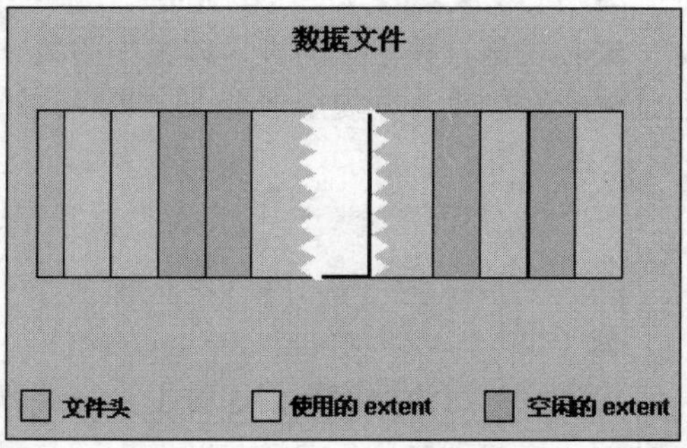

当一个表空间被创建时，在该表空间中的数据文件就包含了一个头，这个头就是该数据文件的第一个或前几个数据块。

数据文件

☐ 文件头　　☐ 使用的 extent　　☐ 空闲的 extent

图 7-2

随着段的创建，Oracle 使用表空间中的空闲区段（free extent）为这些段分配磁盘空间。由某个段所使用的连续磁盘空间被称作使用区段（used extent）。当一些段释放了磁盘空间时，这些释放的区段就被添加到所在表空间中可以使用的空闲区段池中。

7.4 数 据 库 块

介绍完区段的相关内容后，下面将介绍 **Oracle** 的最小的存储单元——**数据库块**（database block），也称为 **Oracle 数据块**。**Oracle 数据块是 Oracle 数据库系统输入或输出的最小单位，它由一个或多个操作系统块组成**。其大小在表空间创建时设置，而 **DB_BLOCK_SIZE** 为默认 **Oracle 数据块的大小**。

在 Oracle 8i 或之前的 Oracle 版本中，一个 Oracle 数据库只能有一种数据块，其大小由 DB_BLOCK_SIZE 设定。Oracle 9i 开始支持多种数据块尺寸，现在一个 Oracle 数据库可使用一个标准的块（尺寸）来创建，同时可使用最多 4 种不同的非标准块（尺寸），非标准数据块的大小为 2 的次方，其值在 2～32KB 之间。

支持多种数据块尺寸这一新的特性对于不同 Oracle 数据库之间的数据传输非常有用，如将联机事务处理（OLTP）数据库的数据传输到决策支持（DSS）或数据仓库（data warehouse）数据库。另外，可以通过将需要进行操作的对象存放在数据块大小适当的表空间中以最大限度地改进输入或输出效率。

此时系统表空间仍然为标准数据块的尺寸，而标准数据块的尺寸是在创建数据库时设定的。在 Oracle 9i 或以上版本中，除了一个标准数据块的尺寸之外，还可以最多定义 4 个非标准数据块的尺寸。要使用非标准数据块，首先要在初始化参数文件中为每个所需的非标准数据块在内存高速缓存中配置子高速缓存（subcache）。子高速缓存也可以在实例运行期间配置。当子高速缓存配置完之后，就可以创建具有这一非标准数据块尺寸的表空间了。标准数据块的尺寸被用于系统表空间和绝大多数其他的表空间。

7.5 Oracle 数据块的大小

标准数据块的大小被用于系统（system）和临时（temporary）表空间，除非有特别的说明，标准数据块的大小也被用作一个表空间的数据块的默认值。数据库中标准数据块的大小是在数据库创建时使用 DB_BLOCK_SIZE 初始化参数设置的，若要改变这一设置就需要重建数据库。

一般将最常用的数据块大小选为标准数据块的大小。在大多数情况下，这也是唯一需要说明的数据块大小。多数情况下，DB_BLOCK_SIZE 被设为 4KB 或 8KB。如果没有说明，默认数据块的大小是与操作系统相关的，在一般情况下这个默认值是合适的。

DB_CACHE_SIZE 说明了默认的高速缓存的大小，其最小尺寸为一个 granule（4MB or 16MB）。早期版本的默认值为 48MB，而 Oracle 10g、Oracle 11g 和 Oracle 12c 会在创建数据库时探测当前计算机内存的大小并根据现有可用内存计算出这一默认值。该高速缓存的数据块的大小为标准数据块的大小，由 DB_BLOCK_SIZE 所定义。Oracle 8i 或之前版本中的 DB_BLOCK_BUFFERS 初始化参数已经被 DB_CACHE_SIZE 初始化参数所取代。

使用高速缓存初始化参数来定义系统全局区（SGA）中高速缓存的大小。**如果要在一个数据库中使用多个数据块，就必须定义 DB_CACHE_SIZE 和至少一个 DB_nK_CACHE_SIZE 参数。可以使用以下的动态参数配置额外的非标准块的高速缓存：**

- ➥ DB_2K_CACHE_SIZE 用于 2KB 数据块。
- ➥ DB_4K_CACHE_SIZE 用于 4KB 数据块。
- ➥ DB_8K_CACHE_SIZE 用于 8KB 数据块。
- ➥ DB_16K_CACHE_SIZE 用于 16KB 数据块。
- ➥ DB_32K_CACHE_SIZE 用于 32KB 数据块。

以上每个参数定义了所对应数据块的高速缓存的大小。DB_nK_CACHE_SIZE 的默认值为 0。如果在数据库中有任何数据块大小为 nKB 的联机表空间存在，就不可以将 DB_nK_CACHE_SIZE 置为 0。如果 nK 是标准块的大小，则 DB_nK_CACHE_SIZE 被禁止。每个高速缓存的最小尺寸为一个 granule。

数据块大小还受到 IT 平台的一些限制。如果所使用的 IT 平台上最小块的尺寸大于 2KB，就不能设置 DB_2K_CACHE_SIZE；如果所使用的 IT 平台上最大块的尺寸小于 32KB，也不能设置 DB_32K_CACHE_SIZE。

使用多种数据块尺寸的原则如下：

➥ 一个分区对象的所有分区（partition）必须存在相同块尺寸的表空间中。

➥ 所有临时表空间，包括被用作默认临时表空间的永久表空间必须是标准块尺寸。

➥ Index-organized 表的 overflow 和 out-of-line LOB 段可以存在与基表不同块大小的表空间中。

接下来，介绍怎样创建非标准块尺寸的表空间。可以通过在 CREATE TABLESPACE 语句中使用 BLOCKSIZE nK 或 BLOCKSIZE n 子句来创建非标准块尺寸的表空间。这里 n 为正整数，单位为字节，如果使用了后缀 K，单位就是 KB。

为了使用这一子句，必须首先设置 DB_CACHE_SIZE 和至少一个 DB_nK_CACHE_ SIZE 参数，而且该子句中的正整数 n 也必须与所对应的 DB_nK_CACHE_SIZE 参数中的正整数 n 相同。

从 Oracle 9i 开始在所有的*_TABLESPACES 数据字典中都新增加了一列用以反映所对应的表空间的数据块的尺寸。如可以使用例 7-1 的 SQL 查询语句获得数据库中每个表空间的数据块的尺寸和状态的信息。

例 7-1

```
SQL> SELECT tablespace_name, block_size, status, contents
  2    FROM dba_tablespaces;

TABLESPACE_NAME                 BLOCK_SIZE STATUS      CONTENTS
------------------------------- ---------- ----------- ---------
SYSTEM                                8192 ONLINE      PERMANENT
UNDOTBS1                              8192 ONLINE      UNDO
SYSAUX                               8192 ONLINE      PERMANENT
TEMP                                  8192 ONLINE      TEMPORARY
USERS                                 8192 ONLINE      PERMANENT
EXAMPLE                               8192 ONLINE      PERMANENT
PIONEER_DATA                          8192 ONLINE      PERMANENT
PIONEER_INDX                          8192 ONLINE      PERMANENT
PIONEER_UNDO                          8192 ONLINE      UNDO
PIONEER_TEMP                          8192 ONLINE      TEMPORARY

10 rows selected.
```

例 7-1 的显示结果表明：**该数据库中所有的表空间的数据块的尺寸都为 8KB**，因为到目前为止，还并未创建任何非标准数据块尺寸的表空间。

◁))提示：

如果没有必要就不要创建非标准数据块尺寸的表空间，因为使用非标准数据块尺寸的表空间会增加内存的开销，同时也会使数据库的管理和维护变得更加复杂。

7.6　数据库块的内容和参数

Oracle 数据块的结构如图 7-3 所示。从图 7-3 可以看出，**数据块由 3 部分组成，分别是块头部分、**

数据区和空闲区。其中上面是数据块的头部分，下面是数据部分，而中间为空闲区。头部从上往下增长，而数据部分则从下往上增长，当两部分接触时数据块就满了。

> 数据区：装的是数据行，位于数据块的底部，当插入数据行时该部分从下往上增长。

> 数据块头：存有段类型（如表或索引）、数据块的地址、表目录、行目录和事务槽（transaction slot）。事务槽是在事务修改数据块中的数据行时使用的，每个事务槽大约为 23 个字节。头部从上往下增长。

> 空闲区：位于数据块的中部。数据块中的空闲区最初时是连续的，但是删除和修改操作可能使数据块中的空闲区碎片化，在需要时 Oracle 服务器会进行合并空闲区的操作。

为了更有效地管理和控制 Oracle 数据块的各个部分，Oracle 引入了 4 个参数，如图 7-4 所示。

这 4 个数据块空间控制参数既可以用来控制数据段中的空间使用，也可以控制索引段中的空间使用。它们又被分为控制并行操作的参数和控制数据空间使用的参数两大类。

> 控制并行操作的参数：这类参数包括 INITRANS 和 MAXTRANS。在进一步解释这两个参数之前，先简单地介绍在数据块中与事务有关的数据行和块头的结构，如图 7-5 所示。

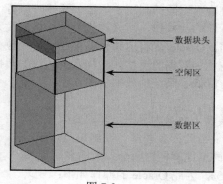

图 7-3

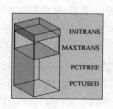

图 7-4

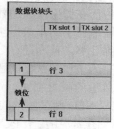

图 7-5

从图 7-5 可以看出，在数据块中每一数据行的头部有一个锁位，该锁位只记录了该行在事务中所使用的事务槽号，而事务槽是在数据块头中，有关事务的控制信息都放在了事务槽中。在图 7-5 中 3、8 数据行的有关事务的信息分别放在了块头的第 1 和 2 号事务槽中。Oracle 服务器是通过每一行的锁位中的事务槽号在数据块头中找到所对应的事务槽，并利用该槽中的信息来完成该数据行的事务控制。

事务槽是用来存储与当前改变数据块的事务有关的信息。每一个事务只使用一个事务槽，即使这个事务正在修改多行数据或多行索引记录。

> INITRANS：定义了创建数据块或索引块时事务槽的初始值。它被用来保证最低水平的并行操作。对于数据段，它的默认值为 1，而对于索引段，它的默认值为 2。如果该参数被设为 8，那么 Oracle 服务器就能在任何时候都保证在一个数据块中可以有最多 8 个并行的事务。

> MAXTRANS：定义了创建数据块或索引块时事务槽的最大值。如果并行的事务很多，所需的事务槽的个数可能超过 INITRANS 所设定的初始值，Oracle 会在块头中分配更多的事务槽，其数量的上限就是 MAXTRANS 所定的值。MAXTRANS 的默认值为 255。

◀))) 提示：

并行操作与数据块的空间利用率是相互矛盾的。如果将 INITRANS 和 MAXTRANS 设置得过大，这样不仅并行操作改进了，而且系统的效率也有所提高，但是由于数据块头的加大而使在数据块中所存储的数据减少。笔者个人的意见是：如果没有必要，不要改变它们的默认值。在 Oracle 10g、Oracle 11g 以及 Oracle 12c 中已经不再使用 MAXTRANS 这个参数了，Oracle 自动将每一数据块并行更改事物的上限设为 255，保留 MAXTRANS 这一参数，只是为了与之前版本兼容。

➡ 控制数据空间使用的参数：这类参数包括 PCTFREE 和 PCTUSED 两个参数。为了使读者更容易理解，本书不在这里讨论它们的设置，而将在 7.7 节中详细地介绍有关这两个参数的工作原理和设置。

Oracle 一共提供了两种管理数据块的方法，它们分别是手动管理和自动的段空间管理。

7.7 手工数据块的管理

在早期的 Oracle 版本中，手工数据块的管理是唯一的数据块管理方法，也是 Oracle 11g 之前版本的默认方法。Oracle 允许通过使用 PCTFREE、PCTUSED 和 FREELISTS。参数来手工配置数据块以便更有效地管理和控制数据块中磁盘空间的使用（这里的数据块既包括数据段中的块，也包括索引段中的块）。

可能有读者会问为什么 Oracle 要引入这些参数呢？答案应该是为了提高系统的效率。读者可以回顾图 7-3 或图 7-4。为了最大限度地利用数据块的磁盘空间，最好将数据块装满数据行。这样做虽然提高了磁盘空间的使用率，但是也引出了一个效率问题。假设为了提高磁盘空间的利用率，在一开始时就将一数据块装满数据。如果接下来有一个对该数据块中的数据行进行的修改操作，而且该修改操作将加大某一列或某几列的长度，此时数据块已经没有可供扩展的足够空间，Oracle 就将这些数据存放在另一数据块中而在原来所在的数据行上放上一个指针指向真正的数据，也称为数据的迁移。这样本来一行的数据就被放在了两个数据块中，从而增加了查询数据的磁盘 I/O 量，降低了系统的效率。图 7-6 所示是一个数据迁移之前和迁移之后的一个示意图。

为了避免数据的迁移，Oracle 在插入数据时并不将数据块装满，而是为将来可能的修改操作预留一定数量的磁盘空间。这是一个典型的用空间换时间的方法。为了帮助读者理解，在给出 PCTFREE 和 PCTUSED 两个参数的定义之前，先通过如图 7-7 所示的例子来简单地解释这两个参数的具体用法。

图 7-7 中由于 PCTFREE 定义为 15%，PCTUSED 定义为 30%，因此 Oracle 的操作如下：

（1）在进行插入操作时，Oracle 服务器要保留数据块空间总数的 15% 空闲空间，用于将来可能的修改操作所造成的扩展。

（2）当空闲空间小于或等于 15% 时，Oracle 将该数据块从空闲队列中去掉，即该块不能进行插入操作了。

（3）如果进行了删除操作或修改操作造成了数据行的缩小，即释放了磁盘空间。虽然空闲空间大于 15%（所使用的空间小于 85%），但所使用的空间大于 30%，该块还是不允许进行插入操作。

（4）只有当所使用的空间小于 30%（低于 PCTUSED）时，该块才能被重新放入空闲队列中，即允许进行插入操作。

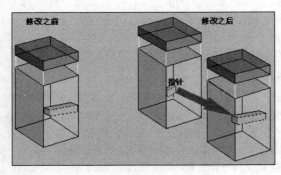

图 7-6

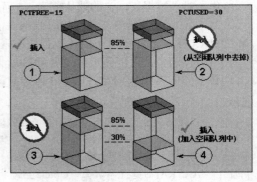

图 7-7

📢 提示：

曾经有不少学生询问为什么要引入 PCTUSED 这一参数，只使用 PCTFREE 这一参数不行吗？还有人问为什么 PCTFREE 和 PCTUSED 加起来不等于 100%。如果读者学过操作系统之类的课程就不难理解这一问题。设想一下，如果只使用 PCTFREE 这一参数来控制数据块的使用，一有空间被释放，只要空闲空间大于 15%（例如 16%）该块就允许进行插入操作。这样刚一插入数据，空闲空间就又低于 15%，该块就又得立即从空闲队列中去掉。这样的情况可能会经常发生，也就是所谓的系统颠簸。引入 PCTUSED 这一参数可能就是为了避免造成系统的颠簸，因为此时数据块要空到一定程度才能插入数据。

➥ **PCTFREE**：该参数定义在每个数据块中预留空间的百分比。这部分空间只是在数据块中的数据行进行修改操作（update）而造成空间的增长时使用的。该参数的默认值为 10%。

➥ **FREELISTS**：该参数用来在一个段中定义空闲队列（free list）的个数。空闲队列是一个数据块的列表，这些数据块将被用作插入操作的候选数据块。在默认情况下，创建一个段时只有一个空闲队列。根据需要可以通过设置 FREELISTS 参数在一个段中创建多个空闲队列。

➥ **PCTUSED**：该参数定义每个数据块中已经使用的空间的百分比。只有当一个数据块中所使用的空间低于这一参数所设定的值时，Oracle 服务器才将这一数据块放入空闲队列。该参数的默认值为 40%。

📢 提示：

有关以上参数的设置将在 Oracle 数据库优化的课程中详细介绍。建议读者如果没有特殊需要，最好先使用 Oracle 的默认参数设置。大量的实验结果表明：在不理解参数的意义时修改参数的默认值，90% 以上的结果会使系统的效率变差。这可能是因为多数 Oracle 的参数是相互关联的，可以说是牵一发而动全身。

7.8 自动的段空间管理

自动的段空间管理是一种在数据库段内部管理空闲空间的方法。该方法使用位图而不是使用空闲队列来追踪段内的空闲和使用空间。这种方法具有以下特点：

➥ 管理上的便利。因为 PCTUSED 和 FREELISTS 等参数都是自动管理的。

➥ 较好的空间利用。在这种方法中，所有的对象，特别是行的尺寸变化很大的对象的空间利用率会更有效。

➥ 并行插入（insert）操作的性能也有较大的改进。

自动段空间管理是使用位图（一个字节有 8 位，每个位有 0 和 1 两种状态）来管理磁盘空间的。在一个自动管理的表空间中所有的位图管理段包含了一个位图，该位图描述了段中每一块与可获得空间相关的状态。这个位图存放在一组单独的数据块中，这组数据块被称作位图块（BMBs）。当插入新的一行时，服务器检索位图以找到一个具有足够空间的块。随着一个块中可获得空间的变化，新的状态要反映在位图中。

那么怎样才能配置自动的段空间管理呢？只能在表空间一级，而且是本地管理的表空间才能开启自动的段空间管理。当一个表空间创建后，其说明应用于该表空间中所有的段。只要在创建本地管理的表空间命令中加入 **SEGMENT SPACE MANAGEMENTAUTO** 子句，就可以完成自动的段空间管理配置。可以使用例 7-2 的 SQL 语句创建一个名为 jinlian 的自动管理的本地表空间。

例 7-2

```
SQL> CREATE TABLESPACE jinlian
  2  DATAFILE 'J:\DISK6\MOON\jinlian.dbf'
  3  SIZE 50 M
```

```
 4    EXTENT MANAGEMENT LOCAL
 5    UNIFORM SIZE 1M
 6    SEGMENT SPACE MANAGEMENT AUTO;
Tablespace created.
```

在例 7-2 中只在创建本地管理的表空间命令中加入 SEGMENT SPACE MANAGEMENT AUTO 子句，这样 jinlian 表空间就成了自动管理的表空间。之后应该使用例 7-3 的 SQL 查询语句来验证刚创建的 jinlian 表空间究竟是否为自动管理的表空间。

例 7-3

```
SQL> SELECT tablespace_name, block_size, extent_management, segment_space_
     management
 2   FROM dba_tablespaces
 3   WHERE tablespace_name LIKE 'JIN%';
TABLESPACE_NAME                    BLOCK_SIZE EXTENT_MAN SEGMEN
------------------------------ ---------- ---------- ---
JINLIAN                              8192 LOCAL      AUTO
```

例 7-3 的查询结果表明：jinlian 表空间是一个自动管理的表空间，因为数据字典 dba_tablespaces 的 segment_space_management 一列的值为 AUTO。将来在这个表空间中创建的任何段（如表或索引）都是自动管理的。

🔊 **提示：**

> Oracle 11g 和 Oracle 12c 所创建的本地表空间默认是自动管理的表空间，如在本书第 6 章的 6.5 节的例 6-1 中，在创建表空间时并未使用 segment_space_management AUTO 子句，但是例 6-2 的查询显示结果却清楚地表明这个表空间是一个自动管理的表空间。如果使用例 7-4 的查询语句列出所有表空间与存储管理相关的信息，就可以发现在 Oracle 11g 和 Oracle 12c 中除了 SYSTEM 表空间、临时表空间和还原表空间之外的所有其他表空间都是自动管理的表空间。但是在 Oracle 11g 之前的版本中，这些表空间默认都是手工（MANUAL）管理的表空间。

例 7-4

```
SQL> SELECT tablespace_name, block_size, extent_management,
     segment_space_management
 2   FROM dba_tablespaces;
TABLESPACE_NAME BLOCK_SIZE EXTENT_MANAGEMENT      SEGMENT_SPAC
--------------- ---------- -------------------- ------------
SYSTEM                8192 LOCAL                MANUAL
SYSAUX                8192 LOCAL                AUTO
UNDOTBS1              8192 LOCAL                MANUAL
TEMP                  8192 LOCAL                MANUAL
USERS                 8192 LOCAL                AUTO
EXAMPLE               8192 LOCAL                AUTO

已选择 6 行。
```

为了以后操作的方便，现在应该使用例 7-5 的 DDL 语句删除刚创建的 jinlian 表空间。

例 7-5

```
SQL> drop tablespace jinlian;
Tablespace dropped.
```

最后要指出的是：**自动管理（位图管理）的段可以是普通的表、索引，也可以是索引表（IOT），还可以是大对象段（LOBs）。**

除了使用在前面已经介绍过的数据字典 DBA_TABLESPACES 和 DBA_DATA_FILES 来获取有关段

的磁盘管理信息在外，还可以使用数据字典 dba_extents、dba_segments 和 dba_ free_space 等来获取这方面的信息。

7.9 小 结

本章所介绍的 Oracle 数据块（block）、区段（extent）和段（segment）的概念，以及它们之间的关系，对一些读者特别是非 IT 专业的读者来说可能在理解上有些困难，因此在本章即将结束时给出一些形象的解释以帮助读者更好地理解这些内容。

- Oracle 数据块：Oracle 的最小存储单元。Oracle 数据块是 Oracle 数据库系统输入或输出的最小单位，由一个或多个操作系统块组成。
- 区段：一组连续的 Oracle 数据块，是 Oracle 磁盘分配的最小单位。Oracle 引入区段的目的是通过减少磁盘分配的次数来达到提高系统的效率。
- 段：在数据库中占有磁盘空间的对象，由一批区段所组成。

为了帮助读者更好地理解 Oracle 数据块、区段、段（特别是表段）和表空间之间的关系，以下给出了表中数据存储方式的示意图，如图 7-8 所示。

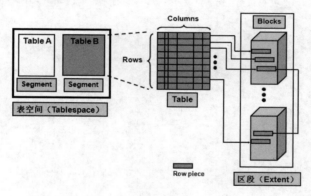

图 7-8

当使用 **DDL** 创建一个表时，**Oracle** 系统就创建了一个存储其数据的段。一个表空间一般包含多个相关的段。虽然逻辑上一个表是由包含了多列的数据行所组成，但是一个数据行最终是以一种 **row piece** 的方式存储在数据块中的。之所以称为 **row piece**，是因为在某些特定情况下，如数据行很大，一个数据块装不下，或 **update** 操作造成了数据迁移，一行数据可能被存放在不止一个数据块中。

7.10 您应该掌握的内容

在学习第 8 章之前，请检查一下您是否已经掌握了以下的内容：

- 什么是 Oracle 的段。
- 各种不同类型的 Oracle 段。
- 在 Oracle 数据库中最重要的段是什么。
- 存储参数的设置。
- 存储参数的优先级。

- ➘ 什么是区段。
- ➘ 引入区段的目的。
- ➘ 什么情况下分配区段。
- ➘ 什么情况下回收一个区段。
- ➘ 什么是 Oracle 数据块。
- ➘ 如何控制 Oracle 数据块的尺寸。
- ➘ 控制 Oracle 数据块操作的参数。
- ➘ Oracle 数据块的内容和操作方式。
- ➘ 手工数据块的管理。
- ➘ 自动的段空间管理。

第8章 管理还原数据

如果读者学习过数据库管理系统原理之类的课程可能还有印象，当数据库管理系统对数据库中一行数据进行写操作时，需将该行数据用排他锁锁上，除了正在进行操作的进程之外，其他的任何进程（用户）是不能访问上了排他锁的数据行的。

虽然从理论上说这样可能是完美的，但是在实际的商业环境中却带来了效率问题。设想一下，如果在一个生产数据库中有人修改了 1 000 行数据，而此人又有一个坏毛病，就是从不提交或回滚自己所做的任何事务，进一步假设这 1 000 行数据是公司经常使用的数据，读者可以想象会产生什么样的后果。

而 Oracle 使用了完全不同的解决方案。在 Oracle 系统中当有一个进程正在写某一行数据时，其他的进程可以读这行数据但不能进行写操作。此时其他进程读的是写之前的数据，Oracle 是通过在所有的 DML 操作之前将原来的数据复制到还原段（Oracle 9i 之前称为回滚段）上来实现这一功能的。

在本章的各节中将详细地描述还原数据的目的，如何实现自动的还原数据管理，如何创建和配置还原数据表空间，以及如何获得还原段的信息等。

8.1 还原数据的管理方法

尽管回滚段的使用巧妙地解决了当一个进程写某一行数据时其他的进程不能读该行数据的难题，但是在 Oracle 9i 之前的版本中回滚段（回滚数据）的管理一直让许多初学者望而生畏。因为所有回滚段的管理都是手工操作的。**Oracle 9i 引入了一种自动管理这些数据的方法。在 Oracle 9i 或以后的版本中提供了两种方法来管理还原数据。**

（1）自动的还原数据管理：Oracle 服务器自动地管理还原段的创建、分配和优化等。

（2）手动的还原数据管理：所有的还原段的创建、分配和优化等都是手工管理的。

这里还原（undo）一词在 Oracle 9i 之前的版本中被称为回滚（rollback），图 8-1 所示是一个 Oracle 进行修改操作的示意图。

在 Oracle 数据库中，当某个进程修改数据时，Oracle 首先将它的原始值（还原数据）存入一个还原段中。一个事务只能将它的全部还原数据存放在同一个还原段中。但是多个并行的事务可以写一个还原段。 每个还原段都有一个段头，在该段头中包含了一个事务表，该表中存放着有关使用这一还原段的当前事务信息。

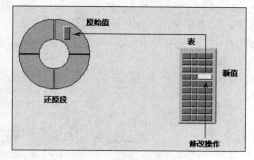

图 8-1

8.2 Oracle 使用还原段的目的

那么 Oracle 的还原段到底有哪些用处呢？图 8-2 所示即为 Oracle 使用还原段主要目的的示意图。

从图 8-2 可以看出，**Oracle 使用还原段共有 3 个目的，分别是事务回滚、事务恢复和保证数据的读一致性。** 下面进行进一步的解释。

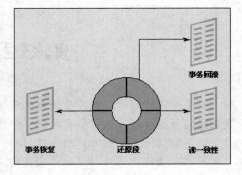

图 8-2

- ➘ 事务回滚：当一个用户发出了一些 DML 语句之后改了主意，使用了 ROLLBACK 语句回滚了他所做的事务，此时 Oracle 服务器就会将还原段中的原始数据回写到原来的数据行中。
- ➘ 事务恢复：如果当事务正在进行期间实例崩溃了，则当数据库再次打开时 Oracle 服务器就要还原（回滚）所有没有提交的变化。这种还原（回滚）就是事务恢复的一部分。要使恢复真正成为可能，写到还原段上的变化也要受到联机重做日志文件的保护。
- ➘ 保证数据的读一致性：当事务在进行期间，数据库中的其他用户不应看到任何这些事务所做的没有提交的变化。另外，一个语句不应该看到任何在该语句开始执行后所作的变化。换句话说，一个语句在执行期间所看到的数据是静止的。

📢 提示：

在较新的 Oracle 版本中，还原段还可以用于 Oracle 闪回查询、闪回交易、和闪回表操作。一些相关内容我们将在后续章节中介绍。

为了使读者能更好地理解 Oracle 是如何保证读一致性的，通过以下的例子来演示。

（1）首先应以 scott 用户登录 Oracle 系统，该用户的口令为 tiger。为了安全起见，读者可以先使用如例 8-1 所示的 DDL 语句创建一个名为 emp_tran 的表，以后的 DML 操作均使用该表。

例 8-1

```
SQL> create table emp_tran
  2  as select * from emp;
Table created.
```

（2）在使用 DML 修改该表之前，应先使用例 8-2 的查询语句来查看要修改的数据。在后面的 DML 语句中将修改职位（job）为文员（clerk）的工资（sal）。

例 8-2

```
SQL> SELECT  empno, ename, job, sal
  2  FROM emp_tran
  3  WHERE job = 'CLERK';
   EMPNO ENAME      JOB            SAL
---------- ---------- --------- ----------
    7369 SMITH      CLERK          800
    7876 ADAMS      CLERK         1100
    7900 JAMES      CLERK          950
    7934 MILLER     CLERK         1300
```

（3）之后就可以使用例 8-3 的 DML 语句将所有文员的工资提升为 2000 元（在这里要注意：CLERK 一定要大写）。

例 8-3

```
SQL> UPDATE emp_tran
  2  SET sal = 2000
  3  WHERE job = 'CLERK';
4 rows updated.
```

（4）此时应使用例 8-4 的 SQL 查询语句来查看所修改的数据，以验证所作的修改是否准确无误。

例 8-4

```
SQL> SELECT empno, ename, job, sal
  2  FROM emp_tran
  3  WHERE job = 'CLERK';
   EMPNO ENAME      JOB            SAL
---------- ---------- ---------- ------
    7369 SMITH      CLERK         2000
    7876 ADAMS      CLERK         2000
    7900 JAMES      CLERK         2000
    7934 MILLER     CLERK         2000
```

例 8-4 的查询显示结果表明，所有文员的工资都已提升为 2000 元，但是此时并未提交所作的修改操作。

（5）那么现在其他的会话（连接）能看到这一变化吗？根据读一致性规则，答案应该是看不到的。为了验证这一点，可以启动 DOS 窗口，并在该窗口中以 scott 用户登录数据库，如图 8-3 所示（注意，在进行该操作时千万不要关闭或退出原来的 SQL*Plus 窗口）。

（6）在 SQL>提示符下输入与例 8-4 的查询语句完全相同的 SQL 查询语句，如图 8-4 所示。

图 8-3

图 8-4

图 8-4 的查询显示结果仍然是 DML 操作之前的工资，即其他的会话看不到正在进行的事务操作。

（7）现在可以切换到原来的 SQL*Plus 会话，并使用例 8-5 的提交语句来提交所作的修改操作。

例 8-5

```
SQL> COMMIT;
Commit complete.
```

（8）再次切换回 DOS 窗口下的 SQL*Plus 会话，并使用与例 8-4 的查询语句完全相同的 SQL 查询语句，如图 8-5 所示。

在图 8-5 所示的查询结果中已经可以看到另一个 scott 会话所作的修改，因为该 DML 操作已经提交。

图 8-5

8.3 还原段的类型

可能是为了管理和维护的方便，**Oracle 数据库系统中的还原段分别具有以下不同的类型：系统（system）还原段、非系统（non-system）还原段和延迟（deferred）还原段。而非系统还原段又包括了自动管理的还原段和手动管理的还原段两种**，其中手动管理的还原段分为私有和公有两类。下面分别给出进一步的解释。

（1）系统还原段：仅为系统表空间中的对象变化所用。它是在数据库创建时在系统表空间中创建的。系统还原段既可以存在并工作在自动模式下，也可以存在并工作在手动模式下。

（2）非系统还原段：为其他表空间中对象的变化所使用。当一个数据库具有多个表空间时就需要至少一个手动的非系统还原段或一个自动管理的还原表空间。

- 自动模式：需要一个还原表空间（undo tablespace），Oracle 服务器将自动维护还原表空间中的还原数据。
- 手动模式：数据库管理员负责创建非系统还原段（回滚段），所有非系统表空间中对象的变化都将使用这样的非系统还原段。在 Oracle 系统中包括了如下两类非系统还原段。
  - 私有还原段：为一个实例所用。
  - 公有还原段：为任何一个实例所用，通常是在 Oracle 集群（real application clusters）中使用。

（3）延迟还原段：当一个表空间被设置为脱机时，如果需要，由 Oracle 系统自动创建。延迟还原段被用来在该表空间重新设为联机时回滚事务。当不需要它们时，系统会自动将它们删除。

8.4 自动还原数据管理的概念和配置

在 Oracle 9i 之前，回滚段的管理和维护一直是令许多 Oracle 从业人员"望而生畏"的事情。在众人的企盼下，Oracle 公司终于在它的 Oracle 9i 中引入了还原（回滚）数据的自动管理。这种管理方法是使用还原表空间来管理还原数据。**数据库管理员为每个实例分配一个还原表空间，该表空间要有足够空间以应对该实例的工作负荷。之后，Oracle 服务器就将自动维护和管理还原表空间中的还原数据。**

如果要 Oracle 自动管理还原数据，数据库管理员就必须在初始化参数文件中配置以下两个参数：UNDO_MANAGEMENT 和 UNDO_TABLESPACE，而且还必须创建至少一个还原表空间。其中：

- UNDO_MANAGEMENT：说明系统是使用自动（auto）还是手动（manual）模式。
- UNDO_TABLESPACE：说明系统使用哪个还原表空间。

可以在数据库的初始化参数文件中使用类似如下的参数设置，将还原数据的管理设为自动。

```
UNDO_MANAGEMENT=AUTO
UNDO_TABLESPACE=UNDOTBS1
```

这里需要指出的是：UNDO_MANAGEMENT 不是动态参数——只能通过修改参数文件中 UNDO_MANAGEMENT 参数值的方式来修改，而且修改之后还要重新启动实例。但是 UNDO_TABLESPACE 是动态参数，可以使用 ALTER SYSTEM SET 命令修改，例如，可以使用类似如下的命令：

```
ALTER SYSTEM SET undo_tablespace = UNDOTBS2;
```

那么，如何才能知道正在使用的数据库中还原数据的管理是自动的还是手动的呢？所使用的还原表空间又是哪个呢？此时可以使用例 8-8 的 SQL 查询语句来获得这方面的信息。若为了使查询语句的输出显示更加清晰，最好先使用例 8-6 和例 8-7 的 SQL*Plus 格式化语句。

例 8-6
```
SQL> col name for a30
```
例 8-7
```
SQL> col value for a50
```
例 8-8
```
SQL> SELECT name, value
```

```
  2   FROM v$parameter
  3   WHERE name LIKE '%undo%';
NAME                            VALUE
------------------------------- -------
undo_management                 AUTO
undo_tablespace                 UNDOTBS1
undo_retention                  900
```

例 8-8 的查询显示结果表明：正在使用的数据库中还原数据的管理是自动的，因为名（name）undo_management 的值（value）为自动（auto）。而它所使用的还原表空间为 UNDOTBS1。查询显示结果的第 3 行将在后面介绍。

8.5　还原表空间的创建与维护

共有两种方法来创建还原表空间：第 **1** 种是通过在 **CREATE DATABASE** 命令中加入一个子句，在创建数据库时建立还原表空间；第 **2** 种是在创建数据库之后，使用 **CREATE UNDO TABLESPACE** 命令来建立还原表空间。第 1 种方法将在 9.4 节中介绍。下面通过一个例子来演示第 2 种方法。可以使用例 8-9 的 DDL 语句来创建一个名为 jinlian_undo 的还原表空间（其实这个例子就是第 6 章的例 6-5）。

例 8-9

```
SQL> CREATE UNDO TABLESPACE jinlian_undo
  2   DATAFILE 'J:\DISK7\MOON\jinlian_undo.DBF'
  3   SIZE 20 M;
Tablespace created.
```

此时，应使用例 8-10 的 SQL 查询语句来验证是否已经成功地创建了这个名为 jinlian_undo 的还原表空间。

例 8-10

```
SQL> SELECT tablespace_name, status, contents
  2   FROM dba_tablespaces
  3   WHERE contents = 'UNDO';
TABLESPACE_NAME                 STATUS     CONTENTS
------------------------------- ---------- --------
UNDOTBS1                        ONLINE     UNDO
PIONEER_UNDO                    ONLINE     UNDO
JINLIAN_UNDO                    ONLINE     UNDO
```

看到了例 8-10 的查询显示结果终于踏实了，因为该显示结果表明：jinlian_undo 表空间已经存在于数据库之中了，而且是还原表空间。

如果还原表空间的一些配置不合适，可以通过命令动态地修改它们。例如，可以使用 ALTER TABLESPACE 命令来动态地修改还原表空间。**在修改还原表空间的 ALTER TABLESPACE 命令中 Oracle 允许使用如下的子句**：

- ⤷　RENAME
- ⤷　ADD DATAFILE
- ⤷　DATAFILE [ONLINE|OFFLINE]
- ⤷　BEGIN BACKUP
- ⤷　END BACKUP

下面的例子为 jinlian_undo 还原表空间增加一个大小为 25MB 的额外数据文件，如例 8-11 所示。

例 8-11
```
SQL> ALTER TABLESPACE jinlian_undo
  2   ADD DATAFILE 'J:\DISK8\MOON\jinlian2_undo.DBF'
  3   SIZE 25M;
Tablespace altered.
```
之后，应使用例 8-15 的 SQL 查询语句来验证是否已经成功地在这个名为 jinlian_undo 的还原表空间中加入了一个大小为 25MB 的新文件。但是为了使查询语句的输出显示更加清晰，最好先使用例 8-12～例 8-14 的 SQL*Plus 格式化语句。

例 8-12
```
SQL> set line 120
```
例 8-13
```
SQL> col file_name for a40
```
例 8-14
```
SQL> col tablespace_name for a15
```
例 8-15
```
SQL> SELECT file_id, file_name, tablespace_name, bytes/1024/1024 MB
  2   FROM dba_data_files
  3   WHERE tablespace_name LIKE 'JIN%';

  FILE_ID FILE_NAME                                 TABLESPACE_NAME          MB
---------------------------------------------------------------------------------
        9 J:\DISK7\MOON\JINLIAN_UNDO.DBF            JINLIAN_UNDO             20
       10 J:\DISK8\MOON\JINLIAN2_UNDO.DBF           JINLIAN_UNDO             25
```
为了防止由于事务量的增加而使还原数据装满 jinlian_undo 还原表空间的情况发生，需将 jinlian_undo 还原表空间的一个数据文件设置成自动扩展。因此使用例 8-16 的 SQL 查询语句来查看该表空间中的哪个数据文件可以自动扩展。

例 8-16
```
SQL> SELECT file_id, file_name, tablespace_name, autoextensible
  2   FROM dba_data_files
  3   WHERE tablespace_name LIKE 'JIN%';

  FILE_ID  FILE_NAME                                 TABLESPACE_NAME AUT
---------- ----------------------------------------- --------------- -
        9  J:\DISK7\MOON\JINLIAN_UNDO.DBF            JINLIAN_UNDO    NO
       10  J:\DISK8\MOON\JINLIAN2_UNDO.DBF           JINLIAN_UNDO    NO
```
例 8-16 的查询显示结果表明：jinlian_undo 还原表空间中的两个数据文件在被装满数据后都不能自动扩展。于是使用例 8-17 的 DDL 语句将较小的一个数据文件设置为可以自动扩展。

例 8-17
```
SQL> ALTER DATABASE
  2   DATAFILE 'J:\DISK7\MOON\jinlian_undo.DBF'
  3   AUTOEXTEND ON;
Database altered.
```
之后，使用例 8-18 的 SQL 查询语句查看现在 jinlian_undo 还原表空间中的哪个数据文件可以自动扩展。

例 8-18
```
SQL> SELECT file_id, file_name, tablespace_name, autoextensible
  2   FROM dba_data_files
  3   WHERE tablespace_name LIKE 'JIN%';

  FILE_ID FILE_NAME                                 TABLESPACE_NAME AUT
```

```
---------  --------------------------------------  ---------------- -
       9 J:\DISK7\MOON\JINLIAN_UNDO.DBF                 JINLIAN_UNDO    YES
      10 J:\DISK8\MOON\JINLIAN2_UNDO.DBF                JINLIAN_UNDO    NO
```

例 8-18 的查询显示结果表明：在 jinlian_undo 还原表空间中较小的文件 J:\DISK7\MOON\JINLIAN_UNDO.DBF 已经可以自动扩展了。

8.6 还原表空间之间的切换

如果在数据库中有多个还原表空间，则可以从一个正在使用的还原表空间切换到另一个还原表空间。但是 **Oracle 规定在任何时刻只能将一个还原表空间赋予数据库**。也就是说，在一个实例中可以有多个还原表空间存在，但是只能有一个为活动的。此时可以使用 **ALTER SYSTEM** 命令来进行还原表空间之间的动态切换。

请读者回想例 8-8，该例中的查询语句显示结果表明：数据库正在使用的还原表空间为 undotbs1。下面可以使用例 8-19 的命令将数据库当前的还原表空间动态地切换为 jinlian_undo。

例 8-19

```
SQL> ALTER SYSTEM SET UNDO_TABLESPACE = jinlian_undo;
System altered.
```

之后，使用例 8-22 的 SQL 查询语句来验证这一切换是否真的成功了。但是为了使查询语句的输出显示更加清晰，最好先使用例 8-20 和例 8-21 的 SQL*Plus 格式化语句。

例 8-20

```
SQL> col name for a30
```

例 8-21

```
SQL> col value for a30
```

例 8-22

```
SQL> SELECT name, value
  2   FROM v$parameter
  3   WHERE name LIKE '%undo%';
NAME                            VALUE
------------------------------  ----------
undo_management                 AUTO
undo_tablespace                 JINLIAN_UNDO
undo_retention                  900
```

例 8-22 的查询显示结果清楚地表明：数据库所使用的当前还原表空间已经是 jinlian_undo 了。

为了避免麻烦，应尽快使用例 8-23 的命令将数据库当前的还原表空间从 jinlian_undo 动态地切换为 undotbs1。

例 8-23

```
SQL> ALTER SYSTEM SET UNDO_TABLESPACE = UNDOTBS1;
System altered.
```

之后，还应使用例 8-24 的 SQL 查询语句来验证这一切换是否真的成功了。

例 8-24

```
SQL> SELECT name, value
  2   FROM v$parameter
  3   WHERE name LIKE '%undo%';
```

```
NAME                            VALUE
------------------------------- ---------
undo_management                 AUTO
undo_tablespace                 UNDOTBS1
undo_retention                  900
```

例 8-24 的查询显示结果清楚地表明：数据库所使用的当前还原表空间已经又变成了原来的 undotbs1 了。

8.7　删除还原表空间

当一个还原表空间没用时，可以将它删除。使用 **DROP TABLESPACE** 命令来删除还原表空间。用户无法删除当前正在使用的还原表空间。只有在一个还原表空间当前没有被使用时，才可以将它删除。也可以使用以下的方法删除一个活动的还原表空间：

- ↘ 切换到一个新的还原表空间。
- ↘ 等所有当前的事务完成后删除该还原表空间。

从例 8-10 的查询显示结果可知：在我们的数据库中共有 3 个还原表空间，分别是 undotbs1、pioneer_undo 和 jinlian_undo。现在可以使用例 8-25 的 DDL 语句删除名为 jinlian_undo 的还原表空间。

例 8-25

```
SQL> DROP TABLESPACE jinlian_undo;
Tablespace dropped.
```

之后，再使用例 8-26 的 SQL 查询语句来验证名为 jinlian_undo 的还原表空间是否被删除了。

例 8-26

```
SQL> SELECT tablespace_name, status, contents
  2    FROM dba_tablespaces
  3   WHERE contents = 'UNDO';
TABLESPACE_NAME                 STATUS     CONTENTS
------------------------------- ---------  -------------
UNDOTBS1                        ONLINE     UNDO
PIONEER_UNDO                    ONLINE     UNDO
```

从例 8-26 的查询显示结果可知：已经成功地从数据库中删除了名为 jinlian_undo 的还原表空间。但是例 8-25 的 DDL 语句并未删除属于 jinlian_undo 还原表空间的操作系统文件。可以使用微软的资源管理器找到那两个属于 jinlian_undo 还原表空间的操作系统文件，如图 8-6 所示。

为了不在操作系统上留下任何垃圾文件，应该尽快地从操作系统中删除那两个属于 jinlian_undo 还原表空间的操作系统文件。

图 8-6

8.8　自动还原数据管理的一些参数及应用实例

虽然 Oracle 9i 引入的自动还原数据管理大大地减轻了回滚数据管理的负担，但是也带来了一些副作用。例如，一些在 Oracle 9i 以前版本上开发的应用程序或脚本中包含了手工设置或指定回滚段的语句，而这样的应用程序或脚本在 Oracle 9i 上运行时 Oracle 系统就要报错。虽然执行的结果并不受影响，但是用户的感觉不好。

为此，Oracle 9i 引入了 UNDO_SUPPRESS_ERRORS 参数。如果该参数被设为 TRUE，那么在还原数据管理的自动模式中试图执行手动操作时将不显示错误信息。由于该参数是一个动态参数，因此可以使用如下的命令动态地修改：

```
ALTER SESSION SET UNDO_SUPPRESS_ERRORS = true
```

📢 提示：

在 Oracle 10g、Oracle 11g 和 Oracle 12c 上已经不用再设置这一参数了，实际上 Oracle 已将其默认设置成了 TRUE。

Oracle 9i 引入的另一个参数是 UNDO_RETENTION。该参数决定为了保证读一致性还原数据所保留的时间，单位为秒。因此从例 8-10 的查询显示结果可以看出，所使用的数据库中还原数据在事务提交后至少要保留 900 秒，也就是 15 分钟。这样 Oracle 系统就基本上可以保证 15 分钟以内的查询操作不会遇到快照太老（snapshot too old）的错误。由于该参数是一个动态参数，因此，此时还可以使用 ALTER SYSTEM 命令动态地修改它，例如可以**使用例 8-27 将还原数据的保留时间增加到 30 分钟（1800 秒）**。

例 8-27

```
SQL> ALTER SYSTEM SET UNDO_RETENTION = 1800;
System altered.
```

之后，可以使用例 8-30 的 SQL 查询语句来验证还原数据的保留时间是否已经增加到了 30 分钟（1800 秒）。但是为了使查询语句的输出显示更加清晰，最好先使用例 8-28 和例 8-29 的 SQL*Plus 格式化语句。

例 8-28

```
SQL> col name for a30
```

例 8-29

```
SQL> col value for a30
```

例 8-30

```
SQL> SELECT name, value
  2    FROM v$parameter
  3   WHERE name LIKE '%undo%';
NAME                           VALUE
------------------------------ -------
undo_management                AUTO
undo_tablespace                UNDOTBS1
undo_retention                 1800
```

例 8-30 的查询显示结果表明：**目前数据库中还原数据在事务提交后至少要保留 1800 秒（30 分钟），因为 UNDO_RETENTION 的值为 1800。**

📢 提示：

增加 UNDO_RETENTION 的值虽然能在保证长查询语句的读一致性方面有所改进，但是加大 UNDO_RETENTION 的值也会增加数据库的磁盘空间的消耗，特别是当 DML 操作很频繁时。作为数据库管理员，还应在读一致性和系统效率两者之间进行平衡。

为了避免以后操作可能带来的麻烦，应使用例 8-31 的 DDL 语句将 UNDO_RETENTION 的值改回为 900 秒（15 分钟）。

例 8-31

```
SQL> ALTER SYSTEM SET UNDO_RETENTION = 900;
System altered.
```

此时，再使用例 8-32 的 SQL 查询语句来验证所作的修改是否真的成功了。

例 8-32

```
SQL> SELECT name, value
  2  FROM v$parameter
  3  WHERE name LIKE '%undo%';
NAME                                VALUE
------------------------------      -------
undo_management                     AUTO
undo_tablespace                     UNDOTBS1
undo_retention                      900
```

例 8-32 查询语句的显示结果表明：已经成功地将 UNDO_RETENTION 的值改回为 900 秒（15 分钟），因为 UNDO_RETENTION 所对应的值为 900。

尽管设置了 UNDO_RETENTION 参数，Oracle 默认也不能百分之百保证那些提交的数据保留到所设置的时间长度。因为如果有一个事务（transaction）需要还原段，可是现在已经没有空闲的还原段了，Oracle 还是会将某些已经提交但需要保留的数据覆盖掉以保证当前活动的事务。

如果要想保证提交的数据百分之百保留 UNDO_RETENTION 参数所设定的时间，就需要修改当前还原表空间的 RETENTION 属性，该属性的默认值是 NOGUARANTEE，要将其修改成 GUARANTEE。要注意的是，RETENTION 是表空间的一个属性而并不是初始化参数，因此这个属性只能通过 SQL 的命令行语句来修改。以下通过一个实例来演示所需的具体操作步骤。

一天，集团的总裁从国外飞来视察工作。为了向总裁汇报工作，经理要宝儿马上为她准备一份公司详细的业务报告，而且必须在 3 个小时之内交给她。要生成这份报告需要大约 1 小时 40 分，而此时公司数据库正处于繁忙期间，数据库上的 DML 操作也很多。为了保证经理所需的报告在规定的时间内完成，宝儿决定暂时将 UNDO_RETENTION 参数的值设为 2 个小时，并将当前还原表空间的 RETENTION 属性改为 GUARANTEE，这样就可以保证两个小时或两个小时以内的查询的读一致性。

宝儿首先利用数据字典 dba_tablespaces 使用例 8-33 的查询语句来确定当前还原表空间的 RETENTION 属性。

例 8-33

```
SQL> select tablespace_name, retention, contents
  2  from dba_tablespaces
  3  where tablespace_name like 'U%';
TABLESPACE_NAME   RETENTION               CONTENTS
----------------  ----------------------  ----------
UNDOTBS1          NOGUARANTEE             UNDO
USERS             NOT APPLY               PERMANENT
```

从例 8-33 的显示结果可以看出：唯一的还原表空间 UNDOTBS1 的 RETENTION 属性默认为不保证（NOGUARANTEE），而因为表空间 USERS 不是还原表空间，所以 RETENTION 属性不适用于（NOT APPLY）这一表空间。

接下来，宝儿使用了例 8-34 的 ALTER TABLESPACE 命令**将当前还原表空间 undotbs1 的属性 RETENTION 更改为保证（GUARANTEE）。**

例 8-34

```
SQL> ALTER TABLESPACE undotbs1 RETENTION GUARANTEE;
表空间已更改。
```

为了稳妥起见，宝儿使用了例 8-35 的查询语句来**重新确定当前还原表空间的 RETENTION 属性是否已经变更为 GUARANTEE。**

例 8-35

```
SQL> select tablespace_name, retention, contents
  2  from dba_tablespaces
  3  where tablespace_name like 'U%';
TABLESPACE_NAME    RETENTION               CONTENTS
---------------    --------------------    ----------
UNDOTBS1           GUARANTEE               UNDO
USERS              NOT APPLY               PERMANENT
```

看到了当前还原表空间 UNDOTBS1 的 RETENTION 属性已经变更成 GUARANTEE，宝儿赶紧使用例 8-36 的 DDL 命令**将系统目前的 UNDO_RETENTION 参数改为 2 小时。**

例 8-36

```
SQL> ALTER SYSTEM SET UNDO_RETENTION = 7200;
System altered.
```

随后，宝儿使用例 8-37 的 SQL*Plus 命令列出与 undo 相关的参数设置信息以验证例 8-36 的 DDL 是否已经正确执行了。

例 8-37

```
SQL> show parameter undo
NAME                              TYPE                VALUE
--------------------------        ------------------  --------
undo_management                   string              AUTO
undo_retention                    integer             7200
undo_tablespace                   string              UNDOTBS1
```

当确认 UNDO_RETENTION 参数改为 2 小时之后，宝儿就开始运行那个耗时的报表了。在这种配置下，**Oracle** 系统将确保提交后的数据至少保留两个小时。此时，如果有某个事务需要还原段而又没有空闲的还原段，**Oracle** 就不能覆盖那些提交后需要保留的数据，因此这个事物执行会失败。

作为数据库管理员，要实时地监督系统，根据业务的需求进行资源的调度以保证最紧急或最重要的业务优先获取足够的资源。

当宝儿生成了经理所需的报表之后，立即使用例 8-38 和例 8-39 复原原来的设置以保证系统正常业务的进行。

例 8-38

```
SQL> ALTER SYSTEM SET UNDO_RETENTION = 900;
System altered.
```

例 8-39

```
SQL> ALTER TABLESPACE undotbs1 RETENTION NOGUARANTEE;
表空间已更改。
```

最后，宝儿又使用了例 8-40 的 SQL*Plus 命令和 8-41 的查询语句以确认所做的修改是否正确。

例 8-40

```
SQL> show parameter undo
NAME                              TYPE                VALUE
--------------------------        ------------------  --------
undo_management                   string              AUTO
undo_retention                    integer             900
undo_tablespace                   string              UNDOTBS1
```

例 8-41

```
SQL> select tablespace_name, retention, contents
```

```
 2  from dba_tablespaces
 3  where tablespace_name like 'U%';
TABLESPACE_NAME   RETENTION               CONTENTS
---------------   ---------------------   ----------
UNDOTBS1          NOGUARANTEE             UNDO
USERS             NOT APPLY               PERMANENT
```

8.9　获得还原数据的信息

为了更有效地控制还原数据，Oracle 9i 及之后的版本提供了一个获得还原数据统计（statistics）信息的工具，即数据字典 v$undostat。可以使用类似例 8-42 的 SQL 查询语句在生产数据库中获得还原数据使用的信息。

例 8-42

```
SQL> SELECT TO_CHAR(begin_time, 'HH:MM:SS') end_time,
 2         TO_CHAR(end_time,'HH:MM:SS') begin_time, undoblks
 4    FROM   v$undostat;
END_TIME  BEGIN_TIME  UNDO
--------  ----------  -----
13:44:18  13:43:04    19
13:43:04  13:33:04    1474
13:33:04  13:23:04    1347
13:23:04  13:13:04    1628
13:13:04  13:03:04    2249
13:03:04  12:53:04    1698
12:53:04  12:43:04    1433
12:43:04  12:33:04    1532
12:33:04  12:23:04    1075
```

视图 v$undostat 显示系统还原数据的统计信息。Oracle 实例每 10 分钟收集一次统计信息并存放在该视图的某一行中。在这个视图中一些常用的列包括：

❧　BEGIN_TIME：为日期型，标识时间间隔的开始。

❧　END_TIME：为日期型，标识时间间隔的结束。

❧　UNDOBLKS：为数据型，标识所消耗的还原数据块的总数。

❧　TXNCOUNT：为数据型，标识该时间段中事务的总数。

❧　MAXQUERYLEN：为数据型，标识该时间段中所执行的最长的查询（按秒数）。

实际上，例 8-42 就是所谓的回滚数据的追踪。从以上查询语句的显示结果可以看出：从 13 点 03 分到 13 点 13 分这段时间，系统产生的回滚数据明显高于其他时段，因此就可以进一步调查这一段时间究竟执行了哪些操作以确定问题所在。原来被说的神乎其神的回滚数据的追踪，也不过如此，是吧？

视图 v$undostat 既可以在自动还原数据管理模式中使用，也可以在手动还原数据管理模式中使用。

◁)) 提示：

如果在 PC 机上的 Oracle 数据库上使用该视图，则一般很难获得有价值的信息，因为在学习数据库上基本上没什么事务。

由于 Oracle 默认显示日期的格式只显示日期，所以在例 8-42 中的 TO_CHAR 函数是必要的，否则显示结果中 BEGIN_TIME 和 END_TIME 两列将只显示日期而不是时间。除了使用 TO_CHAR 函数来格式化日期列之外，还可以使用修改初始化参数 nls_date_format 的方法来格式化日期列。如可以使用例 8-43 的 DDL 语句将当前会话的日期格式修改为 'HH:MM:SS'。

例 8-43

```
SQL> alter session set nls_date_format = 'HH:MM:SS';
```

会话已更改。

接下来，就可以在查询语句中不再使用 TO_CHAR 函数了，如例 8-44。其显示的结果与例 8-42 的一模一样。

例 8-44

```
SQL> SELECT end_time, begin_time, undoblks
  2  FROM   v$undostat;
END_TIME  BEGIN_TIME UNDO
--------  ---------- -----
13:44:18  13:43:04   19
13:43:04  13:33:04   1474
13:33:04  13:23:04   1347
13:23:04  13:13:04   1628
13:13:04  13:03:04   2249
13:03:04  12:53:04   1698
12:53:04  12:43:04   1433
12:43:04  12:33:04   1532
12:33:04  12:23:04   1075
```

除了本章中所介绍的数据字典 v$parameter、dba_tablespaces、dba_data_files 和 v$undostat 之外，在 Oracle 数据库中还可以通过查询以下的静态数据字典视图获取有关还原段的信息使用情况：

```
dba_rollback_segs
```

另外，也可以通过查询以下的动态视图数据字典来获取有关还原段的信息：

- ↘ v$rollname
- ↘ v$rollstat
- ↘ v$session
- ↘ v$transaction

感兴趣的读者可以在 Oracle 数据库中进行尝试操作。

最初的手稿在本章中包含了手工管理还原（回滚）数据的内容，但是在最后定稿时还是将这部分的内容去掉了，主要考虑到手工管理还原（回滚）数据对许多初学者来说可能很难理解，而且对于一般的数据库来说，自动管理还原数据或默认的（手工）回滚段配置已经足够了。如果读者对这部分的内容很感兴趣，可参阅 Oracle 数据库性能优化方面的书籍或参阅 Oracle 8 或 Oracle 8i 的体系结构方面的书籍。

◁≫ 提示：

Oracle 公司在其 Oracle 11g 和 Oracle 12c 中强烈地推荐使用自动还原数据管理，而保留手工还原数据管理只是为了与 Oracle 8i 或之前版本兼容。

虽然在自动还原数据管理中只需要设置还原表空间，但是 **Oracle** 系统内部还是会自动地在当前还原表空间上创建一些还原段，可以使用例 **8-45** 的查询语句列出目前系统上所有的还原段。

例 8-45

```
SQL> select * from v$rollname;
     USN NAME
---------- --------------------
       0  SYSTEM
```

```
     1  _SYSSMU1_1518548437$
     2  _SYSSMU2_2082490410$
     3  _SYSSMU3_991555123$
     4  _SYSSMU4_2369290268$
     5  _SYSSMU5_1018230376$
     6  _SYSSMU6_1834113595$
     7  _SYSSMU7_137577888$
     8  _SYSSMU8_1557854099$
     9  _SYSSMU9_1126410412$
    10  _SYSSMU10_3176102001$
```

已选择 11 行。

8.10　临时还原数据的管理

临时表是一种特殊的表。当需要对某一（也可以是几个）表中的一批数据进行反复的操作时，通过为这批数据创建一个临时表可能会简化操作并且提高效率。因为临时表是存放在临时表空间上的，而临时表空间的磁盘分配表是常驻内存的，另外在临时表上的变化也不直接产生重做日志记录（这可能是因为临时表中的数据都来自其数据库中其他表，因此即使临时表崩溃也不会丢失任何数据）。

不过在临时表上的一些需要进行还原操作的数据（如创建或维护索引）仍然需要重做日志操作。这无疑会影响 Oracle 数据库管理系统的效率。通过进一步的分析可知：**在临时对象的存活期间，临时表上的还原数据对于保证读一致性和事务回滚是必须的，一旦在这个临时表的生命周期之外，这些还原数据就是多余的了；因此，完全没有必要永久地保留这些重做信息。**

经过了十多年的不懈努力，**Oracle 12c** 终于可以将临时表所产生的还原数据与普通的还原数据分开了，而将临时表上的还原数据直接存放在临时表空间上。这种模式称之为临时还原模式。一个临时还原段是会话一级的私有段。该临时还原段存储的是属于所对应会话的临时表上变化的还原信息。现将引入临时还原数据管理的好处归纳如下：

- ➥ 临时还原功能可以减少还原表空间上所存储的还原数据量。这也使得 DBA 更容易确定 undo_retention 参数。
- ➥ 临时还原功能可以减少重做日志的大小。由于减少了重做数据，所以系统效率也就提高了。
- ➥ 临时还原功能使得在一个物理待机数据库（要有 Oracle Active Data Guard 选项）中在临时表上可以执行数据维护语言（DML）操作。

那么如何开启临时还原功能呢？既可以在会话一级，也可以在数据库一级开启临时还原功能。**在会话一级开启临时还原功能的 Oracle SQL 语句如下：**

```
alter session set temp_undo_enabled = true;
```

当使用以上命令在会话一级开启临时还原功能时，只影响这个会话而其他的会话并不受影响。**在数据库一级开启临时还原功能的 Oracle SQL 语句则为：**

```
alter system set temp_undo_enabled = true;
```

当使用以上命令在数据库一级开启临时还原功能时，所有现存的会话和新会话都受影响。下面通过例子来演示如何开启和关闭数据库一级的临时还原功能。首先以 system 用户登录数据，随后使用例 8-46 的 SQL*Plus 命令显示当前数据库临时还原功能的配置。

例 8-46

```
SQL> show parameter temp_undo
```

```
NAME                                    TYPE         VALUE
--------------------------------------- ------------ ------
temp_undo_enabled                       boolean      FALSE
```

从例 8-46 语句显示的结果可知：目前该数据库的临时还原功能是关闭的。于是，可以使用例 8-47 的 Oracle SQL 语句开启数据库的临时还原功能。

例 8-47

```
SQL> alter session set temp_undo_enabled = true;
会话已更改。
```

随后，可以使用例 8-48 的 SQL*Plus 命令再次显示当前数据库临时还原功能的配置，以验证例 8-47 所做的操作是否成功。

例 8-48

```
SQL> show parameter temp_undo
NAME                                    TYPE         VALUE
--------------------------------------- ------------ ------
temp_undo_enabled                       boolean      TRUE
```

为了不影响后面的操作，应该使用例 8-49 的 Oracle SQL 语句再次关闭数据库的临时还原功能。

例 8-49

```
SQL> alter session set temp_undo_enabled = false;
会话已更改。
```

随后，可以使用例 8-50 的 SQL*Plus 命令再次显示当前数据库临时还原功能的配置，以验证例 8-49 所做的操作是否成功。

例 8-50

```
SQL> show parameter temp_undo
NAME                                    TYPE         VALUE
--------------------------------------- ------------ ------
temp_undo_enabled                       boolean      FALSE
```

当一个会话第一次使用临时对象时，系统会按照 temp_undo_enabled 的当前值为该会话（余下的部分）设置临时还原功能。因此，**如果临时还原功能被开启并且该会话使用一些临时对象，那么对于这一会话是不能关闭临时还原功能的；而如果临时还原功能被关闭并且该会话使用一些临时对象，那么对于这一会话是不能开启临时还原功能的。**

另一个值得注意的是：**如果要使用临时还原功能，Compatible 初始化参数必须至少设置为 12.1.0.0.0。**还有，临时还原功能在一个物理待机数据库（要有 Oracle Active Data Guard 选项）上默认是开启的，并且 temp_undo_enabled 初始化参数的设置在一个物理待机数据库上是没有影响的。

为了更有效地控制临时还原数据，与数据字典 v$undostat 类似，**Oracle 12c 也提供了一个获得临时还原数据统计（statistics）信息的工具，即数据字典 v$tempundostat。**该数据字典与 v$undostat 极为相似，可以通过使用 SQL 查询语句查询 v$tempundostat 的方法来获取临时还原数据的统计信息。其方法与例 8-42 极为相似，这也就是所谓的追踪临时还原数据的使用。Oracle 实例也是每 10 分钟收集一次临时还原数据的统计信息并存在 v$tempundostat 视图中。如果想知道这个视图中究竟包括了哪些列，可以使用类似例 8-51 的 SQL*Plus 命令：

例 8-51

```
SQL> desc v$tempundostat
Name                                    Null?      Type
--------------------------------------- ---------- ------------
BEGIN_TIME                                         DATE
```

END_TIME	DATE
UNDOTSN	NUMBER
TXNCOUNT	NUMBER
MAXCONCURRENCY	NUMBER
MAXQUERYLEN	NUMBER
MAXQUERYID	VARCHAR2(13)
UNDOBLKCNT	NUMBER
EXTCNT	NUMBER
USCOUNT	NUMBER
SSOLDERRCNT	NUMBER
NOSPACEERRCNT	NUMBER
CON_ID	NUMBER

8.11　您应该掌握的内容

在学习第 9 章之前，请检查您是否已经掌握了以下内容：

- ↘ 什么是 Oracle 的还原（回滚）数据。
- ↘ Oracle 引入还原（回滚）数据的目的。
- ↘ 还原数据的管理方法。
- ↘ 什么是事务回滚。
- ↘ 什么是事务恢复。
- ↘ 什么是读一致性。
- ↘ 各种不同类型的 Oracle 还原段。
- ↘ 自动还原数据的管理。
- ↘ 如何创建与维护还原表空间。
- ↘ 如何进行还原表空间之间的切换。
- ↘ 如何删除还原表空间。
- ↘ 如何使用 UNDO_RETENTION 参数。
- ↘ 增加 UNDO_RETENTION 值的好处及副作用。
- ↘ 常用的获得还原数据信息的数据字典。
- ↘ 理解还原表空间的 RETENTION 属性值的含义。
- ↘ 怎样查看当前还原表空间的 RETENTION 属性值。
- ↘ 怎样更改当前还原表空间的 RETENTION 属性值。
- ↘ 怎样进行还原数据的追踪。
- ↘ 什么是临时还原数据。
- ↘ 怎样开启或关闭临时还原数据的功能。
- ↘ 如何追踪临时还原数据的使用。

第 9 章 创建数据库

在早期的 Oracle 版本中，数据库必须用手工的方法来创建。手工创建数据库一直是令许多人（包括一些数据库管理员）望而生畏的工作。也许正是因为手工创建数据库的复杂性，使得不少优秀的 IT 专业人员放弃了成为数据库管理员的远大理想。这可能是一个天大的误会，因为创建数据库从来都不是，将来也不会是数据库管理员的主要工作。

设想一下，您的第一份 Oracle 数据库管理员是在一个电信公司，该公司的哪个经理有胆量让您重建他们的数据库？过了一年多，您又跳槽到了一家大银行当了 Oracle 数据库管理员，相信您同样没有机会创建数据库。所以一个优秀的 Oracle 数据库管理员可能一辈子都没创建过生产（商业）数据库。

正是基于以上的理由，读者特别是初学者完全没有必要自己手工创建 Oracle 数据库。尽管笔者在书中一再强调学会 Oracle 命令的重要性，但是创建数据库是一个例外，创建数据库最好使用图形工具。笔者最初曾想不将本章的内容包含在本书中，但考虑到书的完整性，最后还是将本章加入到书中。再强调一遍，读者在读本章时只要能理解内容就行了，不用把过多的宝贵时间花在手工创建 Oracle 数据库上。

9.1 筹划和组织数据库优化而弹性的体系结构

创建一个生产（商业）**Oracle 数据库就像盖一座大型的摩天大厦，在开始施工之前要做十分周密的设计**。但是多少有些遗憾的是，笔者所了解的许多公司在几乎没有进行什么认真考虑的情况下就开始创建 Oracle 数据库。许多公司或机构的管理者认为创建数据库是一件很容易的事，建错了大不了重建。尽管所有人都知道摩天大厦的设计者要受过十分严格的专业训练，但是笔者所接触的不少公司或机构的 Oracle 数据库的设计者却几乎没有受过任何这方面的专业训练。这可能涉及无形资产的管理问题，因为重建数据库或信息系统看起来并未损失任何东西。**但是实际上的经济损失常常高于重建一座大型的摩天大厦，只是人们没有意识到，或者更确切地说真相更容易被当事人掩盖而已。**

因此，筹划数据库是组织和实现一个数据库系统的第一步。在这一步首先要确定数据库的目的。根据这一目的来确定数据库的类型，即数据库到底是联机事务处理系统（OLTP），还是决策支持系统（DSS），也称为数据仓库系统（Data Warehouse）。这两类系统是完全不同的系统。例如它们的调优策略是背道而驰的。一旦数据库的类型选错了，将来可能要面对不得不重建数据库的窘境。在选择数据库类型时，最好不要将 OLTP 和 DSS 混合在一个数据库系统中，因为这种类型的数据库在管理和维护上都比较困难。

📢 提示：

（1）联机事务处理（OLTP）系统：DML 操作频繁，并行事务处理多，但是一般都很短。

（2）决策支持系统（DSS）：典型的操作是全表扫描、长查询、长事务，但是一般事务的个数很少，往往是一个事务独占系统。

在确定数据库的类型之后，就要勾画出数据库体系结构设计的轮廓，即控制文件、联机重做日志文件和数据文件等如何组织和存放。这些文件都是操作系统文件，许多文件在创建数据库时生成后就可以在不进行任何修改的情况下反复地使用。在确定了数据库体系结构之后，就要为所要创建的新数据库选择一个系统标识的名字，即选择数据库的名字。然后就可以着手创建数据库了。如果有在以前版本上运行的 Oracle 数据库，也可以使用 Oracle 的数据迁移助手（data migration assistant）将以前版本的数据库迁移成新版的数据库。那么到底怎样安装和配置 Oracle 的这些文件以及所有支持文件呢？Oracle 推荐了一个所谓的优化而弹性的体系结构（Optimal Flexible Architecture，OFA），也称为标准的数据库体系结构布局。优化而弹性的体系结构涉及 3 个主要原则：

（1）建立任何数据库文件可以存储在任何磁盘上的目录结构。

（2）将不同用途的对象分别存放在不同的表空间中。

（3）通过将不同的数据库组件放到不同的磁盘上来最大限度地提高数据库的可靠性和改进数据库的效率。

总之，将不同类型或不同使用目的的文件分门别类地存放在不同磁盘的不同目录中。例如将每个控制文件、每个联机重做日志文件和每个数据文件分别存放在不同磁盘的不同目录中。**这样做的好处是既可以方便数据库的管理和维护，又可以提高数据库系统的效率。**

其实优化而弹性的体系结构并不是 Oracle 最先提出的。UNIX 操作系统，甚至 DOS 操作系统就曾早于 Oracle 使用了这一理念。

读者也用不着担心，因为在安装 Oracle 系统时，默认的设置能满足大多数用户的要求。图 9-1 和图 9-2 是笔者在一个 Windows 操作系统上安装的 Oracle 11.2 的目录结构。

图 9-1 为 Oracle 软件所在的目录，其中 I:\app\Administrator 为 ORACLE_BASE，11.2.0 为 Oracle 系统的版本号。

图 9-1

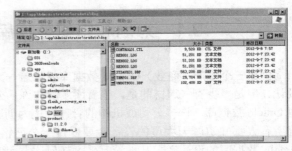

图 9-2

图 9-2 显示了数据库中默认数据文件、重做日志文件和部分控制文件所在的目录。

9.2　创建数据库的先决条件

要创建一个新数据库，必须具有：

- ➷ SYSDBA 权限，这组权限是通过下列方式之一来验证的。
    - ◇ 操作系统（operating system）。
    - ◇ 口令文件（password file）。
- ➷ 用来启动实例的足够的内存空间，包括 SGA、所有的进程和 Oracle 执行程序所需的内存空间。
- ➷ 筹划的数据库所需的足够的磁盘空间，包括控制文件、联机重做日志文件和数据文件所需的磁盘空间。

图 9-3 是一个选择验证数据库管理员用户方法的流程图。

尽管可以按图 9-3 所示的方法来选择如何验证数据库管理员用户，但**最好还是使用 Oracle 提供的口令文件。**所谓靠

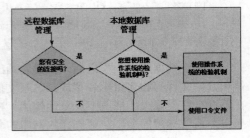

图 9-3

别人不如靠自己,固定操作系统或网络的安全管理已经不在数据库管理员的控制之下了。

以下介绍如何使用口令文件检验机制来验证数据库管理员的方法。首先使用口令实用程序来创建 **Oracle 口令文件**,该程序是在操作系统提示符下启动。其命令格式如下:

```
orapwd file = 文件名  password =口令  entries= 最大用户数
```

其中:

- ➥ 文件名:为口令文件名。
- ➥ 口令:为 SYSOPER 和 SYSDBA 的口令。
- ➥ 最大用户数:为所允许的以 SYSOPER 或 SYSDBA 连接的最大用户数。

下面是一个使用口令实用程序来为名为 jinlian 的 Oracle 数据库创建一个口令文件的例子:

```
$ orapwd file = $ORACLE_HOME/dbs/orapwjinlian password=wuda entries=3
```

该命令所创建的口令文件名为 **orapwjinlian**,存放在**$ORACLE_HOME/dbs** 目录中,SYSOPER 和 **SYSDBA** 的口令为 **wuda**(武大),最多允许 **3** 个用户以 **SYSOPER** 或 **SYSDBA** 连接数据库。

◀)) 提示:

在 Windows 操作系统上,Oracle 8 的口令实用程序名为 orapwd80,而 Oracle 7.3 的口令实用程序名为 orapwd73。

创建了所需的口令文件之后,还需要将初始化参数文件中的相应参数设为 **EXCLUSIVE**。其设置方法如下:

```
REMOTE_LOGIN_PASSWORDFILE=EXCLUSIVE
```

最后,就可以利用授予某一用户相应的权限(SYSDBA 或 SYSOPER 权限)的方法将该用户添加到口令文件中。例如:

```
GRANT SYSDBA TO SCOTT;
```

当使用 SYSDBA 权限连接数据库时,是以 sys 用户连接的。当使用 SYSOPER 权限连接数据库时,是以 public 用户连接的。

Oracle 口令文件存放的位置如下:

- ➥ Windows 操作系统:$ORACLE_HOME\database。
- ➥ UNIX 或 Linux 操作系统: $ORACLE_HOME/dbs。

其中,$ORACLE_HOME 为 Oracle 的安装目录。

那么如何来维护口令文件呢?方法很简单,就是使用操作系统命令将已存在的口令文件删除掉,再使用口令实用程序重新创建一个新的口令文件。

9.3 创建数据库的方法

Oracle 数据库管理系统提供了 3 种常用的创建数据库的方法。它们分别为:

(1)使用 Oracle 安装程序(Oracle Universal Installer),该安装程序在安装 Oracle 服务器时自动创建一个数据库。

(2)数据库配置助手(Oracle Database Configuration Assistant)。

(3)使用 CREATE DATABASE 命令手工创建数据库。

数据库配置助手为图形用户界面,是基于 Java 的,因此它可以运行在任何安装了 Java 的 IT 平台上。该工具既可以由 Oracle Universal Installer 启动,也可以作为一个独立的应用程序来单独使用。

利用数据库配置助手,可以完成以下工作:

(1)创建一个数据库。

（2）设置数据库的选项。

（3）删除一个数据库。

（4）管理模板。

➥ 利用预定义的模板设置来创建新模板。

➥ 从一个现存的数据库来创建新模板。

➥ 删除数据库模板。

使用数据库配置助手来创建数据库的步骤大致如下：

（1）选择创建数据库的选项。

（2）指定数据库的类型。

（3）指定全局数据库名和实例名（SID）。

（4）选择特性。

（5）选择数据库的操作方式。

（6）选择内存选项、字符集、数据块大小、文件的位置和归档方式。

（7）定义数据库的存储参数。

选择以下选项之一：

➥ 创建数据库。

➥ 存为模板。

➥ 产生创建数据库的脚本。

在前面的章节中已经介绍和演示了第 1 和第 2 种创建 Oracle 数据库的方法。下面将介绍手工创建数据库的方法。

9.4　手工创建数据库

手工创建数据库的大致步骤如下：

（1）选择唯一的实例名和数据库名。

（2）选择数据库的字符集。

（3）设置操作系统变量。

（4）创建初始化参数文件。

（5）以 NOMOUNT 方式启动实例。

（6）运行 CREATE DATABASE 命令。

（7）运行脚本来生成数据字典和完成数据库建立后的步骤。

（8）根据需要创建附加的表空间。

第一，在一个数据库上运行一个实例的情况下，所选的实例名应该尽可能与数据库名相同。这可以方便将来的数据库管理和维护。**Oracle 规定数据库名最多为 8 个字节。**

第二，如果没有特殊的需要，如跨国的信息交换，应尽可能将数据库的字符集选为所在操作系统的字符集。因为这样可以减少数据库字符集与操作系统的字符集之间进行转换的开销，以提高系统的效率，还避免了个别字符无法转换的错误。

第三，在创建数据库之前可能要设置以下的操作系统变量：

➥ ORACLE_BASE

➥ ORACLE_HOME

- ➥ ORACLE_SID
- ➥ ORA_NLS33
- ➥ PATH
- ➥ LD_LIBRARY_PATH

其中，

- ➥ ORACLE_BASE：为 Oracle 软件最顶层的目录。
- ➥ ORACLE_HOME：为 Oracle 数据库的安装目录。根据 OFA 的原则，Oracle 推荐的目录为 $ORACLE_BASE/product/release（release 版本号）。
- ➥ ORACLE_SID：为实例名，在同一台计算机上运行的每一个实例的名必须是唯一的。
- ➥ ORA_NLS33：当创建的数据库的字符集不是 Oracle 默认的 US7ASCII 时需要定义这一变量。
- ➥ PATH：说明操作系统搜索可执行文件，如 SQL*Plus 的目录。
- ➥ LD_LIBRARY_PATH：说明操作系统和 Oracle 库文件的目录。

以下是在 UNIX 系统的 Bourne Shell 或 Korn Shell 下设置上面这些变量的例子（其中，$为 UNIX 操作系统提示符）：

```
$ ORACLE_HOME=/u01/oracle/product/11.2.0; export ORACLE_HOME
$ ORACLE_SID=jinlian; export ORACLE_SID
$ ORA_NLS33=$ORACLE_HOME/ocommon/nls/admin/data; export ORA_NLS33
$ PATH=/usr/bin:/usr/ccs/bin:$ORACLE_HOME/bin; export PATH
$ LD_LIBRARY_PATH=/usr/lib:$ORACLE_HOME/lib; export LD_LIBRARY_PATH
```

第四，在安装 Oracle 服务器时，Oracle 会自动生成一个样本的初始化参数文件，其名为 init.ora，该文件存放在$ORACLE_HOME/dbs 下。因此可以使用如下的命令切换到$ORACLE_HOME/dbs 目录：

```
$ cd $ORACLE_HOME/dbs
```

之后，使用操作系统的复制命令生成所需的初始化参数文件 initjinlian，其命令如下：

```
cp init.ora initjinlian.ora
```

然后，就可以根据需要使用正文编辑器来修改 initjinlian.ora 文件中的内容了。

修改完初始化参数文件 initjinlian.ora 之后，如果想使用二进制的初始化参数文件，可以使用如下的 Oracle 命令创建二进制的初始化参数文件。

```
CREATE SPFILE FROM PFILE;
```

第五，**首先要使用类似如下的 Oracle 命令以 SYSDBA 权限连接到系统上。**

```
$ sqlplus /nolog
SQL> connect sys/wuda as sysdba
```

之后，**使用如下的 Oracle 命令以 NOMOUNT 方式启动实例：**

```
SQL> startup nomount pfile=$ORACLE_HOME/dbs/initjinlian.ora
```

第六，**通过运行 CREATE DATABASE 命令来创建数据库：**

```
SQL> CREATE DATABASE jinlian
  2  USER SYS IDENTIFIED BY WUDA
  3  USER SYSTEM IDENTIFIED BY XIMEN
  4  LOGFILE
  5  GROUP 1 ('/u02/oradata/jinlian/redo01_jinlian.log') SIZE 15M,
  6  GROUP 2 ('/u02/oradata/jinlian/redo02_jinlian.log') SIZE 15M,
  7  GROUP 3 ('/u02/oradata/jinlian/redo03_jinlian.log') SIZE 15M,
  8  MAXLOGFILES 6
  9  MAXLOGMEMBERS 5
 10  MAXLOGHISTORY 8
 11  MAXDATAFILES 368
```

```
12  MAXINSTANCES 1
13  ARCHIVELOG
14  FORCE LOGGING
15  DATAFILE '/u01/oradata/jinlian/system_01_jinlian.dbf' SIZE 300M
16  UNDO TABLESPACE undotbs
17  DATAFILE '/u03/oradata/jinlian/undo_01_jinlian.dbf' SIZE 80M
18  DEFAULT TEMPORARY TABLESPACE temp
19  TEMPFILE '/u04/oradata/jinlian/temp_01_jinlian.dbf' SIZE 60M
20  extent management local uniform size 1M
21  character set AL32UTF8
22  national character set AL16UTF16
23  time_zone = 'Asia/Shanghai';
```

下面逐行解释以上 **CREATE DATABASE** 命令中每行的含义。

❯ 第 1 行：创建一个名为 jinlian（金莲）的数据库。

❯ 第 2 行：SYS 用户的口令为 wuda（武大）。

❯ 第 3 行：SYSTEM 用户的口令为 ximen（西门）。

USER SYS IDENTIFIED BY 和 USER SYSTEM IDENTIFIED BY 子句是 Oracle 9.2 开始引入的，它们不是强制性子句。

❯ 第 4~7 行：该数据库共有 3 个联机重做日志组，每个组都只有一个成员，每个成员的大小都为 15MB。所有成员都存放在/u02/oradata/jinlian 目录下。

LOGFILE GROUP：定义了每个重做日志文件的名字和这些文件所属的重做日志组。Oracle 规定每个数据库必须至少有两个重做日志组。

❯ 第 8 行：MAXLOGFILES 6，在该数据库中最多可以有 6 个重做日志组。

❯ 第 9 行：MAXLOGMEMBERS 5，每个重做日志组中最多可以有 5 个成员。

❯ 第 10 行：MAXLOGHISTORY 8，在集群（RAC）配置下（在 Oracle 早期的版本中为 Oracle 并行服务器，即 OPS），自动的介质恢复所需的最大归档日志文件数为 8。这一子句只是在使用集群时才有意义，因此在一个数据库上运行一个实例时，可不使用这一子句而接受 Oracle 的默认值。

❯ 第 11 行：MAXDATAFILES 368，在该数据库的控制文件中预留 368 个数据文件记录的空间。如果当新增加的数据文件数超过了 368 但是小于或等于 DB_FILES（初始化参数文件中的一个参数）所规定的数目，会造成控制文件的扩展。

❯ 第 12 行：MAXINSTANCES 1，可同时加载（MOUNT）和打开（OPEN）jinlian 数据库的实例个数最多为一个。

❯ 第 13 行：ARCHIVELOG，该数据库将运行在归档模式。

如果使用了 NOARCHIVELOG 子句，则该数据库将运行在非归档模式。

❯ 第 14 行：FORCE LOGGING，除了临时表空间和临时段中的变化之外，所有的变化都将记录到重做日志中去。

❯ 第 15 行：**该数据库所使用的数据文件为/u01/oradata/jinlian/system_01_jinlian.dbf，该文件的大小为 300MB。它是系统表空间所基于的数据文件。**

❯ 第 16 行、17 行：**在数据库中创建一个名为 undotbs 的还原表空间，它所基于的数据文件为/u03/oradata/jinlian/undo_01_jinlian.dbf，其文件的大小为 80MB。**

❯ 第 18~20 行：**在数据库中创建一个名为 temp 的临时表空间，并将这个临时表空间指定为数据库的默认临时表空间。** 该临时表空间是一个本地管理的表空间，每个 extent 的大小都为 1MB。

该临时表空间所基于的数据文件为/u04/oradata/jinlian/temp_01_jinlian.dbf，其文件的大小为60MB。

➥ 第 21 行：说明该数据库用来存储数据的字符集为 AL32UTF8。

➥ 第 22 行：说明该数据库用来存储数据的国家字符集为 AL16UTF16，这在 Oracle 9i 之后的版本中也是默认的字符集。在 Oracle 9i 之前默认的国家字符集为数据库字符集。该字符集用来存储被定义为诸如 NCHAR、NVARCHAR2 或 NCLOB 列中的数据。

AL32UTF8 和 AL16UTF16 都为 Unicode 字符集。Unicode 是一种全球的字符编码标准，它可以表示所有的计算机使用的字符，包括技术符号和印刷字符。其中，AL32UTF8 （UTF-8）为变长多字节字符集，AL16UTF16 为定长多字节字符集。由于数据库字符集必须能够标识 SQL 和 PL/SQL 源代码（语句），所以数据库字符集中必须包括 7 位的 ASCII 码或 EBCDIC 码。

➥ 第 23 行：**该数据库所在的时区为亚洲的上海。**

可以通过查询数据字典 v\$timezone_names 的 TZNAME 列来获取有效的时区名。

当使用了以上方式创建了数据库之后，数据库中包含了数据文件、控制文件和联机重做日志文件。该数据库中只包含了一个数据表空间，这个表空间就是系统表空间。如果在创建数据库语句中没有第 2 和第 3 行，用户 sys 的口令为 change_on_install，而用户 system 的口令为 manager。此时的数据库只包含了内部表但是并未包含数据字典视图，需要通过运行 Oracle 提供的几个脚本文件来创建这些视图。

第七，catalog.sql 脚本文件将创建数据字典视图，而 catproc.sql 脚本文件将创建 PL/SQL 所需的软件包和过程。这两个脚本文件都存放在\$ORACLE_HOME/rdbms/admin 目录下。

在执行这两个脚本文件之前要确保数据库处在开启状态，并且这两个脚本文件必须在 sys 用户下运行。因此可能使用如下的命令来执行这两个脚本：

```
$ sqlplus /nolog
SQL> CONNECT sys/wuda@jinlian AS SYSDBA
SQL> @$ORACLE_HOME/rdbms/admin/catalog.sql
SQL> @$ORACLE_HOME/rdbms/admin/catproc.sql
```

在一个不繁忙的系统上执行这两个脚本文件大约需要 0.5～1 小时。

当成功地执行了这两个脚本文件之后，还要执行另一个脚本文件 pupbld.sql。这个脚本文件将创建生产用户的概要文件表和一些相关的过程，这样就可以防止一个用户在连接 SQL*Plus 时出现警告信息。该脚本文件存放在\$ORACLE_HOME/sqlplus/admin 目录下，必须在 system 用户下运行。因此使用如下的命令来执行这个脚本：

```
$ sqlplus system/ximen@jinlian
SQL> @$ORACLE_HOME/sqlplus/admin/pupbld.sql
```

第八，**因为此时的数据库中只包含了一个数据表空间，即 system 表空间，所以需要根据实际情况使用 Oracle 的 CREATE TABLESPACE 命令创建若干个其他的表空间。**例如使用如下的命令创建一个用户数据表空间：

```
SQL> CREATE TABLESPACE jinlian_data
  2   DATAFILE '/u08/oradata/jinlian/jinlian_data.dbf' SIZE 500M
  3   PERMANENT
  4   EXTENT MANAGEMENT LOCAL UNIFORM SIZE 1M
  5   SEGMENT SPACE MANAGEMENT auto;
```

如果此时不加入其他的表空间，所有用户数据包括表和索引等都将存放在 system 表空间。这样随着数据量的增加，数据库的效率可能会变得使人无法忍受。

到此为止，如果没有产生任何错误，所创建的数据库应该能正常工作了。

9.5 创建数据库过程中的排错

"错误总是难免的"，创建 Oracle 数据库也不例外。如果发生下列任何情况，数据库创建都会失败：

➥   SQL 命令存在语法错误。

➥   要创建的文件已经存在。

➥   如发生了文件或目录的权限不足的操作系统错误或磁盘空间不够的错误。

如果在创建数据库的过程中发生了错误又该怎么办呢？可能有的读者会想到将错误改了，之后再重新运行 CREATE DATABASE 命令不就行了吗？实际情况并不是那样简单，因为在创建数据库的过程中系统可能已经创建了一些操作系统文件。**此时在重新运行 CREATE DATABASE 这一命令之前，必须使用操作系统命令将所创建的这些文件全部删除。**

如果犯了多次错误，上面那些繁琐和冗长的工作就要重复多遍。因此手工创建数据库是一个繁琐甚至是一个痛苦的过程。

笔者的建议是：**应该尽可能不使用手工方法来创建数据库，而是使用图形工具来完成这一工作。**当要创建几个大致相同的数据库，这时手工创建数据库的方法可能会用到，因为可以通过简单地修改创建数据库脚本文件中的一点内容来完成创建多个数据库的任务。

◀》提示：

> 其实有一种简单的方法，那就是使用 Oracle 的图形工具——数据库配置助手（dbca）创建第一个数据库并生成创建数据库的脚本文件，接下来再修改这个由 dbca 生成的脚本文件，最后在用户目前通过执行这个脚本文件来创建所需的数据库。这样做不但简单易行，而且在用户面前又显得非常专业，是吧？

细心的读者可能会发现本章中的命令全部都是使用 UNIX 操作系统命令，而不是像前面的章节中那样使用微软操作系统命令。这是故意安排的。原因有两个：

（1）不想让读者浪费太多的时间在手工创建数据库上。花过多的时间来手工创建数据库，有时甚至会打击读者学习 Oracle 系统的信心。

（2）让读者熟悉 Oracle 在 UNIX 或 Linux 操作系统上的使用。

9.6 利用 Oracle Managed Files（OMF）来创建数据库

从 Oracle 9i 开始，Oracle 提供了 OMF 的自动管理 Oracle 数据库文件的方法。利用 OMF 可以大大简化操作系统的文件管理。OMF 文件是由 Oracle 服务器根据 SQL 命令来自动创建和删除的。

为了使用这种自动管理 Oracle 数据库文件的方法，必须首先通过在初始化参数文件中设置以下两个参数来建立 OMF 文件。

➥   DB_CREATE_FILE_DEST：该参数指定默认的数据文件的位置。

➥   DB_CREATE_ONLINE_LOG_DEST_n：该参数指定默认的联机重做日志文件和控制文件的位置，最多为 5 个位置。

例如，可以在初始化参数文件中定义如下的 OMF 参数：

➥   DB_CREATE_FILE_DEST=/u09/$HOME/ORADATA。

➥   DB_CREATE_ONLINE_LOG_DEST_1=/u03/$HOME/ORADATA。

➥   DB_CREATE_ONLINE_LOG_DEST_2=/u06/$HOME/ORADATA。

在初始化参数文件中进行了这样的设置之后，可以明显地简化 CREATE DATABASE 命令，因为此时在创建表空间、控制文件和联机重做日志的语句中已经不需要指定操作系统文件了。

📢 提示：

在结束本章之前，再强调一遍：创建数据库，特别是手工创建数据库从来都不是数据库管理员的主要工作。因此请读者不要花太多的时间在手工创建数据库上，只要能理解本章的内容就行了。

9.7　多租户容器数据库和可插入数据库简介

在许多公司或机构中，软件的采购和安装是以部门为单位。因此，就造成了这样的现象——在一个计算机上同时运行着多个不同部门的 Oracle 数据库。而这种现象在一些软件开发公司中也是相当普遍的。通过前几章的学习，读者已经知道了每一个数据库都要有自己的 SGA、PGA 和后台进程等。也就是说，在一个计算机上同时运行着多个不同部门的 Oracle 数据库会造成内存和 CPU 资源的相当大的浪费。面对这样严酷的现实，Oracle 也曾经是无计可施。姗姗来迟的 Oracle 12c 终于使许多公司看到了解决以上困扰了它们一代人之久的世纪难题的一线曙光。

Oracle 12c 引入了一个全新的体系结构——在一个单一的 Oracle 数据库实例中可包含多个可插入数据库。

一个可插入数据库（Pluggable Database，PDB）实际上是一些数据库模式（方案）的一个集合，但是它逻辑上呈现给用户和应用程序的却是一个单独的数据库（即用户看上去是一个数据库，但实际上不是）。但是在物理一级，多租户容器数据库（Container Database，简称 CDB）与普通数据库（非 CDB）一样有一个数据库实例和多个数据文件。而且可以很容易将普通数据库转换成可插入数据库（PDB）并插入到 CDB。**CDB 可以避免了以下的冗余：**

（1）内存分配。

（2）后台进程。

（3）多个数据字典中的 Oracle 元数据（描述数据的数据）。

在一个多租户容器数据库（CDB）配置下，只在根容器中有一组后台进程、分配一个 SGA 和一个数据字典，它们为所有 PDB 所共用（共享），而每个 PDB 也将拥有并维护自己的数据字典。图 9-4 给出了一个包含三个可插入数据库的多租户容器数据库（CDB）的体系结构（将三个不同的非 CBD 中的三个应用系统合并成一个应用系统）。

图 9-4 显示了一个具有四个容器的多租户容器数据库：根容器和三个可插入数据库（PDB）。**每个可插入数据库都有自己专用的应用程序和数据并由它自己的数据库管理员或由 CDB 的管理员来管理，该CDB 管理员的用户名为 SYS，该用户可以管理根容器和每个可插入数据库。每个可插入数据库也有自己的 DBA 用户，但是他们只能管理自己的可插入数据库。**

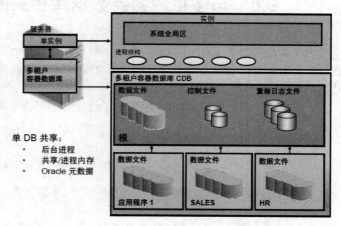

图 9-4

在物理级别上，多租户容器数据库（CDB）有一个实例和多个数据文件，这与非 CDB 数据库是一模一样。

- ↘ 整个 CDB 共用重做日志文件。Oracle 12c 的重做日志记录增加了标识 PDB 的信息。
- ↘ 整个 CDB 共用控制文件。当任何可插入数据库（PDB）的额外的表空间和数据文件的结构被更改时都将记录在控制文件中。
- ↘ 所有的容器（包括根容器和每个 PDB）共用还原（UNDO）表空间。
- ↘ 所有的容器需要共用临时（Temporary）表空间，但是每个可插入数据库可以拥有自己的本地临时表空间（为该 PDB 的本地用户所使用）。
- ↘ 每个容器有它自己的数据字典，它们存储在本地的 SYSTEM 表空间中；每个容器包含它自己的元数据，它们存储在本地的 SYSAUX 表空间中。
- ↘ 每个数据文件都与一个特定的容器（具有唯一的 CON_ID）相关联。

根据以上的讨论，现将 Oracle 12c 新引入的多租户数据库体系结构的主要优点归纳如下：

- ↘ 在集中管理的 IT 平台上同时运行多个数据库的成本明显降低。
  - ✧ 实例开销明显降低，因为多个插入数据库共享一个实例。
  - ✧ 存储成本（包括内存和外存）明显降低。
- ↘ 减轻了 DBA 的工作量并使系统安全性提高。
  - ✧ 以前的应用程序无须任何更改。
  - ✧ 创建和配置数据库更加简单、快捷，因为可以使用克隆的方法创建新的 PDB，或将现有的非 CDB 数据库快速地转换成 PDB 并插入 CDB 中。
  - ✧ 快速升级 Oracle 数据库的版本以及打补丁。因为只需要为单一的实例升级或打补丁。
  - ✧ 数据库更安全，因为安全职责是分开的，即应用系统的管理员只是连接到特定的 PDB，所以他/她只能管理和维护这个特定的 PDB，而无法看到（当然更无法操作）其他的 PDB。

9.8 与多租户容器数据库相关的数据字典和命令简介

为了管理和维护 CDB 和 PDB，Oracle 12c 引入了一些新的数据字典和新的命令，如在本书第 2 章视频中所看到的那些。以下使用一些简单的例子来演示如何在多租户容器数据库的环境中管理和维护可插入数据库。

首先以 sys 用户登录 CDB。随后为了使显示结果清晰易读，可以使用例 9-1～例 9-3 的 SQL*Plus 命令格式化显示输出。

例 9-1
```
SQL> set line 100
```
例 9-2
```
SQL> col name for a20
```
例 9-3
```
SQL> col pdb for a20
```
再使用例 9-4 的 SQL 查询语句从**数据字典 cdb_services 中获取每个容器（包括根容器和每个 PDB）**

的服务名。

例 9-4

```
SQL> select name, pdb from cdb_services;
NAME                          PDB
--------------------          ----------
SYS$BACKGROUND                CDB$ROOT
SYS$USERS                     CDB$ROOT
dogXDB                        CDB$ROOT
dog                           CDB$ROOT
```

例 9-4 的查询显示结果表明：目前所有与可插入数据库（PDB）相关的服务都没有启动。于是，可以使用例 9-5 的 SQL 查询语句**从数据字典 v$pdbs 中获取每个 PDB 的状态以及相关的信息**。

例 9-5

```
SQL> select con_id, name, open_mode from v$pdbs;
    CON_ID NAME                    OPEN_MODE
---------- --------------------    ----------
         2 PDB$SEED                READ ONLY
         3 PDBORCL                 MOUNTED
```

例 9-5 的查询显示结果表明：目前所有的可插入数据库（PDB）都没有开启。因此，可以**使用例 9-6 的 SQL 语句开启所有的 PDB**（也可以将 all 改为 PDBORCL，这样就只开启 PDBORCL）。

例 9-6

```
SQL> alter pluggable database all open;
插接式数据库已变更。
```

接下来，可以使用例 9-7 的 SQL 查询语句再次从数据字典 v$pdbs 中获取每个 PDB 的状态以及相关的信息。

例 9-7

```
SQL> select con_id, name, open_mode from v$pdbs;
    CON_ID NAME                    OPEN_MODE
---------- --------------------    ----------
         2 PDB$SEED                READ ONLY
         3 PDBORCL                 READ WRITE
```

例 9-7 的查询显示结果清楚地表明：目前可插入数据库 PDBORCL 已经开启，因为其 OPEN_MODE 一列已经是 READ WRITE 了。要注意的是：seed 这个 PDB 的状态永远都是 READ ONLY，即无法开启 PDB$SEED 这个可插入数据库。

随后，可以使用例 9-8 的 SQL 查询语句再次从数据字典 cdb_services 中获取每个容器的服务名。

例 9-8

```
SQL> select name, pdb from cdb_services;
NAME                          PDB
--------------------          ----------
SYS$BACKGROUND                CDB$ROOT
SYS$USERS                     CDB$ROOT
dogXDB                        CDB$ROOT
dog                           CDB$ROOT
pdborcl                       PDBORCL
```

例 9-8 查询显示结果的最后一行清楚地表明：目前可插入式数据库 PDBORCL 的服务已经启动了。现在，就可以直接与可插入数据库 PDBORCL 建立连接。例如，可以**使用例 9-9 的 SQL*Plus 连接命令以 scott 用户连接到这个 PDB 上**。

例 9-9

```
SQL> connect scott/tiger@localhost:1521/pdborcl;
已连接。
```

在以上连接命令中 **scott** 是可插入数据库 **PDBORCL** 的一个用户，**tiger** 是该用户的密码，**localhost** 是本机（如果是远程连接要使用主机名或 **IP**），**1521** 是监听进程的端口号（**Oracle** 默认是 **1521**），而 **pdborcl** 就是 **PDB** 的服务名。最后，可以使用例 9-10 的 SQL 查询语句从部门表 dept 中获取每个部门的详细信息。

例 9-10

```
SQL> SQL> select * from dept;
    DEPTNO DNAME          LOC
---------- -------------- ----------
        10 ACCOUNTING     NEW YORK
        20 RESEARCH       DALLAS
        30 SALES          CHICAGO
        40 OPERATIONS     BOSTON
```

一旦登录了一个可插入数据库，随后的操作就与普通数据库没什么差别了。实际上，即使连接命令也与普通数据库的连接命令相差无几。

详细介绍多租户容器数据库和可插入数据库已经远远超出了本书的范畴，Oracle 公司有这方面专门的课程，其教材有 300 多页，有兴趣的读者可以参考。

📢 提示：

实际上，在有一定规模的生产数据库中很少使用这种多租户容器数据库，因为一个计算机上运行一个生产数据库已经累得要命了（系统效率都是个大问题）。如果不是非常必要，使用这种多租户容器数据库的配置只会增加管理和维护的复杂程度，以及增加 DBA 的负担。因此，我个人的意见是能不用就不用，能少用就少用。

9.9　您应该掌握的内容

在学习第 10 章之前，请检查一下您是否已经掌握了以下的内容：

- 怎样筹划和组织数据库。
- 什么是联机事务处理（OLTP）系统。
- 什么是决策支持系统（DSS）。
- 什么是优化而弹性的体系结构（OFA）。
- 创建数据库的先决条件有哪些。
- 验证数据库管理员机制有哪几种。
- 怎样使用口令文件检验机制。
- 有哪几种创建数据库的方法。
- 数据库配置助手的功能。
- 使用数据库配置助手来创建数据库的大致步骤。
- 手工创建数据库的大致步骤。
- 怎样设置操作系统变量。
- 怎样创建初始化参数文件。
- 怎样设置 sys 和 system 用户的口令。
- 手工创建数据库之后所创建的组件有哪些。

➤　手工创建数据库之后要运行哪些脚本文件及运行它们的原因。

➤　怎样运行这些脚本文件。

➤　手工创建数据库之后需要添加的其他表空间。

➤　怎样在创建数据库过程中排错。

➤　怎样在手工创建数据库语句中使用 OMF 文件。

➤　为什么要引入多租户容器数据库。

➤　什么是可插入数据库。

➤　理解多租户容器数据库（CDB）的体系结构。

➤　理解多租户容器数据库（CDB）的物理配置。

➤　多租户容器数据库体系结构有哪些主要优点。

➤　熟悉与多租户容器数据库操作相关的常用数据字典和常用命令。

第 10 章　表管理与维护

可能有读者已经学习过 Oracle 的 SQL 方面的课程，在那些课程中也有专门的章节介绍表的管理。但与本章所讲内容的侧重点是完全不同的。本章将介绍的内容如下：

- ↘ 标识各种存储数据的方法。
- ↘ 给出 Oracle 数据类型的轮廓。
- ↘ 区分扩展 ROWID 和限制性 ROWID。
- ↘ 给出行结构的轮廓。
- ↘ 创建普通（regular/normal）表和临时表。
- ↘ 在表中管理存储结构。
- ↘ 重组、截断和删除表。
- ↘ 删除表中的一列等。
- ↘ 高水线及直接装入数据。
- ↘ 收缩段。
- ↘ 表压缩。

10.1　存储数据的方法和 Oracle 内置数据类型

在 Oracle 数据库中有以下几种常见的存储用户数据的方法：

- ↘ 表（table），在有的书中也叫做正规表或普通表。
- ↘ 分区表（table partition）。
- ↘ 簇（cluster）。
- ↘ 索引表（index-organized table）。

有关这 4 种数据存储结构的详细介绍请复习本书第 7 章的前两页，这里就不再重复了。需要强调的是：**表是数据库中最常用的存储数据的机制，在一个表中所存储的数据是无序的，数据库管理员几乎无法控制某一行数据存放在一个表中的具体位置。Oracle 规定一个表中的所有数据必须存放在一个表空间中。**

为了方便用户，**Oracle 系统提供了一些内置的数据类型**。这些数据类型在用户使用之前不需要定义。它们包括标量数据类型、集合数据类型和关系数据类型。用户可以使用这些数据类型直接定义表中列的**数据类型**。其中标量数据类型包括：

（1）VARCHAR2（size）和 NVARCHAR2（size）：变长字符型数据。

其中，size 为该列最多可容纳的字符数。其默认值和最小值均为 1，最大值为 4000 字符。size 必须定义。

（2）CHAR（size）和 NCHAR（size）：定长字符型数据。

其中，size 为该列最多可容纳的字符数。其默认值和最小值均为 1，最大值为 2000 字符。

这里的 NVARCHAR2 和 NCHAR 是用来存储全球化支持数据（在 Oracle 9i 之前叫做多国语言支持数据）的数据类型，可以存储定长的或者变长的多字节字符集的字符。这里的 N 为 National（国家的）的第一个字符。

（3）DATE：日期型数据。

其中，日期和时间的取值范围是从公元前 4712 年 1 月 1 日—公元 9999 年 12 月 31 日。除此之外，从 Oracle 9i 开始 Oracle 又引入了以下与时间有关的数据类型。

➦ TIMESATMP：该数据类型除了日期和时间之外还包括了多达小数点后 9 位的秒数。

➦ TIMESTAMP WITH TIME ZONE。

➦ TIMESTAMP WITH LOCAL TIME ZONE。

笔者认为以上 3 个数据类型只有在开发对时间要求特别高的数据库系统时才有用，如有几个服务器分别坐落在不同的国家（不同时区）的订货系统。

（4）NUMBER（p，s）：数字型数据。

其中，p 为十进制数的总长度（位数），s 为十进制数小数点后面的位数。p 的最小值为 1，最大值为 38。s 的最小值为–84，最大值为 124。

除了前面介绍的几种数据类型外，为了处理大的正文文件和多媒体对象（large object，LOB），Oracle 还提供了如下的 LOB 数据类型：

➦ CLOB（character large object）和 NCLOB 数据类型：用于在数据库中存储定长字节的大数据对象，如演讲稿或简历等。其中 NCLOB 是用来存储大的定长国家字符集数据。

➦ BLOB 数据类型（binary large object）：用于在数据库中存储大的无结构的二进制对象，如照片或幻灯片等。

CLOB 和 BLOB 数据类型的列中一些操作是不能直接使用 Oracle 的数据库命令来完成的，因此 Oracle 提供了一个叫做 DBMS_LOB 的 PL/SQL 软件包来维护 LOB 数据类型的列。

➦ BFILE 数据类型（binary file）：用于在数据库外的操作系统文件中存储大的无结构的二进制对象，如电影胶片等。BFILE 数据类型是外部数据类型，因此定义为 BFILE 数据类型的列是不能通过 Oracle 的数据库命令来操作的，这些列只能通过操作系统命令或第三方软件来维护。

为了提高效率，Oracle 还提供 RAW 数据类型。

➦ RAW 数据类型：在数据库中直接存储二进制数据。此种类型的数据占有的存储空间小，操作效率也高。但在网络环境中在不同的计算机上传输资料时，Oracle 服务器是不进行任何的字符集转换的。RAW 数据类型的最大长度为 2000 个字节。

为了和以前的 Oracle 版本兼容，Oracle 继续支持 LONG 和 LONG RAW 数据类型。

➦ LONG 和 LONG RAW 数据类型：主要用于在 Oracle 8 以前的数据库中存储无结构的数据，如二进制图像、文本文件和地理信息等。

在 Oracle 8 或以后的版本，LOB 数据类型可以完全取代 LONG 数据类型。而且 Oracle 服务器操作 LOB 数据类型比操作 LONG 数据类型效率高得多。 另外，只可以在一个表中定义一个 LONG 数据类型的列，但可以在一个表中定义任意多个 LOB 数据类型的列。LONG 数据类型的列最多可以存储 2GB 的数据，而 LOB 数据类型的列最多可以存储 4GB 的数据。

🔊 提示：

这里的 LOB 包括了 CLOB、BLOB 等数据类型。LONG 包括了 LONG 和 LONG RAW 数据类型。

Oracle 的集合数据类型包括了 VARRAY（变长数组）和 Nested Tables（嵌套表）。其中利用 VARRAY 数据类型定义的列中存储的数据为一变长数组；而利用 Nested Tables 数据类型定义的列中存储的数据本身又是一个表。

Oracle 的关系数据类型只有一种为 REF。利用 REF 数据类型定义的列中存储的数据为指向另一数据行的地址（指针）。这样可以加快两个表的连接速度。但是此时它们已经不属于关系模型了而是蜕变成了层次模型。

对这部分内容感兴趣的读者可参考 Oracle® Database SQL Language Reference 11g Release 2 (11.2)的 30～31 页，对以上的两种集合数据类型和关系类型都有详细的介绍。读者也可以参阅其他的相关书籍。

笔者的意见是以上这 3 种数据类型能不用就不用，万不得已尽量少用，因为这 3 种数据类型的使用是有一些限制的。

10.2　ROWID

当一个用户往 Oracle 数据库的表中插入一行数据时，Oracle 会自动地在这一行数据上加上一个 ROWID。在一个 Oracle 数据库中每一行数据都有一个唯一的 ROWID，Oracle 系统内部就是利用 ROWID 来定位数据行的。

ROWID 也是 Oracle 数据库提供的一个内置的标量数据类型，ROWID 列可以同一个表中的其他列一起查询。ROWID 具有如下的一些特性：

- ROWID 是数据库中每一行的唯一标识符。
- ROWID 并不显式地存储为一列的值。
- ROWID 可以被用来定位行，虽然它并未直接地给出一行的物理地址。
- ROWID 提供了访问一个表中一行数据的最快机制。

在 Oracle 8.1 之前索引表（index-organized table）中是不能有第二个索引的，从 Oracle 8.1 开始可以有了。Oracle 是通过引入一个逻辑 ROWID，即 UROWID（也称为 Universal ROWID）来实现在索引表（index-organized table）中有多个索引的。此时在第二个索引的叶子结点中地址部分存放的是 UROWID。

◀》注意：

有关索引的结构将在第 11 章中详细介绍。

有两种 ROWID，分别是扩展 ROWID 和限制性 ROWID。其中扩展 ROWID 的格式如图 10-1 所示。

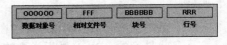

图 10-1

一个扩展 ROWID 在磁盘上需要 10B 的存储空间，它是用 18 个字符来显示。扩展 ROWID 的组成如下。

（1）数据对象号（data object number）：被赋予每一个对象，它在一个数据库中是唯一的。

（2）相对文件号（relative file number）：对同一个表空间中的每一个文件是唯一的。

（3）块号（block number）：为相对文件中包含数据行的块的位置。

（4）行号（row number）：标识了块头中行目录的位置。

Oracle 在内部存储扩展 ROWID 时，数据对象号需要 32 位（bits），相对文件号需要 10 位，块号需要 22 位，而行号则需要 16 位，加起来总共为 80 位或 10 个字节。

扩展 ROWID 的显示是使用一种 64 进制编码。其中：数据对象号为 6 位，相对文件号为 3 位，块号为 6 位，而行号为 3 位。这种 64 进制编码模式使用的字符为：A～Z，a～z，0～9，还有+和/。总共为 64 个字符。

那么如何才能得到一个表中某一数据行的 ROWID 呢？例 10-1 给出了可获得一个表中数据行 ROWID 的查询语句（该查询语句是在 scott 用户下发出的）。

例 10-1

```
SQL> SELECT empno, ename, job, sal, rowid
  2   FROM emp
  3   WHERE sal > 2000;
```

```
    EMPNO    ENAME       JOB           SAL   ROWID
---------- ---------- --------- ---------- ------------------
      7566 JONES      MANAGER          2975 AAAL+ZAAEAAAAAdAAD
      7698 BLAKE      MANAGER          2850 AAAL+ZAAEAAAAAdAAF
      7782 CLARK      MANAGER          2450 AAAL+ZAAEAAAAAdAAG
      7788 SCOTT      ANALYST          3000 AAAL+ZAAEAAAAAdAAH
      7839 KING       PRESIDENT        5000 AAAL+ZAAEAAAAAdAAI
      7902 FORD       ANALYST          3000 AAAL+ZAAEAAAAAdAAM

6 rows selected.
```

现在通过例 10-1 显示结果中的最后一行，即 EMPNO 为 7 902 的数据行来解释 ROWID 的含义：

（1）数据对象号（data object number）为 AAAL+Z。

（2）相对文件号（relative file number）为 AAE。

（3）块号（block number）为 AAAAAd。

（4）行号（row number）为 AAM。

使用 ROWID 可以定位一个数据库中的任何数据行。因为一个段只能存放在一个表空间内，所以通过使用数据对象号 Oracle 服务器就可以找到包含数据行的表空间。之后使用表空间中的相对文件号就可以确定文件，再利用块号就可以确定包含所需数据行的数据块，最后使用行号就可以定位数据行的行目录项。使用行目录项可以定位数据行的起始地址。

介绍完扩展 ROWID，下面开始介绍限制性 ROWID。限制性 ROWID 的格式如图 10-2 所示。

限制性 ROWID 与扩展 ROWID 最大的区别是它没有数据对象号。**限制性 ROWID 是在 Oracle 7 或之前版本中使用的。Oracle 系统在内部存储限制性 ROWID 时仅使用 6 个字节，因此它是没有包括数据对象号的。正因为如此，在 Oracle 7 或之前版本的数据库中数据文件的个数不能超过 1022 个。而在 Oracle 8 或之后版本的数据库中表空间的个数不能超过 1022 个。**

BBBBBBBB	.	RRRR	.	FFFF
块号		行号		文件号

图 10-2

10.3　Oracle 数据行的结构

介绍完两种 ROWID 的结构和工作原理，现在将继续介绍 Oracle 的数据行的结构。为了节省磁盘存储空间，Oracle 系统使用了一种特殊的数据行结构。

Oracle 数据行是存储在数据块中的，每个数据块中可以存放多个数据行。每个数据行是以变长记录的形式存储在数据块中的。通常一行中的列是按它们被定义的顺序存放的，并且末尾的空列不存储。但是非末尾的空列需要一个字节的存储长度。

如图 10-3 所示为 Oracle 系统中表中每一数据行内部结构和数据块关系的一个示意图，其中含义介绍如下。

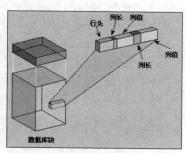

- 行头（row header）：用来存储该行中的列数，链接（迁移）信息和行锁的状态。

- 行数据：是由一系列的列长和列值所组成。对于数据行中的每一列，Oracle 服务器存储列的长度和列的实际值。

- 列长（column length）：一般列长需要一个字节。但是如果列的长度超过了 250 个字节，列长就将为 3 个字节。

- 列值（column value）：列的实际值紧接着列长字节后存放。

图 10-3

例如，在 scott 用户下的 EMP 表中的 ENAME 列的长度为 10 个字符（字节），在例 10-1 中最后一行，EMPNO 为 7 902 记录的 ENAME 列的值为 FORD，只有 4 个字符。此时 Oracle 是这样存储该数据行的这一列的：列长为 4，只占一个字节，列值为 FORD，只占 4 个字节，总共只为 5 个字节（字符）。从这个例子可以看出 Oracle 的数据存储得非常紧凑。

还有，**在 Oracle 系统中相邻的数据行之间不需要任何空间**。数据块中的每一行在行目录中都有一个槽（slot），这个目录槽指向了数据行的起始地址。

◀》提示：

> 可能有读者在网上的论坛中看到过有大虾建议：为了提高 Oracle 系统的效率，在定义变长字符列的长度时最好不要超过 250 个字节。其原因就是超过 250 个字节之后，Oracle 就需要使用 3 个字节来表示列的长度了。虽然每一行只多出两个字节，好像也无关紧要，但是对于大表或超大表，如有 1 亿 5 千万行数据的表所用的磁盘空间就是一个可观的数目了。如果读者觉得不好记也没关系，只要记住在定义变长字符类型的列时千万别二百五就行了。

10.4   创建普通表

与 Oracle 的 SQL 方面的课程中介绍创建表的章节不同。本节是从数据库管理的角度介绍如何创建一个高效而且易于管理的表。**Oracle 推荐在创建表时应遵守如下原则：**

↘   将不同的表放在不用的表空间中。
↘   使用本地管理表空间以避免碎片。
↘   在表中使用若干标准 extent 尺寸以减少表空间的碎片。

◀》注意：

> 为了正确地执行后面的例题，在做例题之前应该先以 system 用户登录数据库，在本节中如果没有特别说明就是在 system 用户下。

例 10-2 是一个在本地表空间 USERS 中为用户 scott 创建一个名为 product（产品）的表。

例 10-2

```
SQL> CREATE TABLE scott.product
  2          (pcode        NUMBER(8),
  3          pname        VARCHAR2(30),
  4          pdesc        VARCHAR2(100),
  5          pprice       NUMBER(6,2))
  6          TABLESPACE   USERS;
```
表已创建。

其实例 10-2 创建表的 SQL 命令除了多了一个 TABLESPACE USERS 子句之外，与 Oracle 在 SQL 方面的课程中所介绍的创建表命令是完全相同的。TABLESPACE 子句说明所创建的表存放在哪个表空间中。如果在创建对象的命令中没有使用 TABLESPACE 子句，Oracle 系统将在用户的默认表空间中创建该对象。

如果在数据库中有数据字典管理的表空间，也可以在这个数据字典管理的表空间中创建表并且可以同时定义该表的存储参数。之后，就可以使用例 10-3 的 SQL 查询语句来获取有关的信息。

例 10-3

```
SQL> SELECT table_name, tablespace_name, initial_extent
  2   FROM dba_tables
  3   WHERE OWNER = 'SCOTT';
```

10.5 创建临时表

临时表是一种特殊的表。当需要对某一（也可以是几个）表中的一批数据进行反复的操作时，通过为这批数据创建一个临时表可能会简化操作并且有可能提高效率。这里使用 **GLOBAL TEMPORARY** 子句来创建临时表，如可以通过例 10-4 的 DDL 语句利用 scott 用户的 emp 表为职位不是销售人员的员工创建一个名为 emp_temp 的临时表。以下命令是在 scott 用户下发出的。

例 10-4

```
SQL> CREATE GLOBAL TEMPORARY TABLE
  2   emp_temp
  3   ON COMMIT PRESERVE ROWS
  4   AS
  5   SELECT *
  6   FROM emp
  7   WHERE job NOT LIKE 'SAL%';
表已创建。
```

临时表中存储的是会话（session）私有数据，这些数据只在事务进行或会话期间存在。可以通过 **ON COMMIT DELETE ROWS** 或 **ON COMMIT PRESERVE ROWS** 子句来控制数据存在的周期。其中，

➥ ON COMMIT DELETE ROWS：说明数据行只有在事务（transaction）中可见，也是默认值。

➥ ON COMMIT PRESERVE ROWS：**说明数据行在整个会话中可见。**

每一个会话只能看到和修改它自己的数据，因此在临时表的数据上不需要也没有 **DML** 锁。这也许是它操作效率较高的原因之一。为了验证这一点，可以首先在当前的 scott 用户会话中使用例 10-5 的查询语句。

例 10-5

```
SQL> SELECT empno, ename, job, sal, deptno
  2   FROM emp_temp;
     EMPNO ENAME      JOB             SAL     DEPTNO
---------- ---------- --------- ---------- ----------
      7369 SMITH      CLERK            800         20
      7566 JONES      MANAGER         2975         20
      7698 BLAKE      MANAGER         2850         30
      7782 CLARK      MANAGER         2450         10
      7788 SCOTT      ANALYST         3000         20
      7839 KING       PRESIDENT       5000         10
      7876 ADAMS      CLERK           1100         20
      7900 JAMES      CLERK            950         30
      7902 FORD       ANALYST         3000         20
      7934 MILLER     CLERK           1300         10
已选择 10 行。
```

从例 10-5 的查询结果显示可以看出：确实可以看到所创建的临时表 emp_temp 中的数据。接下来，再启动一个 SQL*Plus 窗口再次以 scott 用户登录数据库。随后，再次使用与例 10-5 完全相同的查询语句，如例 10-6 所示。

例 10-6

```
SQL> SELECT empno, ename, job, sal, deptno
  2   FROM emp_temp;
未选定行
```

从例 10-6 的查询结果显示可以看出：在 scott 用户的另外一个会话中不能看到在 scott 用户中所创建的临时表 emp_temp 中的数据。

像普通表一样，也可以在临时表上创建索引、视图和触发器，甚至可以使用导出和导入程序或数据泵对临时表的定义进行导出和导入。**但是无法导出临时表中的数据，即使使用 ROWS 选项也不行。**

与永久表不同的是临时表并不使用用户的默认表空间而是使用临时段。可以通过例 10-9 的查询语句来验证这一点（首先要切换到 system 用户）。为了使查询的结果显示比较清楚，最好先使用例 10-7 和例 10-8 的 SQL*Plus 格式化语句。

例 10-7

```
SQL> col table_name for a15
```

例 10-8

```
SQL> col tablespace_name for a15
```

例 10-9

```
SQL> SELECT table_name, tablespace_name, temporary
  2   FROM dba_tables
  3   WHERE owner = 'SCOTT';
TABLE_NAME       TABLESPACE_NAME TE
---------------- --------------- -
DEPT             USERS           N
EMP              USERS           N
BONUS            USERS           N
SALGRADE         USERS           N
EMP_TRAN         USERS           N
PRODUCT          USERS           N
SUPPLIER         USERS           N
EMP_TEMP                         Y

已选择 8 行。
```

例 10-9 的查询结果显示表明：**表 emp_temp 为临时表，因为它的最后一列值为 Y，而且该表也没有存放在 scott 用户的默认表空间 users 中。**

10.6　表的维护和管理

如果在创建表时一些存储参数设置得不合适，或是由于商业环境的变化表的一些存储参数已经不能与时俱进了，就可以**利用 Oracle 命令动态地改变这些存储参数。** 例如可以使用例 10-10 的 DDL 语句动态地修改 PCTFREE 和 PCTUSED 这两个参数。

例 10-10

```
SQL> ALTER TABLE scott.product
  2   PCTFREE 20
  3   PCTUSED 50;
Table altered.
```

如果读者忘记了有关 PCTFREE 和 PCTUSED 的内容，请复习本书 7.7 节，这里就不再重复了。

当在大规模装入数据之前，为了避免表的动态扩展，可以使用 DDL 命令 **ALTER TABLE** 手工为将要操作的表分配 **EXTENT**。另外，为了平衡 **I/O**，也可以手工将 **EXTENT** 分布到不同的数据文件上。其命令格式如下：

```
ALTER TABLE [用户名.]表名
    ALLOCATE EXTENT [ ([SIZE 正整型数 [K|M]]
    [ DATAFILE '文件名' ]) ]
```

如果在该命令中省略了 SIZE 选项，Oracle 服务器将使用从 dba_tables 表中得来的 NEXT_EXTENT 的值来分配 EXTENT。如果省略了 DATAFILE 选项，Oracle 服务器将在包含该表的表空间中的一个文件中分配 EXTENT。要注意的是，在 DATAFILE 选项中所说明的文件必须属于该表所在的表空间。另外，dba_tables 表中的 NEXT_EXTENT 值将不会受到手工 EXTENT 分配的影响。当执行该命令时，Oracle 服务器将不会重新计算下一个 EXTENT 的大小。

下面通过例子来演示手工分配 EXTENT 的操作过程。首先应该使用例 10-11 的查询语句从数据字典 dba_segments 获取要操作的表 product 的相关信息。

例 10-11

```
SQL> SELECT SEGMENT_NAME, TABLESPACE_NAME, EXTENTS
  2  FROM dba_segments
  3  WHERE owner = 'SCOTT'
  4  AND SEGMENT_NAME LIKE 'PRO%';
SEGMENT_NAME    TABLESPACE_NAME    EXTENTS
--------------- --------------- ----------
PRODUCT         USERS                    1
```

从例 10-11 的查询结果显示可以看出：段（表）product 存放在 user 表空间中并且只有一个 EXTENT。

在 **Oracle 11.2** 和 **Oracle 12c** 上，如果 PRODUCT 是刚刚创建的新表而且没有插入任何数据，以上查询的显示结果可能是"未选定行"。这是因为在这两个版本中 Oracle 引入了一种称为延迟段创建（**Deferred Segment Creation**）的功能。当创建一个非分区的普通表时，该表段的创建被延迟到插入第一行的数据时。

这一新功能是由初始化参数 deferred_segment_creation 来控制的，Oracle 11.2 和 Oracle 12c 默认是开启这一功能的。可以在 **DBA** 用户下使用 **show parameter deferred_segment_creation** 命令显示这一参数的值，其默认是 **TRUE**。可以使用 **alter session set** 语句在会话一级修改这个参数，也可以使用 **alter system set** 语句在数据库一级修改这个参数。另外，可以在创建表时使用 **segment creation immediate|deferred** 子句来定义这个表是否是一个延迟表，而 **deferred** 为默认，即默认创建的是延迟表。这一磁盘分配方法的好处如下：

（1）对于那些在安装期间要创建成百上千个表的应用程序，可以节省数量可观的磁盘空间，因为许多表可能永远都不会使用。

（2）应用程序的安装时间明显减少了。

接下来，可以使用例 **10-12** 的 DDL 语句为用户 **scott** 的表 product 增加一个 **EXTENT** 的磁盘空间。

例 10-12

```
SQL> ALTER TABLE scott.product
  2  ALLOCATE EXTENT;
表已更改。
```

现在应该再使用与例 10-12 的查询语句完全相同的查询语句来检查是否真正成功地为用户 scott 的表 product 增加了一个 EXTENT 的磁盘空间，如例 10-13 所示。

例 10-13

```
SQL> SELECT SEGMENT_NAME, TABLESPACE_NAME, EXTENTS
  2   FROM dba_segments
  3   WHERE owner = 'SCOTT'
  4   AND SEGMENT_NAME LIKE 'PRO%';
SEGMENT_NAME     TABLESPACE_NAME     EXTENTS
---------------  ---------------  ----------
PRODUCT          USERS                     2
```

从例 10-13 的查询结果显示可以看出：段（表）PRODUCT 的 EXTENT 个数已经增加到了两个。

10.7 非分区表的重组

可以在不运行导出或导入实用程序的情况下移动一个非分区表。移动非分区表时可以修改表的存储参数，这被用于将一个表从一个表空间移到另一个表空间或重组表以消除数据行的迁移。

当一个非分区表被重组时，该表的结构被保存，但相关的索引会变成无效的。因此在移动表之后必须重建相关的索引。以下通过一个实例来演示表的移动和移动前后其相关索引状态的变化。

经过前一段时间宝儿的大量工作，公司的数据库已经是今非昔比了，无论是在安全性、可靠性，还是在效率上都有明显的改善。但是有一个问题一直困扰着公司的管理者和宝儿，那就是系统（system）表空间增长得有些过快了。虽然公司的软件顾问奋力查找，但是始终未能找到病因。

由于先驱工程的原因，宝儿已经成为一个大忙人了。也许是因为宝儿的工作能力和工作态度，也许是为了讨好宝儿的公司，先驱工程总指挥部已经正式任命他为该工程的 CIO（首席信息执行官）。这天他终于有了点空闲时间。于是他想亲自查找一下原因。由于公司数据库的大部分数据都放在了默认的 scott 用户中，因此宝儿首先使用了例 10-14 的查询语句来确定 scott 用户的数据存放在哪些表空间中。

例 10-14

```
SQL> SELECT segment_name, tablespace_name, extents, blocks
  2   FROM dba_segments
  3   WHERE owner = 'SCOTT';
SEGMENT_NAME         TABLESPACE_NAME     EXTENTS     BLOCKS
-------------------  ---------------  ----------  ---------
DEPT                 SYSTEM                    1         16
EMP                  SYSTEM                    1         16
BONUS                SYSTEM                    1         16
SALGRADE             SYSTEM                    1         16
EMP_DML              SYSTEM                    1         16
EMP_TEMP             SYSTEM                    1         16
PK_DEPT              SYSTEM                    1         16
PK_EMP               SYSTEM                    1         16

8 rows selected.
```

真是不看不知道，一看吓一跳。**居然 scott 用户的所有数据（段）都存放在系统表空间中**。宝儿就这样只用了一条 SQL 查询语句就找到了这个一直困扰着公司管理者和顾问们的问题的原因。

📢 提示：

以上例子是在 Oracle 9.2 上做的。在 Oracle 10g 之前的版本一般 scott 用户甚至其他用户的默认表空间（如果在创建它们时没有指定）都是系统表空间。如果接管了一个旧的数据库很可能会遇到与宝儿相似的问题。另外，在运行以上或下面的查询语句之前可能需要运行一些 SQL*Plus 格式化命令。

接下来，宝儿想知道哪些段是表，哪些段是索引，于是使用了例 10-15 的 SQL 查询语句。

例 10-15

```
SQL> SELECT object_id, object_name, object_type, status, created
  2   FROM dba_objects
  3   WHERE owner = 'SCOTT';
 OBJECT_ID OBJECT_NAME           OBJECT_TYPE        STATUS  CREATED
---------- -------------------   ------------------ ------- -------
     29191 BONUS                 TABLE              VALID   12-MAY-02
     29187 DEPT                  TABLE              VALID   12-MAY-02
     29189 EMP                   TABLE              VALID   12-MAY-02
     29397 EMP_DML               TABLE              VALID   26-AUG-05
     29387 EMP_TEMP              TABLE              VALID   06-JUL-05
     29188 PK_DEPT               INDEX              VALID   12-MAY-02
     29190 PK_EMP                INDEX              VALID   12-MAY-02
     29192 SALGRADE              TABLE              VALID   12-MAY-02

8 rows selected.
```

在例 10-15 查询结果 OBJECT_TYPE 一列给出了哪些段（对象）是表，哪些对象是索引。在 scott 用户的所有对象中只有两个是索引，它们分别是 PK_DEPT 和 PK_EMP。

当知道了 scott 用户所有的索引之后，宝儿当然还想知道这些索引分别基于哪些表。于是他发出了 例 10-16 的查询语句。

例 10-16

```
SQL> SELECT index_name, table_name, tablespace_name, status
  2   FROM dba_indexes
  3   WHERE owner = 'SCOTT';
INDEX_NAME      TABLE_NAME      TABLESPACE_NAME    STATUS
--------------  --------------  -----------------  ---------
PK_DEPT         DEPT            SYSTEM             VALID
PK_EMP          EMP             SYSTEM             VALID
```

例 10-16 查询结果表明：PK_DEPT 是表 dept 的索引，PK_EMP 是表 emp 的索引，两个索引都是有效的（valid）。

现在宝儿就开始将 scott 用户下的所有段从系统表空间移出。**他首先要将 emp 表移到 users 表空间，因此使用了例 10-17 的 DDL 语句。**

例 10-17

```
SQL> ALTER TABLE scott.emp
  2   MOVE TABLESPACE users;
Table altered.
```

📢 提示：

如果是在 Oracle 12c、Oracle 11g 或 Oracle 10g 上，可以将 scott 用户的 emp 表移到其他表空间上，如之前创建的 pioneer_data 表空间或 example 表空间上。

当看到表已更改的系统提示之后，宝儿使用了例 10-18 的 SQL 查询语句来验证是否成功地将 emp 表从 system 表空间移到了 users 表空间。

例 10-18

```
SQL> SELECT segment_name, tablespace_name, extents, blocks
```

```
  2   FROM dba_segments
  3   WHERE owner = 'SCOTT';
SEGMENT_NAME              TABLESPACE_NAME    EXTENTS       BLOCKS
---------------------     ----------------   ----------   --------------

DEPT                      SYSTEM                   1           16
EMP                       USERS                    1           16
BONUS                     SYSTEM                   1           16
SALGRADE                  SYSTEM                   1           16
EMP_DML                   SYSTEM                   1           16
EMP_TEMP                  SYSTEM                   1           16
PK_DEPT                   SYSTEM                   1           16
PK_EMP                    SYSTEM                   1           16

8 rows selected.
```

例 10-18 查询结果的第 2 行中的第 2 列表明现在 emp 表已经在 users 表空间中了。看到这一结果，宝儿别提多高兴了，这说明他已经基本上解决了一直困扰着公司的管理者和顾问们的难题。但是宝儿还是有点不放心，于是又使用了例 10-19 的 SQL 查询语句以获得 scott 用户下对象的状态信息。

例 10-19

```
SQL> SELECT object_id, object_name, object_type, status, created
  2   FROM dba_objects
  3   WHERE owner = 'SCOTT';
 OBJECT_ID OBJECT_NAME            OBJECT_TYPE          STATUS    CREATED
---------- --------------------   ------------------   -------   ---------

    29191 BONUS                   TABLE                VALID     12-MAY-02
    29187 DEPT                    TABLE                VALID     12-MAY-02
    29189 EMP                     TABLE                VALID     12-MAY-02
    29397 EMP_DML                 TABLE                VALID     26-AUG-05
    29387 EMP_TEMP                TABLE                VALID     06-JUL-05
    29188 PK_DEPT                 INDEX                VALID     12-MAY-02
    29190 PK_EMP                  INDEX                VALID     12-MAY-02
    29192 SALGRADE                TABLE                VALID     12-MAY-02

8 rows selected.
```

看了例 10-19 查询的结果显示，**似乎已经是万事大吉了，因为所有对象（段）的状态（status）都为有效的。**

◀》提示：

有些 Oracle 书上介绍：当使用 ALTER TABLE MOVE 命令后，相关索引的状态会变成无用（unusable），但并未直接给出找到这一状态的方法。曾有学生询问笔者是不是利用 dba_objects 这个数据字典来查找。这就是为什么在这里给出例 10-19 的原因。

可宝儿还是放心不下，总觉得哪个地方有点不对劲。最后宝儿还是使用了例 10-20 的查询语句来验证相关的索引是否真正有效。

例 10-20

```
SQL> SELECT index_name, table_name, tablespace_name, status
  2   FROM dba_indexes
  3   WHERE owner = 'SCOTT';
INDEX_NAME        TABLE_NAME        TABLESPACE_NAME STATUS
---------------   ---------------   ---------------- ------
```

```
PK_DEPT              DEPT             SYSTEM            VALID
PK_EMP               EMP              SYSTEM            UNUSABLE
```

📢 提示：

在 Oracle 10g 的 10.1 版上例 10-20 查询的结果中的第 2 行索引 PK_EMP 的状态为有效的。

例 10-20 查询的结果显示表明：表 emp 的索引 PK_EMP 已经变为无用。看了这一结果，宝儿暗自庆幸自己的谨小慎微。**接下来，立即发出了例 10-21 的 DDL 语句来重建索引 PK_EMP，同时将它移到 indx 表空间中。**

例 10-21

```
SQL> ALTER INDEX scott.pk_emp REBUILD
  2   TABLESPACE INDX;
Index altered.
```

📢 提示：

如果是在 Oracle 12c、Oracle 11g 或 Oracle 10g 上，可以将 scott 用户的 pk_emp 索引移到其他表空间，如之前创建的 pioneer_indx 表空间，也可以不使用 TABLESPACE 子句。

尽管宝儿已经看到了"索引已更改"的系统提示，他还是不放心。于是他又使用了例 10-22 的查询语句来验证相关的索引是否真的变为有效并且已经移到 indx 表空间。

例 10-22

```
SQL> SELECT index_name, table_name, tablespace_name, status
  2   FROM dba_indexes
  3   WHERE owner = 'SCOTT';
INDEX_NAME       TABLE_NAME       TABLESPACE_NAME STATUS
---------------  ---------------  --------------- -----
PK_DEPT          DEPT             SYSTEM          VALID
PK_EMP           EMP              INDX            VALID
```

例 10-22 查询的结果显示清楚地表明：表 emp 的索引 PK_EMP 已经变为有效，并且已经成功地移到 indx 表空间。

最后，宝儿反复使用类似上面所介绍的操作将所有 scott 用户的段（对象）都移到了它们应该存放的表空间，并且还重建了相关的索引。

📢 提示：

在您的系统中可能 scott 用户的对象不在 system 表空间，这时需要根据实际情况对以上的命令做一点修改。

10.8　列 的 维 护

由于商业环境是不断变化的，客户的需求也是不断变化的，所以当一个表建立并使用一段时间后，其结构就有可能需要变化。有一位国外的著者写到："在现代的社会里唯一不变的是'变'这个字"。所以在现代社会里永远也不要梦想设计一个千秋万代永远不变的完美系统。Oracle 给这种变化提供了方便，可以使用 ALTER TABLE 语句来修改表的结构。

从 Oracle 9.2 起，如果表中某一列的名字取得不合适，可以重新命名这一列。**重新命名表中的一列的命令格式如下：**

```
ALTER TABLE 用户名.表名
RENAME COLUMN 旧列名
TO 新列名;
```

修改表中一列名字的操作是受到一些限制的。如果所要改名的列上有索引，这列的名就不能修改。如果要修改，必须先将上面的索引删除掉。

另外，修改表中一列的名字后，基于该表的视图、触发器、函数、过程和软件包等的状态都将成为无效，因此需要重新编译。对于一个大型的数据库这样做的成本可能太高。

📢 提示：

笔者的意见是尽量不要修改列名，如果某一列的名字不讨人喜欢必须要改，可以通过创建视图或在输出结果时使用别名来解决这一问题。

当表中的某一列没用时，可以从表中删除这一列。删除列命令从每一行中删除列的长度和数据，并释放数据块中的空间。删除大型表中的一列需要相当长的时间。在一个表中删除一列命令的格式如下：

```
ALTER TABLE 用户名.表名
DROP COLUMN 列名
CASCADE CONSTRAINTS CHECKPOINT 行数;
```

删除在一个表中已经存在的列要注意以下的事项：

➘ 使用以上的 ALTER TABLE 语句，一次只能删除一列。

➘ 在使用以上的 ALTER TABLE 语句删除了一列之后，该表中必须至少还有一列。

➘ 因为 ALTER TABLE 语句是 DDL 语句，所以删除的列是无法恢复的。

➘ 删除的列可以包含数据也可以不包含数据。

➘ 该语句只能在 Oracle 8i 和以上的版本上使用。

在一个表中删除一列，特别是在一个大表中删除一列是相当耗时的，并且需要大量的还原磁盘空间，因此对系统的效率冲击很大。所以应该尽可能地避免在数据库繁忙期间使用上述 DDL 语句。当在一个大表中删除一列时，可以通过使用"CHECKPOINT 行数"选项来减少还原磁盘空间的使用量。例如，在删除列命令中说明了 CHECKPOINT 1 250 时，Oracle 每做了 1 250 行的操作就会产生一个检查点。如果在该命令执行期间系统崩溃了，当重新启动系统后该命令可以从检查点开始继续它的工作，而不必重新开始。其命令格式如下：

```
ALTER TABLE 用户名.表名 DROP COLUMNS CONTINUE;
```

如果现在数据库特别繁忙，而就在此时老板让您立即删除某一个大表中的一列。该如何处理呢？**Oracle 提供了一个折中的方案，就是在 ALTER TABLE 语句中使用 SET UNUSED 子句。**在一个表中把某一列置成无用（UNUSED）命令的格式如下：

```
ALTER TABLE 用户名.表名
SET  UNUSED 列名 CASCADE CONSTRAINTS;
```

当数据库空闲时，再利用以下的 DDL 语句来删除已设置为无用的列。

```
ALTER TABLE 用户名.表名
DROP UNUSED COLUMNS CHECKPOINT 行数;
```

使用 SET UNUSED 把表中的一列设置成无用要注意以下事项：

➘ 该选项只能在 Oracle 8i 和以上的版本上使用。

➘ 该选项只是在设置成无用的列标上做记号，并不真的删除这一列。

➘ 由该选项设置成无用的列无法使用 SQL*Plus 命令或 SQL 语句看到。

➘ Oracle 把设置成无用的列当作删除列处理。

➘ 可以把一列或多列设置成无用。

➘ 可以使用 DROP 列名选项来删除被设置成无用的列。

➘ 因为该语句是一个 DDL 语句，所以没有恢复无用列的命令。

如果在该命令执行期间系统崩溃了，当重新启动系统后该命令可以从检查点开始继续它的工作，而

不必从头开始。其命令格式如下：

```
ALTER TABLE 用户名.表名 DROP COLUMNS CONTINUE 行数;
```

在本节中并未给出实际操作的例子。其原因有两个：一是本节的例子相对比较简单，多数读者应该能自己构造；二是这部分的内容在《Oracle SQL 培训教程——从实践中学习 Oracle SQL 及 Web 快速应用开发》的 10.6 节（200～206 页）中有详细的介绍，感兴趣的读者可以参阅这一部分。

10.9　表的截断和删除

当已经不再需要一个表中的数据时，可以使用 **TRUNCATE TABLE** 语句将它们全部删除掉（截断）。该语句为 DDL 语句。TRUNCATE TABLE 语句的格式如下：

```
TRUNCATE TABLE 用户名.表名;
```

TRUNCATE TABLE 语句有如下的特性：

- ❯ 删除表中所有的数据行，但保留表的结构。
- ❯ 对应的索引也被截断。
- ❯ 因为该语句为 DDL 语句，所以不会产生还原数据，所删除的数据也无法恢复。
- ❯ 该语句释放表所占用的磁盘空间。
- ❯ 并不触发（运行）表的删除触发器。
- ❯ 如果一个表正在被一个外键所引用，则该表不能截断。

如果不仅要删除表中的数据而且还要删除表的结构，就应该使用 DROP TABLE 语句。该语句也为 DDL 语句。DROP TABLE 语句的格式如下：

```
DROP TABLE 用户名.表名[CASCADE CONSTRAINTS];
```

DROP TABLE 语句有如下的特性：

- ❯ 删除表中所有的数据行和表的结构。
- ❯ 删除表的所有索引。
- ❯ 如果没有备份，所删除的表无法恢复。
- ❯ 该语句释放表所使用的 EXTENTS。
- ❯ 提交所有的挂起的事务。
- ❯ 所有基于该表的视图（views）和别名（synonyms）依然保留但已无效。

📢 注意：

TRUNCATE TABLE 和 DROP TABLE 都是非常"危险"的语句，如果使用不当，可能会丢失大量宝贵的数据。尽管如此，Oracle 还假设使用这两个语句的人是专家，即使用这些语句的人知道他们在做什么和所产生的后果。Oracle 只检查用户的权限和语句的语法，如果它们没有问题，Oracle 就会忠实地执行用户所发的语句而且没有任何提示，而且这两个语句都是 DDL 语句，因此是不能回滚的。建议在使用这两个语句之前最好做备份。

在本节中也并未给出实际操作的例子，其原因与 10.8 节相同。感兴趣的读者可以参阅《Oracle SQL 培训教程——从实践中学习 Oracle SQL 及 Web 快速应用开发》的 10.9 节（209～213 页）。

10.10　高水线及直接装入数据

高水线（High Water Mark，HWM）是一个标志（level），而在这个标志之上的所有的数据块都从来没有使用过。高水线具有如下的特性：

- HWM 记录在段头块中。
- 在段被创建时设置。
- 随着数据行的插入而增加（向上移动），每次增加 5 个数据块。
- TRUNCATE 命令将 HWM 重新置位（释放磁盘空间）。
- DELETE 语句从不改变 HWM。

📢 提示：

高水线实际上是借用了水利工程上的一个术语，高水线就是最大洪水过后在河岸上留下的水线。Oracle 认为在某个段中用过的磁盘空间将来就有可能再次用到，因此 Oracle 就使用 HWM 来标识这些用过的磁盘空间。

读者可能会问引入高水线到底有什么好处呢？当然肯定是有好处的。Oracle 作为一个商业公司绝不会无缘无故地引入一种技术，绝不会做赔本的生意。引入高水线的好处主要是为 Oracle 系统软件的开发和实现提供了极大的方便。利用高水线，Oracle 的全表扫描（查询）操作非常容易实现，Oracle 是将高水线之下的所有数据块都读入到内存中来实现的。如果没有高水线，Oracle 软件就可能不得不对段中的每一个数据块进行测试，之后才能读入到内存中。这样既增加了软件的复杂度又减低了系统的效率。当然还有其他许多好处，读者以后将慢慢体会到。

引入高水线带来了这么多的好处，会不会有问题呢？事物都是一分为二的，进行过大规模删除操作的大型表或超大型表进行全表扫描效率会非常低。可以将一个表的磁盘存储想像为一个条带状，如图 10-4 所示。假设这个表曾经最大达到 38GB（因此 HWM 也为 38GB），经过多次大规模删除（delete）操作之后，虽然目前只剩下了 3.8MB，但在进行全表扫描操作时，

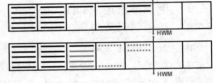

图 10-4

Oracle 还是会一直扫描到 HWM，即高水线之下的所有数据块（包括空块）都会读入内存。现在不用说，读者也应该明白了，对于这样的表进行全表查询的效率是相当低的。

引入高水线带来的另一个好处就是直接插入（装入）数据。直接装入数据的方法是在同一个数据库中将一个表的数据复制到另一个表中。这一方法绕过了数据库高速缓存（不用使用类似第 7 章 7.7 节那样复杂的算法来决定将哪些数据行放入哪个数据块中）而直接将数据写到数据文件中，因此这种插入操作的速度非常快。要能达到这一目的，Oracle 只能将直接插入的数据添加到高水线之上，因为只有高水线之上的数据块才能保证百分之百没有使用过。直接装入数据带来的一个问题是：如果之前表进行过大规模的删除操作，会浪费一些磁盘空间而且全表扫描操作会很慢。直接装入（Direct Load）数据的语法格式如下：

```
INSERT /*+APPEND */ INTO [ 模式. ] 表名
[ [NO]LOGGING ]
子查询
```

其中几个选项的含义如下：

- 模式：用户名。
- 表名：装入数据的表名。
- LOGGING 模式：默认为 LOGGING，表示在直接插入数据操作时产生重做日志记录，因此系统崩溃后有可能实现全恢复。如果使用了 NOLOGGING 选项，数据的变化将不会记录到重做日志缓冲区中，此时只有极少数的修改数据字典的操作由重做日志机制所记录。

为了演示直接插入数据操作以及这一操作对高水线的影响，首先**使用例 10-23 的 DDL 语句在 scott 用户中创建一个有 90 多万行数据的表 sales**（sh 用户下的 sales 表有 918 843 行数据）。

例 10-23

```
SQL> create table scott.sales as select * from sh.sales;
```

表已创建。

接下来，使用例 10-24 和例 10-25 的查询语句试着列出在 scott 用户中刚刚创建的 sales 表所占用的磁盘空间。

例 10-24

```
SQL> select blocks
  2  from dba_segments
  3  where owner = 'SCOTT'
  4  and segment_name = 'SALES';
  BLOCKS
---------
    4608
```

例 10-25

```
SQL> select num_rows,blocks, empty_blocks
  2  from dba_tables
  3  where owner = 'SCOTT'
  4  and table_name = 'SALES';
  NUM_ROWS    BLOCKS EMPTY_BLOCKS
---------- ---------- ------------
```

由例 10-24 的显示结果可知，此时表 SALES 占用的数据块已经是 4 608 个了。但是数据字典 user_ables 显示的信息还是为空。这是因为还没有做统计分析。因此，使用例 10-26 的 analyze 命令收集 scott 用户中的 sales 表的统计信息。

例 10-26

```
SQL> analyze table scott.sales compute statistics;
表已分析。
```

随后，使用与例 10-25 完全相同的查询语句例 10-27 再次列出从数据字典 user_tables 中获取的 sales 表的统计信息。

例 10-27

```
SQL> select num_rows, blocks, empty_blocks
  2  from dba_tables
  3  where owner = 'SCOTT'
  4  and table_name = 'SALES';
  NUM_ROWS    BLOCKS EMPTY_BLOCKS
---------- ---------- ------------
    918843      4513           95
```

例 10-27 的显示结果表明：这个表一共有 918 843 行数据，所占用的数据块是 4 513+95=4 608 个了。紧接着，使用例 10-28 的删除语句删除 scott 用户的 sales 表中的全部数据，随后，使用例 10-29 的命令提交事务。

例 10-28

```
SQL> delete scott.sales;
已删除 918843 行。
```

例 10-29

```
SQL> commit;
提交完成。
```

有了之前的教训，先使用例 10-30 的 analyze 命令再次收集 scott 用户中的 sales 表的统计信息。

例 10-30

```
SQL> analyze table scott.sales compute statistics;
```

表已分析。

接下来，使用例 10-31 和例 10-32 的查询语句再次列出目前在 scott 用户中的 sales 表所占用的磁盘空间。

例 10-31

```
SQL> select blocks
  2  from dba_segments
  3  where owner = 'SCOTT'
  4  and segment_name = 'SALES';
  BLOCKS
----------
    4608
```

例 10-32

```
SQL> select num_rows, blocks, empty_blocks
  2  from dba_tables
  3  where owner = 'SCOTT'
  4  and table_name = 'SALES';
  NUM_ROWS     BLOCKS EMPTY_BLOCKS
---------- ---------- -------------
         0       4513            95
```

例 10-31 和例 10-32 显示结果清楚地表明：**scott 用户的 SALES 表所占用的数据块依然如故没有任何变化，仍然是 4 608**。实际上，数据字典 dba_segments 的 **BLOCKS** 列就是 **HWM**，而数据字典 **dba_tables** 的 **blocks** 列与 **empty_blocks** 列之和也是 **HWM**。

接下来，使用例 10-33 的语句以直接装入的方式将 sh 用户的 sales 表中的全部数据插入进 scott 用户的 sales 表中。随即，使用例 10-34 的 commit 命令提交事务。

例 10-33

```
SQL> INSERT /*+ APPEND */ INTO scott.sales
  2  NOLOGGING
  3  select * from sh.sales;
已创建 918843 行。
```

例 10-34

```
SQL> commit;
提交完成。
```

之后，使用例 10-35 和例 10-36 的查询语句再次列出在 scott 用户中 sales 表目前所占用的磁盘空间。

例 10-35

```
SQL> select blocks
  2  from dba_segments
  3  where owner = 'SCOTT'
  4  and segment_name = 'SALES';
  BLOCKS
----------
    9216
```

例 10-36

```
SQL> select num_rows, blocks, empty_blocks
  2  from dba_tables
  3  where owner = 'SCOTT'
  4  and table_name = 'SALES';
  NUM_ROWS     BLOCKS EMPTY_BLOCKS
```

```
---------- ---------- ------------
         0       4513           95
```

由例 10-35 的显示结果可知，此时 SCOTT 用户的表 SALES 占用的数据块已经是 9 216 个了。但是数据字典 user_tables 显示的信息并没有变化还是原来的。这是因为还没有做统计分析。因此，使用例 0-37 的 analyze 命令收集 scott 用户中的 sales 表的统计信息。

例 10-37

```
SQL> analyze table scott.sales compute statistics;
表已分析。
```

随后，使用与例 10-36 完全相同的查询语句例 10-38 再次列出通过数据字典 user_tables 获取的查询结果。

例 10-38

```
SQL> select num_rows,blocks, empty_blocks
  2  from dba_tables
  3  where owner = 'SCOTT'
  4  and table_name = 'SALES';
 NUM_ROWS      BLOCKS EMPTY_BLOCKS
---------- ---------- ------------
   918843        9005          211
```

例 10-38 的显示结果表明：这个表还是有 918 843 行数据，但所占用的数据块却是 9 005 + 211 = 9 216 个了。

直接装入的插入（操作）又分为正常（串行）直接装入和并行直接装入。实际上，例 10-33 的语句是正常（串行）直接装入，图 10-5 就是串行直接装入操作的示意图。

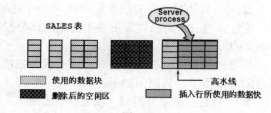

SALES 表

Server process

▨ 使用的数据块 ▦ 删除后的空闲区 高水线 ▨ 插入行所使用的数据快

图 10-5

串行直接装入操作可以将数据插入到一个非分区表中，也可以插入到一个分区表中，甚至插入到子分区表中。数据被插入到表段或表的每一个分区段的当前高水线之上。当插入语句执行之后，其高水线被修改成新的值，正如以上例子所显示的那样。

并行直接装入的插入（操作）主要应用于大型和超大型数据库的大规模数据装入，这在数据仓库系统中是非常普遍的。对 scott 用户的 sales 表进行两道并行直接装入的插入（操作）的命令如下：

```
ALTER SESSION ENABLE PARALLEL DML;
INSERT /*+PARALLEL(scott.sales,2) */
INTO scott.sales NOLOGGING
select * from sh.sales;
```

并行直接装入的插入（操作）可以通过以下两种方法来实现（上面的命令实际上是使用 PARALLEL 启示来实现的）：

（1）在直接插入语句中使用 PARALLEL 启示（hint）。

（2）在创建（create）表或修改（alter）表时使用 PARALLEL 子句。

当执行并行直接插入语句时，Oracle 服务器进程会使用多个被称为并行查询从属（parallel query slaves）进程的进程将数据插入表中。每一个从属进程会将插入的数据存储到分配给它的临时段中。当事务提交时，Oracle 将这些临时段的数据合并到一起。图 10-6 就是并行直接装入操作的示意图。

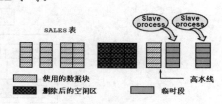

SALES 表

Slave process Slave process

▨ 使用的数据块 ▦ 删除后的空闲区 高水线 ▨ 临时段

图 10-6

🔊 提示：

要注意的是 ALTER SESSION ENABLE PARALLEL DML; 命令必须在事务（并行直接插入语句）开始之前执行。在并行直接插入操作期间，所操作的对象不能进行任何查询操作，而且在这个事务中也不能再有任何的修改操作。

10.11　收　缩　段

实际上，收缩段的概念是 Oracle 10g 引入的。当一个段被收缩时，段中的数据被压缩，高水线（**HWM**）下移，并且磁盘空间被释放给包含此段的表空间。图 10-7 为一个段收缩前后的示意图。

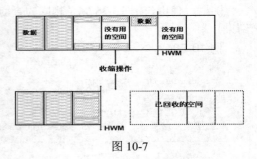

图 10-7

图 10-7 的上部分显示了一个所谓的稀疏填充段，在高水线之下和之上都有没有使用的磁盘空间。在这种情况下，扫描这个表的效率和在这个表上的 DML 操作的效率都会降低，其原因如下：

- ↳　数据分布在许多数据块中，因此操作需要更多的 I/Os。
- ↳　可能会产生行迁移。
- ↳　当其他对象需要磁盘空间时，那些没有用的磁盘空间并不能使用。

因此，当一个对象实际所使用的空间比分配给它的空间小得多的情况下，可能需要回收那些没有用的磁盘空间。

收缩稀疏填充段可能会提高对这个段的扫描操作和 **DML** 操作的性能。这是因为在收缩段后，需要查看的块减少了，其原因如下：

- ↳　全表扫描速度提高（块变少、变密）。
- ↳　更好的索引访问（由于树变得更紧凑，因此减少了范围 ROWID 扫描时的 I/O）。

另外，通过收缩稀疏填充段，还可以提高数据库内部的空间使用效率，因此在对象需要空间时有更多空闲空间可以使用。在段收缩操作期间会自动维护索引的依赖性。收缩了一个表之后，该表上的索引都将处于可用状态——不需要进一步维护。

段收缩操作之后可能会减少迁移行的数量，但是 Oracle 系统并不能确保这一点，因为段收缩操作不一定会触及段中的每一块。

收缩段的操作不只是针对表的，Oracle 也可以收缩除了表之外的其他类型的段。Oracle 收缩段命令的语法格式如图 10-8 所示。

限于本书的范围，本书将只介绍收缩表的命令。要注意的是，以上收缩段的命令只能在自动段空间管理的表空间中使用，而且也不是所有的段都能使用这个收缩命令。另外，因为收缩表的操作可能会造成表中数据行的 ROWID 的改变，所以在执行一个表的收缩操作之前必须开启这个表的行移动功能。

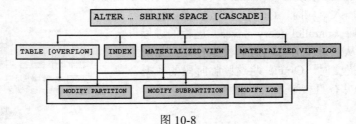

图 10-8

实际上，段收缩操作分为两个阶段。第一个阶段执行收缩操作。在这一阶段，Oracle 尽可能地将数据行移到段的左侧部分，如图 10-9 所示。数据行移动完成之后，Oracle 将启动收缩操作的第二阶段。在此阶段，将调整高水线(HWM)，并释放未使用的空间，如图 10-10 所示。

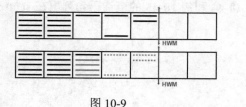

图 10-9

图 10-10

接下来，通过一系列的例子来演示收缩段命令的应用以及怎样观察操作前后这个段的相关变化。首先，为了开启 scott 用户中 sales 表的行移动功能，可以使用例 10-39 的查询语句。注意：**在这个查询语句中只有 ROW_MOVEMENT 列才是需要真正关心的**。

例 10-39

```
SQL> select num_rows,blocks, empty_blocks, ROW_MOVEMENT
  2  from dba_tables
  3  where owner = 'SCOTT'
  4  and table_name = 'SALES';
 NUM_ROWS     BLOCKS   EMPTY_BLOCKS ROW_MOVEMENT
---------- ---------- ------------ --------------
   918843       9005          211 DISABLED
```

例 10-39 的显示结果清楚地表明 scott 用户中 sales 表的行移动功能没有开启，因此**使用例 10-40 的 ALTER TABLE 语句开启 scott 用户中 sales 表的行移动功能**。

例 10-40

```
SQL> ALTER TABLE scott.sales ENABLE ROW MOVEMENT;
表已更改。
```

虽然例 10-40 的显示结果表明表已更改，但是为了慎重起见，应该使用例 10-41 的查询语句**再次确认一下 scott 用户中 sales 表的行移动功能是否真的已经开启**。

例 10-41

```
SQL> select num_rows,blocks, empty_blocks, ROW_MOVEMENT
  2  from dba_tables
  3  where owner = 'SCOTT'
  4  and table_name = 'SALES';
 NUM_ROWS     BLOCKS   EMPTY_BLOCKS ROW_MOVEMENT
---------- ---------- ------------ --------------
   918843       9005          211 ENABLED
```

当确认这个 sales 表的行移动功能已经开启之后，**使用例 10-42 的命令对这个表进行收缩操作**。

例 10-42

```
SQL> ALTER TABLE scott.sales SHRINK SPACE COMPACT;
表已更改。
```

注意：

在以上的段收缩命令中使用了 SHRINK SPACE COMPACT 子句，使用该子句的收缩表命令实际上就是执行图 10-9 所示的收缩段命令的第一阶段的操作。为了进一步确认这一点，应该使用例 10-43 的 analyze 命令重新收集 scott 用户中 sales 表的统计信息。

例 10-43

```
SQL> analyze table scott.sales compute statistics;
表已分析。
```

当对这个 sales 表的分析操作完成之后，分别使用例 10-44 和例 10-45 的查询语句列出在 scott 用户中 sales 表目前所占用的磁盘空间——高水线（HWM）。

例 10-44

```
SQL> select blocks
  2  from dba_segments
  3  where owner = 'SCOTT'
  4  and segment_name = 'SALES';
BLOCKS
---------
   9216
```

例 10-45

```
SQL> select num_rows,blocks, empty_blocks, ROW_MOVEMENT
  2  from dba_tables
  3  where owner = 'SCOTT'
  4  and table_name = 'SALES';
NUM_ROWS     BLOCKS   EMPTY_BLOCKS ROW_MOVEMENT
---------- ---------- ------------ --------------
   918843       9005          211 ENABLED
```

例 10-44 和例 10-45 的显示结果清楚地表明高水线（HWM）没有发生任何变化。于是，使用例 10-46 的段收缩命令。

例 10-46

```
SQL> ALTER TABLE scott.sales SHRINK SPACE;
表已更改。
```

📢 注意：

这次在命令中没有使用 COMPACT 关键字，实际上就是执行图 10-10 所示的收缩段命令的第二阶段的操作。为了进一步确认这一点，可以使用例 10-47 的查询语句利用数据字典 dba_segments 获取 scott 用户中 sales 表的高水线（HWM）。

例 10-47

```
SQL> select blocks
  2  from dba_segments
  3  where owner = 'SCOTT'
  4  and segment_name = 'SALES';
BLOCKS
---------
   4512
```

例 10-47 显示的结果清楚地表明：scott 用户中 sales 表的高水线已经从 9 216 个数据块下降到 4 512 个数据块了。接下来，应该使用例 10-48 的 analyze 命令重新收集 scott 用户中 sales 表的统计信息。

例 10-48

```
SQL> analyze table scott.sales compute statistics;
表已分析。
```

当对这个 sales 表的分析操作完成之后，使用例 10-49 的查询语句利用数据字典 dba_tables 再次获取 scott 用户中 sales 表的高水线（HWM）。

例 10-49

```
SQL> select num_rows,blocks, empty_blocks, ROW_MOVEMENT
  2  from dba_tables
  3  where owner = 'SCOTT'
  4  and table_name = 'SALES';
 NUM_ROWS      BLOCKS   EMPTY_BLOCKS ROW_MOVEMENT
---------- ---------- ------------ --------------
   918843       4431           81 ENABLED
```

例 10-49 显示的结果清楚地表明：**scott 用户中 sales 表的高水线已经从 9 005 + 211 = 9 216 个数据块下降到 4 431 + 81 = 4 512 个数据块了。**

例 10-47 和例 10-49 的查询结果都清楚地表明：**例 10-46 的表收缩命令确实已经向下调整了高水线 (HWM)，并释放了未使用的磁盘空间。**

10.12　表　压　缩

Oracle 自称是数据库压缩技术的先驱（不是中国妇女解放运动的先驱），早在 Oracle 9i 就引入了大规模数据装入操作的表压缩技术。利用这一技术，可以在大规模装入数据（如直接装入数据，或使用 Create Table As Select，即 CTAS 语句装入数据）的同时压缩这些数据。然而，这种早期的表压缩技术无法支持通常的 DML 操作（如 INSERT、UPDATE 和 DELETE 操作）。实际上，这种早期的表压缩技术是为了支持数据仓库系统的大规模数据装入操作而设计的。**Oracle 11g 对这种早期的表压缩技术进行了扩展，现在全新的表压缩技术可以很好地支持通常的 DML 操作了。终于 Oracle 11g 的表压缩技术可以用于所有类型的数据库操作了——既可以用于联机事务处理（OLTP）系统也可以用于数据仓库系统。**

Oracle 11g 对表压缩技术的加强确保这一新的压缩技术对修改操作的冲击几乎可以忽略不计，因此现在这一压缩技术可以放心地用在 OLTP 系统上。Oracle 11g 中的表压缩技术的算法效率非常高——磁盘空间的消耗可以减少 50%～75%。这一新的压缩技术不但可以改进写操作的效率，而且也改进了读操作（查询）的效率。其原因是这一技术与一般的桌面压缩技术不同，它不是采用先读取所有的压缩数据之后再解压缩的方法，而是直接读取压缩数据（只读取所需的少量数据，因为 I/O 量少了效率自然就提高了）并且不需要任何解压缩操作。图 10-11 是这一表压缩技术内部操作示意图。

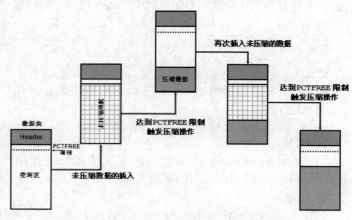

图 10-11

Oracle 11g 的表压缩技术的压缩操作是由 PCTFREE 这个参数来控制的。在图 10-11 中，表压缩技术操作的顺序是从左到右。当开始往一个数据块中插入数据时，数据以非压缩格式存入这个数据块中。只要该数据块的空闲区下降到了 PCTFREE 的限制值，Oracle 就开始自动压缩数据。这就意味着数据原来占用的磁盘空间会减少，因此这个数据块就允许继续插入新的未压缩数据直到空闲区再次下降到了 PCTFREE 的限制值为止。此时，数据压缩又被自动触发以减少这个数据块中数据所占用的空间。

📢 注意:

注意这种压缩操作消除了由于删除操作所产生的（磁盘存储）空洞而且也使数据块中连续的空闲区最大化。

要使用 Oracle 11g 的这种表压缩技术，需要将数据库的初始化参数 database compatibility level（数据库兼容级别）设为 11.1 或之上。为了使用这一新的压缩算法，还必须在 create table 或 alter table 语句中使用 COMPRESS FOR ALL OPERATIONS 子句。除了 COMPRESS FOR ALL OPERATIONS 之外，可以使用 COMPRESS FOR DIRECT_LOAD OPERATIONS 子句。它们的含义如下：

➥ COMPRESS FOR DIRECT_LOAD OPERATIONS：为默认，是 Oracle 11g 之前版本在大规模（直接）装入数据时压缩数据。

➥ COMPRESS FOR ALL OPERATIONS：在 OLTP 操作和直接装入数据操作时都压缩数据。

表压缩技术（功能）既可以在创建新表时开启，也可以在已经存在的表上开启。开启新表压缩功能的命令为：

```
CREATE TABLE 表名 COMPRESS FOR ALL OPERATIONS;
```
而开启现存表的压缩功能的命令为：
```
ALTER TABLE 表名 COMPRESS FOR ALL OPERATIONS;
```
要注意的是：以上开启现存表压缩功能的命令并不触发已经存在的数据行的压缩操作。

📢 提示:

在 Oracle 12c 中，COMPRESS FOR DIRECT_LOAD OPERATIONS 子句已经改为了 COMPRESS [BASIC] 子句，其中 BASIC 可以省略；而 COMPRESS FOR ALL OPERATIONS 子句已经改为了 ROW STORE COMPRESS ADVANCED 子句。基本压缩（BASIC COMPRESS）可以压缩大约 10 倍，一般适用于决策支持系统（DSS）。而高级行压缩（ADVANCED ROW COMPRESS）可以压缩大约 2～4 倍，主要用于联机事务处理系统（OLTP），有时也用于决策支持系统（DSS）。

接下来，通过一系列的例子来演示表压缩命令的具体应用以及怎样观察压缩前后这个表的相应变化。为此，首先使用例 10-50 的 DDL 语句在 scott 用户中再创建一个有 90 多万行数据的表 sales_compress。

例 10-50

```
SQL> create table scott.sales_compress COMPRESS FOR ALL OPERATIONS
  2  as select * from sh.sales;
表已创建。
```
接下来，应该使用例 10-51 的 analyze 命令收集 scott 用户中压缩表 sales_compress 的统计信息。

例 10-51

```
SQL> analyze table scott.sales_compress compute statistics;
表已分析。
```
当对 sales_compress 表的分析操作完成之后，使用例 10-52 的查询语句列出在 scott 用户中 sales_compress 表目前所占用的磁盘空间。

例 10-52

```
SQL> select num_rows,blocks, empty_blocks, compression, compress_for
  2  from dba_tables
  3  where owner = 'SCOTT'
  4  and table_name = 'SALES_COMPRESS';
  NUM_ROWS     BLOCKS  EMPTY_BLOCKS COMPRESSION      COMPRESS_FOR
---------- ----------  ------------ ---------------- --------------
    918843       1707            85 ENABLED          OLTP
```
为了进一步了解 Oracle 11g 这一表压缩技术的压缩比究竟有多少，使用例 10-53 的查询语句重新列出在 scott 用户中 sales 表目前所占用的磁盘空间。

例 10-53

```
SQL> select num_rows,blocks, empty_blocks, compression, compress_for
  2  from dba_tables
  3  where owner = 'SCOTT'
  4  and table_name = 'SALES';
NUM_ROWS      BLOCKS   EMPTY_BLOCKS COMPRESSION       COMPRESS_FOR
---------- ---------- ------------ ---------------- --------------
   918843       4431            81 DISABLED
```

对比例 10-52 和例 10-53 显示结果的 COMPRESSION 列，可以发现 sales 表没有开启压缩功能而 sales_compress 表已经开启了压缩功能。对比它们显示结果的 COMPRESS_FOR，可以发现在 sales 表上的任何操作都不会触发压缩操作，而在 sales_compress 表的任何 OLTP 操作（既 DML 操作）都会触发压缩操作，因为在创建 sales_compress 表时使用了 COMPRESS FOR ALL OPERATIONS 子句。

对比例 10-52 和例 10-53 显示结果的 BLOCKS 列和 EMPTY_BLOCKS，**可以发现 Oracle 11g 的表压缩算法效率非常高，大约为 60%，即 〔（4 431+81）- （1 707+85）〕/（4 431+81）。**

接下来，使用例 10-54 的 alter 语句将 scott 用户中的 sales 表修改成对所有操作都进行压缩的表。

例 10-54

```
SQL> alter table scott.sales COMPRESS FOR ALL OPERATIONS;
表已更改。
```

随即，使用例 10-55 的 analyze 命令重新收集 scott 用户中已经开启全部压缩功能的 sales 表的统计信息。

例 10-55

```
SQL> analyze table scott.sales compute statistics;
表已分析。
```

当对 sales 表的分析操作完成之后，使用例 10-56 的查询语句再次列出在 scott 用户中 sales 表目前所占用的磁盘空间。

例 10-56

```
SQL> select num_rows,blocks, empty_blocks, compression, compress_for
  2  from dba_tables
  3  where owner = 'SCOTT'
  4  and table_name = 'SALES';
NUM_ROWS      BLOCKS  EMPTY_BLOCKS COMPRESSION       COMPRESS_FOR
---------- ---------- ------------ ---------------- --------------
   918843       4431            81 ENABLED           OLTP
```

接下来，使用例 10-57 的语句以直接装入的方式将 sh 用户的 sales 表中的全部数据再次插入进 scott 用户的 sales 表中。随即，使用例 10-58 的 commit 命令提交事务。

例 10-57

```
SQL> INSERT /*+ APPEND */ INTO scott.sales
  2  NOLOGGING
  3  select * from sh.sales;
已创建 918843 行。
```

例 10-58

```
SQL> commit;
提交完成。
```

之后，应该使用例 10-59 的 analyze 命令重新收集 scott 用户中已经开启全部压缩功能并装入大量新数据的 sales 表的统计信息。

例 10-59

```
SQL> analyze table scott.sales compute statistics;
表已分析。
```

当对 sales 表的分析操作完成之后，使用例 10-60 的查询语句再次列出在 scott 用户中 sales 表目前所占用的磁盘空间。

例 10-60

```
SQL> select num_rows,blocks, empty_blocks, compression, compress_for
  2  from dba_tables
  3  where owner = 'SCOTT'
  4  and table_name = 'SALES';
  NUM_ROWS      BLOCKS EMPTY_BLOCKS COMPRESSION      COMPRESS_FOR
---------- ---------- ------------ ---------------- ---------------
   1837686       6210           94 ENABLED          OLTP
```

对比例 10-56 和例 10-60 显示结果的 BLOCKS 列和 EMPTY_BLOCKS，可以发现 **Oracle 只对新装入的数据进行了压缩，所以将表的数据量加倍之后所占用的磁盘空间并未加倍，即（BLOCKS + EMPTY_BLOCKS）并未从 4 512 增加到 9 024，而是只增加到了 6 304。**

10.13 创建表的应用实例

当地民众和媒体对"先驱工程"的热忱和关注度越来越高，已经远远超过了"韩流"。作为先驱工程的 CIO——宝儿，也在媒体（包括电视台）上频频曝光。他在当地的知名度已远远超过公司的任何人。精明的宝儿利用他在媒体上曝光的机会，不但经常推销公司的商品和业务，而且一有机会就对他的上司们大加赞赏（宝儿的一位挚友问他："你在镜头前说的话，哪句是真的？"，宝儿的回答可以说是惊世骇俗，他说："连我自己都不知道哪句是真的"）。据说有的经理还将宝儿在电视上的谈话录了下来，作为自己工作业绩的物证。

根据先驱工程的要求，宝儿先要在 pioneer_data（先驱数据）表空间中创建 3 个表。它们分别是 person（人物）表、event（事件）表和 person_event（人物与事件）关联表。其中 person 表的定义如下。

- ﹥ personid：人物的标识号，为变长字符型，最长为 8 个字符。
- ﹥ name：人物的名字，为变长字符型，最长为 16 个字符。
- ﹥ birthday：人物的出生日期，为日期型。
- ﹥ edulevel：人物的受教育程度，为定长字符型，最长为 1 个字符。
- ﹥ passaway：人物的去世日期，为日期型。
- ﹥ intro：人物的介绍，为变长字符型，最长为 500 个字符。

event 表的定义如下。

- ﹥ evtid：事件的标识号，为变长字符型，最长为 12 个字符。
- ﹥ evtname：事件的名字，为变长字符型，最长为 20 个字符。
- ﹥ strdate：事件的开始日期，为日期型。
- ﹥ enddate：事件的结束日期，为日期型。
- ﹥ evttype：事件的类型，为定长字符型，最长为 2 个字符。
- ﹥ evtdesc：事件的描述，为变长字符型，最长为 1000 个字符。

person_event 关联表的定义如下。

- ﹥ personid：人物的标识号，为变长字符型，最长为 8 个字符。

- evtid：事件的标识号，为变长字符型，最长为 12 个字符。
- reason：人物与事件关联的原因，为定长字符型，最长为 5 个字符。
- pestart：人物与事件关联的起始日期，为日期型。
- peend：人物与事件关联的终止日期，为日期型。

📢 提示：

请读者不要在列的含义和表与表之间的关系上花更多的时间，有关表结构的设计属于系统分析与设计方面课程的内容。

在设计完了表结构，宝儿首先以 system 用户登录数据库，使用的例 10-61、例 10-62 和例 10-63 所示的 DDL 语句创建了这 3 个表。

例 10-61

```
SQL> CREATE TABLE    scott.person
  2  (personid       VARCHAR2(8),
  3   name           VARCHAR2(16),
  4   birthday       DATE,
  5   edulevel       CHAR(1),
  6   passaway       DATE,
  7   intro          VARCHAR2(500))
  8  TABLESPACE pioneer_data;
Table created.
```

例 10-62

```
SQL> CREATE TABLE    scott.event
  2  (evtid          VARCHAR2(12),
  3   evtname        VARCHAR2(20),
  4   strdate        DATE,
  5   enddate        DATE,
  6   evttype        CHAR(2),
  7   evtdesc        VARCHAR(1000))
  8  TABLESPACE pioneer_data;
Table created.
```

例 10-63

```
SQL> CREATE TABLE    scott.person_event
  2  (personid       VARCHAR2(8),
  3   evtid          VARCHAR2(12),
  4   reason         CHAR(5),
  5   pestart        DATE,
  6   peend          DATE)
  7  TABLESPACE pioneer_data;
Table created.
```

之后，宝儿利用数据字典 dba_segments 和 dba_tables 来验证他是否成功地为先驱工程创建了所需的 3 个表，他发出了例 10-67 和例 10-69 的查询语句。但是为了使输出更加清晰，还使用了例 10-64、例 10-65、例 10-66 和例 10-68 的 SQL*Plus 格式化命令。

例 10-64

```
SQL> col segment_name for a20
```

例 10-65

```
SQL> col tablespace_name for a15
```

例 10-66

```
SQL> set line 100
```

例 10-67

```
SQL> SELECT segment_name, tablespace_name, extents, blocks
  2  FROM dba_segments
  3  WHERE owner = 'SCOTT'
  4  AND tablespace_name LIKE 'PION%';

SEGMENT_NAME         TABLESPACE_NAME     EXTENTS      BLOCKS
-------------------- --------------- ---------- ---------
PRODUCT              PIONEER_DATA              1         128
PERSON               PIONEER_DATA              1         128
EVENT                PIONEER_DATA              1         128
PERSON_EVENT         PIONEER_DATA              1         128
```

例 10-68

```
SQL> col table_name for a15
```

例 10-69

```
SQL> SELECT table_name, tablespace_name
  2  FROM dba_tables
  3  WHERE owner = 'SCOTT'
  4  AND tablespace_name LIKE 'PION%';

TABLE_NAME       TABLESPACE_NAME
--------------- ---------------
PRODUCT          PIONEER_DATA
PERSON           PIONEER_DATA
EVENT            PIONEER_DATA
PERSON_EVENT     PIONEER_DATA
```

例 10-67 和例 10-69 查询结果的显示清楚地表明：宝儿已经在 pioneer_data 表空间中成功地创建了 person、event 和 person_event 3 个表。

10.14　您应该掌握的内容

在学习第 11 章之前，请检查一下您是否已经掌握了以下的内容：
- ◥ Oracle 的常用数据存储结构。
- ◥ 常用的内置标量数据类型。
- ◥ 什么是 ROWID。
- ◥ ROWID 的特性。
- ◥ 扩展 ROWID。
- ◥ 限制性 ROWID。
- ◥ Oracle 数据行的结构。
- ◥ 创建表时应该遵守哪些原则。
- ◥ 怎样定义表的存储参数。
- ◥ 怎样利用数据字典来获取相关的信息。
- ◥ 引入临时表的原因。
- ◥ 创建和维护临时表。

- 什么是延迟段。
- 怎样开启或关闭延迟段功能。
- 了解延迟段功能的优点。
- 怎样动态改变存储参数。
- 怎样移动非分区表。
- 移动非分区表之后相关索引的维护。
- 怎样重新命名表中的一列。
- 重新命名表中的一列的副作用及解决办法。
- 怎样在一个表中删除一列。
- 在一个表中删除一列时可能对系统造成的冲击。
- 怎样在一个表中把某一列设置成无用。
- 怎样删除已经设置为无用的列。
- 把某一列设置成无用时要注意的事项。
- 在一个表中删除一列时使用 CHECKPOINT 选项。
- 表的截断和删除时要注意的问题。
- TRUNCATE TABLE 语句的特性。
- DROP TABLE 语句的特性。
- Oracle 为什么要引入高水线（HWM）。
- 高水线具有哪些重要的特性。
- 熟悉直接装入（Direct Load）数据的方法。
- 怎样获取高水线的相关信息。
- 怎样使用 analyze 命令来收集表的统计信息。
- Oracle 为什么要引入收缩段的操作。
- 熟悉收缩段的内部操作过程。
- 怎样开启一个表的行移动功能以及如何获取这方面的信息。
- 怎样观察收缩段操作前后这个段的相关变化。
- 熟悉 Oracle 的表压缩技术。
- Oracle 11g 的表压缩技术相对早期版本有哪些重大改进。
- 了解表压缩技术内部操作的过程。
- 熟悉开启表压缩功能的命令及其两个子句。
- 怎样确认一个表的压缩功能是否已经开启以及开启的方式。
- 怎样观察表压缩前后这个表的相应变化。
- 熟悉 Oracle 12c 对段压缩语句语法的修改。

第 11 章　索引的管理与维护

设想一下，在大型的商业数据库中有一个包含了数千万或上亿条记录的表。如果在该表上没有索引，那么查询该表中的任何记录就只能通过顺序地扫描该表中的每一行记录得到。这会产生大量的磁盘输入/输出（I/O），因此也就会大大地降低系统的效率。

其实索引的概念很简单。许多读者可能有到图书馆借书的经历，当您到了图书馆之后，没有必要逐个书架地查找。一般会先查看图书馆的图书目录，可以按书名，也可以按作者名，还可以按出版日期等查询。由于图书目录是按一定的顺序排放的，图书目录本身就是一个索引，您会很快地找到所需要的书的记录，在该记录中标有此书存放的准确位置，这时就可直奔存书的地方了。

11.1　Oracle 引入索引的目的

Oracle 为了提高查询的效率也引入了索引。Oracle 索引也是按索引关键字的顺序存放记录，也叫数据结构。在索引记录中存有索引关键字和指向表中真正数据的指针（地址）。Oracle 系统利用算法在索引上可以很快地查找到所需的记录，并利用指针找到所需的数据。由于 Oracle 索引中只存索引关键字和指向表中真正数据的指针（地址），因此它的规模要比真正存有数据的表的规模小得多。这样对索引进行操作的 I/O 量要比对真正的表进行操作少很多。在计算机的所有操作中，I/O 操作应该是最慢的，因此减少了 I/O 操作就等于加快了查询的速度。

引入索引的目的就是为了加快查询的速度。Oracle 索引是一个独立于表的对象，它可以存放在与表不同的表空间中，即使索引崩溃，甚至索引被删除，都不会影响真正存有数据的表。在 Oracle 数据库中，一个索引一旦被建立就由 Oracle 系统自动维护，而且由 Oracle 系统决定什么时候使用该索引，读者不用在查询语句中指定使用哪个索引，其实使用的查询语句与没建索引时几乎完全一样，只是查询速度快多了。虽然 Oracle 索引是一个独立于表的对象，但是当一个表被删除时所有基于该表的索引都被自动地删除掉，想想看为什么？

介绍了这么多 Oracle 索引的内容，读者可能会问，在 Oracle 数据库中有哪些类型的索引呢？接着往下看。

11.2　索引的分类

索引是一种允许直接访问表中某一数据行的树型结构。索引既可以按索引的逻辑设计分类，也可以按物理实现分类。索引的逻辑分类是从应用的角度来分类，而索引的物理分类是从它们的物理存储来分类的。

逻辑分类如下。

- ➥ 单列索引：基于一列的索引，如在 emp 表中的 ename 列上的索引。
- ➥ 多列索引：也叫组合（复合）索引，是基于多列的索引，如在 emp 表中的 job 和 sal 两列上所创建的索引。组合索引的列不一定与表中列的顺序相同，这些列也没有必要相邻。组合索引中的列数最多为 32 列。

➥　唯一索引：保证表中任何数据行的索引列的值都不相同。

➥　非唯一索引：表中不同数据行的索引列的值可以相同。

➥　基于函数的索引：利用表中的一列或多列使用函数或表达式所创建的索引。基于函数的索引预先
　　计算函数或表达式的值并存在该索引中。基于函数的索引既可以是 B-树索引也可以是位图索引。

这部分的内容在笔者的另一本书《Oracle SQL 培训教程——从实践中学习 Oracle SQL 及 Web 快速
应用开发》的 13.2 节～13.7 节中有比较详细的介绍，感兴趣的读者可以参阅这一部分内容。

物理分类如下。

➥　分区或非分区索引：有关分区索引在本书的第 7.1 节已经做了简单的介绍，另外有专门的课程
　　介绍分区表和分区索引的内容，在这里就不再赘述了。本书将详细地讨论非分区索引的创建和
　　维护，而非分区索引既可以是 B-树索引，也可以是位图索引。

➥　B-树：包括正常或反转关键字索引，但是反转关键字索引将在数据库优化的章节中介绍，所以
　　本章所讨论的内容将局限在正常索引的范围内。

➥　位图索引。

下面开始详细地介绍 B-树索引的结构。

11.3　B-树索引

尽管 Oracle 中所有的索引都使用 B-树结构，但是 B-树索引这一术语通常是指如图 11-1 所示的索引。

根据图 11-1 所示，**索引的顶端是根结点**，该结点中包含的是存有指向索引中下一级指针的项。接下来是分枝结点（块），分枝结点中的记录（项）存的是指向下一级（块）的指针。最底层为叶子结点。叶子结点存有指向表中数据行的索引项。叶子结点被双向链表链在一起以方便按索引关键字的升序或降序扫描。

介绍完 B-树索引的整体结构，现在来介绍索引叶子结点的索引项（记录）的内部结构。索引项（记录）是由如下 3 部分组成的。

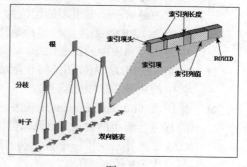

图 11-1

➥　索引项头（entry header）：存储了列数和锁的信息。

➥　索引列长度和值：必须成对出现，它定义了列的长度，紧跟在长度之后的就是列的值。

➥　ROWID：指向表中数据行的 ROWID。

在非分区表上 B-树索引中的叶子结点的索引项（记录）具有如下的特性：

➥　如果具有相同索引键值的数据行有多行且索引没有被压缩，则索引键值会重复存放。

➥　所有索引所在列的值为空（null）的数据行，Oracle 将不存储与之对应的索引项。因此，如果
　　在 WHERE 子句中索引所在列的值为 null，则 Oracle 将不使用索引而进行全表扫描。

➥　用于指向数据行的是限制性 ROWID，因为所有的数据行都属于相同的段。在索引项使用限制
　　性 ROWID 的好处是节省了索引的存储空间。

当对表进行 DML 操作时，Oracle 服务器将自动维护基于该表的全部索引。其维护的方法如下：

➥　当对表进行插入（insert）操作时，在对应的索引数据块中插入一行索引项。

➥　当对表进行删除（delete）操作时，Oracle 服务器仅对索引项进行逻辑删除操作，即仅在所删除
　　的索引项上加一个标记，并不真正地删除该项，而只有等该块中所有的项都被删除后才真正地

删除它们。

➥ 当对表进行修改（update）操作时，Oracle 服务器实际上对索引进行的是两个操作，一个是逻辑删除操作而另一个是插入操作。

介绍完 B-树索引，下面将开始介绍 Oracle 中可能经常使用的另一种索引的结构，即位图索引。

11.4 位 图 索 引

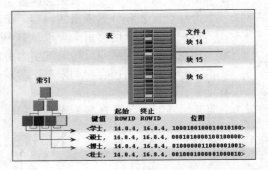

图 11-2

与 B-树索引相比，在某些情况下位图索引具有更多的优势。**位图索引也是一种 B-树结构，但是位图索引的叶子结点存的不是 ROWID 而是每一个键值的位图。**图 11-2 所示就是位图索引的一个结构示意图。

根据图 11-2，**位图中的每一位对应着一个可能的 ROWID，如果该位被置位就意味着 ROWID 所对应的行中包含键值。**其中位图索引的叶子结点包含了如下部分。

➥ 索引项头（entry header）：存储了列数和锁的信息。

➥ 键值（key values）：由索引列的长度和值所组成。在图 11-2 的例子中，索引键仅由一列所组成，并且它的最后一个索引项的键值为"壮士"。

➥ 起始 ROWID：为位图的起始地址，即位图中第 1 行的 ROWID，包括相对文件号、在相对文件中的块号和块中的行号。

➥ 终止 ROWID：为位图的终止地址，即位图中最后一行的 ROWID，包括相对文件号、在相对文件中的块号和块中的行号。

➥ 位图段（bitmap segment）：是由一串位所组成的。如果某一位置位（为 1），就表示该位所对应的行包含索引的键值。如果该位没有被置位（为 0），就表示该位所对应的行不包含索引的键值。Oracle 服务器使用一个有专利的压缩技术对位图段进行压缩之后再存储，所以位图索引可能会节省大量的存储空间。

下面按照图 11-2 所示的位图，给出一个实用的解释。

请看键值为学士的第 1 行：位图是从第 4 号文件的第 14（数据）块的第 0 行开始到第 4 号文件的第 16（数据）块的第 8 行结束。位图中的第 1 行记录为学士（因为位图中相应位是 1），第 2 行不是学士，第 3 行也不是，第 4 行也不是，但第 5 行是，以此类推。

接下来，请看键值为壮士的最后一行：位图也是从第 4 号文件的第 14（数据）块的第 0 行开始到第 4 号文件的第 16（数据）块的第 8 行结束。位图中的第 1 行记录不是壮士（因为位图中相应位是 0，其实该行已经是学士了，当然也就不可能再是壮士了），第 2 行不是壮士（因为该行已经是博士了，当然也就不可能再是壮士了），第 3 行才是壮士（因为位图中相应位是 1），以此类推。

如果读者对此感兴趣，可以使用比上述更加详细的方法分析图 11-2 所示的位图。

11.5 B-树索引和位图索引的比较

介绍这么多的 B-树索引和位图索引，那么这两种索引之间究竟有哪些差别呢？表 11-1 给出了它们比较结果的一个总结。

表 11-1

B-树（B-tree）索引	位图（Bitmap）索引
适合于 high-cardinality 列	适合于 low-cardinality 列
对关键字列的修改相对不算昂贵	对关键字列的修改非常昂贵
使用谓词 AND/OR 查询效率不高	使用谓词 AND/OR 查询效率高
行一级的锁	位图段一级的锁
较多的存储	较少的存储
用于 OLTP	用于 DSS

下面详细解释表 11-1 给出的结论。笔者曾查阅了几本英语字典想找到 cardinality 的确切中文意思，但是没找到一个满意的答案。在这里 low-cardinality 的含义就是列的值可以枚举，如性别和婚姻状况，以及例子中的学位。而 high-cardinality 的含义就是列的值很难枚举，如人名等。

从 11.4 节所介绍的位图索引的存储结构可知：对于 low-cardinality 的列使用位图索引要比 B-树索引紧凑得多，从而节省了大量的磁盘空间，同时也就减少了输入/输出量，从而达到了提高系统效率的效果。

另外，由于位图索引所需要的存储空间要比 B-树索引小得多，所以一般 Oracle 服务器在使用位图索引时会尽可能将整个位图索引段装入内存中。这实际上是将一个在磁盘上的搜索过程变成一个内存查找过程，从而极大地提高了系统的效率。Oracle 是用初始化参数文件中的参数 CREATE_BITMAP_AREA_SIZE 来定义这个内存区的大小的。其默认值为 8MB。读者要注意的是，在表 11-1 中所说的 B-树索引对关键字列的修改相对不算昂贵，并不是真的不昂贵，只是与位图索引相比较才不算昂贵，其实 DML 操作对任何类型的索引都很昂贵。在位图索引中修改键值列（索引列）需要使用段一级的锁，而 B-树索引使用的是行一级的锁，还有在这种情况下可能要调整位图。因此在位图索引中对关键字列的修改是非常昂贵的。

在对位图索引进行逻辑操作时，Oracle 服务器使用的是位操作，因此位图索引进行逻辑操作效率是非常高的。

最后的结论是，**B-树索引可能更适合于联机事务处理（OLTP）系统**，因为在联机事务处理系统中 **DML 的操作较频繁。位图索引更适合于数据仓库（Data Warehouse）系统**，因为在数据仓库系统中表一般都较大，但是静态的并且查询较为复杂。

11.6 创建索引

在真正创建任何索引之前，先介绍在创建一个索引时应考虑的一些问题。**Oracle 推荐在创建索引时要遵守以下原则：**

- **平衡查询和 DML 的需要。在易挥发（DML 操作频繁的）表上尽量减少索引的数量，**因为索引虽然加快了查询的速度但却降低了 DML 操作的速度。
- **将其放入单独的表空间，不要与表、临时段或还原（回滚）段放在一个表空间，**因为索引段会与这些段竞争输入/输出（I/O）。
- 使用统一的 EXTENT 尺寸，即数据块尺寸的 5 倍，或表空间的 MINIMUM EXTENT 的尺寸。这样做的目的是为了减少系统的转换时间。
- **对大索引可考虑使用 NOLOGGING。**这样做的目的是通过减少 REDO 操作来提高系统的效率，但是如果一旦系统发生崩溃，则该索引一般是无法进行完全恢复的。不过问题也不是很大，因为真正的数据还在表中，所以可以通过重建该索引来达到完全恢复的效果。

➥ 索引的 INITRANS 参数通常应该比相对应表的高。因为索引项要比表中的数据行小得多，所以一个数据块可以存放更多的索引项（记录）。

以下就是创建索引的命令格式：

```
CREATE 〔UNIQUE|BITMAP） INDEX [用户名.] 索引名
    ON [用户名.] 表名
    (列名 [ ASC | DESC ] [ , 列名 [ASC | DESC ] ] ...)
    [ TABLESPACE 表空间名 ]
    [ PCTFREE 正整型数 ]
    [ INITRANS 正整型数 ]
    [ MAXTRANS 正整型数 ]
    [ 存储子句 ]
    [ LOGGING| NOLOGGING ]
    [ NOSORT ]
```

其中，

➥ UNIQUE：说明该索引是唯一索引，默认是非唯一的。

➥ ASC：说明所创建的索引为升序。

➥ DESC：说明所创建的索引为降序。

➥ 表空间名：说明将要创建索引的表空间名。

➥ PCTFREE：在创建索引时每一个块中预留的空间。

➥ INITRANS：在每一个块中预分配的事务记录数，默认值为 2。

➥ MAXTRANS：在每一个块中可以分配的事务记录数的上限，默认值为 255。

➥ 存储子句：说明在索引中 EXTENTS 怎样分配。

➥ LOGGING：说明在创建索引时和以后的索引操作中要记录联机重做日志文件（为默认）。

➥ NOLOGGING：说明索引的创建和一些数据装入操作将不记录进联机重做日志文件。

➥ NOSORT：数据库中所存的数据行已经按升序排好，因此在创建索引时不需要再排序了。

➥ PCTUSED：在索引中不能说明该参数。因为索引记录必须以正确的顺序存放，所以用户不能控制何时向索引块中插入索引数据行。

下面通过例子来演示如何使用 Oracle 的 DDL 命令来创建正常索引和位图索引。首先为了使显示输出更加清晰，需要使用例 11-1～例 11-5 的 SQL*Plus 格式化命令。

例 11-1

```
SQL> COL INDEX_TYPE FOR A10
```

例 11-2

```
SQL> COL INDEX_NAME FOR A20
```

例 11-3

```
SQL> COL TABLE_NAME FOR A10
```

例 11-4

```
SQL> col tablespace_name for a15
```

例 11-5

```
SQL> set line 100
```

接下来，可以使用例 11-6 的 SQL 查询语句**从数据字典 dba_indexes 中获得有关 scott 用户的索引基于的表、所在的表空间、索引的类型和索引的状态等信息**。

例 11-6

```
SQL> SELECT index_name, table_name, tablespace_name,
```

```
   2          index_type, uniqueness, status
   3   FROM dba_indexes
   4   WHERE owner = 'SCOTT';
INDEX_NAME            TABLE_NAME TABLESPACE_NAME INDEX_TYPE UNIQUENES STATUS
-------------------- ---------- --------------- ---------- --------- ---------
PK_DEPT              DEPT       USERS           NORMAL     UNIQUE    VALID
PK_EMP               EMP        USERS           NORMAL     UNIQUE    UNUSABLE
PRODUCT_PNAME_IDX    PRODUCT    USERS           NORMAL     NONUNIQUE VALID
```

在所使用的数据库中 scott 用户共有 3 个索引。它们都是正常索引﹝INDEX_TYPE 列的显示均为 NORMAL（正常）﹞。

同样也是为了使显示输出更加清晰，使用例 11-7～例 11-9 的 SQL*Plus 格式化命令。

例 11-7
```
SQL> col column_name for a15
```

例 11-8
```
SQL> col index_owner for a12
```

例 11-9
```
SQL> col table_owner for a12
```

接下来，使用例 11-10 的查询语句从数据字典 dba_ind_columns 中获得 scott 用户的索引所基于的表和列等信息。

例 11-10
```
SQL> SELECT index_name, table_name, column_name,
   2          index_owner, table_owner
   3   FROM dba_ind_columns
   4   WHERE table_owner = 'SCOTT';
INDEX_NAME            TABLE_NAME COLUMN_NAME INDEX_OWNER  TABLE_OWNER
-------------------- ---------- ----------- ------------ ------------
PRODUCT_PNAME_IDX    PRODUCT    PNAME       SCOTT        SCOTT
PK_EMP               EMP        EMPNO       SCOTT        SCOTT
PK_DEPT              DEPT       DEPTNO      SCOTT        SCOTT
```

此时，就可以创建所需要的索引了。下面还是以 scott 用户的 emp 表为例，假设许多用户经常利用 ename（员工的名字）或 job（职位）进行查询。经过分析将基于 ename 列建一个正常索引，基于 job 列建一个位图索引。它们都将存放在 pioneer_indx 表空间中，其他的存储参数也相同，如例 11-11 和例 11-12 所示。

例 11-11
```
SQL> CREATE INDEX scott.emp_ename_idx
   2   ON scott.emp(ename)
   3   PCTFREE 20
   4   STORAGE(INITIAL 100K NEXT 100K
   5   PCTINCREASE 0  MAXEXTENTS 100)
   6   TABLESPACE pioneer_indx;
Index created.
```

例 11-12
```
SQL> CREATE BITMAP INDEX scott.emp_job_idx
   2   ON scott.emp(job)
   3   PCTFREE 20
   4   STORAGE(INITIAL 100K NEXT 100K
   5   PCTINCREASE 0  MAXEXTENTS 100)
```

```
6   TABLESPACE pioneer_indx;
Index created.
```

如果想知道是否真正成功地创建了这两个索引以及它们所基于的表、所在的表空间、索引的类型和状态等信息，可以使用例 11-13 的 SQL 查询语句。

例 11-13

```
SQL> SELECT index_name, table_name, tablespace_name,
  2          index_type, uniqueness, status
  3  FROM dba_indexes
  4  WHERE owner = 'SCOTT';
```

INDEX_NAME	TABLE_NAME	TABLESPACE_NAME	INDEX_TYPE	UNIQUENES	STATUS
PK_DEPT	DEPT	USERS	NORMAL	UNIQUE	VALID
PK_EMP	EMP	USERS	NORMAL	UNIQUE	UNUSABLE
EMP_ENAME_IDX	EMP	PIONEER_INDX	NORMAL	NONUNIQUE	VALID
EMP_JOB_IDX	EMP	PIONEER_INDX	BITMAP	NONUNIQUE	VALID
PRODUCT_PNAME_IDX	PRODUCT	USERS	NORMAL	NONUNIQUE	VALID

接下来，若想知道这两个索引所基于的列、索引的主人和所基于的表的主人等信息，可以使用例 11-14 的 SQL 查询语句。

例 11-14

```
SQL> SELECT index_name, table_name, column_name,
  2          index_owner, table_owner
  3  FROM dba_ind_columns
  4  WHERE table_owner = 'SCOTT';
```

INDEX_NAME	TABLE_NAME	COLUMN_NAME	INDEX_OWNER	TABLE_OWNER
PRODUCT_PNAME_IDX	PRODUCT	PNAME	SCOTT	SCOTT
EMP_JOB_IDX	EMP	JOB	SCOTT	SCOTT
EMP_ENAME_IDX	EMP	ENAME	SCOTT	SCOTT
PK_EMP	EMP	EMPNO	SCOTT	SCOTT
PK_DEPT	DEPT	DEPTNO	SCOTT	SCOTT

最后，若想知道这两个索引的存储参数是不是按照命令设置的，可使用例 11-15 的 SQL 查询语句。

例 11-15

```
SQL> SELECT index_name, pct_free, pct_increase, initial_extent, next_extent
  2  FROM dba_indexes
  3  WHERE owner = 'SCOTT';
```

INDEX_NAME	PCT_FREE	PCT_INCREASE	INITIAL_EXTENT	NEXT_EXTENT
PK_DEPT	10		65536	
PK_EMP	10		65536	
EMP_ENAME_IDX	20	0	106496	1048576
EMP_JOB_IDX	20	0	106496	1048576
PRODUCT_PNAME_IDX	10		65536	

从例 11-15 的结果显示可以看出：所创建的两个索引 EMP_ENAME_IDX 和 EMP_ JOB_IDX 的 PCT_FREE 都为 20，PCT_INCREASE 都为 0，INITIAL_EXTENT 为 100KB，且都是在创建索引时所定义的。但是 NEXT_EXTENT 却为 1MB，这又是为什么？回想在第 6 章中所创建的 pioneer_indx 表空间为本地表空间，而且它的 UNIFORM SIZE 为 1MB，因此在该表空间中所有后面的 EXTENT 都要按 1MB 来分配。也就是说，对本地管理的表空间无法改变 NEXT_EXTENT 的大小。

Oracle 11g 对此做了修改，此时 NEXT_EXTENT 为所定义的 100KB，而不是 1MB 了。

11.7　重建和维护索引

如果索引所基于的表上 **DML 操作频繁**（在索引所在的列），那么随着时间的推移，索引的效率可能会变得越来越差，此时就需要重建正常索引和位图索引。重建索引的命令在第 10 章已介绍过。除了例 10-22 中所介绍的将索引移到另一个表空间之外，在重建索引时还能修改索引的一些存储参数。**重建后的索引数据块将消除那些已经删除的索引记录，同时索引树也将重新变得平衡，因此效率也将随之提高。**

例 11-16 就是一个重建 scott 用户的 EMP_ENAME_IDX 索引的命令，在重建该索引的同时也将它的 PCTFREE 改为 40（40%），NEXT EXTENT 改为 300KB。

例 11-16

```
SQL> ALTER INDEX scott.emp_ename_idx REBUILD
  2    PCTFREE 40
  3    STORAGE (NEXT 300K);
Index altered.
```

接下来验证该索引的存储参数是不是按命令设置的，可使用例 11-17 的 SQL 查询语句。

例 11-17

```
SQL> SELECT index_name, pct_free, pct_increase, initial_extent, next_extent
  2    FROM dba_indexes
  3    WHERE owner = 'SCOTT';
```

INDEX_NAME	PCT_FREE	PCT_INCREASE	INITIAL_EXTENT	NEXT_EXTENT
PK_DEPT	10		65536	
PK_EMP	10		65536	
EMP_ENAME_IDX	40	0	106496	1048576
EMP_JOB_IDX	20	0	106496	1048576
PRODUCT_PNAME_IDX	10		65536	

从例 11-17 的结果显示可以看出：重建后的索引 EMP_ENAME_IDX 的 PCT_FREE 确实为 40，但 NEXT_EXTENT 却还是 1MB。这再一次证明了前面讲的"本地管理的表空间无法改变 NEXT_EXTENT 的大小。"

Oracle 11g 对此做了修改，此时 NEXT_EXTENT 为所定义的 300KB，而不再是 1MB 了。

在大规模装入数据之前，为了避免索引段的自动扩展，可以使用命令手工地分配磁盘空间。在手工分配磁盘空间之前，先使用例 11-18 的查询语句来查看当前索引段的磁盘空间分配情况。

例 11-18

```
SQL> SELECT segment_name, segment_type, tablespace_name, extents
  2    FROM dba_segments
  3    WHERE owner = 'SCOTT'
  4    AND segment_type = 'INDEX';
```

SEGMENT_NAME	SEGMENT_TYPE	TABLESPACE_NAME	EXTENTS
PK_DEPT	INDEX	USERS	1

PK_EMP	INDEX	USERS	1
EMP_ENAME_IDX	INDEX	PIONEER_INDX	1
EMP_JOB_IDX	INDEX	PIONEER_INDX	1
PRODUCT_PNAME_IDX	INDEX	USERS	1

下面使用例 11-19 的 DDL 语句为 scott 用户下的 EMP_ENAME_IDX 索引手工增加一个 EXTENT 的磁盘空间。

例 11-19

```
SQL> ALTER INDEX scott.emp_ename_idx
  2  ALLOCATE EXTENT;
Index altered.
```

接下来使用例 11-20 的查询语句来验证为 scott 用户下的 EMP_ENAME_IDX 索引手工增加 EXTENT 命令是否真的成功了。

例 11-20

```
SQL> SELECT segment_name, segment_type, tablespace_name, extents
  2  FROM dba_segments
  3  WHERE owner = 'SCOTT'
  4  AND segment_type = 'INDEX';
```

SEGMENT_NAME	SEGMENT_TYPE	TABLESPACE_NAME	EXTENTS
PK_DEPT	INDEX	USERS	1
PK_EMP	INDEX	USERS	1
EMP_ENAME_IDX	INDEX	PIONEER_INDX	2
EMP_JOB_IDX	INDEX	PIONEER_INDX	1
PRODUCT_PNAME_IDX	INDEX	USERS	1

从例 11-20 结果的最后一列的显示可以看出：EMP_ENAME_IDX 索引段的 EXTENT 的个数已经从一个增加到了两个。

当然与之相对应的就是当索引段中的磁盘空间没用时可以使用命令来回收这些空间。可以使用例 11-21 的 DDL 语句来回收 scott 用户下的 EMP_ENAME_IDX 索引段的没用的磁盘空间。

例 11-21

```
SQL> ALTER INDEX scott.emp_ename_idx DEALLOCATE UNUSED;
Index altered.
```

另外，还有一个可能会用到的命令，即合并碎片的命令，可以使用例 11-22 的 DDL 语句来合并 scott 用户下的 EMP_ENAME_IDX 索引段中的碎片。

例 11-22

```
SQL> ALTER INDEX scott.emp_ename_idx COALESCE;
Index altered.
```

除了以上回收索引的无用磁盘空间和合并碎片的命令之外，截断表命令也会释放基于该表的索引段所用的全部磁盘空间。

在不少书中还介绍了另一个修改索引存储参数的命令，即 ALTER INDEX 索引名存储子句命令。该命令可以在不重建索引的情况下修改索引的存储参数。但是到 Oracle 8i 特别是 Oracle 9i 时，使用该命令的频率已经减少，因为许多数据库管理员都愿意在重建索引的同时顺便修改存储参数，还有就像前面介绍过的在本地管理的表空间中索引的许多存储参数是不能修改的，而从 Oracle 8i 开始，本地管理的表空间的使用变得越来越普遍。

◀》提示：

因为在使用上面介绍的命令重建索引时只可以在索引上使用查询语句而不能使用 DML 语句，所以 Oracle 9i 在重建索引的命令中引入了 ONLINE 选项，也叫以联机方式重建索引。在使用该选项后，索引在重建时只有极短暂的时间被加锁，而在重建索引的过程中绝大部分时间可以使用 DML 语句，但是该命令仍然存在一些限制。其命令如 ALTER INDEX scott.emp_ename_idx REBUILD ONLINE。

11.8　标识索引的使用情况

尽管建立了索引，但 Oracle 9i 之前的版本对于这些索引是否被使用过，在 Oracle 系统中并没有任何记载。**Oracle 9i** 对这方面做出了一些改进。**Oracle 9i** 可以记录某个索引是否被使用过，但其只记录用过或没用过（**YES/NO**），即用过一次是用过，用过一万次也是用过。不管怎样 Oracle 9i 还是向前迈进了一大步。

为了要查看 scott 用户下的 EMP_ENAME_IDX 索引是否使用过的步骤如下：

（1）首先，要以 scott 用户登录数据库系统，可以在 SQL*Plus 下输入例 11-23 的连接命令。

例 11-23

```
SQL> connect scott/tiger
Connected.
```

（2）之后，输入如例 **11-24** 所示的开启监督索引使用的 **DDL** 语句，开启对索引 **EMP_ENAME_IDX** 的监督。

例 11-24

```
SQL> ALTER INDEX emp_ename_idx MONITORING USAGE;
Index altered.
```

（3）接下来，可以发出一个类似例 11-25 的 SQL 查询语句影响 Oracle 系统使用所建的索引 EMP_ENAME_IDX。

例 11-25

```
SQL> SELECT ename, job, sal
  2   FROM scott.emp
  3   WHERE ename LIKE 'C%';
ENAME      JOB                 SAL
---------- ------------------- 
CLARK      MANAGER             2450
```

（4）下面就可以使用数据字典 v$object_usage 来获取索引 **EMP_ENAME_IDX** 的使用情况，此时可以使用例 11-26 的 SQL 查询语句。

例 11-26

```
SQL> SELECT *
  2 FROM v$object_usage;
INDEX_NAME          TABLE_NAME         MON USE START_MONITORING   END_MONITORING
------------------- ------------------ --- --- ------------------ ------------------
EMP_ENAME_IDX       EMP                YES YES 10/31/2012 12:15:53
```

例 11-26 的查询结果从左到右清楚地表明：**索引 EMP_ENAME_IDX 是基于 emp 表的**，对索引使用状态的监督已经开启（**MON 列为 YES**），该索引已经使用过（**USE 列为 YES**），开始监督的时间是 2012 年 **10 月 31 日 12 点 15 分 53 秒**。

（5）当已经清楚了索引 EMP_ENAME_IDX 的使用情况后，可以使用例 11-27 的 **DDL** 语句关闭索引的监督。

例 11-27

```
SQL> ALTER INDEX emp_ename_idx NOMONITORING USAGE;
Index altered.
```

（6）此时再使用例 11-28 的 SQL 查询语句来查看索引 EMP_ENAME_IDX 的使用情况时，其查询的显示结果将会有相应的变化。

例 11-28

```
SQL> SELECT *
  2  FROM v$object_usage;
INDEX_NAME        TABLE_NAME   MON USE START_MONITORING   END_MONITORING
------------------------------------------------------------------------
EMP_ENAME_IDX     EMP          NO  YES 10/31/2012 12:15:53 10/31/2012 12:20:44
```

虽然例 11-28 的查询结果与例 11-26 的大部分是相同的，**但是对索引使用状态的监督已经关闭（MON 列为 NO）**，而且终止监督的时间已经有值了，为 **2012 年 10 月 31 日 12 点 20 分 44 秒**。

为了使读者进一步加深对该用法的理解，下面再演示一个例子。

（1）可以使用例 11-29 的 DDL 语句开启对索引 EMP_JOB_IDX 的监督。

例 11-29

```
ALTER INDEX emp_job_idx MONITORING USAGE;
Index altered.
```

（2）与前面的处理不同的是，此次不查询 emp 表，而是直接使用例 11-30 的 SQL 查询语句来检验索引 EMP_JOB_IDX 的使用情况。

例 11-30

```
SQL> SELECT *
  2  FROM v$object_usage;
INDEX_NAME        TABLE_NAME   MON USE START_MONITORING   END_MONITORING
------------------------------------------------------------------------
EMP_ENAME_IDX     EMP          NO  YES 10/31/2012 12:15:53 10/31/2012 12:20:44
EMP_JOB_IDX       EMP          YES NO  10/31/2012 14:26:08
```

例 11-30 的查询结果清楚地表明：虽然索引 EMP_JOB_IDX 的监督已经开启（MON 列为 YES），但是该索引没有使用过（USE 列为 NO），开始监督的时间是 2012 年 10 月 31 日 14 点 26 分 08 秒。

（3）当已经清楚了索引 EMP_JOB_IDX 的使用情况后，可以使用例 11-31 的 DDL 语句关闭索引的监督。

例 11-31

```
SQL> ALTER INDEX emp_job_idx NOMONITORING USAGE;
Index altered.
```

（4）此时可以再使用例 11-32 的 SQL 查询语句来查看索引 EMP_JOB_IDX 的使用情况，其查询的显示结果将会有相应的变化。

例 11-32

```
SQL> SELECT *
  2  FROM v$object_usage;
INDEX_NAME        TABLE_NAME   MON USE START_MONITORING   END_MONITORING
------------------------------------------------------------------------
EMP_ENAME_IDX     EMP          NO  YES 10/31/2012 12:15:53 10/31/2012 12:20:44
EMP_JOB_IDX       EMP          NO  NO  10/31/2012 14:26:08 10/31/2012 14:29:40
```

虽然例 11-32 的查询结果与例 11-30 的大部分是相同的，但是对索引 EMP_JOB_IDX 使用状态的监督已经关闭（MON 列为 NO），而且终止监督的时间已经有值了，为 2012 年 10 月 31 日 14 点 29 分 40 秒。

11.9　删　除　索　引

由于索引段本身要占用磁盘存储空间，如果表很大，则相应的索引也会很大，这可能要消耗大量的磁盘空间，另外，维护索引也会降低系统的效率。因此，完全有必要删除那些不常用的索引，若需要时可进行重建。有时某些索引可能由于各种原因而变为无效，此时就应删除并重建无效的索引。由于大规模的维护索引对数据库系统的效率冲击很大，所以一般在大规模装入数据之前先删除索引然后再重建它们。

可使用 Oracle 的 **DROP INDEX** 命令来删除索引。下面使用例子来演示这一删除过程。首先，使用如例 11-33 所示的命令以 system 用户登录数据库系统。

例 11-33

```
SQL> connect system/manager
Connected.
```

接下来，就可以使用例 11-34 和例 11-35 的 DDL 语句分别删除 scott 用户下的索引 EMP_ ENAME_IDX 和 EMP_JOB_IDX。

例 11-34

```
SQL> DROP INDEX scott.emp_ename_idx;
Index dropped.
```

例 11-35

```
SQL> DROP INDEX scott.emp_job_idx;
Index dropped.
```

最后，使用例 11-36 的 SQL 查询语句来验证这两个索引是否真的被删除了。

例 11-36

```
SQL> SELECT index_name, table_name, tablespace_name,
  2         index_type, uniqueness, status
  3  FROM dba_indexes
  4  WHERE owner = 'SCOTT';
INDEX_NAME          TABLE_NAME TABLESPACE_NAME INDEX_TYPE  UNIQUENES STATUS
------------------- ---------- --------------- ----------- --------- --------
PK_DEPT             DEPT       USERS           NORMAL      UNIQUE    VALID
PK_EMP              EMP        USERS           NORMAL      UNIQUE    UNUSABLE
PRODUCT_PNAME_IDX   PRODUCT    USERS           NORMAL      NONUNIQUE VALID
```

例 11-36 的查询结果清楚地表明：已经成功地删除了 scott 用户下的索引 EMP_ENAME_ IDX 和 EMP_JOB_IDX。

11.10　不可见索引

对于一个大表或超大表，其索引的规模通常也很大。这样，如果该表上的某个索引不经常使用，则这个索引不但会浪费大量宝贵的磁盘空间，而且维护这个索引的系统开销也会很大。最好的办法是将这种不经常使用的大型或超大型索引先删除掉，等以后经常使用时再重新创建。但是，问题是怎样才能确定这样的索引呢？

尽管可以使用本章 11.8 节所介绍的方法监督一个索引的使用，但是这种方法只能确定这个索引用过或没用过而不能记录使用的频率（次数）。一些有经验的数据库管理员采用先将那个被怀疑不经常使用的索引删除掉，接下来测试日常操作（对索引所在表的操作）。经过一段时间，如果发现系统运行的效率没有什么影响，此时就可以确认这个索引是没有用的，完全可以删除；如果发现系统运行的效率明显下降，就需要重新创建这个索引。但是，**重建这样的大型或超大型索引是相当耗时的，其创建操作本身也会对系统的效率产生冲击。**那么有没有一种更好的方法来解决这一难题呢？在 Oracle 11g 之前是没有的。

从 **Oracle 11g 开始，可以将一个索引的属性改为不可见。Oracle 的优化器将忽略任何不可见索引，除非将初始化参数 OPTIMIZER_USE_INVISIBLE_INDEXES 设置为 TRUE。**这个初始化参数的值既可以在会话一级也可以在系统一级设置，其默认值是 FALSE。

与无用的索引不同的是：在执行 DML 语句期间，Oracle 系统将维护不可见索引。利用不可见索引，可以方便地完成如下的工作：

- ➥ 在删除一个索引之前先测试没有这个索引的效果。
- ➥ 为某些特定的操作或应用程序创建专用的索引而又不影响正常的业务。

可以在创建索引时就将这个索引设为不可见，创建不可见索引命令的语法格式如下：

```
CREATE INDEX 索引名 ON 表名(列名) INVISIBLE;
```

也可以利用 **ALTER INDEX 命令将一个现有的索引改为不可见的索引，**当然也可以将一个不可见的索引改回为一个可见的索引（正常索引），其扩展后的 ALTER INDEX 命令的语法格式如下：

```
ALTER INDEX 索引名 INVISIBLE | VISIBLE;
```

接下来，通过一系列的例子来演示将一个现有的索引改为不可见的索引和将一个不可见的索引改回为一个正常索引的具体操作，以及怎样观察更改前后这个索引的相应变化。为此，首先使用例 10-37 的 SQL*Plus 的 show 命令显示系统当前初始化参数 **OPTIMIZER_USE_INVISIBLE_INDEXES** 的设置。

例 11-37

```
SQL> show parameter OPTIMIZER_USE_INVISIBLE_INDEXES
NAME                                   TYPE                   VALUE
------------------------------------   --------------------   ------
optimizer_use_invisible_indexes        boolean                FALSE
```

例 11-37 的显示结果清楚地表明：**OPTIMIZER_USE_INVISIBLE_INDEXES 参数的当前设置为 FALSE，为默认设置。**

接下来，使用例 11-38 的查询语句列出 scott 用户中所有以 EMP_ 开始的索引的相关信息（主要感兴趣的是 **VISIBILITY 列的值**）。

例 11-38

```
SQL> SELECT index_name, table_name, tablespace_name,
  2        index_type, visibility, status
  3  FROM dba_indexes
  4  WHERE owner = 'SCOTT'
  5  AND index_name LIKE 'EMP_%';
INDEX_NAME      TABLE_NAME TABLESPACE_NAME INDEX_TYPE VISIBILITY STATUS
--------------- ---------- --------------- ---------- ---------- ------
EMP_ENAME_IDX   EMP        PIONEER_INDX    NORMAL     VISIBLE    VALID
EMP_JOB_IDX     EMP        PIONEER_INDX    BITMAP     VISIBLE    VALID
```

例 11-38 的显示结果清楚地表明：**在 scott 用户中满足查询条件的索引无一例外，都是可见的索引。** 接下来，使用例 11-39 的 DDL 语句**将 scott 用户的 emp_ename_idx 索引改为不可见的索引。**

例 11-39

```
SQL> ALTER INDEX SCOTT.EMP_ENAME_IDX INVISIBLE;
索引已更改。
```

随后，使用例 11-40 的查询语句再次列出 scott 用户中所有以 EMP_ 开始的索引的相关信息（主要感兴趣的还是 VISIBILITY 列的值）。

例 11-40
```
SQL> SELECT index_name, table_name, tablespace_name,
  2         index_type, visibility, status
  3  FROM dba_indexes
  4  WHERE owner = 'SCOTT'
  5  AND index_name LIKE 'EMP_%';
INDEX_NAME      TABLE_NAME TABLESPACE_NAME INDEX_TYPE VISIBILITY STATUS
--------------- ---------- --------------- ---------- ---------- ------
EMP_ENAME_IDX   EMP        PIONEER_INDX    NORMAL     INVISIBLE  VALID
EMP_JOB_IDX     EMP        PIONEER_INDX    BITMAP     VISIBLE    VALID
```

对比例 11-38 和例 11-40 的显示结果中的 VISIBILITY 列，可以看到现在索引 EMP_ENAME_IDX 已经是不可见的了（INVISIBLE）。

之后，在 **scott** 用户的 **emp** 表上执行任何 SQL 语句时，**Oracle** 优化器都保证百分之百地不使用那个不可见的索引 **emp_ename_idx**，即使使用了启示（如例 **11-41**），也不管用。

例 11-41
```
SQL> SELECT /*+ index(scott.emp_ename_idx) */ ename, job, sal
  2  FROM scott.emp
  3  WHERE ename LIKE 'C%';
ENAME      JOB                 SAL
---------- ------------------- ----------
CLARK      MANAGER             2450
```

如果之后的操作需要使用 **scott** 用户的 **emp_ename_idx** 索引，可以使用例 **11-42** 的 DDL 语句再次将这个索引改为可见索引。

例 11-42
```
SQL> ALTER INDEX SCOTT.EMP_ENAME_IDX VISIBLE;
索引已更改。
```

最后，应该使用例 11-43 的查询语句再次列出 scott 用户中所有以 EMP_开始的索引的相关信息，以确认 VISIBILITY 列的值是否真的是 VISIBLE 了。

例 11-43
```
SQL> SELECT index_name, table_name, tablespace_name,
  2         index_type, visibility, status
  3  FROM dba_indexes
  4  WHERE owner = 'SCOTT'
  5  AND index_name LIKE 'EMP_%';
INDEX_NAME      TABLE_NAME TABLESPACE_NAME INDEX_TYPE VISIBILITY STATUS
--------------- ---------- --------------- ---------- ---------- ------
EMP_ENAME_IDX   EMP        PIONEER_INDX    NORMAL     VISIBLE    VALID
EMP_JOB_IDX     EMP        PIONEER_INDX    BITMAP     VISIBLE    VALID
```

看到例 10-43 的查询显示结果，应该放心了，因为 EMP 表的 EMP_ENAME_IDX 的 VISIBILITY 属性已经是可见的了（VISIBLE）。

可能有这样的情况，在您的公司的数据库中有一个非常大的表，而公司的许多日常业务都需要访问这个表。现在，公司又安装了一个应用程序，这个应用程序只是每隔一段时间用一次，而这个应用程序的效率已经低到令人无法忍耐的地步。经过仔细分析发现，系统效率低的问题是由于查询那个大表的语句所造成的。为了提高查询语句的效率必须在这个表上专门建立一个索引，但是有了这个特殊的索引之后，其他日常操作的效率又明显下降。

实际上，目前正处在一个进退两难的状况。其解决这一难题的方法是为这个应用程序创建一个（也可能几个）专门的不可见（**INVISIBLE**）索引，每次运行这个应用程序的具体操作步骤如下：

（1）平时保持初始化参数 OPTIMIZER_USE_INVISIBLE_INDEXES 的默认设置 FALSE。

（2）当需要运行这个应用程序时，使用如下命令之一将以上初始化参数的值设为 TRUE。

➥　alter session set OPTIMIZER_USE_INVISIBLE_INDEXES = TRUE;

➥　alter system set OPTIMIZER_USE_INVISIBLE_INDEXES = TRUE;

（3）使用 show parameter OPTIMIZER_USE_INVISIBLE_INDEXES 命令验证该参数的值是否为 TRUE。如果不是，要检查问题的原因，之后重新将其修改成 TRUE；如果是，运行该应用程序。

（4）应用程序执行完成后，使用如下命令之一将以上初始化参数的值重新设为 FALSE。

➥　alter session set OPTIMIZER_USE_INVISIBLE_INDEXES = FALSE;

➥　alter system set OPTIMIZER_USE_INVISIBLE_INDEXES = FALSE;

（5）使用 show parameter OPTIMIZER_USE_INVISIBLE_INDEXES 命令验证该参数的值是否为 FALSE。如果不是，要检查其原因，之后重新将其修改成 FALSE。

11.11　创建索引的应用实例

前一段时间宝儿在媒体上的辛勤耕耘终于得到了经理们的认可。在公司的一次重要会议上，有位受到宝儿在媒体上多次赞扬的经理提议："因为宝儿在公司的出色表现，现在应该提升他为 IT 经理。"而另一位受到宝儿在媒体上赞扬的经理认为："现在先驱工程已经任命宝儿为 CIO，所以为了公司的公共形象，必须任命他为 IT 经理。"就这样，在完全没有阻力的情况下，宝儿晋升为公司的 IT 经理，尽管还只是个光杆司令。小小年纪的宝儿竟成了大型跨国公司的中层经理。

由于先驱工程的深入，对事件表（event）的查询变得越来越频繁。其中，许多查询是按事件名（evtname）和事件类型（evttype）进行的，而且这些查询已经影响到了数据库系统整体的效率。

于是，宝儿决定为这两列创建索引。根据分析，他决定首先在事件名（evtname）上创建一个正常索引，其名为 EVENT_EVTNAME_IDX，该索引的 PCTFREE 为 25（25%），INITIAL EXTENT 为 500KB，将存放在 PIONEER_INDX（先驱索引）表空间中。之后，他再为事件类型（evttype）创建一个位图索引，其名为 EVENT_EVTTYPE_IDX，此索引的 PCTFREE 也为 25（25%），但是 INITIAL EXTENT 为 300KB，也将存放在 PIONEER_INDX（先驱索引）表空间中。

当宝儿分析完后，他分别发出了例 **11-44** 和例 **11-45** 的 **DDL** 命令创建了上面所说的正常索引 **EVENT_EVTNAME_IDX** 和位图索引 **EVENT_EVTTYPE_IDX**。

例 11-44

```
SQL> CREATE INDEX scott.event_evtname_idx
  2  ON scott.event(evtname)
  3  PCTFREE 25
  4  STORAGE(INITIAL 500K)
  5  TABLESPACE pioneer_indx;
Index created.
```

例 11-45

```
SQL> CREATE BITMAP INDEX scott.event_evttype_idx
  2  ON scott.event(evttype)
  3  PCTFREE 25
  4  STORAGE(INITIAL 300K)
```

```
  5   TABLESPACE pioneer_indx;
Index created.
```

紧接着，宝儿想知道他是否成功地创建了这两个索引以及它们所基于的表、所在的表空间、索引的类型和状态等信息。于是他使用了例 11-46 的 SQL 查询语句。

例 11-46

```
SQL> SELECT index_name, table_name, tablespace_name,
  2          index_type, uniqueness, status
  3   FROM dba_indexes
  4   WHERE owner = 'SCOTT'
  5   AND tablespace_name LIKE 'PI%';
INDEX_NAME          TABLE_NAME TABLESPACE_NAME INDEX_TYPE UNIQUENES STATUS
------------------- ---------- --------------- ---------- --------- ---------
EVENT_EVTNAME_IDX EVENT        PIONEER_INDX    NORMAL     NONUNIQUE VALID
EVENT_EVTTYPE_IDX EVENT        PIONEER_INDX    BITMAP     NONUNIQUE VALID
```

从例 11-46 的查询语句显示结果可以清楚地看出：这两个索引都基于 event 表，它们都存放在 pioneer_indx 表空间，都是非唯一的索引（UNIQUENES 列的显示都为 NONUNIQUE），而且它们的状态都是有效的（STATUS 列的显示都为 VALID）。但是索引 EVENT_ EVTNAME_IDX 为正常索引（INDEX_TYPE 列的显示为 NORMAL），而索引 EVENT_ EVTTYPE_IDX 为位图索引（INDEX_TYPE 列的显示为 BITMAP）。这些正是宝儿所希望的。

接下来，他想知道这两个索引所基于的列、索引的主人和所基于的表的主人等信息。于是他又发出了例 11-47 的 SQL 查询语句。

例 11-47

```
SQL> SELECT index_name, table_name, column_name,
  2          index_owner, table_owner
  3   FROM dba_ind_columns
  4   WHERE table_owner = 'SCOTT'
  5   AND index_name LIKE '%_IDX';
INDEX_NAME          TABLE_NAME COLUMN_NAME     INDEX_OWNER TABLE_OWNER
------------------- ---------- --------------- ----------- -----------
EVENT_EVTTYPE_IDX EVENT        EVTTYPE         SCOTT       SCOTT
EVENT_EVTNAME_IDX EVENT        EVTNAME         SCOTT       SCOTT
PRODUCT_PNAME_IDX PRODUCT      PNAME           SCOTT       SCOTT
```

从例 11-47 的查询语句显示结果可以清楚地看出：这两个索引都基于 event 表，这两个索引的主人和所基于表的主人都是 scott。但是索引 EVENT_EVTNAME_IDX 是建在 EVTNAME 列上的，而索引 EVENT_EVTTYPE_IDX 是建在 EVTTYPE 列上的。这些也正是宝儿所希望的。

最后，宝儿还想看看这两个索引的存储参数是不是按他的命令设置的。于是他发出了例 11-48 的 SQL 查询语句。

例 11-48

```
SQL> SELECT index_name, pct_free, pct_increase, initial_extent, next_extent
  2   FROM dba_indexes
  3   WHERE owner = 'SCOTT'
  4   AND tablespace_name LIKE 'PI%';
INDEX_NAME                PCT_FREE PCT_INCREASE INITIAL_EXTENT NEXT_EXTENT
------------------------- -------- ------------ -------------- -----------
EVENT_EVTNAME_IDX             25            0          516096     1048576
EVENT_EVTTYPE_IDX             25            0          311296     1048576
```

从例 11-48 的结果显示可以看出：刚创建的两个索引 EVENT_EVTNAME_IDX 和 EVENT_EVTTYPE_IDX 的 PCT_FREE 都为 25，PCT_INCREASE 都为 0。索引 EVENT_EVTNAME_IDX 的 INITIAL_EXTENT 为 500KB，而索引 EVENT_EVTTYPE_IDX 的 INITIAL_EXTENT 为 300KB，都是他在创建索引时所定义的。但是 NEXT_EXTENT 却为 1MB，这是因为 pioneer_indx 表空间为本地表空间，而且它的 UNIFORM SIZE 为 1MB。

到此为止，宝儿可以胸有成竹地确定：他已经按照先驱工程的需要成功地创建了正常索引 EVENT_EVTNAME_IDX 和位图索引 EVENT_EVTTYPE_IDX。

11.12　您应该掌握的内容

在学习第 12 章之前，请检查您是否已经掌握了以下内容：
- 为什么要引入索引。
- 索引对查询语句的影响。
- 索引对 DML 语句的影响。
- 索引的逻辑分类。
- 索引的物理分类。
- B-树索引的结构。
- B-树索引的应用范围。
- 位图索引的结构。
- 位图索引的应用范围。
- B-树索引和位图索引的主要区别。
- 创建一个索引时应考虑哪些问题。
- 如何创建正常索引。
- 如何创建位图索引。
- 获取索引信息的常用数据字典有哪些。
- 如何使用数据字典。
- 为什么要重建索引。
- 如何重建索引。
- 维护索引的一些常用的方法。
- 如何标识索引的使用情况。
- 如何获取索引的使用情况。
- 如何删除索引。
- 如何确定一个索引已经被删除。
- 引入不可见索引的原因。
- 利用不可见索引可以完成哪些工作。
- 怎样设置和查看初始化参数 OPTIMIZER_USE_INVISIBLE_INDEXES 的值。
- 熟悉与不可见的索引相关的命令。
- 怎样获取某个或某些索引是否是不可见的信息。

第 12 章　管理和维护数据完整性

在使用数据库存储公司的数据时并不是所有的数据都有意义，只有那些符合公司商业规则的数据才应该进入公司的数据库。

12.1　数据的完整性

所谓数据的完整性，就是在数据库中只存有符合公司商业规则的有效数据。有 3 种主要的方法来维护数据的完整性，分别是 **Oracle** 的完整性约束、数据库触发器和应用程序代码。

如果可以选择，首先应该尽可能使用 **Oracle** 的完整性约束。因为它们是加在表上的而且其可靠性和效率应该都很好；而且完整性约束容易声明也容易修改，几乎不需要什么编码；它们在使用上也很灵活，很容易开启（激活）和关闭（禁止）；所有的完整性约束的定义都记录在数据库的数据字典中。

在这里要说明的另一个应该尽量使用完整性约束的原因是：在所谈到的 3 种实现公司商业规则的方法中，只有完整性约束是 Oracle 产品自带的，其他的两种都需要依赖程序员编码，因此这些程序员的水平将决定系统的可靠性、安全性和效率等。

其次，是选择数据库触发器，因为它们也是加在表上的。有关数据库触发器的内容是在 PL/ SQL 程序设计的课程中介绍的。

最后，才是选择应用程序代码，因为它们不是加在表上的，这可能留下安全漏洞。应用程序代码既可以是存储过程也可以是客户端程序。

究竟选用哪种方法，除了要考虑数据的完整性之外，还要考虑系统的效率。 有时为了系统的效率可能使用客户端的程序代码，因为这样做可以减轻数据库服务器的压力，以数据的完整性为代价换来了系统效率的提高。**最后的系统设计和实现是在数据的完整性与系统效率之间达到平衡。**

本章的重点将放在如何使用 Oracle 的完整性约束上。

12.2　完整性约束的类型

Oracle 的完整性约束是强加在表上的规则或条件。当对一个表进行 **DML** 或 **DDL** 操作时，如果此操作会造成表中的数据违反约束条件或规则，**Oracle** 系统就会拒绝执行这个操作。这样做的好处是：当错误刚一出现时就能被 Oracle 系统自动地发现，从而使数据库的开发和维护都更加容易。

Oracle 系统一共提供了以下 5 种约束。

- 非空（not null）约束：所定义的列决不能为空。
- 唯一（unique）约束：在表中每一行中所定义的这个列或这些列的值都不能相同。
- 主键（primary key）约束：指明一列或几列的组合为该表的主键。主键唯一地标识表中的每一行，并且主键不能包括空值。
- 外键（foreign key）约束：指明一列或几列的组合为外键以维护从表（child table）和主表（parent table）之间的引用完整性（referential integrity）。
- 条件（check）约束：表中每一行都要满足该约束条件。

约束是加在表上的，因为只有在表中存有数据才能定义约束。可以在创建表时在 **CREATE TABLE** 语句中定义约束，也可以在已存在的表上利用 **ALTER TABLE** 语句来定义约束。既可以在列一级，也可以在表一级定义约束。约束的定义存放在 **Oracle** 的数据字典中，只能通过数据字典来浏览约束。读者可以自己给出约束的名字。如果在定义约束时没有给出约束的名字，Oracle 系统将为该约束自动生成一个名字，其格式为 SYS_Cn，其中 n 为大于零的自然数。

12.3　完整性约束的状态

在前面介绍了为了维护数据的完整性，可能会在一个表上定义一个或多个完整性约束。但是 **Oracle 系统进行过多的约束检查会极大地降低效率。在某些情况下，如在数据仓库系统中大规模装入数据时，为了系统的效率可能不得不牺牲数据的完整性来关闭（禁止）一些约束。任何一个完整性约束都可能处在下面的 4 种状态之一。**

　　➥ DISABLE NOVALIDATE（禁止而无效）：不做任何约束所定义的检查。表中的数据以及输入或修改的数据都可能不遵守约束所定义的规则。

　　➥ DISABLE VALIDATE（禁止而有效）：表中由约束所限制的列不能做任何的修改，还有约束上的索引将被删除掉，而且约束也将被禁止（关闭）。

　　➥ ENABLE NOVALIDATE（激活而无效）：新的违反约束的数据不能输入到表中。但是表中可能包含违反约束的数据。在将有效的联机事务处理系统数据装入到数据仓库时，这种状态可能很有用。

　　➥ ENABLE VALIDATE（激活而有效）：任何违反约束的数据行都不能插入到表中。不过可能有一些违反约束的数据行在约束被禁止期间已经插入了表中。这样的数据行被称为例外，它们必须或者被修改或者被删除。

当一个约束从禁止（disabled）状态变为 ENABLE VALIDATE 时，表中所有的数据都会被上锁以检验数据的完整性。这可能造成 DML 操作的等待，因此建议：为了系统的效率，在生产（商业）数据库系统上最好不要在繁忙期间将约束从禁止状态变为 ENABLE VALIDATE。在繁忙期间可以先将约束从禁止状态变为 ENABLE NOVALIDATE 状态，之后等系统平静下来，再将约束改为 ENABLE VALIDATE 状态。

Oracle 完整性约束的各种状态之间的变化遵循以下的原则：

　　➥ 如果在激活（enable）约束时没有说明 NOVALIDATE，就意味着 ENABLE VALIDATE。

　　➥ 如果在禁止（disable）约束时没有说明 VALIDATE，就意味着 DISABLE NOVALIDATE。

　　➥ 如果唯一（unique）约束或主键（primary key）约束从禁止状态变为激活状态时没有索引，Oracle 系统就会自动地为之创建一个唯一索引。与此类似，如果唯一约束或主键约束从激活状态变为禁止状态时，其索引为唯一索引，Oracle 系统将会自动地删除这一索引。

　　➥ 当任何一个约束从无效（novalidate）状态变为有效（validate）状态时，Oracle 系统必须检查所有的数据。但是从有效状态变为无效状态时，Oracle 系统将不进行数据的检查。

　　➥ 将一个约束从 ENABLE NOVALIDATE 状态变为 ENABLE VALIDATE 状态时，Oracle 系统并不阻塞任何读、写操作及其他的 DDL 语句。

12.4　完整性约束的检验与定义

按照检验的时间，完整性约束可以分为延迟性（deferred）约束和非延迟性（nondeferred）约束两大类，如图 12-1 所示。

非延迟性约束也叫做立即性（**immediate**）约束：要在每一个 **DML** 语句结束时进行数据完整性的检查。如果有数据违反了约束条件，该语句将被回滚。

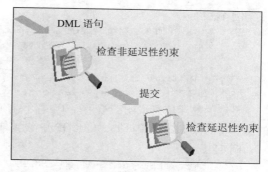

图 12-1

这种操作方式在某些应用中会带来不便，如一些订单或发票系统。这些系统一般是以表单的方式输入数据的，每个表单上可能同时有多个表，而这些表又都建立起了主键和外键的联系。此时在进行数据输入时，数据的输入就与输入次序相关了。这样也就对系统开发人员乃至数据的录入人员的要求增高了，对系统的开发和维护可以说不是一个福音。

也许是为了解决以上难题，Oracle 引入了另一类约束，那就是延迟性约束。

延迟性约束：仅在每一个事务（**transaction**）提交时进行数据完整性的检查。如果有数据违反了约束条件，整个事务将被回滚。

将一个约束定义成延迟性约束可以使用以下两种方法中的一种。

➧　　将约束定义成 Initially Immediate：除非显式地设置这一约束，否则约束默认功能与非延迟性相同。

➧　　约束定义成 Initially Deferred：约束默认功能就是在每一个事务结束时进行数据完整性的检查。

讲了这么多有关数据完整性约束的内容，可能不少读者还是不十分清楚 Oracle 系统究竟是如何操作这些约束的。下面还是利用一些例子来演示。为了使输出显示更清晰，首先使用例 12-1 和例 12-2 的 SQL*Plus 格式化命令。

例 12-1

```
SQL> col CONSTRAINT_NAME for a16
```

例 12-2

```
SQL> col TABLE_NAME for a12
```

接下来就可以使用例 12-3 的 SQL 查询语句从数据字典 dba_constraints 中获取 scott 用户所拥有的约束信息。

例 12-3

```
SQL> SELECT constraint_name, table_name, constraint_type,
  2         status, deferrable, deferred, validated
  3  FROM dba_constraints
  4  WHERE owner = 'SCOTT';
CONSTRAINT_NAME  TABLE_NAME   C STATUS   DEFERRABLE     DEFERRED  VALIDATED
---------------- ------------ - -------- -------------- --------- ---------
FK_DEPTNO        EMP          R ENABLED  NOT DEFERRABLE IMMEDIATE VALIDATED
PK_EMP           EMP          P ENABLED  NOT DEFERRABLE IMMEDIATE VALIDATED
PK_DEPT          DEPT         P ENABLED  NOT DEFERRABLE IMMEDIATE VALIDATED
```

下面来解释例 12-3 的查询结果：第 1 列和第 2 列分别是约束名和表名；第 3 列为约束的类型（constraint_type），其中，R（referential integrity）为外键，P（primary key）为主键，C（check）为条件约束和非空约束，U（unique）为唯一约束；第 4 列和最后一列的含义已经在 12.3 节中介绍过；第 5 列表示约束是延迟性还是非延迟性的（所显示的约束全部是非延迟性的）；第 6 列表示初始的延迟状态为 Initially Immediate 还是 Initially Deferred（所显示的约束全部是 Initially Immediate）。

接下来就可以试着修改某些约束的设置，如使用例 12-4 的命令将约束 FK_DEPTNO 和 PK_EMP 设置成 IMMEDIATE。

例 12-4

```
SQL> SET CONSTRAINTS SCOTT.FK_DEPTNO, SCOTT.PK_EMP IMMEDIATE;
SET CONSTRAINTS SCOTT.FK_DEPTNO, SCOTT.PK_EMP  IMMEDIATE
*
ERROR at line 1:
ORA-02447: cannot defer a constraint that is not deferrable
```

系统的显示信息说明：这两个约束都不是延迟性约束，所以不能修改其延迟状态。如果再使用例 12-5 的命令将约束 FK_DEPTNO 和 PK_EMP 设置成 DEFERRED，会得到相同的错误提示信息。

例 12-5

```
SQL> SET CONSTRAINTS SCOTT.FK_DEPTNO, SCOTT.PK_EMP DEFERRED;
SET CONSTRAINTS SCOTT.FK_DEPTNO, SCOTT.PK_EMP DEFERRED
*
ERROR at line 1:
ORA-02447: cannot defer a constraint that is not deferrable
```

结论是不能修改任何非延迟性约束的延迟状态。

接下来，可以使用例 12-6 的 DDL 语句在 scott 用户的 event 表的 evtid 列上创建一个主键约束。其名为 event_evtid_pk，该约束为延迟性约束（deferrable），并且定义了该主键的索引的存储参数及所存放的表空间（pioneer_indx）。

例 12-6

```
SQL> ALTER TABLE scott.event
  2    ADD CONSTRAINT event_evtid_pk
  3      PRIMARY KEY (evtid)
  4    DEFERRABLE
  5    USING INDEX
  6    STORAGE(INITIAL 300K NEXT 300K)
  7    TABLESPACE pioneer_indx;
Table altered.
```

当看到表已修改的系统提示之后，应该使用例 12-7 的 SQL 查询语句来验证一下这个主键的索引是否按要求建立了（为了使显示更加清晰，在该查询语句之前可能要使用几个 SQL*Plus 格式化命令）。

例 12-7

```
SQL>  SELECT segment_name, segment_type, tablespace_name,
  2          initial_extent, next_extent
  3    FROM dba_segments
  4    WHERE tablespace_name LIKE '%INDX';
SEGMENT_NAME         SEGMENT_TYPE TABLESPACE_NAME INITIAL_EXTENT NEXT_EXTENT
-------------------- ------------ --------------- -------------- -----------
EVENT_EVTID_PK       INDEX        PIONEER_INDX           311296     1048576
EVENT_EVTTYPE_IDX    INDEX        PIONEER_INDX           311296     1048576
EVENT_EVTNAME_IDX    INDEX        PIONEER_INDX           516096     1048576
```

例 12-7 的查询结果显示表明：索引 EVENT_EVTID_PK 的 INITIAL_EXTENT 确实为 300KB，它也确实存放在 pioneer_indx 表空间。因为 pioneer_indx 表空间为本地管理的表空间，所以无法修改 NEXT_EXTENT，其大小保持为最初定义时的 1MB。

此时，又可以使用例 12-8 的 SQL 查询语句从数据字典 dba_constraints 中获取 scott 用户所拥有的约束信息（为了使显示更加清晰，在该查询语句之前可能要使用几个 SQL* Plus 格式化命令）。

例 12-8

```
SQL> SELECT constraint_name, table_name, constraint_type,
```

```
  2          status, deferrable, deferred, validated
  3   FROM dba_constraints
  4   WHERE owner = 'SCOTT';
CONSTRAINT_NAME TABLE_NAME  C STATUS   DEFERRABLE     DEFERRED  VALIDATED
--------------- ----------  - -------- -------------- --------- ---------
FK_DEPTNO       EMP         R ENABLED  NOT DEFERRABLE IMMEDIATE VALIDATED
EVENT_EVTID_PK  EVENT       P ENABLED  DEFERRABLE     IMMEDIATE VALIDATED
PK_EMP          EMP         P ENABLED  NOT DEFERRABLE IMMEDIATE VALIDATED
PK_DEPT         DEPT        P ENABLED  NOT DEFERRABLE IMMEDIATE VALIDATED
```

例 12-8 的查询结果显示表明：约束 EVENT_EVTID_PK 为延迟性约束（第 5 列的显示为 DEFERRABLE）。可能有些读者对第 6 列的显示还是感到疑惑，本书会在后面再给出较详细的解释。

接下来，就可以试着修改约束 EVENT_EVTID_PK 的设置了。使用例 12-9 的命令将约束 EVENT_EVTID_PK 设置成 IMMEDIATE。

例 12-9

```
SQL> SET CONSTRAINTS SCOTT.EVENT_EVTID_PK IMMEDIATE;
Constraint set.
```

也可以使用例 12-10 的命令将约束 EVENT_EVTID_PK 设置成 DEFERRED。

例 12-10

```
SQL> SET CONSTRAINTS SCOTT.EVENT_EVTID_PK DEFERRED;
Constraint set.
```

从相同的提示信息可以确定：此时例 12-9 和例 12-10 的操作都可以被正确地执行，这是因为约束 EVENT_EVTID_PK 为延迟性约束。

现在可以使用例 12-11 的 DDL 语句在 scott 用户的 person 表的 personid 列上创建一个主键约束。其名为 PERSON_PERSONID_PK，该约束也为延迟性约束。请读者注意的是，在 DEFERRABLE 之后使用了 initially deferred 选项，并且也定义了该主键的索引的存储参数及所存放的表空间（pioneer_indx）。

例 12-11

```
SQL> ALTER TABLE scott.person
  2   ADD CONSTRAINT person_personid_pk
  3      PRIMARY KEY (personid)
  4   DEFERRABLE
  5   Initially deferred
  6   USING INDEX
  7   STORAGE(INITIAL 300K NEXT 300K)
  8   TABLESPACE pioneer_indx;
Table altered.
```

当看到表已修改的系统提示之后，还是应该使用例 12-12 的 SQL 查询语句来验证一下这个主键的索引是否按要求建立了。

例 12-12

```
SQL> SELECT segment_name, segment_type, tablespace_name,
  2          initial_extent, next_extent
  3   FROM dba_segments
  4   WHERE tablespace_name LIKE '%INDX';
SEGMENT_NAME           SEGMENT_TYPE TABLESPACE_NAME INITIAL_EXTENT NEXT_EXTENT
---------------------- ------------ --------------- -------------- -----------
PERSON_PERSONID_PK INDEX          PIONEER_INDX         311296        1048576
EVENT_EVTID_PK     INDEX          PIONEER_INDX         311296        1048576
```

EVENT_EVTTYPE_IDX	INDEX	PIONEER_INDX	311296	1048576
EVENT_EVTNAME_IDX	INDEX	PIONEER_INDX	516096	1048576

例 12-12 的查询结果显示表明：索引 PERSON_PERSONID_PK 的 INITIAL_EXTENT 确实为 300KB，它也确实存放在 pioneer_indx 表空间。

此时又可以使用例 12-13 的 SQL 查询语句从数据字典 dba_constraints 中获取 scott 用户所拥有的约束信息。

例 12-13

```
SQL> SELECT constraint_name, table_name, constraint_type,
  2          status, deferrable, deferred, validated
  3   FROM dba_constraints
  4   WHERE owner = 'SCOTT';
CONSTRAINT_NAME          TABLE_NAME C STATUS  DEFERRABLE     DEFERRED  VALIDATED
------------------------ ---------- - ------- -------------- --------- ----------
FK_DEPTNO                EMP        R ENABLED NOT DEFERRABLE IMMEDIATE VALIDATED
PERSON_PERSONID_PK       PERSON     P ENABLED DEFERRABLE     DEFERRED  VALIDATED
EVENT_EVTID_PK           EVENT      P ENABLED DEFERRABLE     IMMEDIATE VALIDATED
PK_EMP                   EMP        P ENABLED NOT DEFERRABLE IMMEDIATE VALIDATED
PK_DEPT                  DEPT       P ENABLED NOT DEFERRABLE IMMEDIATE VALIDATED
```

例 12-13 的查询结果显示表明：约束 PERSON_PERSONID_PK 为延迟性约束（第 5 列的显示为 DEFERRABLE），而且初始的延迟状态为延迟（第 6 列的显示为 DEFERRED）。

12.5　定义和维护约束的指导原则

随着表规模的增大，维护数据完整性所消耗的系统资源也将随之增多，这样可能会对数据库系统的效率产生严重的冲击。**为了系统的效率，在定义和维护约束时应该遵循以下原则。**

对于主键和唯一键：

（1）利用 USING INDEX 子句将约束的索引放在（与表）不同的表空间中。

（2）如果经常有大规模数据的装入，使用非唯一索引。

对于自引用的外键：

（1）在初始装入数据之后再定义或开启外键。

（2）延迟约束的检查。

当两个表利用外键（foreign key）建立了联系之后，Oracle 系统会自动地检查每一个对这两个表的 DML 和 DDL 操作，Oracle 系统不会执行任何违反引用完整性的操作，也就是所有违反引用完整性的数据都被挡在了 Oracle 数据库的大门之外。这样做的好处确实不少，如使数据库更稳定、更容易维护等。但有时也带来了一些操作上的麻烦。有关这方面的内容在笔者的《名师讲坛——Oracle SQL 入门与实战经典》一书中进行了详细的讨论，感兴趣的读者可参阅此书的 13.14～13.20 节。在这里就不再详细介绍，而只给出一些结论。

（1）在进行插入（insert）操作时，只有操作是在子表或从表（child table）这一端时会产生违反引用完整性的问题，而操作是在父表或主表（parent table）端时不会产生。

（2）在进行删除（delete）操作时，只有操作是在父表或主表这一端时会产生违反引用完整性的问题，而操作是在子表或从表端时不会产生。

（3）在进行修改（update）操作时，操作无论是在父表还是在子表端都可能会产生违反引用完整性的问题。

（4）在执行 DDL 语句删除或截断整个表时，只有删除或截断的是父表或主表时会产生违反引用完整性的问题，而操作的是子表或从表时不会产生。

表 12-1 给出了在进行 DDL 或 DML 操作时，为了维护引用完整性可能采取的措施。

表 12-1

希望的操作	合适的解决方法
删除主表	cascade constraints
截断主表	禁止或删除外键
删除包含主表的表空间	使用 cascade constraints 子句
在子表上执行 DML 语句	确保包括主表键值的表空间为联机状态

12.6　关闭（禁止）和开启（激活）约束

在前面讲过为了维护数据的完整性，可能会在一个表上定义一个或多个约束。**但 Oracle 系统进行过多的约束检查会大大地降低 Oracle 数据库系统的效率。在某些情况下，如在数据仓库系统中大规模装入数据时，为了系统的效率可能不得不牺牲数据的完整性来关闭一些约束，甚至删除一些约束。**

为了使读者更容易理解，将利用一系列对 person（人物）表的操作来演示关闭（禁止）和开启（激活）约束。

（1）首先向 scott 用户下的 person（人物）表插入一条名为潘金莲的记录，该记录的 personid（主键）为 001，如例 12-14 所示。

例 12-14

```
SQL> INSERT INTO scott.person
  2            (personid, name, birthday, edulevel, passaway, intro)
  3  VALUES    ('001','潘金莲', NULL, NULL, NULL, '武大之妻');
1 row created.
```

（2）接下来为了使显示的结果更加清晰，使用了例 12-15 的 SQL*Plus 格式化语句。

例 12-15

```
SQL> col intro for a10
```

（3）现在，就可以使用例 12-16 的 SQL 查询语句来验证一下是否已经成功地向 person（人物）表插入了一条记录。

例 12-16

```
SQL> SELECT *
  2  FROM scott.person;
PERSONID     NAME              BIRTHDAY        E PASSAWAY       INTRO
---------    ----------------  --------------- - --------------- ---
001          潘金莲                                              武大之妻
```

例 12-16 的查询结果表明已经成功地插入了一条名为"潘金莲"的记录。

（4）接下来再使用例 12-17 的 DML 语句向 person（人物）表插入一条名为"苏妲己"的记录，该记录的 personid（主键）也为 001。

例 12-17

```
SQL> INSERT INTO scott.person
  2            (personid, name, birthday, edulevel, passaway, intro)
  3  VALUES    ('001','苏妲己', NULL, NULL, NULL, '狐狸精');
1 row created.
```

系统在执行完例 12-17 的 DML 语句之后给出的提示可能有点令人费解。既然已经在 personid 一列加上了主键约束，为什么还能插入主键相同（都为 001）的两条记录？其实这是因为这个主键约束是一个延迟性约束。

（5）接下来试着使用例 12-18 的 SQL 命令提交所做的插入操作。

例 12-18

```
SQL> commit;
commit
*
ERROR at line 1:
ORA-02091: transaction rolled back
ORA-00001: unique constraint (SCOTT.PERSON_PERSONID_PK) violated
```

例 12-18 命令的显示结果表明所做的插入操作已经违反了约束条件，系统已经将所做的插入操作全部回滚了。

（6）现在可以**使用例 12-19 的 DDL 来关闭（禁止）约束 PERSON_PERSONID_PK。**

例 12-19

```
SQL> ALTER TABLE scott.person
  2  DISABLE NOVALIDATE CONSTRAINT PERSON_PERSONID_PK;
Table altered.
```

（7）之后，应该使用例 12-20 的 SQL 查询语句来**检查一下约束 PERSON_PERSONID_PK 的状态变化。**

例 12-20

```
SQL> SELECT constraint_name, table_name, constraint_type,
  2         status, deferrable, deferred, validated
  3  FROM dba_constraints
  4  WHERE owner = 'SCOTT';
```

CONSTRAINT_NAME	TABLE_NAME	C	STATUS	DEFERRABLE	DEFERRED	VALIDATED
FK_DEPTNO	EMP	R	ENABLED	NOT DEFERRABLE	IMMEDIATE	VALIDATED
PERSON_PERSONID_PK	PERSON	P	DISABLED	DEFERRABLE	DEFERRED	NOT VALIDATED
EVENT_EVTID_PK	EVENT	P	ENABLED	DEFERRABLE	IMMEDIATE	VALIDATED
PK_EMP	EMP	P	ENABLED	NOT DEFERRABLE	IMMEDIATE	VALIDATED
PK_DEPT	DEPT	P	ENABLED	NOT DEFERRABLE	IMMEDIATE	VALIDATED

例 12-20 的查询结果已经清楚地表明：约束 PERSON_PERSONID_PK 的状态已经变为了 DISABLE NOVALIDATE（第 2 行的第 4 列为 DISABLED，而第 2 行的第 6 列为 NOT VALIDATED）。

（8）接下来使用例 12-21 的 DML 语句再向 person（人物）表插入一条名为"苏妲己"的记录，该记录的 personid（主键）也为 001。

例 12-21

```
SQL> INSERT INTO scott.person
  2         (personid, name, birthday, edulevel, passaway, intro)
  3  VALUES ('001','苏妲己', NULL, NULL, NULL, '狐狸精');
1 row created.
```

（9）现在可以使用例 12-22 的 SQL 命令提交所做的插入操作。

例 12-22

```
SQL> commit;
Commit complete.
```

（10）此时就可以使用例 12-23 的 SQL 查询语句来验证一下是否已经成功地向 person（人物）表插入了一条记录。

例 12-23

```
SQL> SELECT *
  2  FROM scott.person;
PERSONID    NAME             BIRTHDAY       E PASSAWAY      INTRO
--------    ----------------  --------------  - --------------  ---
001         苏妲己                                            狐狸精
```

例 12-23 的查询结果表明已经成功地插入了一条名为"苏妲己"的记录。

（11）之后，再使用例 12-24 的 DML 语句向 person（人物）表插入一条名为"潘金莲"的记录，该记录的 personid（主键）为 002。

例 12-24

```
SQL> INSERT INTO scott.person
  2          (personid, name, birthday, edulevel, passaway, intr
  3  VALUES  ('002','潘金莲', NULL, NULL, NULL, '武大之妻');
1 row created.
```

（12）接下来，使用例 12-25 的 SQL 命令提交刚刚所做的插入操作。

例 12-25

```
SQL> commit;
Commit complete.
```

（13）现在应该再使用例 12-26 的 SQL 查询语句来验证一下是否已经成功地向 person（人物）表插入了第 2 条记录。

例 12-26

```
SQL> SELECT *
  2  FROM scott.person;
PERSONID    NAME             BIRTHDAY       E PASSAWAY      INTRO
--------    ----------------  --------------  - --------------  ---
001         苏妲己                                            狐狸精
002         潘金莲                                            武大之妻
```

例 12-26 的查询结果表明已经又成功地插入了一条名为"潘金莲"的记录。

（14）现在使用例 12-27 的修改语句将 person（人物）表中所有记录的 personid（主键）都改为 001。

例 12-27

```
SQL> update scott.person
  2  set personid = '001';
2 rows updated.
```

（15）接下来，使用例 12-28 的 SQL 命令立刻提交刚刚所做的修改操作（结束了事务）。

例 12-28

```
SQL> commit;
Commit complete.
```

（16）现在应该再使用例 12-29 的 SQL 查询语句来验证一下是否已经成功地将 person（人物）表中所有记录的 personid（主键）都改为了 001。

例 12-29

```
SQL> SELECT *
  2  FROM scott.person;
PERSONID    NAME             BIRTHDAY       E PASSAWAY      INTRO
--------    ----------------  --------------  - --------------  ---
001         苏妲己                                            狐狸精
001         潘金莲                                            武大之妻
```

例 12-29 的查询结果清楚地表明：已经成功地将 person（人物）表中所有记录的 personid（主键）都改为了 001。以上的修改操作之所以能成功是因为已经关闭（禁止）了 personid 列上的主键约束 PERSON_PERSONID_PK。

（17）现在可以使用例 **12-30** 的 **DDL** 语句开启（激活）personid 列上的主键约束 **PERSON_PERSONID_PK**。

例 12-30

```
SQL> ALTER TABLE scott.person
  2    ENABLE NOVALIDATE CONSTRAINT PERSON_PERSONID_PK;
Table altered.
```

（18）此时应使用例 12-31 的 SQL 查询语句从数据字典 **dba_constraints** 中获取 scott 用户所拥有的约束信息，特别是与状态相关的信息。

例 12-31

```
SQL> SELECT constraint_name, table_name, constraint_type,
  2          status, deferrable, deferred, validated
  3    FROM dba_constraints
  4    WHERE owner = 'SCOTT';
```

CONSTRAINT_NAME	TABLE_NAME	C	STATUS	DEFERRABLE	DEFERRED	VALIDATED
FK_DEPTNO	EMP	R	ENABLED	NOT DEFERRABLE	IMMEDIATE	VALIDATED
PERSON_PERSONID_PK	PERSON	P	ENABLED	DEFERRABLE	DEFERRED	NOT VALIDATED
EVENT_EVTID_PK	EVENT	P	ENABLED	DEFERRABLE	IMMEDIATE	VALIDATED
PK_EMP	EMP	P	ENABLED	NOT DEFERRABLE	IMMEDIATE	VALIDATED
PK_DEPT	DEPT	P	ENABLED	NOT DEFERRABLE	IMMEDIATE	VALIDATED

例 12-31 的查询结果已经清楚地表明：约束 **PERSON_PERSONID_PK** 的状态已经变为了 **ENABLE NOVALIDATE**（第 2 行的第 4 列为 **ENABLED**，而第 2 行的第 6 列为 **NOT VALIDATED**）。

读者可能已经注意到了：在使用以上开启（激活）personid 列上的主键约束命令时，系统很顺利地执行了这条语句而没有产生任何错误信息。这是因为处在 ENABLE NOVALIDATE 状态的约束并不检验表中的数据，而只是检验输入的数据。此时并不在表上上锁，但是对约束也有一些限制，那就是主键和唯一键必须使用非唯一索引。

（19）其实可以使用例 **12-32** 的 SQL 查询语句来验证一下约束 **PERSON_PERSONID_ PK** 的索引到底是不是非唯一索引。

例 12-32

```
SQL> SELECT index_name, UNIQUENESS
  2    FROM dba_indexes
  3    WHERE owner = 'SCOTT';
```

INDEX_NAME	UNIQUENES
PK_DEPT	UNIQUE
PK_EMP	UNIQUE
PRODUCT_PNAME_IDX	NONUNIQUE
EVENT_EVTNAME_IDX	NONUNIQUE
EVENT_EVTTYPE_IDX	NONUNIQUE
EVENT_EVTID_PK	NONUNIQUE
PERSON_PERSONID_PK	NONUNIQUE

```
7 rows selected.
```

例 12-32 的查询结果已经清楚地表明：约束 PERSON_PERSONID_PK 的索引 PERSON_

PERSONID_PK 是非唯一索引（第 7 行的 UNIQUENES 列为 NONUNIQUE）。

（20）现在可以使用例 12-33 的 DDL 语句开启（激活）personid 列上的主键约束 PERSON_PERSONID_PK。

例 12-33

```
SQL> ALTER TABLE scott.person
  2   ENABLE VALIDATE CONSTRAINT PERSON_PERSONID_PK;
ALTER TABLE scott.person
*
ERROR at line 1:
ORA-02437: cannot validate (SCOTT.PERSON_PERSONID_PK) - primary key violated
```

从系统的错误提示信息可以知道在 person（人物）表中存有违反主键约束的数据行，所以无法改变约束 PERSON_PERSONID_PK 的状态。这是因为处在 ENABLE VALIDATE 状态的约束需要验证表中的数据同时也检验输入的数据。此时要对表加锁，但是约束既可以使用唯一索引也可以使用非唯一索引。

那么怎样在表中找到并消除那些违反约束的数据行呢？首先要找到一个 Oracle 提供的脚本文件 utlexpt1.sql，该脚本文件存放在$ORACLE_HOME\rdbms\admin 目录中。此时所使用的 Oracle 10g 数据库的 $ORACLE_HOME 为 j:\Oracle\product\10.1.0\db_1，在另一个 Oracle11g 的数据库上为 I:\app\Administrator\product\11.2.0\dbhome_1，而在另外一个 Oracle12c 的数据库上为 D:\app\dog\product\12.1.0\dbhome_1。**接着可以使用如下的步骤来找到并消除那些违反约束的数据行：**

① 通过运行 utlexpt1.sql 脚本文件来建立 exceptions 表。

② 执行带有 EXCEPTIONS 选项的 ALTER TABLE 语句。

③ 在 exceptions 表上使用子查询来锁定无效的数据行。

④ 改正错误。

⑤ 重新执行带有开启约束子句的 ALTER TABLE 语句。

（21）于是为了创建 exceptions 表，使用了例 12-34 的 SQL*Plus 命令来运行 utlexpt1.sql 脚本文件。

例 12-34

```
SQL> @j:\Oracle\product\10.1.0\db_1\rdbms\admin\utlexpt1
Table created.
```

（22）接下来，应该使用例 12-35 的 SQL*Plus 命令来验证 exceptions 表是否真的存在了。

例 12-35

```
SQL> DESCRIBE exceptions
Name                                      Null?    Type
----------------------------------------- -------- ----------
ROW_ID                                             ROWID
OWNER                                              VARCHAR2(30)
TABLE_NAME                                         VARCHAR2(30)
CONSTRAINT                                         VARCHAR2(30)
```

（23）当确定了 exceptions 表存在之后，就可以使用例 12-36 的 DDL 语句来执行带有 EXCEPTIONS 选项的 ALTER TABLE 语句了。

例 12-36

```
SQL> ALTER TABLE scott.person
  2   ENABLE VALIDATE CONSTRAINT PERSON_PERSONID_PK
  3   EXCEPTIONS INTO system.exceptions;
ALTER TABLE scott.person
*
ERROR at line 1:
ORA-02437: cannot validate (SCOTT.PERSON_PERSONID_PK) - primary key violated
```

（24）为了找出违反约束的数据行，可以使用类似例 12-37 的 SQL 查询语句来锁定无效的数据行。该查询语句在 exceptions 表上使用了子查询。

例 12-37

```
SQL> SELECT rowid, personid, name, intro
  2  FROM scott.person
  3  WHERE ROWID in (SELECT row_id
  4  FROM exceptions)
  5  FOR UPDATE;
ROWID              PERSONID  NAME             INTRO
------------------ --------- ---------------- -----
AAAMUuAAGAAAAIKAAA 001       苏妲己           狐狸精
AAAMUuAAGAAAAIKAAB 001       潘金莲           武大之妻
```

看到例 12-37 查询语句的显示结果，读者可以清楚地意识到错误的原因仅是"苏妲己"记录的 PERSONID 被写错为 001 所致。

（25）于是使用例 12-38 利用 rowid 作为限制条件的修改语句将 person（人物）表中"苏妲己"记录的 PERSONID 改写为 002。

例 12-38

```
SQL> UPDATE scott.person
  2  SET personid = '002'
  3  WHERE rowid= 'AAAMUuAAGAAAAIKAAA';
1 row updated.
```

（26）紧接着，使用例 12-39 的 SQL 命令立刻提交刚刚所做的修改操作（结束了事务）。

例 12-39

```
SQL> commit;
Commit complete.
```

📢 提示：

如果此后 EXCEPTIONS 表中的内容不再需要了，就可以截断或删除该表。

（27）为了保险起见，可以使用类似于例 12-40 的 SQL 查询语句来验证刚刚所做的修改。

例 12-40

```
SQL> SELECT *
  2  FROM scott.person;
PERSONID  NAME             BIRTHDAY       E PASSAWAY       INTRO
--------  ---------------- -------------- - -------------- ---
002       苏妲己                                            狐狸精
001       潘金莲                                            武大之妻
```

看到例 12-40 查询显示的输出就可以放心了，因为"苏妲己"记录的 PERSONID 已经改为了 002。

（28）可以使用例 12-41 的 DDL 语句来重新执行带有开启约束子句的 ALTER TABLE 语句了。

例 12-41

```
SQL> ALTER TABLE scott.person
  2  ENABLE VALIDATE CONSTRAINT PERSON_PERSONID_PK;
Table altered.
```

现在终于将 person（人物）表中 personid 列上的主键约束 PERSON_PERSONID_PK 设置成了 ENABLE VALIDATE 状态。

（29）最后还是应使用例 12-42 的 SQL 查询语句从数据字典 dba_constraints 中获取 scott 用户所拥有的约束信息，特别是与状态相关的信息。

例 12-42

```
SQL> SELECT constraint_name, table_name, constraint_type,
  2         status, deferrable, deferred, validated
  3  FROM dba_constraints
  4  WHERE owner = 'SCOTT';
CONSTRAINT_NAME       TABLE_NAME C STATUS   DEFERRABLE     DEFERRED   VALIDATED
-------------------- ---------- - -------- -------------- ---------- --------------
FK_DEPTNO             EMP        R ENABLED  NOT DEFERRABLE IMMEDIATE  VALIDATED
PERSON_PERSONID_PK    PERSON     P ENABLED  DEFERRABLE     DEFERRED   VALIDATED
EVENT_EVTID_PK        EVENT      P ENABLED  DEFERRABLE     IMMEDIATE  VALIDATED
PK_EMP                EMP        P ENABLED  NOT DEFERRABLE IMMEDIATE  VALIDATED
PK_DEPT               DEPT       P ENABLED  NOT DEFERRABLE IMMEDIATE  VALIDATED
```
例 12-42 的查询结果已经清楚地表明：约束 PERSON_PERSONID_PK 的状态已经变为 ENABLE VALIDATE（第 2 行的第 4 列为 ENABLED，而第 2 行的第 6 列为 VALIDATED）。

12.7　重新命名和删除约束

　　有时可能某个约束的名字取得不合适，可以使用 **ALTER TABLE** 命令为约束重新命名。例如，基于 emp 表的主键约束 PK_EMP 好像看上去不那么顺眼，因为从名字上看不出该约束是加在哪一列上的。于是可以使用例 12-43 的 DDL 语句将它的名字改为 EMP_EMPNO_PK，因为这样从这个约束的名就可以看出该约束是加在 emp 表中的 empno 列上的主键约束。

例 12-43

```
SQL> ALTER TABLE scott.emp
  2  RENAME CONSTRAINT PK_EMP
  3  TO emp_empno_pk;
Table altered.
```
之后，还是应使用类似例 12-44 的 SQL 查询语句从数据字典 dba_constraints 中获取 scott 用户所拥有的约束信息，特别是约束的名字。

例 12-44

```
SQL> SELECT constraint_name, table_name, constraint_type,
  2         status, deferrable, deferred, validated
  3  FROM dba_constraints
  4  WHERE owner = 'SCOTT';
CONSTRAINT_NAME      TABLE_NAME C STATUS   DEFERRABLE     DEFERRED   VALIDATED
-------------------- ---------- - -------- -------------- ---------- --------------
FK_DEPTNO            EMP        R ENABLED  NOT DEFERRABLE IMMEDIATE  VALIDATED
PERSON_PERSONID_PK   PERSON     P ENABLED  DEFERRABLE     DEFERRED   VALIDATED
EVENT_EVTID_PK       EVENT      P ENABLED  DEFERRABLE     IMMEDIATE  VALIDATED
EMP_EMPNO_PK         EMP        P ENABLED  NOT DEFERRABLE IMMEDIATE  VALIDATED
PK_DEPT              DEPT       P ENABLED  NOT DEFERRABLE IMMEDIATE  VALIDATED
```
例 12-44 的查询结果倒数第 2 行已经清楚表明：基于 emp 表的约束 PK_EMP 的名字已经被改为了 EMP_EMPNO_PK。

　　在 Oracle 数据库中，用户不能修改约束。如果想修改某一约束，必须先将其删除，之后再重建。如果某一约束不再需要了，也应该立即删除。删除约束的命令格式如下：

```
ALTER TABLE 表 DROP CONSTRAINT 约束名 [CASCADE];
```

假设 event 表上的约束 EVENT_EVTID_PK 不再需要了，可以使用例 12-45 的 DDL 语句将这个约束删除掉。

例 12-45

```
SQL> ALTER TABLE scott.event
  2  DROP CONSTRAINT event_evtid_pk;
Table altered.
```

现在还是应使用类似例 12-46 的 SQL 查询语句从数据字典 dba_constraints 中获取 scott 用户所拥有的全部约束。

```
SQL> SELECT constraint_name, table_name, constraint_type,
  2         status, deferrable, deferred, validated
  3  FROM dba_constraints
  4  WHERE owner = 'SCOTT';

CONSTRAINT_NAME      TABLE_NAME C STATUS   DEFERRABLE     DEFERRED  VALIDATED
------------------------------- ----------- - -------- -------------- --------- ---------
FK_DEPTNO            EMP        R ENABLED  NOT DEFERRABLE IMMEDIATE VALIDATED
PERSON_PERSONID_PK   PERSON     P ENABLED  DEFERRABLE     DEFERRED  VALIDATED
EMP_EMPNO_PK         EMP        P ENABLED  NOT DEFERRABLE IMMEDIATE VALIDATED
PK_DEPT              DEPT       P ENABLED  NOT DEFERRABLE IMMEDIATE VALIDATED
```

例 12-46 的查询结果已经清楚地表明：基于 event 表的约束 EVENT_EVTID_PK 的所有信息已经不见了，这表示已经成功地删除了约束 EVENT_EVTID_PK。

在结束本章之前，还要提一下在本章中并未介绍的数据字典 dba_cons_columns，感兴趣的读者可以自己试一试。有关约束的内容在《名师讲坛——Oracle SQL 入门与实战经典》一书的 13.8 节开始用了 40多页的篇幅来讨论这个题目，所以在此书中不再重复了。感兴趣的读者可以参阅相关的内容。

12.8 您应该掌握的内容

在学习第 13 章之前，请检查一下您是否已经掌握了以下的内容：
- 什么是数据的完整性。
- 有哪几种主要的方法来维护数据的完整性。
- Oracle 的完整性约束有哪些优点。
- Oracle 系统提供了几种约束。
- 完整性约束可能处在的 4 种状态。
- 延迟性约束和非延迟性约束。
- 怎样定义延迟性约束。
- 怎样改变延迟状态。
- 怎样获得约束的信息。
- 定义和维护约束时应该遵循的原则。
- 关闭和开启约束的操作。
- 怎样获得约束的状态信息。
- 将一个约束设置为 ENABLE VALIDATE 状态时可能的操作步骤。
- 怎样将一个约束重新命名。
- 怎样删除一个约束。

扫一扫，看视频

第 13 章　用户及系统资源和安全的管理

一个 Oracle 数据库系统就像一个社会系统一样，当系统变得越来越大时，其人员、资源以及安全的管理和维护会变得越来越复杂，也越来越困难。读者可以想象对一个只有几户或几十户的小山村的管理相对很简单，但是要管理一个有几百万人口的大城市就不是一件容易的事了。在大型数据库环境中，可能有成百上千的用户在上面操作。所谓"林子一大，什么鸟都有"，可能就有一些人有意或无意地浪费或滥用系统资源，就像在一些地方有人浪费或滥用公共财产和设施一样。另外，在众多的用户当中难免有几位不守规矩的武林高手，特别是在互联网环境中。这就使得数据库资源和安全管理变得极为重要。本章将对 Oracle 数据库用户及系统资源和系统安全的管理给出比较详细的介绍。

13.1　创 建 用 户

要对 **Oracle** 数据库用户及用户所使用的系统资源和系统安全进行有效管理的第一步就是创建 **Oracle** 用户。**Oracle** 数据库管理系统构筑的第一道安全防线就是只允许合法的用户进入 **Oracle** 数据库系统。这与实际生活中的许多例子非常近似，如许多国家在接受移民申请时要求申请人出示无犯罪记录证明，进入某一机构的工作人员必须持有有效的通行证等。

那么，Oracle 数据库管理系统是如何处理的呢？**如果想使用某一个 Oracle 数据库，这个数据库的管理员**（也可能是您本人），**首先要在 Oracle 数据库系统上创建一个用户，并将一个密码（口令）赋予这个用户**。

以后当再次登录系统时，就必须输入这个用户名和相应的密码（口令）。**Oracle** 数据库管理系统会把您的输入与系统中所存的用户名和相应的密码（口令）进行比较。如果有任何不同，系统就会拒绝提供服务。

只有 **DBA**（用户）可以使用创建用户（**CREATE USER**）语句来创建一个用户。**CREATE USER** 语句的基本格式如下：

```
CREATE USER 用户名
IDENTIFIED {BY 口令| EXTERNALLY|GLOBALLY AS
 external name}
[ DEFAULT TABLESPACE 表空间名 ]
[ TEMPORARY TABLESPACE 表空间名]
[ QUOTA { 正整数 [K | M ] | UNLIMITED } ON 表空间名
[ QUOTA { 正整数 [K | M ] | UNLIMITED } ON 表空间名 ]...]
[ PASSWORD EXPIRE ]
[ ACCOUNT { LOCK | UNLOCK }]
[ PROFILE { 概要文件名 | DEFAULT }]
```

以上命令中的不少选项都是一目了然的。如果读者现在对一些子句或选项不能完全理解也不用担心，因为本书后面的例子中还要对它们做更进一步的解释。

作为一位称职的数据库管理员，**在创建一个新用户之前需检查如下的事项：**

- ↘ 　决定该用户必须存储对象的表空间。
- ↘ 　决定每个表空间的配额。
- ↘ 　赋予该用户默认的数据表空间和临时表空间。

❧ 创建用户。

❧ 将该用户所需的系统权限和角色授予用户

接下来就可以使用例 13-1 的 DDL 语句创建一个新的用户 dog（狗）。

例 13-1

```
SQL> CREATE USER dog
  2   IDENTIFIED BY wangwang
  3   DEFAULT TABLESPACE pioneer_data
  4   TEMPORARY TABLESPACE pioneer_temp
  5   QUOTA 68M ON pioneer_data
  6   QUOTA 28M ON users
  7   PASSWORD EXPIRE;
User created.
```

现在逐行解释例 13-1 的 DDL 语句。

❧ 第 1 行：创建一个名为 dog（狗）的新用户。

❧ 第 2 行：该用户的口令为 wangwang（汪汪）。

❧ 第 3 行：该用户的默认表空间为 pioneer_data，即该用户在创建对象时，如果没有指定表空间就在 pioneer_data 表空间中创建。这样可以防止用户在无意中将所创建的对象存放在 system 表空间或其他不该存放的表空间中。

❧ 第 4 行：如果该用户的 SQL 语句需要在外存上排序，排序使用 pioneer_temp 表空间。这样可以更有效地控制排序。

❧ 第 5 行：该用户使用 pioneer_data 表空间最多为 68MB。这样可以防止由于用户错误而消耗过多磁盘空间的情况发生。

❧ 第 6 行：该用户使用 users 表空间最多为 28MB。与第 5 行目的相同。

❧ 第 7 行：该用户在第 1 次登录数据库时，其口令就作废，系统会提示用户输入新的口令，让用户在一开始就使用他所选定的比较安全的口令。

如果在例 13-1 中第 2 行的最后使用了 EXTERNALLY 而不是 wangwang，Oracle 系统将使用操作系统的检测机制。但此时可能要修改参数文件中参数的配置，另外还可能要修改操作系统的文件的配置，如在 UNIX 操作系统上要修改用户的.profile。如读者感兴趣可以参考 SQL 手册或相关的书籍，不过从安全和易于管理方面来考虑，应该使用 Oracle 的口令管理机制。

🔊 **提示：**

在 Oracle 11g 之前用户的口令是不区分大小写的，但是在 Oracle 11g 和 Oracle 12c 中口令是区分大小写的。另外，在 Oracle 11g 和 Oracle 12c 中，口令可以包含特殊字符和多字节字符。

在这里要说明的另一点是，尽管成功地创建了 **dog** 用户，但是现在还不能使用它登录 Oracle 数据库系统，因为该用户还没有任何系统权限。如果想使用 **dog** 用户登录，至少要授予它 **create session** 系统权限。

现在也许想使用 SQL 语句检查一下 dog 用户的设置是否正确。在此之前最好使用例 13-2～例 13-5 的 SQL*Plus 格式化命令。

例 13-2

```
SQL> col USERNAME for a10
```

例 13-3

```
SQL> col DEFAULT_TABLESPACE for a18
```

例 13-4

```
SQL> col TEMPORARY_TABLESPACE for a18
```

例 13-5

```
SQL> set line 120
```

接下来可以使用例 13-6 的 SQL 查询语句来查看 dog 用户的默认表空间、临时表空间及创建日期。

例 13-6

```
SQL> SELECT USERNAME, DEFAULT_TABLESPACE, TEMPORARY_TABLESPACE, CREATED
  2  FROM dba_users
  3  WHERE DEFAULT_TABLESPACE LIKE 'PI%';
USERNAME    DEFAULT_TABLESPACE  TEMPORARY_TABLESPA  CREATED
----------  ------------------  ------------------  ------------
DOG         PIONEER_DATA        PIONEER_TEMP        15-11 月-16
```

例 13-6 的查询显示结果表明：dog 用户的默认表空间为 pioneer_data，临时表空间为 pioneer_temp，而创建日期为 2016 年 11 月 15 日。这些与在创建用户命令中指定的完全相同。

最后还应该使用例 13-7 的 SQL 查询语句来查看 dog 用户所使用的表空间的配额。

例 13-7

```
SQL> SELECT username, tablespace_name, bytes/1024/1024 MB,
  2          max_bytes/1024/1024 "Max MB"
  3  FROM dba_ts_quotas
  4  WHERE username = 'DOG';
USERNAME    TABLESPACE_NAME                         MB      Max MB
----------  ------------------------------  ----------  -----
DOG         USERS                                    0         28
DOG         PIONEER_DATA                             0         68
```

例 13-7 的查询显示结果表明：dog 用户使用 pioneer_data 表空间最多为 68MB，而使用 users 表空间最多为 28MB。这也是在创建用户命令时所指定的。

13.2 数据库模式

在这里需要介绍一个在 Oracle 书籍和文章中经常出现的概念，即模式。那么什么是模式呢？

- **模式（schema）是一个命了名的对象的集合**，如表、视图和序列号等都是对象。
- 当一个用户被创建时，一个与之相对应的模式也被创建。
- 一个用户只能与一个模式相关。
- 用户名与模式经常互换。

🔊 提示：

> 一些 Oracle 的书籍（包括 Oracle 公司的文档）将 schema 翻译成了方案，不过传统的数据库教材还是翻译成了模式。读者也不用在意这种翻译上的差别，在计算机领域这种不一致的情况是司空见惯的事情。

模式由数据库的用户所拥有并且与用户具有相同的名字。其实，在实际使用中模式和用户几乎就是一回事。

那么模式对象又包括哪些呢？在 Oracle 数据库中，模式对象包括：

- 表（tables）。
- 视图（views）。
- 索引（indexes）。
- 约束（constraints）。
- 序列号（sequences）。

- 同义词（synonyms）。
- 触发器（triggers）。
- 存储过程、函数和软件包（stored programs，functions and packets）。
- 用户定义的数据类型（user_defined data types）等。

13.3 改变用户在表空间上的配额

随着商业环境的不断变化，用户对数据库系统的需求也在不断变化。**为了适应这些变化，Oracle 数据库系统也引入了修改用户在表空间上的配额和用户的口令的语句**。作为数据库管理员，可以在以下任一情况下修改用户的表空间配额：

- 用户所拥有的表呈现出没有预料到的增长。
- 某个应用被加强并需要额外的表和索引。
- 对象被重组并被放到不同的表空间。
- 分给用户的空间过多，已经影响到了系统的效率或安全。

要修改用户的表空间配额，可以使用 ALTER USER 语句。经过仔细分析，发现 dog 用户不应该在 users 表空间上存放任何数据，并且还发现在 pioneer_data 表空间上分给 dog 用户的磁盘空间也太大，其实只要 38MB 就足够了。于是使用了例 13-8 的 DDL 语句将 dog 用户在 users 表空间上的磁盘空间全部收回（配额置为 0）。之后使用了例 13-9 的 DDL 语句将 dog 用户在 pioneer_data 表空间上的磁盘空间的配额从 68MB 改为 38MB。

例 13-8
```
SQL> ALTER USER dog
  2   QUOTA 0 ON USERS;
User altered.
```

例 13-9
```
SQL> ALTER USER dog
  2   QUOTA 38M ON pioneer_data;
User altered.
```
现在，应该使用例 13-10 的 SQL 查询语句来验证 dog 用户所使用的表空间配额的变化情况。

例 13-10
```
SQL> SELECT username, tablespace_name, bytes/1024/1024 MB,
  2          max_bytes/1024/1024 "Max MB"
  3   FROM dba_ts_quotas
  4   WHERE username = 'DOG';
USERNAME     TABLESPACE_NAME          MB      Max MB
----------   --------------------   ----------  -------
DOG          PIONEER_DATA             0         38
```
例 13-10 查询的显示结果表明：dog 用户只能使用 pioneer_data 表空间，而且所能使用的最大磁盘空间仅为 38MB。

如果 dog 用户已经在 users 表空间中创建了一些对象，那么 Oracle 系统又是怎样处理它们的呢？所创建的对象完好无损可以继续使用，但已经无法再要求新的磁盘空间了，就像法律和政策不能回溯一样。

另外，在许多早期的 Oracle 版本中，如果在创建用户时没有指定默认的表空间，用户的默认表空间为 system。这是一件很头痛的事情，因为在这种情况下，如果该用户在创建表或其他对象时没有指定表空间，这些表或对象就会存放到 system 表空间中，可能会对系统的效率产生严重的冲击。这时 ALTER

USER 语句就派上了用场，可以使用该语句将用户的默认表空间改为其他的表空间。

13.4　删 除 用 户

当某个用户不再需要使用系统时，就可以从系统中删除该用户。

要使用 DROP 命令来删除一个用户。DROP 命令的格式如下：

```
DROP USER 用户名 [CASCADE]
```

要注意的是：**如果该（用户）模式包括了对象，要使用 CASCADE 子句来删除模式中的所有对象。另外，不能删除当前正在与 Oracle 服务器相连的用户。**

📢 注意：

删除用户的操作是一个很危险的操作，因此在这一操作之前最好做备份。虽然一个人离开了公司，但他存在系统中所有的东西都属于公司的财产，不能因为他的离去而丢失。

例如，现在 dog 用户已经被公司炒鱿鱼了，就可以**使用例 13-11 的 DDL 语句删除这个已经没用的 dog 用户。**

例 13-11

```
SQL> DROP USER dog;
User dropped.
```

接下来，应该**使用例 13-12 的 SQL 查询语句来验证 dog 用户是否真的被删除了。**

例 13-12

```
SQL> SELECT USERNAME, DEFAULT_TABLESPACE, TEMPORARY_TABLESPACE, CREATED
  2  FROM dba_users
  3  WHERE default_tablespace NOT LIKE 'SYS%'
  4  AND length(username) < 6;
USERNAME    DEFAULT_TABLESPACE TEMPORARY_TABLESPA CREATED
----------  ------------------ ------------------ -----------
PM          USERS              TEMP               26-8 月 -16
BI          USERS              TEMP               26-8 月 -16
OE          USERS              TEMP               26-8 月 -16
DIP         USERS              TEMP               02-4 月 -14
IX          USERS              TEMP               26-8 月 -16
SCOTT       USERS              TEMP               02-4 月 -14
HR          USERS              TEMP               26-8 月 -16
SH          USERS              TEMP               26-8 月 -16

已选择 8 行。
```

例 13-12 查询的显示结果清楚地表明：dog 用户已经从 Oracle 数据库系统中消失了。

📢 注意：

当一个用户被删除之后，该用户中的所有对象也都从系统中消失了，就像该用户刚刚建立时没有任何对象一样。

13.5　用户的安全控制域

当 Oracle 数据库管理员创建了一个可以访问 Oracle 数据库的用户的同时，也定义了一个用户的安

全控制域（security domain）。安全控制域除了前面曾经介绍过的安全检测机制（authentication mechanism）、用户的默认表空间（default tablespace）、用户排序所用的临时表空间（temporary tablespace）和表空间的配额（tablespace quotas）之外，还包括了如下的设置。

- ➥ 账户上锁（account locking）：可以通过对账户的上锁来阻止用户登录数据库。可以采取自动加锁，也可以由数据库管理员对账户进行手工的加锁和开锁。
- ➥ 资源限制（resource limits）：加在资源使用上的限制，如处理器（CPU）时间，逻辑输入或输出（I/O）和用户所能打开的会话数等。
- ➥ 直接权限（direct privileges）：这些权限被用来控制用户在数据库中可以进行的操作。
- ➥ 角色权限（role privileges）：通过使用角色所间接授予的权限。

Oracle 数据库管理系统正是通过以上介绍的安全控制域构筑起了一道又一道安全防线。首先是只允许那些合法的用户进入 Oracle 数据库系统，之后又对进入 Oracle 数据库系统的用户加上了一道又一道资源使用方式和数量上的限制。通过以上这些安全措施使 Oracle 数据库系统的安全可谓是"固若金汤"。

那么 Oracle 又是怎样将这些限制方便地加到每个用户上，特别是在用户数量巨大的大型和超大型数据库系统上的？为了减少数据库管理员的工作量，也为了方便系统安全和资源的管理，Oracle 系统引入了概要文件（profiles）。

13.6 概 要 文 件

什么是概要文件？**概要文件是一组命了名的口令和资源限制，通过 DDL 语句 CREATE USER 或 ALTER USER 赋予用户。概要文件可以被开启（激活）和关闭（禁止），而且概要文件也可以与默认的概要文件相关。当一个概要文件被创建后，数据库管理员就可以将它赋予用户。如果此时资源限制已经开启，Oracle 服务器就要按照概要文件的规定来限制用户的资源使用。**

使用概要文件的好处是，可以将用户按它们的安全控制和资源使用要求分成若干个组，然后为每一组按用户的需求创建一个概要文件，最后再将这些概要文件分别赋予相关的用户。这样可以大大地减轻数据库管理员的工作负担，提高工作效率，同时减少出错的机会。

当创建数据库的同时，Oracle 服务器会自动创建一个名为 DEFAULT 的默认概要文件。任何用户如果没有显式地赋予一个概要文件，Oracle 服务器就将默认概要文件赋予这个用户。在 Oracle 的早期版本中，概要文件的所有限制的初始值都是无限的，但是数据库管理员可以根据情况进行修改。

概要文件还具有如下特性：

- ➥ 赋予用户的概要文件并不影响当前的会话。
- ➥ 只能将概要文件赋予用户而不能将概要文件赋予角色或其他的概要文件。
- ➥ 如果在创建用户时没有赋予一个概要文件，默认的概要文件将赋予这个用户。

13.7 利用概要文件进行资源管理

利用概要文件进行资源管理限制时，可以加在会话一级，也可以加在调用一级，还可以同时加在这两级上。利用概要文件来控制资源使用的具体步骤如下：

（1）利用 CREATE PROFILE 命令创建一个概要文件，在这个概要文件中定义资源和口令的限制。

（2）使用 CREATE USER 或 ALTER USER 命令将概要文件赋予用户。

（3）可用以下方法之一开启资源限制。

➥ 在初始化参数文件中将 RESOURCE_LIMIT 设为 TRUE。

➥ 使用 ALTER SYSTEM 命令将 RESOURCE_LIMIT 设为 TRUE。

📢)) 提示：

要想利用概要文件来控制资源的使用必须开启资源限制，否则即使在概要文件中已经定义了资源限制也没有用。但是口令限制只要定义了就起作用。这可能是 Oracle 认为安全比效率更重要吧！

以下就是开启资源限制的具体方法。

（1）如果数据库使用的是正文的初始化参数文件，利用操作系统编辑器，在初始化参数文件中做这样的设置：RESOURCE_LIMIT =TRUE，之后存盘退出。

（2）**在系统正在运行时，利用 ALTER SYSTEM 命令来设置初始化参数从而开启资源限制**。其命令如下：ALTER SYSTEM SET RESOURCE_LIMIT=TRUE;。

13.8 资源限制的设置

概要文件的资源限制既可以加在会话一级，也可以加在调用一级。在会话级设置的资源限制是强加在每一个连接上的。当超过了会话级的资源限制时，Oracle 系统将返回出错信息。例如，ORA-02391：exceeded simultaneous SESSION_PER_USER limit，服务器与用户的连接断开。在会话级可以设置的资源限制如下。

➥ SESSIONS_PER_USER：每个用户名所允许的并行会话数。

➥ CPU_PER_SESSION：总共的 CPU 时间，其单位是 1%秒。

➥ IDLE_TIME：没有活动的时间，其单位是分。IDLE_TIME 只计算服务器进程。

➥ CONNECT_TIME：连接的时间，其单位是分。

➥ LOGICAL_READS_PER_SESSION：物理（磁盘）和逻辑（内存）读的数据块数。

在调用一级设置的资源限制是强加在每一个执行一条 SQL 语句所作的调用之上的。当超过了调用级的资源限制时：

➥ Oracle 系统挂起所处理的语句。

➥ 回滚这条语句。

➥ 所有之前的语句都完好无损。

➥ 用户的会话仍然保持连接状态。

在调用级可以设置的资源限制如下。

➥ CPU_PER_CALL：每个调用所用的 CPU 时间，其单位是 1%秒。

➥ LOGICAL_READS_PER_CALL：每个调用可以读的数据块数。

13.9 创建资源限制的概要文件

使用 Oracle 的 **CREATE PROFILE** 命令来创建一个资源限制的概要文件。CREATE PROFILE 命令的格式如下：

```
CREATE PROFILE 概要文件名 LIMIT
    [SESSIONS_PER_USER 最大值 ]
    [CPU_PER_SESSION 最大值 ]
    [CPU_PER_CALL 最大值 ]
```

```
          [CONNECT_TIME 最大值 ]
          [IDLE_TIME 最大值 ]
          [LOGICAL_READS_PER_SESSION 最大值]
          [LOGICAL_READS_PER_CALL 最大值];
```

其中，最大值为一正整数，或 UNLIMITED，或 DEFAULT（默认）。要注意概要文件名之后的 LIMIT 关键字是必需的，不能省略。

下面通过一个例子来演示如何创建一个可以控制用户资源使用的概要文件。可以使用例 13-13 的 DDL 语句来创建一个名为 luck_prof 的概要文件。

例 13-13

```
SQL> CREATE PROFILE luck_prof LIMIT
  2   SESSIONS_PER_USER 8
  3   CPU_PER_SESSION 16800
  4   LOGICAL_READS_PER_SESSION 23688
  5   CONNECT_TIME 268
  6   IDLE_TIME 38;
Profile created.
```

以下逐一解释例 13-13 所创建的概要文件语句中每一行的具体含义。

- ↘ 第 1 行：创建一个名为 luck_prof 的概要文件。
- ↘ 第 2 行：使用这个概要文件的用户，利用同一个用户名和口令可以同时打开 8 个会话（8 个连接）。
- ↘ 第 3 行：每个会话最多可以使用的 CPU 时间为 16 800 个 1%秒（168 秒）。
- ↘ 第 4 行：每个会话最多可以读 23 688 个数据块（包括内存读和磁盘读）。
- ↘ 第 5 行：每个会话的连接时间最多为 268 分（4 小时 28 分）。
- ↘ 第 6 行：每个会话的没有活动的时间不能超过 38 分。

接下来，为了使输出结果的显示更加清晰，可以使用例 13-14～例 13-18 的 SQL*Plus 格式化语句。

例 13-14

```
SQL> col RESOURCE_NAME for a28
```

例 13-15

```
SQL> col limit for a20
```

例 13-16

```
SQL> SET LINE 120
```

例 13-17

```
SQL> col profile for a20
```

例 13-18

```
SQL> set pagesize 25
```

最后，可以使用例 13-19 的 SQL 查询语句来验证所创建的概要文件的资源限制是否准确无误。

例 13-19

```
SQL> SELECT *
  2   FROM dba_profiles
  3   WHERE profile LIKE 'LUCK%';
PROFILE              RESOURCE_NAME                RESOURCE   LIMIT
-------------------- ---------------------------- --------   ------
LUCK_PROF            COMPOSITE_LIMIT              KERNEL     DEFAULT
LUCK_PROF            SESSIONS_PER_USER            KERNEL     8
LUCK_PROF            CPU_PER_SESSION             KERNEL     16800
LUCK_PROF            CPU_PER_CALL                KERNEL     DEFAULT
```

```
LUCK_PROF            LOGICAL_READS_PER_SESSION    KERNEL      23688
LUCK_PROF            LOGICAL_READS_PER_CALL       KERNEL      DEFAULT
LUCK_PROF            IDLE_TIME                    KERNEL      38
LUCK_PROF            CONNECT_TIME                 KERNEL      268
LUCK_PROF            PRIVATE_SGA                  KERNEL      DEFAULT
LUCK_PROF            FAILED_LOGIN_ATTEMPTS        PASSWORD    DEFAULT
LUCK_PROF            PASSWORD_LIFE_TIME           PASSWORD    DEFAULT
LUCK_PROF            PASSWORD_REUSE_TIME          PASSWORD    DEFAULT
LUCK_PROF            PASSWORD_REUSE_MAX           PASSWORD    DEFAULT
LUCK_PROF            PASSWORD_VERIFY_FUNCTION     PASSWORD    DEFAULT
LUCK_PROF            PASSWORD_LOCK_TIME           PASSWORD    DEFAULT
LUCK_PROF            PASSWORD_GRACE_TIME          PASSWORD    DEFAULT

16 rows selected.
```

例 13-19 查询结果显示：**第 3 列 RESOURCE_TYPE 的显示为 KERNEL 时，就表示这是一个资源限制；第 3 列 RESOURCE 的显示为 PASSWORD 时，就表示这是一个安全（口令）限制。** 从例 13-19 的显示还可以看出：凡是在创建概要文件时没有定义的限制都为默认（default）。有关安全（口令）的限制将在本章接下来的部分介绍，有些限制参数要在其他课程中介绍，如 PRIVATE_SGA 要在 Oracle 网络管理的课程中介绍，这个限制参数是在 Oracle 9i 或以上版本的共享服务器配置（shared server）中使用的，而在 Oracle 9i 之前的版本的多线程（MTS）服务器配置中使用。

另外，每个 Oracle 服务器中都有一个叫做 DEFAULT 的默认概要文件，如果一个用户没有被显式地赋予一个概要文件，Oracle 系统将自动把 DEFAULT 概要文件赋予这个用户。不过 DEFAULT 概要文件中的一些设置可能无法满足一些商业数据库的实际需要，还可能留下安全隐患，这时数据库管理员应该进行修改。本章接下来的部分将会介绍如何修改。

13.10 口令管理

前面介绍了概要文件中的资源限制部分，接下来要介绍口令限制部分。曾有不少学生对 Oracle 复杂而严格的口令管理感到困惑，有些学生曾质疑是否有必要使用如此复杂的口令管理。

这可能有东西方文化差异的因素。因为在我们的文化中认为"人之初性本善"，只要老天赏给我们一位明君，明君再任命一批清官，就国泰民安了。但在西方基督教文化中认为"人一生下来就是有罪的"，所以要用严格而完善的法律和制度来防范和约束每一个人。当然 Oracle 数据库系统那么大，上面的用户又那么多，就更应该严加防范了。

为了使 Oracle 数据库更加安全，数据库管理员可以通过概要文件来控制 Oracle 数据库的口令管理。以下是可以使用的一些口令管理的特性。

- ➤ 账户加锁（account locking）：当一个用户试了规定的次数仍不能登录数据库系统时，开始对这个账户自动上锁。
- ➤ 口令衰老和过期（password aging and expiration）：使口令具有生命周期（时间），过了这段时间之后口令就作废了并且必须改变这一口令。
- ➤ 口令历史（password history）：检查新的口令以确保旧的口令在指定的时间内不会重用，或在指定的变化次数之内不会重用。
- ➤ 口令复杂性检验（password complexity verification）：对口令进行复杂性检验以保证口令足够复杂而不易被黑客通过猜口令来攻破口令防线。

口令管理与资源管理一样，都是使用概要文件来进行的。通过建立概要文件并将它们赋予用户来进行口令管理。也是通过使用 **CREATE USER** 或 **ALTER USER** 命令来将概要文件赋予用户和对用户进行加锁、解锁和使（用户）账号作废等操作的。要注意的是，与资源限制不同，口令限制总是开启的。为了开启口令复杂性检验功能，要在 sys 用户下运行 utlpwdmg.sql 脚本文件。该脚本文件在 $ORACLE_HOME\rdbms\admin 目录下。下面就逐一介绍完成以上口令管理的特性所使用的参数。

口令账户加锁（password account locking）是通过以下两个参数来实现的。

➥ FAILED_LOGIN_ATTEMPTS：在账户被锁住之前可以尝试登录失败的次数。

➥ PASSWORD_LOCK_TIME：在尝试登录指定的次数失败后，账户将被锁住的天数。

口令衰老和过期是通过以下两个参数来实现的。

➥ PASSWORD_LIFE_TIME：口令的生命周期（可以使用的天数）。在此之后口令作废。

➥ PASSWORD_GRACE_TIME：当口令过期之后第 1 次成功地使用原口令登录后要改变口令的宽免天数。

口令历史（password history）是通过以下两个参数来实现的。

➥ PASSWORD_REUSE_TIME：在一个口令可以重用之前的天数。

➥ PASSWORD_REUSE_MAX：在一个口令可以重用之前的最大变化数。

◀》 注意：

在早期的 Oracle 版本当中，当以上两个参数的任何一个被设为某一值而不是 DEFAULT 或 UNLIMITED 时，另一个参数必须设为 UNLIMITED。但是 Oracle 12c 对此做出了修改，即可以同时设置这两个参数。如果同时设置了这两个参数，那么只有满足这两个设置条件之后密码才被允许重用。如果同时将这两个参数设置成了 UNLIMITED，那么 Oracle 系统忽略这两个参数，即用户在任何时候都可以重用任何密码，这显然会留下安全的隐患。如果一个参数被设置为了某个数字而另外一个参数被设置为了 UNLIMITED，那么用户永远不能重用密码。

口令复杂性检验（password complexity verification）是通过以下这个参数来实现的。

PASSWORD_VERIFY_FUNCTION：在一个新的口令赋予一个用户之前，要运行验证口令的复杂性是否满足安全要求的一个 PL/SQL 函数。所有新口令必须通过该函数的验证。

13.11　口令验证函数

Oracle 服务器提供了一个口令复杂性检验的函数，这是一个默认的 PL/SQL 函数，函数名为 VERIFY_FUNCTION。该函数必须在 sys 用户中通过运行 utlpwdmg.sql 脚本文件来生成。

在执行 utlpwdmg.sql 脚本文件期间，Oracle 服务器将创建 VERIFY_FUNCTION 函数并且使用如下的 ALTER PROFILE 命令来修改 DEFAULT（默认）概要文件：

```
SQL> ALTER PROFILE DEFAULT LIMIT
  2    PASSWORD_LIFE_TIME 60
  3    PASSWORD_GRACE_TIME 10
  4    PASSWORD_REUSE_TIME 1800
  5    PASSWORD_REUSE_MAX UNLIMITED
  6    FAILED_LOGIN_ATTEMPTS 3
  7    PASSWORD_LOCK_TIME 1/1440
  8    PASSWORD_VERIFY_FUNCTION verify_function;
```

之后，VERIFY_FUNCTION 函数就要对所有用户提供的口令进行如下检查：

➥ 口令的最小长度为 4 个字符。

- ↳ 口令不能与用户名相同。
- ↳ 口令必须包含至少一个字符、一个数字和一个特殊字符。
- ↳ 口令必须至少有 3 个字母与以前的口令不同。

在 Oracle 11g 中这个函数为 VERIFY_FUNCTION_11G（也是通过运行 utlpwdmg.sql 脚本文件安装），该函数要对所有用户提供的口令进行的检查如下：

- ↳ 口令的最小长度为 8 个字符。
- ↳ 口令必须包含至少一个字符和一个数字。
- ↳ 口令必须至少有 3 个字母与以前的口令不同。
- ↳ 口令不能与用户名相同，也不能是用户名后跟任何 1～100 的数字；不能是保留用户名；不能是服务器名，也不能是服务器名后跟任何 1～100 的数字；不能是任何众所周知的口令，如 welcome1，database1，oracle123，oracle 后跟任何 1～100 的数字等。

从以上 VERIFY_FUNCTION_11G 对用户口令的检查，可以看出 Oracle 11g 进一步强化了数据库的安全性。

在 Oracle 12c 上，执行 utlpwdmg.sql 脚本文件会创建以下三个口令复杂性检验的函数：

- ↳ verify_function_11G（VERIFY_FUNCTION_11G）。
- ↳ ora12c_verify_function：功能与 verify_function_11G 几乎相同，对密码提供最低限度的复杂性检查。
- ↳ ora12c_strong_verify_function：对密码提供更强的复杂性检查以符合美国国防部数据库安全技术实施指南的建议。

除了 Oracle 提供的默认复杂性检验函数之外，数据库管理员也可以自己写一个 PL/SQL 函数进行口令的复杂性检验。用户提供的口令函数一定要在 SYS 模式下创建并且必须使用以下的函数说明（即函数的接口）：

```
function_name(
     userid_parameter IN VARCHAR2(30),
     password_parameter IN VARCHAR2(30),
old_password_parameter IN VARCHAR2(30))RETURN BOOLEAN
```

每当将一个新的口令检验函数加入到 Oracle 数据库系统时，数据库管理员必须考虑如下的一些限制：

- ↳ 函数必须使用上面所介绍的说明（接口）。
- ↳ 函数的返回值 TRUE 为成功，FALSE 为失败。
- ↳ 如果口令函数产生异常，系统将返回出错信息，并且相应的 CREATE USER 或 ALTER USER 语句被终止。
- ↳ 如果口令函数变为无效，系统也将返回出错信息，并且相应的 CREATE USER 或 ALTER USER 语句也会被终止。
- ↳ sys 用户拥有口令函数。

13.12 创建口令限制的概要文件

下面使用 Oracle 的 CREATE PROFILE 命令来创建一个口令限制的概要文件。CREATE PROFILE 命令的格式如下：

```
CREATE PROFILE 概要文件名 LIMIT
    [FAILED_LOGIN_ATTEMPTS 最大值 ]
    [PASSWORD_LIFE_TIME 最大值 ]
    [ {PASSWORD_REUSE_TIME
```

```
      |PASSWORD_REUSE_MAX} 最大值 ]
    [PASSWORD_LOCK_TIME 最大值 ]
    [PASSWORD_GRACE_TIME 最大值 ]
    [PASSWORD_VERIFY_FUNCTION
     { 函数名 |NULL|DEFAULT} ]
```

其中，在设置口令参数小于 1 天时，

> 1 小时：PASSWORD_LOCK_TIME＝1/24。

> 1 分钟：PASSWORD_LOCK_TIME＝1/1440。

下面通过一个例子来演示如何创建一个可以进行用户口令控制的概要文件。可以使用例 13-20 的 DDL 语句来创建一个名为 unluck_prof 的概要文件。

例 13-20

```
SQL> CREATE PROFILE unluck_prof LIMIT
  2   FAILED_LOGIN_ATTEMPTS 7
  3   PASSWORD_LOCK_TIME UNLIMITED
  4   PASSWORD_LIFE_TIME 44
  5   PASSWORD_REUSE_TIME 24
  6   PASSWORD_GRACE_TIME 4;
Profile created.
```

以下逐一解释例 13-20 创建概要文件语句中每一行的具体含义。

> 第 1 行：创建一个名为 unluck_prof 的概要文件。

> 第 2 行：在账户被锁住之前可以尝试登录失败的次数为 7 次。

> 第 3 行：在尝试登录指定的次数失败后，账户将被永远地锁住。

> 第 4 行：口令的生命周期（可以使用的天数）为 44 天。

> 第 5 行：一个口令要在作废 24 天之后才可以重用。

> 第 6 行：当口令过期之后有 4 天可以使用原口令登录的宽免期。

之后应该使用例 13-21 的 SQL 查询语句来验证所创建的概要文件的口令限制是否准确无误。

例 13-21

```
SQL> SELECT *
  2   FROM dba_profiles
  3   WHERE profile LIKE 'UNLUCK%'
  4   AND resource_type = 'PASSWORD';
PROFILE                 RESOURCE_NAME                RESOURCE LIMIT
--------------------    ----------------------------  --------  -----------
UNLUCK_PROF             FAILED_LOGIN_ATTEMPTS        PASSWORD 7
UNLUCK_PROF             PASSWORD_LIFE_TIME           PASSWORD 44
UNLUCK_PROF             PASSWORD_REUSE_TIME          PASSWORD 24
UNLUCK_PROF             PASSWORD_REUSE_MAX           PASSWORD DEFAULT
UNLUCK_PROF             PASSWORD_VERIFY_FUNCTION     PASSWORD DEFAULT
UNLUCK_PROF             PASSWORD_LOCK_TIME           PASSWORD UNLIMITED
UNLUCK_PROF             PASSWORD_GRACE_TIME          PASSWORD 4

7 rows selected.
```

从例 13-21 的查询显示可以看出：凡是在创建概要文件时没有定义的口令限制都为默认，而其他参数都与在创建概要文件时所定义的完全相同。

13.13 修改和删除概要文件

如果商业环境发生了变化，概要文件中的参数设置已经不合时宜了，**可以使用 ALTER PROFILE 语句来修改这些限制**。例如，可以使用类似于例 13-22 的 ALTER PROFILE 语句来修改口令限制。

例 13-22

```
SQL> ALTER PROFILE unluck_prof LIMIT
  2    FAILED_LOGIN_ATTEMPTS 4
  3    PASSWORD_LIFE_TIME 74
  4    PASSWORD_GRACE_TIME 14;
Profile altered.
```

之后，应该使用例 13-23 的 SQL 查询语句来验证对概要文件口令限制的修改是否准确无误。

例 13-23

```
SQL> SELECT *
  2    FROM dba_profiles
  3    WHERE profile LIKE 'UNLUCK%'
  4    AND resource_type = 'PASSWORD';
PROFILE                 RESOURCE_NAME                   RESOURCE LIMIT
--------------------    ----------------------------    -------- ---------
UNLUCK_PROF             FAILED_LOGIN_ATTEMPTS           PASSWORD 4
UNLUCK_PROF             PASSWORD_LIFE_TIME              PASSWORD 74
UNLUCK_PROF             PASSWORD_REUSE_TIME            PASSWORD 24
UNLUCK_PROF             PASSWORD_REUSE_MAX             PASSWORD DEFAULT
UNLUCK_PROF             PASSWORD_VERIFY_FUNCTION       PASSWORD DEFAULT
UNLUCK_PROF             PASSWORD_LOCK_TIME             PASSWORD UNLIMITED
UNLUCK_PROF             PASSWORD_GRACE_TIME            PASSWORD 14

7 rows selected.
```

从例 13-23 的查询显示可以清楚地看出：所有修改过的参数都与在修改概要文件时所指定的值完全相同。

到此为止可能有些读者想过：怎样才能知道在 Oracle 数据库中有哪些概要文件呢？其实只要将例 13-23 的 SQL 查询语句略加修改就可以完成这一工作。可以使用例 13-24 的 SQL 查询语句来查看所有的概要文件名。

例 13-24

```
SQL> SELECT *
  2    FROM dba_profiles
  3    WHERE resource_name = 'FAILED_LOGIN_ATTEMPTS';
PROFILE                 RESOURCE_NAME                   RESOURCE LIMIT
--------------------    ----------------------------    -------- ---------
DEFAULT                 FAILED_LOGIN_ATTEMPTS           PASSWORD 10
MONITORING_PROFILE      FAILED_LOGIN_ATTEMPTS           PASSWORD UNLIMITED
LUCK_PROF               FAILED_LOGIN_ATTEMPTS           PASSWORD DEFAULT
UNLUCK_PROF             FAILED_LOGIN_ATTEMPTS           PASSWORD 7
```

例 13-24 查询显示的结果表明：在数据库中共有 4 个概要文件，其中最后两个是在本章中刚创建的，其他两个是系统自带的。在许多 Oracle 系统上只有 DEFAULT 一个自带的系统默认概要文件。

细心的读者可能注意到了：在例 13-24 的 SQL 查询语句中使用了一个古怪的 WHERE 子句。这个子句的目的很简单，就是使每一个概要文件在查询显示的结果中只输出一行。

当不再需要一个概要文件时，**可以使用 DROP PROFILE 命令来删除这个概要文件。如果一个概要文件已经赋予了用户，那么在 DROP PROFILE 命令中要使用 CASCADE 选项。**使用 CASCADE 关键字将把概要文件从所赋予的用户收回。接下来的问题是如何对这些用户进行资源和口令的限制。Oracle 早就高瞻远瞩想到了这个问题，Oracle 此时将把默认概要文件赋予这些用户。所以默认概要文件不能删除。

可以使用例 13-25 的 DROP PROFILE 语句来删除刚创建的名为 luck_prof 的概要文件。

例 13-25

```
SQL> DROP PROFILE luck_prof;
Profile dropped.
```

也可以使用例 13-26 的带有 CASCADE 的 DROP PROFILE 语句来删除刚刚创建的名为 unluck_prof 的概要文件。

例 13-26

```
SQL> DROP PROFILE unluck_prof CASCADE;
Profile dropped.
```

现在，应该使用例 13-27 的 SQL 查询语句来验证以上两个删除概要文件的 DDL 命令是否准确无误。

例 13-27

```
SQL> SELECT *
  2   FROM dba_profiles
  3   WHERE resource_name = 'FAILED_LOGIN_ATTEMPTS';
PROFILE                RESOURCE_NAME                 RESOURCE LIMIT
-------------------- ----------------------------- -------- ----------

DEFAULT                FAILED_LOGIN_ATTEMPTS         PASSWORD 10
MONITORING_PROFILE     FAILED_LOGIN_ATTEMPTS         PASSWORD UNLIMITED
```

例 13-27 查询显示的结果清楚地表明：已经成功地删除了 luck_prof 和 unluck_prof 这两个概要文件。

前面所创建的概要文件 luck_prof 只定义了资源限制，其口令限制都是 Oracle 默认的。而概要文件 unluck_prof 只定义了口令限制，其资源限制又都是 Oracle 默认的。之所以这样安排，只是为了讲解方便。在实际生产数据库环境中，在创建一个概要文件时这两部分一般是同时定义的。

13.14　创建概要文件的应用实例

宝儿成功的喜讯迅速地传遍了他的家乡，许多乡亲们还在电视和其他媒体上多次看到宝儿。他已经成为了远近闻名的成功人士，也成了他的母校教育学生最好的典范。宝儿也将他的一些工作和生活拍成了照片或制成了 DVD 寄回了家。

看到了照片和 DVD，大家更加体会到宝儿的巨大成功，全家人特别是宝儿的母亲别提多高兴了。不过宝儿和他漂亮的女外语教师的几个过于亲密的镜头（在村里人看来）却让他的母亲担心起来。她曾向家里人和亲朋好友透露了她的担忧。她说："金家世代忠良，娶个洋媳妇不成了汉奸了吗？"最后还是远近闻名的老学究——宝儿高中的恩师消除了她老人家的疑团。他说："宝儿不愧是忠良之后，找了一个年轻漂亮的洋媳妇，这等于是给中国人增光了。"一时间宝儿似乎又成了一个爱国者和民族英雄。

随着先驱工程热火朝天地进行，数据量、用户数和操作量一直在持续地增加。作为一位资深的 Oracle 专家及该项目的 CIO，宝儿已经开始对数据库系统的安全和资源使用担忧起来。为了更有效地进行安全控制和限制用户的资源使用量，宝儿决定为先驱工程创建一个名为 pioneer_prof 的概要文件，之后将这个概要文件赋予每个先驱工程的用户。

经过了仔细的分析之后，宝儿终于决定了每个参数的值。之后使用例 13-28 的 CREATE PROFILE 命令创建了他所需要的概要文件 pioneer_prof。

例 13-28

```
SQL> CREATE PROFILE pioneer_prof LIMIT
  2   FAILED_LOGIN_ATTEMPTS 4
  3   PASSWORD_LOCK_TIME UNLIMITED
  4   PASSWORD_LIFE_TIME 91
  5   PASSWORD_REUSE_TIME 28
  6   PASSWORD_GRACE_TIME 7
  7   SESSIONS_PER_USER 3
  8   CPU_PER_SESSION 16800
  9   LOGICAL_READS_PER_SESSION 23688
 10   CONNECT_TIME 180
 11   IDLE_TIME 28;
Profile created.
```

以下对例 13-28 的 CREATE PROFILE 语句的每一行逐一地进行解释。

➥ 第 2 行：为了防止有人通过猜测来攻破口令防线，宝儿决定用户在登录系统时最多可以错 4 次。

➥ 第 3 行：错 4 次之后该用户的账户将被永远地锁住，只有数据库管理员才能打开。

➥ 第 4 行：为了防止口令使用时间过长而泄密，口令的有效期为 91 天（大约 3 个月），之后用户必须修改其口令。

➥ 第 5 行：为了防止用户所选的新口令与旧口令相同而变得不安全，一个口令失效后要过 28 天（四周）才能重用。

➥ 第 6 行：当一个口令失效后系统给用户 7 天的宽免期，在这期间用户可以修改旧的口令，如果在这段时间用户没有改变口令，用户将无法登录系统。

➥ 第 7 行：为了减少数据库的连接总数，每个用户最多可以开启 3 个会话。

➥ 第 8 行：为了防止一个用户会话消耗过多的处理器时间（也是限制黑客利用破译用户口令后，以合法用户登录系统进行破坏的规模），每个会话所使用的处理器时间不能超过 16 800 个 1%s（168s）。

➥ 第 9 行：为了防止用户由于建立错误的查询（如笛卡儿乘积）而产生大量的输入/输出（也是限制黑客利用破译用户口令后，以合法用户登录系统进行破坏的规模），每个会话最多的逻辑阅读量为 23 688 个数据块。

➥ 第 10 行：为了防止一个用户长期挂在数据库系统上，每个用户的连接时间最多为 180min（3 个小时）。

➥ 第 11 行：为了防止挂在数据库系统上的用户长时间不干活，每个用户的空闲时间为 28min（近半个小时），如果一个用户不干活的时间超过了 28min，Oracle 系统会自动将这个用户踢出系统并回滚该用户所有没有提交的事务。

接下来宝儿使用了例 13-29 的 SQL 查询语句来验证他所创建的概要文件的资源限制和口令限制参数的设置是否准确无误。

例 13-29

```
SQL> SELECT *
  2   FROM dba_profiles
  3   WHERE profile LIKE 'PION%';
PROFILE              RESOURCE_NAME                RESOURCE LIMIT
-------------------- ---------------------------- -------- -------------
PIONEER_PROF         COMPOSITE_LIMIT              KERNEL   DEFAULT
```

```
PIONEER_PROF          SESSIONS_PER_USER              KERNEL   3
PIONEER_PROF          CPU_PER_SESSION                KERNEL   16800
PIONEER_PROF          CPU_PER_CALL                   KERNEL   DEFAULT
PIONEER_PROF          LOGICAL_READS_PER_SESSION      KERNEL   23688
PIONEER_PROF          LOGICAL_READS_PER_CALL         KERNEL   DEFAULT
PIONEER_PROF          IDLE_TIME                      KERNEL   28
PIONEER_PROF          CONNECT_TIME                   KERNEL   180
PIONEER_PROF          PRIVATE_SGA                    KERNEL   DEFAULT
PIONEER_PROF          FAILED_LOGIN_ATTEMPTS          PASSWORD 4
PIONEER_PROF          PASSWORD_LIFE_TIME             PASSWORD 91
PIONEER_PROF          PASSWORD_REUSE_TIME            PASSWORD 28
PIONEER_PROF          PASSWORD_REUSE_MAX             PASSWORD DEFAULT
PIONEER_PROF          PASSWORD_VERIFY_FUNCTION       PASSWORD DEFAULT
PIONEER_PROF          PASSWORD_LOCK_TIME             PASSWORD UNLIMITED
PIONEER_PROF          PASSWORD_GRACE_TIME            PASSWORD 7

16 rows selected.
```

看到例 13-29 查询显示的结果，宝儿心里别提多高兴了，因为他已经成功创建了所需要的概要文件 pioneer_prof，而且所有的资源限制和口令限制参数都是按他的要求设置的。

这是宝儿 Oracle 职业生涯的又一次大飞跃。因为他已经不再是被动地维护或调整 Oracle 数据库系统了，而是主动地对将来可能要发生的问题或灾难采取了有效的预防措施。

虽然 13.6 节在介绍概要文件时讲过，概要文件是通过 DDL 语句 CREATE USER 或 ALTER USER 赋予用户的，但是在本章中并未给出实际的例子，这方面的若干例子将在后面章节中给出。

在 OCP 或 OCA 考试中，有关同一个概念的考题，只要略加修改，其答案就不同。例如，怎样将一个 Profile 赋予用户？其答案就是使用 CREATE USER 或 ALTER USER 语句。怎样将一个 Profile 赋予新用户？其答案就是使用 CREATE USER 语句。怎样将一个 Profile 赋予已经存在的用户？其答案就是使用 ALTER USER 语句。

13.15　您应该掌握的内容

在学习第 14 章之前，请检查一下您是否已经掌握了以下的内容：

➥ 系统资源和系统安全管理的重要性。
➥ 创建一个新用户之前需检查哪些事项。
➥ 怎样创建一个新的用户。
➥ 怎样获取用户默认表空间、临时表空间及创建日期的信息。
➥ 怎样获取用户所使用的表空间的配额信息。
➥ 什么是数据库模式。
➥ 主要的 Oracle 数据库模式对象有哪些。
➥ ALTER USER 语句的使用。
➥ 怎样删除一个用户。
➥ 删除一个用户时要注意什么。
➥ 用户的安全控制域所包含的内容。
➥ 什么是概要文件。

➥ 引入概要文件的目的。

➥ 概要文件有哪些特性。

➥ 利用概要文件进行资源管理限制。

➥ 怎样创建一个资源限制的概要文件。

➥ 为什么 Oracle 要引入复杂而严格的口令管理。

➥ 口令管理的一些主要特性及参数。

➥ 口令复杂性检验的函数及工作的原理。

➥ 在口令管理方面，Oracle 11g 和 Oracle 12c 有哪些改进。

➥ 怎样创建一个口令限制的概要文件。

➥ 怎样验证概要文件的创建是否成功。

➥ 怎样修改和删除无用的概要文件。

扫一扫，看视频

第 14 章　管　理　权　限

除了第 13 章中介绍过的资源限制和口令限制之外，Oracle 数据库管理系统主要是通过权限和角色来进行有效的安全管理和控制的。

14.1　权限的分类

什么是权限？**权限是用来执行某些特定 SQL 语句的权力（能力）。**
权限又分为两种类型，分别为系统权限和对象权限。

❧ 系统权限：访问（使用）数据库（系统资源）的权力（能力），使用户在数据库中能够执行一些特定的操作。
❧ 对象权限：维护数据库中对象的权力（能力），使用户能够访问和维护某一特定的对象。

14.2　系　统　权　限

数据库管理员（DBA）是数据库系统中的最高级别的用户。DBA 具有数据库系统中的一切系统权限并拥有所有的系统资源。DBA 可以把这些权限的一些或全部授予其他的用户，也可以把这些系统资源的使用权授予其他的用户。

在 Oracle 8 中有 80 多种系统权限。而在 Oracle 8i 中增加到 120 多种系统权限。因为几乎 Oracle 的每个版本系统权限的个数都有所不同，所以从 Oracle 9i 开始，Oracle 使用了共有 100 多种不同的系统权限。这样只要超过了 100，Oracle 的文档或教材就不需要修改了，如 **Oracle 12c 中系统权限已经增加到 170 多个。** 以下就是一些工作中可能常用的系统权限。

有关用户的系统权限如下。

❧ CREATE USER：创建其他的用户（需要具有 DBA 角色的权限）。
❧ ALTER USER：修改其他用户的设置。
❧ DROP USER：删除其他的用户。

有关表的系统权限如下。

❧ SELECT ANY TABLE：查询任何用户的表中的数据和视图中的数据的权力。
❧ UPDATE ANY TABLE：修改任何用户的表中的数据和视图中的数据的权力。
❧ DELETE ANY TABLE：删除任何用户表中的数据和视图中的数据的权力。
❧ CREATE ANY TABLE：在任何模式中创建表。
❧ DROP ANY TABLE：删除任何模式中所创建的表。
❧ ALTER ANY TABLE：修改任何模式中所创建的表。
❧ CREATE TABLE：在用户自己的模式中创建表。

有关表空间的系统权限如下。

❧ CREATE TABLESPACE：创建表空间的权限。
❧ DROP TABLESPACE：删除表空间的权限。

→　ALTER TABLESPACE：修改表空间的权限。

→　UNLIMITED TABLESPACE：使用全部表空间的权限。

有关索引的系统权限如下。

→　CREATE ANY INDEX：在任何模式中创建索引的权限。

→　DROP ANY INDEX：在任何模式中删除索引的权限。

→　ALTER ANY INDEX：在任何模式中修改索引的权限。

有关会话的系统权限如下。

→　CREATE SESSION：连接数据库的权限。

→　ALTER SESSION：发出 ALTER SESSION 语句的权限。

其他的系统权限如下。

→　CREATE VIEW：在用户自己的模式中创建视图的权限。

→　CREATE SEQUENCE：在用户自己的模式中创建序列号的权限。

→　CREATE PROCEDURE：在用户自己的模式中创建过程的权限。

◀» 提示：

在以上的系统权限中，ANY 关键字表示在任何模式（用户）中都有所定义的权限。

另外，在 Oracle 数据库系统中有两个特殊的系统权限，它们是 SYSOPER 和 SYSDBA 系统权限。
SYSOPER 系统权限所包括的授权操作如下：

→　执行 STARTUP 和 SHUTDOWN 操作。

→　ALTER DATABASE OPEN | MOUNT | BACKUP（备份）。

→　ARCHIVELOG 和 RECOVERY（恢复）。

→　CREATE（创建）SPFILE。

→　包括 RESTRICTED SESSION 权限。

SYSDBA 系统权限所包括的授权操作如下：

→　SYSOPER 权限 WITH ADMIN OPTION。

→　CREATE DATABASE（创建数据库）。

→　ALTER TABLESPACE BEGIN/END BACKUP（联机备份）。

→　RECOVER DATABASE UNTIL。

◀» 注意：

在这里需要注意的是，只有在系统维护时才使用 SYSOPER 或 SYSDBA 系统权限连接数据库系统，一般的操作
都应该使用普通用户登录（连接）。这样做的目的是：万一操作失误了，不至于发生灭顶之灾。

◀» 提示：

在 Oracle 11.2 和 Oracle 12c 中，新增加了 SYSBACKUP、SYSDG 和 SYSKM 几个系统管理员权限。这些权限
分别负责备份与恢复以及其他的特殊管理工作，以前都是以 SYSDBA 权限来完成这些工作的。将它们从
SYSDBA 中分离出来，会使 Oracle 系统更安全。

14.3　系统权限的限制

在 Oracle 8 之前的版本，具有 SELECT ANY TABLE 权限的用户可以查询数据字典。这可能存在安
全隐患，因为为了开发软件的方便和协调项目组的工作，一般高级开发人员或项目经理常被授予 SELECT

ANY TABLE 权限。这样如果有高级开发人员想破坏系统，他们就能容易地通过数据字典得到所需要的系统配置信息。

为了消除这一隐患，**从 Oracle 8 开始引入一个名为 O7_DICTIONARY_ACCESSIBILITY 的参数，Oracle 系统利用这一参数来控制 SELECT ANY TABLE 权限访问系统的方式。**如果这个参数被设为真（true），就表示具有 SELECT ANY TABLE 权限的用户可以查询数据字典，即允许访问 SYS 模式中的对象。这也是 Oracle 8 和 Oracle 8i 的默认方式，但是数据库管理员可以修改这一约定，使具有 SELECT ANY TABLE 权限的用户不能查询数据字典，在系统中只有数据库管理员可以查询数据字典。这样系统会更安全。

如果这个参数被设为假（false），就表示具有 SELECT ANY TABLE 权限的用户不可以查询数据字典，即确保具有访问任何模式权限的用户不能访问 SYS 模式中的对象。这样系统会更安全。这也是 Oracle 9i 和以后版本的默认方式。可能是从 Oracle 9i 开始 Oracle 认为系统安全变得更重要了，不过数据库管理员可以把它的功能修改回 Oracle 8 之前版本的约定。

📣 提示：

> DBA 用户不受 O7_DICTIONARY_ACCESSIBILITY 参数设置的限制，数据库管理员用户在任何情况下都可以访问数据字典。

14.4   授予系统权限

为了方便后面的讲解，现在先来创建 4 个用户。它们分别是：dog（狗），口令为 wangwang（汪汪）；cat（猫），口令为 miaomiao（喵喵）；pig（猪），口令为 hengheng（哼哼）；fox（狐狸），口令为 loveyou（爱你）。于是可以使用例 14-1～例 14-4 的 CREATE USER 命令来创建这些用户。

例 14-1

```
SQL> CREATE USER dog
  2   IDENTIFIED BY wangwang;
User created.
```

例 14-2

```
SQL> CREATE USER cat
  2   IDENTIFIED BY miaomiao;
User created.
```

例 14-3

```
SQL> CREATE USER pig
  2   IDENTIFIED BY hengheng;
User created.
```

例 14-4

```
SQL> CREATE USER fox
  2   IDENTIFIED BY loveyou;
User created.
```

实际上刚刚创建的 4 个用户不能做任何事，因为它们没有任何系统权限，连与数据库连接都不行。可以在 SQL*Plus 中使用例 14-5 的命令来试着使用 cat 用户与数据库连接。

例 14-5

```
SQL> connect cat/miaomiao;
ERROR:
ORA-01045: user CAT lacks CREATE SESSION privilege; logon denied

Warning: You are no longer connected to ORACLE.
```

看到例 14-5 显示的结果也许会感到震惊，仔细地检查了在例 14-5 中输入的命令，但是没有发现任何错误。

这时开始认真地阅读例 14-5 显示结果中的错误提示信息。ORA-01045:的英文表明 cat 用户没有 CREATE SESSION 这个系统权限，所以无法使用这一用户登录系统。

当一个数据库管理员使用 CREATE USER 语句成功地创建了一个用户后，该用户最初并没有任何权限（就像人刚刚出生来到这个世界时两手空空什么也没有一样），接下来 DBA 就要授予这个用户相应的权限。

要想授予这 4 个用户所需的系统权限，必须再次切换到 system 用户。于是使用了例 14-6 的命令。

例 14-6

```
SQL> connect system/wang
Connected.
```

要使用 GRANT 命令来授予用户系统权限。使用该命令可以一次将多个系统权限赋予一个用户，也可以将系统权限一次赋予多个用户。

现在就可以使用例 14-7 的 DCL 语句将 CREATE SESSION、SELECT ANY TABLE、CREATE TABLE 和 CREATE VIEW 这 4 个系统权限分别授予 cat 用户。

例 14-7

```
SQL> GRANT CREATE SESSION, SELECT ANY TABLE, CREATE TABLE, CREATE VIEW
  2  TO cat;
Grant succeeded.
```

此时就可以利用 cat 用户使用例 14-8 的 SQL*Plus 命令与数据库连接了。

例 14-8

```
SQL> connect cat/miaomiao;
Connected.
```

cat 用户现在想将 CREATE SESSION、SELECT ANY TABLE 权限（一部分好处）分给它的狗友，于是使用了例 14-9 的 DCL 语句。

例 14-9

```
SQL> GRANT CREATE SESSION, SELECT ANY TABLE
  2  TO DOG;
GRANT CREATE SESSION, SELECT ANY TABLE
*
ERROR at line 1:
ORA-01031: insufficient privileges
```

通过例 14-7 的 DCL 语句的授权可以看出：**虽然 cat 用户具有了所赋予的系统权限，但是它不能再将这些权限赋予其他的用户**，即没有任命官员的权力。

如果在 GRANT 命令中使用了 WITH ADMIN OPTION 子句，被授予权限的用户可以进一步将这些系统权限授予其他用户。为了演示方便，现在再重新以 system 用户登录，可以使用如例 14-10 所示的命令。

例 14-10

```
SQL> connect system/wang
Connected.
```

之后，先用例 14-11 的 DCL 语句收回 cat 用户所有的系统权限（现在不考虑这个语句的含义，只要输入命令就行，该语句在 14.5 节中要详细介绍）。

例 14-11

```
SQL> REVOKE CREATE SESSION, SELECT ANY TABLE, CREATE TABLE, CREATE VIEW
  2  FROM cat;
Revoke succeeded.
```

接下来就可以使用带有 WITH ADMIN OPTION 子句的 DCL 语句为 cat 用户重新授予所需要的系统权限了。于是，发出了例 14-12 的带有 WITH ADMIN OPTION 子句的 DCL 语句对 cat 用户授权。

例 14-12

```
SQL> GRANT CREATE SESSION, SELECT ANY TABLE, CREATE TABLE, CREATE VIEW
  2  TO cat WITH ADMIN OPTION;
Grant succeeded.
```

为了使后面查询语句的输出更加清晰，可以先使用例 14-13 和例 14-14 的 SQL*Plus 格式化命令。

例 14-13

```
SQL> col grantee for a10
```

例 14-14

```
SQL> col PRIVILEGE for a20
```

为了清楚 cat 用户所有的系统权限和它可以将哪些系统权限赋予其他的用户（任命权），可以使用例 14-15 的 SQL 查询语句。

例 14-15

```
SQL> SELECT *
  2  FROM dba_sys_privs
  3  WHERE grantee = 'CAT';
GRANTEE    PRIVILEGE            ADM
---------- -------------------- ------
CAT        CREATE VIEW          YES
CAT        CREATE TABLE         YES
CAT        CREATE SESSION       YES
CAT        SELECT ANY TABLE     YES
```

例 14-15 查询显示的结果清楚地表明：cat 用户只有刚授予的 4 个系统权限并且它可以将这些权限授予其他用户（ADM 列的值都为 YES）。

现在可以使用例 14-16 的 SQL*Plus 命令以 cat 用户登录系统。

例 14-16

```
SQL> connect cat/miaomiao
Connected.
```

cat 用户现在想将 CREATE SESSION、SELECT ANY TABLE、CREATE TABLE 和 CREATE VIEW 系统权限（全部好处）都赋予它的狗友。于是 cat 用户使用了例 14-17 的 DCL 语句。

例 14-17

```
SQL> GRANT CREATE SESSION, SELECT ANY TABLE, CREATE TABLE, CREATE VIEW
  2  TO dog WITH ADMIN OPTION;
Grant succeeded.
```

现在可以使用例 14-18 的 SQL*Plus 命令以 dog 用户登录系统。

例 14-18

```
SQL> connect dog/wangwang
Connected.
```

猫大哥的狗友也与它性格相近，很行侠仗义，有了好处从不忘记自己的难兄难弟，于是狗分别使用例 14-19 和例 14-20 的 DCL 语句将它的所有系统权限（所有好处）都赋予了它的难兄狐狸（fox）和难弟小猪（pig）。

例 14-19

```
SQL> GRANT CREATE SESSION, SELECT ANY TABLE, CREATE TABLE, CREATE VIEW
  2  TO fox WITH ADMIN OPTION;
Grant succeeded.
```

例 14-20

```
SQL> GRANT CREATE SESSION, SELECT ANY TABLE, CREATE TABLE, CREATE VIEW
  2  TO pig;
Grant succeeded.
```

现在应该再重新以 system 用户登录。可以使用例 14-21 的连接命令。

例 14-21

```
SQL> connect system/wang
Connected.
```

为了使后面查询语句的输出更加清晰，使用了例 14-22 的 SQL*Plus 格式化命令。

例 14-22

```
SQL> set pagesize 30
```

为了清楚 cat（猫）用户、dog（狗）用户、fox（狐狸）用户和 pig（猪）用户所有的系统权限和它们可以将哪些系统权限赋予其他的用户（任命权），可以使用例 14-23 所示的 SQL 查询语句。

例 14-23

```
SQL> SELECT *
  2  FROM dba_sys_privs
  3  WHERE grantee IN ('CAT', 'DOG', 'FOX', 'PIG');
GRANTEE      PRIVILEGE            ADM
---------- -------------------- ------
CAT          CREATE VIEW          YES
CAT          CREATE TABLE         YES
CAT          CREATE SESSION       YES
CAT          SELECT ANY TABLE     YES
DOG          CREATE VIEW          YES
DOG          CREATE TABLE         YES
DOG          CREATE SESSION       YES
DOG          SELECT ANY TABLE     YES
FOX          CREATE VIEW          YES
FOX          CREATE TABLE         YES
FOX          CREATE SESSION       YES
FOX          SELECT ANY TABLE     YES
PIG          CREATE VIEW          NO
PIG          CREATE TABLE         NO
PIG          CREATE SESSION       NO
PIG          SELECT ANY TABLE     NO

16 rows selected.
```

例 14-23 查询显示的结果清楚地表明：4 个用户中的每个用户都只有刚授予的 4 个完全相同的系统权限并且除了 pig（猪）用户以外（ADM 列的值都为 NO），它们可以将其所拥有的所有权限授予其他用户（ADM 列的值都为 YES）。

📢 **注意：**

在 GRANT 语句中使用 WITH ADMIN OPTION 子句要非常谨慎。因为如果使用不当，可能会造成系统安全的失控。例如，虽然 cat 对它的 dog（狗）友可以百分之百地放心，但 dog（狗）友的难兄难弟就很难说了。

14.5　回收系统权限

使用 **REVOKE 语句从用户或角色回收系统权限**。回收系统权限的语句格式如下：

```
REVOKE  {系统权限|角色名} [,{系统权限|角色名}]...
FROM    {用户名|角色名| PUBLIC } [,{用户名|角色名|PUBLIC}]...
```

例如，为了收回 cat 用户的 **CREATE VIEW** 系统权限，可使用例 14-24 所示的 DCL 语句。

例 14-24

```
SQL> REVOKE CREATE VIEW FROM cat;
Revoke succeeded.
```

为了清楚 cat 用户现在所拥有的系统权限（猫大哥降职后有多少权力）和它可以将哪些系统权限赋予其他的用户（任命权），可以使用例 14-25 的 SQL 查询语句。

例 14-25

```
SQL> SELECT *
  2  FROM dba_sys_privs
  3  WHERE grantee = 'CAT';
GRANTEE        PRIVILEGE             ADM
---------- -------------------- ------
CAT            CREATE TABLE          YES
CAT            CREATE SESSION        YES
CAT            SELECT ANY TABLE      YES
```

例 14-25 查询显示的结果清楚地表明：cat 用户现在只剩下 3 个系统权限，并且它可以将这些权限授予其他用户（ADM 列的值都为 YES），因为 CREATE VIEW 系统权限已经被数据库管理员收回了。

读者可能还记得：cat 用户已经将它所有的系统权限（全部好处）都赋予了它的狗友，而且在授权语句中使用了 WITH ADMIN OPTION 子句；它的狗友也不含糊，又将所得到的系统权限（全部好处）全都如数赋予了它的难兄难弟。现在的问题是：狗用户的 CREATE VIEW 系统权是否也被收回了？还有狗的狐兄和猪弟的 CREATE VIEW 系统权是怎样处理的呢？为了得到准确的答案，可以使用例 14-26 的 SQL 查询语句。

例 14-26

```
SQL> SELECT *
  2  FROM dba_sys_privs
  3  WHERE grantee IN ('DOG', 'FOX', 'PIG');
GRANTEE        PRIVILEGE             ADM
---------- -------------------- ------
DOG            CREATE VIEW           YES
DOG            CREATE TABLE          YES
DOG            CREATE SESSION        YES
DOG            SELECT ANY TABLE      YES
FOX            CREATE VIEW           YES
FOX            CREATE TABLE          YES
FOX            CREATE SESSION        YES
FOX            SELECT ANY TABLE      YES
PIG            CREATE VIEW           NO
PIG            CREATE TABLE          NO
PIG            CREATE SESSION        NO
PIG            SELECT ANY TABLE      NO

12 rows selected.
```

例 14-26 查询显示的结果清楚地表明：这 3 个用户的系统权限仍然为原来的 4 个并未受到 cat 用户系统权限被回收的任何影响。此时，尽管猫大哥已被降职，但是它的狐朋狗友，连同狐朋狗友的难兄难弟却依然大权在握，**即系统权限的回收不是级联的。**

在授权语句中使用 **WITH ADMIN OPTION** 子句时，还应该注意的另一个与安全有关的问题是：当在使用带有 **WITH ADMIN OPTION** 子句的 **GRANT** 语句将系统权限授予其他用户后，它们可以反过来将这些权限收回。如狐狸看到猫大哥被皇上（数据库管理员）降了职，为了讨好皇上就落井下石，又将猫再降一级，连 CREATE SESSION 系统权限也收回了。

为了进行这些操作，首先使用例 14-27 的命令以 fox（狐狸）用户登录系统。

例 14-27
```
SQL> connect fox/loveyou
Connected.
```
fox（狐狸）用户首先使用例 14-28 的 SQL 查询语句查看自己的系统权限（看看猫的降职是否影响了自己的荣华富贵）。

例 14-28
```
SQL> SELECT *
  2  FROM session_privs;
PRIVILEGE
--------------------
CREATE SESSION
CREATE TABLE
SELECT ANY TABLE
CREATE VIEW
```
例 14-28 查询显示的结果表明：它的权力和地位没有受到老猫降职的任何影响。真可谓是皇恩浩大，连老猫最忠实的走卒都没有受到处理。

之后，fox（狐狸）发出了如下的卑鄙命令收回了猫大哥最有用的权力——CREATE SESSION 系统权限（相当于进出皇宫的腰牌），如例 14-29 所示。

例 14-29
```
SQL> REVOKE CREATE SESSION FROM cat;
Revoke succeeded.
```
之后，猫大哥再使用例 14-30 的命令登录系统时，已经无法登录了。

例 14-30
```
SQL> connect cat/miaomiao
ERROR:
ORA-01045: user CAT lacks CREATE SESSION privilege; logon denied

Warning: You are no longer connected to ORACLE.
```
为了查看现在每个用户的系统权限，应该再次切换到 system 用户。于是可以使用例 14-31 的命令。

例 14-31
```
SQL> connect system/wang
Connected.
```
为了清楚 cat（猫）用户、dog（狗）用户、fox（狐狸）用户和 pig（猪）用户现在所拥有的所有系统权限，以及它们可以将哪些系统权限赋予其他的用户，可以使用例 14-32 的 SQL 查询语句。

例 14-32
```
SQL> SELECT *
  2  FROM dba_sys_privs
  3  WHERE grantee IN ('CAT', 'DOG', 'FOX', 'PIG');
GRANTEE     PRIVILEGE            ADM
----------  --------------------  ------
CAT         CREATE TABLE         YES
```

```
CAT          SELECT ANY TABLE       YES
DOG          CREATE VIEW            YES
DOG          CREATE TABLE           YES
DOG          CREATE SESSION         YES
DOG          SELECT ANY TABLE       YES
FOX          CREATE VIEW            YES
FOX          CREATE TABLE           YES
FOX          CREATE SESSION         YES
FOX          SELECT ANY TABLE       YES
PIG          CREATE VIEW            NO
PIG          CREATE TABLE           NO
PIG          CREATE SESSION         NO
PIG          SELECT ANY TABLE       NO

14 rows selected.
```

例 14-32 查询显示的结果清楚地表明：cat 用户现在只剩下了 CREATE TABLE 和 SELECT ANY TABLE，另外两个系统权限分别被数据库管理员和 fox 用户（它的挚友）收回了。

📢 注意：

在赋予用户系统权限时要非常谨慎，特别是使用 WITH ADMIN OPTION 子句时。在赋予用户系统权限时要使用最小化原则，即赋予用户的权限越小越好，只要够用就行。权力一定要牢牢地握在自己手里，就像咱们的"千古一帝"康熙大帝那样做到"春蚕到死丝方尽"，不死不放权。这样才能真正有效地控制系统的安全。

14.6 对象权限

介绍完了系统权限，下面将介绍对象权限。那么什么是对象权限呢？对象权限是维护数据库中对象的权力（能力）。

Oracle 系统中一共有 8 种对象的权限（object privilege），它们分别是 EXECUTE、ALTER、SELECT、INSERT、UPDATE、DELETE、INDEX、REFERENCES。 表 14-1 可能会对读者理解对象的权限和对象之间的关系有所帮助。

表 14-1

对 象 权 限	Procedure	Sequence	View	Table
EXECUTE	Ｙ			
ALTER		Ｙ	$	Ｙ
SELECT		Ｙ	Ｙ	Ｙ
INSERT			Ｙ	Ｙ
UPDATE			Ｙ	Ｙ
DELETE			Ｙ	Ｙ
INDEX			$	Ｙ
REFERENCES				Ｙ

📢 提示：

表 14-1 中视图（view）以 $ 号表示的两种权限，即 ALTER 和 INDEX 权限，是 Oracle 9i 新增加的。因为在 Oracle 9i 中，Oracle 为了加强对数据仓库系统（决策支持系统）的支持，对视图的功能进行了大规模的提升。另外，对同义词（synonym）的授权操作要被转换成对同义词所引用的基表的授权操作。

14.7 对象权限的授权和回收

对象的主人（拥有者）自动具有该对象的一切权限。对象的拥有者可以把一些对象的权限授予其他用户。如果具有 **GRANT ANY OBJECT PRIVILEGE** 系统权限，也可以像对象的主人一样将对象的权限赋予其他用户或从其他用户那里收回这些对象权限。将对象的权限授予其他用户的 GRANT 语句的格式如下：

```
GRANT   对象的权限 |ALL[（列名[,列名…]）]
ON      对象名
TO      [用户名|角色名|PUBLIC]
[WITH GRANT OPTION]
```

其中，

- ➥ 对象的权限：要授予的对象的权限。
- ➥ ALL：所有对象的权限。
- ➥ 列名：要将该列上的对象权限授予其他用户。
- ➥ ON 对象名：该对象上的对象权限将授予其他用户。
- ➥ TO [用户名|角色名]：指明对象权限要授予谁[某个用户|某个角色]。
- ➥ PUBLIC：指明对象权限要授予系统的所有用户。
- ➥ WITH GRANT OPTION：允许被授予的用户再将这些对象权限授予其他用户。

为了后面的演示方便，先再次授予 cat 用户 create session 系统权限，可以使用例 14-33 的 DCL 语句。

例 14-33

```
SQL> GRANT create session to cat;
Grant succeeded.
```

接下来，可以使用例 14-34 的 DCL 语句将所创建的 4 个用户的 select any table 系统权限收回。

例 14-34

```
SQL> REVOKE select any table
  2  FROM cat, dog, pig, fox;
Revoke succeeded.
```

现在使用例 14-35 的命令以 SYSDBA 身份登录数据库系统（在您的系统上 SYS 的口令可能不同）。

例 14-35

```
SQL> connect sys/wang as sysdba
Connected.
```

可以使用一个叫做 **DBMS_SPACE_ADMIN** 的软件包，将一个数据字典管理的表空间迁移为本地管理的表空间。现将这个软件包的执行权限赋予 **system** 用户，以后再进行表空间迁移时就可以在 **system** 用户下进行了。可以使用例 14-36 的 DCL 语句将 DBMS_SPACE_ADMIN 软件包的执行权限赋予 system 用户。

例 14-36

```
SQL> GRANT EXECUTE ON DBMS_SPACE_ADMIN TO SYSTEM;
Grant succeeded.
```

接下来，可以利用数据字典 **dba_tab_privs** 使用例 14-37 的 SQL 查询语句来验证以上的授权语句是否成功。

例 14-37

```
SQL> SELECT *
  2  FROM dba_tab_privs
  3  WHERE  PRIVILEGE LIKE 'EX%'
```

```
4    AND TABLE_NAME LIKE 'DBMS_SPACE_ADMIN%';
GRANTEE      OWNER      TABLE_NAME            GRANTOR      PRIVILEGE    GRA HIE
---------- ---------- -------------------- ---------- ---------- ---
SYSTEM       SYS        DBMS_SPACE_ADMIN      SYS          EXECUTE      NO  NO
```

例 14-37 查询显示的结果表明：软件包 DBMS_SPACE_ADMIN 为 sys 用户所有（OWNER 列为 SYS），sys 用户赋予（GRANTOR 列为 SYS）system 用户（GRANTEE 列为 SYSTEM）DBMS_SPACE_ADMIN 软件包的执行权限（PRIVILEGE 列为 EXECUTE），system 用户不能再将这一权限赋予其他用户（GRA 列为 NO）。

为了演示方便，现在应该使用例 14-38 的命令以 scott 用户登录系统。

例 14-38
```
SQL> connect scott/tiger
Connected.
```
之后，使用例 14-39 的 DCL 语句将 scott 用户中 emp 表的 SELECT 对象权限授予所有的用户。

例 14-39
```
SQL> GRANT SELECT ON emp TO PUBLIC;
Grant succeeded.
```
此时，应该利用数据字典 user_tab_privs_made 使用 SQL 查询语句检查以上授权是否成功。不过为了使查询结果的显示更加清晰，应该先使用例 14-40～例 14-43 的 SQL*Plus 格式化命令。

例 14-40
```
SQL> col GRANTEE for a8
```
例 14-41
```
SQL> col TABLE_NAME for a10
```
例 14-42
```
SQL> col GRANTOR for a8
```
例 14-43
```
SQL> col PRIVILEGE for a18
```
之后，可以使用例 14-44 的 SQL 查询语句来检查所发的 GRANT 语句是否成功了。

例 14-44
```
SQL> SELECT *
  2   FROM user_tab_privs_made;
GRANTEE      TABLE_NAME    GRANTOR      PRIVILEGE          GRA HIE
-------- ---------- -------- ------------------ --- --------------
PUBLIC       EMP           SCOTT        SELECT             NO  NO
```
例 14-44 查询显示的结果表明：scott 用户赋予（GRANTOR 列为 SCOTT）所有的用户（GRANTEE 列为 PUBLIC）emp 表的查询权限（PRIVILEGE 列为 SELECT），这些用户不能再将这一权限赋予其他用户（GRA 列为 NO）。

接下来，使用例 14-45 的 DCL 语句将 scott 用户中 emp 表的 SAL 列的 UPDATE（修改）对象权限授予 cat 用户。

例 14-45
```
SQL> GRANT UPDATE(sal) ON emp TO cat;
Grant succeeded.
```
最后，可以使用例 14-46 带有 WITH GRANT OPTION 子句的 GRANT 语句将 scott 用户中 emp 表的 JOB 列的 UPDATE（修改）对象权限授予 cat 用户。

例 14-46
```
SQL> GRANT UPDATE(job)
```

```
  2   ON emp TO cat
  3   WITH GRANT OPTION;
Grant succeeded.
```

下面将使用数据字典 user_col_privs_made 来查看 scott 用户的 emp 表中相关列的对象权限的信息。不过，为了使查询结果的显示更加清晰，应该先使用例 14-47 的 SQL*Plus 格式化命令。

例 14-47

```
SQL> col COLUMN_NAME for a10
```

之后，就可以使用例 14-48 的 SQL 查询语句来获取有关 scott 用户的 emp 表中相关列的对象权限的信息了。

例 14-48

```
SQL> SELECT *
  2   FROM user_col_privs_made;
GRANTEE     TABLE_NAME  COLUMN_NAM GRANTOR  PRIVILEGE          GRA
--------    ----------  ---------- -------- ------------------ ------
CAT         EMP         SAL        SCOTT    UPDATE             NO
CAT         EMP         JOB        SCOTT    UPDATE             YES
```

例 14-48 查询显示结果的第 1 行表明：scott 用户赋予（GRANTOR 列为 SCOTT）cat 用户（GRANTEE 列为 CAT）emp 表中 SAL 列的 UPDATE（修改）权限（PRIVILEGE 列为 UPDATE），cat 用户不能再将这一权限赋予其他用户（GRA 列为 NO）。

例 14-48 查询显示结果的第 2 行表明：scott 用户赋予（GRANTOR 列为 SCOTT）cat 用户（GRANTEE 列为 CAT）emp 表中 JOB 列的 UPDATE（修改）权限（PRIVILEGE 列为 UPDATE），cat 用户可以再将这一权限赋予其他用户（GRA 列为 YES）。

接下来，为了进一步比较例 14-45 和例 14-46 的 GRANT 语句之间的差别，现在应该使用类似例 14-49 的命令以 cat 用户登录系统。

例 14-49

```
SQL> connect cat/miaomiao
Connected.
```

之后，可以使用例 14-50 的 DCL 语句将 scott 用户中 emp 表的 JOB 列的 UPDATE（修改）对象权限授予 pig（猪）和 dog（狗）用户。

例 14-50

```
SQL> GRANT UPDATE(job) ON scott.emp
  2   TO pig, dog
  3   WITH GRANT OPTION;
Grant succeeded.
```

系统显示表明：授权语句已经成功地执行，这是因为 scott 用户在为 cat 用户授权的语句中使用了 WITH GRANT OPTION 子句。

接下来，也可以使用例 14-51 的 DCL 语句将 scott 用户中 emp 表的 SAL 列的 UPDATE（修改）对象权限授予 pig（猪）用户。

例 14-51

```
SQL> GRANT UPDATE(sal) ON scott.emp TO pig;
GRANT UPDATE(sal) ON scott.emp TO pig
                 *
ERROR at line 1:
ORA-01031: insufficient privileges
```

系统显示表明：授权语句没有被成功地执行，系统的错误信息显示为"没有足够的权限"，这是因为

scott 用户在将 emp 表的 SAL 列的 UPDATE（修改）权限授予 cat 用户时没有使用 WITH GRANT OPTION 子句。

为了继续检验 WITH GRANT OPTION 子句的功能，应该使用例 14-52 的命令以 dog 用户登录系统。

例 14-52

```
SQL> connect dog/wangwang
Connected.
```

接下来，又可以使用例 14-53 的 DCL 语句将 scott 用户中 emp 表的 job 列的 UPDATE（修改）对象权限授予 fox（狐狸）用户。

例 14-53

```
SQL> GRANT UPDATE(job) ON scott.emp TO fox;
Grant succeeded.
```

系统显示表明：授权语句已经成功地执行，这是因为 cat 用户在为 dog 用户授权的语句中也使用了 WITH GRANT OPTION 子句。

以上的例子已经充分地证明了在本节开始时讲的"WITH GRANT OPTION 子句允许被授予的用户再将这些对象权限授予其他用户"这一点。

下面将**使用数据字典 user_col_privs_made 来查看 scott 用户的 emp 表中相关列的对象权限的信息。**首先应该使用例 14-54 的命令以 scott 用户登录系统。

例 14-54

```
SQL> connect scott/tiger
Connected.
```

不过，为了使查询结果的显示更加清晰，应该先使用例 14-55 的 SQL*Plus 格式化命令。

例 14-55

```
SQL> col COLUMN_NAME for a10
```

现在，就可以使用类似例 14-56 的 SQL 查询语句来获取有关 scott 用户的 emp 表中相关列的对象权限的信息了。

例 14-56

```
SQL> SELECT *
  2   FROM user_col_privs_made;
```

GRANTEE	TABLE_NAME	COLUMN_NAM	GRANTOR	PRIVILEGE	GRA
CAT	EMP	SAL	SCOTT	UPDATE	NO
CAT	EMP	JOB	SCOTT	UPDATE	YES
PIG	EMP	JOB	CAT	UPDATE	YES
DOG	EMP	JOB	CAT	UPDATE	YES
FOX	EMP	JOB	DOG	UPDATE	NO

例 14-56 查询显示结果的第 1 行和第 2 行与例 14-48 的显示结果相同，这里不再赘述。

例 14-56 查询显示结果的第 3 行表明：cat 用户赋予（GRANTOR 列为 cat）pig 用户（GRANTEE 列为 pig）emp 表中 JOB 列的 UPDATE（修改）权限（PRIVILEGE 列为 UPDATE），pig 用户还可以再将这一权限赋予其他用户（GRA 列为 YES）。

例 14-56 查询显示结果的第 4 行表明：cat 用户赋予（GRANTOR 列为 cat）dog 用户（GRANTEE 列为 dog）emp 表中 JOB 列的 UPDATE（修改）权限（PRIVILEGE 列为 UPDATE），dog 用户可以再将这一权限赋予其他用户（GRA 列为 YES）。

例 14-56 查询显示结果的第 5 行表明：dog 用户赋予（GRANTOR 列为 dog）fox 用户（GRANTEE 列为 fox）emp 表中 JOB 列的 UPDATE（修改）权限（PRIVILEGE 列为 UPDATE），fox 用户不能再将这

一权限赋予其他用户（GRA 列为 NO）。

下面可以使用例 14-57 的回收权限命令回收 cat 用户在 emp 表上的 UPDATE（修改）权限。

例 14-57

```
SQL> REVOKE UPDATE ON emp FROM cat;
Revoke succeeded.
```

最后，应该使用类似例 14-58 的 SQL 查询语句来获取有关 scott 用户的 emp 表中相关列的对象权限的信息。

例 14-58

```
SQL> SELECT *
  2  FROM user_col_privs_made;
no rows selected
```

例 14-58 查询显示的结果表明：cat（猫）用户以及它的狐朋狗友和猪老弟的对象权限都不见了。这说明对象权限的回收是级联的。由于对象权限回收的这种特性，可能 WITH GRANT OPTION 子句的使用要比 WITH ADMIN OPTION 子句的使用对系统安全的冲击小一些。

📢 **注意：**

> 尽管如此，在 GRANT 语句中使用 WITH GRANT OPTION 选项还是要非常谨慎。因为如果使用不当，可能会造成对该对象安全控制的失控。在赋予用户对象权限时还是要使用最小化原则，这样才不至于在系统中留下任何与安全有关的漏洞。

还有另一个可能用到的数据字典 dba_col_privs，感兴趣的读者可以自己试一试这个数据字典的使用。

14.8　与 Select Any Table 权限相关的应用实例

由于公司近期的业绩相当好，公司对计算机系统也包括了 Oracle 数据库进行了全面的升级。但是升级之后，公司的一个重要的基于 Oracle 数据库的应用系统却无法正常工作了。公司的相关负责人曾联系过该应用系统的开发商，并询问是否有办法解决这一问题。开发商当然一口答应说没有任何问题，接下来就是如何收费了。开发商的主管经理说："这需要重写整个应用系统，其工作量比开发一个新系统还大。但是考虑到我们之间长期的合作伙伴关系，决定给你们八折的优惠（既原系统价格的 80%）。"

没想到这 Oracle 数据库系统升个级居然又要多花这么多钱，公司的高级管理层也一时不知所措了。关键时刻，又是宝儿亲自出马。宝儿经过仔细分析发现：这个应用程序是在一个普通用户下运行的，但是这个应用程序在运行期间需要从一些重要的数据字典中获取信息，为了让这个普通用户可以随意地访问数据字典，他被授予了 Select Any Table 系统权限。

为了保险起见，宝儿选择了一个平时大家用来做练习的普通用户 SCOTT 来进行相关配置的测试。首先，他以 scott 用户登录系统。之后，**使用例 14-59 的查询语句列出该用户所具有的所有系统权限。**

例 14-59

```
SQL> select * from session_privs;
PRIVILEGE
--------------------
CREATE SESSION
UNLIMITED TABLESPACE
CREATE TABLE
CREATE CLUSTER
CREATE SEQUENCE
```

```
CREATE PROCEDURE
CREATE TRIGGER
CREATE TYPE
CREATE OPERATOR
CREATE INDEXTYPE
```

已选择 10 行。

例 14-59 的显示结果清楚地表明：**SCOTT 用户并不具有 Select Any Table 系统权限**。接下来，他开启另一个终端窗口并以 sys 用户登录 Oracle 系统。随后，**使用例 14-60 的 SQL*Plus 命令列出目前 O7_DICTIONARY_ACCESSIBILITY 参数的设置**。

例 14-60

```
SQL> show parameter O7_DICTIONARY_ACCESSIBILITY
NAME                                 TYPE                   VALUE
------------------------------------ ---------------------- ------
O7_DICTIONARY_ACCESSIBILITY          boolean                FALSE
```

从例 14-60 的显示结果可知：**目前这一参数的值为 FALSE，这实际上就是该参数在 Oracle 11g 和 Oracle 12c 上的默认值**。随即，他使用例 14-61 的 DCL 语句将 Select Any Table 系统权限授予 SCOTT 用户。

例 14-61

```
SQL> grant select any table to scott;
授权成功。
```

当确认以上授权语句成功执行之后，他切换回 SCOTT 用户所在的 SQL*Plus 窗口。随即，使用例 14-62 的查询语句列出当前用户所具有的所有以 S 开始的系统权限。

例 14-62

```
SQL> select * from session_privs where privilege like 'S%';
PRIVILEGE
------------------
SELECT ANY TABLE
```

例 14-62 的显示结果清楚地表明：**SCOTT 用户已经具有了 Select Any Table 系统权限**。接下来，他首先使用例 14-63 和例 14-64 的 SQL*Plus 命令格式化显示输出结果。之后，使用例 14-65 的查询语句利用数据字典 v$instance 列出该 Oracle 数据库系统的主机名、实例名和版本信息。

例 14-63

```
SQL> col host_name for a15
```

例 14-64

```
SQL> col instance_name for a15
```

例 14-65

```
SQL> select host_name, instance_name, version
  2  from v$instance;
from v$instance
     *
第 2 行出现错误:
ORA-00942: 表或视图不存在
```

从例 14-65 的显示结果可知：**虽然 SCOTT 用户已经具有了 Select Any Table 系统权限，但是由于他是一个普通用户，所以仍然不能查询数据字典 v$instance**。

接下来，他切换回 sys 用户所在的 SQL*Plus 窗口。随即，使用例 14-66 的 DDL 语句试着将初始化参数 O7_DICTIONARY_ACCESSIBILITY 的值设为 TRUE。

例 14-66

```
SQL> alter system set O7_DICTIONARY_ACCESSIBILITY = TRUE;
alter system set O7_DICTIONARY_ACCESSIBILITY = TRUE
                 *
第 1 行出现错误:
ORA-02095: 无法修改指定的初始化参数
```

从例 14-66 的显示结果可以猜测: 无法动态地修改 O7_DICTIONARY_ACCESSIBILITY 参数, 这可能是因为这一参数是静态参数。于是, **他试着使用例 14-67 的带有 scope = spfile 选项的 alter system set 命令将这个参数值改为 TRUE。**

例 14-67

```
SQL> alter system set O7_DICTIONARY_ACCESSIBILITY = TRUE scope = spfile;
系统已更改。
```

根据例 14-67 的显示结果, 他知道这次他成功了。随后, **使用例 14-68 的 SQL*Plus 命令再次列出目前 O7_DICTIONARY_ACCESSIBILITY 参数的设置。**

例 14-68

```
SQL> show parameter O7_DICTIONARY_ACCESSIBILITY
NAME                                     TYPE                   VALUE
---------------------------------------- ---------------------- ------
O7_DICTIONARY_ACCESSIBILITY              boolean                FALSE
```

可是例 14-68 的显示结果表明这个参数的值依然是默认的 FALSE, 这是因为静态参数修改之后要重启系统之后才有效, 因此他使用例 14-69 的 shutdown 命令立即关闭 Oracle 数据库系统。

例 14-69

```
SQL> shutdown immediate
数据库已经关闭。
已经卸载数据库。
ORACLE 例程已经关闭。
```

等系统关闭之后, 即刻使用例 14-70 的 startup 命令重新启动 Oracle 数据库系统。随后, **他使用例 14-71 的 SQL*Plus 命令再次列出目前 O7_DICTIONARY_ACCESSIBILITY 参数的设置。**

例 14-70

```
SQL> startup
ORACLE 例程已经启动。

Total System Global Area 2533359616 bytes
Fixed Size                  3048824 bytes
Variable Size             671091336 bytes
Database Buffers         1845493760 bytes
Redo Buffers               13725696 bytes
数据库装载完毕。
数据库已经打开。
```

例 14-71

```
SQL> show parameter O7_DICTIONARY_ACCESSIBILITY
NAME                                     TYPE                   VALUE
---------------------------------------- ---------------------- ------
O7_DICTIONARY_ACCESSIBILITY              boolean                TRUE
```

这次没有让他失望, 因为例 14-71 的显示结果表明: **目前这一参数的值已经为 TRUE 了。** 随后, 他重新以 scott 用户登录系统。最后，他使用例 14-72 的查询语句再次利用数据字典 v$instance 列出该 Oracle 数据库系统的主机名、实例名和版本信息。

例 14-72

```
SQL> select host_name, instance_name, version
  2  from v$instance;
HOST_NAME        INSTANCE_NAME   VERSION
---------------- --------------- -----------
SUN              dog             12.1.0.2.0
```

看到梦寐以求的信息之后，他终于可以确认困扰公司的难题已经彻底解决。随后他通知相关的工作人员，可以在这个最新版本的 Oracle 12c 上使用那个重要的应用系统了。宝儿就这样又一次用自己的实际行动证明了他 Oracle 方面的实力。

14.9　您应该掌握的内容

在学习第 15 章之前，请检查一下您是否已经掌握了以下的内容：
- ➘ Oracle 数据库管理系统中的权限分类。
- ➘ 什么是系统权限。
- ➘ 什么是对象权限。
- ➘ 什么是模式。
- ➘ 为什么要引入 O7_DICTIONARY_ACCESSIBILITY 参数。
- ➘ 各个不同版本中 O7_DICTIONARY_ACCESSIBILITY 参数的默认值。
- ➘ 怎样将系统权限授予用户。
- ➘ 怎样获得用户所拥有的全部系统权限信息。
- ➘ 怎样回收系统权限。
- ➘ GRANT 语句中 WITH ADMIN OPTION 选项的作用。
- ➘ 使用 WITH ADMIN OPTION 选项可能带来的安全问题。
- ➘ 一共有哪些对象权限。
- ➘ Oracle 9i 或以上的版本对对象权限进行了哪些扩充。
- ➘ 如何得到用户所具有的对象权限信息。
- ➘ 对象权限和对象之间的关系。
- ➘ 怎样将对象的权限授予其他用户。
- ➘ 怎样获得对象和对象权限之间的关系。
- ➘ GRANT 语句中 WITH GRANT OPTION 选项的作用。
- ➘ 使用 WITH GRANT OPTION 选项可能带来的安全问题。
- ➘ 怎样回收对象权限。

第 15 章 管理角色

相信通过第 14 章的学习，读者已经掌握了如何将系统权限授予用户的方法。但是这种方法在应用于大型系统时存在着一些缺陷，于是引入了角色（role）这个概念。

15.1 引入角色的原因

假设现在正在管理一个有 1 000 个用户的大型系统，而且这些用户是陆续建立的，每个用户需要 20 个系统权限。为了简化问题，进一步假设所有的用户都需要完全一样的系统权限。

如果使用第 14 章中学过的方法将这 20 种系统权限分别授予这 1 000 个用户，所有的系统权限使用的次数将达到 20×1 000=20 000 次。另外，如果使用的系统权限需要修改，其修改量也是惊人的。

也许正是为了解决这一难题，Oracle 引入了角色。那么什么是角色呢？**角色是一组命名的相关权限，这组权限可以通过这个名字授予用户或其他的角色。但是一个角色不能授予自己，也不能循环授予。一个角色既可以包括系统权限，也可以包括对象权限。每一个角色在系统中必须是唯一的，即不能与任何现有的用户名和角色名重名。而且角色不属于任何用户，也不存在于任何用户模式中。角色的描述存放在数据字典中。**

使用角色来管理权限的好处很多，主要的好处如下。

- 权限管理较容易：通过使用角色会使授予和回收系统权限的维护工作简单许多。如上面的例子，现在就可以通过角色来对用户授权。可以先将 20 种系统权限都授予一个角色，之后再把这个角色赋予这 1 000 个用户。这样，所有的系统权限使用的次数就将变为 20+1 000 = 1 020 次。
- 动态的权限管理：通过使用角色，如果用户使用的系统权限需要增加或减少，其工作量也会明显下降。想想看，为什么？
- 可以提高系统的效率：无论是使用直接授权还是通过角色授权，最终有关用户权限的信息都要记录到数据字典中（磁盘上）。这里继续使用前面的例子，如果使用的是直接授权法，记录到数据字典中（磁盘上）的有关用户权限的信息为 20 000 项。而当使用的是通过角色授权的方法时，记录到数据字典中（磁盘上）的有关用户权限的信息就只有 1 020 项。磁盘上的数据少了，查询时的 I/O 也就少了，因此 Oracle 服务器查询数据字典的速度也就会加快很多。换句话说，就是提高了系统的效率。
- 可以通过操作系统授权：可以使用操作系统命令或应用程序将角色赋予数据库中的用户。这一点对开发应用系统很有用。
- 可以有选择地使用权限：可以通过激活或禁止命令来临时地开启或关闭角色的功能。

📢 提示：

以上解释只是为了帮助读者理解，其解释是相当不正规的。

15.2 角色的创建

15.1 节介绍了不少有关角色的概念和特性。怎样才能创建一个所需的角色呢？**使用 CREATE ROLE**

语句来创建角色。为了创建角色，必须具有 **CREATE ROLE 系统权限**。当在创建一个角色时，如果使用了 NOT IDENTIFIED（为默认）和 IDENTIFIED EXTERNALLY，该角色将被自动授予 WITH ADMIN OPTION 选项。

（1）现在，使用例 15-1 的 DDL 语句创建一个不需要使用口令标识的角色 clerk。

例 15-1

```
SQL> CREATE ROLE clerk;
Role created.
```

（2）接下来，使用例 15-2 的 DDL 语句创建一个需要使用口令标识的角色 sales，其口令为 money。

例 15-2

```
SQL> CREATE ROLE sales
  2  IDENTIFIED BY money;
Role created.
```

（3）最后，使用例 15-3 的 DDL 语句创建一个需要使用外部标识（如操作系统）的角色 manager。

例 15-3

```
SQL> CREATE ROLE manager
  2  IDENTIFIED EXTERNALLY;
Role created.
```

（4）当成功地创建了以上 3 个角色之后，使用例 15-4 的 SQL 查询语句获取它们的口令标识信息。

例 15-4

```
SQL> SELECT *
  2  FROM dba_roles
  3  WHERE role IN ('CLERK', 'SALES', 'MANAGER');
ROLE                             PASSWORD
-------------------------------- -------
CLERK                            NO
MANAGER                          EXTERNAL
SALES                            YES
```

例 15-4 查询显示的结果清楚地表明：角色 clerk 不需要使用口令标识（PASSWORD 列为 NO）；角色 manager 需要使用外部标识（如操作系统）（PASSWORD 列为 EXTERNAL）；角色 sales 需要使用口令标识（PASSWORD 列为 YES）。

15.3　角色的修改

一个角色在创建之后是可以修改的，但只能修改它的验证方法。**使用 ALTER ROLE 命令来修改一个角色的验证方法，但只有角色是使用带有 WITH ADMIN OPTION 选项的 GRANT 语句授予的或者具有 ALTER ANY ROLE 系统权限的用户才可以修改这个角色。**

（1）现在，使用例 15-5 的 ALTER ROLE 语句将角色 clerk 的验证方法改为使用外部（如操作系统）标识。

例 15-5

```
SQL> ALTER ROLE clerk
  2  IDENTIFIED EXTERNALLY;
Role altered.
```

（2）接下来，使用例 15-6 的 ALTER ROLE 语句将角色 sales 的验证方法改为不使用任何标识方法。

例 15-6

```
SQL> ALTER ROLE sales
  2  NOT IDENTIFIED;
Role altered.
```

（3）最后，使用例 15-7 的 ALTER ROLE 语句将角色 manager 的验证方法改为使用口令标识，其口令为 vampire（吸血鬼）。

例 15-7

```
SQL> ALTER ROLE manager
  2  IDENTIFIED BY vampire;
Role altered.
```

（4）当成功地修改了以上 3 个角色的验证方法之后，应使用例 15-8 的 SQL 查询语句获取它们的口令标识的信息。

例 15-8

```
SQL> SELECT *
  2  FROM dba_roles
  3  WHERE role IN ('CLERK', 'SALES', 'MANAGER');
ROLE                            PASSWORD
------------------------------- -------
CLERK                           EXTERNAL
MANAGER                         YES
SALES                           NO
```

例 15-8 查询显示的结果清楚地表明：角色 clerk 需要使用外部标识（如操作系统）（PASSWORD 列为 EXTERNAL）；角色 manager 需要使用口令标识（PASSWORD 列为 YES）；角色 sales 不需要使用口令标识（PASSWORD 列为 NO）。这说明所做的修改非常成功。

15.4　角色的授权

使用 GRANT 命令可以将角色授予用户或其他的角色。下面还是通过一些例子来演示角色的授权操作。在做以下的例题之前，为了方便，应该先使用 REVOKE 语句回收 cat、dog、pig 和 fox 用户的全部系统权限。

（1）使用例 15-9 的授权语句**将 CREATE SESSION、CREATE TABLE 和 CREATE VIEW 3 个系统权限赋予角色 clerk。**

例 15-9

```
SQL> GRANT CREATE SESSION, CREATE TABLE, CREATE VIEW
  2  TO clerk;
Grant succeeded.
```

（2）使用例 15-10 的 GRANT 语句**将 SELECT ANY TABLE 系统权限和 clerk 角色一起都赋予角色 manager。**

例 15-10

```
SQL> GRANT SELECT ANY TABLE, clerk
  2  TO manager;
Grant succeeded.
```

（3）现在就可以利用数据字典 role_sys_privs 使用例 15-11 的 SQL 查询语句来获得所创建的 3 个角色中每个角色所具有的权限，以及它们能否再将这些所拥有的权限赋予其他的用户或角色。

例 15-11

```
SQL> SELECT *
  2  FROM ROLE_SYS_PRIVS
  3  WHERE role IN ('CLERK', 'MANAGER', 'SALES');
ROLE            PRIVILEGE           ADM
----------      ------------------  ----
CLERK           CREATE VIEW         NO
CLERK           CREATE TABLE        NO
CLERK           CREATE SESSION      NO
MANAGER         SELECT ANY TABLE    NO
```

📢 提示：

例 15-11 查询显示结果只包括直接授予的系统权限，并未包括通过角色赋予的权限。

（4）也可以利用数据字典 **dba_role_privs** 使用例 **15-12** 的 **SQL** 查询语句来获得有关角色 **clerk** 到底被授予了哪些用户和角色的信息。

例 15-12

```
SQL> SELECT *
  2  FROM dba_role_privs
  3  WHERE GRANTED_ROLE LIKE 'CL%';
GRANTEE         GRANTED_ROLE    ADM DEF
-----------     --------------- --- -----
SYSTEM          CLERK           YES YES
MANAGER         CLERK           NO  YES
```

例 15-12 查询显示的结果清楚地表明：角色 clerk 被分别授予了用户 system 和角色 manager。第 3 列的 ADM 为 YES 时表示该用户或角色具有 WITH ADMIN OPTION 权限，为 NO 时表示该用户或角色不具有 WITH ADMIN OPTION 权限。最后一列 DEF（默认）为 YES 时表示 CLERK 角色为默认角色，否则表示它不是默认角色。

（5）现在使用例 15-13 带有 WITH ADMIN OPTION 选项的授权语句将 manager 角色赋予 cat 用户。

例 15-13

```
SQL> GRANT manager TO cat WITH ADMIN OPTION;
Grant succeeded.
```

（6）使用例 15-14 的命令以 cat 用户登录系统。

例 15-14

```
SQL> connect cat/miaomiao
Connected.
```

（7）现在，为了使查询结果的显示更加清晰，应该先使用 SQL*Plus 格式化命令，之后查询数据字典 user_role_privs 以获取 cat 用户所授予的角色信息，如例 15-15 所示。

例 15-15

```
SQL> COL USERNAME FOR A10
SQL> SELECT *
  2  FROM user_role_privs;
USERNAME    GRANTED_ROLE    ADM DEF OS_
----------  --------------- --- --- ---
CAT         MANAGER         YES YES NO
```

例 15-15 查询显示的结果清楚地表明：角色 manager 已经被赋予了 cat 用户，而且 cat 用户可以将这一角色再授予其他的用户或角色（ADM 列为 YES）；角色 manager 为用户 cat 的默认角色（DEF 列为

YES）；这一角色不是通过操作系统授予的（OS_列为 NO）。

（8）最后，利用已经熟悉的数据字典 session_privs 使用例 15-16 的 SQL 查询语句获取 cat 用户全部的系统权限。

例 15-16

```
SQL> SELECT * FROM session_privs;
PRIVILEGE
-------------------
CREATE SESSION
CREATE TABLE
SELECT ANY TABLE
CREATE VIEW
```

例 15-16 查询显示的结果表明：cat 用户所拥有的全部系统权限就是 clerk 和 manager 角色所拥有的全部系统权限。

15.5　建立默认角色

可以将多个角色授予一个用户。**默认角色是这些角色的一个子集，默认角色在用户登录系统时自动激活（开启）。在默认情况下，所有赋予用户的角色在用户登录时不需要口令就会被激活。可以使用 ALTER USER** 语句来限制用户的默认角色。

在 ALTER USER 语句中的 DEFAULT ROLE 子句只适用于那些使用 GRANT 语句直接授予用户的角色。DEFAULT ROLE 子句在下列情形之下是不能使用的：

- ↘ 通过其他角色授予的角色。
- ↘ 没有直接授予该用户的角色。
- ↘ 通过外部服务（如操作系统）管理的角色。

下面通过例子来演示如何为一个用户设置默认角色。

（1）首先使用例 15-17 的命令以 system 用户登录系统。

例 15-17

```
SQL> connect system/wang
Connected.
```

（2）为了使后面的演示更容易理解，应该使用例 15-18 的 DCL 语句将 sales 角色授予 cat 用户。

例 15-18

```
SQL> GRANT sales TO cat;
Grant succeeded.
```

（3）使用例 **15-19** 的 **DDL** 语句将授予 **cat** 用户的所有角色都设为非默认角色，即当用户 **cat** 登录系统时以角色赋予的任何系统权限都是不能使用的。

例 15-19

```
SQL> ALTER USER cat DEFAULT ROLE NONE;
User altered.
```

（4）为了测试，可以试着使用例 15-20 的命令以 cat 用户登录系统。

例 15-20

```
SQL> connect cat/miaomiao
ERROR:
ORA-01045: user CAT lacks CREATE SESSION privilege; logon denied
```

```
Warning: You are no longer connected to ORACLE.
```
系统的错误提示信息说明：**cat** 没有 **CREATE SESSION** 权限，所以无法登录。这是因为 **cat** 用户的 **CREATE SESSION** 系统权限是通过角色授予的，而现在所有授予 **cat** 用户的角色都不是默认角色了。

（5）为了进一步验证这一点，现在应该使用例 15-21 的命令再次以 system 用户登录系统。

例 15-21
```
SQL> connect system/wang
Connected.
```
（6）使用例 15-22 的 GRANT 语句将 create session 系统权限直接授予 cat 用户。

例 15-22
```
SQL> GRANT create session TO cat;
Grant succeeded.
```
（7）现在可以使用例 15-23 的命令再次以 cat 用户身份登录系统了。

例 15-23
```
SQL> connect cat/miaomiao
Connected.
```
（8）此时，在 **cat** 用户下利用数据字典 **user_role_privs**，使用例 **15-24** 的 **SQL** 查询语句就可以获得 cat 用户的哪些角色是默认角色的信息了。

例 15-24
```
SQL> SELECT *
  2  FROM user_role_privs;
USERNAME     GRANTED_ROLE    ADM DEF OS_
---------- --------------- --- --- ---
CAT          MANAGER         YES NO  NO
CAT          SALES           NO  NO  NO
```
查看例 **15-24** 查询显示结果的第 **4** 列 **DEF**，可知该列的值都为 **NO**。这表示角色 **manager** 和 **sales** 都不是默认角色了。这也正是例 **15-19** 的 **ALTER USER cat DEFAULT ROLE NONE** 语句所希望的结果。

（9）现在应该使用例 15-25 的命令重新连接到 system 用户上。

例 15-25
```
SQL> connect system/wang
Connected.
```
（10）使用例 15-26 的 DDL 语句将授予 cat 用户的 clerk 和 manager 角色重新设为默认角色，即当用户 cat 登录系统时以这两个角色赋予的系统权限都有效。

例 15-26
```
SQL> ALTER USER cat DEFAULT ROLE CLERK, MANAGER;
ALTER USER cat DEFAULT ROLE CLERK, MANAGER
*
ERROR at line 1:
ORA-01955: DEFAULT ROLE 'CLERK' not granted to user
```
系统的错误提示信息告知 clerk 角色并未授予所指定的用户，这是因为 clerk 角色是通过 manager 角色间接地授予用户 cat 的。这也进一步验证了在本节开始时所介绍的："如果角色权限是通过其他角色授予，DEFAULT ROLE 子句是不能使用的。"

（11）使用例 15-27 的 ALTER USER 语句将授予 cat 用户所有的角色重新设为默认角色，即当用户 cat 登录系统时所有的角色赋予的系统权限都有效。

例 15-27

```
SQL> ALTER USER cat DEFAULT ROLE ALL;
User altered.
```

（12）为了检查以上命令的执行结果，现在应该使用例 15-28 的命令再次以 cat 用户身份登录系统。

例 15-28

```
SQL> connect cat/miaomiao
Connected.
```

（13）此时，在 cat 用户下再次利用数据字典 user_role_privs，使用例 15-29 的 SQL 查询语句就又可以获得 cat 用户的哪些角色是默认角色的信息了。

例 15-29

```
SQL> SELECT *
  2  FROM user_role_privs;
USERNAME    GRANTED_ROLE    ADM DEF OS_
---------- --------------- --- --- ---
CAT         MANAGER         YES YES NO
CAT         SALES           NO  YES NO
```

查看例 15-29 查询显示结果的第 4 列 DEF，可知该列的值都为 YES。这表示角色 manager 和 sales 都是默认角色了。这也正是例 15-27 的 ALTER USER cat DEFAULT ROLE ALL 语句所希望的结果。

（14）现在应该使用例 15-30 的命令再次重新连接到 system 用户上。

例 15-30

```
SQL> connect system/wang
Connected.
```

（15）使用例 15-31 的 ALTER USER 语句将授予 cat 用户所有的角色重新设为默认角色，但 sales 角色除外，即当用户 cat 登录系统时除了 sales 角色之外的所有角色赋予的系统权限都有效。

例 15-31

```
SQL> ALTER USER cat DEFAULT ROLE ALL EXCEPT sales;
User altered.
```

（16）为了检查以上命令的执行结果，现在应该使用例 15-32 的命令再次以 cat 用户身份登录系统。

例 15-32

```
SQL> connect cat/miaomiao
Connected.
```

（17）此时，可以在 cat 用户下再次利用数据字典 user_role_privs，使用例 15-33 的 SQL 查询语句就又可以获得 cat 用户的哪些角色是默认角色的信息了。

例 15-33

```
SQL> SELECT *
  2  FROM user_role_privs;
USERNAME    GRANTED_ROLE    ADM DEF OS_
---------- --------------- --- --- ---
CAT         MANAGER         YES YES NO
CAT         SALES           NO  NO  NO
```

查看例 15-33 查询显示结果的第 4 列 DEF，可知该列第 1 行的值为 YES，这表示角色 manager 是默认角色了；而该列第 2 行的值为 NO，这表示角色 sales 还不是默认角色。这也正是例 15-31 的 ALTER USER cat DEFAULT ROLE ALL EXCEPT sales 语句所希望的结果。

15.6   激活和禁止角色

为了更有效地管理和维护 Oracle 系统的安全，可以在不需要时禁止（**disable**）一个或多个角色，在需要时再将它们激活（**enable**）。禁止一个角色将临时地从用户回收该角色，但是角色的定义仍然在系统的数据字典中。而激活一个角色将临时地授予该角色。使用 **SET ROLE** 命令来激活（开启）和禁止（关闭）角色。一个用户所有的默认角色在该用户登录时被激活。在激活一个角色时有时可能需要使用口令。

下面还是通过例子来演示如何激活和禁止角色。

（1）首先可以使用例 15-34 的命令以 cat 用户登录系统。

例 15-34

```
SQL> connect cat/miaomiao
Connected.
```

（2）为了清楚 cat 用户现在所拥有的所有系统权限，可以使用例 15-35 的 SQL 查询语句。

例 15-35

```
SQL> SELECT * FROM SESSION_PRIVS;
PRIVILEGE
-------------------
CREATE SESSION
CREATE TABLE
SELECT ANY TABLE
CREATE VIEW
```

例 15-35 查询结果给出了 cat 用户所拥有的全部系统权限。其中，除了 CREATE SESSION 系统权限是使用 GRANT 语句直接授予 cat 用户的，其他的系统权限都是通过角色授予的。

（3）**使用例 15-36 的命令来禁止 cat 用户所拥有的全部由角色赋予的系统权限。**

例 15-36

```
SQL> SET ROLE NONE;
Role set.
```

（4）使用例 15-37 的 SQL 查询语句获得 cat 用户现在所拥有的所有系统权限。

例 15-37

```
SQL> SELECT * FROM SESSION_PRIVS;
PRIVILEGE
---------------
CREATE SESSION
```

例 15-37 查询显示的结果清楚地表明：通过角色授予用户 cat 的系统权限都已经被回收，即角色已经被禁止。

（5）由于在创建角色 manager 时使用了口令标识，所以要激活角色 manager 也必须使用同样的口令 vampire（吸血鬼）。**于是使用了例 15-38 的带有口令标识的激活命令来激活 manager 角色。**

例 15-38

```
SQL> SET ROLE manager IDENTIFIED BY vampire;
Role set.
```

（6）现在，应该使用例 15-39 的 SQL 查询语句获得 cat 用户目前所拥有的所有系统权限。

例 15-39

```
SQL> SELECT * FROM SESSION_PRIVS;
```

```
PRIVILEGE
--------------------
CREATE SESSION
CREATE TABLE
SELECT ANY TABLE
CREATE VIEW
```

例 15-39 查询显示的结果清楚地表明：通过角色授予用户 cat 的系统权限又都出现了，即角色已经被激活了。

（7）使用例 **15-40** 的带有 **EXCEPT** 选项的激活命令来激活除了 **manager** 角色以外的所有角色。

例 15-40

```
SQL> SET ROLE ALL EXCEPT manager;
Role set.
```

（8）使用例 15-41 的 SQL 查询语句获得 cat 用户目前所拥有的所有系统权限。

例 15-41

```
SQL> SELECT * FROM SESSION_PRIVS;
PRIVILEGE
----------------
CREATE SESSION
```

例 15-41 查询显示的结果清楚地表明：通过 manager 角色授予用户 cat 的系统权限已经被回收，即 manager 角色没有被激活；而其他的角色都被激活了（不过由于并未授予其他角色任何权限，所以也就没有其他权限）。

细心的读者可能已经注意到了：激活和禁止角色的命令与其他的类似命令有很大的不同。一般类似的命令都是以 ALTER 开始，而且常使用 ENABLE 或 DISABLE 之类的选项。这也是 OCP 或 OCA 考试中常考的题目，一般与众不同的题目容易考到，如果与大多数的用法都相似，应试者很容易就猜到，也就失去了考试的意义。

15.7　角色的回收和删除

当不再需要角色所授予的权限后，就可以使用 **REVOKE** 命令从用户那里回收角色。从用户那里回收角色需要 **WITH ADMIN OPTION** 或 **GRANT ANY ROLE** 权限。

为了方便后面演示，先将角色 clerk 和 manager 检验方法删除。因此可以使用例 15-42 和例 15-43 的 DDL 语句来完成这一工作。

例 15-42

```
SQL> ALTER ROLE clerk NOT IDENTIFIED;
Role altered.
```

例 15-43

```
SQL> ALTER ROLE manager NOT IDENTIFIED;
Role altered.
```

当成功地修改了以上两个角色的验证方法之后，应使用例 15-44 的 SQL 查询语句获取它们的检验标识信息。

例 15-44

```
SELECT *
FROM dba_roles
```

```
WHERE role IN ('CLERK', 'SALES', 'MANAGER');
ROLE                          PASSWORD
----------------------------- -------
CLERK                         NO
MANAGER                       NO
SALES                         NO
```

例 15-44 查询显示的结果清楚地表明：所创建的 3 个角色都不需要使用检验标识（PASSWORD 列为 NO）。这说明所做的修改非常成功。

（1）为了方便演示，可以使用例 15-45 的 DCL 语句将这 3 个角色赋予所创建的 4 个用户。

例 15-45

```
SQL> GRANT clerk, manager, sales
  2   TO cat, dog, pig, fox;
Grant succeeded.
```

（2）应该使用例 15-46 的 SQL 查询语句来验证授权是否真的成功了。

例 15-46

```
SQL> SELECT *
  2   FROM dba_role_privs
  3   WHERE grantee IN ('CAT', 'DOG', 'PIG', 'FOX');
GRANTEE    GRANTED_ROLE     ADM DEF
---------- ---------------- --- ---
CAT        CLERK            NO  YES
CAT        SALES            NO  NO
CAT        MANAGER          YES YES
DOG        CLERK            NO  YES
DOG        SALES            NO  YES
DOG        MANAGER          NO  YES
FOX        CLERK            NO  YES
FOX        SALES            NO  YES
FOX        MANAGER          NO  YES
PIG        CLERK            NO  YES
PIG        SALES            NO  YES
PIG        MANAGER          NO  YES

12 rows selected.
```

例 15-46 查询显示的结果清楚地表明：已经将 clerk、sales 和 manager 3 个角色成功地赋予了 cat、dog、pig 和 fox 4 个用户。

（3）如果发现 pig 和 fox 两个用户并不需要 sales 和 manager 两个角色，就可以使用例 15-47 的 DCL 语句从 pig 和 fox 两个用户回收这两个角色。

例 15-47

```
SQL> REVOKE manager, sales
  2   FROM pig, fox;
Revoke succeeded.
```

（4）还是应该使用例 15-48 的 SQL 查询语句来验证是否成功地从 pig 和 fox 两个用户回收了 sales 和 manager 这两个角色。

例 15-48

```
SQL> SELECT *
  2   FROM dba_role_privs
```

```
  3  WHERE grantee IN ('PIG', 'FOX');
GRANTEE       GRANTED_ROLE    ADM DEF
----------    --------------- --- ---
FOX           CLERK           NO  YES
PIG           CLERK           NO  YES
```

例 15-48 查询显示的结果清楚地表明：已经成功地从 pig 和 fox 两个用户回收了 sales 和 manager 这两个角色。

（5）为了演示从所有用户回收角色，先使用例 15-49 的 DCL 语句将 sales 和 manager 这两个角色赋予所有的用户。

例 15-49

```
SQL> GRANT manager, sales TO PUBLIC;
Grant succeeded.
```

（6）应该使用例 15-50 的 SQL 查询语句来验证授权是否真的成功了。

例 15-50

```
SQL> SELECT *
  2  FROM dba_role_privs
  3  WHERE grantee IN ('CAT', 'DOG', 'PIG', 'FOX', 'PUBLIC');
GRANTEE       GRANTED_ROLE    ADM DEF
----------    --------------- --- ---
CAT           CLERK           NO  YES
CAT           SALES           NO  NO
CAT           MANAGER         YES YES
DOG           CLERK           NO  YES
DOG           SALES           NO  YES
DOG           MANAGER         NO  YES
FOX           CLERK           NO  YES
PIG           CLERK           NO  YES
PUBLIC        SALES           NO  YES
PUBLIC        MANAGER         NO  YES

10 rows selected.
```

例 15-50 查询显示的结果清楚地表明：已经将 sales 和 manager 两个角色成功地赋予了所有的用户（PUBLIC）。细心的读者可能已经注意到了，cat（猫）和 dog（狗）用户仍然保留单独授权时所获得的 sales 和 manager 两个角色权限，并未受到以上授予所有用户角色的 DCL 语句的影响。

（7）如果之后发现所有的用户都不需要 sales 和 manager 这两个角色了，就可以使用例 15-51 的 DCL 语句从所有的用户回收这两个角色。

例 15-51

```
SQL> REVOKE manager, sales
  2  FROM PUBLIC;
Revoke succeeded.
```

（8）应该使用例 15-52 的 SQL 查询语句来验证是否成功地从所有的用户回收了 sales 和 manager 这两个角色。

例 15-52

```
SQL> SELECT *
  2  FROM dba_role_privs
  3  WHERE grantee IN ('CAT', 'DOG', 'PIG', 'FOX', 'PUBLIC');
```

```
GRANTEE      GRANTED_ROLE    ADM DEF
----------   ---------------  --- ---
CAT          CLERK           NO  YES
CAT          SALES           NO  NO
CAT          MANAGER         YES YES
DOG          CLERK           NO  YES
DOG          SALES           NO  YES
DOG          MANAGER         NO  YES
FOX          CLERK           NO  YES
PIG          CLERK           NO  YES

8 rows selected.
```

例 15-52 查询显示的结果清楚地表明：已经成功地从所有的用户回收了 sales 和 manager 这两个角色。细心的读者可能已经注意到了，cat（猫）和 dog（狗）用户仍然保留单独授权时所获得的 sales 和 manager 两个角色权限，这表明从所有的用户回收角色的命令不能回收单独赋予用户的任何角色。

当一个角色没用时可以使用 DDL 语句删除，可以从所有用户也可以从所授权的角色那儿删除一个角色。使用从数据库中删除一个角色的命令，需要有 ADMIN OPTION 或 DROP ANY ROLE 权限。

下面使用 DDL 的 DROP ROLE 语句来删除一个已经存在的角色。

（1）为了演示删除角色命令，可以使用例 15-53 的 SQL 查询语句来查看所创建的角色信息。

例 15-53

```
SELECT *
FROM dba_roles
WHERE role IN ('CLERK', 'SALES', 'MANAGER');
ROLE        PASSWORD
----------  --------
CLERK       NO
MANAGER     NO
SALES       NO
```

例 15-53 查询显示的结果清楚地表明：所创建的 3 个角色 clerk、sales 和 manager 都还 "健在"。

（2）于是可以使用例 15-54 的 DROP ROLE 命令删除无用的 sales 角色。

例 15-54

```
SQL> DROP ROLE sales;
Role dropped.
```

（3）现在，应该再使用例 15-55 的 SQL 查询语句来查看是否已经成功地删除了 sales 角色。

例 15-55

```
SQL> SELECT *
  2   FROM dba_roles
  3   WHERE role IN ('CLERK', 'SALES', 'MANAGER');
ROLE        PASSWORD
----------  --------
CLERK       NO
MANAGER     NO
```

例 15-55 查询语句的结果应该令人感到欣慰，因为 sales 角色的信息已经不见了。

（4）使用例 15-56 的 **DROP ROLE** 命令将没用的 **manager（经理）**角色删除。

例 15-56

```
SQL> DROP ROLE manager;
Role dropped.
```

（5）最后，还是应该使用例 15-57 的 SQL 查询语句来查看是否已经成功地删除了没用的 manager（经理）角色。

例 15-57

```
SQL> SELECT *
  2  FROM dba_roles
  3  WHERE role IN ('CLERK', 'SALES', 'MANAGER');
ROLE          PASSWORD
----------    --------
CLERK         NO
```

例 15-57 查询语句的结果同样应该令人感到欣慰，因为那个没用的 manager（经理）角色的信息也同样不见了。

15.8 创建和使用角色指南

相信通过前面几节的学习，读者已经对角色有了较为深刻的了解。但是可能还是会有读者要问：在什么时候及如何使用角色呢？图 15-1 是 Oracle 推荐的一个模型，即通过角色授权的方法，这种方法极大地简化和方便了大型或超大型数据库系统的用户管理和维护。

图 15-1 的模型告知不要将权限直接授予用户，而应使用如下的步骤来进行权限的管理和维护：

（1）首先将数据库系统中的用户根据他们的工作性质进行分组（如按职务），之后为每一组用户创建一个用户角色。

（2）接下来将系统的应用（操作）进行分类，然后为每一类应用创建一个应用角色（如在本例中将应用分为两大类，即公司内部操作 OPERATION 和市场运作 MARKETING）。

（3）将（应用）权限首先授予应用角色。

（4）再将应用角色授予用户角色。

（5）最后再将用户角色授予真正的用户。

📢 提示：

> 以上的模型主要是针对大型或超大型数据库系统设计的。如果所管理和维护的 Oracle 数据库系统较小，是否使用这种方法就要根据实际情况而定了。因为对用户和应用进行分类常常是一件冗长和繁琐的事情而且需要花费很长的时间，这样您的上司或老板可能会在您还没有把这项工作做完就失去了耐心。

为了使数据库系统更加安全，Oracle 还推荐了另一个模型，如图 15-2 所示。这个模型给出了如何使用口令和默认角色的指南。

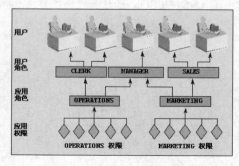

图 15-1

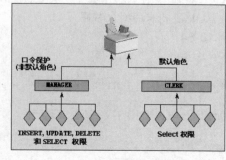

图 15-2

由图 15-2 的模型可知：只将一些不重要的权限授予默认角色，而那些可能会威胁到系统安全的权限（如 **DML** 操作）只授予有口令保护的角色，即非默认角色；之后，再将这些角色赋予相应的用户；用户在登录后只能自动地使用以默认角色授予的权限；如果用户想使用以非默认角色授予的权限，就必须提供正确的口令。

（1）为了演示这种用法，应该使用例 15-58 的 CREATE ROLE 语句重新创建角色 manager。

例 15-58

```
SQL> CREATE ROLE manager;
Role created.
```

（2）使用例 15-59 的 SQL 查询语句验证所需要的角色现在是否真的存在了。

例 15-59

```
SQL> SELECT *
  2    FROM dba_roles
  3    WHERE role IN ('CLERK', 'MANAGER');
ROLE         PASSWORD
----------   --------
CLERK        NO
MANAGER      NO
```

（3）使用例 15-60 的授权语句将 scott 用户表的 select（查询）权限赋予角色 clerk。

例 15-60

```
SQL> GRANT select ON scott.emp TO clerk;
Grant succeeded.
```

（4）使用例 15-61 的授权语句将 scott 用户表的 update（修改）、delete（删除）和 insert（插入）权限赋予角色 manager。

例 15-61

```
SQL> GRANT update, delete, insert ON scott.emp TO manager;
Grant succeeded.
```

（5）现在，就可以使用例 15-62 的授权语句将角色 clerk 和 manager 赋予 cat 和 dog 这两个用户了。

例 15-62

```
SQL> GRANT clerk, manager TO cat, dog;
Grant succeeded.
```

（6）使用例 15-63 的命令以 scott 用户登录系统。

例 15-63

```
SQL> connect scott/tiger
Connected.
```

（7）此时，就可以利用数据字典 user_tab_privs_made 使用例 15-64 的 SQL 查询语句获得角色 manager 和角色 clerk 所拥有的对象权限了。

例 15-64

```
SQL> SELECT *
  2    FROM user_tab_privs_made;
GRANTEE      TABLE_NAME   GRANTOR      PRIVILEGE         GRA HIE
----------   ----------   ----------   ---------------   --- -----
CAT          EMP          SCOTT        SELECT            NO  NO
PUBLIC       EMP          SCOTT        SELECT            NO  NO
MANAGER      EMP          SCOTT        INSERT            NO  NO
MANAGER      EMP          SCOTT        UPDATE            NO  NO
CLERK        EMP          SCOTT        SELECT            NO  NO
```

```
MANAGER      EMP          SCOTT        DELETE          NO  NO
```

6 rows selected.

例 15-64 查询显示的结果清楚地表明：角色 clerk 只拥有 scott 用户的 emp 表的 SELECT 权限，角色 manager 拥有 scott 用户的 emp 表的 3 种 DML 操作权限。

（8）使用例 15-65 的命令重新切换到 system 用户。

例 15-65

```
SQL> connect system/wang;
Connected.
```

（9）使用例 15-66 的 ALTER ROLE 语句将角色 manager 改为使用口令标识，其口令为 vampire。

例 15-66

```
SQL> ALTER ROLE manager
  2   IDENTIFIED BY vampire;
Role altered.
```

（10）接下来的一步很重要。此时应使用例 15-67 的 ALTER USER 语句将角色 manager 改为非默认角色。

例 15-67

```
SQL> ALTER USER dog DEFAULT ROLE ALL EXCEPT manager;
User altered.
```

（11）现在为了开始测试，应该使用例 15-68 的命令以 dog 用户登录系统。

例 15-68

```
SQL> connect dog/wangwang;
Connected.
```

（12）使用例 15-69 的 SQL 查询语句来测试 dog 用户是否具有对 scott 用户的 emp 表的查询权限。

例 15-69

```
SQL> SELECT ename, job, sal
  2   FROM scott.emp
  3   WHERE sal >= 2000;
ENAME        JOB          SAL
---------- --------- --------------
JONES        MANAGER       2975
BLAKE        MANAGER       2850
CLARK        MANAGER       2450
SCOTT        ANALYST       3000
KING         PRESIDENT     5000
FORD         ANALYST       3000

6 rows selected.
```

例 15-69 查询显示的结果已经表明：dog 用户确实具有对 scott 用户的 emp 表的查询权限。

（13）现在，试着使用例 15-70 的修改语句来修改 scott 用户的 emp 表的 sal 列。

例 15-70

```
SQL> update scott.emp
  2   set sal = 9999;
update scott.emp
       *
ERROR at line 1:
ORA-01031: insufficient privileges
```

由系统的错误提示信息可知：dog 用户没有足够的权限，这是因为 UPDATE 权限是通过 manager 角色赋予的，而这一角色并不是默认角色，要使用这一角色所赋予的权限必须先激活该角色。

（14）使用例 15-71 的 SET ROLE 语句来激活 manager 角色。

例 15-71

```
SQL> SET ROLE manager;
SET ROLE manager
*
ERROR at line 1:
ORA-01979: missing or invalid password for role 'MANAGER'
```

由系统的错误提示信息可知：dog 用户在激活 manager 角色时没有使用口令或提供了无效的口令。这是因为在例 15-66 中使用 ALTER ROLE 语句将角色 manager 改为使用口令标识，其口令为 vampire。

（15）因此，应该使用例 15-72 带有口令标识的 SET ROLE 语句来激活 manager 角色。

例 15-72

```
SQL> SET ROLE manager IDENTIFIED BY vampire;
Role set.
```

（16）现在就可以放心地使用例 15-73 的修改语句，将 scott 用户的 emp 表的 sal 列都改为 9999。

例 15-73

```
SQL> update scott.emp
  2  set sal = 9999;
14 rows updated.
```

例 15-73 的系统显示结果表明：已经成功地修改了 scott 用户的 emp 表中的 14 行数据。因为 manager 角色已经被激活，dog 用户已经具有了在 emp 表上的 UPDATE 对象权限。

（17）最后，为了不真正地修改 scott 用户的 emp 表中的数据，应该使用例 15-74 的回滚语句将所做的修改全部回滚。

例 15-74

```
SQL> rollback;
Rollback complete.
```

以上的演示说明，如果一个人不知道角色的口令就无法对 scott 用户的 emp 表进行任何 DML 操作。**这在有些情况下可能是非常有用的，如公司中的财务系统，有的会计可能一上班就登录系统进行日常的工作，如果会计有事离开了一会儿而没有退出系统。此时如果其同事想趁会计不在使用他的终端开张支票或转些钱之类的就很难办到了，因为此人必须知道相应角色的口令。**

◀》 提示：

以上的演示可能看上去太繁琐了。其实在实际的系统上一般这样的处理都是以程序的方式来进行的。为了方便编程，Oracle 还提供了一个软件包 DBMS_SESSION，这个软件包中有一个过程叫做 DBMS_SESSION.SET_ROLE，该过程可以完成 SET ROLE 命令的功能。一般在程序中主要使用 DBMS_SESSION.SET_ROLE 过程。

15.9　Oracle 预定义的角色

为了减轻数据库管理员的工作负担，Oracle 提供了一些预定义的角色。这些预定义的角色是在系统安装时自动生成的。比较常用的预定义的角色如下。

- ➥ **EXP_FULL_DATABASE**：导出数据库的权限。
- ➥ **IMP_FULL_DATABASE**：导入数据库的权限。

➘ SELECT_CATALOG_ROLE：查询数据字典的权限。

➘ EXECUTE_CATALOG_ROLE：数据字典上的执行权限。

➘ DELETE_CATALOG_ROLE：数据字典上的删除权限。

➘ DBA、CONNECT、RESOURCE：这 3 个角色是为了同以前版本兼容而设置的。

SELECT_CATALOG_ROLE、EXECUTE_CATALOG_ROLE 和 DELETE_CATALOG_ ROLE 角色是为访问数据字典视图和软件包设计的。如果一个非数据库管理员用户需要访问数据字典就可以授予这几个角色。

接下来较为详细地介绍在 Oracle 系统中争议较大的两个预定义的角色——CONNECT 和 RESOURCE。尽管 Oracle 公司一再声称 CONNECT 和 RESOURCE 角色是为了与它早期的版本兼容而保留的，而且劝告用户尽可能不使用这两个角色以避免产生安全漏洞。但是这两个角色到目前为止还是被广泛使用。可能的原因是利用这两个预定义的角色为用户授权非常简单。

首先看看 CONNECT 和 RESOURCE 这两个角色究竟具有哪些系统权限。为此应该使用例 15-75 的命令以 SYSDBA 权限登录系统。

例 15-75

```
SQL> CONNECT SYS/wang AS SYSDBA
Connected.
```

现在，就可以利用数据字典 role_sys_privs 使用例 15-76 的 SQL 查询语句获得这两个角色所拥有的全部系统权限。

例 15-76

```
SQL> SELECT *
  2  FROM role_sys_privs
  3  WHERE role IN ('CONNECT', 'RESOURCE')
  4  ORDER BY role;
ROLE                 PRIVILEGE            ADM
-------------------- -------------------- ---
CONNECT              CREATE VIEW          NO
CONNECT              CREATE TABLE         NO
CONNECT              ALTER SESSION        NO
CONNECT              CREATE CLUSTER       NO
CONNECT              CREATE SESSION       NO
CONNECT              CREATE SYNONYM       NO
CONNECT              CREATE SEQUENCE      NO
CONNECT              CREATE DATABASE LINK NO
RESOURCE             CREATE TYPE          NO
RESOURCE             CREATE TABLE         NO
RESOURCE             CREATE CLUSTER       NO
RESOURCE             CREATE TRIGGER       NO
RESOURCE             CREATE OPERATOR      NO
RESOURCE             CREATE SEQUENCE      NO
RESOURCE             CREATE INDEXTYPE     NO
RESOURCE             CREATE PROCEDURE     NO

16 rows selected.
```

以上的查询是在 Oracle 9i 上执行的，如在 Oracle 10g、Oracle 11g 和 Oracle 12c 上执行这个查询语句，其结果如下：

ROLE	PRIVILEGE	ADMIN_
CONNECT	CREATE SESSION	NO
RESOURCE	CREATE CLUSTER	NO
RESOURCE	CREATE INDEXTYPE	NO
RESOURCE	CREATE OPERATOR	NO
RESOURCE	CREATE PROCEDURE	NO
RESOURCE	CREATE SEQUENCE	NO
RESOURCE	CREATE TABLE	NO
RESOURCE	CREATE TRIGGER	NO
RESOURCE	CREATE TYPE	NO

已选择 9 行。

出于安全的考虑，Oracle 10g、Oracle 11g 和 Oracle 12c 在 CONNECT 角色中只保留了 CREATE SESSION 系统权限，而取消了其余的所有系统权限。

从例 15-76 查询显示的结果可以看出：这两个预定义的角色所拥有的系统权限还真不少，这也可能是这两个角色容易产生安全漏洞的原因。不少公司的数据库管理员一般是把 CONNECT 角色授予所有的普通用户，而把 CONNECT 和 RESOURCE 两个角色授予所有的开发人员（程序员）。

用了这么多笔墨来讲述 CONNECT 和 RESOURCE 这两个角色的目的并不是鼓励读者使用这两个角色，而是让读者了解这两个角色，因为在实际的商业数据库管理中，还有不少的数据库管理员在用它们。

另外，**如果所工作的公司或机构的安全措施很差，公司的商业机密可以通过好多渠道轻易地得到（现实中，许多公司的管理就是这样）。在这种情形下，数据库的安全措施已经变得毫无意义。此时不妨通过 CONNECT 和 RESOURCE 这两个角色进行系统权限的管理，因为这样可以减少工作负担。**

使用 CONNECT 和 RESOURCE 这两个角色进行系统权限管理的另一个好处就是"快"。如果自己定义角色，首先要了解每个用户的操作特性，然后再根据他们的不同操作特性定义若干个角色，之后再把相应的系统权限授予相关的角色，最后再把这些角色授予相应的用户等。这样有时需要很长的时间。如果所用的时间太长，上司可能会失去耐心。一般上司都希望员工一上班就能干活，而且活要干得又快又好。这时 CONNECT 和 RESOURCE 这两个角色就很有用了，因为它们能使您的工作快起来。

15.10 用户、概要文件、权限和角色的应用实例

有关先驱工程的争论可以说是盛况空前，完全超出了先驱工程组织者们的预期。更有学者指出真正的先驱应该是嫦娥，也有学者指出天仙配里的七仙女更应该算作真正的先驱。

为此，先驱工程总指挥部召开了一次由主要学者和高级管理人员参加的重要会议。与会的科学家和学者最后一致认为："先驱工程作为一个科研项目，一定要坚持科学的态度决不动摇。"最后与会者一致同意：所有神话传说中的人物或文学作品中虚构的人物，先驱工程都不予以考虑。先驱工程只研究那些历史中真正存在过的人物。

宝儿现在可就忙起来了。因为参加讨论的人越来越多，提供的信息也是急剧地增加。于是他决定为每一个可能成为先驱的人物创建一个用户。同时还要对每一个用户所使用的系统资源、安全限制进行有效的控制。为此宝儿将在系统中创建如下的用户：

➥ sudaji（苏妲己），口令为 szhouwang（商纣王）。

➥ wuzetian（武则天），口令为 dazhou（大周）。

➥ yguifei（杨贵妃），口令为 lilongji（李隆基）。

➥ pjinlian（潘金莲），口令为 wuda（武大）。

➥ muguiying（穆桂英），口令为 yzongbao（杨宗保）。

为了管理和维护方便，也是为了有效地控制用户所创建的对象，宝儿将以上所有用户的默认表空间设为 pioneer_data，即以上所有用户在创建对象时，如果没有指定表空间，就在 pioneer_data 表空间中创建。同样是为了管理和维护方便，以上所有用户的排序表空间都为 pioneer_temp 表空间。

为了防止由于用户错误而消耗过多磁盘空间，以上所有用户使用 pioneer_data 表空间最多都为 38MB。也是为了防止由于用户错误而消耗过多磁盘空间，以上所有用户使用 pioneer_indx 表空间最多为 28MB。

为了更有效地限制先驱工程用户使用的系统资源和控制系统的安全，宝儿将把在第 13 章中创建的概要文件 pioneer_prof 赋予以上所有用户。

考虑到使用先驱工程用户的人都是科学家和学者，他们的情操都很高尚，不会恶意地破坏系统，所以为了方便，宝儿将 CONNECT 和 RESOURCE 两个角色赋予以上所有用户，以便他们能顺利工作，尽快地找出中国妇女解放运动的先驱。

有时一些用户可能要访问数据字典或进行一些特殊的操作，这些操作需要更强的权限，而这些权限被一些不法之徒滥用就可能会危及系统的安全。于是宝儿决定先创建一个使用口令标识的角色，之后将相关的权限授予该角色，最后再将这个角色授予所需的用户，同时还要将该角色设为非默认角色。

接下来，宝儿**使用了例 15-77 的带有口令标识的 CREATE ROLE 语句创建了角色 change（嫦娥），其口令为 zhubajie（猪八戒）**。

例 15-77

```
SQL> CREATE ROLE change
  2  IDENTIFIED BY zhubajie;
Role created.
```

之后，宝儿立即使用例 15-78 的 SQL 查询语句来检查角色 change 是否存在并使用了口令标识。

例 15-78

```
SQL> SELECT *
  2  FROM dba_roles
  3  WHERE role = 'CHANGE';
ROLE                           PASSWORD
------------------------------ --------
CHANGE                         YES
```

通过例 15-78 查询显示的结果，宝儿可以确信角色 change 确实存在而且使用了口令标识。紧接着，**宝儿使用例 15-79 的 DCL 语句将 select any table 这一超级系统权限授予了角色 change**。

例 15-79

```
SQL> GRANT select any table TO change;
Grant succeeded.
```

宝儿接下来使用例 15-80 的 SQL 查询语句来检查角色 change 是否具有了 select any table 的系统权限。

例 15-80

```
SQL> SELECT *
  2  FROM ROLE_SYS_PRIVS
  3  WHERE role = 'CHANGE';
ROLE        PRIVILEGE            ADM
----------- -------------------- --
CHANGE      SELECT ANY TABLE     NO
```

通过例 15-80 查询显示的结果，宝儿可以确信角色 change 确实具有了 select any table 这一超级系统权限。

为了能将 connect 和 resource 两个角色赋予所需的用户，宝儿使用了例 15-81 的命令以 SYSDBA 权限登录系统。

例 15-81

```
SQL> connect sys/wang as sysdba
Connected.
```

之后，宝儿就使用了例 15-82 的 CREATE USER 命令为先驱工程创建了第一个用户 sudaji（苏妲己），其口令为 szhouwang（商纣王）。

例 15-82

```
SQL> CREATE USER sudaji
  2    IDENTIFIED BY szhouwang
  3    DEFAULT TABLESPACE pioneer_data
  4    TEMPORARY TABLESPACE pioneer_temp
  5    QUOTA 38M ON pioneer_data
  6    QUOTA 28M ON pioneer_indx
  7    PROFILE pioneer_prof;
User created.
```

紧接着，宝儿使用了例 15-83 的授权语句将 connect、resource 和 change 这 3 个角色一起都赋予用户 sudaji（苏妲己）。

例 15-83

```
SQL> GRANT CONNECT, RESOURCE, change TO sudaji;
Grant succeeded.
```

之后，宝儿使用例 15-84 的 ALTER USER 语句只将角色 change 改为 sudaji 用户的非默认角色。

例 15-84

```
SQL> ALTER USER sudaji DEFAULT ROLE ALL EXCEPT change;
User altered.
```

为了使后面的显示输出更加清晰，宝儿使用了例 15-85～例 15-89 的 SQL*Plus 格式化命令。

例 15-85

```
SQL> col USERNAME for a10
```

例 15-86

```
SQL> col DEFAULT_TABLESPACE for a18
```

例 15-87

```
SQL> col TEMPORARY_TABLESPACE for a18
```

例 15-88

```
SQL> set line 120
```

例 15-89

```
SQL> COL PROFILE FOR A15
```

接下来，宝儿利用数据字典 dba_users 使用例 15-90 的 SQL 查询语句来查看 sudaji 用户的表空间和概要文件的使用情况等信息。

例 15-90

```
SQL> SELECT USERNAME, DEFAULT_TABLESPACE, TEMPORARY_TABLESPACE, CREATED,
PROFILE
  2  FROM dba_users
  3  WHERE DEFAULT_TABLESPACE LIKE 'PI%';
USERNAME DEFAULT_TABLESPACE TEMPORARY_TABLESPA CREATED        PROFILE
-------- ------------------ ------------------ -------------- -------------
SUDAJI   PIONEER_DATA       PIONEER_TEMP       23-11 月-16 PIONEER_PROF
```

通过例 15-90 查询显示的结果，宝儿可以确信用户 sudaji（苏妲己）的默认表空间和排序表空间分别是 pioneer_data 和 pioneer_temp，所使用的概要文件为 pioneer_prof，创建日期为 2016 年 11 月 23 日。这正是宝儿所希望的。

最后，宝儿利用数据字典 dba_ts_quotas 使用例 15-91 的 SQL 查询语句来查看 sudaji 用户可以在每个表空间中所使用的磁盘空间的上限。

例 15-91

```
SQL> SELECT username, tablespace_name, bytes/1024/1024 MB,
  2         max_bytes/1024/1024 "Max MB"
  3  FROM dba_ts_quotas
  4  WHERE username = 'SUDAJI';
USERNAME   TABLESPACE_NAME                    MB         Max MB
---------- ------------------------------ ---------- ------------
SUDAJI     PIONEER_INDX                          0            28
SUDAJI     PIONEER_DATA                          0            38
```

通过例 15-91 查询显示的结果，宝儿可以确信用户 sudaji（苏妲己）在 pioneer_data 表空间中最多可以使用 38MB 的磁盘空间，而在 pioneer_indx 表空间中最多可以使用 28MB 的磁盘空间。这也正是宝儿所希望的。

通过以上的工作，宝儿对自己的能力更加自信了。于是他如法炮制，使用例 15-92～例 15-95 的 CREATE USER 语句分别创建了 wuzetian（武则天）、yguifei（杨贵妃）、pjinlian（潘金莲）和 muguiying（穆桂英）这 4 个重要的用户。

例 15-92

```
SQL> CREATE USER wuzetian
  2  IDENTIFIED BY dazhou
  3  DEFAULT TABLESPACE pioneer_data
  4  TEMPORARY TABLESPACE pioneer_temp
  5  QUOTA 38M ON pioneer_data
  6  QUOTA 28M ON pioneer_indx
  7  PROFILE pioneer_prof;
User created.
```

例 15-93

```
SQL> CREATE USER yguifei
  2  IDENTIFIED BY Lilongji
  3  DEFAULT TABLESPACE pioneer_data
  4  TEMPORARY TABLESPACE pioneer_temp
  5  QUOTA 38M ON pioneer_data
  6  QUOTA 28M ON pioneer_indx
  7  PROFILE pioneer_prof;
User created.
```

例 15-94

```
SQL> CREATE USER pjinlian
  2    IDENTIFIED BY wuda
  3    DEFAULT TABLESPACE pioneer_data
  4    TEMPORARY TABLESPACE pioneer_temp
  5    QUOTA 38M ON pioneer_data
  6    QUOTA 28M ON pioneer_indx
  7    PROFILE pioneer_prof;
User created.
```

例 15-95

```
SQL> CREATE USER muguiying
  2    IDENTIFIED BY Yzongbao
  3    DEFAULT TABLESPACE pioneer_data
  4    TEMPORARY TABLESPACE pioneer_temp
  5    QUOTA 38M ON pioneer_data
  6    QUOTA 28M ON pioneer_indx
  7    PROFILE pioneer_prof;
User created.
```

当创建完所需的全部用户之后，宝儿使用了例 **15-96** 的授权语句将 **connect**、**resource**、**change** 这 3 个角色一起赋予了刚创建的 **4** 个新用户。

例 15-96

```
SQL> GRANT CONNECT, RESOURCE, change
  2    TO wuzetian, yguifei, pjinlian, muguiying;
Grant succeeded.
```

紧接着，宝儿使用了例 **15-97**～例 **15-100** 的 **ALTER USER** 命令将 **change** 角色重新设为以上 **4** 个新用户的非默认角色。

例 15-97

```
SQL> ALTER USER wuzetian DEFAULT ROLE ALL EXCEPT change;
User altered.
```

例 15-98

```
SQL> ALTER USER yguifei DEFAULT ROLE ALL EXCEPT change;
User altered.
```

例 15-99

```
SQL> ALTER USER pjinlian DEFAULT ROLE ALL EXCEPT change;
User altered.
```

例 15-100

```
SQL> ALTER USER muguiying DEFAULT ROLE ALL EXCEPT change;
User altered.
```

接下来，宝儿利用数据字典 dba_users 使用例 15-101 的 SQL 查询语句来查看先驱工程所有用户的表空间和概要文件的使用情况等信息。

例 15-101

```
SQL> SELECT USERNAME, DEFAULT_TABLESPACE, TEMPORARY_TABLESPACE, CREATED, PROFILE
  2    FROM dba_users
  3    WHERE DEFAULT_TABLESPACE LIKE 'PI%';
USERNAME DEFAULT_TABLESPACE TEMPORARY_TABLESPA CREATED     PROFILE
-------------------------------------------------------------- ---------------
PJINLIAN PIONEER_DATA     PIONEER_TEMP    23-11 月-16 PIONEER_PROF
```

```
SUDAJI      PIONEER_DATA        PIONEER_TEMP           23-11 月-16 PIONEER_PROF
WUZETIAN    PIONEER_DATA        PIONEER_TEMP           23-11 月-16 PIONEER_PROF
YGUIFEI     PIONEER_DATA        PIONEER_TEMP           23-11 月-16 PIONEER_PROF
MUGUIYING   PIONEER_DATA        PIONEER_TEMP           23-11 月-16 PIONEER_PROF
```

通过例 15-101 查询显示的结果，宝儿可以确信先驱工程所有用户的默认表空间都为 pioneer_data，而排序表空间都为 pioneer_temp，他们所使用的概要文件都为 pioneer_ prof，创建日期都为 2016 年 11 月 23 日。这正是宝儿所希望的。

之后，宝儿利用数据字典 dba_ts_quotas 使用例 15-102 的 SQL 查询语句来查看先驱工程的每一个用户可以在每个表空间中所使用的磁盘空间的上限。

例 15-102

```
SQL> SELECT username, tablespace_name, bytes/1024/1024 MB,
  2          max_bytes/1024/1024 "Max MB"
  3    FROM dba_ts_quotas
  4   WHERE tablespace_name LIKE 'PION%';
USERNAME    TABLESPACE_NAME                      MB        Max MB
----------  ----------------------------  ----------  --------
SUDAJI      PIONEER_INDX                           0        28
SUDAJI      PIONEER_DATA                           0        38
WUZETIAN    PIONEER_INDX                           0        28
WUZETIAN    PIONEER_DATA                           0        38
YGUIFEI     PIONEER_INDX                           0        28
YGUIFEI     PIONEER_DATA                           0        38
PJINLIAN    PIONEER_INDX                           0        28
PJINLIAN    PIONEER_DATA                           0        38
MUGUIYING   PIONEER_INDX                           0        28
MUGUIYING   PIONEER_DATA                           0        38

10 rows selected.
```

通过例 15-102 查询显示的结果，宝儿可以确信先驱工程的每一个用户在 pioneer_data 表空间中最多可以使用 38MB 的磁盘空间，而他们在 pioneer_indx 表空间中最多可以使用 28MB 的磁盘空间。这也正是宝儿所希望的。

为了使后面的显示输出更加清晰，宝儿使用例 15-103～例 15-105 的 SQL*Plus 格式化命令。

例 15-103

```
SQL> col GRANTEE for a15
```

例 15-104

```
SQL> col GRANTED_ROLE for a15
```

例 15-105

```
SQL> set pagesize 30
```

然后，宝儿利用数据字典 dba_role_privs 使用例 15-106 的 SQL 查询语句获取先驱工程的每一个用户所具有的角色及这些角色是否为默认的信息。

例 15-106

```
SQL> SELECT *
  2    FROM dba_role_privs
  3   WHERE grantee IN ('SUDAJI', 'WUZETIAN', 'YGUIFEI', 'PJINLIAN', 'MUGUIYING');
```

GRANTEE	GRANTED_ROLE	ADM	DEF
SUDAJI	CHANGE	NO	NO
SUDAJI	CONNECT	NO	YES
SUDAJI	RESOURCE	NO	YES
YGUIFEI	CHANGE	NO	NO
YGUIFEI	CONNECT	NO	YES
YGUIFEI	RESOURCE	NO	YES
PJINLIAN	CHANGE	NO	NO
PJINLIAN	CONNECT	NO	YES
PJINLIAN	RESOURCE	NO	YES
WUZETIAN	CHANGE	NO	NO
WUZETIAN	CONNECT	NO	YES
WUZETIAN	RESOURCE	NO	YES
MUGUIYING	CHANGE	NO	NO
MUGUIYING	CONNECT	NO	YES
MUGUIYING	RESOURCE	NO	YES

```
15 rows selected.
```

例 15-106 查询显示的结果清楚地表明：先驱工程的每个用户都被赋予了 3 个完全相同的角色——connect、resource 和 change；对于每一个用户，connect 和 resource 角色为默认角色，而 change 角色为非默认角色。这也正是宝儿所希望的。

📢 提示：

再强调一遍：作为数据库管理员，在执行任何命令之后，决不能看到系统的显示就想当然地认为命令是按旨意执行的，最好亲自验证，例如，可使用数据字典查询一下。

据说前不久宝儿与他的总经理一起到一所全国著名的高等学府参加人才招聘会。在招聘会上，宝儿的经理详细地介绍了她当时如何在高手如云的情况下慧眼识英雄，发现了宝儿的潜力并力排众议雇用了他这个刚刚走出校门的新手。许多学生都羡慕宝儿能遇上这么好的伯乐。

宝儿也讲述了他如何高瞻远瞩地在大学学习期间就看到了数据库管理员的商机，并开始了在这方面的智力投资，以及他如何为达到自己的理想而执著追求的感人经历。许多学生被他的精彩演讲所感动，他顿时成了许多大学生和年轻人事业上的偶像。

宝儿也许终于完成了金家几代人为之奋斗的目标，那就是"光宗耀祖"，一个愚公移山的壮举。

15.11　您应该掌握的内容

在学习完本章之后，请检查一下您是否已经掌握了以下的内容：
- ↳　为什么要引入角色。
- ↳　什么是角色。
- ↳　怎样创建角色。
- ↳　在创建角色时怎样设置口令标识。
- ↳　怎样修改角色。
- ↳　如何将系统权限授予角色。
- ↳　如何将角色分别授予多个用户。

- ↘　怎样得到一个角色所拥有的系统权限。
- ↘　怎样获得用户被授予的角色。
- ↘　怎样为一个用户设置默认角色。
- ↘　怎样为一个用户设置非默认角色。
- ↘　怎样获得用户的默认与非默认角色的信息。
- ↘　怎样激活与禁止角色。
- ↘　怎样回收和删除角色。
- ↘　Oracle 推荐的两个创建和使用角色的模型。
- ↘　Oracle 常用的预定义的角色。

第 16 章　非归档模式下的冷备份和恢复

　　数据库管理员的主要工作就是保证数据库在工作期间能够正常地运行。要做到这一点并不是一件容易的事情，因为数据库的运行环境相当复杂，很多因素都可能导致数据库的崩溃（其中包括硬件、软件乃至人为的因素）。如果数据库崩溃了，数据库管理员必须以最短的时间恢复数据库，并做到最好不丢失任何已经提交的数据，至少应做到少丢失已经提交的数据。为了达到这一目标，唯一的办法就是备份，备份，再备份。

　　在各种备份方法中，冷备份应该是一种最简单也是最可靠的备份方法。曾有国外的同行这样形容冷备份："如果找一个聪明点的猴子，训一训，猴子很快就会干活了"。冷备份也叫脱机或关机备份，即在数据库关闭的状态下进行物理备份（如操作系统的拷贝）。为了能更好地演示备份和恢复操作，下面首先为以后各章的实验搭建一个实验环境。

16.1　实验环境的搭建

　　首先以 system 用户登录 Oracle 数据库，使用例 16-1 和例 16-2 的 DDL 语句创建 pioneer_data 和 pioneer_indx 表空间（如果读者已经顺序完成了之前相关章节的练习，则不需要做例 16-1～例 16-4）。

例 16-1

```
SQL> CREATE TABLESPACE pioneer_data
  2  DATAFILE 'F:\DISK2\MOON\pioneer_data.dbf'
  3  SIZE 100 M
  4  EXTENT MANAGEMENT LOCAL
  5  UNIFORM SIZE 1M;
表空间已创建。
```

例 16-2

```
SQL> CREATE TABLESPACE pioneer_indx
  2  DATAFILE 'F:\DISK4\MOON\pioneer_indx.dbf'
  3  SIZE 100 M
  4  EXTENT MANAGEMENT LOCAL
  5  UNIFORM SIZE 1M;
表空间已创建。
```

之后使用例 16-3 的 DDL 语句创建 pjinlian 用户，并使用例 16-4 的 DCL 语句将相关的系统权限和角色授予刚刚创建的 pjinlian 用户。

例 16-3

```
SQL> CREATE USER pjinlian
  2  IDENTIFIED BY wuda
  3  DEFAULT TABLESPACE pioneer_data
  4  TEMPORARY TABLESPACE temp
  5  QUOTA 100M ON pioneer_data
  6  QUOTA 100M ON pioneer_indx;
用户已创建。
```

例 16-4

```
SQL> grant connect, resource, select any table to pjinlian;
```

授权成功。

现在通过使用例 16-5 的命令将 sh 用户的锁解开，该用户是 Oracle 系统的一个默认用户，其中有如客户和销售等在商业公司中经常使用且比较大的表，非常适合讲解备份与恢复和优化。该用户在 Oracle 数据库安装后自动锁上（如果读者之前已经打开了该用户的锁，可以省略例 16-5 这一步骤）。

例 16-5

```
SQL> alter user sh identified by sh account unlock;
用户已更改。
```

之后，使用例 16-6 的 Oracle 连接命令登录 sh 用户。

例 16-6

```
SQL> connect sh/sh
已连接。
```

登录成功后，使用例 16-7 和例 16-8 的 SQL 查询语句来验证客户表和销售表的规模。

例 16-7

```
SQL> select count(*) from customers;
  COUNT(*)
----------
55500
```

例 16-8

```
SQL> select count(*) from sales;
  COUNT(*)
----------
918843
```

例 16-7 的显示结果表明客户表存有 5 万多行数据，而例 16-8 的显示结果表明销售表存有 90 多万行数据，这正是我们所需要的。

下面就可以使用例 16-9 的 Oracle 连接命令登录 pjinlian 用户。

例 16-9

```
SQL> connect pjinlian/wuda
已连接。
```

接下来，使用例 16-10 和例 16-11 的 DDL 语句在 pjinlian 用户中创建客户表和销售表。

例 16-10

```
SQL> create table sales as select * from sh.sales;
表已创建。
```

例 16-11

```
SQL> create table customers as select * from sh.customers;
表已创建。
```

现在，使用例 16-12～例 16-14 的 DDL 语句在 pjinlian 用户中为销售表创建 3 个索引。

例 16-12

```
SQL> create index sales_prod_id_idx on sales(prod_id) tablespace pioneer_indx;
索引已创建。
```

例 16-13

```
SQL> create index sales_cust_id_idx on sales(cust_id) tablespace pioneer_indx;
索引已创建。
```

例 16-14

```
SQL> create index sales_channel_id_idx on sales(channel_id) tablespace pioneer_indx;
索引已创建。
```

最后，使用例 16-15 和例 16-16 的 DDL 语句在 pjinlian 用户中为客户表创建两个索引。

例 16-15

```
SQL> create index customers_gender_idx on customers(cust_gender) tablespace
pioneer_indx;
索引已创建。
```

例 16-16

```
SQL> create index customers_city_idx on customers(cust_city) tablespace
pioneer_indx;
索引已创建。
```

当所有的表和索引都创建成功后，还应使用例 16-17 和例 16-18 的 SQL 查询语句验证这些对象是否按要求被成功地创建了。

例 16-17

```
SQL> select table_name, tablespace_name from user_tables;
TABLE_NAME                      TABLESPACE_NAME
-----------------------------   ---------------
CUSTOMERS                       PIONEER_DATA
SALES                           PIONEER_DATA
```

例 16-18

```
SQL> select index_name, table_name, tablespace_name, status
  2  from user_indexes;
INDEX_NAME                    TABLE_NAME            TABLESPACE_NAME     STATUS
-----------------------------  -------------------   ----------------   ------
SALES_PROD_ID_IDX             SALES                 PIONEER_INDX        VALID
SALES_CUST_ID_IDX             SALES                 PIONEER_INDX        VALID
SALES_CHANNEL_ID_IDX          SALES                 PIONEER_INDX        VALID
CUSTOMERS_GENDER_IDX          CUSTOMERS             PIONEER_INDX        VALID
CUSTOMERS_CITY_IDX            CUSTOMERS             PIONEER_INDX        VALID
```

至此，如果出现例 16-17 和例 16-18 的显示结果后，就可以开始后面的学习和实验了（读者可能要使用 SQL*Plus 的格式化命令对例 16-17 和例 16-18 的显示进行格式化以产生所应显示的输出）。

16.2 数据库的非归档模式和备份的术语

　　在以后各章中所介绍的备份和恢复都是针对数据库的物理崩溃，即磁盘、磁头或文件损坏。在制定备份和恢复方案时，除了业务和技术的考虑之外，很大程度上取决于数据库是运行在归档还是非归档模式。首先从最简单的非归档模式开始介绍。为了讲解方便，请读者回忆在第 5 章开始部分的那张图，如图 16-1 所示。

　　从图 16-1 可以看出，如果数据库运行在非归档模式，即没有产生归档文件的情况下，Oracle 数据库无法保证在系统崩溃之后

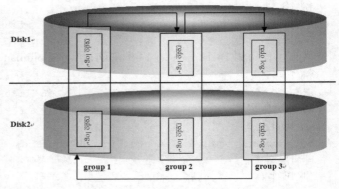

图 16-1

所有的提交数据都能恢复，因为当重做日志切换了一圈后一些提交的数据已经被覆盖。尽管非归档模式

有如此重大的缺陷，但由于它的管理和维护较为简单和稳定，因此还是有很多不太重要的数据库运行在该模式下，如测试数据库、开发数据库和培训数据库等。需要注意的是，Oracle 默认就是运行在非归档模式下。为了获得这方面的信息，必须以 SYSDBA 身份登录 Oracle 系统，首先使用例 16-19 的连接命令登录系统。

例 16-19

```
SQL> connect sys/wang as sysdba
已连接。
```

接下来，使用例 16-20 的 Oracle 命令来获取数据库与归档相关的信息。

例 16-20

```
SQL> archive log list
数据库日志模式              非存档模式
自动存档              禁用
存档终点              USE_DB_RECOVERY_FILE_DEST
最早的联机日志序列      101
当前日志序列          103
```

以下介绍在备份中经常用到的几个术语。

➤ 数据库的全备份：备份数据库的所有数据文件和控制文件，这也是最常用的备份方法。在数据库全备份时，数据库可以处于关闭或打开状态，但在非归档模式下，数据库必须处于关闭状态。

➤ 控制文件的备份：可以通过 SQL 命令来备份（如在第 4 章中所介绍的）。

➤ 表空间的备份：备份组成某一表空间的所有文件。在非归档模式下，只能单独地备份只读表空间或正常脱机（offline normal）的表空间。

➤ 数据文件的备份：备份单个的数据文件。在非归档模式下，只能单独地备份只读数据文件或正常脱机（offline normal）的数据文件。

其中，表空间的备份和数据文件备份也叫部分备份或不完全备份，因为它们通常是在数据库打开的状态下做的备份，需要使用归档日志文件或重做日志文件来恢复（以后要详细介绍）。

16.3　冷备份（脱机备份）

冷备份是指在数据库关闭状态下所做的物理拷贝。数据库运行在非归档模式时只能使用这种备份方法，而当数据库运行在归档模式时可以使用这种备份方法，也可以使用其他备份方法。这种备份方法是最安全，也是最简单的，是一些中小型数据库广泛采用的备份方法之一。在进行全数据库冷备份时，就是将数据库关闭（既可以是归档模式也可以是非归档模式），将数据库复制到其他磁介质上，如图 16-2 所示。

可能有读者会问：究竟需要复制数据库中的哪些文件呢？**其实必须复制的文件只包括所有的数据文件和控制文件。但是由于其他的文件与数据文件相比都非常小，为了恢复的方便，一般也将它们一同进行复制**，如图 16-3 所示。

如果读者阅读过其他 Oracle 备份方面的书籍（包括 Oracle 公司的教材）会发现几乎所有的书籍中物理备份的介质的画面都是磁带，而不是像本书图 16-2 和图 16-3 中所示的磁盘。所以常常给读者一种感觉，只要一提到备份就想到磁带机。这也是硬件厂商所欢迎的，因为它们可以卖更多的磁带机。

其实，这是一种误解。因为 Oracle 公司在制定最初的备份和恢复策略的时间可以追溯到 20 世纪 90 年代初，当时的硬盘是非常昂贵的，而磁带要便宜得多。从性价比来考虑，磁带机当然成了当时备份的首选磁介质。但是磁带也有它的问题，首先磁带机的操作比硬盘复杂；其次维护和保养成本也较高，因为磁带是直接裸露在外，需要防尘和防褶等；另外，在备份或恢复时需要操作员上磁带等手工操作。

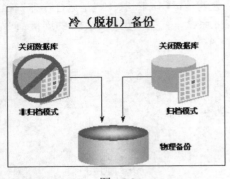

图 16-2

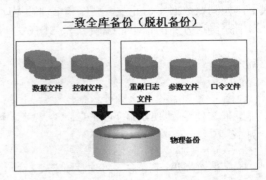

图 16-3

到了 **20 世纪 90 年代末**，特别是本世纪初，这种情况发生了巨大的变化，在硬盘价格一路暴跌的同时，硬盘的容量急剧增加。目前，硬盘的性价比已经完全赶上了磁带。我个人认为对于许多数据库来说，**使用硬盘做备份介质应该更便宜而且更方便**。可能有读者会问：如果计算机坏了或机房发生了火灾又怎么办？好像此时磁带的优势就显现出来了。其实不然，因为要预防这种极端的灾害只要将备份传到远程的机器上即可（如使用 ftp）。

其实，在 **Oracle 11.2** 和 **Oracle 12c** 中，可以配置一个叫快速恢复区的磁盘区。**Oracle** 公司强力推荐配置快速恢复区，因为它会简化备份存储的管理。快速恢复区是在硬盘上，存储有归档日志、备份、闪回日志、冗余的控制文件和冗余的重做日志文件。当然，在配置快速恢复区时，应该将它放在与数据库的数据文件、主要的联机重做日志文件和控制文件不同的磁盘上（最好是不同的 I/O 控制器上）。

可能有读者会问：这个快速恢复区要配置多大呢？Oracle 公司给出的标准答案是：取决于数据库活动的程度。不知您看懂了没有。说实话，给出准确的大小确实很不容易。作为一般的原则，快速恢复区越大越好。在理想情况下，快速恢复区应该能够存放恢复数据库所需的所有的数据文件和控制文件，以及闪回日志、联机重做日志和归档日志。**经验表明，快速恢复区应该至少是数据库大小的两倍。**

快速恢复区中的磁盘空间的管理是由备份保留策略所控制的，而保留策略又决定了哪些文件什么时候可以废弃，即为了满足数据恢复目标已经不再需要这些文件了。Oracle 数据库服务器通过删除不再需要的文件的方式来自动地管理这一存储区。

可以通过设置初始化参数 db_recovery_file_dest 来定义快速恢复区的位置（磁盘和目录），并可以通过设置初始化参数 db_recovery_file_dest_size 来定义快速恢复区的大小。也可以通过 SQL*Plus 的 "show parameter db_recovery_" 命令来查看以上这两个参数的配置——快速恢复区的配置。

下面给出冷备份（脱机备份）的具体步骤：

（1）使用 Oracle 的数据字典或命令找到所有需要备份的文件，其具体方法如下：

➥ 使用 v$controlfile 找到所有的控制文件。

➥ 使用 v$logfile 找到所有的重做日志文件。

➥ 使用 dba_data_files 找到所有的数据文件，以及与表空间的对应关系。

➥ 使用 v$tempfile 和 v$tablespace 找到所有的临时文件，以及与临时表空间的对应关系。

➥ 使用 show parameter pfile 找到正文参数文件或二进制参数文件。

（2）正常关闭数据库（使用 shutdown immediate|transactional|normal）。

（3）将所有的文件复制到备份硬盘或磁带上。

（4）重新启动数据库（startup），该操作也可能是在第 2 天上班时做的。

16.4　冷恢复（脱机恢复）

数据库运行在非归档模式下，只能进行脱机恢复。使用这种恢复方法，数据丢失几乎是不可避免的，因为当重做日志切换了一圈后，其中一些已经提交的数据就被覆盖了，从此时起 Oracle 数据库已无法保证全恢复了（提交的数据全部恢复）。**从上一次备份到系统崩溃这段时间内所有提交的数据会全部丢失。**

脱机恢复的具体步骤如下：

（1）如果数据库未关闭，需关闭数据库。

（2）将所有的备份数据文件和备份控制文件复制到数据库中原来的位置。

（3）也可以将所有的备份重做日志文件、参数文件和口令文件复制到数据库中原来的位置（该操作不是必须的）。

（4）重新启动数据库（startup）。

恢复成功之后，数据库即恢复到上一次备份，恢复所需的时间就是复制所有文件所需的时间。

16.5　脱机备份和脱机恢复的优缺点

脱机备份具有如下的优点：

➥ 脱机备份的概念非常简单，就是在正常关闭数据库之后复制所有的文件。

➥ 因为数据库处在正常关闭状态，因此所做的备份也是最可靠的。

➥ 操作非常容易，如果将所有的备份命令写入脚本，只要运行脚本即可。

➥ 所需的人工操作很少，如果写成自动脚本，则可以不需要人工操作。

脱机备份具有如下的缺点：

➥ 备份时必须关闭数据库，这对那些每天 24 小时、每周 7 天运营的数据库是完全不可以接受的，如银行或电信数据库系统。

➥ 必须备份所有的数据文件和控制文件，对大型和超大型数据库来说，其数据量可以达到几百 GB 以上，如此大的数据量几乎是无法备份的。对于一些数据库系统绝大多数数据都是静止的，而只有少数的数据是经常变化的（如几十 MB），现在为了要备份这几十 MB 变化的数据，必须备份整个数据库。

以下是脱机恢复所具有的优点：

➥ 脱机恢复的概念非常简单，在正常关闭数据库之后，将所有的备份文件复制回数据库中。

➥ 操作非常容易，数据库处在正常关闭状态，因此所做的恢复也是最可靠的。

脱机恢复具有如下的缺点：

➥ 在恢复时必须关闭数据库，这对那些每天 24 小时、每周 7 天运营的数据库也是完全不可以接受的，如银行或电信数据库系统。

➥ 数据库回到上一次备份的时间点。从上一次备份到系统崩溃这段时间内所有提交的数据将全部丢失。这对银行、电信或证券交易等数据库系统是完全不可以接受的。

➥ 必须将所有的数据文件和控制文件的备份复制回数据库中，对大型和超大型数据库来说，其数据量可以达到几百 GB 以上。现在为了要恢复一个几十 MB 的文件，就必须恢复整个数据库。

其实，笔者认为脱机备份和脱机恢复的最大优点是：对数据库管理员的水平要求明显降低。这也许是不少公司喜欢使用这种方法来备份和恢复他们的数据库的最主要的原因，因为随便找一个人略加培训

就可以胜任这一工作。

16.6 脱机备份的应用实例

民众对中国妇女解放运动的先驱工程如此关注，这可以说是千载难逢的机会。在宝儿的倡导下，先驱工程的组织者们不失时机地成立了先驱工程股份有限公司，并迅速地推出了多个品牌系列的产品和服务，先驱工程已经不再是一个纯粹的科研项目了，它已经成为了拉动当地经济的发动机。

现在先驱工程数据库中存储的已经不再是那些没谱的、不着调的数据了，而是可以转化成真金白银的销售和客户等的信息了。因此如何保护这些重要信息就提上了工作日程。宝儿此时已经辞去了原来的工作，成为了先驱工程的专职 CIO，也是该公司的大股东之一。由于除了宝儿之外，先驱工程股份有限公司的 IT 人员的水平有限，宝儿决定在最初阶段使用脱机备份和脱机恢复来保护数据库，这是一种最简单也是最可靠的备份和恢复策略（方法）。于是他首先以 SYSDBA 身份登录 Oracle 数据库系统，之后使用如下的方法找到了所有需要备份的文件。

为了显示清晰，首先他使用了例 16-21～例 16-23 的 SQL*Plus 格式化命令。

例 16-21

```
SQL> set line 120
```

例 16-22

```
SQL> set pagesize 30
```

例 16-23

```
SQL> col name for a60
```

随后，他使用了例 16-24 的 SQL 查询语句找出所有的控制文件所在的目录和文件名。

例 16-24

```
SQL> select name from v$controlfile;
NAME
---------------------------------------------------
F:\ORACLE\PRODUCT\10.2.0\ORADATA\MOON\CONTROL01.CTL
F:\ORACLE\PRODUCT\10.2.0\ORADATA\MOON\CONTROL02.CTL
F:\ORACLE\PRODUCT\10.2.0\ORADATA\MOON\CONTROL03.CTL
```

接下来，也是为了显示清晰，他使用了例 16-25 的 SQL*Plus 格式化命令。

例 16-25

```
SQL> col member for a60
```

随即，他使用了例 16-26 的 SQL 查询语句找出所有的重做日志文件所在的目录和文件名。

例 16-26

```
SQL> select member from v$logfile;
MEMBER
------------------------------------------------
F:\ORACLE\PRODUCT\10.2.0\ORADATA\MOON\REDO03.LOG
F:\ORACLE\PRODUCT\10.2.0\ORADATA\MOON\REDO02.LOG
F:\ORACLE\PRODUCT\10.2.0\ORADATA\MOON\REDO01.LOG
```

之后，还是为了显示清晰，他使用了例 16-27 和例 16-28 的 SQL*Plus 格式化命令。

例 16-27

```
SQL> col file_name for a60
```

例 16-28

```
SQL> col tablespace_name for a15
```

随即，他使用了例 16-29 的 SQL 查询语句找出所有的数据文件所在的目录和文件名，以及它们所对应的表空间。

例 16-29

```
SQL> select file_name, tablespace_name
  2  from dba_data_files;
FILE_NAME                                             TABLESPACE_NAME
----------------------------------------------------  ---------------
F:\ORACLE\PRODUCT\10.2.0\ORADATA\MOON\USERS01.DBF     USERS
F:\ORACLE\PRODUCT\10.2.0\ORADATA\MOON\SYSAUX01.DBF    SYSAUX
F:\ORACLE\PRODUCT\10.2.0\ORADATA\MOON\UNDOTBS01.DBF   UNDOTBS1
F:\ORACLE\PRODUCT\10.2.0\ORADATA\MOON\SYSTEM01.DBF    SYSTEM
F:\ORACLE\PRODUCT\10.2.0\ORADATA\MOON\EXAMPLE01.DBF   EXAMPLE
F:\DISK2\MOON\PIONEER_DATA.DBF                        PIONEER_DATA
F:\DISK4\MOON\PIONEER_INDX.DBF                        PIONEER_INDX
```

已选择 7 行。

最后，他使用了例 16-30 的 SQL*Plus 命令找到所用的参数文件所在的目录和文件名。

例 16-30

```
SQL> show parameter pfile
NAME                                 TYPE        VALUE
------------------------------------ ----------- ------------------------------
spfile                               string      F:\ORACLE\PRODUCT\10.2.0\DB_1\
                                                 DBS\SPFILEMOON.ORA
```

◀》 提示：

以下操作可以使用 Windows 的资源管理器以图形方式来完成，但为了使读者在用户面前看起来更加专业，本书采用命令方式来完成。

找到所有的文件之后，宝儿就要对备份磁盘和目录进行配置。他首先使用例 16-31 的命令切换到 DOS 操作系统窗口。

例 16-31

```
SQL> host
```

接下来，他使用例 16-32 的 DOS 命令在备份磁盘上创建 backup 目录。

例 16-32

```
F:\>mkdir backup
```

随后，他使用例 16-33 的 DOS 列目命令验证在备份磁盘上是否成功创建了 backup 目录。

例 16-33

```
F:\>dir
 驱动器 F 中的卷没有标签。
 卷的序列号是 D86E-06DB
F:\ 的目录
2007-12-01  09:18a     <DIR>          backup
2007-11-23  03:26p     <DIR>          DISK2
2007-11-23  03:27p     <DIR>          DISK4
......
          2 个文件         51,979 字节
         14 个目录 59,941,302,272 可用字节
```

之后，他使用例 16-34 的 DOS 命令进入 backup 目录。

例 16-34

```
F:\>cd backup
```

紧接着，为了将来恢复方便，宝儿使用例 16-35～例 16-38 的 DOS 命令在备份磁盘的 backup 目录上创建了相关的子目录。

例 16-35

```
F:\backup>mkdir database
```

例 16-36

```
F:\backup>mkdir dbs
```

例 16-37

```
F:\backup>mkdir disk2
```

例 16-38

```
F:\backup>mkdir disk4
```

然后，他使用例 16-39 的 DOS 命令验证在备份磁盘上的 backup 目录中是否成功地创建了相关的子目录。

例 16-39

```
F:\backup>dir
 驱动器 F 中的卷没有标签。
 卷的序列号是 D86E-06DB
F:\backup 的目录
2007-12-01  09:20a    <DIR>          .
2007-12-01  09:20a    <DIR>          ..
2007-12-01  09:19a    <DIR>          database
2007-12-01  09:19a    <DIR>          dbs
2007-12-01  09:20a    <DIR>          disk2
2007-12-01  09:20a    <DIR>          disk4
              0 个文件              0 字节
              6 个目录 59,941,298,176 可用字节
```

之后，他使用例 16-40 的 DOS 命令进入 oracle 目录。

例 16-40

```
F:\backup>cd f:\oracle
```

接下来，为了存储备份脚本，宝儿使用例 16-41 的 DOS 命令在 oracle 目录上创建了一个名为 mgt 的子目录。

例 16-41

```
F:\oracle>md mgt
```

最后，他使用例 16-42 的 DOS 命令验证在 oracle 目录中是否成功创建了这个名为 mgt 的子目录。

例 16-42

```
F:\oracle>dir
 驱动器 F 中的卷没有标签。
 卷的序列号是 D86E-06DB
F:\oracle 的目录
2007-12-02  12:01p    <DIR>          .
2007-12-02  12:01p    <DIR>          ..
2007-12-02  10:58a    <DIR>          mgt
2007-10-28  10:49p    <DIR>          product
              0 个文件              0 字节
              4 个目录 55,933,800,448 可用字节
```

做完以上一系列准备工作之后，宝儿使用例 16-43 的 DOS 命令切换回 SQL*Plus 环境。

例 16-43

```
F:\backup>exit
```

📢 提示：

在资源包中有一个 Oracle 12c 数据库脱机备份的视频，读者会发现其命令与下面所列出来的几乎完全相同，只是密码和目录有点差别而已。另外，在该视频中还将备份操作做成了一个图标并放在了计算机的桌面上。这样数据库操作员或管理员只要用鼠标左键双击备份操作的图标就可以完成数据库的冷备份了。

现在，宝儿开始写真正的备份命令了。为了使以后的备份工作更简单和更容易操作，他决定写一个包含备份所需要的所有命令的脚本，之后每次备份时只需要运行该脚本文件即可。于是他打开了记事本程序并在里面写入了如下的命令：

```
connect system/oracle as sysdba
shutdown immediate
host copy F:\oracle\product\10.2.0\oradata\moon\*.* F:\backup\
host copy F:\oracle\product\10.2.0\db_1\dbs\SPFILEMOON.ORA F:\backup\dbs
host copy F:\oracle\product\10.2.0\db_1\database\PWDMOON.ora F:\backup\database
host copy F:\DISK2\MOON\PIONEER_DATA.DBF F:\backup\disk2\
host copy F:\DISK4\MOON\PIONEER_INDX.DBF F:\backup\disk4\
startup
```

📢 提示：

尽管很多书的这部分内容是将所有的文件都复制到一个备份目录下，但这样做的问题是：当数据库系统真的需要恢复时，可能很难知道哪些文件应该复制回到哪些目录。所以建议读者还是用本书介绍的备份方法将备份文件分门别类地复制到各自不同的目录下，这样在恢复时就能使操作变得非常容易。此时需要注意的是，备份不是目的，而是为了恢复。

当确认无误之后，将这些命令存入 F:\oracle\mgt 目录下的 CoolBak.sql 文件，如图 16-4 所示。

图 16-4

📢 提示：

有时所存的脚本文件生成的是正文文件，这是 Windows 系统的默认设置造成的。如果是这样，需要按如下的步骤重新设置。

首先，打开资源管理器，单击"工具"菜单，选择"文件夹选项"命令，如图 16-5 所示。

之后，选择"查看"选项卡，取消选中"隐藏已知文件夹类型的扩展名"复选框，并单击"确定"按钮，如图 16-6 所示。

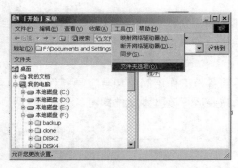

图 16-5   图 16-6

最后，宝儿以 SYSDBA 用户登录数据库，并在 SQL*Plus 下通过运行例 16-44 的脚本文件对数据库进行脱机数据库全备份。在备份期间系统要启动 DOS 窗口、关闭数据库、复制文件和启动数据库，这些操作都需要花费一些时间，读者需要耐心等候。

例 16-44

```
SQL> @f:\oracle\mgt\coolbak
已连接。
数据库已经关闭。
已经卸载数据库。
ORACLE 例程已经关闭。

ORACLE 例程已经启动。

Total System Global Area  612368384 bytes
Fixed Size                  1250428 bytes
Variable Size             117443460 bytes
Database Buffers          486539264 bytes
Redo Buffers                7135232 bytes
数据库装载完毕。
数据库已经打开。
```

之后，宝儿使用例 16-45 的命令切换到 DOS 系统以便检验所复制的文件是否正确。

例 16-45

```
SQL> host
Microsoft Windows 2000 [Version 5.00.2195]
(C) 版权所有 1985-2000 Microsoft Corp.
```

接下来，他使用例 16-46 的 DOS 命令切换到 F:\backup 目录。

例 16-46

```
F:\oracle\product\10.2.0\db_1\BIN>cd f:\backup
```

之后，他使用例 16-47 的 DOS 列目命令显示 F:\backup 目录中所有的文件和文件大小以及子目录等。

例 16-47

```
F:\backup>dir
 驱动器 F 中的卷没有标签。
 卷的序列号是 D86E-06DB
```

```
F:\backup 的目录
2007-12-02  11:40a     <DIR>          .
2007-12-02  11:40a     <DIR>          ..
2007-12-02  11:49a           7,061,504 CONTROL01.CTL
2007-12-02  11:49a           7,061,504 CONTROL02.CTL
2007-12-02  11:49a           7,061,504 CONTROL03.CTL
2007-12-02  11:37a     <DIR>          database
2007-12-02  11:37a     <DIR>          dbs
2007-12-02  11:37a     <DIR>          disk2
2007-12-02  11:40a     <DIR>          disk4
2007-12-02  11:49a         168,435,712 EXAMPLE01.DBF
2007-12-02  11:49a          52,429,312 REDO01.LOG
2007-12-02  11:49a          52,429,312 REDO02.LOG
2007-12-02  11:49a          52,429,312 REDO03.LOG
2007-12-02  11:49a         335,552,512 SYSAUX01.DBF
2007-12-02  11:49a         545,267,712 SYSTEM01.DBF
2007-12-01  07:46a          24,125,440 TEMP01.DBF
2007-12-02  11:49a         293,609,472 UNDOTBS01.DBF
2007-12-02  11:49a         135,012,352 USERS01.DBF
              12 个文件   1,680,475,648 字节
               6 个目录  55,933,898,752 可用字节
```

最后，他使用例 16-48～例 16-51 所示的 DOS 列目命令显示 F:\backup 目录中所有子目录下的文件和文件大小信息等。

例 16-48

```
F:\backup>dir dbs
 驱动器 F 中的卷没有标签。
 卷的序列号是 D86E-06DB
F:\backup\dbs 的目录
2007-12-02  11:40a     <DIR>          .
2007-12-02  11:40a     <DIR>          ..
2007-12-02  11:47a               3,584 SPFILEMOON.ORA
               1 个文件           3,584 字节
               2 个目录  55,933,902,848 可用字节
```

例 16-49

```
F:\backup>dir database
 驱动器 F 中的卷没有标签。
 卷的序列号是 D86E-06DB
F:\backup\database 的目录
2007-12-02  11:40a     <DIR>          .
2007-12-02  11:40a     <DIR>          ..
2007-11-23  03:45p               1,536 PWDmoon.ora
               1 个文件           1,536 字节
               2 个目录  55,933,886,464 可用字节
```

例 16-50

```
F:\backup>dir disk2
 驱动器 F 中的卷没有标签。
 卷的序列号是 D86E-06DB
F:\backup\disk2 的目录
2007-12-02  11:40a     <DIR>          .
```

```
2007-12-02   11:40a       <DIR>            ..
2007-12-02   11:49a             104,865,792 PIONEER_DATA.DBF
             1 个文件        104,865,792 字节
             2 个目录 55,933,886,464 可用字节
```

例 16-51

```
F:\backup>dir disk4
 驱动器 F 中的卷没有标签。
 卷的序列号是 D86E-06DB
F:\backup\disk4 的目录
2007-12-02   11:40a       <DIR>            .
2007-12-02   11:40a       <DIR>            ..
2007-12-02   11:49a             104,865,792 PIONEER_INDX.DBF
             1 个文件        104,865,792 字节
             2 个目录 55,933,886,464 可用字节
```

检查完所有的备份文件都准确无误之后，宝儿使用例 16-52 的 DOS 命令切换回 SQL*Plus 环境。

例 16-52

```
F:\backup>exit
```

📢 **提示：**

以上所有操作都可以使用 Windows 的资源管理器以图形方式来完成，但为了使读者在用户面前看起来更加专业和减少操作失误，本书采用命令方式来完成。初看起来，读者可能感到脱机备份很繁琐，其实绝大多数操作只是在第一次测试备份方法时使用，一旦备份方法被证明是准确无误的，以后的例行备份简单到只需要运行备份脚本文件就可以了。

16.7   脱机恢复到原来位置的应用实例

一天刚上班没多久，子公司的一位刚刚考过 OCP 的 Oracle 认证数据库管理员（DBA）在维护系统时，鬼使神差地在 pjinlian 用户下输入了例 16-53 所示的 DDL 语句。

例 16-53

```
SQL> truncate table sales;
表被截断。
```

由于 truncate 语句是 DDL 语句，因此是无法回滚的。而销售表是公司最重要的表之一，必须恢复。这位曾经自认为是 Oracle "大虾" 的认证 DBA 这回可真的遇上了问题，尽管他查了半天他背过的 OCP 考题，但都没有找到具体的操作步骤。在万般无奈之下，他只得求助于没见过 OCP 证书的宝儿了。宝儿来到现场之后，首先在 pjinlian 用户下使用例 16-54 的 SQL 查询语句查询 sales 表是否还存在，查询结果为 sales 表依然存在。

例 16-54

```
SQL> select * from cat;
TABLE_NAME                    TABLE_TYPE
----------------------------- -----------
CUSTOMERS                     TABLE
SALES                         TABLE
```

接下来，宝儿使用例 16-55 的 SQL 查询语句确认 sales 表中的数据是否还存在。

例 16-55

```
SQL> select count(*) from sales;
  COUNT(*)
```

```
----------
        0
```

例 16-55 的查询结果表明：销售表已经被清空。由于这位 Oracle "大虾" 截断 sales 表时是公司刚刚开门没多久，在这段时间内没有多少数据进入数据库。因此宝儿决定使用昨天下班时做的冷备份进行脱机恢复。于是他使用例 16-56 的命令以 sysdba 身份登录数据库。

例 16-56

```
SQL> connect system/wang as sysdba
已连接。
```

紧接着，他使用例 16-57 的命令迅速关闭了数据库。

例 16-57

```
SQL> shutdown immediate
数据库已经关闭。
已经卸载数据库。
ORACLE 例程已经关闭。
```

当数据库被关闭之后，他使用例 16-58～例 16-62 的 DOS 命令将所有的备份文件复制回数据库中原来的位置。在复制文件时，系统要启动 DOS 窗口并且要复制一段时间。

例 16-58

```
SQL> host copy F:\backup\*.* F:\oracle\product\10.2.0\oradata\moon\
```

例 16-59

```
SQL> host copy F:\backup\dbs\SPFILEMOON.ORA F:\oracle\product\10.2.0\db_1\dbs\
```

例 16-60

```
SQL> host copy F:\backup\database\PWDMOON.ora F:\oracle\product\10.2.0\db_1\database\
```

例 16-61

```
SQL> host copy F:\backup\disk2\PIONEER_DATA.DBF F:\DISK2\MOON\
```

例 16-62

```
SQL> host copy F:\backup\disk4\PIONEER_INDX.DBF F:\DISK4\MOON\
```

复制完所有的备份文件之后，他立即使用例 16-63 的命令迅速启动了数据库。

例 16-63

```
SQL> startup
ORACLE 例程已经启动。

Total System Global Area  612368384 bytes
Fixed Size                  1250428 bytes
Variable Size             117443460 bytes
Database Buffers          486539264 bytes
Redo Buffers                7135232 bytes
数据库装载完毕。
数据库已经打开。
```

数据库开启之后，宝儿使用了例 16-64 的 SQL 查询语句来验证 SALES 表中的数据是否已经恢复。

例 16-64

```
SQL> select count(*) from pjinlian.sales;
  COUNT(*)
----------
    918843
```

例 16-64 的查询结果表明：销售表的 90 多万行数据都已经恢复。宝儿用实际行动证明了他是一位 "大虾" 中的 "大虾"，虽然他没有 OCP 证书。

16.8 脱机恢复到非原来位置的应用实例

为了演示方便，首先启动 DOS 窗口并使用例 16-65 的 DOS 命令创建 DISK3 目录。

例 16-65

```
F:\>mkdir DISK3
```

之后，使用例 16-66 的 DOS 命令切换到 DISK3 目录。

例 16-66

```
F:\>cd disk3
```

接下来，使用例 16-67 的 DOS 命令创建 MOON 子目录。

例 16-67

```
F:\DISK3>mkdir moon
```

最后，使用例 16-68 的 DOS 列目命令验证所需的 MOON 子目录是否创建成功。

例 16-68

```
F:\DISK3>dir
 驱动器 F 中的卷没有标签。
 卷的序列号是 D86E-06DB
F:\DISK3 的目录
2007-12-03  07:35a    <DIR>          .
2007-12-03  07:35a    <DIR>          ..
2007-12-03  07:35a    <DIR>          moon
               0 个文件              0 字节
3  个目录 55,830,675,456 可用字节
```

那位 Oracle "大虾" 自从跟着宝儿成功地恢复了数据库之后，回家后将宝儿的恢复方法在自己的 PC 机上练习了 N 遍，自觉 Oracle 手艺有了突飞猛进的提高，但一直苦于没机会扬眉吐气。

机会终于盼来了，一天公司的数据库突然崩溃了。看来机会总是留给那些有准备的人。正当这位 "大虾" 强忍住内心的激动想大显身手时，令他意想不到的事情发生了，这次是一块硬盘坏了，而这块硬盘上存储着所有的客户和销售的信息，这些信息可以说是公司最核心的数据。他试了一下从宝儿那学到的手艺，但这次不灵了。于是他打电话给公司的硬件供应商，想让供应商赶紧送一块硬盘过来，但是正好硬盘缺货，要等一周后才能从马来西亚运来。

平时这位 "大虾" 是最瞧不起宝儿的，认为宝儿没受过 Oracle 的正规培训，只是凭经验解决点小问题，所以他也不好意思去求宝儿。于是他翻出来他所有的 Oracle 考试宝典和秘籍，这些都是他的 Oracle 培训老师向他们推荐的可以使学生们受益一生的最精华的 Oracle 学习材料。但他找了许久也找不到答案。这也许印证了 "说是说，做是做，说和做从来都是两回事" 这句老话。

此时公司的一位销售经理实在坐不住了，因为他正急着出货呢。于是他赶紧找到了宝儿，并发自内心地求宝儿赶紧把数据库修好，因为他费了九牛二虎之力才拿下这张大订单，如果不及时把订单签了，他这个月的提成就没了。他已经计划好了用这笔钱为他未来的心上人买一枚白金的钻戒。眼看纯真的爱情和美好的未来就要变成泡影了，他能不急吗？

由于宝儿对公司的数据库十分熟悉，他来到现场检查了一下就立即发出了例 16-69 的命令，以 SYSDBA 身份登录数据库，之后使用例 16-70 的命令迅速地关闭了数据库。

例 16-69

```
SQL> connect system/wang as sysdba
已连接。
```

例 16-70

```
SQL> shutdown immediate
数据库已经关闭。
已经卸载数据库。
ORACLE 例程已经关闭。
```

当数据库关闭了之后,他使用例 16-71~例 16-74 的 DOS 命令将下面这些备份文件复制回数据库中原来的位置。在复制文件时系统要启动 DOS 窗口并且要复制一段时间。

例 16-71

```
SQL> host copy F:\backup\*.* F:\oracle\product\10.2.0\oradata\moon\
```

例 16-72

```
SQL> host copy F:\backup\dbs\SPFILEMOON.ORA F:\oracle\product\10.2.0\db_1\dbs\
```

例 16-73

```
SQL> host copy F:\backup\database\PWDMOON.ora F:\oracle\product\10.2.0\db_1\database\
```

例 16-74

```
SQL> host copy F:\backup\disk4\PIONEER_INDX.DBF F:\DISK4\MOON\
```

由于 **DISK2** 号硬盘已经坏了,无法将备份的 **PIONEER_DATA.DBF** 文件复制回数据库中原来的位置。宝儿检查了一下系统发现 **DISK3** 号硬盘上有足够的空间而且该盘的 I/O 也不多,于是他决定将这个数据库文件复制到 **DISK3** 上。为了管理和维护方便,宝儿在该盘上创建了一个与数据库同名的子目录 **MOON**。随后,他使用例 **16-75** 的 DOS 命令将备份的 **PIONEER_DATA.DBF** 文件复制到 **F:\DISK3\MOON** 下。

例 16-75

```
SQL> host copy F:\backup\disk2\PIONEER_DATA.DBF F:\DISK3\MOON\
```

由于此时数据文件 **PIONEER_DATA.DBF** 已经不在原来的位置,所以宝儿不能直接打开数据库系统。于是他使用了例 **16-76** 的 Oracle 命令将数据库置为加载(**MOUNT**)状态。

例 16-76

```
SQL> startup mount
ORACLE 例程已经启动。

Total System Global Area  612368384 bytes
Fixed Size                  1250428 bytes
Variable Size             117443460 bytes
Database Buffers          486539264 bytes
Redo Buffers                7135232 bytes
数据库装载完毕。
```

当数据库装载完毕之后,宝儿随即使用了例 16-77 的 Oracle 命令将数据文件 **PIONEER_DATA.DBF** 的名字修改为现在的数据文件名。

例 16-77

```
SQL> alter database rename
  2  file 'F:\DISK2\MOON\PIONEER_DATA.DBF'
  3  to   'F:\DISK3\MOON\PIONEER_DATA.DBF';
数据库已更改。
```

之后,宝儿立即使用例 16-78 的 Oracle 命令将数据库打开。

例 16-78

```
SQL> alter database open;
数据库已更改。
```

随后，他使用例 16-79 和例 16-80 的 Oracle 查询语句来验证所移动的数据文件 PIONEER_ DATA.DBF 是否真的移到了所需的位置，以及所有的表空间是不是都处在联机状态。

例 16-79

```
SQL> select file_name, tablespace_name
  2  from dba_data_files;
FILE_NAME                                                TABLESPACE_NAME
-------------------------------------------------------- ----------------
F:\ORACLE\PRODUCT\10.2.0\ORADATA\MOON\USERS01.DBF         USERS
F:\ORACLE\PRODUCT\10.2.0\ORADATA\MOON\SYSAUX01.DBF        SYSAUX
F:\ORACLE\PRODUCT\10.2.0\ORADATA\MOON\UNDOTBS01.DBF       UNDOTBS1
F:\ORACLE\PRODUCT\10.2.0\ORADATA\MOON\SYSTEM01.DBF        SYSTEM
F:\ORACLE\PRODUCT\10.2.0\ORADATA\MOON\EXAMPLE01.DBF       EXAMPLE
F:\DISK3\MOON\PIONEER_DATA.DBF                            PIONEER_DATA
F:\DISK4\MOON\PIONEER_INDX.DBF                            PIONEER_INDX
```

已选择 7 行。

例 16-80

```
SQL> select tablespace_name, status
  2  from dba_tablespaces;
TABLESPACE_NAME STATUS
--------------- ------
SYSTEM          ONLINE
UNDOTBS1        ONLINE
SYSAUX          ONLINE
TEMP            ONLINE
USERS           ONLINE
EXAMPLE         ONLINE
PIONEER_DATA    ONLINE
PIONEER_INDX    ONLINE
```

已选择 8 行。

例 16-79 语句的显示结果表明：数据文件 PIONEER_DATA.DBF 已经真的移到了所需的位置，而例 16-80 语句的显示结果表明：所有的表空间都已经处在联机状态。最后，宝儿使用例 16-81 和例 16-82 的 SQL 查询语句验证 pjinlian 用户下的两个重要的表——销售表和客户表中的数据是否真的恢复了。

例 16-81

```
SQL> select count(*) from pjinlian.sales;
  COUNT(*)
----------
    918843
```

例 16-82

```
SQL> select count(*) from pjinlian.customers;
  COUNT(*)
----------
     55500
```

例 16-81 和例 16-82 语句的显示结果表明：销售表和客户表中的数据都已经成功地恢复了。于是宝儿通知大家数据库已经恢复成功，所有的用户都可以登录数据库系统重新开始工作了。当那位销售经理签下了对他来说如此意义非凡的大订单时，他内心对宝儿的感激就可想而知了。实际上，公司所有的销售人员都对宝儿的出色工作心存感激，因为现在数据库每多关闭一会他们都有可能丢失一些重要的客户和订单。

16.9　您应该掌握的内容

在学习完本章之后，请检查一下您是否已经掌握了以下内容：

- 在数据库的非归档模式下能进行的备份和恢复方法。
- 备份中常用的术语。
- 什么是脱机（冷）备份。
- 脱机备份必须备份哪些文件。
- 脱机备份的优缺点。
- 如何找到脱机备份所需要的文件。
- 什么是脱机（冷）恢复。
- 脱机（冷）恢复必须恢复哪些文件。
- 脱机（冷）恢复的优缺点。
- 在冷恢复时如何将数据文件恢复到与原来不同的位置。

第 17 章　数据库的归档模式

正像第 16 章所介绍的那样，如果数据库运行在非归档模式，即没有产生归档文件的话，Oracle 数据库无法保证在系统崩溃之后所有的提交数据都能恢复，因为当重做日志切换了一圈后一些提交的数据已经被覆盖。在非归档模式下，数据库只能保证恢复到上一次备份的时间点。从上一次备份到系统崩溃这段时间内的所有提交的数据会丢失。这对银行、电信或证券交易等数据库系统是完全不可以接受的。这就是为什么大多数重要的生产或商业数据库必须运行在归档模式的原因。

17.1　归档模式的特点和要求

在归档模式下时，当 LGWR 后台进程的写操作从一个重做日志组切换到另一个重做日志组之后，归档写后台进程（ARCH/ARCRn）就会将原来的重做日志文件中的信息复制到归档日志文件中。可以把归档日志文件看成是重做日志文件的克隆。Oracle 服务器保证在归档写后台进程没有将重做日志文件中的信息复制到归档日志文件中之前和检查点操作没完成之前，LGWR 不能再写这组重做日志文件，同时 Oracle 还要将一条记录有这个归档日志文件序列号的记录写入控制文件。有了归档日志文件，Oracle 服务器就能保证所谓的全恢复，即所有的提交的数据都能恢复，因为那些在重做日志文件中被覆盖掉的信息已经存在于归档日志文件中了。

要使归档的操作自动化，首先必须将数据库设置为归档模式，其次要启动归档后台进程（ARCn），还要有足够的硬盘空间以存储持续产生的归档日志文件。当把数据库设置为归档模式之后，则意味着：

- 当数据库（磁盘或系统文件问题所导致的）崩溃之后，所有的提交数据都能恢复。
- 可以对数据库进行联机备份，而且在联机备份期间可以继续进行其他的操作。
- 当某一非系统表空间（由于磁盘或系统文件问题所导致的）脱机时，数据库的其他部份继续正常工作。
- 可以进行如下的不完全恢复：
    - 恢复到某一特定的时间点。
    - 恢复到某一特定的 SCN 号。
    - 恢复到某一特定的归档文件的结尾。

在归档模式下，可以通过如下操作来达到数据库的全恢复，即所有的提交数据都得到恢复，这些操作既可以在联机也可以在脱机状态下进行。

- 将损坏的数据文件物理备份复制回数据库中原来的位置（也可以是不同的位置但需要将数据文件改名）。此时，这个数据文件中的数据已经回到上一次备份。从上一次备份到该数据文件崩溃这段时间内，所有提交的数据都记录在归档日志文件或重做日志文件中。
- 使用归档日志文件将数据库从上一次备份带到数据文件崩溃那个时间点，即利用归档日志文件中的提交数据来恢复数据文件。

17.2　将数据库设置为归档模式

Oracle 数据库默认是非归档模式，如果想让这样的数据库运行在归档模式，就必须重新将数据库设

置为归档模式。其步骤如下：

（1）以 SYSDBA 身份登录 Oracle 数据库。

（2）使用 archive log list 命令查看数据库与归档相关的信息。

（3）正常关闭数据库，如使用 shutdown immediate 命令。

（4）以加载方式启动数据库（startup mount）。

（5）用 ALTER DATABASE 命令将数据库设置为归档模式（alter database archivelog）。

（6）打开数据库（alter database open）。

（7）再用 archive log list 命令验证当前数据库与归档相关的信息。

（8）做数据库的全备份（备份所有的数据文件和控制文件），因为之前在非归档模式下的数据库备份已经不能使用了。这个新的备份就是在归档模式下备份的起点。

在 Oracle 10 之前的版本中，将数据库设置为归档模式后，Oracle 系统并不自动启动归档后台进程（ARCn），这称为手动归档模式。如果归档后台进程启动了，就由归档进程将填满的重做日志文件复制到归档日志文件，这称为自动归档模式。

在手动归档模式下，DBA 必须手工（利用 SQL*Plus 命令或 OEM 操作）完成从重做日志文件到归档日志文件的复制工作。

手工完成从重做日志文件到归档日志文件的复制工作的 SQL*Plus 命令如下（该命令是由用户的服务器进程来完成重做日志文件的归档的）：

```
alter system archive log current;
```

另外，即使在自动归档模式下，DBA 也可以使用上面的命令将处在非活动状态的重做日志组归档出去。这在待机数据库系统中有时可能用到，因为主机和待机数据库系统之间的同步是通过归档日志文件来完成的，但在决定激活并使用待机数据库系统时可能有一些存在于主机重做日志文件中的提交数据还没有复制到归档日志文件，此时就可以使用该命令将这些数据复制到归档日志文件中。现在请读者考虑一个问题：在归档模式下，如果归档后台进程没有启动并且 DBA 也从来就没有发过手工归档命令会产生什么样的后果呢？在回答这个问题之前再复习一下第 5 章开始部分的那张图，如图 17-1 所示。

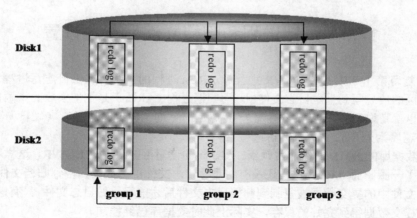

图 17-1

从图 17-1 可以看出，现在数据库运行在归档模式下，当重做日志切换了一圈后 LGWR 必须等待重做日志文件中的提交数据被复制到归档日志文件后才能写重做日志文件，只有这样，Oracle 系统才能保证所有提交的数据得到完好保存，也才能保证数据库的完全恢复。可是归档后台进程根本就没有启动，因此重做日志文件中的提交数据永远也不会被复制到归档日志文件，所以 LGWR 只能等待，永久地等待，实际上此时数据库已经挂起。后果够严重的吧？因此，**在把数据库设置为归档模式之后应该立即启动归**

档后台进程（将数据库设置为自动归档模式）。

如何将数据库设置为自动归档模式（启动归档后台进程）呢？有两种方法来启动归档后台进程：一种是使用 Oracle 的命令；另一种是修改参数文件中的相应参数。启动归档后台进程的 Oracle 命令如下：

```
alter system archive log start;
```

在使用以上命令之前和之后都要使用如下的命令查看一下数据库中与归档相关的信息，以确保操作准确无误。

```
archive log list
```

但是这种使用命令启动归档后台进程的方法有一个缺陷，那就是在 Oracle 10g 之前，当数据库重启之后，归档后台进程并不自动地启动，必须使用相同的 alter system archive log start 命令重新启动归档后台进程。

如果使用的是 Oracle 9i，为了保证数据库每次启动之后归档后台进程也都能自动启动，需要使用另一种启动归档后台进程的方法，就是将参数文件中的 log_archive_start 参数修改为 true，其步骤如下：

（1）使用命令 show parameter log_archive_start 检查 log_archive_start 参数的值是否为 true。

（2）如果为 false，使用 alter system set log_archive_start = true scope = spfile;命令修改参数文件中的这一参数。该参数为静态参数，因此在命令中必须使用 scope = spfile 选项，即修改二进制参数文件中的 log_archive_start 参数。

（3）使用 shutdown immediate 命令关闭数据库。

（4）使用 startup 命令重启数据库。

（5）再使用命令 show parameter log_archive_start 检查 log_archive_start 参数的值是否已经改为 true。

◀》提示：

> 如果使用的是 Oracle 10g 或以上版本，当重启数据库后会显示如下的错误信息 ORA-32004: obsolete and/or deprecated parameter(s) specified。但是系统仍然正常工作，因为从 Oracle10g 开始，将数据库设置为归档模式后，Oracle 系统会自动地启动归档后台进程（ARCn），已经不再需要这一参数了。如果使用的是 Oracle 9i 之前的版本，要通过直接修改正文参数文件中的相应参数来实现数据库每次启动之后归档后台进程的自动启动。

17.3　归档进程和归档文件目录的设置

现在请读者复习第 1 章中有关 LGWR 进程和 ARCn 进程的介绍：重做日志写进程（LGWR）负责将重做日志缓冲区的信息写到重做日志文件中，而归档进程（ARCn）是把切换后的重做日志文件复制到归档日志文件。也就是说 LGWR 是读内存写外存（硬盘），而 ARCn 是读外存（硬盘）写外存（硬盘）。一般内存的存取速度为外存的 $10^3 \sim 10^5$ 倍。

因此，如果数据库的 DML 操作非常频繁，ARCn 的读写可能跟不上 LGWR，这样可能造成当重做日志组已经切换了一圈，而 ARCn 进程还没有将重做日志文件中的数据归档到归档文件中。LGWR 必须等待重做日志文件中的提交数据被复制到归档日志文件后才能写重做日志文件，只有这样 Oracle 系统才能保证所有的提交数据得到完好的保存，实际上此时数据库已经挂起。

为了解决以上问题，可以启动多个归档后台进程以避免由于 ARCn 进程跟不上 LGWR 而造成的数据库系统效率的下降。 可以通过修改参数文件中的 log_archive_max_processes 参数来决定启动几个 ARCn 后台进程。log_archive_max_processes 这一参数是动态参数，因此可以使用如下的命令来动态地修改这一参数：

```
alter system set log_archive_max_processes = 3;
```

对于多数 Oracle 版本，这个参数的默认值为 2，可以通过以下的命令来查看 log_archive_ max_

processes 参数的当前值。

```
show parameter log_archive_max_processes
```

　　归档日志文件中存储了数据库恢复所需的所有信息，如果归档日志文件损坏了，数据库的全部恢复是很难做到的。所以对归档日志文件也要采取保护措施以防止由于磁盘或文件的损毁而造成数据丢失。其实保护措施很简单就是物理冗余，即将多个完全相同的归档日志文件写到不同的物理硬盘上（最好在不同的 **I/O** 控制器上）。

　　现在请读者回忆一下，除了归档日志文件还有哪些文件是用物理冗余保护的？——重做日志文件和控制文件。

　　可以通过修改参数文件中的 log_archive_dest_n 参数的方法来控制归档日志文件写到的物理硬盘和目录。其中，n 为 1～10。Oracle 8i 最多只能定义 5 份归档日志文件，Oracle 9i 和 Oracle 10 可以最多定义 10 份归档日志文件，即同时将 10 个完全相同的归档日志文件写到不同的位置。但是在 Oracle 11g 和 Oracle 12c 中，n 为 1～31。

📢 提示：

> 在 Oracle 8i 之前的版本只能通过定义参数文件中的 **LOG_ARCHIVE_DEST** 和 **LOG_ARCHIVE_DUPLEX_ DEST** 参数来完成以上的功能。另外，请读者暂时不要在机器上做以下的例子，最好等做完了将数据库设置成归档模式的实例之后再上机实现这些例子。

图 17-2

　　下面是修改 log_archive_dest_n 参数的具体步骤。为了操作方便及将来管理和维护方便，先在 DISK3、DISK5 和 DISK7 上创建 OFFLINELOG 子目录，如图 17-2 所示。

　　首先以 SYSDBA 身份登录数据库系统，之后使用例 17-1 的命令显示当前所有的归档日志文件的路径。

例 17-1

```
SQL> show parameter LOG_ARCHIVE_DEST_
NAME                                TYPE          VALUE
----------------------------------- -----------   ------
log_archive_dest_1                  string
log_archive_dest_10                 string
log_archive_dest_2                  string
......
log_archive_dest_state_1            string        enable
log_archive_dest_state_10           string        enable
log_archive_dest_state_2            string        enable
......
```

　　例 17-1 的显示结果表明：log_archive_dest_1～log_archive_dest_10 都为空，即都没有设置。接下来使用例 17-2 的命令设置 log_archive_dest_1 的参数。

例 17-2

```
SQL> alter system set log_archive_dest_1="LOCATION=f:\disk5\offlinelog\ mandatory";
系统已更改。
```

　　这里先解释例 17-2 命令中的选项：LOCATION 表示归档日志文件将放在本地磁盘上；等号右边的 f:\disk5\offlinelog\为存放归档日志文件的物理路径（目录）；mandatory 表示该目录下的归档日志文件是强制性的，即在该目录下的归档日志文件在没有写成功之前，所对应的重做日志文件不能重用。接下来，使用例 17-3 的命令显示现在 LOG_ARCHIVE_DEST_1 所定义的归档日志文件的路径和其他参数。

例 17-3

```
SQL> show parameter LOG_ARCHIVE_DEST_1
NAME                                TYPE     VALUE
----------------------------------- -------- -------------------------------
log_archive_dest_1                  string   LOCATION=f:\disk5\offlinelog\
                                             mandatory
log_archive_dest_10                 string
```

例 17-3 的显示结果表明：log_archive_dest_1 的归档日志文件物理路径已经被成功地设置为 f:\disk5\offlinelog\，而且是强制性的（mandatory）。之后，使用例 17-4 的命令设置 log_archive_dest_2 的参数。

例 17-4

```
SQL> alter system set log_archive_dest_2="LOCATION=f:\disk7\offlinelog\";
系统已更改。
```

接下来，应该使用例 17-5 的命令显示现在 LOG_ARCHIVE_DEST_2 所定义的归档日志文件的路径和其他参数。

例 17-5

```
SQL> show parameter LOG_ARCHIVE_DEST_2
NAME                                TYPE       VALUE
----------------------------------- ---------- ----------------------------
log_archive_dest_2                  string     LOCATION=f:\disk7\offlinelog\
```

例 17-5 的显示结果表明：log_archive_dest_2 的归档日志文件物理路径已经被成功地设置为 f:\disk7\offlinelog\。之后，使用例 17-6 的命令设置 log_archive_dest_3 的参数。

例 17-6

```
SQL> alter system set log_archive_dest_3="LOCATION=f:\disk3\offlinelog\ optional";
```

这里先解释一下例 17-6 命令中的选项：等号右边的 f:\disk3\offlinelog\为存放归档日志文件的物理路径；optional 表示该目录下的归档日志文件是可选的，即在该目录下的归档日志文件即使没有写成功，所对应的重做日志文件也可以重用。最后，使用例 17-7 的命令显示现在 LOG_ARCHIVE_DEST_3 所定义的归档日志文件的路径和其他参数。

例 17-7

```
SQL> show parameter LOG_ARCHIVE_DEST_3
NAME                                TYPE       VALUE
----------------------------------- ---------- ----------------------------
log_archive_dest_3                  string     LOCATION=f:\disk3\offlinelog\
                                               optional
```

例 17-7 的显示结果表明：log_archive_dest_3 的归档日志文件物理路径已经被成功地设置为 f:\disk3\offlinelog\，而且是可选的（optional）。细心的读者可能已经注意到了，在使用例 17-4 的命令设置 log_archive_dest_2 的参数时，既没有说明是 mandatory，也没有说明 optional，而例 17-5 显示的 LOG_ARCHIVE_DEST_2 的参数中也是为空。那么存在 LOG_ARCHIVE_DEST_2 所定义的目录下的归档日志文件到底是 mandatory 还是 optional？

以下的操作很快就可以回答这一问题。为了使显示的结果更加清晰，首先使用例 17-8 和例 17-9 的 SQL*Plus 命令对显示的结果格式化；之后，再使用例 17-10 的 SQL 查询语句从数据字典 v$archive_dest 中获得相关的信息。

例 17-8

```
SQL> col destination for a30
```

例 17-9

```
SQL> set line 120
```

例 17-10

```
SQL> SELECT destination, binding, target, status
  2   FROM v$archive_dest;
DESTINATION                          BINDING     TARGET     STATUS
-------------------------------      ----------  ---------  --------
f:\disk5\offlinelog\                 MANDATORY   PRIMARY    VALID
f:\disk7\offlinelog\                 OPTIONAL    PRIMARY    VALID
f:\disk3\offlinelog\                 OPTIONAL    PRIMARY    VALID
                                     OPTIONAL    PRIMARY    INACTIVE

......
已选择 10 行。
```

例 17-10 查询显示的结果清楚地表明：f:\disk7\offlinelog\目录下的归档日志文件是 optional，已经不再为空了。也就是说在定义 LOG_ARCHIVE_DEST_n 的物理路径时，**如果没有说明是 mandatory 还是 optional，Oracle 默认是 optional**。现在应该清楚了吧！

到此为止，已经确认了 log_archive_dest_1、log_archive_dest_2 和 log_archive_ dest_3 的物理路径和其他参数都设置得准确无误，但是归档日志文件真的在所对应的目录下产生了吗？接下来，使用如下的操作来检验。首先，在 SQL*Plus 下，使用例 17-11 的命令切换到 DOS 界面。

例 17-11

```
SQL> host
Microsoft Windows 2000 [Version 5.00.2195]
(C) 版权所有 1985-2000 Microsoft Corp.
```

之后，使用例 17-12 的 DOS 命令切换到 f:\目录。

例 17-12

```
F:\oracle\product\10.2.0\db_1\BIN>cd f:\
```

接下来，使用例 17-13～例 17-15 的 DOS 列目命令查看归档日志文件是否真的产生了。

例 17-13

```
F:\>dir disk3\offlinelog
 驱动器 F 中的卷没有标签。
 卷的序列号是 D86E-06DB
F:\disk3\offlinelog 的目录
2007-12-04  10:42p    <DIR>          .
2007-12-04  10:42p    <DIR>          ..
              0 个文件              0 字节
              2 个目录 55,481,274,368 可用字节
```

例 17-14

```
F:\>dir disk5\offlinelog
 驱动器 F 中的卷没有标签。
 卷的序列号是 D86E-06DB
F:\disk5\offlinelog 的目录
2007-12-04  06:24p    <DIR>          .
2007-12-04  06:24p    <DIR>          ..
              0 个文件              0 字节
              2 个目录 55,481,274,368 可用字节
```

例 17-15

```
F:\>dir disk7\offlinelog
```

```
 驱动器 F 中的卷没有标签。
 卷的序列号是 D86E-06DB
F:\disk7\offlinelog 的目录
2007-12-04  06:25p        <DIR>              .
2007-12-04  06:25p        <DIR>              ..
                0 个文件                     0 字节
                2 个目录 55,481,274,368 可用字节
```

例 17-13～例 17-15 的显示结果似乎有点令人失望，因为所显示的每个目录下都没有任何归档日志文件。这是为什么呢？下面再使用例 17-16 的命令显示所有与归档有关的信息。

例 17-16

```
SQL> archive log list
数据库日志模式              存档模式
自动存档            启用
存档终点            f:\disk3\offlinelog\
最早的联机日志序列        123
下一个存档日志序列        125
当前日志序列          125
```

从例 17-16 的命令显示结果看，之前的设置应该没有问题，那么问题出在什么地方呢？因为在前一段时间没有进行任何 DML 操作，所以重做日志文件不可能被填满，因此也就不可能产生重做日志的切换，当然也就不可能产生归档日志文件。为了产生归档日志文件，可以在 SQL*Plus 中（要在 DBA 用户下）使用例 17-17 的重做日志的切换命令。

例 17-17

```
SQL> alter system switch logfile;
系统已更改。
```

接下来，再使用如下的操作来检验。首先，在 SQL*Plus 下，使用例 17-18 的命令切换到 DOS 界面。

例 17-18

```
SQL> host
Microsoft Windows 2000 [Version 5.00.2195]
(C) 版权所有 1985-2000 Microsoft Corp.
```

之后，使用例 17-19 的 DOS 命令切换到 f:\目录。

例 17-19

```
F:\oracle\product\10.2.0\db_1\BIN>cd f:\
```

接下来，使用例 17-20～例 17-22 的 DOS 列目命令查看归档日志文件是否真的产生了。

例 17-20

```
F:\>dir disk3\offlinelog
 驱动器 F 中的卷没有标签。
 卷的序列号是 D86E-06DB
 F:\disk3\offlinelog 的目录
2007-12-04  10:54p        <DIR>              .
2007-12-04  10:54p        <DIR>              ..
2007-12-04  10:54p              13,416,960 ARC00125_0637196098.001
                1 个文件      13,416,960 字节
                2 个目录 55,440,969,728 可用字节
```

例 17-21

```
F:\>dir disk5\offlinelog
 驱动器 F 中的卷没有标签。
```

```
卷的序列号是 D86E-06DB
F:\disk5\offlinelog 的目录
2007-12-04  10:54p      <DIR>          .
2007-12-04  10:54p      <DIR>          ..
2007-12-04  10:54p          13,416,960 ARC00125_0637196098.001
              1 个文件     13,416,960 字节
              2 个目录 55,440,969,728 可用字节
```

例 17-22

```
F:\>dir disk7\offlinelog
 驱动器 F 中的卷没有标签。
 卷的序列号是 D86E-06DB
F:\disk7\offlinelog 的目录
2007-12-04  10:54p      <DIR>          .
2007-12-04  10:54p      <DIR>          ..
2007-12-04  10:54p          13,416,960 ARC00125_0637196098.001
              1 个文件     13,416,960 字节
              2 个目录 55,440,969,728 可用字节
```

这次例 17-20～例 17-22 的显示结果清楚地表明：所显示的每个目录下都产生了相同的归档日志文件。这正是我们所希望的。最后，使用例 17-23 的 DOS 退出命令返回 SQL*Plus 窗口。

例 17-23

```
F:\>exit
```

17.4　归档文件和归档进程的管理与维护

在前面设置了 3 个归档日志文件的物理路径，其中只有一个是强制性的，而其他的两个都是可选的。也就是说，Oracle 系统在任何时刻只能保证一组归档日志文件是好的，实际上此时的数据库运行在一种十分脆弱的状态下，因为这一组唯一没有问题的归档日志文件再损坏将使数据库的全部恢复成为一件不可能的事。

如何避免使数据库运行在这样一种十分脆弱的状态下呢？为此，**Oracle** 引入了另外一个动态参数 **log_archive_min_succeed_dest**，通过定义这一参数的值来限定 **Oracle** 系统必须保证成功的归档日志文件组数（**最低要求**）。如果这一数值小于等于 **mandatory** 的个数，它对系统没有影响。如果这一数值大于 **mandatory** 的个数，**Oracle** 系统除了必须保证 **mandatory** 的成功之外，成功的归档日志文件数至少不能低于这一数值。下面通过一些例子来演示如何设置这一动态参数。首先以 DBA 用户登录数据库系统，之后使用例 17-24 的 SQL*Plus 命令显示该参数的当前值。

例 17-24

```
SQL> show parameter log_archive_min_succeed_dest
NAME                                 TYPE        VALUE
------------------------------------ ----------- -----
log_archive_min_succeed_dest         integer     1
```

例 17-24 的 SQL*Plus 命令显示的结果表明 log_archive_min_succeed_dest 的当前值为 1，这也就是说，Oracle 系统只能保证写到一个本地物理路径下的归档日志文件是好的。这也是 Oracle 系统的默认值，该参数是一个动态参数。接下来，使用例 17-25 的 Oracle 命令将这一参数的值设置为 2。

例 17-25

```
SQL> alter system set log_archive_min_succeed_dest = 2;
系统已更改。
```

然后，再使用例 17-26 的 SQL*Plus 命令显示该参数的当前值。

例 17-26

```
SQL> show parameter log_archive_min_succeed_dest
NAME                                 TYPE        VALUE
------------------------------------ ----------- -----
log_archive_min_succeed_dest         integer     2
```

例 17-26 的 SQL*Plus 命令显示的结果表明：log_archive_min_succeed_dest 的当前值为 2，也就是说 Oracle 系统必须保证写到两个本地物理路径下的归档日志文件是好的，其中一个是强制性的（mandatory），而且至少一个是可选的（optional）。

在例 17-2 的命令中 log_archive_dest_1 的归档日志文件已经被设置为强制性的，即 Oracle 必须保证在这一物理路径下的归档日志文件都成功生成。现在的问题是：如果 log_archive_ dest_1 所指定的硬盘坏了又该怎么办呢？根据之前的分析，这有可能造成数据库的挂起。为了解决这一进退两难的问题，Oracle 又引入了另外一个动态参数 LOG_ARCHIVE_DEST_ STATE_n，通过修改这一参数可以关闭或开启归档功能。下面通过一些例子来演示如何动态地修改这一参数。首先使用例 17-27 的 SQL*Plus 命令显示该参数的当前值。

例 17-27

```
SQL> show parameter LOG_ARCHIVE_DEST_STATE_
NAME                             TYPE        VALUE
-------------------------------- ----------- -----------------------------
log_archive_dest_state_1         string      enable
log_archive_dest_state_10        string      enable
log_archive_dest_state_2         string      enable
log_archive_dest_state_3         string      enable
......
```

从例 17-27 的 SQL*Plus 命令显示结果可以看出：所有的归档日志的路径都是 enable，即都是可用的。也可以使用例 17-28 的查询语句从数据字典 v$archive_dest 中获得同样的信息。

例 17-28

```
SQL> SELECT destination, binding, target, status
  2  FROM v$archive_dest;
DESTINATION                 BINDING    TARGET   STATUS
--------------------------- ---------- -------- ----------
f:\disk5\offlinelog\        MANDATORY  PRIMARY  VALID
f:\disk7\offlinelog\        OPTIONAL   PRIMARY  VALID
f:\disk3\offlinelog\        OPTIONAL   PRIMARY  VALID
                            OPTIONAL   PRIMARY  INACTIVE
......
已选择 10 行。
```

例 17-28 查询语句显示的结果表明：所定义的 3 个归档日志的物理路径都是有效的，而其他的都是未活动的（INACTIVE）。现在使用例 17-29 的命令关闭 log_archive_dest_state_1 所定义的物理路径。

例 17-29

```
SQL> ALTER SYSTEM SET log_archive_dest_state_1 = defer;
系统已更改。
```

接下来，使用例 17-30 的 SQL*Plus 命令显示所有归档日志文件物理路径状态的当前值。

例 17-30

```
SQL> show parameter  log_archive_dest_state_
```

```
NAME                              TYPE        VALUE
--------------------------------- ----------- -------
log_archive_dest_state_1          string      DEFER
log_archive_dest_state_10         string      enable
log_archive_dest_state_2          string      enable
log_archive_dest_state_3          string      enable
......
```

从例 17-30 的 SQL*Plus 命令显示结果可以看出：只有 log_archive_dest_state_1 值为 DEFER（关闭），而其他所有的归档日志的路径都是 enable，即都是可用的。也可以使用例 17-31 的查询语句从数据字典 v$archive_dest 中获得同样的信息。

例 17-31

```
SQL> SELECT destination, binding, target, status
  2  FROM v$archive_dest;
DESTINATION               BINDING      TARGET   STATUS
------------------------- ------------ -------- --------
f:\disk5\offlinelog\      MANDATORY    PRIMARY  DEFERRED
f:\disk7\offlinelog\      OPTIONAL     PRIMARY  VALID
f:\disk3\offlinelog\      OPTIONAL     PRIMARY  VALID
                          OPTIONAL     PRIMARY  INACTIVE
......
已选择 10 行。
```

例 17-31 查询语句显示的结果表明：所定义的 3 个归档日志的物理路径的状态中只有 f:\disk5\offlinelog\ 为 DEFERRED，之外的两个是有效的（VALID），而那些未定义的都是未活动的（INACTIVE）。

📢 **提示：**

Oracle 引入 log_archive_dest_state_n 这一参数的目的就是为系统的维护提供方便。DEFER 状态是一个临时的维护状态，一旦维护工作结束（如硬盘已经修好）就要及时转回 ENABLE 状态。当归档日志的物理路径的状态被设置为 DEFER 时，Oracle 不会对这个路径进行归档操作。如果以后将该路径的状态改回为 ENABLE 之后，所有丢失的归档文件必须手工恢复。

现在，使用例 17-32 的命令重新开启 log_archive_dest_state_1 所定义的物理路径。

例 17-32

```
SQL> ALTER SYSTEM SET log_archive_dest_state_1 = enable;
系统已更改。
```

接下来，使用例 17-33 的查询语句从数据字典 v$archive_dest 中获得所有归档日志文件物理路径状态的信息。

例 17-33

```
SQL> SELECT destination, binding, target, status
  2  FROM v$archive_dest;
DESTINATION               BINDING      TARGET    STATUS
------------------------- ------------ --------- --------
f:\disk5\offlinelog\      MANDATORY    PRIMARY   VALID
f:\disk7\offlinelog\      OPTIONAL     PRIMARY   VALID
f:\disk3\offlinelog\      OPTIONAL     PRIMARY   VALID
                          OPTIONAL     PRIMARY   INACTIVE
......
已选择 10 行。
```

例 17-33 查询语句显示的结果表明：所定义的 3 个归档日志的物理路径又都是有效的了，而其他还都保持为未活动的。也可以使用例 17-34 的 SQL*Plus 命令显示所有归档日志文件物理路径状态的当前值。

例 17-34

```
SQL> show parameter  log_archive_dest_state_
NAME                                 TYPE        VALUE
------------------------------------ ----------- ------
log_archive_dest_state_1             string      ENABLE
log_archive_dest_state_10            string      enable
log_archive_dest_state_2             string      enable
log_archive_dest_state_3             string      enable
......
```

从例 17-34 的 SQL*Plus 命令显示结果可以看出所有的归档日志的路径又都是可用（enable）的了。

17.5 改变成归档模式的应用实例

自从使用了脱机备份和脱机恢复的备份和恢复策略以来，公司的数据库再没有出过大问题和丢失大量数据的。但是由于公司规模和业务的急剧膨胀，这种备份和恢复方法已经变得不与时俱进了。因为在备份和恢复时都要关闭数据库系统，这已经影响到公司的业务和利润了，还有数据的丢失已经造成了一些客户的流失。除了考虑到以上因素之外，宝儿还考虑到公司的 IT 员工经过前一段时间的历练，数据库管理和维护水平已经大大地提高，所以他决定在公司数据库备份和恢复策略中加进联机备份和联机恢复。但是首先他要将公司的数据库的运行模式由非归档模式改为归档模式。于是他立即使用例 17-35 的命令以 SYSDBA 用户连接数据库系统。

例 17-35

```
SQL> connect sys/wang as sysdba
已连接。
```

之后，使用例 17-36 的命令查看数据库当前的模式和与模式相关的其他信息。

例 17-36

```
SQL> archive log list
数据库日志模式            非存档模式
自动存档                禁用
存档终点                USE_DB_RECOVERY_FILE_DEST
最早的联机日志序列         121
当前日志序列             123
```

例 17-36 命令的显示结果表明：该数据库正运行在非归档模式，归档后台进程没有启动（自动存档为禁用）。接下来，他立即使用例 17-37 的命令正常关闭数据库。

例 17-37

```
SQL> shutdown immediate
数据库已经关闭。
已经卸载数据库。
ORACLE 例程已经关闭。
```

随后，立即使用例 17-38 的命令以加载方式启动数据库。

例 17-38

```
SQL> startup mount
```

```
ORACLE 例程已经启动。

Total System Global Area  612368384 bytes
Fixed Size                  1250428 bytes
Variable Size             109054852 bytes
Database Buffers          494927872 bytes
Redo Buffers                7135232 bytes
数据库装载完毕。
```

当数据库以加载方式启动后，他随即使用例 17-39 的命令将数据库的运行模式修改为归档模式。

例 17-39

```
SQL> alter database archivelog;
数据库已更改。
```

接下来，他立即使用例 17-40 的命令将数据库由加载方式直接切换到打开方式。

例 17-40

```
SQL> alter database open;
数据库已更改。
```

最后，他使用例 17-41 的命令再次查看数据库现在的运行模式以及与模式相关的其他信息。

例 17-41

```
SQL> archive log list
数据库日志模式              存档模式
自动存档              启用
存档终点              USE_DB_RECOVERY_FILE_DEST
最早的联机日志序列       121
下一个存档日志序列       123
当前日志序列             123
```

例 17-41 的命令的显示结果表明：该数据库已经运行在归档模式（存档模式），归档后台进程也已经启动（自动存档为启用）。

◀)) **提示：**

> 对 Oracle 10g 之前的版本，将数据库的运行模式改为归档之后，归档后台进程并不自动启动，需要通过使用前面介绍过的命令或修改参数文件中的参数的方式来启动该进程。

接下来，他必须做一个数据库的全备份，因为之前在非归档模式下的数据库备份在归档模式下已经不能使用。为了管理和维护方便，他要先在备份硬盘上创建备份用的目录和子目录。首先，他启动一个 DOS 窗口，随即在备份盘上使用例 17-42 的 DOS 命令创建了一个名为 hotbackup 的目录。

例 17-42

```
F:\>mkdir hotbackup
```

之后，他使用例 17-43 的 DOS 命令进入 hotbackup 目录。

例 17-43

```
F:\>cd hotbackup
```

接下来，他使用例 17-44～例 17-47 的 DOS 命令分别创建了名为 dbs、database、disk3 和 disk4 的 4 个子目录。

例 17-44

```
F:\hotbackup>mkdir dbs
```

例 17-45

```
F:\hotbackup>mkdir database
```

例 17-46

```
F:\hotbackup>mkdir disk3
```

例 17-47

```
F:\hotbackup>mkdir disk4
```

最后，他使用例 17-48 的 DOS 列目命令验证这 4 个子目录是否已经成功创建。

例 17-48

```
F:\hotbackup>dir
 驱动器 F 中的卷没有标签。
 卷的序列号是 D86E-06DB
F:\hotbackup 的目录
2007-12-06  12:00p    <DIR>            .
2007-12-06  12:00p    <DIR>            ..
2007-12-06  12:00p    <DIR>            database
2007-12-06  11:59a    <DIR>            dbs
2007-12-06  12:00p    <DIR>            disk3
2007-12-06  12:00p    <DIR>            disk4
               0 个文件                0 字节
               6 个目录 55,108,694,016 可用字节
```

当做完了以上这些工作之后，宝儿就要真的开始做全数据库的备份了，他首先打开记事本，将如下的命令写入记事本程序并以 basedbak.sql 为文件名存入 f:\oracle\mgt\目录下，如图 17-3 所示。

```
connect system/wang as sysdba
shutdown immediate
host copy F:\oracle\product\10.2.0\oradata\moon\*.* F:\hotbackup\
host copy F:\oracle\product\10.2.0\db_1\dbs\SPFILEMOON.ORA F:\hotbackup\dbs
host copy F:\oracle\product\10.2.0\db_1\database\PWDMOON.ora F:\hotbackup\database
host copy F:\DISK3\MOON\PIONEER_DATA.DBF F:\hotbackup\disk3\
host copy F:\DISK4\MOON\PIONEER_INDX.DBF F:\hotbackup\disk4\
startup
```

图 17-3

产生了正确的 basedbak.sql 脚本文件之后，他使用了例 17-49 的命令运行该脚本文件。

例 17-49

```
SQL> @f:\oracle\mgt\basedbak
已连接。
数据库已经关闭。
已经卸载数据库。
ORACLE 例程已经关闭。

ORACLE 例程已经启动。

Total System Global Area  612368384 bytes
Fixed Size                  1250428 bytes
Variable Size             113249156 bytes
Database Buffers          490733568 bytes
Redo Buffers                7135232 bytes
数据库装载完毕。
数据库已经打开。
```

到此为止所需的数据库备份已经做完，为了保证万无一失，他又回到 DOS 窗口，并进入备份硬盘的 hotbackup 目录。在该目录下他使用了例 17-50 的 DOS 列目命令。

例 17-50

```
F:\hotbackup>dir
 驱动器 F 中的卷没有标签。
 卷的序列号是 D86E-06DB
F:\hotbackup 的目录
2007-12-06  12:09p    <DIR>          .
2007-12-06  12:09p    <DIR>          ..
2007-12-06  12:05p        7,061,504 CONTROL01.CTL
2007-12-06  12:05p        7,061,504 CONTROL02.CTL
2007-12-06  12:05p        7,061,504 CONTROL03.CTL
2007-12-06  12:00p    <DIR>          database
2007-12-06  11:59a    <DIR>          dbs
2007-12-06  12:00p    <DIR>          disk3
2007-12-06  12:00p    <DIR>          disk4
2007-12-06  12:05p      168,435,712 EXAMPLE01.DBF
2007-12-06  12:05p       52,429,312 REDO01.LOG
2007-12-06  12:05p       52,429,312 REDO02.LOG
2007-12-06  12:05p       52,429,312 REDO03.LOG
2007-12-06  12:05p      346,038,272 SYSAUX01.DBF
2007-12-06  12:05p      545,267,712 SYSTEM01.DBF
2007-12-05  10:01p       24,125,440 TEMP01.DBF
2007-12-06  12:05p      293,609,472 UNDOTBS01.DBF
2007-12-06  12:05p      135,012,352 USERS01.DBF
              12 个文件  1,690,961,408 字节
               6 个目录 53,207,826,432 可用字节
```

最后，他使用例 17-51～例 17-54 的 DOS 命令分别查看 dbs、database、disk3 和 disk4 这 4 个子目录下的文件是否正确。

例 17-51

```
F:\hotbackup>dir database
 驱动器 F 中的卷没有标签。
 卷的序列号是 D86E-06DB
```

```
F:\hotbackup\database 的目录
2007-12-06  12:10p      <DIR>          .
2007-12-06  12:10p      <DIR>          ..
2007-11-23  03:45p               1,536 PWDmoon.ora
             1 个文件          1,536 字节
             2 个目录 53,207,826,432 可用字节
```

例 17-52

```
F:\hotbackup>dir dbs
 驱动器 F 中的卷没有标签。
 卷的序列号是 D86E-06DB
F:\hotbackup\dbs 的目录
2007-12-06  12:10p      <DIR>          .
2007-12-06  12:10p      <DIR>          ..
2007-12-06  07:42a               3,584 SPFILEMOON.ORA
             1 个文件          3,584 字节
             2 个目录 53,207,826,432 可用字节
```

例 17-53

```
F:\hotbackup>dir disk3
 驱动器 F 中的卷没有标签。
 卷的序列号是 D86E-06DB
F:\hotbackup\disk3 的目录
2007-12-06  12:10p      <DIR>          .
2007-12-06  12:10p      <DIR>          ..
2007-12-06  12:05p         104,865,792 PIONEER_DATA.DBF
             1 个文件    104,865,792 字节
             2 个目录 53,207,826,432 可用字节
```

例 17-54

```
F:\hotbackup>dir disk4
 驱动器 F 中的卷没有标签。
 卷的序列号是 D86E-06DB
F:\hotbackup\disk4 的目录
2007-12-06  12:10p      <DIR>          .
2007-12-06  12:10p      <DIR>          ..
2007-12-06  12:05p         104,865,792 PIONEER_INDX.DBF
             1 个文件    104,865,792 字节
             2 个目录 53,163,552,768 可用字节
```

从例 17-50～例 17-54 DOS 命令的显示结果可以清楚地看出：所有的备份文件都已经成功生成。之后，读者就可以放心地重新设置 17.3 节所介绍的 log_archive_max_processes 参数、17.4 节所介绍的 log_archive_min_succeed_dest 参数和 log_archive_dest_n 参数了，也可以放心地修改 17.4 节所介绍的 log_archive_dest_state_n 参数了。

读者如果阅读过其他 Oracle 备份和恢复方面的书籍会发现本书这部分的操作比其他同类的书籍要多许多。这是因为在生产或商业数据库上做这类的操作是很危险的事情，所以在操作之前和之后都必须进行验证以确保每一个操作都万无一失。读者也不必怕麻烦，因为本章所介绍的操作绝大多数都是一次性的。数据库运行模式的改变对一个公司来说是一件很大的事件，许多公司在做出决定之前，相关的管理人员都要开会讨论，不是 **DBA** 想改就可以改的，更没有哪个经理有胆量让您把公司的生产数据库的运行模式改来改去。

17.6 您应该掌握的内容

在学习完本章之后，请检查一下您是否已经掌握了以下的内容：

❑ 什么是数据库归档模式。

❑ 数据库运行在归档模式的优缺点。

❑ 将数据库设置成归档模式的步骤。

❑ 为什么将数据库设置成归档模式之后要立即做全备份。

❑ 怎样启动归档后台进程。

❑ 如果归档后台进程没有启动会产生什么样的后果。

❑ 怎样启动多个归档后台进程。

❑ 为什么要启动多个归档后台进程。

❑ 怎样控制归档日志文件的物理路径。

❑ 怎样查看归档日志文件的物理路径和其他选项的值。

❑ log_archive_min_succeed_dest 参数的功能。

❑ 怎样修改和查看 log_archive_min_succeed_dest 参数的值。

❑ log_archive_dest_state_n 参数的功能。

❑ 怎样修改和查看 log_archive_dest_state_n 参数的值。

扫一扫，看视频

第 18 章　数据库的联机备份及备份的自动化

在第 17 章，已经将数据库的运行模式设置成了归档模式，但这并不是目的。我们的目的是进行数据库的联机（热）备份。本章将详细地介绍在数据库正常运行期间进行联机（热）备份。

18.1　联机备份的重要性和特点

尽管第 16 章介绍的冷备份可以起到保护数据库的作用，**但是在备份时必须关闭数据库，这对那些每天 24 小时、每周 7 天运营的数据库是完全不可以接受的，如银行或电信数据库系统。冷备份还必须备份整个数据库，这对大型和超大型数据库来说，是根本不现实的。**

一些大型和超大型的数据库系统绝大多数数据都是静止的而只有少数的数据是经常变化的。那么 Oracle 能不能只备份那些变化的表空间或数据文件呢？

答案是肯定的。**只要数据库运行在归档模式，Oracle 不但可以进行联机备份，而且还可以进行表空间一级或数据文件一级的联机备份。**在进行联机备份时，不用关闭数据库，所有的数据库操作可以照常进行，而且想备份哪个表空间或数据文件就可以备份哪个。联机备份表空间或数据文件的示意图如图 18-1 所示，其中 DOGS 为要备份的表空间名，dogs01.dbf 和 dogs02.dbf 是 DOGS 表空间所对应的数据文件。

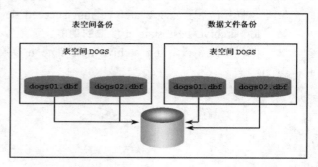

图 18-1

要进行联机备份的首要要求是：数据库必须运行在归档模式。其实在做联机备份时只有数据文件必须备份。那么，其他文件要是损坏了该怎么办呢？只要读者认真回忆一下以前讲过的内容就可以理解这一点，因为控制文件、重做日志文件、归档日志文件都是靠冗余来保护的，而不需要靠备份来保护，如许多商业 Oracle 数据库系统要求有 3 个控制文件，而每个重做日志组必须包括 3 个成员（文件）。

联机备份包括了如下的优点：

- ❧ 在备份期间公司的数据库上的业务可以正常进行。
- ❧ 既可以备份表空间也可以备份数据文件，备份的数据量可能急剧下降。
- ❧ 在备份期间用户仍然可以正常使用数据库。

联机备份包括了如下的缺点：

- ❧ 因为数据库运行在归档模式，所以系统的开销增大，管理和维护成本增加。
- ❧ 对 DBA 的技术要求明显提高，一般 DBA 要接受这方面的系统培训。

其实，虽然有些公司在解释他们的 Oracle 数据库运行在非归档模式的原因时，常常解释成节省系统资源和提高系统的效率，但是个人认为以现在的硬件来说，归档后台进程和归档文件所消耗的系统资源是微不足道的，因此对系统效率的冲击也是相当的小。这些公司不敢使用归档模式的数据库和做联机备份的最重要的原因可能是 DBA 的技能不足。因为联机备份和恢复对 DBA 的技术要求明显提高，许多公司在招聘做联机备份和恢复的 DBA 时都不要生手，有些公司甚至要求应征者必须是 IT 专业毕业而且接受过正规培训等。

这也提示我们，**如果所管理和维护的数据库不是严格的 24 小时、7 天运营的数据库，最好隔一段时间做一次全库的脱机备份，因为脱机备份是最安全的也是最可靠的。有了这个全库的脱机备份，管理和维护数据库的 DBA 心里就踏实多了，因为万一所做的联机备份不能用还有脱机备份垫底。**

18.2 联机备份步骤的演示

经过了前面的大量准备工作，现在就要真的做联机备份了。为了使读者更容易理解，还是通过例子来演示联机备份的全过程。为了操作及将来的管理和维护方便，首先在备份磁盘上创建一个名为 TBSBackup 的目录，其中 TBS 是 Tablespaces 的缩写。之后在 TBSBackup 目录下创建两个名字分别为 DISK3 和 DISK4 的子目录，如图 18-2 所示。

接下来，以 system 用户登录数据库系统，如果已经在 SQL*Plus 中，可以使用例 18-1 的 SQL*Plus 命令来查看当前用户，以确保是在 system 用户中。

图 18-2

例 18-1
```
SQL> show user
USER 为 "SYSTEM"
```
之后，用例 18-2 的查询语句查看当前所有文件的备份状态。

例 18-2
```
SQL> select * from v$backup;
     FILE# STATUS            CHANGE# TIME
---------- ----------------- ------- ----
         1 NOT ACTIVE              0
         2 NOT ACTIVE              0
         3 NOT ACTIVE              0
         4 NOT ACTIVE              0
         5 NOT ACTIVE              0
         6 NOT ACTIVE              0
         7 NOT ACTIVE              0
```

已选择 7 行。

例 18-2 的查询语句显示的结果表明所有的数据文件都没有处在备份状态，因为数据字典中的 STATUS 列的显示结果都为 NOT ACTIVE。其中 FILE#列为数据文件的文件号。当确认了所有的数据文件都没有处在备份状态之后，先使用例 18-3 和例 18-4 的 SQL*Plus 格式化命令格式化显示输出，再使用例 18-5 的查询语句从数据字典 dba_data_files 列出要备份的数据文件名（由于之前的学习，读者应该已经十分清楚表空间与数据文件之间的对应关系，这里就不再列出表空间）。

例 18-3
```
SQL> col file_name for a60
```
例 18-4
```
SQL> set pagesize 30
```
例 18-5
```
SQL> select file_id, file_name
```

```
  2  from dba_data_files;
   FILE_ID FILE_NAME
---------- ----------------------------------------------------
       4 F:\ORACLE\PRODUCT\10.2.0\ORADATA\MOON\USERS01.DBF
       3 F:\ORACLE\PRODUCT\10.2.0\ORADATA\MOON\SYSAUX01.DBF
       2 F:\ORACLE\PRODUCT\10.2.0\ORADATA\MOON\UNDOTBS01.DBF
       1 F:\ORACLE\PRODUCT\10.2.0\ORADATA\MOON\SYSTEM01.DBF
       5 F:\ORACLE\PRODUCT\10.2.0\ORADATA\MOON\EXAMPLE01.DBF
       6 F:\DISK3\MOON\PIONEER_DATA.DBF
       7 F:\DISK4\MOON\PIONEER_INDX.DBF
```

已选择 7 行。

为了保险起见，这里选择最没用的第 7 号数据文件 pioneer_indx.dbf 作为联机备份的对象。于是**使用例 18-6 的 Oracle 命令先将该文件所对应的表空间 pioneer_indx 置为备份状态。**

例 18-6

```
SQL> alter tablespace pioneer_indx begin backup;
表空间已更改。
```

紧接着，**使用例 18-7 的操作系统复制命令将数据文件 PIONEER_INDX 从数据库中复制到备份磁盘上。**

例 18-7

```
SQL> host copy F:\DISK4\MOON\PIONEER_INDX.DBF F:\TBSBackup\DISK4
```

此时，也可以**使用例 18-8 的查询语句从数据字典 v$backup 中得出所有数据文件的备份状态。**

例 18-8

```
SQL> select * from v$backup;
    FILE# STATUS            CHANGE# TIME
---------- ------------------ ------- ----------
       1 NOT ACTIVE              0
       2 NOT ACTIVE              0
       3 NOT ACTIVE              0
       4 NOT ACTIVE              0
       5 NOT ACTIVE              0
       6 NOT ACTIVE              0
       7 ACTIVE            3526349 08-12 月-12
```

已选择 7 行。

从例 18-8 查询语句的显示结果可以看出：只有第 7 号数据文件，即 pioneer_indx.dbf 文件处在备份状态，因为我们只把 pioneer_indx.dbf 所对应的表空间 pioneer_indx 设置成了备份状态。**当物理拷贝成功之后，使用例 18-9 的 Oracle 命令再将 pioneer_indx.dbf 文件所对应的表空间 pioneer_indx 重新置为正常的非备份状态。**

例 18-9

```
SQL> alter tablespace pioneer_indx end backup;
表空间已更改。
```

最后，再使用例 18-10 的查询语句从数据字典 v$backup 中得出所有数据文件现在的备份状态。

例 18-10

```
SQL> select * from v$backup;
    FILE# STATUS            CHANGE# TIME
---------- ------------------ ------- ----------
       1 NOT ACTIVE              0
```

```
     2 NOT ACTIVE                           0
     3 NOT ACTIVE                           0
     4 NOT ACTIVE                           0
     5 NOT ACTIVE                           0
     6 NOT ACTIVE                           0
     7 NOT ACTIVE                   3526349 08-12 月-12
```

已选择 7 行。

例 18-10 的查询语句显示的结果表明所有的数据文件又都
处在非备份状态，因为数据字典中的 STATUS 列的显示结果又
都为 NOT ACTIVE 了。接下来，应该立即查看操作系统文件
是否已经生成，如图 18-3 所示。

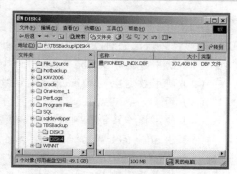

其实，到此为止表空间 pioneer_indx 的联机备份已经完成。
之后可以使用例 18-11 的查询语句从数据字典 v$log_history 获
取重做日志切换相关的信息。（在您的系统上 where 子句中使
用的 sequence#可能不是 127，使用该子句的目的只是限制显
示的数据行不至于太多，读者也可以使用类似 select group#，
sequence#，status，archived from v$log;的 Oracle 命令获得这方
面的信息。）

图 18-3

例 18-11

```
SQL> select sequence#, FIRST_CHANGE#, TO_CHAR(FIRST_TIME, 'RR-MM-DD HH:MM:SS'),
  2        NEXT_CHANGE#, STAMP
  3  from v$log_history
  4  where sequence# > 127;
SEQUENCE# FIRST_CHANGE# TO_CHAR(FIRST_TIM NEXT_CHANGE#      STAMP
--------- ------------- ----------------- ------------ ---------
      128       3342226 12-12-05 05:12:29      3389642 640566527
      129       3389642 12-12-05 11:12:47      3428495 640682688
      130       3428495 12-12-07 07:12:48      3459947 640704736
      131       3459947 12-12-07 01:12:16      3495661 640771967
      132       3495661 12-12-08 08:12:47      3520030 640772596
```

当获得了例 18-11 的查询语句的结果之后，使用例 18-12 的 Oracle 语句将当前的重做日志文件的信
息写到归档日志文件中。

例 18-12

```
SQL> alter system archive log current;
系统已更改。
```

紧接着，再使用例 18-13 的查询语句从数据字典 v$log_history 再次获取重做日志切换相关的信息。

例 18-13

```
SQL> select sequence#, FIRST_CHANGE#, TO_CHAR(FIRST_TIME, 'RR-MM-DD HH:MM:SS'),
  2        NEXT_CHANGE#, STAMP
  3  from v$log_history
  4  where sequence# > 127;
 SEQUENCE# FIRST_CHANGE# TO_CHAR(FIRST_TIM NEXT_CHANGE#      STAMP
---------- ------------- ----------------- ------------ ----------
      128       3342226 12-12-05 05:12:29      3389642 640566527
      129       3389642 12-12-05 11:12:47      3428495 640682688
      130       3428495 12-12-07 07:12:48      3459947 640704736
```

131	3459947	12-12-07 01:12:16	3495661	640771967
132	3495661	12-12-08 08:12:47	3520030	640772596
133	3520030	12-12-08 08:12:16	3529047	640779966

对比例 18-11 和例 18-13 查询语句的显示结果，可以发现一个新的序列号为 133 的归档日志已经生成。

18.3 联机备份步骤的解释

在 18.2 节只给出了联机备份的具体操作，而并未对每一个操作做出理论上的详细解释。在对这些操作进行解释之前，先对联机备份的操作步骤做一个总结。联机备份的具体操作步骤如下：

（1）使用数据字典 dba_data_files 找到需要备份的数据文件以及与之对应的表空间。

（2）使用数据字典 v$backup 确认数据文件的备份状态，步骤（1）和（2）是可选的。

（3）用 alter tablespace "表空间名" begin backup;命令将要备份的表空间设置为备份状态。

（4）使用操作系统复制命令将该表空间所对应的所有数据文件复制到备份磁介质上。

（5）用 alter tablespace "表空间名" end backup;命令将已经备份成功的表空间重新设置结束备份状态。

（6）将当前的重做日志文件的信息写到归档日志文件中去。

（7）再使用数据字典 v$backup 确认数据文件的备份状态。

（8）使用操作系统命令或工具验证操作系统文件是否已经生成，步骤（6）、（7）和（8）也是可选的。

现在对以上每一步进行解释。其中第（1）步的含义是显而易见的，无需再解释了。可能有些读者对第（2）步会感到困惑，曾有学生问过我："作为 DBA，我是不是在进行联机备份时应该十分清楚，完全没必要使用 v$backup 数据字典再查一下。"其实，**这涉及一个大型或超大型数据库系统的管理和维护的问题。在大型或超大型数据库系统上可能有许多个 DBA 在上面工作，而且这些 DBA 可能根本不在一个办公室，甚至不在一个城市或国家。在这种情况下，您没备份并不能保证其他的 DBA 没在进行备份。所以最好的办法还是先用查询语句确定后再继续后面的操作。**

当执行了第（3）步的命令之后，**备份的表空间所对应的所有数据文件的文件头被冻结（锁住）并产生检查点。**

第（4）步进行真正的物理备份，**只有当表空间或数据文件处在备份状态时的联机备份才是有效的备份，即是以后可以使用的物理备份。**

第（5）步是结束表空间的备份状态，**即将表空间所对应的所有数据文件的文件头解锁，此后数据库对这些数据文件的操作就恢复到正常。**

第（6）步是将当前的重做日志文件的信息手工写到归档日志文件中去。该命令还要造成重做日志组的切换和产生检查点。也有数据库管理员使用 alter system switch logfile;命令来完成这一功能。

第（7）步和第（8）步的含义也是显而易见的，在这里就不再解释了。

现在请读者思考两个问题：

（1）当一个表空间或数据文件处在备份状态时，是否可以对该表空间上的数据进行查询操作？

（2）当一个表空间或数据文件处在备份状态时，是否可以对该表空间上的数据进行 DML 操作？

其中，第一个问题比较容易理解。其答案是可以进行查询操作。第二个问题可能不太好回答，因为此时表空间所对应的所有数据文件的文件头已经冻结，对这些文件的写操作当然是不可能的。似乎答案是不能进行 DML 操作，**但实际上是可以进行 DML 操作的。可是此时数据是无法写到数据文件中的，那么这些数据写到哪儿了？还记得重做日志文件吗？答案是这些数据被写到了重做日志文件中。**

由于在数据文件处在备份状态时重做日志后台进程要将这些文件的所有的变化数据块写到重做日志文件中，所以这一操作对重做日志缓冲区和重做日志文件的压力都加大了。因此在进行联机备份时，要注意以下几点：

- ↘ 重做日志缓冲区和重做日志文件适当加大。
- ↘ 在进行联机备份时，每次只备份一个表空间。
- ↘ 在 DML 操作最少的时间段进行联机备份。

18.4　联机备份的其他问题

对大的表空间进行联机备份要消耗大量的系统资源，也会使在线用户的活动效率受到冲击。那么，如何减缓由于联机备份所造成的对系统效率的冲击呢？

如果在数据库的设计时发现在数据库中有很多数据是不变的或在较长时间内是不变的，就可以将这些数据存放在一个或几个表空间中，之后，当数据装入之后将它（们）改成只读表空间。将表空间的状态改为只读的 Oracle 命令如下：

```
alter tablespace "表空间名" read only;
```

当使用了以上的 Oracle 命令将表空间的状态改为只读状态时，Oracle 要自动完成以下的内部操作：

（1）对该表空间所对应的每一个数据文件执行检查点操作。

（2）将数据文件的文件头以当前的 SCN 号冻结。

（3）从这时开始，数据库后台写进程（DBWR/DBWn）将不再写该表空间所对应的任何数据文件。

当将表空间的状态改为只读状态之后，必须对该表空间所对应的所有数据文件进行物理备份，因为之前在 read write 状态下所做的备份已经无用了。由于只读表空间是不变的，所以在这一状态下只需一个备份，也就是之后日常的例行备份可以取消。这对那些绝大多数数据是静止的而只有少数数据经常变化的大型或超大型数据库来说，可以减少大量的备份工作也减少了所需的备份磁介质，同时也提高了数据库系统的效率。所以说，好的备份和恢复策略是从数据库系统的设计开始的，好的优化策略也是从设计开始的。

另外，在表空间的状态改变之前和之后最好也对控制文件进行备份，因为表空间的状态改变之后的控制文件无法识别状态改变之前的表空间。将表空间的状态改回 read write 之后必须马上恢复对该表空间的正常备份。

假设使用了 **alter tablespace pioneer_data begin backup;** 命令将 **pioneer_data** 表空间设置成了备份状态。之后使用操作系统复制命令开始对该表空间所对应的物理文件进行备份。由于该数据文件很大，需要复制很长的时间，就在复制的过程中系统崩溃了。现在就处在这样一个境地：

- ↘ 该表空间所对应的数据文件与数据库已经不同步了（因为在把该表空间置为备份状态时对应的数据文件的文件头已经冻结），所以无法打开数据库。
- ↘ 该表空间置为备份状态无法结束，因为结束表空间备份状态的命令（alter tablespace pioneer_data end backup;）必须在数据库打开时才能使用。

也许这应该算祸不单行了。**那么到底怎样才能解决这一进退两难的问题呢？** 可以在数据库处在加载状态时使用 **alter database datafile "所对应的数据文件名" end backup;** 命令结束该表空间的备份状态。在 **Oracle 9i** 及以上的版本也可以使用 **alter database end backup;** 命令结束该表空间的备份状态。

当该表空间的备份状态结束后，就可以使用 **alter database open;** 命令将数据库打开。但是之前没有完成的备份已经成为无用的备份，必须立即删除掉并重新进行该表空间的联机备份。

18.5 联机备份的应用实例

正像前面所讲述的，考虑到各种因素，为了保证公司数据库在系统崩溃之后可以全恢复（所有提交的数据都能恢复），宝儿已经决定在公司数据库备份和恢复策略中加进联机备份和联机恢复，并已经将数据库的运行模式由非归档模式改为归档模式。现在他就要真的进行联机备份了，经过周密的观察和仔细的研究，他决定要对公司数据库中 4 个数据变化量较大的表空间每天都要进行例行的联机备份，这 4 个表空间分别是 USERS、PIONEER_DATA、SYSTEM 和 PIONEER_INDX。为了使显示的输出结果更加清晰，首先他使用例 18-14～例 18-16 的 SQL*Plus 格式化命令将输出的结果格式化。

例 18-14
```
SQL> col file_name for a55
```
例 18-15
```
SQL> col tablespace_name for a20
```
例 18-16
```
SQL> set line 120
```
接下来，他使用例 18-17 的查询语句从数据字典 dba_data_files 中获取数据文件和与之对应的表空间的相关信息。

例 18-17
```
SQL> select file_id, file_name, tablespace_name
  2  from dba_data_files;
  FILE_ID FILE_NAME                                                TABLESPACE_NAME
---------- -------------------------------------------------------- ----------------
        4 F:\ORACLE\PRODUCT\10.2.0\ORADATA\MOON\USERS01.DBF        USERS
        3 F:\ORACLE\PRODUCT\10.2.0\ORADATA\MOON\SYSAUX01.DBF       SYSAUX
        2 F:\ORACLE\PRODUCT\10.2.0\ORADATA\MOON\UNDOTBS01.DBF      UNDOTBS1
        1 F:\ORACLE\PRODUCT\10.2.0\ORADATA\MOON\SYSTEM01.DBF       SYSTEM
        5 F:\ORACLE\PRODUCT\10.2.0\ORADATA\MOON\EXAMPLE01.DBF      EXAMPLE
        6 F:\DISK3\MOON\PIONEER_DATA.DBF                           PIONEER_DATA
        7 F:\DISK4\MOON\PIONEER_INDX.DBF                           PIONEER_INDX
```

已选择 7 行。

随即，他使用例 18-18 的查询语句从数据字典 v$backup 中获取每个数据文件的备份状态的信息。

例 18-18
```
SQL> select * from v$backup;
    FILE# STATUS              CHANGE# TIME
---------- ------------------ ------- ----------
        1 NOT ACTIVE                0
        2 NOT ACTIVE                0
        3 NOT ACTIVE                0
        4 NOT ACTIVE                0
        5 NOT ACTIVE                0
        6 NOT ACTIVE                0
        7 NOT ACTIVE          3526349 08-12 月-12
```

已选择 7 行。

从例18-18的查询语句的显示结果可知：在所有的数据文件中只有第7号数据文件的备份状态在2012年12月8日变化过，这个数据文件就是 PIONEER_INDX 表空间所对应的数据文件 F:\DISK4\MOON\PIONEER_INDX.DBF。随后，他将如下的所有与联机备份有关的命令写入记事本程序，最后以 f:\oracle\mgt\hotback.sql 为文件名保存，如图18-4所示。

图18-4

```
connect system/oracle as sysdba
alter system archive log start;
alter tablespace users begin backup;
host copy F:\ORACLE\PRODUCT\10.2.0\ORADATA\MOON\USERS01.DBF F:\tbsbackup\
alter tablespace users end backup;
alter system archive log current;
alter tablespace system begin backup;
host copy F:\ORACLE\PRODUCT\10.2.0\ORADATA\MOON\SYSTEM01.DBF F:\tbsbackup\
alter tablespace system end backup;
alter system archive log current;
alter tablespace pioneer_data begin backup;
host copy F:\DISK3\MOON\PIONEER_DATA.DBF F:\tbsbackup\DISK3
alter tablespace pioneer_data end backup;
alter system archive log current;
alter tablespace pioneer_indx begin backup;
host copy F:\DISK4\MOON\PIONEER_INDX.DBF F:\tbsbackup\DISK4
alter tablespace pioneer_indx end backup;
alter system archive log current;
/
```

◁测提示：

在以上命令中，并不需要 alter system archive log start，但是建议读者最好使用。因为有时不知什么原因在备份时后台归档进程可能已经停止了，而正好备份时这一问题显现出来了。其他人肯定都会认为是您的备份脚本有问题，您是有口难辩。因此，不管这一进程目前的状态如何都启动一下，主要是为自己系上安全带。

接下来，他使用例18-19的命令运行刚刚生成的联机备份脚本文件。显示结果中的"……"表示省略了后面的显示输出。

例 18-19

```
SQL> @f:\oracle\mgt\hotback.sql
已连接。
系统已更改。
表空间已更改。
表空间已更改。
系统已更改。
……
```

之后，他使用例 18-20 的查询语句从数据字典 v$backup 中获取每个数据文件的备份状态的信息。

例 18-20

```
SQL> select * from v$backup;
     FILE# STATUS             CHANGE#  TIME
---------- ------------------ -------- ----------
         1 NOT ACTIVE         3702701  12-12 月-12
         2 NOT ACTIVE                0
         3 NOT ACTIVE                0
         4 NOT ACTIVE         3702684  12-12 月-12
         5 NOT ACTIVE                0
         6 NOT ACTIVE         3702728  12-12 月-12
         7 NOT ACTIVE         3702749  12-12 月-12

已选择 7 行。
```

对比例 18-18 和例 18-20 查询语句的显示结果，可以发现：在所有的数据文件中第 1 号、第 4 号、第 6 号和第 7 号数据文件的备份状态已经在 2012 年 12 月 12 日变化过，而这 4 个数据文件所对应的表空间分别正是 USERS、PIONEER_DATA、SYSTEM 和 PIONEER_INDX。当宝儿利用操作系统命令或工具确认所生成的备份文件准确无误之后，他就将备份脚本文件交给了各个子公司和加盟公司的数据库管理员或数据库操作员，并对他们进行了简短的培训。随后的日常备份就由他们自己来做，实际上就是按时运行备份的脚本文件。

18.6　备份操作自动化的实例

尽管，日常的公司数据库备份已经简单到只是在规定的时间运行指定的脚本文件，但是还是有子公司和加盟店出现过在数据库需要恢复时备份无效的情况，因为有的数据库管理员或操作员根本就不是 IT 专业毕业，也没有受过正规培训。因此在公司的一次高层管理者的会议上有位高级经理建议将公司的备份工作彻底自动化。最后宝儿提议将公司的备份改为定时自动执行。这次会议刚刚结束的当天，这一消息就在公司里传得沸沸扬扬了，可以说大多数数据库管理员和操作员都成了惊弓之鸟，因为他们最主要的工作就是日常的备份（尽管他们中的许多人总是抱怨工作量太大），这也应了那句话，"工作太多压力大，没工作压力更大。"

危难时有人又想起了宝儿，因为在与宝儿的接触过程中发现他是在高级经理中唯一对下属有点同情心的人（真是像大熊猫一样稀有）。于是这些"大虾"们合伙在本市一个高档酒楼宴请宝儿。席间，一位曾经瞧不起宝儿的 DBA 以近乎哭泣的语调乞求宝儿帮忙不要将公司的备份改为定时自动执行，因为他不但贷款买了房子还贷款买了汽车，而以他目前的手艺再找到这么高工资的工作简直是"天方夜谭"。其实，宝儿也一直为在子公司和加盟店无法安排自己的亲信而烦恼，这么多 IT 的"大虾"志愿投奔到他的门下，简直是天赐良机。但是宝儿还是面带愁容地沉默了许久，这段时间对那些"大虾"们来说是那样的漫长，当宝儿最终说出了将备份改为点击桌面上的图标时，"大虾"们可以说是发自内心地感谢这位救人于水火的"活菩萨"。为了防止其他人也可以做备份，宝儿还答应在上面加点机关，只有负责做备份的人才知道，并宣布这是 IT 部门最高机密不得向其他任何人透露。

宝儿在接下来的高级管理层会议上是这样解释的：考虑到备份工作的重要性，无人职守的自动备份的风险太大，因为一旦备份出了问题，很难追查到责任人。宝儿还宣布新的备份方法不但要求数据库管理员或操作员在备份成功之后要登记而且还要有一位中层经理复查并签字。就这样，宝儿不但保住了那些"大虾"们的饭碗，还提高了他们在公司的地位，这些"大虾"们的感激之情就可想而知了。以下就是他对系统操作的具体步骤。

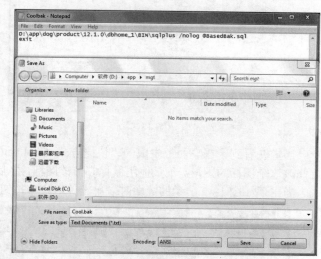

图 18-5

首先，宝儿启动了记事本并将如下的 DOS 命令写入，之后将它们存入 D:\app\mgt\ Cool.bat 文件中，如图 18-5 所示。

```
D:\app\dog\product\12.1.0\dbhome_1\BIN\sqlplus /nolog @BasedBak.sql
exit
```

🔊 提示：

以上第一条命令的含义是启动 SQL*Plus 程序并立即在 SQL*Plus 下运行同一目录下的 SQL 脚本文件 BasedBak.sql，也就是我们以前写的脱机备份脚本文件。以/nolog 的方式启动 SQL*Plus 是为了安全，以避免直接输入用户名和口令而造成的密码泄漏。在这里使用了全路径来启动 SQL*Plus 主要是为了保险，因为在有些系统上由于各种原因可能该程序的路径没有设好或被改变过。第二行的 exit 命令不是必需的，但建议读者使用，因为如果不使用 exit 命令，在所有的 DOS 命令执行完之后会将 DOS 窗口留在桌面上，这显得不专业。

以下是 SQL 脚本文件 BasedBak.sql 的内容：

```
connect system/wang as sysdba
shutdown immediate
host copy D:\app\dog\oradata\dog\*.* D:\app\backup\
host copy D:\app\dog\product\12.1.0\dbhome_1\database\*.ora D:\app\backup\database\
host copy D:\app\DISK3\dog\PIONEER_DATA.DBF D:\app\backup\disk3\
host copy D:\app\DISK4\dog\PIONEER_INDX.DBF D:\app\backup\disk4\
startup
exit
/
```

以上命令都与我们之前写的同名脚本文件中的一模一样，只是在最后多了一个 exit 命令。**该命令也不是必需的，但建议读者使用，因为如果不使用 exit 命令，在所有的 DOS 命令和 Oracle 命令执行完之后会将 SQL*Plus 窗口留在桌面上，这也显得不专业。**

接下来，他用如图 18-6 所示的方法将 Cool.bat 这个 DOS 批命令文件由 D:\app\mgt 目录发送到桌面。之后会在桌面上生成一个"快捷方式 Cool.bat"的图标，如图 18-7 所示。

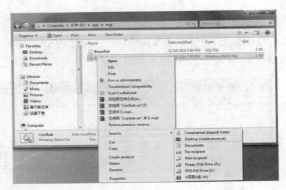

图 18-6   图 18-7

    当宝儿看到了在桌面上生成的"快捷方式 Cool.bat"的图标之后觉得这个图标不太专业，因此他决定修改这个图标的图形。于是他用鼠标右击该图标，之后在下拉菜单选择"属性"选项，如图 18-8 所示。

    当出现如图 18-9 所示的画面时，单击"确定"按钮。

图 18-8   图 18-9

    选取所喜欢的图标，随后单击"确定"按钮，如图 18-10 所示。

    当出现如图 18-11 所示的画面时，单击"确定"按钮。

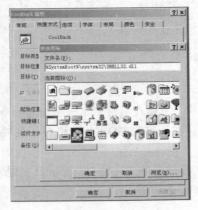

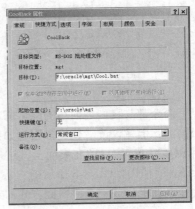

图 18-10   图 18-11

虽然图标改成了看上去比较顺眼的专业图标，但是宝儿觉得名字还是有些别扭，于是他右击 Cool.bat 的图标，之后在下拉菜单中选择"重命名"选项，如图 18-12 所示。

将图标的名字改为非常专业的 CoolBack（冷备），如图 18-13 所示。

图 18-12

图 18-13

最后，他双击 CoolBack 图标，开始了数据库的脱机备份（冷备份），在备份的过程中会显示不同的窗口，备份时间的长短取决于数据库的规模。当备份结束之后，宝儿使用资源管理器来显示备份磁盘下的备份信息，如图 18-14 所示。

从图 18-14 显示的结果可以看出：所有文件的修改时间都改成了新的备份时的时间了，其大小也与数据库中的文件相同。**以后那些"大虾"们每次做脱机备份时只要双击 CoolBack 图标就行了。**

紧接着宝儿开始将联机备份（热备份）工作自动化，他再次启动记事本程序并将如下的 DOS 命令写入，其中 exit 的含义与脱机备份中的一样，这里就不再重复解释了。之后将它们存入 f:\oracle\mgt\hot.bat 文件中，如图 18-15 所示（以下的例子是在另一个 Oracle 10g 上做的，从这个例子读者可以看出其实与 Oracle 12c 的命令完全相同）。

图 18-14

图 18-15

```
F:\oracle\product\10.2.0\db_1\BIN\sqlplus /nolog @hotback.sql
exit
```

以下是 SQL 脚本文件 hotback.sql 的内容：

```
connect system/oracle as sysdba
alter system archive log start;
alter tablespace users begin backup;
host copy F:\ORACLE\PRODUCT\10.2.0\ORADATA\MOON\USERS01.DBF F:\tbsbackup\
alter tablespace users end backup;
alter system archive log current;
alter tablespace system begin backup;
host copy F:\ORACLE\PRODUCT\10.2.0\ORADATA\MOON\SYSTEM01.DBF F:\tbsbackup\
alter tablespace system end backup;
alter system archive log current;
alter tablespace pioneer_data begin backup;
host copy F:\DISK3\MOON\PIONEER_DATA.DBF F:\tbsbackup\DISK3\
alter tablespace pioneer_data end backup;
alter system archive log current;
alter tablespace pioneer_indx begin backup;
host copy F:\DISK4\MOON\PIONEER_INDX.DBF F:\tbsbackup\DISK4\
alter tablespace pioneer_indx end backup;
alter system archive log current;
exit
/
```

以上的命令与之前我们写的同名脚本文件中的一模一样，只是在最后多了一个 **exit** 命令，其含义与脱机备份中的一样，这里就不再重复解释。

按照与脱机备份完全相同的步骤，宝儿得到了如图 18-16 所示的桌面。

最后，他双击 HotBack 图标，开始了数据库的联机备份（热备份），在备份的过程中会显示不同的窗口，备份时间的长短取决于所备份表空间的规模和个数。备份结束之后，宝儿又使用资源管理器来验证备份磁盘上的备份文件是否正确，如图 18-17 所示。

图 18-16

图 18-17

从图 18-17 显示的结果可以看出：所有文件的修改时间都改成了新的联机备份时的时间了，其大小也与数据库中的文件相同。以后那些"大虾"们每次做联机备份时也只要用鼠标双击 **HotBack** 图标就行了。

18.7　恢复管理器简介

恢复管理器（Recover Manager，RMAN）是 **Oracle 8** 引入的一个用来在 **Oracle** 数据库上管理备份、

修复和恢复的应用程序（软件工具），这一工具是在操作系统下运行的。**RMAN** 独立于操作系统并有自己的命令语言。恢复管理器有一个命令行界面，也有图形界面，主要具有如下比较优越的特性：

- 数据库、表空间、数据文件、控制文件及归档日志的备份。
- 存储经常执行的备份和恢复操作。
- 执行数据块一级的增量备份。
- 跳过没有使用的数据块。
- 在备份期间探测崩溃的数据库（这些信息记录在 V$BACKUP_CORRUPTION 和 V$COPY_CORRUPTION 数据字典中）。
- 通过以下方法提高系统的效率。
    - ✧　自动并行操作。
    - ✧　在联机数据库备份期间产生较少的重做操作。
    - ✧　限制备份的 I/O 量等。
- 管理备份和恢复任务（包括调度和自动执行备份操作等）。

利用 RMAN，客户既可以将数据库备份到磁盘上也可以备份到磁带（SBT）上。**Oracle 建议磁盘备份最好存储在快速恢复区（Fast Recovery Area，FRA）**。在早期的 Oracle 版本中，如果要将数据库备份到磁带上，需要购买昂贵的第三方介质管理程序。而 **Oracle 11g 和 Oracle 12c 引入了 Oracle Secure Backup（Oracle 安全备份）** 功能，在不需要购置任何第三方介质管理软件的情况下就可以将数据库备份到磁带上。Oracle Secure Backup 提供了对整个 Oracle 环境的保护，其中既包括数据库的数据也包括非数据库的数据，而且它也为 RMAN 将数据库备份到磁带上提供了介质管理层，所以 Oracle 的客户完全没有必要购买昂贵的介质管理产品。

为了配合恢复管理器的推广和应用，Oracle 引入了映像拷贝（Image copies）和备份集（Backup sets）两个"新概念"。

映像拷贝：是数据文件或归档日志文件的冗余拷贝，与使用操作系统复制命令所做的文件拷贝非常类似。

备份集：包含了一个或多个数据文件、控制文件、服务器参数文件，或归档日志文件的一个或多个二进制文件的集合。在备份集中是不存储空数据块的，因此备份集所使用的磁盘或磁带空间会更少。而且备份集还可以被压缩以进一步减少备份所需的存储空间。

映像拷贝必须存储在磁盘上，而备份集既可以存储在磁盘上也可以存储在磁带上。将备份创建为一个映像拷贝的好处是可以加快修复操作。因为使用映像拷贝只需要从备份的位置提取所需要的一个或几个文件。但是在使用备份集时，在抽取所需要的一个或几个文件之前，必须首先从备份的位置提取整个备份集。

将备份创建为备份集的好处是可以明显地节省磁盘空间。在绝大多数数据库中，一般有 **20%** 或更多的数据块是空的。映像拷贝会备份每一个数据块，即使数据块是空的也一样备份。与之相比，备份集会显著地减少备份所需的磁盘空间。在绝大多数系统中，备份集要优于映像拷贝。最起码，**Oracle** 公司是这么认为。

接下来，简要地介绍恢复管理器备份的类型。RMAN 的备份类型如下：

- **完全备份（full backup）**，与数据库全备份不同，完全备份是包含了数据文件中所使用的每一个数据块的一个备份，RMAN 将所有的数据块复制到备份集中或映像拷贝中，仅跳过那些不属于任何现存段的数据块。对于一个完全映像拷贝，整个文件的内容被准确地复制。一个完全备份不能作为增量备份策略的一部分，不能作为后续增量备份的起点。
- **增量备份（incremental backup）**。增量备份可以是级别为 **0** 的备份（包含数据文件中除从未使用的块之外的所有块），也可以是级别为 1 的备份（仅包含自上次备份以来更改过的那些块）。级别为 0 的增量备份在物理上与完全备份完全一样。唯一区别是级别为 0 的备份可用作级别为 1 的备份的基础，但完全备份不可用作级别为 1 的备份的基础。

增量备份是通过 BACKUP 命令的 INCREMENTAL 关键字所指定。可以指定：

```
INCREMENTAL LEVEL = [0 | 1]。
```

Oracle 10g、Oracle 11g 和 Oracle 12c 对这部分的内容进行了简化。在这三个版本中，增量备份只有 0 和 1 两级；而在 Oracle 9i 或之前的版本中，增量备份则有 0～4 五级。在早期版本中增量备份可以被配置得相当复杂。恢复管理器可以创建如下多级增量备份：

- 差异增量备份：增量备份的默认类型，其备份自最近一次级别为 1 的或级别为 0 的增量备份后更改的所有块。
- 累积增量备份：备份自最近一次级别为 0 的备份后更改的所有块。

以下就是几个不同增量备份的例子：

- 要执行级别为 0 的增量备份，可以使用以下命令（其中"RMAN>"是 RMAN 的提示符）：

```
RMAN> BACKUP INCREMENTAL LEVEL 0 DATABASE;
```

- 要执行差异增量备份，可以使用以下命令：

```
RMAN> BACKUP INCREMENTAL LEVEL 1 DATABASE;
```

- 要执行累积增量备份，请使用以下命令：

```
RMAN> BACKUP INCREMENTAL LEVEL 1 CUMULATIVE DATABASE;
```

如果既没有指定 FULL，也没有指定 INCREMENTAL，默认情况下，RMAN 将生成完全备份。将数据文件备份到备份集时，压缩未使用的块会导致跳过从未被写过的块，甚至对于完全备份也是如此。可以对处于 NOARCHIVELOG 模式的数据库执行增量备份，当然，前提条件是数据库已经关闭（数据库处于 mount 状态，因为 RMAN 要读控制文件）。

18.8 快速增量备份（块更改追踪）

曾经有客户向我咨询，他们发现他们进行的增量备份比数据库的完全备份快不了多少，这是为什么呢？实际上，**如果要执行快速增量备份，首先必须开启块更改追踪功能（Block Change Tracking, BCT）。**执行增量备份的目的是为了只备份自上一次备份以来更改过的数据块。不过每个增量备份过程中都会读取整个数据文件，即使自上次增量备份以来该文件只有很小一部分的更改。

块更改追踪功能使用更改追踪写（**CTWR**）这一后台进程将所有数据库更改的物理地址记录到一个所谓的"块更改追踪文件"的文件中。启用更改追踪后，第一个级别为 0 的增量备份仍需扫描整个数据文件，因为更改追踪文件尚未反映块的状态。对于后续增量备份，RMAN 将使用更改追踪数据来确定增量备份过程中要读取的块，无需读取整个数据文件，从而加快了备份速度。

启用块更改追踪后可使用相同的命令执行增量备份，并且在初始配置后，更改跟踪文件本身通常很少需要维护。**Oracle 建议当所备份的数据库的数据变化量在 20%或以下时开启块更改追踪功能。**实际上，块更改追踪文件是以位图的方式记录数据块的变化，其结构如图 18-18 所示。

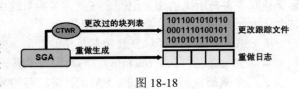

图 18-18

块更改追踪这一功能默认是关闭的。可以使用例 18-21 的 SQL 语句获取相关的信息（之前可能要使用 SQL*Plus 的格式化语句）。

例 18-21

```
SQL> SELECT filename, status, bytes
  2  FROM v$block_change_tracking;
FILENAME                                           STATUS     BYTES
-------------------------------------------------- ---------- --------
                                                   DISABLED
```

从例 18-21 的查询结果可以知道在该系统上快速增量备份的功能是关闭的，因为 STATUS 列的值是 DISABLED。接下来，可以使用例 **18-22** 的 **SQL** 语句开启快速增量备份的功能。要注意的是：目录 **D:\APP\BACKUP\DATABASE** 必须在操作系统上存在，而数据块更改追踪文件的名字为 **RMAN_CHANGE_TRACK.F**。

例 18-22

```
SQL> ALTER DATABASE ENABLE BLOCK CHANGE TRACKING
  2  USING FILE 'D:\app\backup\database\rman_change_track.f'
  3  REUSE;
Database altered.
```

随后，应该使用例 18-23 的 SQL 语句**再次获取与快速增量备份功能相关的信息**。

例 18-23

```
SQL> SELECT filename, status, bytes
  2  FROM v$block_change_tracking;
FILENAME                                           STATUS     BYTES
-------------------------------------------------- ---------- --------
D:\APP\BACKUP\DATABASE\RMAN_CHANGE_TRACK.F         ENABLED    11599872
```

从例 18-23 的查询结果可知：在该系统上快速增量备份的功能已经开启，因为 STATUS 列的值已经是 ENABLED。可以使用资源管理器来验证这个数据块更改追踪文件是否已经在操作系统中存在，如图 18-19 所示。

图 18-19

块更改追踪文件很小，最小为 10MB。现在，可以使用例 18-24 的查询语句获取更改追踪写进程（CTWR）的相关信息。

例 18-24

```
SQL> select pid, username, program
  2  from v$process
  3  where background = '1'
  4  and program like '%CT%';
       PID USERNAME          PROGRAM
---------- ---------------- ------------------
        30 dog               ORACLE.EXE (CTWR)
```

18.9 配置快速恢复区

在介绍使用 RMAN 进行备份和恢复之前，首先介绍如何配置快速恢复区（Oracle 10g 引入的）。**Oracle 公司强力推荐配置快速恢复区，因为它会简化备份存储的管理。快速恢复区是在硬盘上，它存储有归档日志、备份、闪回日志、冗余的控制文件和冗余的重做日志文件。**

可以通过设置初始化参数 **db_recovery_file_dest** 来定义快速恢复区的位置（磁盘和目录），并可以通过设置初始化参数 **db_recovery_file_dest_size** 来定义快速恢复区的大小。首先应该使用例 18-25 的 SQL*Plus 命令来查看快速恢复区的配置。

例 18-25

```
SQL> show parameter db_recovery_
NAME                                 TYPE        VALUE
------------------------------------ ----------- --------
db_recovery_file_dest                string
db_recovery_file_dest_size           big integer 0
```

从例 18-25 的查询结果可知：目前这个系统并没有配置快速恢复区。因此，可以分别使用**例 18-26 和例 18-27 定义快速恢复区的大小和位置（这个数据库大约为 3.5GB，所以快速恢复区的大小暂时定为 8GB）。**

例 18-26

```
SQL> alter system set db_recovery_file_dest_size = '8G';
```

例 18-27

```
SQL> alter system set db_recovery_file_dest = 'D:\app\backup\FRA'
                scope = spfile;
System altered
```

接下来，重启 Oracle 数据库。在 Oracle 数据库重新打开之后，使用例 18-28 的 SQL*Plus 命令再次显示快速恢复区的配置。

例 18-28

```
SQL> show parameter db_recovery_
NAME                                 TYPE        VALUE
------------------------------------ ----------- ---------------------
db_recovery_file_dest                string      D:\app\backup\FRA
db_recovery_file_dest_size           big integer 8G
```

从例 18-28 的查询结果可知：目前这个系统快速恢复区为 D:\app\backup\FRA 目录（该目录是在操作系统上手工创建的），其大小为 8GB。看来配置快速恢复区也是蛮简单的。配置完了快速恢复区，使用 RMAN 备份 Oracle 数据库就变得非常简单了。

18.10 使用 RMAN 备份和恢复 Oracle 数据库

恢复管理器（RMAN）是一个在操作系统上直接运行的软件工具，首先开启一个 DOS 窗口，之后**在操作系统提示符下执行例 18-29 的命令以启动 RMAN（这里使用最简单的方法来启动 RMAN）。**

例 18-29

```
C:\Users\MOON>rman target /
Recovery Manager: Release 12.1.0.2.0 - Production on Tue Nov 22 18:58:33 2016
Copyright (c) 1982, 2014, Oracle and/or its affiliates. All rights reserved.
```

```
connected to target database: DOG (DBID=4107209686)
RMAN>
```

接下来，可以使用例 18-30 的 RMAN 命令显示当前 RMAN 的所有配置参数。实际上都是默认的，因为没有做过任何这方面的配置。

例 18-30

```
RMAN> show all;
using target database control file instead of recovery catalog
RMAN configuration parameters for database with db_unique_name DOG are:
CONFIGURE RETENTION POLICY TO REDUNDANCY 1; # default
CONFIGURE BACKUP OPTIMIZATION OFF; # default
CONFIGURE DEFAULT DEVICE TYPE TO DISK; # default
.....
```

随后，就可以使用例 18-31 的 **RMAN** 命令备份整个数据库，包括归档日志文件（为了节省篇幅，这里剪掉了大部分的显示输出结果）。看起来似乎使用 **RMAN** 进行数据库备份更简单，是吧？

例 18-31

```
RMAN> backup database plus archivelog;
Starting backup at 22-NOV-16
current log archived
allocated channel: ORA_DISK_1
channel ORA_DISK_1: SID=25 device type=DISK
channel ORA_DISK_1: starting archived log backup set
.....
channel ORA_DISK_1: backup set complete, elapsed time: 00:00:01
Finished backup at 22-NOV-16
```

接下来，使用资源管理器验证数据库备份和归档日志备份是否真的生成，如图 18-20 和图 18-21 所示。

图 18-20 　　　　　　　　　　　　　　　　　　　　　　图 18-21

既然已经有了 RMAN 备份，那么又如何使用 RMAN 恢复数据库呢？以下是恢复表空间的 **RMAN** 命令序列。读者可以看出其实 **RMAN** 的恢复命令与之前介绍的方法非常相似，但是似乎要简单些。

```
RMAN> SQL 'ALTER TABLESPACE dog_data OFFLINE IMMEDIATE';
RMAN> RESTORE TABLESPACE dog_data;
RMAN> RECOVER TABLESPACE dog_data;
RMAN> SQL 'ALTER TABLESPACE dog_data ONLINE';
```

在 Oracle 11g 和 Oracle 12c 中有一个数据恢复向导（Data Recovery Advisor），当在数据库遇到错误时数据恢复向导会自动地收集数据失败的信息。另外，它还可以预先检测到一些失败。可以使用例 18-32 的 RMAN 命令列出数据恢复向导所收集到的全部失败信息。

例 18-32

```
RMAN> list failure all;
using target database control file instead of recovery catalog
Database Role: PRIMARY
no failures found that match specification
```

例 18-32 显示的结果表明：目前这个数据库没有发生过任何失败。如果该命令的结果列出了一个或几个失败信息，就要根据这些信息提前修复数据库，而不是等到数据库崩溃了才开始修复。

Oracle 引入恢复管理器（RMAN）的初衷是为备份和恢复多个数据库提供一种简便的工具。一般在大型和超大型公司或机构中都有许多 Oracle 数据库（可能有几十个，甚至成百上千个），这样数据库备份和恢复的工作量会相当惊人。在这种情况下，要创建一个 RMAN 的 Recovery Catalog（有关所有需要备份和恢复的数据库的信息，这些信息并不包括数据库中的数据）数据库并存放在一台单独的计算机上（有时可能由于资源的限制将 Recovery Catalog 存放在其他数据库中，但是此时最好将它存放在与该数据库的数据文件不同的硬盘上）。有了这个 Recovery Catalog，就可以使用 RMAN 的全部功能并方便地对注册到 Recovery Catalog 的所有数据库进行备份和恢复了。

问题是 Recovery Catalog（一般放在单独的表空间中且有许多系统创建的表）是存储在数据库中，所以它也会崩溃；而它不能访问了，所有数据库的备份和恢复就无法进行了。因此 Recovery Catalog 本身也需要用备份和恢复保护。

尽管 Oracle 一直声称恢复管理器极大地简化了 Oracle 数据库的备份和恢复工作，但是 RMAN 数据库本身也需要管理和维护。如果公司只有一两个数据库，这个负担就显得比较繁重了。尽管，在 Oracle 11g 和 Oracle 12c 中，Oracle 将 Recovery Catalog 中的很多内容都存放在了控制文件中，这样在不设置 Recovery Catalog 的情况下就可以使用 RMAN，但是有一些非常有用的 RMAN 功能是不能使用的，如存储经常执行的备份和恢复操作（因为控制文件中是不能存储这些信息的）。另外，RMAN 本身作为一个软件系统（而且它还引入了不少的概念和命令等），要熟悉这个软件工具是需要一定的时间的。其实，Oracle 有这方面的专门课程，以 Oracle 12c 为例，这门课的教材就有 630 多页而且还要加上一本 310 多页的练习题。这门课大部分内容都在介绍 RMAN 以及它的使用。

在教学实践中，发现**许多初学者要完全理解 RMAN 的概念需要一段不短的时间**。因此，我在讲备份和恢复课程时，都是先用操作系统命令来讲解备份和恢复，等学生们理解了备份和恢复的概念，以及熟悉了使用操作系统命令进行备份和恢复之后，再开始介绍 RMAN，即将备份和恢复的概念与 RMAN 的概念拆分开介绍。这样学生们就更容易理解 RMAN 以及它的配置和命令的使用了。

为了使读者更容易理解数据库的备份和恢复的原理以及具体的操作方法，本书在讲解备份和恢复内容时全部采用了操作系统命令的方式。这样做的目的是降低读者，特别是初学者的学习难度，避免将 RMAN 的概念和命令与数据库的概念和命令混淆。其实，RMAN 的备份和恢复与操作系统的备份和恢复原理完全相同，而只是命令有所差别而已。一旦读者掌握了操作系统的备份和恢复的方法，再学习 RMAN 备份和恢复就变得非常容易了。受限于本书的篇幅，以上所介绍的 RMAN 部分只能算是一个简介，要详细介绍这部分的内容可以再写一本书。

18.11　您应该掌握的内容

在学习完本章之后，请检查一下您是否已经掌握了以下的内容：
- 联机备份的重要性。
- 联机备份的优缺点。

➘ 联机备份的具体步骤。

➘ alter tablespace "表空间名" begin backup;命令的工作原理。

➘ alter tablespace "表空间名" end backup;命令的工作原理。

➘ 联机备份时要注意哪些问题。

➘ 只读表空间的联机备份。

➘ 为什么要将备份操作自动化。

➘ 备份操作自动化如何完成。

➘ RMAN 主要提供了哪些比较优越的特性。

➘ 熟悉映像拷贝（Image copies）和备份集（Backup sets）的概念。

➘ 熟悉完全备份和增量备份的概念。

➘ 什么是差异增量备份。

➘ 什么是累积增量备份。

➘ 了解 RMAN 中增量备份的命令。

➘ 怎样获取与快速增量备份功能相关的信息。

➘ 怎样开启块更改追踪功能。

➘ 怎样查看快速恢复区的配置。

➘ 怎样定义快速恢复区的大小和位置。

➘ 怎样启动 RMAN。

➘ 了解使用 RMAN 进行数据库备份和恢复的简单方法。

➘ 了解数据恢复向导。

第 19 章　归档模式下的数据库恢复

如果数据库运行在非归档模式，Oracle 数据库无法保证在系统崩溃之后所有提交的数据都能恢复，只能保证恢复到上一次备份的时间点。从上一次备份到系统崩溃这段时间的所有提交的数据可能丢失。这对银行、电信或证券交易等数据库系统是完全不可以接受的。在非归档模式下备份和恢复时都要关闭数据库系统，这对那些每天 24 小时、每周 7 天运营的数据库也是完全无法接受的。第 18 章已经详细地介绍了在归档模式下的联机备份，但是备份并不是目的，数据库的完全恢复才是终极目标。本章将详细介绍在归档模式下的恢复，特别是联机恢复。

19.1　在归档模式下的介质恢复

这里所说的恢复是指介质恢复，即磁盘或操作系统文件损坏的恢复。在联机恢复时首先将要恢复的文件或表空间设为脱机（**Offline**），但是不包括系统表空间或活动的还原表空间。之后修复（**Restore**）损坏的操作系统文件，即将备份的物理文件复制回数据库中原来的位置。最后再将写在归档日志文件和联机重做日志文件的所有提交的数据（从备份到数据文件崩溃这段时间提交的数据）恢复（**Recover**）过来。可以使用如下的表达式来表示这一过程：

Restore 将数据文件带回到过去（备份的时间点）+ Recover 恢复从备份到数据文件崩溃这段时间内所有提交的数据 => 数据库的完全恢复（所有提交的数据都恢复）。

需要说明的是，Restore 和 Recover 在有些中文书中都被翻译成"恢复"，其实这两个单词有很大的差别。这两个词都是由两部分构成的：前缀 Re 后面跟一个动词，Re 的意思是重新，store 的含义是存放或存储，而 cover 是盖上或覆盖。因此 Restore 的含义就是将数据文件重新存放回原来的位置（存在数据库中原来位置的文件已经坏了）。而 Recover 的原意是（伤口）愈合，在这里的含义是：当 Restore 成功之后数据文件回到了备份的时间点，从备份到数据文件崩溃之间所丢失的数据就好像在数据文件上留下了一个伤口，而 Recover 使这个伤口得以愈合。

这也说明了很多情况下在一种语言中的某个单词很难在另外一种语言中找到意思完全相同的对应单词。

在归档模式下进行数据库全恢复时数据库所经过的状态如下：

（1）利用备份修复（Restores）损坏或丢失的数据文件，即将备份的操作系统文件复制回数据库中原来的位置（成功之后，数据文件已经回到了过去）。

（2）将从备份到系统崩溃这段时间内的所有提交数据由归档日志文件和联机重做日志文件中还原成数据文件所需的数据块（恢复），这也叫前滚（Roll Forward）。

（3）此时数据库中包含了所有的提交数据，也可能包含没有提交的数据。

（4）系统使用还原（回滚）数据块回滚未提交的数据，这也叫回滚或事物恢复（Transaction Recovery）。

（5）最后，数据库到达了已恢复的状态。

在归档模式下，既可以进行数据库的完全恢复也可以进行数据库的不完全恢复。数据库的完全恢复就是所有提交的数据都得以恢复，而数据库的不完全恢复是将数据库恢复到系统崩溃之前的某个时间点。一般数据库的不完全恢复都是在完全恢复无法进行的情况下采取的一种不得已的恢复方法，这种恢复方法丢失数据在所难免。造成数据库不完全恢复的主要原因是数据库的管理和维护有问题，管理和维护良好的数据库一般不会出现这种情况。数据库不完全恢复是应该尽量避免的。

基于以上原因和本书的篇幅所限，本书将不介绍数据库的不完全恢复方法。另外，从 Oracle 10g 开始，Oracle 引入了闪回技术。利用这一技术在一些情况下可以很简单而方便地完成数据库不完全恢复。

19.2　数据库的完全恢复

在对数据库完全恢复时要进行如下的操作：
- ➔ 将要恢复的文件或表空间设为脱机（Offline），但是不包括系统表空间或活动的还原（回滚）表空间。
- ➔ 仅修复（Restore）损坏的或丢失的操作系统文件，不修复（Restore）其他的任何文件。
- ➔ 恢复（Recover）数据文件。

所谓修复（Restore）损坏的或丢失的操作系统文件就是使用操作系统命令或其他工具将备份的数据文件复制回来以替换已经损坏的或丢失的操作系统文件。恢复（Recover）就是使用 SQL*Plus 的 RECOVER 命令将从备份开始到数据文件崩溃这段时间内所有提交的数据从归档日志文件或重做日志文件写回到修复的数据文件中。这一操作可以自动执行。

归档模式下的数据库全恢复具有很多优点，现在归纳如下：
- ➔ 在恢复时不必关闭数据库，这对那些每天 24 小时、每周 7 天运营的数据库是必须的和至关重要的，如银行或电信数据库系统。
- ➔ 所有的提交数据都可以恢复，这对证券交易等金融系统是必须的，因为丢失一笔交易就可能是几千万甚至上亿元的损失。
- ➔ 仅需要修复损坏的或丢失的数据文件。也就是说其他的没有出问题的文件并不受到影响，这使得数据库更加稳定和可靠。
- ➔ 恢复的全部时间=将损坏的或丢失的数据文件的备份复制回数据库的时间+使用归档日志文件或重做日志文件恢复提交的数据所用的时间。对大型和超大型数据库来说，其数据量可以达到几百 GB 以上。现在为了要恢复一个几十 MB 的文件，这种恢复方法非常快捷。

事物都是一分为二的，归档模式下的数据库全恢复同样也不例外，既然它有那么多优点，就一定存在着缺陷。现将它的缺点归纳如下：
- ➔ 数据库必须运行在归档模式下，这会增大系统的内存和 CPU 的开销，也会消耗一些硬盘空间。
- ➔ 必须保证所有的归档日志文件完好无损，如现在归档文件的序列号为 368，但是序列号为 344 的归档文件损坏了，Oracle 只能保证数据库可以恢复到 344 号归档文件之前。因此归档文件必须精心地保护，这也就增加了数据库管理和维护的负担。
- ➔ 对 DBA 知识和技能的要求明显提高，因为在这样的恢复过程中任何失误对数据库来说都可能是灾难性的，即可使数据库变为无法恢复。

以上 3 个缺点中，个人认为第 3 点可能是最重要的。尽管一些公司在解释它们的数据库为什么运行在非归档模式时常常说是为了节省系统资源和提高效率，但是现在的计算机硬件归档模式所消耗的系统资源可以说是很小的，甚至可以不考虑。他们不使用归档模式的根本原因是他们的 DBA 没有足够的知识和技能（有的公司就没设 DBA 这一职位）。如果读者留意过这方面的招聘广告可以发现，一般招管理 24×7 的数据库的 DBA 时都要求应征者必须有管理数据库方面的经验，因为没有哪个公司敢把这么重要的数据库交给一个"二把刀"管理，更别说做联机备份和联机恢复了。

19.3　RECOVER 命令及与恢复有关的数据字典

19.2 节介绍的恢复（Recover）**就是使用 SQL*Plus 的 RECOVER 命令将所需的所有提交的数据从**

归档日志文件或重做日志文件写回到修复的数据文件中。下面详细地讲解 RECOVER 命令的具体用法。Oracle 提供了如下 3 个 SQL*Plus 的恢复命令：

- recover [automatic] database;
  该命令只能在数据库加载（mount）状态时使用。有不少这方面的书中说是在数据库关闭（closed）状态使用这一命令，但是这里的关闭状态是指加载（mount）状态，因为在恢复时 Oracle 要使用控制文件，数据库在 mount 或 open 状态时控制文件才可以访问。

- recover [automatic] tablespace "表空间号" | "表空间名";
  该命令只能在数据库打开（open）状态时使用。

- recover [automatic] datafile "数据文件名" | "数据文件号";
  该命令既可以在数据库加载（mount）状态时使用，也可以在数据库打开（open）状态时使用。

以上命令大小写无关，方括号中为可选项，automatic 表示自动搜寻和恢复归档日志文件及联机重做日志文件中提交的数据。在以上的 3 个 SQL*Plus 恢复命令之前都可以加上 alter database，如 alter database recover [automatic] database;。有些专家认为从软件工程的角度考虑，在使用 recover 命令时最好是加上 alter database。因为这样与其他的 SQL 语句更加一致，同时也增加了易读性。但是我个人的意见是最好不加，因为 DBA 此时的工作是救火，要以最快的速度将数据库恢复过来，少输入 10 多个字符速度当然就快了，而且也减少了出错的概率，所以 DBA 很少考虑代码的重用与易读性。其实 DBA 所用的恢复命令重用的概率相当低，因为没有哪个数据库会三天两头崩溃的。

学会了 RECOVER 命令之后，可能有读者会问：怎样才能获取与恢复相关的信息呢？答案是使用数据字典。除了读者可能已经熟悉的数据字典 dba_data_files、dba_tablespaces 和 v$datafile 之外，还有两个在恢复时可能经常使用的数据字典——v$recover_file 和 v$recovery_log。为了便于讲解，还是通过例子来解释这些数据字典的功能和使用方法。首先使用例 19-1 的 SQL 查询语句获取数据库中所有数据文件的文件号、文件名和对应的表空间名（读者可能要先使用 SQL*Plus 的格式化语句以得到清晰的输出显示）。

例 19-1

```
SQL> select file_id, file_name, tablespace_name
  2  from dba_data_files;
                                                      TABLESPACE_NAME
 FILE_ID FILE_NAME
---------- ------------------------------------------- ----------------
       4 F:\ORACLE\PRODUCT\10.2.0\ORADATA\MOON\USERS01.DBF      USERS
       3 F:\ORACLE\PRODUCT\10.2.0\ORADATA\MOON\SYSAUX01.DBF     SYSAUX
       2 F:\ORACLE\PRODUCT\10.2.0\ORADATA\MOON\UNDOTBS01.DBF    UNDOTBS1
       1 F:\ORACLE\PRODUCT\10.2.0\ORADATA\MOON\SYSTEM01.DBF     SYSTEM
       5 F:\ORACLE\PRODUCT\10.2.0\ORADATA\MOON\EXAMPLE01.DBF    EXAMPLE
       6 F:\DISK3\MOON\PIONEER_DATA.DBF                         PIONEER_DATA
       7 F:\DISK4\MOON\PIONEER_INDX.DBF                         PIONEER_INDX
```

已选择 7 行。

之后，使用例 19-2 的 SQL 查询语句获取数据库中所有表空间当前的状态。

例 19-2

```
SQL> select tablespace_name, status
  2  from dba_tablespaces;
TABLESPACE_NAME    STATUS
---------------- -------
SYSTEM             ONLINE
UNDOTBS1           ONLINE
SYSAUX             ONLINE
```

```
TEMP              ONLINE
USERS             ONLINE
EXAMPLE           ONLINE
PIONEER_DATA      ONLINE
PIONEER_INDX      ONLINE
```

已选择 8 行。

接下来，使用例 19-3 的 SQL 查询语句获取数据库中所有数据文件的当前状态。

例 19-3

```
SQL> select file#, status from v$datafile;
     FILE# STATUS
---------- ------
         1 SYSTEM
         2 ONLINE
         3 ONLINE
         4 ONLINE
         5 ONLINE
         6 ONLINE
         7 ONLINE
```

已选择 7 行。

为了标识需要恢复的数据文件以及恢复从何处开始，可以使用例 19-4 的 SQL 查询语句从数据字典 v$recover_file 获取相关的信息。

例 19-4

```
SQL> SELECT * FROM v$recover_file;
未选定行
```

由于目前数据库一切正常，所以例 19-4 查询显示的结果什么也没有。为了定位在恢复期间所需的归档日志文件，可以使用例 19-5 的 SQL 查询语句从数据字典 v$recovery_log 中获取相关的信息。

例 19-5

```
SQL> select * from v$recovery_log;
未选定行
```

由于目前数据库一切正常，所以例 19-5 查询显示的结果同样是什么也没有。接下来的操作不但要演示以上这些数据字典的用法，而且还将演示表空间脱机与表空间所对应的数据文件脱机的细微差异。下面使用例 19-6 的 Oracle 命令将表空间 pioneer_indx 设为脱机。

例 19-6

```
SQL> alter tablespace pioneer_indx offline;
表空间已更改。
```

之后，使用例 19-7 的 SQL 查询语句再次从数据字典 dba_tablespaces 获取数据库中 PIONEER_INDX 表空间当前的状态。

例 19-7

```
SQL> select tablespace_name, status
  2  from dba_tablespaces
  3  where tablespace_name ='PIONEER_INDX';
TABLESPACE_NAME STATUS
--------------- -------
PIONEER_INDX    OFFLINE
```

从例 19-7 的 SQL 查询语句显示的结果可以看出：表空间 pioneer_indx 的状态已经变为脱机

（OFFLINE）。现在，使用例 19-8 的 SQL 查询语句再次从数据字典 v$datafile 获取数据库中第 7 号数据文件当前的状态。

例 19-8

```
SQL> select file#, status from v$datafile where file# = 7;
    FILE# STATUS
---------- --------
        7 OFFLINE
```

从例 19-8 的 SQL 查询语句显示的结果可以看出：第 7 号数据文件的状态已经变为脱机（OFFLINE）。现在，使用例 19-9 的 SQL 查询语句再次从数据字典 v$recover_file 获取数据库中所有数据文件当前的与备份相关的信息。

例 19-9

```
SQL> select * from v$recover_file;
    FILE# ONLINE  ONLINE_ ERROR                CHANGE# TIME
---------- ------- ------- -------------------- ---------- ----
        7 OFFLINE OFFLINE OFFLINE NORMAL             0
```

现在解释例 19-9 的 SQL 查询语句显示的结果中相应列的具体含义。

➘ 第 2 列是为了与早期的 Oracle 版本兼容而保留的。例 19-9 的显示的结果表明第 7 号数据文件已经脱机（OFFLINE）。

➘ 第 4 列 ERROR 显示的结果有两种可能：

   ✧ OFFLINE NORMAL 表示该数据文件在设置为联机（ONLINE）之前不需要进行恢复。

   ✧ NULL 表示该数据文件脱机（OFFLINE）的原因不清楚。

➘ 第 6 列 CHANGE#显示恢复所需的起始 SCN 号（System Change Number）。

接下来，再次使用例 19-10 的 SQL 查询语句从数据字典 v$recovery_log 中获取相关的信息。

例 19-10

```
SQL> select * from v$recovery_log;
未选定行
```

由于是将表空间 pioneer_indx 正常脱机，所以例 19-10 查询显示的结果还是什么也没有。为了了解数据字典 v$recovery_log 中到底有哪些列，使用例 19-11 的 SQL*Plus 命令显示它的表结构。

例 19-11

```
SQL> desc v$recovery_log
名称                                        是否为空？   类型
----------------------------------------- --------  --------------
THREAD#                                             NUMBER
SEQUENCE#                                           NUMBER
TIME                                               DATE
ARCHIVE_NAME                                        VARCHAR2(513)
```

例 19-11 显示的结果中，SEQUENCE#为归档日志文件的序列号；ARCHIVE_ NAME 为归档日志文件名（包括绝对目录和文件名）；THREAD#一般只有在集群（Real Application Cluster）时有意义。下面使用例 19-12 的 Oracle 命令再将表空间 pioneer_indx 重新设回为联机（online），之后再观察相关数据字典中有关列的变化。

例 19-12

```
SQL> alter tablespace pioneer_indx online;
表空间已更改。
```

接下来，分别使用例 19-13～例 19-16 的 SQL 查询语句再次从相同的数据字典中获取相应的信息。

例 19-13
```
SQL> select tablespace_name, status
  2  from dba_tablespaces
  3  where tablespace_name ='PIONEER_INDX';
TABLESPACE_NAME STATUS
--------------- ------
PIONEER_INDX    ONLINE
```

例 19-14
```
SQL> select file#, status from v$datafile where file# = 7;
    FILE# STATUS
---------- ------
        7 ONLINE
```

例 19-15
```
SQL> SELECT * FROM v$recover_file;
未选定行
```

例 19-16
```
SQL> select * from v$recovery_log;
未选定行
```

从例 19-13~例 19-16 查询显示的结果可以看出：第 7 号数据文件的所有状态又恢复到最初的状态。接下来，使用例 19-17 的 Oracle 命令将第 7 号数据文件设为脱机（offline）状态，而不是相应的表空间。之后仔细地观察相应数据字典中信息的微妙变化。

例 19-17
```
SQL> alter database datafile 7 offline;
数据库已更改。
```

现在，使用例 19-18 的 SQL 查询语句再次从数据字典 v$datafile 获取数据库中第 7 号数据文件当前的状态。

例 19-18
```
SQL> select file#, status from v$datafile where file# = 7;
    FILE# STATUS
---------- -------
        7 RECOVER
```

观察得知数据字典 v$datafile 中第 7 号数据文件中 STATUS 这一列的值已经变为 RECOVER，而在之前将表空间设为脱机时它的值是 OFFLINE。之后，使用例 19-19 的 SQL 语句再次从数据字典 dba_tablespaces 获取数据库中 PIONEER_INDX 表空间当前的状态。

例 19-19
```
SQL> select tablespace_name, status
  2  from dba_tablespaces
  3  where tablespace_name ='PIONEER_INDX';
TABLESPACE_NAME STATUS
--------------- -------
PIONEER_INDX    ONLINE
```

仔细地观察数据字典 dba_tablespaces 中 PIONEER_INDX 表空间中 STATUS 这一列的值：它的值并没有因为它所对应的数据文件脱机（OFFLINE）而发生任何变化，仍然保持为联机（ONLINE）状态。接下来，再次使用例 19-20 和例 19-21 的 SQL 查询语句分别从数据字典 v$recover_file 和 v$recovery_log 中获取相关的信息。

例 19-20

```
SQL> select * from v$recover_file;
    FILE# ONLINE  ONLINE_ ERROR                    CHANGE#   TIME
--------- ------- ------- -------------------- --------- ---------
        7 OFFLINE OFFLINE                        4177500   29-12 月-07
```

例 19-21

```
SQL> select * from v$recovery_log;
未选定行
```

从例 19-21 的查询显示结果可以看出：它们的显示与将表空间设为脱机没有任何区别，但是例 19-20 的显示却有一点差别，因为第 7 号数据文件的 ERROR 的列显示为 NULL，这表示第 7 号数据文件脱机的原因不清楚。

从以上的演示可以看出：将表空间设为脱机与将该表空间所对应的数据文件设为脱机之间还是有一些细微的差别。它们之间的差别还不仅如此，下面使用例 19-22 的 Oracle 命令将第 7 号数据文件重新设为联机。

例 19-22

```
SQL> alter database datafile 7 online;
alter database datafile 7 online
*
第 1 行出现错误:
ORA-01113: 文件 7 需要介质恢复
ORA-01110: 数据文件 7: 'F:\DISK4\MOON\PIONEER_INDX.DBF'
```

例 19-22 命令显示的结果表明：第 7 号数据文件（F:\DISK4\MOON\PIONEER_ INDX.DBF）需要介质恢复，也就是说在它恢复之前是不能重新设回为联机的。因此可以使用例 19-23 的命令恢复第 7 号数据文件。

例 19-23

```
SQL> recover datafile 7;
完成介质恢复。
```

之后，就可以再使用例 19-24 的 Oracle 命令将第 7 号数据文件重新设为联机了。

例 19-24

```
SQL> alter database datafile 7 online;
数据库已更改。
```

最后，可以再次分别使用与例 19-2～例 19-5 完全相同的 SQL 查询语句从相关的数据字典中重新获取相应的信息，之后可以发现第 7 号数据文件的所有状态又恢复到最初的状态。限于篇幅，这里就不再重复这些查询语句了，有兴趣的读者可以自己构造。

尽管有些这方面的书籍或文章说表空间脱机与对应的数据文件脱机之间没什么差别，但是通过以上的演示读者可以发现，将表空间设为脱机与将该表空间所对应的数据文件设为脱机之间是存在着一些微妙差别的。

🔊 提示：

读者在进行数据库维护时应该尽量使用将表空间设为脱机的方法，因为这样会使操作更清晰、更简单、更一致，因为在所有的操作系统上将表空间设为脱机的操作都是一样的。

19.4 RECOVER 期间归档日志文件的使用

在恢复期间，Oracle 服务器从 LOG_ARCHIVE_DEST_n 所定义的目录中获取所需的归档日志文件。

但是在某些情况下，有可能归档日志文件没有或无法存在于 LOG_ARCHIVE_DEST_n 所定义的目录中。这时又该如何处理呢？**Oracle 提供了如下重新指定归档日志文件所在目录（位置）的方法。**

➥ 使用 RECOVER FROM "归档日志文件所在的新目录" DATABASE 命令。

➥ 使用 ALTER SYSTEM ARCHIVE LOG START TO "归档日志文件所在的新目录";命令。

➥ 在 RECOVER 发出如下提示信息时指定归档日志文件所在的新目录和文件名：

```
Specify log: {<RET>=suggested | filename | AUTO | CANCEL}
```

在恢复（RECOVER）期间，Oracle 服务器既可以手动也可以自动地获取所需的归档日志文件和联机重做日志文件。由于在生产或商业数据库环境中 DML 操作量很大，所以在进行数据库恢复时需要许多归档日志文件。这也使得手动获取所需的归档日志文件变成一件令人望而生畏的工作，因此在真正的数据库恢复中一般都使用自动获取所需的归档日志文件。Oracle 提供了如下自动获取所需的归档日志文件的方法。

➥ 在系统提示日志文件时输入 auto，例如：

```
SQL> RECOVER datafile 6
ORA-00279: change 306620...12/28/12 18:00:16 needed for thread 1
ORA-00289: suggestion : /ORADATA/ARCHIVE1/arch_38.arc
ORA-00280: change 306620 for thread 1 is in sequence #38
Specify log: {<RET>=suggested | filename | AUTO | CANCEL}
AUTO
Log applied.
```

➥ 在 RECOVER 命令中使用 AUTOMATIC 选项，例如：

```
SQL> RECOVER AUTOMATIC datafile 6
```

➥ 在开始进行介质恢复之前，输入如下的 SQL*Plus 命令：

```
SQL> SET AUTORECOVERY ON
```

19.5 获取 SQL*Plus 命令的信息和使用方法

在前面的介绍中一直说 RECOVER 是 SQL*Plus 的命令，那么是怎样知道它是 SQL*Plus 的命令而不是 SQL 的命令的呢？其实，在之前的章节中所介绍的命令也是一样，有些是 SQL*Plus 的命令而有些是 SQL 的命令。有没有一种简单的方法得到所有的 SQL*Plus 的命令呢？答案是肯定的，在 SQL*Plus 中使用 help 命令。首先使用例 19-25 获取 help 命令的使用方法。

例 19-25

```
SQL> help
HELP
----
Accesses this command line help system. Enter HELP INDEX or ? INDEX
for a list of topics. In iSQL*Plus, click the Help button to display
iSQL*Plus online help.
You can view SQL*Plus resources at http://otn.oracle.com/tech/sql_plus/
and the Oracle Database Library at http://otn.oracle.com/documentation/

HELP|? [topic]
```

根据例 19-25 的显示输出，输入例 19-26 的 SQL*Plus 的 help index 命令列出 SQL*Plus 的全部命令。

例 19-26

```
SQL> help index
```

```
Enter Help [topic] for help.
@               COPY            PAUSE           SHUTDOWN
 @@             DEFINE          PRINT           SPOOL
 /              DEL             PROMPT          SQLPLUS
ACCEPT          DESCRIBE        QUIT            START
......
```

例 19-26 的显示输出列出了 SQL*Plus 的全部命令，其中有不少以前介绍过也使用过的，当然也包括刚刚介绍的 RECOVER 命令。如果对某一个命令很感兴趣，想知道它的确切含义和用法，可使用 help "命令名"。如想知道 RECOVER 命令的确切含义和用法，可以使用例 19-27 所示的方法。

例 19-27

```
SQL> help recover

 RECOVER
 -------
Performs media recovery on one or more tablespaces, one or more
datafiles, or the entire database.

Because of possible network timeouts, it is recommended that you
use SQL*Plus command-line, not iSQL*Plus, for long running DBA
operations such as RECOVER.

RECOVER {general | managed} | BEGIN BACKUP | END BACKUP}
......
```

例 19-27 的显示输出列出了 RECOVER 命令的确切含义和用法，其中最后一行的 "……" 表示省略了后面的显示输出（目的是节省篇幅）。现在请读者仔细阅读以上显示输出的第 2 段英文。它建议在运行长的 DBA 操作时（如 RECOVER），尽量使用 SQL*Plus 命令行工具而不是 iSQL*Plus。现在读者应该理解本书一直强调作为 Oracle 的从业人员必须会熟练地使用 SQL*Plus 命令的苦心了。

🔊 提示：

> 不仅是 iSQL*Plus，其他的图形工具也没有 SQL*Plus 稳定。因为在数据库出现故障时，许多图形工具包括 iSQL*Plus 可能无法正常工作，所以此时 SQL*Plus 命令行工具就成了数据库系统的最后一根救命稻草。不仅如此，在所有的 Oracle 数据库系统中都肯定会有 SQL*Plus 命令行工具，而且不同版本中命令的差异很小，其中也包括标准版。这也是为什么本书在介绍备份与恢复方法中全部使用命令行。虽然它可能不是最简单的方法，但却是一种最有效可靠的方法，更是在所有的 Oracle 版本中都可以放心使用的方法，是一种 "放之四海而皆准" 的方法。

做了这么多准备工作，下面就介绍真正的数据库完全恢复方法。

19.6　数据库完全恢复方法

Oracle 在分析了大量的数据库系统应用之后，总结出如下 4 种数据库完全恢复方法。这 4 种方法可以说已经涵盖了绝大多数的数据库应用环境。它们是：

- ➘　在数据库最初处于打开的状态下，进行开启数据库（Open Database）的恢复。
- ➘　在数据库最初处于关闭的状态下，进行开启数据库的恢复。
- ➘　恢复没有备份的数据文件。
- ➘　在关闭的状态下进行数据库的恢复。

在进行以上任何一种数据库恢复时，都需要所需的归档日志文件必须存在于 Oracle 服务器可以访问的磁盘上，如果归档日志文件存在于磁带上，必须将它们先复制到磁盘上，之后才能开始真正的数据库恢复工作。

在这 4 种数据库完全恢复方法中，第 2 种有些令人费解。曾有不少学生问我："既然数据库已经关闭了，那就先进行数据库关闭状态下的恢复，等恢复成功了重新启动数据库不就行了吗？"现在请读者想想他们的想法是否正确？他们的思路有一定的道理，最起码对微机上的小型数据库我们经常是这样做的。但是面对大型的每天 24 小时、每周 7 天运营的商业数据库时，如银行、电信和证券交易数据库，**根本就不应该这样做。因为对于这些数据库来说分分秒秒都是钱，即数据库每多关闭一分钟公司都要损失很多钱。在管理和维护这样的数据库系统时，如果数据库崩溃了，DBA 所要做的第一件事不是恢复数据库，而是想尽一切办法以最快的速度将数据库启动，哪怕带着问题。之后再考虑找到问题所在和恢复损坏的数据文件等。因为如果数据库有几十个或几百个表空间，使用这一方法在恢复一个表空间时，其他的表空间都可以照样对外提供服务。这样的处理方法对公司所造成的损失是最小的。**

在介绍完了这 4 种数据库完全恢复方法的概况之后，下面将详细介绍每一种恢复方法的适用环境和具体的操作步骤。

19.7　最初处于打开状态下进行的开启数据库恢复

第 1 种恢复方法，即在数据库最初处于打开的状态下进行开启数据库的恢复通常适用于如下情形：

➡ 所需恢复的数据文件不属于系统（system）表空间或还原（undo）/回滚（rollback）段表空间。

➡ 磁介质的损坏、数据文件的崩溃或数据文件的丢失并未造成数据库的关闭。

➡ 数据库是以每天 24 小时、每周 7 天运营的方式操作的，数据库的宕机时间必须保持最小。

介绍完这种恢复方法的适用情形，下面介绍其具体操作步骤，主要如下：

（1）使用数据字典 dba_data_files 获取要恢复的数据文件与所对应的表空间及它们的相关信息。

（2）使用数据字典 dba_tablespaces 获取要恢复的表空间是处在脱机还是联机状态，也可以使用数据字典 v$datafile 确认要恢复的数据文件是处在脱机还是联机状态。

（3）如果表空间处在联机状态，要先将该表空间设为脱机状态，也可以将数据文件设为脱机。如果它们已经处在脱机状态，这一步就不用了。

（4）使用操作系统复制命令将备份的数据文件复制回数据库中原来的位置。如果是硬盘损坏了，就要将备份的数据文件复制到其他的硬盘上，之后使用 ALTER 命令修改数据文件名。在这里要注意的是千万不要先修硬盘，因为修理硬盘的时间可能太长。

（5）使用 RECOVER 命令将所有提交的数据从归档日志文件和重做日志文件重新写入已经修复的数据文件。在这里既可以使用 RECOVER TABLESPACE "表空间名"命令，也可以使用 RECOVER DATAFILE "数据文件名"命令。

（6）当恢复完成后使用 ALTER TABLESPACE 或 ALTER DATABASE 命令将表空间或数据文件重新设置为联机状态。

（7）如果恢复时，是将备份的数据文件复制到其他的硬盘上，应该再次使用数据字典 dba_data_files 获取要恢复的数据文件与所对应的表空间，以确认数据文件已经复制到正确的位置。

（8）再次使用数据字典 dba_tablespaces 获取所恢复的表空间是否处在联机状态，也可以使用数据字典 v$datafile 确认所恢复的数据文件是否处在联机状态。

🔊 提示：

将表空间设置为脱机时，该表空间所对应的所有数据文件都脱机，也就是表空间中所有的数据都不能访问。在一个表空间基于多个数据文件的情况下，当将一个数据文件脱机时，只有这个数据文件中的数据不可以访问，而其他文件中的数据照样可以访问。

还需要说明的一点是，Oracle 服务器有时可以检测到有问题的数据文件并且自动地将这个文件设置为脱机状态。有关的出错信息会写到报警文件（alert log file），因此在进行恢复之前，应该查看报警文件中的出错信息并用数据字典检查数据文件或表空间的状态。

19.8 最初处于关闭状态下进行的开启数据库恢复

第 2 种恢复方法，即在数据库最初处于关闭的状态下进行开启数据库的恢复通常适用如下情形：
- 所需恢复的数据文件不属于系统表空间或还原/回滚段表空间。
- 介质的损坏、硬件的损毁或数据文件的丢失已经造成了数据库的关闭。
- 数据库是以每天 24 小时、每周 7 天运营的方式操作的，数据库的宕机时间必须保持最小。

介绍完这种恢复方法的适用情形，下面介绍其具体操作步骤，主要如下：

（1）使用 STARTUP MOUNT 命令加载数据库。因为损坏的数据文件不能打开，所以数据库无法打开。

（2）使用数据字典 v$datafile 确认要恢复的数据文件的文件名。这种情况下不能使用数据字典 dba_tablespaces，因为该数据字典只能在数据库开启状态下使用。

（3）使用 ALTER DATABASE datafile "数据文件名" offline; 命令将出问题的数据文件设为脱机。这种情况下也不能使用 ALTER TABLESPACE 命令将出问题的表空间设为脱机，因为该命令也只能在数据库开启状态下使用。

（4）使用 ALTER DATABASE OPEN 命令将数据库打开。因为出问题的数据文件已经脱机，所有其他的数据文件都是同步的。

（5）使用操作系统复制命令将备份的数据文件复制回数据库中原来的位置。如果是硬盘损坏了，就要将备份的数据文件复制到其他的硬盘上，之后使用 ALTER 命令修改数据文件名。

（6）使用 RECOVER 命令将所有提交的数据从归档日志文件和重做日志文件重新写入已经修复的数据文件。在这里既可以使用 RECOVER TABLESPACE "表空间名" 命令，也可以使用 RECOVER DATAFILE "数据文件名" 命令。

（7）当恢复完成后，使用 ALTER TABLESPACE 或 ALTER DATABASE 命令将表空间或数据文件重新设置为联机状态。

（8）如果恢复时，是将备份的数据文件复制到其他的硬盘上，应该再次使用数据字典 dba_data_files 获取所恢复的数据文件与所对应的表空间，以确认数据文件已经复制到正确的位置。

（9）再次使用数据字典 dba_tablespaces 获取所恢复的表空间是否处在联机状态，也可以使用数据字典 v$datafile 确认要恢复的数据文件是否处在联机状态。

为了使读者更好地理解第（2）步，下面通过在 Oracle 数据库上实际的操作来演示数据字典 v$datafile 和 dba_tablespaces 之间的差异。首先读者必须以 as sysdba 身份登录 Oracle 数据库，之后使用例 19-28 的命令立即关闭数据库。

例 19-28

```
SQL> shutdown immediate
数据库已经关闭。
已经卸载数据库。
ORACLE 例程已经关闭。
```

接下来，使用例 19-29 的命令立即以加载方式启动数据库。

例 19-29

```
SQL> startup mount
ORACLE 例程已经启动。

Total System Global Area  612368384 bytes
Fixed Size                  1250428 bytes
Variable Size             155192196 bytes
Database Buffers          448790528 bytes
Redo Buffers                7135232 bytes
数据库装载完毕。
```

现在，使用例 19-30 的 SQL 查询语句从数据字典 v$datafile 获取数据库中所有数据文件当前的状态。

例 19-30

```
SQL> select file#, status from v$datafile;
    FILE# STATUS
--------- ------
        1 SYSTEM
        2 ONLINE
        3 ONLINE
        4 ONLINE
        5 ONLINE
        6 ONLINE
        7 ONLINE

已选择 7 行。
```

例 19-30 查询语句的显示结果表明：当数据库处在加载方式时，可以使用 v$datafile 这个数据字典。紧接着使用例 19-31 的 SQL*Plus 命令来显示数据字典 dba_tablespaces 的表结构。

例 19-31

```
SQL> desc dba_tablespaces
ERROR:
ORA-04043: 对象 dba_tablespaces 不存在 ORACLE 例程已经启动。
```

例 19-31 的 SQL*Plus 命令显示结果表明：当数据库处在加载方式时不能使用数据字典 dba_tablespaces。现在，使用例 19-32 的命令将数据库切换到打开状态。

例 19-32

```
SQL> alter database open;
数据库已更改。
```

最后，再分别使用例 19-33 的 SQL 语句和例 19-34 的 SQL 语句查询数据字典 v$datafile 和 dba_tablespaces。

例 19-33

```
SQL> select file#, status from v$datafile;
    FILE# STATUS
--------- ------
        1 SYSTEM
        2 ONLINE
        3 ONLINE
        4 ONLINE
        5 ONLINE
        6 ONLINE
        7 ONLINE
```

已选择 7 行。

例 19-34

```
SQL> select tablespace_name, status
  2  from dba_tablespaces;
TABLESPACE_NAME              STATUS
--------------------------   --------
SYSTEM                       ONLINE
UNDOTBS1                     ONLINE
SYSAUX                       ONLINE
TEMP                         ONLINE
USERS                        ONLINE
EXAMPLE                      ONLINE
PIONEER_DATA                 ONLINE
PIONEER_INDX                 ONLINE
```

已选择 8 行。

例 19-33 和例 19-34 的 SQL 语句查询的结果清楚地表明：当数据库处在打开状态时，既可以使用数据字典 v$datafile，也可以使用数据字典 dba_tablespaces。现在读者应该清楚它们在数据库不同状态之间用法上的差异了吧？

19.9　恢复没有备份的数据文件

第 3 种恢复方法，即在数据文件崩溃之前该文件没有任何备份的情况下，恢复这个数据文件的方法通常适用如下情形：

❧　所需恢复的数据文件不属于系统表空间或还原/回滚段表空间。

❧　由于介质损坏或用户错误导致数据文件的丢失，但是这个数据文件从来就没有备份过。

❧　从这个数据文件创建以来所有的归档日志文件都完好无损。

如果哪个公司真的使用了这种恢复方法，就说明该公司的数据库管理和维护非常混乱，可以说 DBA 有不可推卸的责任。可能的情况是这样的：公司的备份是由软件服务商或顾问公司提供的，最近公司的业务有变化或增加，DBA 或其他的 Oracle 工作人员创建了一个新的表空间并且将一些表装入了该表空间，但是这一切并未通知负责数据库备份的人员。一般数据库管理到位的公司是不可能发生这种情况的，因为数据库结构的任何变化（如增加或删除表空间）都要由管理层开会决定并要协调各个部门的工作。

曾经有不少学生问我："连备份都没有，如何恢复？"读者还记得归档日志文件和联机重做日志文件吧？**因为从一个数据文件建立开始，所有提交的数据都记录在了这些文件中。那么数据文件呢？数据文件虽然丢失了，但是它的结构（描述）仍然存在于控制文件和数据字典中。因此就可以利用控制文件和数据字典中的相关信息重新建立这个数据文件的结构。**Oracle 提供了如下两个重新建立这个数据文件的结构的命令：

❧　ALTER DATABASE CREATE DATAFILE "原文件名"；
　　该命令重建与原来数据文件同名的数据文件。

❧　ALTER DATABASE CREATE DATAFILE "原文件名" AS "新文件名"；
　　该命令重建的数据文件名与原来的数据文件不同。这可能是原来文件所在的硬盘损坏了，因此数据文件无法恢复到原来磁盘所在的位置。

介绍完这种恢复方法的适用情形和如何重建数据文件的方法，下面介绍其具体操作步骤，主要如下：

（1）如果数据库是在打开状态，使用数据字典 dba_data_files 获取要恢复的数据文件与所对应的表空间的相关信息。

（2）如果数据库是在打开状态，使用数据字典 dba_tablespaces 获取要恢复的表空间是处在脱机还是联机状态，也可以使用数据字典 v$datafile 确认要恢复的数据文件是处在脱机还是联机状态。

（3）如果表空间处在联机状态，要先将该表空间设为脱机状态，也可以将数据文件设为脱机。如果它们已经处在脱机状态，这一步可省略。如果数据库已经关闭，使用 STARTUP MOUNT 命令加载数据库。随后，使用 ALTER DATABASE datafile "数据文件名" offline; 命令将出问题的数据文件设为脱机。最后，使用 ALTER DATABASE OPEN; 将数据库打开。

（4）使用数据字典 v$recover_file 查看数据文件的恢复状态，此时 ERROR 列的显示应该为 FILE NOT FOUND，CHANGE#列的显示应该为 0，而 TIME 列应该没有显示输出。

（5）使用 ALTER DATABASE CREATE DATAFILE 命令重建数据文件的结构（描述）。

（6）使用数据字典 v$recover_file 确认数据文件的恢复状态，此时 ERROR 列应该没有显示输出，CHANGE#列和 TIME 列的显示都有了新值。

（7）使用 RECOVER 命令将所有提交的数据从归档日志文件和重做日志文件重新写入已经修复的数据文件。在这里既可以使用 RECOVER TABLESPACE "表空间名" 命令，也可以使用 RECOVER DATAFILE "数据文件名" 命令。

（8）当恢复完成后，使用 ALTER TABLESPACE 或 ALTER DATABASE 命令将表空间或数据文件重新设置为联机状态。

（9）使用数据字典 dba_data_files 获取所恢复的数据文件与所对应表空间的相关信息。

（10）使用数据字典 dba_tablespaces 获取所恢复的表空间是处在脱机还是联机状态，也可以使用数据字典 v$datafile 确认要恢复的数据文件是处在脱机还是联机状态。

19.10　在关闭的状态下进行数据库的恢复

一般商业数据库在业务进行期间都是先试着使用开启数据库（Open Database）的恢复，只有这种方法不能进行时，才考虑使用在关闭的状态下进行数据库的恢复。第 4 种恢复方法，即在数据库处于关闭状态下进行的数据库恢复，通常适用如下情形：

➥　**所需恢复的数据文件属于系统表空间或当前的还原/回滚段表空间。**

➥　整个数据库或大多数数据文件都需要恢复。

➥　数据库不是以每天 24 小时、每周 7 天运营的方式操作的，数据库在工作期间可以关闭。

有行家认为："如果恢复的数据量已经接近或超过数据库数据总量的一半或以上，应该尽量使用这种方法来恢复数据库。"这是因为在这种情况下，关闭数据库的恢复与开启数据库的恢复时间差别不大，但是关闭数据库的恢复更安全、更可靠。解释完了这种恢复方法的适用情形，下面介绍其具体操作步骤，主要如下：

（1）如果数据库是在打开状态，使用数据字典 dba_data_files 获取要恢复的数据文件与所对应的表空间及它们的相关信息。

（2）如果数据库是在打开状态，使用 shutdown 命令关闭数据库，可能要使用 abort 选项，即 shutdown abort。

（3）以加载方式启动数据库：startup mount。

（4）使用操作系统复制命令将备份的数据文件复制回数据库中原来的位置。如果硬盘损坏了，就要将备份的数据文件复制到其他的硬盘上，之后使用 ALTER 命令修改数据文件名。

（5）使用 RECOVER 命令将所有提交的数据从归档日志文件和重做日志文件重新写入已经修复的数据文件: recover database。

（6）使用 ALTER DATABASE OPEN 命令将数据库打开。

（7）如果恢复时，是将备份的数据文件复制到其他的硬盘上，应该再次使用数据字典 dba_data_files 获取所恢复的数据文件与所对应的表空间，以确认数据文件已经复制到正确的位置。

到此为止，已经详细地介绍了 4 种数据库完全恢复方法，其中包括它们的适用情形和操作的具体步骤。接下来通过实例来进一步演示恢复的具体操作。

19.11 最初在关闭状态下进行开启数据库恢复的实例

在进行这种数据库恢复之前，读者可能需要做一些准备工作。如果读者还没有做过 pioneer_data 表空间的备份，请按例 19-35～例 19-37 的命令对该表空间进行备份（如果读者已经做过 pioneer_data 表空间的备份，就可以省略这些操作）。

例 19-35

```
SQL> alter tablespace pioneer_data begin backup;
表空间已更改。
```

例 19-36

```
SQL> host copy F:\DISK2\MOON\PIONEER_DATA.DBF F:\tbsbackup\DISK2
```

例 19-37

```
SQL> alter tablespace pioneer_data end backup;
表空间已更改。
```

为了模拟由于数据文件的损坏造成数据库关闭这种情况，首先使用例 19-38 的 SQL*Plus 命令以 sysdba 身份登录 Oracle 数据库。紧接着使用例 19-39 的命令立即关闭数据库。

例 19-38

```
SQL> connect sys/oracle as sysdba
已连接。
```

例 19-39

```
SQL> shutdown immediate
数据库已经关闭。
已经卸载数据库。
ORACLE 例程已经关闭。
```

接下来，在操作系统上删除 pioneer_data 表空间所对应的操作系统文件 F:\DISK2\MOON\ PIONEER_ DATA.DBF。这就相当于由于数据文件的损坏造成了数据库关闭的情景。

做完了以上的准备工作之后，就可以使用 19.8 节所介绍的在数据库最初处于关闭的状态下进行开启数据库恢复的具体操作步骤进行恢复了。

一天，不知什么原因一个子公司的数据库突然崩溃了，数据库管理员想尽了办法就是不能将数据库打开。他也曾重新启动了计算机，但是数据库还是无法打开。此时他承受的压力是可想而知的，因为公司所有的数据都存在数据库中，包括所有的销售（sales）和客户（customers）的信息。顿时全公司员工都紧张起来。

宝儿来到现场之后简单地询问了一下情况就**立即使用例 19-40 的 SQL*Plus 命令启动数据库。**

例 19-40

```
SQL> startup
```

ORACLE 例程已经启动。

```
Total System Global Area    612368384 bytes
Fixed Size                    1250428 bytes
Variable Size               188746628 bytes
Database Buffers            415236096 bytes
Redo Buffers                  7135232 bytes
```
数据库装载完毕。
ORA-01157：无法标识/锁定数据文件 6 - 请参阅 DBWR 跟踪文件
ORA-01110：数据文件 6：'F:\DISK2\MOON\PIONEER_DATA.DBF'

📢 提示：

细心的读者可能会发现宝儿并没有使用前面介绍的方法将数据库置为 mount 状态，而是直接 startup open 数据库。这是一个技巧，其实此时数据库是无法打开的，因为表空间 pioneer_data 所对应的数据文件 F:\DISK2\MOON\PIONEER_DATA.DBF 已经不见了。但是 Oracle 可以探测出哪个文件出了问题并给出出错信息并将数据库设置成 mount 状态。这样宝儿利用系统的出错信息就可以迅速地确定有问题的文件。

当宝儿看到了系统错误信息提示之后就已经知道了是第 6 号数据文件出了问题，于是他立即使用例 19-41 的命令将该文件设为脱机。

例 19-41

```
SQL> alter database datafile 6 offline;
数据库已更改。
```

由于有问题的数据文件已经设为脱机，所以剩下的文件都是同步的，宝儿接下来立即使用例 19-42 的命令将数据库由 mount 状态直接切换成 open 状态。

例 19-42

```
SQL> alter database open;
数据库已更改。
```

📢 提示：

细心的读者可能已经注意到了，在例 19-41 中宝儿使用了文件号，而不是文件名。这样做的好处是减少了输入的字符数，也减少了出错的几率。读者必须记住，在管理和维护生产或商业数据库时，分分秒秒都是钱。所以在数据库崩溃后，数据库管理员的任务是救火，是要以最快的速度将数据库打开。此时在软件工程中所强调的语句易读性并不重要，重要的是 DBA 能以最快的速度修复数据库。另外，DBA 所使用的命令重用的概率很小，因为没有哪个 Oracle 数据库三天两头出问题。

当数据库打开之后，宝儿即刻通知不使用第 6 号数据文件的用户可以上机了。此时宝儿可以稍微喘口气了，接下来他使用例 19-43 的 SQL 命令查看第 6 号数据文件当前的状态。

例 19-43

```
SQL> select file#, status from v$datafile where file# = 6;
    FILE# STATUS
--------- -------
        6 OFFLINE
```

例 19-43 显示输出的结果表明第 6 号数据文件的状态已经是脱机。之后，宝儿又使用了例 19-44 的 SQL 语句查看与数据文件相关的恢复信息。

例 19-44

```
SQL> select * from v$recover_file;
    FILE# ONLINE  ONLINE_ ERROR            CHANGE# TIME
--------- ------- ------- ---------------- ------- ----
        6 OFFLINE OFFLINE FILE NOT FOUND         0
```

从例 19-44 显示输出的结果可以看出第 6 号数据文件已经丢失。于是，宝儿找到了该数据文件最新的备份，并使用例 19-45 的操作系统的复制命令将这个备份文件复制回第 6 号数据文件原来的目录下。

例 19-45

```
SQL> host copy F:\tbsbackup\DISK2\PIONEER_DATA.DBF F:\DISK2\MOON\PIONEER_DATA.DBF
```

然后，宝儿使用例 19-46 的 SQL*Plus 的 recover 命令对第 6 号数据文件进行恢复。

例 19-46

```
SQL> recover datafile 6
完成介质恢复。
```

当看到"完成介质恢复。"的显示输出之后，宝儿知道 Oracle 已经成功地恢复了第 6 号数据文件，所以他即刻使用了例 19-47 的 SQL 语句将 pioneer_data 表空间重新设置为联机。

例 19-47

```
SQL> alter tablespace pioneer_data online;
表空间已更改。
```

接下来，他使用例 19-48 的 SQL 语句再次查看所有数据文件当前的状态。

例 19-48

```
SQL> select file#, status from v$datafile where file# = 6;
    FILE# STATUS
--------- -------
        6 ONLINE
```

例 19-48 显示输出的结果表明：第 6 号数据文件的状态已经变为联机。这说明宝儿所做的恢复已经成功。但是宝儿是一个十分仔细的人，看到以上结果后他立即使用例 19-49 的命令切换到 pjinlian 用户。

例 19-49

```
SQL> connect pjinlian/wuda
已连接。
```

紧接着，他使用了例 19-50 的 SQL 语句来检查所恢复的表空间中所有的表是否已经恢复。

例 19-50

```
SQL> select * from cat;
TABLE_NAME                  TABLE_TYPE
--------------------------- ----------
SALES                       TABLE
CUSTOMERS                   TABLE
```

最后他又使用了例 19-51 和例 19-52 的 SQL 语句来检查所恢复的表空间中两个最重要的表——销售（sales）表和客户（customers）表中的数据是否已经得到了恢复。

例 19-51

```
SQL> select count(*) from sales;
  COUNT(*)
----------
    918843
```

例 19-52

```
SQL> select count(*) from customers;
  COUNT(*)
----------
     55500
```

当看到例 19-51 和例 19-52 的显示输出，宝儿确定所需的数据都已经恢复，因此他马上通知所有的用户都可以使用数据库了。在场的员工都不由自主地欢呼起来了。通过这次事故，大家也都体会到了数据库安全的重要性。

19.12 在关闭状态下进行数据库恢复的实例

在进行这种数据库恢复之前，读者可能需要做一些准备工作。如果读者还没有做过 SYSTEM 表空间的备份，请按例 19-53～例 19-55 的命令对该表空间进行备份（如果读者已经做过 SYSTEM 表空间的备份，就可以省略这些操作）。

例 19-53

```
SQL> alter tablespace system begin backup;
表空间已更改。
```

例 19-54

```
SQL> host copy F:\oracle\product\10.2.0\oradata\jinlian\SYSTEM01.DBF
F:\tbsbackup\
```

例 19-55

```
SQL> alter tablespace system end backup;
表空间已更改。
```

为了模拟由于系统表空间（system）所对应的数据文件的损坏造成数据库关闭这种情景，还是使用例 19-56 的 SQL*Plus 命令以 sysdba 身份登录 Oracle 数据库。紧接着就使用例 19-57 的命令立即关闭数据库。

例 19-56

```
SQL> connect sys/wang as sysdba
已连接。
```

例 19-57

```
SQL> shutdown immediate
数据库已经关闭。
已经卸载数据库。
ORACLE 例程已经关闭。
```

接下来，在操作系统上删除系统表空间所对应的操作系统文件 F:\oracle\ product\10.2.0\oradata\jinlian\SYSTEM01.DBF。这就相当于由于系统表空间所对应的数据文件的损坏造成了数据库关闭的情景。

做完了以上的准备工作之后，就可以使用 19.10 节所介绍的在数据库处于关闭状态下进行的数据库恢复的具体操作步骤进行恢复了。

一天，公司数据库服务器的一个硬盘突然坏了，碰巧系统表空间所对应的操作系统文件保存在这块硬盘上（在这里假设只有 system 表空间所对应的文件存在这块盘上）。当宝儿接到电话后心想：不应该是硬盘坏了，因为前不久刚刚坏了一块硬盘。要是这样的话，这硬盘的质量也太差了，可是当他来到现场后发现真的又是硬盘坏了。为了使数据库尽快地对外提供服务，他也没时间考虑硬盘的质量和进货问题了，他了解情况之后立即使用例 19-58 的 SQL*Plus 命令以 mount 方式启动数据库。

例 19-58

```
SQL> startup mount
ORACLE 例程已经启动。

Total System Global Area  612368384 bytes
Fixed Size                  1250428 bytes
Variable Size             197135236 bytes
```

```
Database Buffers                    406847488 bytes
Redo Buffers                          7135232 bytes
```
数据库装载完毕。

因为此时存放系统表空间的硬盘已经坏了，宝儿检查了一下操作系统发现第 **2** 号硬盘（**DISK2**）上有足够的磁盘空间并且这个盘的 **I/O** 也不频繁，于是他决定将备份的系统数据文件复制到这个盘上。因此他找到了该数据文件最新的备份，并使用例 19-59 的操作系统的复制命令将这个备份文件复制到 F:\DISK2\MOON\的目录下。

例 19-59

```
SQL> host copy F:\tbsbackup\SYSTEM01.DBF F:\DISK2\MOON\SYSTEM01.DBF
```

此时 Oracle 数据库还无法识别 F:\DISK2\MOON\ SYSTEM01.DBF 这个数据文件，于是宝儿又使用了例 19-60 的 SQL 命令修改了控制文件的指针，即在控制文件中将 SYSTEM 表空间所对应的数据文件由原来的 F:\oracle\product\10.2.0\oradata\jinlian\SYSTEM01.DBF 改为现在的 F:\DISK2\MOON\SYSTEM01.DBF。

例 19-60

```
SQL> alter database rename
2   file 'F:\oracle\product\10.2.0\oradata\jinlian\SYSTEM01.DBF'
3   to 'F:\DISK2\MOON\SYSTEM01.DBF';
```
数据库已更改。

📢 提示：

此时千万不要先修硬盘。因为这样数据库宕机的时间可能太长，其经济损失可能会很大。一定记住作为数据库管理员，当数据库系统崩溃之后，首要任务是以最快的速度让数据库开启并对外提供服务，而不是发现问题和修复数据库。

然后，宝儿使用了例 19-61 的 SQL*Plus 的 recover 命令对 Oracle 数据库进行恢复。

例 19-61

```
SQL> recover database;
```
完成介质恢复。

当看到"完成介质恢复。"的显示输出之后，宝儿知道 Oracle 数据库已经成功地恢复，所以他即刻使用了例 19-62 的 SQL*Plus 命令将数据库由 mount 状态切换成 open 状态。

例 19-62

```
SQL> alter database open;
```
数据库已更改。

最后，宝儿使用例 19-66 的 SQL 语句来验证 SYSTEM 表空间所对应的数据文件是否已经改为 F:\DISK2\MOON\SYSTEM01.DBF。为了使显示输出的结果更加清晰，他首先使用了例 19-63～例 19-65 的 SQL*Plus 格式化命令。

例 19-63

```
SQL> col file_name for a55
```

例 19-64

```
SQL> col tablespace_name for a20
```

例 19-65

```
SQL> set line 120
```

例 19-66

```
SQL> select file_id, file_name, tablespace_name
  2   from dba_data_files
  3   where tablespace_name = 'SYSTEM';
```

```
FILE_ID FILE_NAME                                               TABLESPACE_NAME
-------- --------------------------------------------------     ----------------
      1 F:\DISK2\MOON\SYSTEM01.DBF                              SYSTEM
```

当看到了例 19-66 的显示输出，宝儿确定数据库都已经恢复，因此他马上通知所有的用户都可以使用数据库了。

在这里并未给出数据库最初处于打开的状态下进行开启数据库的恢复的实例，也没有给出恢复没有备份的数据文件的实例。这是因为它们的恢复步骤与 19.11 节所介绍的十分相似，读者只要将该节中的例子略加修改就可以自己构造出所需的恢复实例。另外，没有备份数据文件一般都是公司管理不善和数据库管理员失职造成的，是应该千方百计避免的。

可能读者还记得之前在介绍备份方法时曾建议最好将备份操作自动化，而且还详细介绍了如何写备份脚本文件及怎样将这些脚本文件修改成易于操作的自动执行的脚本。现在问读者一个问题：恢复可不可以使用同样的方法？**答案是很难使用，因为当数据库系统崩溃时，究竟是哪一个硬盘坏了，哪一个文件有问题，哪个盘可以使用，这些都是随机的。**

在结束本章之前，请读者回忆第 4 章的 4.8 节，在那一节里，宝儿曾经利用数据字典和 SQL*Plus 命令所获得的信息为公司的数据库建立了一个完整的数据库文档。但是曾有 Oracle 的数据库管理员认为"为数据库建立文档根本没有必要"。他们的理由是"因为所有的信息都可以从数据字典中获取"。这一观点对吗？其实，只要认真想一想就可以发现其问题所在。**如果崩溃的数据库根本无法打开，又怎样使用数据字典？因此在这里强调："任何生产或商业数据库都应该建立文档。"这也是对灾难的一种预防措施，有点类似于消防设施，不能因为最近没有火灾就不准备。作为数据库管理员，也许不得不沿着宝儿的路再走一遍。**

19.13　您应该掌握的内容

在学习完本章之后，请检查一下您是否已经掌握了以下的内容：

➥　在归档模式下进行数据库全恢复时数据库所经过的状态。
➥　归档模式下的数据库全恢复的优缺点。
➥　RECOVER 命令的具体用法。
➥　获取与恢复相关的信息所使用的数据字典。
➥　在数据库最初处于打开的状态下，进行开启数据库的恢复。
➥　在数据库最初处于关闭的状态下，进行开启数据库的恢复。
➥　恢复没有备份的数据文件。
➥　在关闭的状态下进行数据库的恢复。
➥　怎样恢复由于磁盘损坏造成的数据库崩溃。
➥　当数据库崩溃时，数据库管理员的首要任务是什么。

第 20 章　数据的移动

　　数据的移动包括将数据在不同的用户之间移动、在不同的 Oracle 数据库之间移动，以及在不同的操作系统平台之间移动等。可以使用 Oracle 提供的数据的导出（exp）和导入（imp）工具（应用程序）来完成数据的移动。Oracle 10g、Oracle 11g 和 Oracle 12c 引入了数据泵（Data Pump），这是一个导出和导入工具的改进版。下面首先介绍数据的导出和导入工具。

20.1　Oracle 导出和导入应用程序

　　Oracle 的导出和导入工具是 Oracle 公司提供的一对操作系统下的应用程序。导出程序从 Oracle 数据库中抽取数据，之后再将这些数据存在二进制格式的操作系统文件中。这种格式的数据文件只有导入程序能够读取，导入程序将其中的数据装入 Oracle 数据库。图 20-1 是导出和导入应用程序的工作原理示意图。

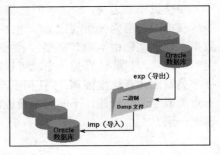

图 20-1

　　那么，利用导出和导入工具到底可以做些什么呢？使用它们可以完成以下的工作：

- 重组表。
- 在不同的数据库用户之间移动数据。
- 在不同的计算机之间、不同的数据库之间和不同版本的 Oracle 服务器之间移动数据。
- 在不同的数据库之间移动数据表空间。
- 将表的定义存入二进制的操作系统文件以防止用户操作失误造成的损坏。
- 为某一数据库对象或整个数据库建立历史档案，因为数据库的结构和数据都是随着商业需求不停发生变化的。
- 逻辑备份，其中包括数据库对象、表空间和整个数据库的逻辑备份。

　　需要指出的是，逻辑备份是不能对数据库进行完全恢复的，即数据的丢失在所难免。那么，逻辑备份会丢失多少数据呢？从导出开始到导入为止，这段时间之内的数据将全部丢失，这对银行、证券交易和电信等行业的数据库是绝对不能接受的。所以对于绝大多数真正的生产或商业数据库，逻辑备份永远不能作为备份和恢复策略的基石，它们必须要有物理备份以保证全恢复，而逻辑备份只能作为辅助的手段。

　　对于生产或商业数据库来说，逻辑备份和恢复到底有什么重要功能和优势呢？这种备份和恢复方法有如下的优势：

- 与任何一种物理备份和恢复方法相比，它都十分简单。
- 它可以防止用户错误，如用户意外地删除或截断了某个表。在这种情况下，如果没有逻辑备份，要想恢复此表就必须进行不完全恢复。
- 在某个表上进行了很多错误的 DML 操作并已经提交，如公司的经理在一个销售员的"忽悠"下买了一个软件并立即安装到系统上，但运行了几天后发现该软件有严重的设计缺陷，数据库中一个重要的表已经被修改得面目全非。如果在运行该软件之前做过逻辑备份，只需将它导入数据库即可。如果没有逻辑备份而又想恢复此表，则要进行不完全恢复。
- 在某个表逻辑崩溃的情况下，如果没有逻辑备份而又想恢复此表，也要进行不完全恢复。

📢 提示：

不完全恢复的操作相当复杂，用户应尽量避免，因为没有人能保证不完全恢复能百分之百成功。不完全恢复一般是完全恢复无法进行时的无奈之举。它可以将数据库恢复到数据库崩溃之前的某个时刻或恢复到指定的归档或重做日志之前。由于没有人能保证不完全恢复能百分之百成功，所以在备份之前应做一个全备份。不完全恢复成功之后，以前的数据库备份都没用了，所以马上要做这个全备份。另外，在恢复时要将所有的备份数据文件都复制回数据库（即使是一个数据文件损坏，也要全部复制回来）。如此大规模的数据复制量使得不完全恢复在大型和超大型数据库中很难操作。基于以上的原因和篇幅的限制，本书没有包括不完全恢复的内容。其实，对于管理到位的数据库，不完全恢复是不应该发生的。

　　导出和导入工具都是操作系统下的应用程序。导出应用程序名为 exp，导入应用程序名为 imp。但是在 Windows NT 下的 Oracle 8 版本中，这两个应用程序名分别为 exp80 和 imp80。可以使用以下的方法启动导出和导入应用程序：

➥　使用命令行，这也是功能最全和数据库管理员使用最多的方法。

➥　使用交互方法，即问答方式。

➥　使用参数文件。

➥　使用 OEM，即图形方式。

　　如果要使用导出应用程序，就必须具有 CREATE SESSION 系统权限。如果要导出其他用户的对象，还必须具有 EXP_FULL_DATABASE 角色。该角色是由数据库管理员授予的。

　　如果要使用导入应用程序，也必须具有 CREATE SESSION 系统权限。如果要导入其他用户的对象，还必须具有 IMP_FULL_DATABASE 角色。该角色也是由数据库管理员授予的。

20.2　导出应用程序的用法

　　利用导出应用程序，可以使用以下 4 种不同方式进行数据的导出。

➥　表方式：这种方式只是导出某一用户下指定的表，而不是导出该用户下所有的表。一个用户可以导出他自己所拥有的表，而一个授予权限的用户也可以导出其他用户所拥有的表。

➥　用户方式：这种方式导出某一用户下所有的对象。授予权限的用户可以导出其他用户所拥有的所有的对象，这种方式可以作为全库导出的补充。

➥　表空间方式：这种方式可以导出指定表空间中所有的对象。这种方式是 Oracle 8i 开始引入的，其目的是为了支持数据仓库系统（决策支持系统）。它可以用来将联机事务处理数据库系统的表空间整个传到数据仓库系统。一般数据的装入是创建数据仓库系统中一项十分巨大的工作，一般完成了数据仓库系统的数据装入也就完成了数据仓库创建工作的一半左右。可以说，该功能完成了 Oracle 从联机事务处理数据库系统到数据仓库系统的扩张。

➥　全库方式：这种方式可以导出整个数据库中所有的对象，但是并不包括 SYS 用户中的对象，也就是说数据字典无法导出（这也许是生产数据库必须要有物理备份的另一个原因，因为逻辑备份不能保护数据字典）。只有被授予权限的用户才可以使用这种方式导出。

　　要进入导出应用程序的交互方式只要在操作系统下输入 exp 即可，之后根据提示输入回答，但是有一些功能在交互方式下是不能使用的。功能最完整的和应用最广泛的还是命令行方式。命令的具体格式这里就不介绍了，将在后面通过例子来演示它的用法。也可以通过在操作系统提示符下输入例 20-1 的命令来获取该应用程序使用的细节。

例 20-1

```
F:\>exp -help
```

```
Export: Release 10.2.0.1.0 - Production on 星期五 2月 29 14:56:31 2008
Copyright (c) 1982, 2005, Oracle.  All rights reserved.
通过输入 EXP 命令和您的用户名/口令, 导出
操作将提示您输入参数:
     例如: EXP SCOTT/TIGER
或者, 您也可以通过输入跟有各种参数的 EXP 命令来控制导出
的运行方式。要指定参数, 您可以使用关键字:
     格式:  EXP KEYWORD=value 或 KEYWORD=(value1,value2,...,valueN)
     例如: EXP SCOTT/TIGER GRANTS=Y TABLES=(EMP,DEPT,MGR)
            或 TABLES=(T1:P1,T1:P2), 如果 T1 是分区表
USERID 必须是命令行中的第一个参数。
关键字    说明 (默认值)            关键字      说明 (默认值)
-------------------------------------------------------------------
USERID    用户名/口令              FULL        导出整个文件 (N)
BUFFER    数据缓冲区大小           OWNER       所有者用户名列表
FILE      输出文件 (EXPDAT.DMP)   TABLES      表名列表
......
```

例 20-1 的显示输出不但给出了命令的格式和解释了每个参数的用法，而且还给出了例子。如果用户还想更深入地了解导出应用程序，可以查阅 Oracle® Database Utilities 手册，该手册可以从 Oracle 官方网站上免费下载。

20.3　导入应用程序的用法

利用导入应用程序，可以使用以下 4 种不同方式进行数据的导入。

- 表方式：这种方式只将所有指定的表导入到某一用户中，而不是导入所有的表。一个被授予权限的用户也可以导入其他用户所拥有的表。
- 用户方式：这种方式将所有的对象导入到某一用户中。被授予权限的用户可以导入其他用户所拥有的所有的对象。
- 表空间方式：这种方式允许被授予权限的用户将一组表空间从一个数据库移动到另一个数据库。
- 全库方式：这种方式导入整个数据库中所有的对象，但是并不包括 SYS 用户中的对象，也就是说数据字典无法导入。只有被授予权限的用户才可以使用这种方式进行导入。

要进入导入应用程序的交互方式只要在操作系统下输入 imp 即可，之后就可以根据提示输入回答，但是有一些功能在交互方式下是不能使用的。功能最完整的和应用最广泛的还是命令行方式。命令的具体格式这里就不介绍了，将在后面通过例子来演示它的用法。也可以通过在操作系统提示符下输入例 20-2 的命令来获取该应用程序使用的细节。

例 20-2

```
F:\>imp -help
Import: Release 10.2.0.1.0 - Production on 星期五 2月 29 15:12:32 2008
Copyright (c) 1982, 2005, Oracle.  All rights reserved.
通过输入 IMP 命令和您的用户名/口令, 导入
操作将提示您输入参数:
     例如: IMP SCOTT/TIGER
或者, 可以通过输入 IMP 命令和各种参数来控制导入
的运行方式。要指定参数, 您可以使用关键字:
     格式:  IMP KEYWORD=value 或 KEYWORD=(value1,value2,...,valueN)
```

```
例如: IMP SCOTT/TIGER IGNORE=Y TABLES=(EMP,DEPT) FULL=N
        或 TABLES=(T1:P1,T1:P2), 如果 T1 是分区表
USERID 必须是命令行中的第一个参数。
关键字    说明 (默认值)              关键字         说明 (默认值)
----------------------------------------------------------------
USERID    用户名/口令         FULL      导入整个文件 (N)
BUFFER    数据缓冲区大小      FROMUSER  所有者用户名列表
FILE      输入文件 (EXPDAT.DMP)  TOUSER   用户名列表
......
```

例 20-2 的显示输出不但给出了命令的格式和解释了每个参数的用法, 而且还给出了例子。

导入应用程序通过读二进制的导出文件将其中的数据对象装入 Oracle 数据库中。其导入的顺序如下:

❧ 类型的定义。
❧ 表的定义。
❧ 表中的数据。
❧ 表上的索引。
❧ 完整性约束、视图、存储过程和触发器。
❧ 位图索引和函数索引等。

相信通过以上的介绍, 读者已经对导出和导入应用程序的适用范围和工作原理有了系统的了解, 下面再通过一个实际的例子来演示它们的具体用法。

20.4　导出和导入程序的应用实例

为了避免由于操作失误而造成数据丢失, 下面搭建一个实验环境。首先以 scott 用户登录系统, 为使显示输出更加清晰, 可使用例 20-3 和例 20-4 所示的 SQL*Plus 的格式化命令。

例 20-3

```
SQL> set line 120
```

例 20-4

```
set pagesize 30
```

接下来, 使用例 20-5 和例 20-6 的 DDL 命令创建两个用作逻辑备份实验的表, 分别为 emp_dump 表和 dept_dump 表。

例 20-5

```
SQL> create table emp_dump
2   as select * from emp;
表已创建。
```

例 20-6

```
SQL> create table dept_dump
2   as select * from dept;
表已创建。
```

最后, 使用例 20-7 和例 20-8 的 SQL 语句验证上述两个表是否已经创建成功。

例 20-7

```
SQL> select count(*) from emp_dump;
  COUNT(*)
----------
      14
```

例 20-8

```
SQL> select count(*) from dept_dump;
  COUNT(*)
----------
         4
```

当确认这两个表已经创建成功之后，还应创建一个存放逻辑备份文件的目录 f:\export（在您的系统上也可能不是 F 盘）。现在就可以开始做逻辑备份的实验了。在具体操作之前，先简单介绍该实验的原理和目的。首先对刚刚创建的两个表做一个逻辑备份，之后对其中的一个表进行 DML 操作并立即提交这些操作。接下来，将这两个表破坏掉。最后，再用所做的逻辑备份进行数据的恢复以检验究竟能恢复多少数据。以下就是具体的操作。

首先用鼠标选择"开始"菜单，之后选择"运行"命令，并在"打开"文本框中输入 cmd，然后单击"确定"按钮，如图 20-2 所示。

这样就启动了 DOS 命令行窗口。紧接着在 DOS 下输入例 20-9 的命令，如图 20-3 所示。

图 20-2   图 20-3

例 20-9

```
exp scott/tiger file=f:\export\scott.dmp tables=(emp_dump,dept_dump)
```

📢 **提示：**

> 在做逻辑备份时文件名最好使用绝对路径。如果只给出文件名，则备份文件将被保存在当前目录，这样就加大了控制和管理的难度。

做完逻辑备份之后，还必须在操作系统上查看一下所做的逻辑备份文件是否存在，如图 20-4 所示。

下面使用例 20-10 的 SQL 语句检查刚刚建立的表 emp_dump 中的数据。

图 20-4

例 20-10

```
select * from emp_dump;
    EMPNO ENAME      JOB         MGR HIREDATE         SAL     COMM   DEPTNO
--------- -------- ---------- ----- ---------- -------- -------- --------
     7369 SMITH      CLERK      7902 17-12 月-80      800                20
     7499 ALLEN      SALESMAN   7698 20-2 月 -81     1600      300       30
     7521 WARD       SALESMAN   7698 22-2 月 -81     1250      500       30
......
已选择 14 行。
```

为了提高士气，使用例 20-11 的 DML 语句将公司中所有的员工都升为首席执行官（CEO）。

例 20-11

```
SQL> update emp_dump
```

```
  2  set job='CEO';
已更新 14 行。
```

之后，立即使用例 20-12 的 SQL 语句提交刚刚所做的 DML 操作。

例 20-12

```
SQL> commit;
提交完成。
```

接下来，使用例 20-13 的 SQL 语句来验证所做的修改是否已经成功完成。

例 20-13

```
SQL> select * from emp_dump;
    EMPNO ENAME      JOB          MGR HIREDATE         SAL      COMM     DEPTNO
--------- ---------- ------- -------- ---------- --------- --------- ---------
     7369 SMITH      CEO         7902 17-12 月-80      800                  20
     7499 ALLEN      CEO         7698 20-2 月 -81     1600       300        30
     7521 WARD       CEO         7698 22-2 月 -81     1250       500        30
......
已选择 14 行。
```

从例 20-13 显示的结果可以看出：公司中所有的员工都已经升了官，都成为了首席执行官（CEO）。

现在使用例 20-14 和例 20-15 的 DDL 语句删除所创建的 emp_dump 表和 dept_dump 表。

例 20-14

```
SQL> drop table emp_dump;
表已删除。
```

例 20-15

```
SQL> drop table dept_dump;
表已删除。
```

之后还要使用例 20-16 和例 20-17 的 SQL 语句验证上述两个表是否已经被成功地删除。

例 20-16

```
SQL> select * from emp_dump;
select * from emp_dump
              *
第 1 行出现错误:
ORA-00942：表或视图不存在
```

例 20-17

```
SQL> select * from dept_dump;
select * from dept_dump
              *
第 1 行出现错误:
ORA-00942：表或视图不存在
```

当确认这两个表已经不存在之后，在 DOS 窗口中输入例 20-18 的导入命令（逻辑恢复命令），如图 20-5 所示。

例 20-18

```
F:\>imp scott/tiger file=f:\export\scott
.dmp
```

随后返回 scott 用户，并使用例 20-19 和例 20-20 的 SQL 语句验证所做的逻辑恢复是否已经成功。

例 20-19

```
SQL> select * from emp_dump;
```

图 20-5

```
    EMPNO ENAME        JOB         MGR HIREDATE       SAL   COMM   DEPTNO
--------- ------------ --------- ------- ---------- ------- ------ --------
     7369 SMITH        CLERK        7902 17-12 月-80    800            20
     7499 ALLEN        SALESMAN     7698 20-2 月 -81   1600    300     30
     7521 WARD         SALESMAN     7698 22-2 月 -81   1250    500     30
......
```
已选择 14 行。

例 20-20
```
SQL> select * from dept_dump;
    DEPTNO DNAME         LOC
--------- ------------- ----------
        10 ACCOUNTING    NEW YORK
        20 RESEARCH      DALLAS
        30 SALES         CHICAGO
        40 OPERATIONS    BOSTON
```

例 20-19 和例 20-20 的显示结果表明：所做的逻辑恢复已经成功，但却恢复到了导出时的数据，因为所有员工的职位仍然是提职之前的，看来这官是做不成了。

可能有读者要问：现在 Oracle 不是已经引入了数据泵吗？用数据泵来完成上述工作岂不是更好？事实是现在大量生产或商业数据库仍然使用 Oracle 9i 或更早的版本，在这些系统上只能使用导入和导出工具，而且目前 Oracle 仍然支持它们。读者也不用着急，接下来就介绍 Oracle 10g、Oracle 11g 和 Oracle 12c 引入的新工具——数据泵。

20.5 数 据 泵

数据泵是 Oracle 10g 引入的一个新工具。它不但包括了所有以前导入和导出工具的功能，而且还进行了不少扩充和加强。另外，其速度也更快，操作也更安全，总之好处多多。由于它的功能与导入和导出工具类似，所以在这里就不再详细介绍了，只通过例子来演示其使用方法。

数据泵工具也提供了一对操作系统下的应用程序，包括 expdp 和 impdp，其中 expdp 负责导出，而 impdp 负责导入。下面使用数据泵来重复在 20.4 节中逻辑备份和逻辑恢复的实验（但是会做点小小的改变，这一点后面会介绍）。

在例 20-9 的导出命令中，为了方便将来的管理和维护，使用了物理文件的全路径（绝对路径）。但是**在 Oracle 10g、Oracle 11g 和 Oracle 12c 中，为了系统的安全，在 expdp 和 impdp 应用程序中已经不允许使用绝对路径，取而代之的是在 expdp 和 impdp 应用程序中使用数据库的目录对象。目录对象一般是由 DBA 或有相应系统权限的用户创建，之后再将目录的读或写权限授予所需的用户。**为了简化问题，暂时先不创建目录对象，而是使用 Oracle 数据库系统自动创建的 DATA_PUMP_DIR 目录对象，该目录就是 expdp 和 impdp 应用程序默认的工作目录。

那么如何才能找到该数据库目录对象所对应的操作系统目录呢？Oracle 提供了 dba_directories 的数据字典，利用它就可以方便地找到所需的信息。但是，为了使显示输出清晰，下面首先使用例 20-21～例 20-24 的 SQL*Plus 格式化命令（要以 DBA 用户登录数据库系统）。

例 20-21
```
SQL> set line 120
```
例 20-22
```
SQL> col OWNER for a6
```

例 20-23

```
SQL> col DIRECTORY_NAME for a20
```

例 20-24

```
SQL> col DIRECTORY_PATH for a65
```

接下来，使用例 20-25 的 SQL 查询语句从数据字典 dba_directories 获取有关目录对象的全部信息。

例 20-25

```
SQL> select * from dba_directories where directory_name like 'DATA_PUMP%';
OWNER   DIRECTORY_NAME  DIRECTORY_PATH
------  --------------  -------------------------------------------------------
SYS DATA_PUMP_DIR   F:\oracle\product\10.2.0\admin\jinlian\dpdump\
```

之后，使用例 20-26 的 DDL 语句将目录 DATA_PUMP_DIR 的读和写权限授予 scott 用户。

例 20-26

```
SQL>  GRANT READ, WRITE ON DIRECTORY DATA_PUMP_DIR to scott;
授权成功。
```

然后切换到 scott 用户，并使用例 20-27 的 SQL 查询获取 emp_dump 表的全部信息（按 job 和 sal 的升序排列）。

例 20-27

```
SQL> select *
  2  from emp_dump
  3  order by job, sal;
    EMPNO ENAME      JOB MGR    HIREDATE            SAL   COMM  DEPTNO
--------- --------  ------- ---------  -------------  --------  -----  -----
     7902 FORD      ANALYST  7566 03-12 月-81    3000                 20
     7788 SCOTT     ANALYST  7566 19-4 月 -87    3000                 20
     7369 SMITH     CLERK    7902 17-12 月 -80    800                 20

......
已选择 14 行。
```

在使用 expdp 程序之前，先对需要使用的参数进行介绍。在这个例子中要使用的具体参数及其含义如下：

- ➥ DIRECTORY=DATA_PUMP_DIR，存放导出文件的目录为 DATA_PUMP_DIR 目录对象所定义的操作系统目录。
- ➥ tables=(emp_dump,dept_dump)，要导出的表为 emp_dump 和 dept_dump。
- ➥ DUMPFILE=SCOTT.dmp，导出操作系统文件的名为 SCOTT.dmp。
- ➥ QUERY=scott.emp_dump:"WHERE job<>'ANALYST' AND sal>1250"，在 scott 的 emp_dump 表中只有 job（职位）不是 ANALYST（分析员），并且 sal（工资）高于 1250 的数据才导出到 SCOTT.dmp 文件中。

其中，QUERY 参数可以只输出某个表中满足某些特定条件的数据的子集，这对测试和开发等工作非常有用。

由于这个实例的参数很多，可将上面的参数保存在一个名为 **scott_par.txt** 的正文参数文件中，之后 **expdp** 应用程序再调用这个正文参数文件。如果导出工作是经常的工作，这会极大地简化例行的操作。因此启动记事本程序并将上面所介绍的参数写入，如

图 20-6

图 20-6 所示，最后以 scott_par.txt 为文件名存入 F:\oracle\mgt 目录中（该目录是读者自己创建的，也可以使用其他的目录名）。

接下来，要验证所做的操作是否准确无误。为了看上去更专业，此时启动 DOS 窗口，在 DOS 提示符下使用例 20-28 的操作系统的 cd 命令进入 F:\oracle\mgt 目录。

例 20-28

```
F:\>cd oracle\mgt
```

之后，使用例 20-29 的操作系统列目命令列出 F:\oracle\mgt 目录中的所有文件和目录。

例 20-29

```
F:\oracle\mgt>dir
 驱动器 F 中的卷是 本地磁盘
 卷的序列号是 D4C9-B6D0
F:\oracle\mgt 的目录
2008-03-01  12:10p    <DIR>          .
2008-03-01  12:10p    <DIR>          ..
2008-02-21  09:34a             361 FullBackup.sql
2008-03-01  03:03p             130 scott_par.txt
             2 个文件            491 字节
             2 个目录 22,699,446,272 可用字节
```

从例 20-29 显示输出结果可以看出 scott_par.txt 已经存在，接下来使用例 20-30 的操作系统命令显示 scott_par.txt 中的内容。

例 20-30

```
F:\oracle\mgt>more scott_par.txt
DIRECTORY=DATA_PUMP_DIR
tables=(emp_dump,dept_dump)
DUMPFILE=SCOTT.dmp
QUERY=scott.emp_dump:"WHERE job<>'ANALYST' AND sal>1250"
```

例 20-30 显示输出结果表明：所创建的参数文件正确无误。以上操作也可以使用资源管理器来完成。最后，**就可以使用例 20-31 的命令利用数据泵来导出 scott 用户的 emp_dump 表和 dept_dump 表了**。

例 20-31

```
F:\oracle\mgt>expdp scott/tiger parfile=scott_par.txt
```

接下来，最好使用资源管理器来验证在 DATA_PUMP_DIR 目录对象所对应的目录中 SCOTT.DMP 操作系统文件是否真的已经存在，如图 20-7 所示。

图 20-7 的显示输出结果表明：在 F:\oracle\product\10.2.0\admin\jinlian\dpdump\目录中 SCOTT.DMP 操作系统文件已经生成。也可以通过在操作系统提示符下输入例 20-32 的命令来获取 expdp 应用程序使用的细节。为了节省篇幅，此处省略了该命令的显示输出结果。这个显示输出不但给出了命令的格式并解释了每个参数的用法，而且还给出了例子。如果读者还想更深入地了解 expdp 应用程序，可以查阅 Oracle® Database Utilities 11g Release 1 (11.1)（也可以是其他版本），该文档可以从 Oracle 官方网站上免费下载。

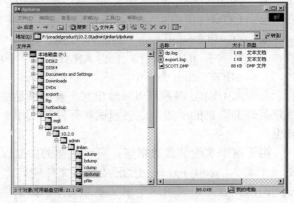

图 20-7

例 20-32

```
F:\>expdp -help
```

下面使用 connect scott/tiger 的 SQL*Plus 命令切换（或连接）到 scott 用户。在此用户下可使用例 20-33 的 DDL 命令将 emp_dump 删除。

例 20-33

```
SQL> drop table emp_dump;
表已删除。
```

之后，要使用例 20-34 的 SQL 语句验证该表是否真的被删除了。

例 20-34

```
SQL> select * from emp_dump;
select * from emp_dump
              *
第 1 行出现错误:
ORA-00942: 表或视图不存在
```

当确定以上所做的操作准确无误之后，就可以利用刚刚做的逻辑备份（用数据泵导出的文件）进行逻辑恢复了。**可以使用例 20-35 的命令利用数据泵将 SCOTT.DMP 文件中的数据重新导入回 scott 用户中（逻辑恢复）。**

例 20-35

```
F:\oracle\mgt>impdp scott/tiger parfile=scott_par.txt
Import: Release 10.2.0.1.0 - Production on 星期六, 01 3月, 2008 15:19:58
Copyright (c) 2003, 2005, Oracle.  All rights reserved.
连接到: Oracle Database 10g Enterprise Edition Release 10.2.0.1.0 - Production
With the Partitioning, OLAP and Data Mining options
已成功加载/卸载了主表 "SCOTT"."SYS_IMPORT_TABLE_01"
启动 "SCOTT"."SYS_IMPORT_TABLE_01":  scott/******** parfile=scott_par.txt
处理对象类型 TABLE_EXPORT/TABLE/TABLE
ORA-39151: 表 "SCOTT"."DEPT_DUMP" 已存在。由于跳过了 table_exists_action, 将跳过所有相
关元数据和数据。
处理对象类型 TABLE_EXPORT/TABLE/TABLE_DATA
. . 导入了 "SCOTT"."EMP_DUMP"                          7.539 KB       7 行
作业 "SCOTT"."SYS_IMPORT_TABLE_01" 已经完成, 但是有 1 个错误 (于 15:20:05 完成)
```

例 20-35 的显示输出表明：scott 用户下的 DEPT_DUMP 已经存在，这是因为之前只删除了 emp_dump 表，但是这并不影响逻辑恢复的结果，impdp 程序只是跳过已经存在的表。接下来，使用例 20-36 的 SQL 语句检查 emp_dump 表是否已经被成功地恢复。

例 20-36

```
SQL> select * from emp_dump;
```

EMPNO	ENAME	JOB	MGR	HIREDATE	SAL	COMM	DEPTNO
7499	ALLEN	SALESMAN	7698	20-2 月 -81	1600	300	30
7566	JONES	MANAGER	7839	02-4 月 -81	2975		20
7698	BLAKE	MANAGER	7839	01-5 月 -81	2850		30
7782	CLARK	MANAGER	7839	09-6 月 -81	2450		10
7839	KING	PRESIDENT		17-11 月 -81	5000		10
7844	TURNER	SALESMAN	7698	08-9 月 -81	1500	0	30
7934	MILLER	CLERK	7782	23-1 月 -82	1300		10

已选择 7 行。

例 20-36 的显示结果表明：**impdp 只恢复了满足条件（job 不是 ANALYST 并且 sal 高于 1250）的数据，即该表的子集。**最后，使用例 20-37 的 SQL 语句检查 dept_dump 表是否完好无损。

例 20-37

```
SQL> select * from dept_dump;
    DEPTNO  DNAME         LOC
--------- ------------- --------
        10  ACCOUNTING    NEW YORK
        20  RESEARCH      DALLAS
        30  SALES         CHICAGO
        40  OPERATIONS    BOSTON
```

从例 20-37 的显示结果可以看出：dept_dump 表中的数据确实完好无损，这也正是我们所期望的。到此为止可以确信所做的逻辑恢复已经成功。然后就可以通过在操作系统提示符下输入例 20-38 的命令来获取该应用程序使用的细节。为了节省篇幅，此处省略了该命令的显示输出结果。例 20-38 的显示输出不但给出了命令的格式和解释了每个参数的用法，而且还给出了例子。

例 20-38

```
F:\>impdp -help
```

介绍完利用数据泵（Data Pump）进行逻辑备份和恢复之后，接下来讲解如何利用数据泵进行不同表空间及不同 Oracle 用户之间的数据移动。

20.6　不同用户及不同表空间之间数据的移动

还是老办法，通过一个具体的实际例子来演示和讲解利用数据泵进行不同表空间或不同用户之间的数据移动。**这个例子是将 scott 用户下的绝大多数对象传送到 pjinlian 用户中，同时将对象所在的表空间由 USERS 修改为 PIONEER_DATA。**

首先以 scott 用户登录 Oracle 数据库，如使用 connect scott/tiger 命令。为了使将来的显示输出清晰，可以使用例 20-39～例 20-41 的 SQL*Plus 格式化命令。

例 20-39

```
SQL> set line 120
```

例 20-40

```
SQL> set pagesize 30
```

例 20-41

```
SQL> col object_name for a35
```

接下来，利用数据字典 user_objects 使用例 20-42 的 SQL 语句得到 scott 用户的全部对象。

例 20-42

```
SQL> select object_name, object_type, status
  2  from user_objects;
OBJECT_NAME                          OBJECT_TYPE        STATUS
----------------------------------- ------------------ ------
PK_DEPT                              INDEX              VALID
DEPT                                 TABLE              VALID
EMP                                  TABLE              VALID
```

```
PK_EMP                              INDEX              VALID
BONUS                               TABLE              VALID
SALGRADE                            TABLE              VALID
BIN$w6X045arTDm5S4SuULm1Pw==$0      TABLE              VALID
DEPT_DUMP                           TABLE              VALID
BIN$lvcmisYdTsymDTSNMqhnKA==$0      TABLE              VALID
BIN$vKP7QqGqQDaiqqcu4VQX/A==$0      TABLE              VALID
BIN$o3H/HdyTQIOMEg1VdQa2Qg==$0      TABLE              VALID
EMP_DUMP                            TABLE              VALID
```

已选择 12 行。

例 20-42 的显示结果给出了 scott 用户中的所有对象，但是可能一些读者对其中的以 BIN 开头的那些对象感到有些困惑。这是 Oracle 10g 开始引入的，读者现在可以不管它们，在闪回技术部分要对其进行详细介绍。为了在输出结果中不显示以 BIN 开头的对象，可以使用例 20-43 的 SQL 语句将它们从显示输出中过滤掉。

例 20-43

```
SQL> select object_name, object_type, status
  2  from user_objects
  3  where object_name not like 'BIN%';
OBJECT_NAME                         OBJECT_TYPE        STATUS
------------------------------      ------------------ ------
PK_DEPT                             INDEX              VALID
DEPT                                TABLE              VALID
EMP                                 TABLE              VALID
PK_EMP                              INDEX              VALID
BONUS                               TABLE              VALID
SALGRADE                            TABLE              VALID
DEPT_DUMP                           TABLE              VALID
EMP_DUMP                            TABLE              VALID
```

已选择 8 行。

例 20-43 的显示输出结果是不是比例 20-42 的清楚很多？答案是肯定的。现在，利用数据字典 user_tables 使用例 20-44 的 SQL 语句得到 scott 用户的全部表和每个表所对应的表空间。

例 20-44

```
SQL> select table_name, tablespace_name
  2  from user_tables;
TABLE_NAME                          TABLESPACE_NAME
------------------------------      ----------------
DEPT                                USERS
EMP                                 USERS
BONUS                               USERS
SALGRADE                            USERS
DEPT_DUMP                           USERS
EMP_DUMP                            USERS
```

已选择 6 行

例 20-44 的显示输出结果表明：scott 用户的所有表都存储在 USERS 表空间，但是在许多早期的 Oracle

版本中 scott 用户表默认存在于 SYSTEM 表空间中。之后，再利用数据字典 user_indexes 使用例 20-45 的 SQL 语句得到 scott 用户的全部索引以及每个索引所对应的表空间。

例 20-45

```
SQL> select index_name, tablespace_name
  2  from user_indexes;
INDEX_NAME                    TABLESPACE_NAME
---------------------------   ----------------

PK_EMP                        USERS
PK_DEPT                       USERS
```

例 20-45 的显示输出结果表明：scott 用户的所有索引也都存储在 USERS 表空间，但是在许多早期的 Oracle 版本中，scott 用户的索引默认也是存在 SYSTEM 表空间中。之后，使用例 20-46 的 SQL*Plus 命令连接到 pjinlian 用户。

例 20-46

```
SQL> connect pjinlian/wuda
已连接。
```

接下来，利用数据字典 user_objects 使用例 20-47 的 SQL 语句得到 pjinlian 用户的全部对象。

例 20-47

```
SQL> select object_name, object_type, status
  2  from user_objects;
OBJECT_NAME                   OBJECT_TYPE          STATUS
---------------------------   -------------------  ------

SALES                         TABLE                VALID
CUSTOMERS                     TABLE                VALID
SALES_PROD_ID_IDX             INDEX                VALID
SALES_CUST_ID_IDX             INDEX                VALID
SALES_CHANNEL_ID_IDX          INDEX                VALID
CUSTOMERS_GENDER_IDX          INDEX                VALID
CUSTOMERS_CITY_IDX            INDEX                VALID

已选择 7 行。
```

从例 20-47 的显示结果可以看出：在 pjinlian 用户中，只包括为其创建的两个表 SALES 和 CUSTOMERS，以及为这两个表所创建的 5 个索引。

下面是使用数据泵进行数据导出的准备工作。**由于该实例的参数较多，所以将所用到的参数保存在一个名为 exp_par.txt 的正文参数文件中，之后 expdp 应用程序再调用该正文参数文件。**首先列出所要用到的所有参数（为了解释方便，下面对其进行编号）：

（1）DIRECTORY=DATA_PUMP_DIR

（2）SCHEMAS=scott

（3）DUMPFILE=schema_scott.dat

（4）EXCLUDE=PACKAGE

（5）EXCLUDE=VIEW

（6）EXCLUDE=TABLE:"LIKE '%DUMP'"

以下逐行解释每一参数行的具体含义。

第（1）行：导出的二进制物理文件存在于 DATA_PUMP_DIR 对象所定义的操作系统目录中。

第（2）行：导出 scott 用户（模式）下的对象。

第（3）行：导出的二进制物理文件名为 schema_scott.dat。

第（4）行：不（包括）导出 PACKAGE（软件包）。

第（5）行：不（包括）导出 VIEW（视图）。

第（6）行：不（包括）导出以 DUMP 结尾的表。

除了 **EXCLUDE**，数据泵还包括 **INCLUDE** 参数。**INCLUDE** 的含义是"包含"，与 **EXCLUDE** 的含义相反。**EXCLUDE** 和 **INCLUDE** 这两个参数是互斥的，即两者只能用其一。

现在启动记事本程序并将上面所介绍的参数写入，如图 20-8 所示，最后以 exp_par.txt 为文件名存入 F:\oracle\mgt 目录中（该目录是读者自己创建的，也可以使用其他的目录名）。

接下来，启动 DOS 窗口并使用 cd 命令进入 F:\oracle\mgt 目录，在 DOS 提示符下输入例 20-48 所示的命令。其中，expdp 为程序名，system 为 Oracle 数据库的用户名，manager 为 system 用户的密码，exp_par.txt 就是刚刚创建的参数文件名。

例 20-48

```
F:\oracle\mgt>expdp system/manager parfile=exp_par.txt
Export: Release 10.2.0.1.0 - Production on 星期一, 03 3月, 2008 16:01:43
Copyright (c) 2003, 2005, Oracle.  All rights reserved.
连接到: Oracle Database 10g Enterprise Edition Release 10.2.0.1.0 - Production
With the Partitioning, OLAP and Data Mining options
启动 "SYSTEM"."SYS_EXPORT_SCHEMA_01":  system/******** parfile=exp_par.txt
正在使用 BLOCKS 方法进行估计...
处理对象类型 SCHEMA_EXPORT/TABLE/TABLE_DATA
使用 BLOCKS 方法的总估计: 192 KB
处理对象类型 SCHEMA_EXPORT/USER
......
已成功加载/卸载了主表 "SYSTEM"."SYS_EXPORT_SCHEMA_01"
******************************************************************************
SYSTEM.SYS_EXPORT_SCHEMA_01 的转储文件集为:
F:\ORACLE\PRODUCT\10.2.0\ADMIN\JINLIAN\DPDUMP\SCHEMA_SCOTT.DAT
作业 "SYSTEM"."SYS_EXPORT_SCHEMA_01" 已于 16:02:14 成功完成
```

例 20-48 的显示输出结果表明所做的数据导出已经成功，接下来使用资源管理器验证在操作系统目录 F:\oracle\product\10.2.0\admin\jinlian\dpdump（该目录由 Oracle 的对象 DATA_PUMP_DIR 所定义）中 schema_scott.dat 是否已经生成，如图 20-9 所示。

图 20-8

图 20-9

在图 20-9 中，读者应该发现除了 schema_scott.dat 导出的数据文件，还出现了一个 export.log 文件，该文件中所保存的内容与例 20-48 的显示输出几乎相同。当导出出现问题时，可以利用该文件中的内容帮助确定问题的所在。

下面使用数据泵进行数据导入的准备工作。由于该实例的参数较多，可将所用到的参数保存在一个名为 imp_par.txt 的正文参数文件中，之后 impdp 应用程序再调用该正文参数文件。首先列出所要用到的所有参数（为了解释方便，下面对其进行编号）：

（1）DIRECTORY=DATA_PUMP_DIR

（2）DUMPFILE=schema_scott.dat

（3）REMAP_SCHEMA = SCOTT:PJINLIAN

（4）REMAP_TABLESPACE = USERS:PIONEER_DATA

下面逐行解释每一参数行的具体含义：

第（1）行：导入的二进制物理文件存在 DATA_PUMP_DIR 对象所定义的目录中。

第（2）行：导入的二进制物理文件名为 schema_scott.dat。

第（3）行：**将文件中原来 scott 用户下的所有对象导入到 pjinlian 用户中。**

第（4）行：**将文件中原来存在于 USERS 表空间的所有对象导入到 PIONEER_DATA 表空间中。**

其中，**REMAP_SCHEMA 参数用来完成不同用户（模式）之间的数据移动，而 REMAP_TABLESPACE 参数用来完成不同的表空间之间的数据移动。数据泵功能强大吧！最后还要将上面所介绍的参数存入一个名为 imp_par.txt 的正文文件。**其方法与生成导出程序所用的参数文件相同，这里就不再赘述。

接下来，再启动 DOS 窗口并使用 cd 命令进入 F:\oracle\mgt 目录，在 DOS 提示符下输入例 20-49 所示的命令。其中，impdp 为导入程序名，system 为 Oracle 数据库的用户名，manager 为 system 用户的密码，imp_par.txt 就是刚刚创建的参数文件名。

例 20-49

```
F:\oracle\mgt>impdp system/manager parfile=imp_par.txt
Import: Release 10.2.0.1.0 - Production on 星期一, 03 3月, 2008 16:30:08
Copyright (c) 2003, 2005, Oracle.  All rights reserved.
连接到: Oracle Database 10g Enterprise Edition Release 10.2.0.1.0 - Production
With the Partitioning, OLAP and Data Mining options
已成功加载/卸载了主表 "SYSTEM"."SYS_IMPORT_FULL_01"
启动 "SYSTEM"."SYS_IMPORT_FULL_01":  system/******** parfile=imp_par.txt
......
处理对象类型 SCHEMA_EXPORT/TABLE/INDEX/INDEX
处理对象类型 SCHEMA_EXPORT/TABLE/CONSTRAINT/CONSTRAINT
处理对象类型 SCHEMA_EXPORT/TABLE/INDEX/STATISTICS/INDEX_STATISTICS
处理对象类型 SCHEMA_EXPORT/TABLE/CONSTRAINT/REF_CONSTRAINT
处理对象类型 SCHEMA_EXPORT/TABLE/STATISTICS/TABLE_STATISTICS
作业 "SYSTEM"."SYS_IMPORT_FULL_01" 已经完成，但是有 1 个错误 (于 16:30:17 完成)
```

在导入程序（impdp）运行之后，在 F:\oracle\product\10.2.0\admin\jinlian\dpdump 目录中多了一个名为 import.log 的正文文件，该文件中所存的内容与例 20-49 的显示输出几乎相同。当导入出现问题时，就可以利用这个文件中的内容帮助确定问题的所在。当确定数据的导入成功之后，使用例 20-50 的 SQL*Plus 命令切换到 pjinlian 用户。

例 20-50

```
SQL> connect pjinlian/wuda
已连接。
```

然后，利用数据字典 user_tables 使用例 20-51 的 SQL 语句得到 pjinlian 用户的全部表和每个表所对应的表空间。

例 20-51

```
SQL> select table_name, tablespace_name
```

```
  2  from user_tables;
TABLE_NAME                          TABLESPACE_NAME
------------------------------      ---------------

SALES                               PIONEER_DATA
CUSTOMERS                           PIONEER_DATA
DEPT                                PIONEER_DATA
EMP                                 PIONEER_DATA
BONUS                               PIONEER_DATA
SALGRADE                            PIONEER_DATA
```

已选择 6 行。

例 20-51 显示的输出结果清楚地表明：在 pjinlian 用户中，除了原来的两个表 SALES 和 CUSTOMERS 之外又多了 4 个来自 scott 用户的表，而且所有的表都存在于 PIONEER_ DATA 表空间中，该表空间也是 pjinlian 用户的默认表空间。这正是我们所期望的。

最后，利用数据字典 user_indexes 使用例 20-52 的 SQL 语句得到 pjinlian 用户的全部索引以及每个索引所对应的表空间。

例 20-52

```
SQL> select index_name, tablespace_name
  2  from user_indexes;
INDEX_NAME                          TABLESPACE_NAME
------------------------------      ---------------

PK_EMP                              PIONEER_DATA
PK_DEPT                             PIONEER_DATA
CUSTOMERS_GENDER_IDX                PIONEER_INDX
CUSTOMERS_CITY_IDX                  PIONEER_INDX
SALES_PROD_ID_IDX                   PIONEER_INDX
SALES_CUST_ID_IDX                   PIONEER_INDX
SALES_CHANNEL_ID_IDX                PIONEER_INDX
```

已选择 7 行。

例 20-52 显示的输出结果清楚地表明：在 pjinlian 用户中，除了原来的 5 个索引之外又多了两个来自 scott 用户的索引 PK_EMP 和 PK_DEPT，而且这两个索引都存在于 PIONEER_ DATA 表空间中，该表空间也是 pjinlian 用户的默认表空间。这也正是我们所期望的。至此，可以断定所做的数据移动完全正确。

20.7 将 Oracle 的数据传给其他软件（系统）

以上所介绍的数据移动都是在同一个 Oracle 数据库中或在 Oracle 数据库之间的数据移动。但是许多企、事业单位可能同时使用了多个不同厂家的软件或系统，现在的问题是有没有办法让其他厂商的软件或系统使用 Oracle 数据库中的数据？答案当然是肯定的。不过如果读者看过其他这方面的书籍或资料会发现做起来并不容易，因为使其他的系统能够使用 Oracle 的数据之前要进行不少的系统配置，如 ODBC 或 JDBC 等。这对初学者并不轻松，而且这方面的完整资料也不好找。本书将介绍一种不用进行任何系统配置就可以将 Oracle 的数据导出给其他系统的简单而有效的方法。为了使读者容易理解，通过一个将 Oracle 的数据导出到 Microsoft Excel 的例子来系统介绍这一方法。

一天，先驱工程公司的一位高级经理从一个专门做 BI（商业智能）软件的大公司请来了一位资深的销售经理。这位销售经理为先驱公司的高级管理人员们做了一次十分精彩的演讲，在演讲中他详细介绍了 BI 对于未来企业的发展和提高竞争力的重要性，并演示了如何使用这种（在 Oracle 系统上运行的）BI 工具方便地获取决策者所需的信息。尽管 BI 产品都很昂贵，但是在这位销售经理的"忽悠"下，绝大多数先驱公司的高管们都支持购买 BI 产品以进一步增强公司的市场竞争力和提高管理水平。

接下来问题就出现了，公司中现有的商业和市场分析人员，也包括所有一线和中层经理们，没有一个听说过这种 Oracle 的 BI 工具。有些高管建议对现有的人员进行大规模的培训，对不能达到要求者进行淘汰，人手不够再高薪招聘。

这一消息很快在全公司（包括子公司）中传得沸沸扬扬，相关的人员和经理们人人自危。因为他们没有一个是计算机（IT）专业毕业的，他们花了几年的艰苦努力才熟练地掌握了 Microsoft Excel。现在他们都是使用 Excel 完成市场分析、制作商业图表等。对于其中绝大多数人要在公司规定的时间内掌握如此复杂的 Oracle 的 BI 工具简直是"天方夜谭"。他们如果离开了先驱公司，再想找到类似的工作几乎是不可能的。

前不久，先驱公司高级管理层召开了最后一次有关是否购买 Oracle 的 BI 工具的闭门会议。尽管主张购买一方还是占绝大多数，但是身为 CIO 的宝儿却坚决反对。他在会议上做了如下的解释：

（1）作为一个商业公司，先驱公司的终极目标是利润，而投资 IT 决不是公司的目的，公司所追求的就是利润最大化以及吸引更多的投资者。

（2）公司目前的业绩正处于高速上升阶段，引入新的系统所带来的风险太大，因为到目前为止，在该地区还没有听说有任何公司使用过这一 BI 系统，而且突然改变员工的工作方式将带来很大的不确定性。

（3）虽然主管商业和市场分析的人员的 IT 水平有限，但他们在扩展市场和营销方面的骄人业绩是众所周知的，他们是公司的宝贵财富和真正的人才（因为公司能发展到今天这样的规模，主要是靠他们的）。

（4）如果公司解雇这么多中高级职位的员工，势必打击所有员工的士气，不利于公司的长远发展。

最后，宝儿力挽狂澜说服了高级管理层和董事会，公司最终决定放弃购买 Oracle 的 BI 系统，但是同时也给了宝儿一个新任务，就是让他负责将 Oracle 的数据导出到 Microsoft Excel。公司的高管们认为目前他们将数据手工输入到 Excel 的方法效率太低，已经影响他们作出更好的决策了，这一方法已经完全不能与时俱进了。宝儿用了类似如下的方法先将 scott 用户中的 emp 表中的数据导出到 Microsoft Excel 中。

首先，他打开记事本程序，将如下 SQL*Plus 命令和 SQL 语句写入，如图 20-10 所示。以下参数的含义多数已经解释过，**这里只解释"set feedback off"，它的含义是关闭类似于"已选择 14 行。"这样的反馈输出，以保证 spool 定义的文件中只有输出的数据。**

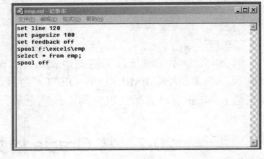

图 20-10

```
set line 120
set pagesize 100
set feedback off
spool f:\excels\emp
select * from emp;
spool off
```

将该文件以 emp.sql 为文件名存入 F:\oracle\mgt 目录中。为了管理上的方便，宝儿还创建了一个专门存放 Excel 导出文件的操作系统目录 F:\Excels（为了节省篇幅，这里省略了图示）。

接下来，宝儿启动 DOS，并使用例 20-53 的操作系统的 cd 命令进入 F:\oracle\mgt 目录。

例 20-53

```
F:\>cd oracle\mgt
```

之后，他使用例 20-54 的操作系统的列目命令列出了该目录中所有的操作系统文件和目录。

例 20-54

```
F:\oracle\mgt>dir
 驱动器 F 中的卷是 本地磁盘
 卷的序列号是 D4C9-B6D0
 F:\oracle\mgt 的目录
2008-03-04  10:36p    <DIR>              .
2008-03-04  10:36p    <DIR>              ..
2008-03-04  10:38p              100 emp.sql
2008-03-03  03:59p                0 expdp
......
2 个目录 21,932,253,184 可用字节
```

例 20-54 命令的显示输出表明：他所创建的 SQL 脚本文件 emp.sql 已经存在。于是，他使用例 20-55 的操作系统的按屏显示命令显示 emp.sql 文件中的全部内容。

例 20-55

```
F:\oracle\mgt>more emp.sql
set line 120
set pagesize 100
set feedback off
spool f:\excels\emp
select * from emp;
spool off
```

图 20-11

为了看起来更专业，他使用例 20-56 的命令以 DOS 命令行的方式启动了 SQL*Plus，如图 20-11 所示。

例 20-56

```
F:\oracle\mgt>sqlplus scott/tiger
SQL*Plus: Release 10.2.0.1.0 - Production on 星期二 3月 4 22:43:44 2008
Copyright (c) 1982, 2005, Oracle.  All rights reserved.

连接到:
Oracle Database 10g Enterprise Edition Release 10.2.0.1.0 - Production
With the Partitioning, OLAP and Data Mining options
```

接下来，他就在 SQL*Plus 下使用例 20-57 的命令运行 SQL 脚本文件 emp.sql。

例 20-57

```
SQL> @emp.sql
```

在例 20-57 的命令运行之后，在 F:\Excels 目录中就会生成一个 emp.LST 的正文文件，该文件中的内容如下：

EMPNO	ENAME	JOB	MGR	HIREDATE	SAL	COMM	DEPTNO
7369	SMITH	CLERK	7902	17-12 月-80	800		20
7499	ALLEN	SALESMAN	7698	20-2 月 -81	1600	300	30
7521	WARD	SALESMAN	7698	22-2 月 -81	1250	500	30
7566	JONES	MANAGER	7839	02-4 月 -81	2975		20
7654	MARTIN	SALESMAN	7698	28-9 月 -81	1250	1400	30
7698	BLAKE	MANAGER	7839	01-5 月 -81	2850		30

7782	CLARK	MANAGER	7839	09-6月-81	2450		10
7788	SCOTT	ANALYST	7566	19-4月-87	3000		20
7839	KING	PRESIDENT		17-11月-81	5000		10
7844	TURNER	SALESMAN	7698	08-9月-81	1500	0	30
7876	ADAMS	CLERK	7788	23-5月-87	1100		20
7900	JAMES	CLERK	7698	03-12月-81	950		30
7902	FORD	ANALYST	7566	03-12月-81	3000		20
7934	MILLER	CLERK	7782	23-1月-82	1300		10

然后，宝儿使用如图 20-12 所示的方法启动 Microsoft Excel。

之后，他使用鼠标选择"文件"菜单，紧接着选择"打开"子菜单，如图 20-13 所示。

然后，他选择了 F:\Excels 目录（文件夹）并且在"文件类型"下拉列表框中选择"所有文件"，此时即可以看到 emp.LST，选择该文件并单击"打开"按钮，如图 20-14 所示。

随后，就会出现如图 20-15 所示的画面，此时宝儿单击"下一步"按钮。

接下来，将会出现如图 20-16 所示的画面，再次单击"下一步"按钮。

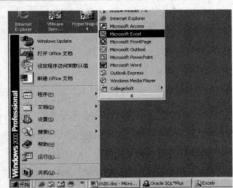

图 20-12

图 20-13

图 20-14

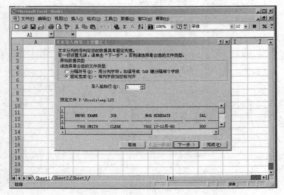

图 20-15

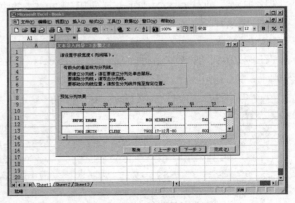

图 20-16

之后，就会出现如图 20-17 所示的画面，此时宝儿单击"完成"按钮。

最后，出现如图 **20-18** 所示的画面。到此，宝儿已经将 **Oracle** 数据库中 **scott** 用户的 **emp** 表的数据成功地导入到 **Microsoft Excel**（为了显示全部的信息，可能要调整某些字段的宽度或窗口的大小）。接下来公司的分析人员或经理们就可以使用 **Excel** 来分析 **Oracle** 数据库中的数据了。

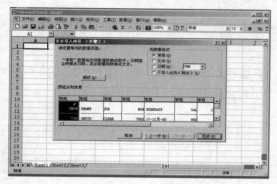

图 20-17

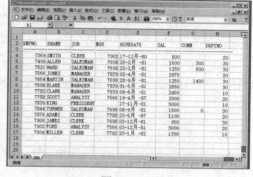

图 20-18

在宝儿的耐心指导下，公司的相关人员很快掌握了这一简单、快捷而且有效的数据移动方法。此时，这些人对宝儿的感激之情就可想而知了。

20.8　将其他软件（系统）的数据导入 Oracle

尽管宝儿已经解决了其他软件（系统）使用 Oracle 数据库中的数据的难题，但是如何将其他软件（系统）的数据装入 Oracle 数据库还是一个非常棘手的大问题。因此主张购买 Oracle BI 系统的声音又在高级管理层中抬头，有些高管建议将公司中所有的软件都换成 Oracle 的，这样就避免了不同软件（系统）之间数据的转换问题——这一问题一直困扰着公司的管理层。

消息传开，与之相关的人员刚刚放松的神经又立即绷紧。最后，又是宝儿使他们化险为夷。宝儿为了保住他们的饭碗决定使用 Oracle 外表来解决这一难题（这是 Oracle 9i 引入的）。

首先，宝儿在 DOS 操作系统上创建了 F:\ORACLE\ETL 目录（文件夹）以存放所需的文件（为了节省篇幅，在这里省略了具体的操作步骤）。接下来，**他以 SYSTEM 用户登录 Oracle 数据库**。随后，使用**例 20-58** 的命令创建了一个名为 **data_dir** 的 **DIRECTORY**（目录）对象，该目录将用来存放数据文件，**它指向 F:\ORACLE\ETL** 的操作系统目录。

例 20-58

```
SQL> CREATE DIRECTORY data_dir AS 'F:\ORACLE\ETL';
Directory created.
```

接下来，他使用例 20-59 的命令创建一个名为 log_dir 的 DIRECTORY（目录）对象，该目录将用来存放在导入数据时生成的日志文件（该文件可用作诊断目的），它也指向 F:\ORACLE\ETL 的操作系统目录。

例 20-59

```
SQL> CREATE DIRECTORY log_dir AS 'F:\ORACLE\ETL';
Directory created.
```

之后，他使用例 20-60 的 DDL 语句将 data_dir 目录对象的读权限授予 scott 用户。

例 20-60

```
SQL> GRANT READ ON DIRECTORY data_dir TO SCOTT;
Grant succeeded.
```

随后，他使用例 20-61 的 DDL 语句将 log_dir 目录对象的写权限授予 scott 用户。

例 20-61

```
SQL> GRANT WRITE ON DIRECTORY log_dir TO SCOTT;
Grant succeeded.
```

📢 提示：

千万不要在 system 或 sys 用户中直接创建外表，在这两个用户中不应创建任何用户的表，否则不但会使管理和维护的负担加重，而且还会影响数据库系统的效率。

接下来，宝儿使用例 20-62 的 SQL 语句来验证是否已经成功创建了两个目录对象 DATA_DIR 和 LOG_DIR（为了使显示结果更加清晰，应先使用 SQL*Plus 的格式化命令）。

例 20-62

```
SQL> select *
  2  from dba_directories
  3  where DIRECTORY_PATH like '%ETL';
OWNER              DIRECTORY_NAME      DIRECTORY_PATH
---------------    ---------------     ---------------
SYS                DATA_DIR            F:\ORACLE\ETL
SYS                LOG_DIR             F:\ORACLE\ETL
```

例 20-62 的显示结果表明：这两个目录对象已经被成功地创建，同时读者还会发现，尽管宝儿是在 system 用户下创建的这两个目录对象，但是它们仍然为 sys 用户所有。

之后，宝儿使用例 20-63 的 SQL 语句检验 DATA_DIR 目录的读权限和 LOG_DIR 目录的写权限是否已经授予 scott 用户（为了使显示结果更加清晰，应先使用 SQL*Plus 的格式化命令）。

例 20-63

```
SQL> select *
  2  from DBA_TAB_PRIVS
  3  where TABLE_NAME in ('DATA_DIR','LOG_DIR')
  4  and GRANTEE = 'SCOTT';
GRANTEE    OWNER       TABLE_NAME           GRANTOR     PRIVILEGE    GRA HIE
---------  ----------  -------------------  ----------  -----------  --- ---
SCOTT      SYS         DATA_DIR             SYSTEM      READ         NO  NO
SCOTT      SYS         LOG_DIR              SYSTEM      WRITE        NO  NO
```

当确定一切都准确无误之后，他即刻使用例 20-64 的 SQL*Plus 命令切换到 scott 用户。

例 20-64

```
SQL> CONNECT SCOTT/TIGER
Connected.
```

接下来，他就使用例 20-65 的 Oracle 创建外表的 DDL 语句创建一个名为 sales_delta 的外表。

例 20-65

```
CREATE TABLE sales_delta
( PROD_ID NUMBER(6),
CUST_ID NUMBER,
TIME_ID DATE,
CHANNEL_ID CHAR(1),
PROMO_ID NUMBER(6),
QUANTITY_SOLD NUMBER(3),
AMOUNT_SOLD NUMBER(10,2))
ORGANIZATION external
( TYPE oracle_loader
```

```
DEFAULT DIRECTORY data_dir
ACCESS PARAMETERS
( RECORDS DELIMITED BY NEWLINE CHARACTERSET US7ASCII
BADFILE 'LOG_DIR' :'sales.bad'
LOGFILE 'LOG_DIR' :'sales.log'
FIELDS TERMINATED BY " " OPTIONALLY ENCLOSED BY '\t'
)
LOCATION ('sales_delta.txt')
)
REJECT LIMIT UNLIMITED;
```

ORGANIZATION external 参数之前的部分与普通的表完全相同，这里就不再介绍了。下面就从该参数开始介绍，以下是每个参数的具体含义。

- ➘ ORGANIZATION external：是一个外表。
- ➘ TYPE oracle_loader：所使用的驱动（器）程序是 oracle_loader，这是 Oracle 数据库系统自带的。
- ➘ DEFAULT DIRECTORY data_dir：默认目录为 data_dir，即存放数据文件的目录。
- ➘ ACCESS PARAMETERS：后面括号中定义的是访问参数。
- ➘ RECORDS DELIMITED BY NEWLINE CHARACTERSET US7ASCII：记录用换行符分隔，字符集为 US7ASCII。
- ➘ BADFILE 'LOG_DIR' :'sales.bad'：外表的坏文件放在 LOG_DIR 对象所定义的操作系统目录下，坏文件名为 sales.bad（该文件可用作诊断目的，记录的出错消息比较详细）。
- ➘ LOGFILE 'LOG_DIR' :'sales.log'：外表的日志文件放在 LOG_DIR 对象所定义的操作系统目录下，日志文件名为 sales.log（该文件可用作诊断目的）。
- ➘ FIELDS TERMINATED BY " " OPTIONALLY ENCLOSED BY '\t'：字段由空格符分隔，或者可以由制表键分隔（OPTIONALLY ENCLOSED BY '\t'）。
- ➘ LOCATION ('sales_delta.txt')：数据文件名为 sales_delta.txt。
- ➘ REJECT LIMIT UNLIMITED：读入整个数据文件的数据。

为了以后工作方便，他将例 20-65 的 Oracle 创建外表的 DDL 语句写入记事本程序并以 sales.sql 为 SQL 脚本文件名存入操作系统的 F:\oracle\mgt 目录下，如图 20-19 所示。

接下来，他使用例20-66的SQL*Plus命令运行F:\oracle\mgt 目录中的 sales.sql 脚本文件。

图 20-19

例 20-66

```
SQL> @F:\oracle\mgt\sales.sql
表已创建。
```

之后，宝儿使用例 20-67 的 SQL 语句来检验 sales_delta 表是否已经被成功地创建。

例 20-67

```
SQL> select table_name, tablespace_name
  2  from user_tables;
TABLE_NAME                      TABLESPACE_NAME
------------------------------- ----------------

DEPT                            USERS
EMP                             USERS
BONUS                           USERS
```

```
SALGRADE                              USERS
DEPT_DUMP                             USERS
EMP_DUMP                              USERS
SALES_DELTA
```

已选择 7 行。

从例 20-67 的显示结果可以看出：SALES_DELTA 已经存在，但是它没存储在任何表空间中，这是因为它是一个外表（external table）。接下来，宝儿使用例 20-68 的 SQL 语句列出 scott 用户中所有的外表。

例 20-68

```
SQL> select table_name, DEFAULT_DIRECTORY_OWNER, DEFAULT_DIRECTORY_NAME
  2  from USER_EXTERNAL_TABLES;
TABLE_NAME                            DEF DEFAULT_DIRECTORY_NAME
------------------------------------- --- -----------------------
SALES_DELTA                           SYS DATA_DIR
```

例 20-68 的显示结果表明：在 scott 用户中只有一个外表 SALES_DELTA，因为宝儿只创建了这一个外表。现在，他将在操作系统上创建一个目录 F:\ORACLE\ETL，并将以正文方式存放的数据文件 sales_delta.txt 复制到该目录下。以下是该文件中的一小部分数据，最后一行的"……"表示省略了后面的显示输出。

```
13       987 10-JAN-98          3       999          1       1232.16
13      1660 10-JAN-98          3       999          1       1232.16
13      1762 10-JAN-98          3       999          1       1232.16
13      1843 10-JAN-98          3       999          1       1232.16
13      1948 10-JAN-98          3       999          1       1232.16
13      2273 10-JAN-98          3       999          1       1232.16
13      2380 10-JAN-98          3       999          1       1232.16
13      2683 10-JAN-98          3       999          1       1232.16
13      2865 10-JAN-98          3       999          1       1232.16
......
```

其实，数据文件 sales_delta.txt 的生成方法与 20.7 节中 emp.LST 文件的生成方法极为相似。但是为了使一些初学者更容易理解，这里还是给出生成这个文件的具体步骤。首先打开记事本程序，将如下的 SQL*Plus 命令和 SQL 语句写入，如图 20-20 所示。以下参数的含义多数以前已经解释过，这里只解释 set heading off，其含义是关闭列名（头）以保证 spool 定义的文件中只有输出的数据。而 SQL 语句 alter session set nls_date_language = 'AMERICAN'是保证时间的格式为 ASCII 码格式，这可以保证在不同的 IT 平台上交换数据时不会因为时间格式的不同而产生问题，因为所有的 IT 平台都支持 ASCII 码。

图 20-20

```
set line 120
set pagesize 49990
set heading off
set feedback off
alter session set nls_date_language = 'AMERICAN';
spool f:\oracle\etl\sales_delta.txt
```

```
select * from sales where rownum <= 49990;
spool off
```

将该文件以 data.sql 为文件名存入 F:\oracle\mgt 目录中。为了管理上的方便，接下来，启动 DOS 并使用例 20-69 的操作系统的 cd 命令进入 F:\oracle\mgt 目录。

例 20-69

```
F:\>cd oracle\mgt
```

之后，使用例 20-70 的操作系统的列目命令列出该目录中所有的操作系统文件和目录。

例 20-70

```
F:\oracle\mgt>dir
驱动器 F 中的卷是 本地磁盘
卷的序列号是 D4C9-B6D0
F:\oracle\mgt 的目录
2008-03-06  10:29p    <DIR>          .
2008-03-06  10:29p    <DIR>          ..
2008-03-07  09:10a              210 data.sql
2008-03-04  10:38p              100 emp.sql
2008-03-03  03:59p                0 expdp
2008-03-03  03:59p              128 exp_par.txt
2008-02-21  09:34a              361 FullBackup.sql
2008-03-03  04:30p              124 imp_par.txt
2008-03-06  05:44p              509 sales.sql
2008-03-01  03:10p              130 scott_par.txt
               8 个文件          1,562 字节
               2 个目录 21,377,875,968 可用字节
```

为了看起来更专业，下面使用例 20-71 的命令以 DOS 命令行的方式启动 SQL*Plus，并以 pjinlian 用户登录 Oracle 数据库系统。

例 20-71

```
F:\oracle\mgt>sqlplus pjinlian/wuda
SQL*Plus: Release 10.2.0.1.0 - Production on 星期五 3 月 7 09:12:08 2008
Copyright (c) 1982, 2005, Oracle. All rights reserved.
连接到：
Oracle Database 10g Enterprise Edition Release 10.2.0.1.0 - Production
With the Partitioning, OLAP and Data Mining options
SQL>
```

接下来，在 SQL*Plus 下使用例 20-72 的命令运行 SQL 脚本文件 data.sql。该命令发完之后，将会发现 DOS 屏幕不停地滚动，这表示系统正在 f:\oracle\etl 目录下生成数据文件 sales_delta.txt。

例 20-72

```
SQL> @data.sql
```

待屏幕的滚动结束之后，用户可以使用资源管理器查看数据文件 sales_delta.txt 是否已经生成，如图 20-21 所示。也可以使用记事本程序打开该文件来验证其中的数据是否正确。

一旦该文件已经存在，则前面所创建的外表 SALES_DELTA 就可以像普通表一样查询了，但是

图 20-21

外表上是不能进行 DML 操作的。 这也不是问题，因为可以将外表中的数据方便地插入到正常表中。

现在，宝儿切换到 scott 用户，使用例 20-73 的 SQL 语句查看在外表 sales_delta 中有多少行数据。

例 20-73

```
SQL> select count(*) from sales_delta;
  COUNT(*)
----------
     49990
```

例 20-73 显示输出结果表明：这个表中一共有 49990 行数据，这实际上等于 set pagesize 49990 所设置的数。接下来，宝儿使用例 20-74 的 SQL 语句列出外表 sales_delta 中前 10 行的数据，他想将这些数据与 F:\oracle\ETL 目录中的数据文件 sales_delta.txt 中对应的 10 行的数据进行比较（也可以使用任何其他的方法进行比较）。

例 20-74

```
SQL> select * from sales_delta where rownum <= 10;
   PROD_ID   CUST_ID TIME_ID     C PROMO_ID QUANTITY_SOLD AMOUNT_SOLD
--------- --------- ------- ----- - --------- ------------- -------------
       13       987 10-1月 -98   3      999             1       1232.16
       13      1660 10-1月 -98   3      999             1       1232.16
       13      1762 10-1月 -98   3      999             1       1232.16
       13      1843 10-1月 -98   3      999             1       1232.16
       13      1948 10-1月 -98   3      999             1       1232.16
       13      2273 10-1月 -98   3      999             1       1232.16
       13      2380 10-1月 -98   3      999             1       1232.16
       13      2683 10-1月 -98   3      999             1       1232.16
       13      2865 10-1月 -98   3      999             1       1232.16
       13      4663 10-1月 -98   3      999             1       1232.16

已选择 10 行。
```

这里需要说明的是，**rownum 是 Oracle 自动生成的，是隐含的，使用 SELECT * 语句是不能显示这一列的。Oracle 称为伪列，rownum 为有些 SQL 编程提供了方便。** 如在互联网中，用户在网上搜索时，看到一个题目比较感兴趣，他可能想看看里面的具体内容，此时用户对信息的排列顺序并不在意，只要能看到里面一页的内容就行了。这种情况下就可以使用 **rownum** 来完成，而不用使用消耗大量系统资源的排序等方法来实现。

最后，宝儿使用例 20-75 的 SQL 查询语句对外表 sales_delta 又做了一个简单的测试。

例 20-75

```
SQL>   select   sum(QUANTITY_SOLD)   sum_quanty,   sum(AMOUNT_SOLD)   sum_AMOUNT,
count(AMOUNT_SOLD) num,
  2           avg(QUANTITY_SOLD) avg_quanty, avg(AMOUNT_SOLD) avg_AMOUNT, prod_id
  3  from sales_delta
  4  group by prod_id;
SUM_QUANTY SUM_AMOUNT        NUM AVG_QUANTY AVG_AMOUNT    PROD_ID
---------- ---------- --------- ---------- ---------- -------------
       567   15020.71        567          1  26.491552           22
      1932  245926.65       1932          1 127.291227           25
      1699   18394.36       1699          1 10.8265803           30
       418   18710.61        418          1 44.7622249           34
......
```

例 20-75 查询显示结果中的 "……" 表示后面的显示结果被省略了，这是为了节省篇幅。这个显示结果进一步说明了宝儿已经将外部文件 sales_delta.txt 中的数据成功地导入到 Oracle 数据库之中。

随后，宝儿用类似的方法为所有这样的数据文件都创建了相应的外表。今后，公司的白领们只要定时往指定的目录中复制（上传）正文文件就行了。

20.9　数据泵操作的自动化

由于 pjinlian 用户中的绝大多数信息都是先驱公司的核心业务中必不可少的，于是宝儿决定除了对这个用户做定期的物理备份之外，还要每天至少做一次逻辑备份。为了使普通的 IT 工作人员都可以进行逻辑备份，他决定将整个逻辑备份的操作自动化，即在计算机的桌面上放一个逻辑备份的图标，负责备份的员工只要使用鼠标双击这个图标即可完成这一备份工作。

因要先做一些准备工作，宝儿使用例 20-76 的 SQL*Plus 命令以 pjinlian 用户登录数据库。

例 20-76

```
SQL> connect pjinlian/wuda
已连接。
```

为了使查询语句的显示输出更清晰，宝儿使用例 20-77 的 SQL*Plus 格式化命令对输出结果进行格式化。

例 20-77

```
SQL> col object_name for a30
```

之后，他就使用例 20-78 的 SQL 语句列出 pjinlian 用户中所有的对象，以决定哪些对象需要逻辑备份。

例 20-78

```
SQL> select object_name, object_type, status
  2  from user_objects;
OBJECT_NAME                    OBJECT_TYPE         STATUS
------------------------------ ------------------- ------
SALES                          TABLE               VALID
CUSTOMERS                      TABLE               VALID
SALES_PROD_ID_IDX              INDEX               VALID
SALES_CUST_ID_IDX              INDEX               VALID
SALES_CHANNEL_ID_IDX           INDEX               VALID
CUSTOMERS_GENDER_IDX           INDEX               VALID
CUSTOMERS_CITY_IDX             INDEX               VALID
DEPT                           TABLE               VALID
EMP                            TABLE               VALID
BONUS                          TABLE               VALID
SALGRADE                       TABLE               VALID
PK_DEPT                        INDEX               VALID
PK_EMP                         INDEX               VALID

已选择 13 行。
```

随后，他在操作系统上创建了一个名为 F:\exportdump 的目录（文件夹）以存放将来逻辑备份所产生的文件。接下来，他使用例 20-79 的 SQL*Plus 命令切换到 SYSTEM 用户（普通用户是不能创建目录对象的）。

例 20-79

```
SQL> CONNECT SYSTEM/MANAGER
已连接。
```

之后，他使用例 20-80 的命令创建了一个名为 data_dump 的 DIRECTORY（目录）对象，该目录将用来存放导出的数据文件，它指向 F:\exportdump 的操作系统目录。

例 20-80

```
SQL> CREATE DIRECTORY data_dump AS 'F:\exportdump';
目录已创建。
```

接下来，他使用例 20-81 的命令创建了一个名为 log_dump 的 DIRECTORY（目录）对象，该目录将用来存放在导出数据时生成的日志文件（该文件可用作诊断目的），它也指向 F:\exportdump 的操作系统目录。

例 20-81

```
SQL> CREATE DIRECTORY log_dump AS 'F:\exportdump';
目录已创建。
```

之后，他使用例 20-82 的 DDL 语句将 data_dump 目录对象的读权限和写权限都授予 pjinlian 用户。

例 20-82

```
SQL> GRANT READ, WRITE ON DIRECTORY data_dump TO pjinlian;
授权成功。
```

随后，他使用例 20-83 的 DDL 语句将 log_dump 目录对象的读权限和写权限也都授予了 pjinlian 用户。

例 20-83

```
SQL> GRANT READ, WRITE ON DIRECTORY log_dump TO pjinlian;
授权成功。
```

接下来，宝儿使用例 20-86 的 SQL 语句来验证是否已经成功创建了两个目录对象 data_dump 和 log_dump。为了显示结果清晰，他先使用例 20-84 和例 20-85 的 SQL*Plus 格式化命令对例 20-86 的输出结果进行了格式化。

例 20-84

```
SQL> col DIRECTORY_NAME for a20
```

例 20-85

```
col DIRECTORY_PATH for a50
```

例 20-86

```
SQL> select *
  2  from dba_directories
  3  where DIRECTORY_PATH like '%dump';
OWNER                          DIRECTORY_NAME       DIRECTORY_PATH
------------------------------ -------------------- ---------------
SYS                            DATA_DUMP            F:\exportdump
SYS                            LOG_DUMP             F:\exportdump
```

之后，宝儿使用例 20-91 的 SQL 语句检验 data_dump 目录和 log_dump 目录的读、写权限是否已经授予了 pjinlian 用户。为了显示结果清晰，他先使用例 20-87～例 20-90 的 SQL*Plus 格式化命令对例 20-91 的输出结果进行了格式化。

例 20-87

```
SQL> col GRANTEE for a10
```

例 20-88

```
SQL> col GRANTOR for a10
```

例 20-89

```
SQL> col OWNER for a10
```

例 20-90

```
SQL> col PRIVILEGE for a10
```

例 20-91

```
SQL> select *
```

```
2    from DBA_TAB_PRIVS
3    where TABLE_NAME in ('DATA_DUMP','LOG_DUMP')
4    and GRANTEE = 'PJINLIAN';
```

GRANTEE	OWNER	TABLE_NAME	GRANTOR	PRIVILEGE	GRA	HIE
PJINLIAN	SYS	DATA_DUMP	SYSTEM	READ	NO	NO
PJINLIAN	SYS	LOG_DUMP	SYSTEM	WRITE	NO	NO
PJINLIAN	SYS	DATA_DUMP	SYSTEM	WRITE	NO	NO
PJINLIAN	SYS	LOG_DUMP	SYSTEM	READ	NO	NO

此时，宝儿开始做使用数据泵进行数据导出的准备工作了。由于使用的参数很多，他将所用到的参数保存在一个正文参数文件中，之后 expdp 应用程序会调用这个正文参数文件。他先将如下的参数写入记事本程序，并将他们以 jinlian_par.txt 为文件名存入操作系统目录 F:\oracle\mgt，如图 20-22 所示。

```
DIRECTORY=data_dump
SCHEMAS=pjinlian
DUMPFILE=schema_pjinlian.dat
EXCLUDE=PACKAGE
EXCLUDE=VIEW
EXCLUDE=PROCEDURE
EXCLUDE=FUNCTION
EXCLUDE=INDEX:"LIKE 'PK_%'"
```

接下来，他先将如下参数写入记事本程序，并以 expjinlian.bat 为文件名存入操作系统目录 F:\oracle\mgt，如图 20-23 所示。

```
F:\oracle\product\10.2.0\db_1\BIN\expdp pjinlian/wuda parfile=F:\oracle\mgt\
jinlian_par.txt
```

图 20-22

图 20-23

📢 提示：

expjinlian.bat 是 DOS 的批处理文件，它是一个在操作系统下可执行的文件。这里使用的都是文件的绝对路径（物理目录的全名）。因为有些计算机可能安装了多个不同版本的 Oracle 数据库或者由于安装了某些软件而使得操作系统无法找到 expdp 程序，因此使用绝对路径就可以保证操作系统可以找到 expdp 程序。

之后，他使用资源管理器进入 F:\oracle\mgt 目录（文件夹），右击文件 expjinlian.bat，在下拉菜单中选择"发送到"→"桌面快捷方式"命令，如图 20-24 所示。

现在，桌面上就会存在一个名为"快捷方式 expjinlian.bat"的图标。其实，到此为止这个图标已经可以工作了。但为了使这个图标看上去更加专业，可以右击文件"快捷方式 expjinlian.bat"，在下拉菜单中选择"属性"命令，之后选取喜欢的图标，如图 20-25 所示。

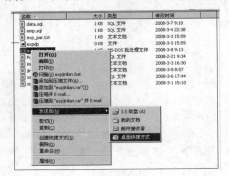

图 20-24　　　　　　　　　　　　　　　　　　　　　　图 20-25

最后，将图标名改成更加专业的 Logical Backup For Pjinlian，如图 20-26 所示。

现在，只要用鼠标双击桌面上的 Logical Backup For Pjinlian 图标就可以进行 Pjinlian 用户的逻辑备份了。双击该图标之后，操作系统将启动一个 DOS 界面（窗口）并运行该图标所代表的 DOS 批处理文件，这时在 DOS 窗口中会产生如下的输出。

```
Export: Release 10.2.0.1.0 - Production on 星期六, 08 3月, 2008 9:28:18
Copyright (c) 2003, 2005, Oracle.  All rights reserved.
连接到: Oracle Database 10g Enterprise Edition Release 10.2.0.1.0 - Production
With the Partitioning, OLAP and Data Mining options
启动 "PJINLIAN"."SYS_EXPORT_SCHEMA_01": pjinlian/********parfile=F:\oracle\mgt
\jinlian_par.txt
正在使用 BLOCKS 方法进行估计...
处理对象类型 SCHEMA_EXPORT/TABLE/TABLE_DATA
使用 BLOCKS 方法的总估计: 51 MB
处理对象类型 SCHEMA_EXPORT/PRE_SCHEMA/PROCACT_SCHEMA
......
已成功加载/卸载了主表 "PJINLIAN"."SYS_EXPORT_SCHEMA_01"
******************************************************************************
PJINLIAN.SYS_EXPORT_SCHEMA_01 的转储文件集为:
F:\EXPORTDUMP\SCHEMA_PJINLIAN.DAT
作业 "PJINLIAN"."SYS_EXPORT_SCHEMA_01" 已于 09:28:34 成功完成
```

当这个逻辑备份成功之后，操作系统就会在 F:\exportdump 目录中生成所需的逻辑备份文件 SCHEMA_PJINLIAN.DAT，同时生成一个名为 export.log 的日志文件（该文件中的内容与上面所说的 DOS 窗口中的显示输出基本相同），如图 20-27 所示。

图 20-26　　　　　　　　　　　　　　　　　　　　　　图 20-27

以后，负责逻辑备份的"大虾"只要用鼠标双击桌面上的 **Logical Backup For Pjinlian** 图标就可以进行 **Pjinlian** 用户的逻辑备份了。原来逻辑备份也这么容易！

20.10　您应该掌握的内容

在学习完本章之后，请检查一下您是否已经掌握了以下内容：

- 导出和导入工具的工作原理。
- 利用导出和导入工具可以完成哪些工作。
- 什么是逻辑备份。
- 逻辑备份与物理备份的差别。
- 逻辑备份的具体步骤。
- 数据泵的工作原理。
- 怎样使用数据泵进行数据的导出和导入（逻辑备份和恢复）。
- 使用数据泵进行数据的移动。
- 怎样以最简单的方式将 Oracle 的数据传给其他软件（系统）。
- 什么是 Oracle 的外表。
- 什么是 Oracle 的目录对象及定义。
- 怎样将目录的权限授予普通用户。
- 怎样使用外表将其他软件（系统）的数据传给 Oracle 数据库系统。
- 怎样自动化数据泵操作。

在即将结束本章时，再次强调：对于绝大多数真正的生产或商业数据库来说，逻辑备份永远不能作为备份和恢复策略的基石，数据库必须要有物理备份以保证全恢复，而逻辑备份只能是辅助的备份手段。

第 21 章　闪回技术、备份恢复与优化

　　利用 Oracle 10g、Oracle 11g 和 Oracle 12c 引入的闪回（Flashback）技术在绝大多数情况下可以完全避免令人生畏的不完全恢复，而且速度更快、更安全、更可靠，也更简单。安全与效率总是一对矛盾，越安全可靠的系统其效率也越差。如何既能够保证不丢失数据又能使系统的效率不会下降很多，这一直是系统的设计者和管理者（如 DBA）所追求的目标。

21.1　闪回已经删除的表

　　Oracle 使用了革命性的技术来形容它在 Oracle 10g 中引入的闪回技术。这一技术在某些情况下确实使数据的恢复变得非常简单、快捷而且可靠。这一技术的引入得益于硬件的快速发展，即硬盘容量持续增加而价格却持续下降。使用它可以方便地恢复大多数由于用户操作失误而造成的数据丢失。

　　在 Oracle 10g 之前的版本中，当用户错误地删除了一个重要的表时，DBA 都会感到非常紧张，因为此时如果没有可用的逻辑备份就只能进行不完全恢复了。而这种恢复既复杂又耗时，而且也没有人敢保证恢复能百分之百成功。Oracle 10g 引入的闪回技术基本上解决了这一难题。

　　闪回技术是这样处理的：当一个表被删除时，它并不是真的被删除了，而只是被放到了回收站（**recyclebin**）里，只要这表还在回收站里，它就可以被重新恢复（闪回）回来。该回收站被放在表所在的表空间，**Oracle 并不保证所有删除的表都能闪回成功**。因为当用户在某个表空间上创建一个新表（或需要磁盘空间）时，**Oracle** 首先使用空闲的磁盘空间，如果没有足够的磁盘空间，**Oracle** 将使用回收站的磁盘空间。因此在创建表空间时最好留出足够的磁盘空间以方便日后进行恢复工作。

　　要使 Oracle 能够使用这一闪回技术，DBA 还须使用 Oracle 的 alter system 命令将系统参数 recyclebin 设置为 ON。为此，首先使用例 21-1 的 SQL*Plus 命令以 system 用户登录 Oracle 数据库系统。

　　例 21-1

```
SQL> connect system/manager
已连接。
```

接下来，使用例 **21-2** 的 **SQL*Plus** 命令检查 **recyclebin** 参数的设置。

　　例 21-2

```
SQL> show parameter bin
NAME                                 TYPE        VALUE
------------------------------------ ----------- -----
recyclebin                           string      ON
```

　　例 21-2 的显示输出结果表明：**所使用的系统中该参数已经是 ON，这也是 Oracle 10g、Oracle 11g 和 Oracle 12c 的默认值**。为了演示如何修改这一参数，使用例 21-3 的 alter system 命令将此参数设为 OFF。

　　例 21-3

```
SQL> alter system set recyclebin = off;
系统已更改。
```

之后，使用例 21-4 的 SQL*Plus 命令重新检查 recyclebin 参数的设置。

　　例 21-4

```
SQL> show parameter bin
NAME                                 TYPE        VALUE
```

```
------------------------------ ----------- -----
recyclebin                              string      OFF
```

最后，别忘了使用例 21-5 的 **alter system 命令将 recyclebin 参数重新设为 ON**，并使用例 21-6 的 SQL*Plus 命令再次检查 recyclebin 参数是否已经为 ON。

例 21-5

```
SQL> alter system set recyclebin = on;
系统已更改。
```

例 21-6

```
SQL> show parameter bin
NAME                                    TYPE        VALUE
------------------------------ ----------- -----
recyclebin                              string      ON
```

下面使用 connect scott/tiger 的 SQL*Plus 连接命令以 scott 用户登录 Oracle 数据库，之后使用例 21-7 的 SQL 语句列出该用户下的所有表和视图。

例 21-7

```
SQL> select * from cat;
TABLE_NAME                       TABLE_TYPE
------------------------------ -----------
DEPT                             TABLE
EMP                              TABLE
BONUS                            TABLE
SALGRADE                         TABLE
BIN$w6X045arTDm5S4SuULm1Pw==$0   TABLE
DEPT_DUMP                        TABLE
BIN$lvcmisYdTsymDTSNMqhnKA==$0   TABLE
BIN$vKP7QqGqQDaiqqcu4VQX/A==$0   TABLE
BIN$o3H/HdyTQIOMEg1VdQa2Qg==$0   TABLE
EMP_DUMP                         TABLE
SALES_DELTA                      TABLE

已选择 11 行。
```

读者可能已经注意到了在例 21-7 的显示输出中**有好几个以 BIN 开头的莫名其妙的表**，其实它们就**是回收站中被删除的表**，因为之前曾删除了一些表。也可以**使用例 21-8 的 SQL*Plus 命令只显示回收站中被删除的表**。

例 21-8

```
SQL> show recyclebin
ORIGINAL NAME  RECYCLEBIN NAME                 OBJECT TYPE DROP      TIME
-------------- ------------------------------ ------ ----------- ------
DEPT_DUMP      BIN$vKP7QqGqQDaiqqcu4VQX/A==$0 TABLE
               2008-02-27:11:27:46
EMP_DUMP       BIN$o3H/HdyTQIOMEg1VdQa2Qg==$0 TABLE
               2008-03-01:15:18:06
EMP_DUMP       BIN$w6X045arTDm5S4SuULm1Pw==$0 TABLE
               2008-02-27:11:27:32
EMP_DUMP       BIN$lvcmisYdTsymDTSNMqhnKA==$0 TABLE
               2008-02-27:11:25:17
```

当回收站里的东西太多时（可能用户已经删除了很多表），可以使用 Oracle 10g 开始提供的 purge 新命令彻底从回收站清除不想要的表，如**使用例 21-9 的命令清除回收站中的 DEPT_DUMP 表**。

例 21-9

```
SQL> purge table DEPT_DUMP;
表已清除。
```

之后，使用例 21-10 的 SQL*Plus 命令重新显示回收站中被删除的表。此时可以发现回收站中已经没有 DEPT_DUMP 表了。

例 21-10

```
SQL> show recyclebin
ORIGINAL NAME    RECYCLEBIN NAME                    OBJECT TYPE  DROP TIME
--------------   ------------------------------    ------  ------------------
EMP_DUMP         BIN$o3H/HdyTQIOMEg1VdQa2Qg==$0    TABLE   2008-03-01:15:18:06
EMP_DUMP         BIN$w6X045arTDm5S4SuULm1Pw==$0    TABLE   2008-02-27:11:27:32
EMP_DUMP         BIN$lvcmisYdTsymDTSNMqhnKA==$0    TABLE   2008-02-27:11:25:17
```

也可以使用 purge 命令彻底从回收站清除所有的表，**如使用例 21-11 的命令清除回收站中所有的表。**

例 21-11

```
SQL> purge recyclebin;
回收站已清空。
```

之后，使用例 21-12 的 SQL*Plus 命令重新显示回收站中被删除的表。此时，可以发现回收站中已经没有任何表了，即回收站已经被清空了。

例 21-12

```
SQL> show recyclebin
```

使用例 21-13 的 SQL 语句重新列出该用户下的所有表和视图。

例 21-13

```
SQL> select * from cat;
TABLE_NAME                       TABLE_TYPE
------------------------------   ----------
DEPT                             TABLE
EMP                              TABLE
BONUS                            TABLE
SALGRADE                         TABLE
DEPT_DUMP                        TABLE
EMP_DUMP                         TABLE
SALES_DELTA                      TABLE

已选择 7 行。
```

读者此时可以发现在例 21-13 的显示输出中所有以 BIN 开头的表都不见了，这是因为回收站已经被清空，其中已经没有任何被删除的表了。接下来，使用例 21-14 的 DDL 语句删除 emp_dump 表。

例 21-14

```
SQL> drop table emp_dump;
表已删除。
```

之后，使用例 21-15 的 SQL 语句列出该用户下的所有表和视图。此时，可以发现在该语句的显示输出中 emp_dump 表已经不见了，但是多了一个以 BIN 开头的新表。

例 21-15

```
SQL> select * from cat;
TABLE_NAME                       TABLE_TYPE
------------------------------   ----------
DEPT                             TABLE
EMP                              TABLE
```

```
BONUS                                TABLE
SALGRADE                             TABLE
DEPT_DUMP                            TABLE
SALES_DELTA                          TABLE
BIN$e3M4WDmASimLpTHMi+J4Ng==$0       TABLE
```

已选择 7 行。

也可以使用例 21-16 的 SQL*Plus 命令再次显示回收站中被删除的表。

例 21-16

```
SQL> show recyclebin
ORIGINAL NAME      RECYCLEBIN NAME                    OBJECT TYPE   DROP TIME
----------------  ------------------------------   -----------   --------------------
EMP_DUMP           BIN$e3M4WDmASimLpTHMi+J4Ng==$0      TABLE       2008-03-10:14:40:44
```

如果对回收站中被删除的表所使用的磁盘空间的信息感兴趣，可以利用数据字典 user_recyclebin 使用例 21-17 的 SQL 语句来显示相关的信息。

例 21-17

```
SQL> select object_name, ts_name, space
  2  from user_recyclebin;
OBJECT_NAME                        TS_NAME                      SPACE
--------------------------------  --------------------------  -----
BIN$rQHh/QHERxKILT0OI/7Ejg==$0     USERS                           8
```

例 21-17 的显示输出结果表明：回收站中这个被删除的表所使用的磁盘空间为 8 个数据块，它被存放在 USERS 表空间。此时，也可以使用例 21-18 的 SQL 语句测试一下 emp_dump 表是否真的被删除了。

例 21-18

```
SQL> select * from emp_dump;
select * from emp_dump
              *
第 1 行出现错误:
ORA-00942: 表或视图不存在
```

例 21-18 的显示输出结果清楚地表明：emp_dump 表已经不存在了，即被成功地删除了。**如果此时发现删除这个表是错误的，就可以利用 Oracle 10g 引入的新的闪回命令使用例 21-19 的命令将删除的表重新恢复回来。**

例 21-19

```
SQL> flashback table emp_dump
  2  to before drop;
闪回完成。
```

之后，使用例 21-20 的 SQL*Plus 命令重新显示回收站中被删除的表。此时，可以发现回收站已经被清空了。

例 21-20

```
SQL> show recyclebin
```

此时，使用例 21-21 的 SQL 语句重新列出 scott 用户下的所有表和视图。

例 21-21

```
SQL> select * from cat;
TABLE_NAME                         TABLE_TYPE
--------------------------------  ----------
DEPT                               TABLE
EMP                                TABLE
```

```
BONUS                              TABLE
SALGRADE                           TABLE
DEPT_DUMP                          TABLE
SALES_DELTA                        TABLE
EMP_DUMP                           TABLE
```

已选择 7 行。

从例 21-21 的显示输出结果可以看出：emp_dump 表又存在了，即被成功地恢复回来了。接下来，使用例 21-22 的 SQL 查询语句验证一下 emp_dump 表中的数据是否真的存在。

例 21-22

```
SQL> select count(*) from emp_dump;
  COUNT(*)
----------
         7
```

有时可能磁盘空间比较紧张，而也能确定要删除的表真的是无用了（或者已经做了逻辑备份），**这时可以使用如下的带有 purge 选项的 drop table 语句直接删除一个表而并不将该表放入回收站。**

```
DROP TABLE 表名  PURGE;
```

下面还是通过例子来演示这一命令的具体用法。首先，使用例 21-23 的 SQL 查询语句再次列出 scott 用户下的所有表和视图。

例 21-23

```
SQL> select * from cat;
TABLE_NAME                      TABLE_TYPE
------------------------------- ----------
DEPT                            TABLE
EMP                             TABLE
BONUS                           TABLE
SALGRADE                        TABLE
DEPT_DUMP                       TABLE
SALES_DELTA                     TABLE
EMP_DUMP                        TABLE
```

已选择 7 行。

接下来，使用例 21-24 带有 purge 选项的 DDL 语句删除 emp_dump 表。

例 21-24

```
SQL> drop table emp_dump purge;
表已删除。
```

之后，使用例 21-25 的 SQL 语句列出该用户下的所有表和视图。此时，可以发现在该语句的显示输出中 emp_dump 表已经不见了，而且也没有以 BIN 开头的表了。

例 21-25

```
SQL> select * from cat;
TABLE_NAME                      TABLE_TYPE
------------------------------- ----------
DEPT                            TABLE
EMP                             TABLE
BONUS                           TABLE
SALGRADE                        TABLE
DEPT_DUMP                       TABLE
SALES_DELTA                     TABLE
```

已选择 6 行。

也可以使用例 21-26 的 SQL*Plus 命令再次显示回收站中被删除的表。显示输出的结果表明所删除的 emp_dump 表并未存入回收站，这也表明这个被删除的表是无法使用闪回技术恢复的。但是这样做带来的好处是可以节省磁盘空间，特别是表很大时所节省的磁盘空间量也是相当的可观。

例 21-26

```
SQL> show recyclebin
```

📢 **提示：**

闪回技术只能保护非系统（non-SYSTEM）表空间中的表，而且这些表还必须存放在本地管理的表空间中。尽管在一个表被删除时，依赖于该表的绝大多数对象也受到回收站的保护，但是位图连接索引（Bitmap Join Indexes）、引用完整性约束（Referential Integrity Constraints）等并不受到回收站的保护。

21.2　闪回错误的 DML 操作

在 Oracle 10g 之前的版本中，如果某个用户对一个表做了错误的 DML 操作并且提交了这些操作，而且用户在进行操作之前也没有做逻辑备份，在这种情况下，要将这个表恢复到 DML 操作修改之前的状态一般要做不完全恢复。但在 Oracle 10g、Oracle 11g 或 Oracle 12c 中只要使用一个命令就可以完成这样的恢复。**Oracle 是利用还原段（回滚段）中的数据来进行这一恢复的。**

提交 DML 操作之后，该操作所使用的还原段就可以被其他的操作使用了，为了保证在进行闪回操作时这些数据仍然存在还原段中，可能要重新设置 undo_retention 参数，该参数的单位是秒，表示一个事务提交之后，该事务的数据至少是要在还原段中保留该参数所定义的时间。因此，首先使用例 21-27 的 SQL*Plus 命令以 system 登录数据库系统。

例 21-27

```
SQL> connect system/manager
已连接。
```

之后，使用例 21-28 的 SQL*Plus 命令显示 undo_retention 参数的当前值。

例 21-28

```
SQL> show parameter undo_retention
NAME                                 TYPE          VALUE
------------------------------------ ------------- ------
undo_retention                       integer       900
```

例 21-28 的显示输出结果表明：undo_retention 参数的当前值为 900 秒（15 分钟），这也是 Oracle 系统默认值。**为了保证可以闪回两小时之内的 DML 操作，使用例 21-29 的 Oracle SQL 命令将这一参数的值修改为两小时（7200s）。**

例 21-29

```
SQL> alter system set undo_retention = 7200;
系统已更改。
```

之后，使用例 21-30 的 SQL*Plus 命令重新显示 undo_retention 参数的当前值。

例 21-30

```
SQL> show parameter undo_retention
NAME                                 TYPE          VALUE
------------------------------------ ----------- -----
undo_retention                       integer       7200
```

例 21-30 的显示输出结果表明：undo_retention 参数此时的当前值已经被修改为 7 200 秒（两小时）。

📢 提示：

> 闪回技术并不能保证两小时之内提交的 DML 操作一定能恢复，因为还原表空间没有足够的空间时 Oracle 仍然会使用 undo_retention 参数要求保留磁盘空间，即这部分空间中的数据有可能被覆盖掉。如果要想保证提交的数据百分之百保留 UNDO_RETENTION 参数所设定的时间，就需要修改当前还原表空间的 RETENTION 属性，该属性的默认值是 NOGUARANTEE，要将其修改成 GUARANTEE。另外，该参数是针对整个数据库上所有的事务的，如果数据库上的 DML 操作非常频繁，将该参数设得太大可能会消耗过多的磁盘空间。安全与效率永远是一对矛盾，作为 DBA，要在这两者之间进行折中。

下面，通过例子来演示这种闪回方法的具体用法。使用例 21-31 的 SQL* Plus 命令以 scott 用户登录数据库系统（也可以重新启动一个新的 SQL*Plus 窗口）。之后使用例 21-32 的 DML 语句将 emp_dump 表中所有员工的工资改为 9999（让所有人都发财）。

例 21-31

```
SQL> connect scott/tiger
已连接。
```

例 21-32

```
SQL> update emp_dump
2  set sal = 9999;
已更新 14 行。
```

接下来，使用例 21-33 的带有 versions 子句的 Oracle 查询语句获取刚刚所做的 DML 操作的 versions_xid 和相关的信息。**Oracle 对它的 SQL 查询语句进行了扩充，可以通过使用 versions 子句来查询以往的事务操作的信息，其中 versions_xid 为事务号，minvalue 为最小值，maxvalue 为最大值。**

例 21-33

```
SQL> select versions_xid, empno, ename, sal
2  from emp_dump
3  versions between scn minvalue and maxvalue
4  where empno = 7900;
VERSIONS_XID     EMPNO ENAME          SAL
---------------- ------ ---------- -----------
                 7900 JAMES              950
```

例 21-33 显示输出表明 versions_xid 为空，这是因为并未提交所做的 DML 操作，即事务还没有完成。现在，使用例 21-34 的命令提交上面所做的 DML 操作。

例 21-34

```
SQL> commit;
提交完成。
```

之后，使用例 21-35 的带有 versions 子句的 Oracle 查询语句重新获取所做的 DML 操作的 versions_xid 和相关的信息。

例 21-35

```
SQL> select versions_xid, empno, ename, sal
2  from emp_dump
3  versions between scn minvalue and maxvalue
4  where empno = 7900;
VERSIONS_XID          EMPNO ENAME          SAL
---------------- ---------- ---------- ----------
0200020089010000       7900 JAMES           9999
                       7900 JAMES            950
```

此时，在例 21-35 的显示输出中已经可以看到对 sal 这一列所做的修改并且相应的 versions_xid 也不再为空而是有具体的值了。为了使用 Oracle 提供的另一个获取闪回信息的数据字典 flashback_transaction_query，需要使用例 21-36 的 SQL*Plus 命令重新切换回 system 用户。

例 21-36

```
connect system/manager
已连接。
```

为了使显示输出的结果清晰，使用例 21-37 和例 21-38 的 SQL*Plus 格式化命令对 SQL 查询语句的输出结果进行格式化。

例 21-37

```
SQL> col OPERATION for a10
```

例 21-38

```
SQL> col UNDO_SQL for a80
```

接下来，使用例 21-39 的 SQL 查询语句**从数据字典 flashback_transaction_query 中获取上面所提交的事务的 DML 操作和恢复原来值所需的 SQL 命令（undo_sql）**。在例 21-39 中，**xid 为例 21-35 查询结果中的 versions_xid**。

例 21-39

```
SQL> select operation, undo_sql
  2  from flashback_transaction_query
  3  where xid = hextoraw('0200020089010000');
OPERATION    UNDO_SQL
----------   -------------------------------------------------------------------
UPDATE    update "SCOTT"."EMP_DUMP" set "SAL" = '1300' where ROWID =
          'AAANEEAAEAAAAGkAAN';
UPDATE    update "SCOTT"."EMP_DUMP" set "SAL" = '3000' where ROWID =
          'AAANEEAAEAAAAGkAAM';
UPDATE    update "SCOTT"."EMP_DUMP" set "SAL" = '950' where ROWID =
          'AAANEEAAEAAAAGkAAL';
......
已选择 15 行。
```

如果使用例 21-40 的 SQL 查询语句，就会发现 scott 用户下的 emp_dump 中所有的员工的工资都已经涨到 9999，即所有的员工真的都"发财"了。

例 21-40

```
SQL> select * from scott.emp_dump;
    EMPNO ENAME  JOB        MGR HIREDATE      SAL    COMM   DEPTNO
--------- ------ -------- ----- ---------- ------- ------- -------
     7369 SMITH  CLERK     7902 17-12 月-80   9999              20
     7499 ALLEN  SALESMAN  7698 20-2 月 -81   9999    300       30
     7521 WARD   SALESMAN  7698 22-2 月 -81   9999    500       30
     7566 JONES  MANAGER   7839 02-4 月 -81   9999              20
......
已选择 14 行。
```

此时，如果您的老板后悔了并想恢复到 DML 操作之前的值，在 Oracle 10g 之前是相当困难的，一般要做不完全恢复。**在 Oracle 10g、Oracle 11g 或 Oracle 12c 中您就可以使用例 21-39 的 SQL 查询显示结果中的 undo_sql 语句进行恢复。但是如果表非常大，其工作量就可想而知了。如果要将整个表退回到修改之前的状态可不可以使用一个语句就能完成？答案是可以。首先使用例 21-41 的 SQL 查询语句获取所提交的事务所对应的 SCN 号。**

例 21-41

```
SQL> select operation, START_SCN
  2  from flashback_transaction_query
  3  where xid = hextoraw('0200020089010000');
OPERATION   START_SCN
----------  ----------

UPDATE        1123927
UPDATE        1123927
UPDATE        1123927
......
```
已选择 15 行。

接下来，使用例 21-42 的 Oracle 闪回命令将 scott 用户的 emp_dump 恢复到 SCN 号为 1123927 所对应的状态。

例 21-42

```
SQL> flashback table scott.emp_dump
  2  to SCN 1123927;
flashback table scott.emp_dump
                    *
第 1 行出现错误:
ORA-08189: 因为未启用行移动功能，不能闪回表
```

如果看到例 21-42 显示输出的错误信息，请不要惊慌，您没有做错任何事情。**因为在执行一个表闪回操作之前，要先将该表的行移动功能开启（打开），Oracle 默认是关闭的。使用例 21-43 的 Oracle 命令将该表的行移动功能开启。**

例 21-43

```
SQL> alter table scott.emp_dump enable row movement;
表已更改。
```

之后，**使用例 21-44 的 Oracle 闪回命令就可以将 scott 用户的 emp_dump 恢复到 SCN 号为 1123927 所对应的状态了。**

例 21-44

```
SQL> flashback table scott.emp_dump
  2  to SCN 1123927;
闪回完成。
```

最后，使用例 21-45 的 SQL 查询语句，就会发现 scott 用户下的 emp_dump 中所有员工的工资又降回到之前的值。看来一夜暴富只是一场梦！！！

例 21-45

```
SQL> select * from scott.emp_dump;
    EMPNO ENAME     JOB          MGR HIREDATE       SAL     COMM DEPTNO
--------- --------  --------  ------- ----------  -------- ------- ------
     7369 SMITH     CLERK        7902 17-12 月-80   800                20
     7499 ALLEN     SALESMAN     7698 20-2 月 -81  1600      300       30
     7521 WARD      SALESMAN     7698 22-2 月 -81  1250      500       30
......
```
已选择 14 行。

如果知道 DML 操作提交的时间，也可以使用例 21-46 的 Oracle 闪回命令将该表恢复到 DML 操作提交之前的某个时间。 这里要注意的是，在有的系统中时间的格式可能要写全，如 to_timestamp ('2016-11-18 17:35:00','YYYY-MM-DD HH:MI:SS')。为了节省篇幅，这里就不给出完整的例子了，有兴趣的读者可以自己试一下。

例 21-46

```
SQL> flashback table scott.emp_dump
  2  to timestamp to_timestamp('17:35', 'hh24:mi');
```

提示：

在大型和超大型数据库系统中有时很难知道 DML 操作的确切时间，当然可以使用往回多退些时间的办法来解决这一问题。但是在真正的生产系统中可能每多退几秒钟就要丢失很多数据，所以个人认为使用 SCN 号应该更保险。

21.3　非当前的还原表空间的恢复

Oracle 数据库系统在进行备份和恢复时要消耗大量的系统资源，特别是所操作的表空间（数据文件）很大时。这样不但使维护的工作量急剧增加而且也使系统的效率下降。因此减少备份或恢复的数据量本身就可以提高系统的效率。**在 Oracle 系统中，一些非关键的表空间可以不进行备份，如果这些表空间崩溃了就可以重新创建它们。使用这样的策略，可以减少备份的数据量同时也可以提高系统效率。对非当前的还原表空间就可以采取这一策略。** 下面，通过例子来演示如何使用这一策略来恢复非当前的还原表空间。

首先以 system 用户登录 Oracle 数据库系统，之后使用例 21-47 的 SQL 查询语句列出数据库中所有的还原表空间。

例 21-47

```
SQL> SELECT tablespace_name, status, contents
  2  FROM dba_tablespaces
  3  WHERE contents = 'UNDO';
TABLESPACE_NAME                 STATUS     CONTENTS
------------------------------- ---------- ---------
UNDOTBS1                        ONLINE     UNDO
```

使用例 21-48 的 SQL*Plus 命令列出有关还原操作的所有参数，显示输出的结果中的第 3 行表示当前数据库系统所使用的还原表空间。

例 21-48

```
SQL> show parameter undo
NAME                            TYPE       VALUE
------------------------------- ---------- --------
undo_management                 string     AUTO
undo_retention                  integer    7200
undo_tablespace                 string     UNDOTBS1
```

现在启动记事本程序并将如下命令写入，如图 21-1 所示，最后以 undo.sql 为文件名存入 F:\oracle\mgt 目录中（该目录是读者自己创建的，也可以使用其他的目录名）。

```
CREATE UNDO TABLESPACE jinlian_undo
  DATAFILE 'F:\DISK4\MOON\jinlian_undo.dbf'
  SIZE 50 M
  EXTENT MANAGEMENT LOCAL
```

使用例 21-49 的 SQL*Plus 命令运行刚刚在 F:\oracle\mgt 中生成的 undo.sql 脚本文件。

例 21-49

```
SQL> @F:\oracle\mgt\undo.sql
```

图 21-1

表空间已创建。

使用例 21-50 的 SQL 查询语句再次列出数据库中所有的还原表空间。

例 21-50

```
SQL> SELECT tablespace_name, status, contents
  2  FROM dba_tablespaces
  3  WHERE contents = 'UNDO';

TABLESPACE_NAME                 STATUS     CONTENTS
------------------------------- ---------- --------
UNDOTBS1                        ONLINE     UNDO
JINLIAN_UNDO                    ONLINE     UNDO
```

例 21-50 的显示输出结果表明：已经成功地创建了一个新的名为 JINLIAN_UNDO 的还原表空间。此时，使用例 21-51 的 SQL*Plus 命令再次列出有关还原操作的所有参数。

例 21-51

```
SQL> show parameter undo

NAME                                 TYPE        VALUE
------------------------------------ ----------- --------
undo_management                      string      AUTO
undo_retention                       integer     7200
undo_tablespace                      string      UNDOTBS1
```

例 21-51 的显示输出结果与例 21-48 的完全相同，这表明该数据库的当前还原表空间仍然为 UNDOTBS1，而不是刚刚创建的 JINLIAN_UNDO。有关如何设置当前（活动）还原表空间的内容，请读者复习本书 8.6 节。

接下来，使用例 21-55 的 SQL 查询语句列出数据库中所有的还原表空间与所对应的数据文件。为了使查询语句的显示输出更加清晰，可以先使用例 21-52～例 21-54 的 SQL*Plus 格式化命令对显示输出进行格式化。

例 21-52

```
SQL> set line 120
```

例 21-53

```
SQL> col file_name for a55
```

例 21-54

```
SQL> col tablespace_name for a15
```

例 21-55

```
SQL> SELECT file_id, file_name, tablespace_name, bytes/1024/1024 MB
  2  FROM dba_data_files
  3  WHERE tablespace_name LIKE '%UNDO%';

FILE_ID FILE_NAME                                            TABLESPACE_NAME      MB
------- --------------------------------------------------- --------- ----------
      2 F:\ORACLE\PRODUCT\10.2.0\ORADATA\JINLIAN\UNDOTBS01.DBF UNDOTBS1         35
      8 F:\DISK4\MOON\JINLIAN_UNDO.DBF                         JINLIAN_UNDO     50
```

使用例 21-56 的 SQL*Plus 命令切换到 sys 用户。之后，立即使用例 21-57 的 SQL*Plus 命令关闭数据库。

例 21-56

```
SQL> connect sys/wuda as sysdba
已连接。
```

例 21-57

```
SQL> shutdown immediate
```

数据库已经关闭。
已经卸载数据库。
ORACLE 例程已经关闭。

此时，在操作系统上删除 JINLIAN_UNDO 还原表空间所对应的数据文件 F:\DISK4\MOON\JINLIAN_UNDO.DBF。这实际上是在模拟非当前的还原表空间所对应的数据文件损坏这一状况。

还是老办法，立即使用例 **21-58** 的 **SQL*Plus** 命令启动数据库。实际上数据库是无法打开的，因为 **JINLIAN_UNDO** 还原表空间所对应的数据文件已经损坏了（不见了）。

例 21-58
```
SQL> startup
ORACLE 例程已经启动。
Total System Global Area  612368384 bytes
Fixed Size                  1250428 bytes
Variable Size             322964356 bytes
Database Buffers          281018368 bytes
Redo Buffers                7135232 bytes
数据库装载完毕。
ORA-01157: 无法标识/锁定数据文件 8 - 请参阅 DBWR 跟踪文件
ORA-01110: 数据文件 8: 'F:\DISK4\MOON\JINLIAN_UNDO.DBF'
```

从例 21-58 的显示输出可知数据库的第 8 号文件 F:\DISK4\MOON\JINLIAN_UNDO.DBF 已经出了问题，从文件名可知该文件所对应的表空间是还原表空间，**所以使用例 21-59 的 Oracle 命令将第 8 号数据文件立即置为脱机并删除。**

例 21-59
```
SQL> alter database datafile 8 offline drop;
数据库已更改。
```

之后，使用例 21-60 的 Oracle 命令**将当前数据库的状态由 mount（加载）直接转换成 open（打开）。**

例 21-60
```
SQL> alter database open;
数据库已更改。
```

接下来，使用例 21-61 的 SQL 查询语句列出数据库中现在所有的还原表空间与所对应的数据文件。

例 21-61
```
SQL> SELECT file_id, file_name, tablespace_name, bytes/1024/1024 MB
  2  FROM dba_data_files
  3  WHERE tablespace_name LIKE '%UNDO%';
FILE_ID FILE_NAME                                           TABLESPACE_NAME  MB
------- -------------------------------------------------- ----------- ---------
      2 F:\ORACLE\PRODUCT\10.2.0\ORADATA\JINLIAN\UNDOTBS01.DBF  UNDOTBS1       35
      8 F:\DISK4\MOON\JINLIAN_UNDO.DBF                          JINLIAN_UNDO
```

然后，使用例 21-62 的 SQL 查询语句列出数据库中现在所有的还原表空间。

例 21-62
```
SQL> SELECT tablespace_name, status, contents
  2  FROM dba_tablespaces
  3  WHERE contents = 'UNDO';
TABLESPACE_NAME STATUS    CONTENTS
--------------- --------- --------
UNDOTBS1        ONLINE    UNDO
JINLIAN_UNDO    ONLINE    UNDO
```

从例 21-61 和例 21-62 的显示输出可知：还原表空间 JINLIAN_UNDO 和它所对应的数据文件 F:\DISK4\MOON\JINLIAN_UNDO.DBF 都还存在。

📢 提示：

> 在 Oracle 或其他的软件系统中，不少命令似乎与它们的字面意思并不完全一致，所以在使用完了某一命令之后，最好要验证一下。例如在上面已经使用例 21-59 的命令将第 8 号数据文件删除了，但是实际上数据库认为它依然存在。

因此，必须使用例 21-63 的 Oracle 命令将 jinlian_undo 还原表空间从数据库中删除。

例 21-63

```
SQL> drop tablespace jinlian_undo;
表空间已删除。
```

接下来，再使用例 21-64 和例 21-65 的 SQL 查询语句列出数据库中现在所有的还原表空间和与之对应的数据文件的相关信息。

例 21-64

```
SQL> SELECT tablespace_name, status, contents
  2  FROM dba_tablespaces
  3  WHERE contents = 'UNDO';
TABLESPACE_NAME    STATUS     CONTENTS
---------------- --------- ---------

UNDOTBS1           ONLINE      UNDO
```

例 21-65

```
SQL> SELECT file_id, file_name, tablespace_name, bytes/1024/1024 MB
  2  FROM dba_data_files
  3  WHERE tablespace_name LIKE '%UNDO%';
FILE_ID FILE_NAME                                            TABLESPACE_NAME    MB
------- -------------------------------------------------- ------------- -----------
      2 F:\ORACLE\PRODUCT\10.2.0\ORADATA\JINLIAN\UNDOTBS01.DBF  UNDOTBS1  35
```

例 21-64 和例 21-65 的显示输出结果表明：还原表空间 JINLIAN_UNDO 和它所对应的数据文件 F:\DISK4\MOON\JINLIAN_UNDO.DBF 都已经不存在了。现在，使用例 21-66 的 **SQL*Plus 命令重新运行脚本文件 undo.sql 以便再次创建 JINLIAN_UNDO 还原表空间。**

例 21-66

```
SQL> @f:\oracle\mgt\undo.sql
表空间已创建。
```

最后，使用例 21-67 和例 21-68 的 SQL 查询语句列出数据库中现在所有的还原表空间和与之对应的数据文件的相关信息。

例 21-67

```
SQL> SELECT tablespace_name, status, contents
  2  FROM dba_tablespaces
  3  WHERE contents = 'UNDO';
TABLESPACE_NAME STATUS     CONTENTS
--------------- --------- --------

UNDOTBS1          ONLINE     UNDO
JINLIAN_UNDO      ONLINE     UNDO
```

例 21-68

```
SQL> SELECT file_id, file_name, tablespace_name, bytes/1024/1024 MB
  2  FROM dba_data_files
```

```
 3  WHERE tablespace_name LIKE '%UNDO%';
FILE_ID FILE_NAME                                          TABLESPACE_NAME        MB
---------- -------------------------------------------- -------------- ---------
      2 F:\ORACLE\PRODUCT\10.2.0\ORADATA\JINLIAN\UNDOTBS01.DBF  UNDOTBS1    35
      8 F:\DISK4\MOON\JINLIAN_UNDO.DBF                         JINLIAN_UNDO    50
```

例 21-67 和例 21-68 的显示输出结果清楚地表明：还原表空间 JINLIAN_UNDO 和它所对应的数据文件 F:\DISK4\MOON\JINLIAN_UNDO.DBF 都已经被重新创建了。为了保险起见，还应该使用操作系统工具，如资源管理器查看一下操作系统文件是否已经存在，如图 21-2 所示。

图 21-2 的显示结果清楚地表明 F:\DISK4\MOON\JINLIAN_UNDO.DBF 已经存在。到此，在没用任何备份的情况下，已经成功地恢复了非当前的还原表空间 JINLIAN_UNDO。可能有读者会说："一共才 50MB 的文件，使用这一方法来恢复也省

图 21-2

不了多少时间。"其实不然，因为在实际的生产或商业数据库中其还原表空间可以是几 GB，甚至可以是几十 GB。在这种情况下，节省的时间可就多了。

21.4　只读表空间和临时表空间的恢复

如果一个表空间是只读表空间，在该表空间上就只能进行读操作而不能做 DML 操作，也就是说这个表空间上的数据是不会变化的，因此可以将该表空间的备份从日常的例行备份中取消，只在该表空间改为只读表空间之后做一次备份就够了。这不但减少了数据库系统的维护工作量还使系统的负荷减轻。同时，操作只读表空间上的数据时不会产生重做操作也不用加锁，这就提高了系统的效率。因此如果将一个数据库中许多不变的数据归类放在一个或几个表空间中，然后将它们的状态改为只读，将会大大地减轻数据库的管理和维护工作，而且也能提高数据库系统的效率。

将一个正常的表空间修改为只读表空间的方法在第 6 章中已经详细地介绍过，这里就不再重复了。需要指出的是，在将一个表空间改为只读表空间之前和之后，最好将数据库的控制文件备份，因为表空间状态的变化会写到控制文件中，表空间改为只读表空间之前和之后的控制文件中记录的这个表空间的状态信息是不一样的。如何备份控制文件，请读者复习第 4 章，这里也不再重复了。

一个好的备份和恢复策略是从数据库系统的设计开始的，一个好的优化策略也是从数据库系统的设计开始的。其实这不是 Oracle 数据库系统的专利，看看周围的世界，可以轻易地发现许多类似的例子，如人类本身。人类自身的优化也是从设计开始的，称之为优生。小宝宝如果生下来体质好又聪明的话，以后养起来就非常容易。可以这样说，许多人一生下来就是"研究生"，因为他们的父母们是"研究"了很久之后才"生"的他们，您同意吗？

与非当前的还原表空间相似，临时表空间也可以不做备份。如果属于某个临时表空间的文件损坏或丢失，该临时表空间将不能使用。此时，如果有 SQL 语句使用这一临时表空间（如大规模排序），Oracle 数据库系统就会报错。丢失临时文件并不影响 Oracle 数据库的启动，Oracle 数据库可以在丢失临时文件的情况下正常打开。在这种情况下，Oracle 数据库系统会自动创建丢失的临时文件，同时 Oracle 会将相关的信息写入报警文件（alert log）。

下面还是通过例子来演示这种恢复的方法。首先必须用 sys 用户登录 Oracle 数据库系统，因为在后面的操作中要关闭数据库。为了使输出的显示结果清晰，先使用例 21-69～例 21-71 的 SQL*Plus 格式化语句对 SQL 查询语句的输出进行格式化。

例 21-69
```
SQL> col file for a55
```

例 21-70
```
SQL> set line 120
```

例 21-71
```
SQL> col tablespace for a15
```

之后，使用例 21-72 的 SQL 查询语句列出数据库中所有的临时表空间和与之对应的临时文件。

例 21-72
```
SQL> SELECT f.file#, t.ts#, f.name "File", t.name "Tablespace"
  2  FROM v$tempfile f, v$tablespace t
  3  WHERE f.ts# = t.ts#;
FILE#   TS# File                                                  Tablespace
----- ------- ----------------------------------------------------- ----------------
    1     3 F:\ORACLE\PRODUCT\10.2.0\ORADATA\JINLIAN\TEMP01.DBF    TEMP
```

然后，使用例 21-73 的 SQL*Plus 命令立即关闭 Oracle 数据库系统。

例 21-73
```
SQL> shutdown immediate
数据库已经关闭。
已经卸载数据库。
ORACLE 例程已经关闭。
```

接下来，利用操作系统工具，如资源管理器在操作系统上删除临时表空间 TEMP 所对应的临时文件（操作系统文件）F:\ORACLE\PRODUCT\10.2.0\ORADATA\JINLIAN\ TEMP01.DBF。为了操作方便，也可以将报警文件清空。随后，使用例 21-74 的 SQL*Plus 命令立即启动 Oracle 数据库系统。

例 21-74
```
SQL> startup
ORACLE 例程已经启动。

Total System Global Area  612368384 bytes
Fixed Size                  1250428 bytes
Variable Size             339741572 bytes
Database Buffers          264241152 bytes
Redo Buffers                7135232 bytes
数据库装载完毕。
数据库已经打开。
```

数据库系统会正常打开，但是会比以往慢，因为 Oracle 必须在操作系统上重新创建所需临时文件。**此时，打开报警文件，在该文件的末尾处可以发现如下的信息，如图 21-3 所示。**
```
Mon Mar 17 10:19:12 2008
Re-creating tempfile F:\ORACLE\PRODUCT\10.2.0\ORADATA\JINLIAN\TEMP01.DBF
```
利用操作系统工具，如资源管理器查看在操作系统上临时表空间 TEMP 所对应的临时文件（操作系统文件）F:\ORACLE\PRODUCT\10.2.0\ORADATA\JINLIAN\TEMP01
.DBF，可以发现该文件又被重新生成了，如图 21-4 所示。

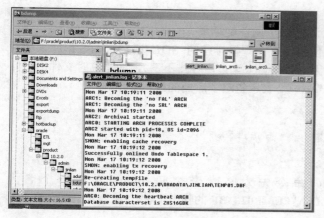

图 21-3

图 21-4

之后，使用例 21-75 的 SQL 查询语句列出数据库中所有的临时表空间和与之对应的临时文件。

例 21-75

```
SQL> SELECT f.file#, t.ts#, f.name "File", t.name "Tablespace"
  2  FROM v$tempfile f, v$tablespace t
  3  WHERE f.ts# = t.ts#;
FILE#   TS# File                                              Tablespace
----- ----- -------------------------------------------------- -------------
    1     3 F:\ORACLE\PRODUCT\10.2.0\ORADATA\JINLIAN\TEMP01.DBF  TEMP
```

从例 21-75 的显示输出结果可以看出：临时表空间 TEMP 和与之对应的临时文件 F:\ORACLE\PRODUCT\10.2.0\ORADATA\JINLIAN\TEMP01.DBF 都已存在。最后，为保险起见，使用例 21-76 的 SQL 查询语句列出临时表空间 temp 以及与之对应的状态信息。

例 21-76

```
SQL> select tablespace_name, status, contents
  2  from dba_tablespaces
  3  where tablespace_name = 'TEMP';
TABLESPACE_NAME                 STATUS    CONTENTS
------------------------------- --------- ---------
TEMP                            ONLINE    TEMPORARY
```

例 21-76 的显示输出表明：数据库中临时表空间 temp 是联机的，这正是我们所希望的。到此为止，可以确信已经成功恢复了临时表空间 temp。

以上所介绍的方法确实能够在没有备份的情况下成功恢复临时表空间，但是这种方法要求必须先关闭 Oracle 数据库系统。因此这一方法在那些每天 24 小时、每周 7 天运营的商业数据库（如银行或电信）中就受到了极大的限制。**如果临时表空间所对应的临时文件的损坏并未造成数据库的关闭，能不能在数据库开启的状态下修复临时文件呢？这一点对于那些每天 24 小时、每周 7 天运营的商业数据库来说是至关重要的。答案是可以。**下面还是通过例子来演示临时文件的这一恢复方法。

首先，使用例 21-77 的 SQL 查询语句列出数据库中所有的临时表空间和与之对应的临时文件，以及临时文件的大小。

例 21-77

```
SQL> SELECT f.name "File", t.name "Tablespace", bytes/1024/1024 MB
  2  FROM v$tempfile f, v$tablespace t
  3  WHERE f.ts# = t.ts#;
File                                                  Tablespace      MB
```

```
------------------------------------------------------------  ----------  ------
F:\ORACLE\PRODUCT\10.2.0\ORADATA\JINLIAN\TEMP01.DBF        TEMP      20
```

那么，怎样判断临时文件出了问题呢？如果使用带有大规模排序的 SQL 语句查询数据库，此时 Oracle 数据库就需要使用临时表空间进行排序（因为数据量太大，内存排不下），如果临时文件出了问题，数据库就会报出类似如下的出错信息，其中"……"表示省略了后面的显示输出。

```
ERROR at line 1:
ORA-01565: error in identifying file
'F:\ORACLE\PRODUCT\10.2.0\ORADATA\JINLIAN\TEMP01.DBF'
ORA-27037: unable to obtain file status
……
```

这时，就可以使用例 21-78 的 Oracle 命令先为临时表空间 temp 添加一个名为 **F:\ORACLE\PRODUCT\ 10.2.0\ORADATA\JINLIAN\TEMP02.DBF** 的临时文件。

例 21-78
```
SQL> alter tablespace temp add tempfile
  2  'F:\ORACLE\PRODUCT\10.2.0\ORADATA\JINLIAN\TEMP02.DBF'
  3  SIZE 20M;
表空间已更改。
```

📢 提示：

在这里不能使用 TEMP01.DBF，因为在同一个目录中这一文件已经存在。另外，也可以将新的临时文件放在不同的目录中，或使用不同的大小（如 50MB）。

接下来，**使用例 21-79 的 Oracle 命令将有问题的临时文件从数据库中删除**。

例 21-79
```
SQL> alter tablespace temp drop tempfile
  2  'F:\ORACLE\PRODUCT\10.2.0\ORADATA\JINLIAN\TEMP01.DBF';
表空间已更改。
```

之后，使用例 21-80 的 SQL 查询语句列出数据库中所有的临时表空间和与之对应的临时文件。

例 21-80
```
SQL> SELECT f.file#, t.ts#, f.name "File", t.name "Tablespace"
  2  FROM v$tempfile f, v$tablespace t
  3  WHERE f.ts# = t.ts#;
FILE#   TS# File                                            Tablespace
-----  ------ ------------------------------------------------ ----------
    2     3 F:\ORACLE\PRODUCT\10.2.0\ORADATA\JINLIAN\TEMP02.DBF  TEMP
```

从例 21-80 的显示结果可以发现：临时表空间 TEMP 所对应的临时文件已经变为 F:\ORACLE\ PRODUCT\10.2.0\ORADATA\JINLIAN\TEMP02.DBF，而且文件号也从 1 变成了 2。接下来，可以使用例 21-81 的 SQL 查询语句来确定临时文件的大小。

例 21-81
```
SQL> SELECT f.name "File", t.name "Tablespace", bytes/1024/1024 MB
  2  FROM v$tempfile f, v$tablespace t
  3  WHERE f.ts# = t.ts#;
File                                              Tablespace  MB
------------------------------------------------- --------  ------
F:\ORACLE\PRODUCT\10.2.0\ORADATA\JINLIAN\TEMP02.DBF  TEMP      20
```

例 21-81 的显示结果表明：现在的临时文件的大小仍然是 20MB。最后，利用操作系统工具，如资源管理器查看在操作系统上临时表空间 TEMP 所对应的临时文件，会发现此时的临时文件已经变成了 F:\ORACLE\PRODUCT\10.2.0\ORADATA\JINLIAN\TEMP02.DBF，如图 21-5 所示。

图 21-5

到此为止，可以确定临时文件的恢复已经成功。以上就是在数据库开启的状态下，在没有任何临时文件备份的情况下恢复临时文件的具体操作步骤。

21.5 索引表空间的恢复

只存放索引的表空间也可以不做备份，而采取重建的方法来恢复。随着业务的蓬勃发展，先驱公司的数据量越来越大。为了加快查询的速度，IT 人员在重要的表上的许多列上都加上了索引，现在索引表空间的规模已经超过了数据表空间。因此，索引表空间的日常备份已经成为一项艰巨的工作，同时也造成了系统效率的下降。

先驱公司的经理们曾经请教过他们的 IT 供应商，供应商的销售们一致认为 Oracle 集群（Real Application Cluster，RAC）最适合先驱公司。公司的高级经理们马上就意识到这又是在忽悠他们去购买软硬件了。

最后，宝儿决定将索引表空间的备份从日常的备份策略中取消，而采取重建的方法来恢复这一表空间。于是，他开始在一个后备系统上测试这一方法。首先，他使用类似于例 21-82 的 SQL*Plus 命令以 system 用户登录 Oracle 数据库系统。

例 21-82

```
SQL> connect system/manager
已连接。
```

之后，他使用例 21-83 的 SQL 查询语句从数据字典 dba_tablespaces 中获取数据库中相关表空间和与之对应的状态。

例 21-83

```
SQL> select tablespace_name, status
  2  from dba_tablespaces
  3  where tablespace_name like 'PI%'
  4  or tablespace_name like 'JI%';
TABLESPACE_NAME                  STATUS
------------------------------   ------
PIONEER_DATA                     ONLINE
PIONEER_INDX                     ONLINE
JINLIAN_UNDO                     ONLINE
```

接下来，使用例 21-84 的 SQL*Plus 命令切换到 pjinlian 用户。

例 21-84

```
SQL> connect pjinlian/wuda
```
已连接。

之后，宝儿使用例 21-88 的 SQL 查询语句从数据字典 user_indexes 中获取 pjinlian 用户的所有索引的相关信息。但是为了使 SQL 查询的显示输出结果清晰，他先使用了例 21-85～例 21-87 的 SQL*Plus 格式化命令。

例 21-85

```
SQL> set line 120
```

例 21-86

```
SQL> col table_name for a15
```

例 21-87

```
SQL> col tablespace_name for a20
```

例 21-88

```
SQL> select index_name, table_name, tablespace_name, status
  2  from user_indexes;

INDEX_NAME                TABLE_NAME      TABLESPACE_NAME      STATUS
------------------------- --------------- -------------------- -------
PK_EMP                    EMP             PIONEER_DATA         VALID
PK_DEPT                   DEPT            PIONEER_DATA         VALID
CUSTOMERS_GENDER_IDX      CUSTOMERS       PIONEER_INDX         VALID
CUSTOMERS_CITY_IDX        CUSTOMERS       PIONEER_INDX         VALID
SALES_PROD_ID_IDX         SALES           PIONEER_INDX         VALID
SALES_CUST_ID_IDX         SALES           PIONEER_INDX         VALID
SALES_CHANNEL_ID_IDX      SALES           PIONEER_INDX         VALID
```

已选择 7 行。

现在，他打开记事本程序（在 UNIX 或 Linux 系统上也可能是 vi 等正文编辑器）并将如下创建 **pioneer_indx** 表空间和创建该表空间中全部索引的命令写入（这些命令可以在第 16 章中找到）：

```
CREATE TABLESPACE pioneer_indx
DATAFILE 'F:\DISK4\MOON\pioneer_indx.dbf'
SIZE 100 M
EXTENT MANAGEMENT LOCAL
UNIFORM SIZE 1M;

connect pjinlian/wuda
create index sales_prod_id_idx
on sales(prod_id) tablespace pioneer_indx nologging;
create index sales_cust_id_idx
on sales(cust_id) tablespace pioneer_indx nologging;
create index sales_channel_id_idx
on sales(channel_id) tablespace pioneer_indx nologging;
create index customers_gender_idx
on customers(cust_gender) tablespace pioneer_indx nologging;
create index customers_city_idx
on customers(cust_city) tablespace pioneer_indx nologging
/
```

这里需要说明的是，在以上的每个创建索引的语句中都使用了一个 **nologging** 选项，使用这一选项后，**Oracle** 在创建索引时将不做 **redo** 操作，因此创建索引的速度会快些，也就是提高了系统的效率，但副作用是这样的索引无法使用备份来恢复，因为重做日志上没有记载。本来就不想用备份来恢复它们，而是要重建它们，因此也就没有必要记录那些以后不用的信息。然后，以 **indx.sql** 为文件名存入 **F:\oracle\mgt** 目录中，如图 21-6 所示。

之后，他使用例 21-89 的 SQL*Plus 命令切换到 sys 用户，随即使用例 21-90 的 SQL*Plus 命令立即关闭数据库。

例 21-89
```
SQL> connect sys/wuda as sysdba
已连接。
```
例 21-90
```
SQL> shutdown immediate
数据库已经关闭。
已经卸载数据库。
ORACLE 例程已经关闭。
```
然后，他使用资源管理器在操作系统上删除了 **PIONEER_INDX** 表空间所对应的数据文件，如图 21-7 所示。这就相当于 **PIONEER_INDX** 表空间所对应的数据文件已经丢失。

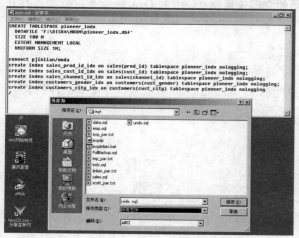

图 21-6

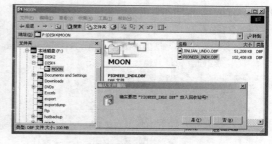

图 21-7

为了显得专业，他启动了一个 DOS 窗口。之后，使用例 21-91 的 DOS 的 cd 命令切换到 F:\ oracle\mgt 目录，并使用例 21-92 的命令启动 sqlplus 工具。

例 21-91
```
F:\>cd oracle\mgt
```
例 21-92
```
F:\oracle\mgt>sqlplus /nolog
SQL*Plus: Release 10.2.0.1.0 - Production on 星期二 3 月 18 10:08:36 2008
Copyright (c) 1982, 2005, Oracle.  All rights reserved.
```
之后，他使用例 21-93 的 SQL*Plus 命令切换到 sys 用户，随即就使用例 21-94 的 SQL*Plus 命令立即启动数据库。

例 21-93
```
SQL> connect sys/wuda as sysdba
```

已连接到空闲例程。

例 21-94

```
SQL> startup
ORACLE 例程已经启动。

Total System Global Area  612368384 bytes
Fixed Size                  1250428 bytes
Variable Size             352324484 bytes
Database Buffers          251658240 bytes
Redo Buffers                7135232 bytes
数据库装载完毕。
ORA-01157: 无法标识/锁定数据文件 7 - 请参阅 DBWR 跟踪文件
ORA-01110: 数据文件 7: 'F:\DISK4\MOON\PIONEER_INDX.DBF'
```

宝儿从系统错误的显示输出已经可以断定 **F:\DISK4\MOON\PIONEER_INDX.DBF** 文件出了问题，而该文件的文件号为 **7**，所以他立即使用例 **21-95** 的 **Oracle** 命令快速地将第 **7** 号文件置为脱机。

例 21-95

```
SQL> alter database datafile 7 offline;
数据库已更改。
```

这时，剩下的数据文件都是没有问题的了，于是他立即使用例 **21-96** 的 **Oracle** 命令将数据库打开，以便不使用这些索引的其他用户可以继续工作。

例 21-96

```
SQL> alter database open;
数据库已更改。
```

接下来，他使用例 21-97 的 SQL 查询语句从数据字典 dba_data_files 中获取数据库中感兴趣的表空间和与之对应的文件号。

例 21-97

```
SQL> select file_id, tablespace_name
  2  from dba_data_files
  3  where file_id > 5;
   FILE_ID TABLESPACE_NAME
---------- ----------------
         6 PIONEER_DATA
         7 PIONEER_INDX
         8 JINLIAN_UNDO
```

例 21-97 查询语句的显示结果表明：第 7 号文件所对应的表空间是 PIONEER_INDX。接下来，他使用例 21-98 的 SQL 查询语句从数据字典 v$datafile 中获取数据库中相关数据文件的状态。

例 21-98

```
SQL> select file#, status
  2  from v$datafile
  3  where file# > 5;
     FILE# STATUS
--------- -------
         6 ONLINE
         7 OFFLINE
         8 OFFLINE
```

例 21-98 查询语句的显示结果表明：除了第 7 号文件为脱机状态之外，第 8 号文件也为脱机状态。从例 21-97 查询语句的显示结果可知第 8 号文件所对应的表空间是 JINLIAN_ UNDO。在 21.4 节中对它进行过恢复，但是并未检查过该数据文件的状态，因此现在使用例 21-99 的 Oracle 命令立即将第 8 号文件置为联机。

例 21-99

```
SQL> alter database datafile 8 online;
数据库已更改。
```

现在，他使用例 21-100 的 SQL 查询语句从数据字典 v$datafile 中获取数据库中相关数据文件的状态。从该查询语句显示的结果可知第 8 号文件已经处在联机状态了。

例 21-100

```
SQL> select file#, status
  2  from v$datafile
  3  where file# > 5;
   FILE# STATUS
--------- -------
       6 ONLINE
       7 OFFLINE
       8 ONLINE
```

现在，他马上使用例 21-101 的 DDL 语句**将 PIONEER_INDX 表空间和其中所存放的对象全部删除。**

例 21-101

```
SQL> drop tablespace PIONEER_INDX INCLUDING CONTENTS;
```

之后，他使用例 21-102 的 SQL 查询语句利用数据字典 dba_tablespaces 列出数据库中相关的表空间和它们的状态。

例 21-102

```
SQL> select tablespace_name, status
  2  from dba_tablespaces
  3  where tablespace_name like 'PI%'
  4  or tablespace_name like 'JI%';
TABLESPACE_NAME                  STATUS
------------------------------   ------
PIONEER_DATA                     ONLINE
JINLIAN_UNDO                     ONLINE
```

例 21-102 查询语句的显示输出表明：已经成功地删除了 PIONEER_INDX 表空间。宝儿还是有点不放心，因为 Oracle 的有些命令执行的方式常常有些怪异，就如上面的还原表空间，明明利用数据字典 dba_tablespaces 查到的 JINLIAN_UNDO 表空间是联机的，可是在 v$datafile 中看到的 JINLIAN_UNDO 表空间所对应的 7 号文件却是脱机的。于是，他使用例 21-103 的 SQL 查询语句再次从数据字典 v$datafile 中获取数据库中相关数据文件和与之对应的状态。

例 21-103

```
SQL> select file#, status
  2  from v$datafile
  3  where file# > 5;
   FILE# STATUS
--------- ------
       6 ONLINE
       8 ONLINE
```

例 21-103 查询语句的显示输出清楚地表明：已经成功地删除了第 7 号数据文件。宝儿现在终于可以放心了。**接下来，使用例 21-104 的 SQL*Plus 命令运行 F:\oracle\mgt 目录下的 indx.sql 脚本文件，以重新生成 PIONEER_INDX 表空间和该表空间中的全部索引**（为了节省篇幅，这里省略了输出显示）。

例 21-104

```
SQL>@indx.sql
```

当上面的脚本执行完之后就已经切换到了 PJINLIAN 用户，因为在脚本中有一个 connect pjinlian/wuda 的 SQL*Plus 命令。这一点可以通过使用例 21-105 的 SQL*Plus 显示用户命令来证实。

例 21-105

```
SQL> show user
USER 为 "PJINLIAN"
```

之后，他使用例 21-109 的 SQL 查询语句**从数据字典 user_indexes 中获取 pjinlian 用户的所有索引**的相关信息。但是为了使 SQL 查询的显示输出结果清晰，他先使用了例 21-106～例 21-108 的 SQL*Plus 格式化命令。

例 21-106

```
SQL> col TABLE_NAME for a15
```

例 21-107

```
SQL> col TABLESPACE_NAME for a20
```

例 21-108

```
SQL> set line 120
```

例 21-109

```
SQL> select index_name, table_name, tablespace_name, status
  2  from user_indexes;
INDEX_NAME              TABLE_NAME       TABLESPACE_NAME      STATUS
---------------------   --------------   ------------------   ------
CUSTOMERS_GENDER_IDX    CUSTOMERS        PIONEER_INDX         VALID
CUSTOMERS_CITY_IDX      CUSTOMERS        PIONEER_INDX         VALID
SALES_PROD_ID_IDX       SALES            PIONEER_INDX         VALID
SALES_CUST_ID_IDX       SALES            PIONEER_INDX         VALID
SALES_CHANNEL_ID_IDX    SALES            PIONEER_INDX         VALID
```

已选择 5 行。

例 21-109 查询语句的显示输出清楚地表明：PIONEER_INDX 表空间中所有的索引都已经成功重建而且是有效的。接下来，他使用例 21-110 的 SQL*Plus 命令切换到 system 用户以查看相关的数据字典。

例 21-110

```
SQL> connect system/manager
已连接。
```

之后，他使用例 21-111 的 SQL 查询语句从数据字典 v$datafile 中获取数据库中第 7 号数据文件和与之对应的状态。

例 21-111

```
SQL> select file#, status
  2  from v$datafile
  3  where file# = 7;
    FILE# STATUS
--------- ------
        7 ONLINE
```

例 21-111 查询语句的显示输出清楚地表明：已经成功地重新创建了第 7 号数据文件，而且该文件的状态也是所需的联机状态。

最后，使用例 21-112 的 SQL 查询语句利用数据字典 dba_tablespaces 列出数据库中 PIONEER_INDX 表空间和与之对应的状态。

例 21-112

```
SQL> select tablespace_name, status
  2  from dba_tablespaces
  3  where tablespace_name like '%_INDX';
TABLESPACE_NAME              STATUS
-------------------- ------
PIONEER_INDX                 ONLINE
```

例 21-112 查询语句的显示输出清楚地表明：已经成功地重新创建了 PIONEER_INDX 表空间，而且该表空间的状态也是所需的联机状态。然后，使用资源管理器查看 PIONEER_INDX 表空间所对应的数据文件是否已经产生，如图 21-8 所示。

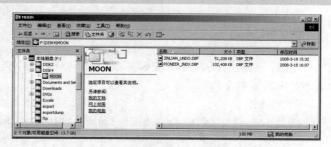

图 21-8

从图 21-8 可以看出该表空间所对应的数据文件已经存在，但是修改时间已经变为今天的时间。到此为止，宝儿可以确定索引表空间 PIONEER_INDX 的恢复已经成功。

21.6　加快数据表空间的恢复

正像 21.5 节所说的，随着业务的蓬勃发展，先驱公司的数据表空间的数据量越来越大。这使得恢复这一表空间的时间明显增加。有一次 PIONEER_DATA 表空间损坏了，DBA 花了很长时间才恢复该表空间，虽然没有丢失任何数据，但是却影响了公司日常的业务，并因此收到了一些投诉，因为公司的 90% 以上的用户都会使用这一表空间中的数据。当有公司的高级经理再次咨询公司的 IT 供应商时，供应商的技术负责人建议先驱公司使用待机系统（即主从服务器）来解决这一问题。毫无疑问，又得大把地烧钱了。说实在的，先驱公司的经理们也不是那么容易被忽悠的。

经过仔细地研究，宝儿发现在进行表空间恢复时，最耗时的部分是往回复制备份文件的操作。于是，他决定将 PIONEER_DATA 表空间的备份文件直接复制在一个本地硬盘上，如果该表空间崩溃了，就使用 Oracle 的修改数据文件名的命令将 PIONEER_DATA 表空间所对应的数据文件直接指向备份文件，之后就可以使用 recover 命令了。这样就省去了大文件复制所消耗的时间，当然恢复的速度也就快多了。据说，在实施了这一备份和恢复策略之后，有一次 PIONEER_DATA 表空间损坏了，许多用户还没意识到时，该表空间已经恢复完了。

在宝儿的努力下，先驱公司在没有引入集群和待机系统等昂贵的软硬件，甚至连磁带机都没有买的情况下，就以十分低廉的成本搭建起了一个安全可靠而且高效的信息系统，关键是该系统有效地支持了公司的业务。在当前众多机构的信息系统都是建立在相当昂贵的软硬件基础之上的情况下，先驱公司的信息系统也应该算是一个奇迹了。

据说，前不久先驱公司的信息系统被选为 MBA 的教学案例。宝儿在介绍先驱公司的信息系统的成功经验时用以下的话高度概括了其中的原因："该系统的成功得益于公司的人才战略，公司有一套完善的网罗优秀人才、留住人才、不断提高人才素质的制度。这一信息系统的成功正是公司全体相关员工协同工作的结晶。IT 作为一种竞争的武器，谁都能够获得，但是决定企业成败的不是 IT，而是人。"一位专家在评价先驱公司的信息系统时，认为这一系统的成功得益于先驱公司形成了一种独特的企业文化，正是这一企业文化帮助该公司形成了特有的核心竞争力，而这一核心竞争力是其他公司或机构很难模仿和复制的。

下面来看看宝儿怎样实现这一备份和恢复策略。首先，他以 sys 用户登录 Oracle 数据库系统。接着，为了使显示输出清晰，他使用例 21-113 和例 21-114 的 SQL*Plus 格式化命令对其后的 SQL 语句显示输出进行格式化。

例 21-113

```
SQL> set line 120
```

例 21-114

```
SQL> col file_name for a55
```

之后，他使用例 21-115 的 SQL 查询语句从数据字典 dba_data_files 中获取数据库中所需的表空间和与之对应的数据文件。

例 21-115

```
SQL> select file_id, file_name, tablespace_name
  2  from dba_data_files
  3  where tablespace_name = 'PIONEER_DATA';
FILE_ID FILE_NAME                                                TABLESPACE_NAME
------- -------------------------------------------------------- ---------------
      6 F:\DISK2\MOON\PIONEER_DATA.DBF                           PIONEER_DATA
```

📢 提示：

在进行以下操作之前，要在操作系统上创建类似 F:\DISK12\MOON\的操作系统目录（您的系统不一定是放在 F 盘）。

接下来，他使用例 21-116～例 21-118 的命令对表空间 PIONEER_DATA 进行联机（热）备份。

例 21-116

```
SQL> alter tablespace PIONEER_DATA begin backup;
表空间已更改。
```

例 21-117

```
SQL> host copy F:\DISK2\MOON\PIONEER_DATA.DBF F:\DISK12\MOON\
```

例 21-118

```
SQL> alter tablespace PIONEER_DATA end backup;
表空间已更改。
```

当利用操作系统工具（如资源管理器）确定备份的数据文件已经在 F:\DISK12\MOON\目录（文件夹）中之后，他立即使用例 21-119 的 SQL*Plus 命令关闭数据库。

例 21-119

```
SQL> shutdown immediate
数据库已经关闭。
已经卸载数据库。
ORACLE 例程已经关闭。
```

接下来，他利用操作系统工具（如资源管理器），在操作系统上删除数据表空间 PIONEER_ DATA 所对应的数据文件（操作系统文件）F:\DISK2\MOON\PIONEER_ATA.DBF。这就相当于 PIONEER_DATA 表空间所对应的数据文件已经丢失了。紧接着，他使用例 21-120 的 SQL*Plus 命令启动数据库。

例 21-120

```
SQL> startup
ORACLE 例程已经启动。
Total System Global Area  612368384 bytes
```

```
Fixed Size                   1250428 bytes
Variable Size              222301060 bytes
Database Buffers           381681664 bytes
Redo Buffers                 7135232 bytes
```
数据库装载完毕。
ORA-01157: 无法标识/锁定数据文件 6 - 请参阅 DBWR 跟踪文件
ORA-01110: 数据文件 6: 'F:\DISK2\MOON\PIONEER_DATA.DBF'

从例 21-120 的显示输出可知是第 6 号数据文件出了问题，于是他立即使用例 21-121 的 Oracle 命令将第 6 号数据文件设为脱机。

例 21-121

```
SQL> alter database datafile 6 offline;
数据库已更改。
```

余下的数据文件已经都没有问题了，因此他使用例 21-122 的 Oracle 命令将数据库打开。

例 21-122

```
SQL> alter database open;
数据库已更改。
```

接下来，他使用例 21-123 的 SQL 查询语句从数据字典 v$datafile 中获取数据库中第 6 号数据文件和与之对应的状态。

例 21-123

```
SQL> select file#, status
  2  from v$datafile
  3  where file# = 6;
     FILE# STATUS
---------- -------
         6 OFFLINE
```

例 21-123 查询语句的显示输出清楚地表明：已经成功地将第 6 号数据文件设置为脱机状态。接下来，他使用例 21-124 的 SQL 查询语句利用数据字典 dba_ tablespaces 列出数据库中 PIONEER_DATA 表空间和与之对应的状态。

例 21-124

```
SQL> select tablespace_name, status
  2  from dba_tablespaces
  3  where tablespace_name = 'PIONEER_DATA';
TABLESPACE_NAME                  STATUS
-------------------------------- ------
PIONEER_DATA                     ONLINE
```

理论上，PIONEER_DATA 表空间的状态应该是脱机，但是例 21-124 查询语句的显示输出却告诉我们该表空间的状态是联机。与其他大多数系统一样，Oracle 系统有时也会产生一些令人费解的操作结果。在这里可以完全不理会这一结果，于是他使用例 21-125 的为数据文件重新命名的命令将 PIONEER_DATA 表空间所对应的数据文件直接指向备份文件 F:\DISK12\MOON\PIONEER_DATA.DBF。

例 21-125

```
SQL> ALTER TABLESPACE PIONEER_DATA RENAME
  2  DATAFILE 'F:\DISK2\MOON\PIONEER_DATA.DBF'
  3  TO       'F:\DISK12\MOON\PIONEER_DATA.DBF';
表空间已更改。
```

之后，他使用例 21-126 的 SQL*Plus 恢复命令对第 6 号数据文件进行恢复。

例 21-126
```
SQL> recover datafile 6;
完成介质恢复。
```
当看到了"完成介质恢复。"的显示之后，**他立即使用例 21-127 的命令将第 6 号数据文件重新设为联机**。

例 21-127
```
SQL> alter database datafile 6 online;
数据库已更改。
```
当看到了"数据库已更改。"的显示之后，他知道所做的恢复工作已经完成。但为谨慎起见，他再次使用例 21-128 的 SQL 查询语句从数据字典 v$datafile 中获取数据库中第 6 号数据文件和与之对应的状态。

例 21-128
```
SQL> select file#, status
  2  from v$datafile
  3  where file# = 6;
   FILE# STATUS
---------- ------
       6 ONLINE
```
例 21-128 查询语句的显示输出清楚地表明：已经成功地将第 6 号数据文件重新设置为了联机状态。接下来，他使用例 21-129 的 SQL 查询语句利用数据字典 dba_tablespaces 列出数据库中 PIONEER_DATA 表空间和与之对应的状态。

例 21-129
```
SQL> select tablespace_name, status
  2  from dba_tablespaces
  3  where tablespace_name = 'PIONEER_DATA';
TABLESPACE_NAME                STATUS
------------------------------ ------
PIONEER_DATA                   ONLINE
```
例 21-129 查询语句的显示输出清楚地表明：所有表空间的状态都是联机的。接下来，他使用例 21-130 的 SQL*Plus 命令**切换到 pjinlian 用户**。

例 21-130
```
SQL> connect pjinlian/wuda
已连接。
```
之后，他使用例 21-131 的 SQL 查询语句**利用数据字典 cat 列出 pjinlian 用户中所有的表和视图**。

例 21-131
```
SQL> select * from cat;
TABLE_NAME                     TABLE_TYPE
------------------------------ ----------
SALES                          TABLE
CUSTOMERS                      TABLE
DEPT                           TABLE
EMP                            TABLE
BONUS                          TABLE
SALGRADE                       TABLE

已选择 6 行。
```

例 21-131 查询语句的显示输出清楚地表明：pjinlian 用户中所有的表和视图都已经被成功地恢复。但是这并不能说明表中的数据也恢复了。因此，宝儿分别使用例 **21-132** 和例 **21-133** 的 **SQL** 查询语句列出 **sales** 表和 **customers** 的数据行的个数。

例 21-132

```
SQL> select count(*)
  2  from sales;
  COUNT(*)
----------
   918843
```

例 21-133

```
SQL> select count(*)
  2  from customers;
  COUNT(*)
----------
    55500
```

看到例 21-132 和例 21-133 的显示输出结果后，他终于可以确信恢复已经成功。

测试完所有的操作之后，宝儿将恢复所用的命令全部写入了一个脚本文件，即如下的命令：

```
alter database datafile 6 offline;
alter database open;
ALTER TABLESPACE PIONEER_DATA RENAME
DATAFILE 'F:\DISK2\MOON\PIONEER_DATA.DBF'
TO       'F:\DISK12\MOON\PIONEER_DATA.DBF';
recover datafile 6;
alter database datafile 6 online;
```

以后，再遇上 PIONEER_DATA 表空间所对应的数据文件损坏的情况时，先驱工程公司的 DBA 只需运行这一脚本文件，或像以前章节介绍的那样，将该脚本文件做成图标放在桌面上，用时用鼠标双击就行了。为了节省篇幅，在这里并没有给出具体的步骤，有兴趣的读者可以自己试一下，操作并不难，但需要非常仔细。

21.7　整个数据库的闪回

在本章开始的几节中先后介绍了已删除表的闪回和错误的 DML 操作的闪回。不仅如此，Oracle 还可以将整个的数据库闪回到过去的某个时间点或指定的 scn 号。有了之前介绍过的这些闪回功能，再加上整个数据库闪回这一强大的功能，从理论上讲，不完全备份似乎已经没有多大用处了。

使用数据库闪回，通过还原自先前某个时间点以来发生的所有更改，可快速将数据库恢复到那一时间的状态。因为不需要还原备份，所以此操作速度很快。可以使用此功能还原导致逻辑数据损坏的更改，如可以在用户误操作而造成逻辑数据损坏的情况下，使用整个数据库的闪回，如图21-9所示。

从图 21-9 可以看出：整个数据库的闪回操作就类似于在数据库上按下"倒回按钮"将整个数据库倒回到之前的某一时刻。这里需要指出的是：如果数据库中有介质丢失或物理损坏，则必须使用传统的恢复方法。

那么 Oracle 数据库是怎样实现这一功能的呢？为了实现这一功能，Oracle 引入了如图 21-10 所示的体系结构。

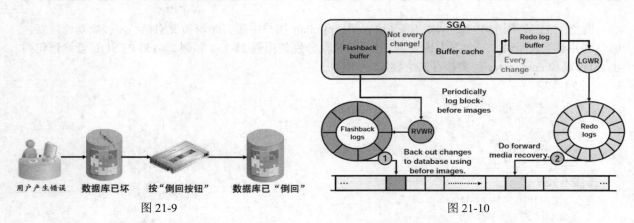

图 21-9   图 21-10

图 21-10 的体系结构表明：启用闪回数据库时，将启动新的 RVWR（闪回写）后台进程。**此后台进程按顺序将闪回数据库数据从闪回缓冲区写入闪回数据库日志，这些日志会被循环使用。**之后，发出 FLASHBACK DATABASE 命令时，使用闪回日志还原至这些块的之前映像，然后使用重做数据前滚至所需的闪回时间。

启用闪回数据库的开销取决于数据库的工作量——包括读和写的全部操作。**因为查询不需要记录任何闪回数据，所以写操作量越大，启用闪回数据库的开销就越高。**

接下来的问题就是如何配置闪回数据库，**首先必须配置快速恢复区，并且数据库必须运行在归档模式。**以下是配置闪回数据库的具体步骤（这里假设数据库已经运行在归档模式，否则要将其配置成归档模式）：

（1）配置快速恢复区。

（2）使用初始化参数 **DB_FLASHBACK_RETENTION_TARGET** 设置保留目标。可指定一个上限（以分钟为单位），指示数据库能够闪回到多长时间以前。21.8 节的示例使用了 2 880 分钟，相当于两天。此参数只是一个目标，并不提供任何保证。

（3）使用以下命令启用闪回数据库：

```
ALTER DATABASE FLASHBACK ON;
```

必须先配置数据库以进行归档，且必须在 MOUNT EXCLUSIVE 模式下启动数据库后，才能发出此命令来启用闪回数据库。

可以使用以下查询来确定是否已启用闪回数据库：

```
SELECT flashback_on FROM v$database;
```

当完成了以上配置之后，可以使用 SQL 语句 FLASHBACK DATABASE 将数据库闪回到某一过去时间：

```
SQL> FLASHBACK DATABASE
  2  TO TIMESTAMP(SYSDATE-3/24);
```

如果指定 TO TIMESTAMP，则必须提供时间戳值。**也可以使用 SQL 语句 FLASHBACK DATABASE 将数据库闪回到某个 SCN。如果使用 TO SCN 子句，则必须提供一个数值。还可以指定还原点（RESTORE POINT）名称。**具体命令如下：

```
 SQL> FLASHBACK DATABASE TO SCN 23843;
SQL> FLASHBACK DATABASE TO RESTORE POINT baby3_load;
```

也可以使用 RMAN 的命令 FLASHBACK DATABASE 来执行闪回整个数据库操作，其命令格式与 SQL 语句几乎相同。例如：

```
RMAN> FLASHBACK DATABASE TO TIME =
  2> "TO_DATE('11.11.16 18:00:00',
  3> 'YYYY-MM-DD HH24:MI:SS')";
```

```
RMAN> FLASHBACK DATABASE TO SCN=33838;
```

可以使用 ALTER DATABASE FLASHBACK OFF 命令禁用闪回数据库。这样，Oracle 会自动删除所有现有的闪回数据库日志。

📢 注意：

仅当在独占模式下装载（而不是打开）数据库时才能启用闪回数据库。

21.8   配置数据库闪回的实例

现在演示如何在 Oracle 12c 数据库上配置闪回数据库。首先必须配置快速恢复区并将数据库设置为归档模式。由于前面已经完成了这些设置，所以这里就不重复。

接下来，使用例 **21-134** 的查询语句从数据字典 **v$database** 中获取数据库闪回功能是否开启的信息。

例 21-134

```
SQL> SELECT flashback_on FROM v$database;
 FLASHBACK_ON
 -------------
 NO
```

例 21-134 查询语句显示的结果清楚地表明：Oracle 12c 数据库上的数据库闪回功能没有开启。随后，可以使用例 21-135 的查询语句**从数据字典 v$process 中获取闪回写（RVWR）后台进程的相关信息**。

例 21-135

```
SQL> select pid, username, program
  2  from v$process
  3  where background = '1'
  4  and program like '%RVWR%';
no rows selected
```

例 21-134 查询语句显示的结果清楚地表明：Oracle 12c 数据库上的闪回写（RVWR）后台进程并没有启动。随后，可以使用例 21-136 的 SQL*Plus 命令**立即关闭数据库**。接着使用例 21-137 的 SQL*Plus 命令**立即以加载方式启动数据库**。

例 21-136

```
SQL> SHUTDOWN IMMEDIATE
Database closed.
Database dismounted.
ORACLE instance shut down.
```

例 21-137

```
SQL> STARTUP MOUNT
ORACLE instance started.
Total System Global Area 2533359616 bytes
Fixed Size                  3048824 bytes
Variable Size             671091336 bytes
Database Buffers         1845493760 bytes
Redo Buffers               13725696 bytes
Database mounted.
```

接下来这两步是最关键的。首先，应该使用例 **21-138** 的 Oracle 命令将数据库能够闪回的最长时间设置为 **2 880 分钟**——相当于两天（在您的系统上要根据实际情况来设置）。

例 21-138
```
SQL> ALTER SYSTEM SET
  2  DB_FLASHBACK_RETENTION_TARGET=2880 SCOPE=BOTH;
System altered.
```
之后，应该使用例 21-139 的 Oracle 命令在这个 Oracle 12c 数据库上开启数据库闪回的功能。**接着使用例 21-140 的 Oracle 命令将该数据库的运行模式由加载直接转换成打开模式。**

例 21-139
```
ALTER DATABASE FLASHBACK ON;
Database altered.
```
例 21-140
```
SQL> ALTER DATABASE OPEN;
Database altered.
```
接下来，可以使用例 **21-141** 的查询语句从数据字典 **v$database** 中再次获取数据库闪回功能是否开启的信息。

例 21-141
```
SQL> SELECT flashback_on FROM v$database;
FLASHBACK_ON
------------
YES
```
例 21-141 显示的结果清楚地表明：目前 Oracle 12c 数据库上的数据库闪回功能已经开启。随后，可以使用例 **21-142** 的查询语句从数据字典 **v$process** 中获取闪回写（**RVWR**）后台进程的相关信息。

例 21-142
```
SQL> select pid, username, program
  2  from v$process
  3  where background = '1'
  4  and program like '%RVWR%';
PID USERNAME         PROGRAM
---- --------------- --------------
 24 dog              ORACLE.EXE (RVWR)
```
看到例 21-142 显示的结果，终于可以踏实了——因为见到了盼望已久的闪回写（RVWR）后台进程。

使用操作系统工具，如资源管理器，查看快速恢复区目录（文件夹），可以发现已经多了一个存放闪回日志的 FLASHBACK 子目录，如图 21-11 所示。

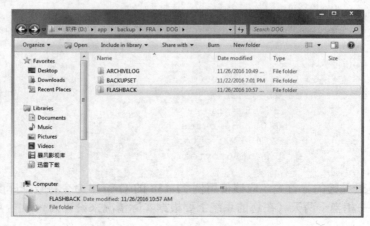

图 21-11

📢 提示：

在生产或商业数据库中很少开启数据库的闪回功能。其原因有两个：第一，开启这个功能要消耗内存、CPU 资源和磁盘空间，会降低系统的效率；第二，闪回整个数据库会造成数据的丢失，有时丢失的数据量会很大，这对银行、电信等系统是完全不可以接受的。但是这个功能对有些开发数据库或培训数据库等机构非常有用。我们的意见是：能不用就不用，能少用就少用。

如果经过了一段时间的实际测试，发现您的系统完全不需要数据库闪回功能，则可以关闭这个功能，其操作步骤如下：

首先，可以使用例 21-143 的 SQL*Plus 命令**立即关闭数据库**。接着使用例 21-144 的 SQL*Plus 命令**以加载的方式启动数据库**（为了节省篇幅，这里省略了显示输出）。

例 21-143
```
SQL> SHUTDOWN IMMEDIATE
```
例 21-144
```
SQL> STARTUP MOUNT
```
之后，应该使用例 21-145 的命令在这个 Oracle 12c 数据库上关闭数据库的闪回功能。接着，可以**使用例 21-146 的命令将该数据库的运行模式由加载模式直接转换成打开模式。**

例 21-145
```
ALTER DATABASE FLASHBACK OFF;
Database altered.
```
例 21-146
```
SQL> ALTER DATABASE OPEN;
Database altered.
```
接下来，**使用例 21-147 的查询语句从数据字典 v$database 中再次获取数据库闪回功能是否关闭的信息。**

例 21-147
```
SQL> SELECT flashback_on FROM v$database;
FLASHBACK_ON
------------
NO
```
例 21-147 查询语句显示的结果清楚地表明：目前 Oracle 12c 数据库上的数据库闪回功能已经关闭。随后，**可以使用例 21-148 的查询语句从数据字典 v$process 中获取闪回写（RVWR）后台进程的相关信息。**

例 21-148
```
SQL> select pid, username, program
  2  from v$process
  3  where background = '1'
  4  and program like '%RVWR%';
no rows selected
```
例 21-148 显示的结果清楚地表明：Oracle 12c 数据库上的闪回写（RVWR）后台进程已经不见了。

21.9　您应该掌握的内容

在学习完本章之后，请检查一下您是否已经掌握了以下的内容：

↘ 闪回技术的工作原理。

- 实现闪回技术的系统设置。
- 闪回已经删除的表的操作。
- 怎样获取回收站中的信息。
- 怎样查询以往事物操作的信息。
- 闪回几行数据错误的 DML 操作。
- 闪回全部错误的 DML 操作。
- 在没有备份的情况下，恢复非当前的还原表空间。
- 在没有备份的情况下，恢复临时表空间。
- 只读表空间的备份与恢复。
- 在没有备份的情况下，恢复索引表空间及其中的数据。
- 加快数据表空间的恢复的方法。
- 如何在系统的安全与效率之间进行折中。
- 熟悉数据库闪回的原理。
- 熟悉数据库闪回的体系结构。
- 了解配置数据库闪回的具体步骤和基本要求。
- 怎样获取与数据库闪回相关的信息。
- 了解关闭数据库闪回的功能的具体操作。

扫一扫，看视频

第 22 章　设计、程序及内存的优化

Oracle 系统本身要消耗大量的软硬件及人力资源，但是没有它，信息系统的管理和维护会变得非常复杂，甚至会变得根本无法对其进行维护。对于 Oracle 数据库这样一个庞大的系统，进行系统的优化是必不可少的一个工作环节。

22.1　优化概述

其实，一个设计良好的数据系统很少遇到效率的问题，也就是说一般不需要经常优化。**多数专家认为绝大多数系统效率问题是由设计上的缺陷造成的。**一般，如果 Oracle 数据库设计合理，**SQL 程序效率较好，硬件可以满足用户的需求，DBA 也定期地监视数据库的运行并及时地消除了影响系统效率的瓶颈，**那么这个数据库系统几乎不会遇到效率的问题。有些大型生产数据库系统的 DBA 平时就没什么事干，其实就是上面所说的原因造成的。也正是基于以上的原因，本书将在后面几章只介绍一些常见的效率问题和经常使用的方法。

那么，谁来优化或调整 Oracle 数据库系统呢？是不是只有数据库管理员（DBA）？当然不是。**事实上所有涉及到这一系统的人（包括系统架构师、设计师、开发人员、操作系统管理员、数据库管理员，有时也可能包括网络工程师）都可能参与系统的优化工作。**

接下来的问题是优化什么和什么时候进行优化。答案是：什么地方影响了数据库系统效率，就优化什么地方。就像医生看病一样，要对症下药。**至于什么时候进行优化，这里有一句系统管理员们常用的行话，读者必须要牢记，那就是"系统没坏时千万别修它"。**道理也不难，读者可以想象：如果所有的用户都觉得数据库好好的（可能已经有问题了但用户们并未意识到），您去修它，修好了用户可能在想系统本来好好的根本就用不着修；修坏了，可就遇到大麻烦了，用户可能在想系统本来好好的，这小子闲得没事瞎折腾，终于折腾出事了，您会成为众矢之的。

要优化到什么程度，也就是优化工作到什么时候结束？答案是：只要达到了用户的要求就要停止优化工作，千万不要过度优化（Over Tuning），因为继续优化不会带来任何好处，相反万一系统出了问题可能还会惹上麻烦。**数据库系统相当庞大而且也非常复杂，没有人能保证在工作时万无一失，所以最好的办法是见好就收。**另外，在开始进行优化工作之前，一定要让用户给出一个比较确定的优化目标。不能用"越快越好"之类的语句来指导优化工作，作为 DBA，必须要求用户（也可能是上司）给出类似"现在这个查询太慢了，需要 20 分钟，能不能将它减到 5 分钟"这样比较明确的目标。否则，您可能会陷入无休止的优化工作之中。

下面是 Oracle 公司总结出的优化工作的具体步骤和工作顺序：

（1）优化数据库系统的设计。
（2）优化数据库系统的应用（程序）。
（3）优化数据库系统内存。
（4）优化数据库系统的输入/输出（I/O）。
（5）优化数据库系统的资源竞争。
（6）优化数据库所基于的操作系统。

对大量的数据库系统所进行的调查结果显示，绝大多数系统的效率问题是由于数据库系统的设计和

程序的开发所引起的，因此如果数据库系统的设计和应用程序的开发阶段的质量得到足够的保证，多数数据库系统以后的优化工作会变得十分轻松。就像第 21 章所介绍的，如果一个宝贝生下来就非常健康，那么以后的成长就不会让家长太操心了。

尽管从理论上讲，以上优化的工作顺序是一种最佳的方法，但在实际工作中有时可能很难操作。设想一下，您刚找到了一个 DBA 的工作，就在您上班的第一天，老板告诉您现在公司的数据库系统效率太低了，要求您尽快地对其优化以满足公司日常工作的需要。此时，如果您真的按照上面介绍的优化工作顺序来进行系统优化的话，可能会遇上大麻烦。因为往往数据库系统的设计师（架构师）的地位要比 DBA 的高，而且他可能与高级管理者们有千丝万缕的联系。在这种情况下，如果您一开始就去检查系统的设计，最可能的结果是还没有完成系统的优化，就已经被优化出公司了（丢了饭碗）。同样的道理，应用程序的开发人员也不是好惹的，与他们之间的关系当然也要小心地处理。

在实际运作时，可能最好的切入点是"**优化数据库系统内存**"。就像本书第 1 章所介绍的，只要能将大多数磁盘（I/O）操作转换成内存操作，数据库系统的效率就会显著提高。**之后就要考虑优化数据库系统的输入/输出，因为如果能减少输入/输出的数据量或平衡 I/O（将 I/O 操作均匀放在每一个磁盘上），系统的效率也会大大提高。**这样做的结果是不但系统的效率得到了很大的提高，而且也没指出任何人的错误，可以说是皆大欢喜。这两步也是数据库管理员进行优化工作的重点。

个人认为最后两步能不做就不做，因为做这方面的优化时需要对系统相当了解，但是所获得效率的提高远不及前面的方法，可以说是投资大见效少。所以此时最好像 IT 集成商或 IT 顾问公司常常建议的那样，建议老板升级软硬件。

通过以上的讨论，您可能已经意识到 **DBA 并不是一个纯粹的技术角色，DBA 既是一个技术角色也是一个商业角色（管理角色）。**

22.2　优化系统设计的基本原理

尽管在 22.1 节强调数据库管理员进行优化工作的重点是内存优化和 I/O 优化，**但是如果数据库系统的设计太糟糕了，就可能使该系统变成一个无法优化的系统。**此时，DBA 再进行内存优化和 I/O 优化工作已经是徒劳无益了。

要理解系统的设计，首先必须了解数据库系统的分类。根据数据库系统的应用领域的不同可以将其分为两大类，即联机事务处理（Online Transaction Processing，OLTP）系统和数据仓库（Data Warehouses）系统/决策支持（Decision Support，DSS）系统。表 22-1 所示是这两种系统的数据及系统特性的比较。

表 22-1

联机事务处理系统	数据仓库系统
• 面向应用	• 面向主题
• 详细的	• 综合的或提炼的
• 在存取瞬间是准确的	• 代表过去的数据
• 为日常工作服务	• 为管理者服务
• 可更新	• 不更新
• 重复运行	• 启发式运行
• 处理需求事先可知	• 处理需求事先不知道
• 对性能要求高	• 对性能要求宽松
• 一个时刻存取一个单元	• 一个时刻存取一个集合

续表

联机事务处理系统	数据仓库系统
• 事务处理驱动	• 分析处理驱动
• 更新控制主要涉及所有权	• 无更新控制问题
• 高可用性	• 松弛的可用性
• 整体管理	• 以子集管理
• 非冗余性	• 时常有冗余
• 静态结构；可变的内容	• 结构灵活
• 一次处理数据量小	• 一次处理数据量大
• 支持日常操作	• 支持管理需求
• 访问的高可能性	• 访问的低可能性或适度可能性

在介绍完了联机事务处理和数据仓库的数据及系统特性之后，下面简单介绍这两种系统在设计上的不同要求，表 22-2 给出了这两种系统的设计特点的比较。

表 22-2

行 号	联机事务处理系统	数据仓库系统
（1）	执行索引搜寻	更多地执行全表扫描
（2）	使用 B 树索引	使用位图树索引
（3）	CURSOR_SHARING 设为 SIMILAR	CURSOR_SHARING 保留默认值 EXACT
（4）	一般不使用并行查询	对大的操作使用并行查询
（5）	PCTFREE 根据修改操作来设定	PCTFREE 可以设为 0
（6）	共享代码、使用绑定变量	使用常量和提示（hints）等

接下来，逐行解释表 22-2 中每一行的原因：

（1）联机事务处理系统的查询多数是查找满足某一或某些特定条件的数据，而这些数据只不过是整个表中很小的一个子集；数据仓库系统上的查询多数是查找综合的数据（分类的数据），这样的数据一般需要扫描整个表。这是因为管理者对个体的数据是不感兴趣的，他们只需要通过综合的信息来进行决策。

（2）由于联 5 机事物处理系统的 DML 操作相当频繁，因此无法使用位图索引（位图索引的 DML 维护成本相当高）；数据仓库系统上的表中的数据一般都是一次装入的，很少有 DML 操作。

（3）在联机事务处理系统上将 CURSOR_SHARING 设为 SIMILAR 的目的是最大限度地共享 SQL 代码；在数据仓库系统上，代码编译在整个 SQL 语句执行过程中所占的时间比例非常小，而生成一个好的执行计划（execution plan）才是数据仓库系统最关心的，将 CURSOR_SHARING 保留默认值 EXACT 可以帮助生成好的执行计划。

（4）联机事务处理系统上的查询数据量一般比较小；数据仓库系统上的查询数据量一般都相当大。

（5）由于联机事务处理系统上修改操作相当频繁，如果将 PCTFREE 设为 0 会造成数据的迁移，会使系统效率下降；数据仓库系统上的数据一般都是一次装入的，一般没有修改操作。

（6）它的理由与第 2 行的差不多，因此这里就不再重复了。

下面，介绍怎样查看和设置 CURSOR_SHARING 这一参数。可以使用例 22-1 的 SQL*Plus 命令来查看这一参数的当前值。

例 22-1

```
SQL> show parameter cursor_sharing
NAME                                 TYPE        VALUE
```

```
----------------------------------------- ----------- ------
cursor_sharing                                string      EXACT
```

正如以上所介绍的那样，CURSOR_SHARING 的默认值确实为 EXACT。如果您的数据库系统是联机事务处理系统，为了共享 SQL 代码，应该使用例 22-2 的 SQL 语句将该参数改为 SIMILAR。

例 22-2

```
SQL> alter system set cursor_sharing = similar;
系统已更改。
```

之后，使用例 22-3 的 SQL*Plus 命令来验证这一修改是否已经完成。

例 22-3

```
SQL> show parameter cursor_sharing
NAME                                          TYPE        VALUE
----------------------------------------- ----------- -------
cursor_sharing                                string      SIMILAR
```

除了以上所介绍的，在这两类系统中数据块的设计也有很大的不同。联机事物处理系统倾向于小的数据块，一般 db_block_size 为 2KB、4KB 或 8KB；而数据仓库系统倾向于大的数据块，可以是几十 KB 甚至达到操作系统允许的上限，原因如下。

联机事务处理系统上的表一般为第三范式，因此表中所包含的列较少；还有联机事务处理系统上并行操作比较多，小数据块有利于减少由并行操作引起的数据块头的竞争。

而在数据仓库系统上，为了加快查询的速度，有时不得不使用数据的冗余来提高查询的速度。这样数据仓库系统表中所包含的列就比较多，还有数据仓库系统上的典型操作是全表扫描，此时要减少系统的输入/输出数据量已经是不可能了，要提高系统的效率唯一的办法是减少输入/输出的次数，这可以通过加大数据块来完成。减少输入/输出的次数的另一个办法就是在输入/输出时，每次输入/输出多个数据块而不是一个数据块，这可以通过设置 DB_FILE_MULTIBLOCK_READ_COUNT 参数来完成。

谈论了这么多理论，读者一定想知道怎样才能获得一个数据库的设计（如实体—关系模型）。22.3 节将介绍如何利用 Oracle 的数据字典以命令行方式获取与设计相关的信息。

22.3 以命令行方式获取系统的设计

在过去几千年一直伴随着中华文明的日常生产系统就是驴拉磨系统，这个系统主要由提供动力的驴和能将稻谷磨碎的磨盘两大部分组成，如图 22-1 所示。

图 22-1

其实，现代的数据库系统也与驴拉磨系统类似。当数据库系统出了问题（如效率太低）时，作为 DBA，首先必须知道究竟是"驴不走"还是"磨盘不转"，之后才能对症下药。那么，在 Oracle 数据库系统中怎样确定究竟是"驴不走"还是"磨盘不转"呢？可以使用数据字典来做到这一点。使用例 22-4 的 SQL*Plus 命令来查看数据块的大小（要以 DBA 用户登录数据库系统）。

例 22-4

```
SQL> show parameter db_block_size
NAME                                 TYPE                          VALUE
------------------------------------ ----------------------------- ------
db_block_size                        integer                       8192
```

例 22-4 的显示输出结果表明：该数据库的标准数据块的大小为 8KB。**进行优化工作的时候，切记把注意力集中在大表并且经常操作的表上。** 首先，以这些表所在的用户登录，之后使用如下的方法就可以导出实体—关系模型。

（1）使用数据字典 CAT 获取该用户中所有的表和视图的名字。

（2）使用 DESC "表名" 获取每个表的结构（包括有几列，以及相关的列是否可以为空）。

（3）使用数据字典 user_constraints 和 user_cons_columns 导出表上的约束（外键就相当于 E-R 模型中的关系）。

利用以上的信息就可以还原出实体—关系（E-R）模型，即数据库的逻辑设计，也可以使用数据字典 user_indexes 和 user_ind_columns 获取索引的信息。获得这些信息之后就可以仔细地分析以找到设计上的缺陷并加以解决。

联机事务处理和数据仓库系统的设计及优化方法是完全不同的，甚至备份策略也有很大的差别，因此原则上是要将这两种系统分开的，即在创建数据库时，要么选择联机事务处理，要么选择数据仓库。

下面，利用例子来演示如何找到究竟是"驴不走"还是"磨不转"的具体方法。为了简化问题使用 scott 用户下的两个表 emp 和 dept，但是在实际的优化工作中读者应该把注意力放在大而且操作频繁的表上。首先以 scott 用户身份登录 Oracle 数据库系统，之后使用例 22-5 的 SQL 语句显示该用户下所有的表和视图。

例 22-5

```
SQL> select * from cat;
TABLE_NAME       TABLE_TYPE
---------------- ----------
DEPT             TABLE
EMP              TABLE
BONUS            TABLE
SALGRADE         TABLE
```

接下来，使用例 22-6 和例 22-7 的 SQL*Plus 命令分别显示 emp 表和 dept 表的结构。

例 22-6

```
SQL> desc emp
 名称                 是否为空？ 类型
 ------------------ -------- ------------
 EMPNO              NOT NULL NUMBER(4)
 ENAME                       VARCHAR2(10)
 JOB                         VARCHAR2(9)
 MGR                         NUMBER(4)
 HIREDATE                    DATE
 SAL                         NUMBER(7,2)
 COMM                        NUMBER(7,2)
```

```
DEPTNO                          NUMBER(2)
```

例 22-7

```
SQL> desc dept
 名称                      是否为空?      类型
 ----------------        --------      ------------
 DEPTNO                  NOT NULL      NUMBER(2)
 DNAME                                 VARCHAR2(14)
 LOC                                   VARCHAR2(13)
```

然后，使用例 22-8 和例 22-9 的 SQL 语句利用数据字典 user_constraints 和 user_cons_ columns 导出 EMP 和 DEPT 表上的全部约束（可能要先使用 SQL*Plus 的格式化命令对 SQL 语句的输出进行格式化）。

例 22-8

```
SQL> SELECT owner, constraint_name, constraint_type, table_name, R_CONSTRAINT_NAME

  2  FROM user_constraints;
OWNER           CONSTRAINT_NAME             C TABLE_NAME   R_CONSTRAINT_NAME
----------      -------------------------   - -----------  -----------------
SCOTT           FK_DEPTNO                   R EMP          PK_DEPT
SCOTT           PK_DEPT                       P DEPT
SCOTT           PK_EMP                      P EMP
```

例 22-9

```
SQL> SELECT owner, constraint_name, table_name, column_name
  2  FROM user_cons_columns;
OWNER           CONSTRAINT_NAME             TABLE_NAME      COLUMN_NAME
----------      -------------------------   --------------  -----------
SCOTT           PK_DEPT                     DEPT            DEPTNO
SCOTT           FK_DEPTNO                   EMP             DEPTNO
SCOTT           PK_EMP                      EMP             EMPNO
```

利用以上所获得的信息就可以很轻松地重新画出 emp 表和 dept 表的实体—关系（E-R）图。其实，可以用这种方法偷取别人好的设计，这应该属于逆向工程，于是就可以站在巨人的肩膀上继续工作了。

现在也可以使用例 22-10 和例 22-11 的 SQL 语句利用数据字典 user_indexes 和 user_ind_columns 导出 EMP 和 DEPT 表上的全部索引（可能要先使用 SQL*Plus 的格式化命令对 SQL 语句的输出进行格式化）。

例 22-10

```
SQL> SELECT INDEX_NAME, INDEX_TYPE, TABLE_NAME, UNIQUENESS, tablespace_name
  2  FROM user_indexes;
INDEX_NAME       INDEX_TYPE     TABLE_NAME      UNIQUENES     TABLESPACE_NAME
---------------  -----------    --------------  -----------   ----------------
PK_EMP           NORMAL         EMP             UNIQUE        USERS
PK_DEPT          NORMAL         DEPT            UNIQUE        USERS
```

例 22-11

```
SQL> SELECT index_name, table_name, column_name, column_position
  2  FROM user_ind_columns;
INDEX_NAME      TABLE_NAME      COLUMN_NAME     COLUMN_POSITION
--------------  -------------   --------------  ----------------
PK_DEPT         DEPT            DEPTNO                         1
PK_EMP          EMP             EMPNO                          1
```

之后，就可以利用以上的信息来判断索引的设计是否合理。这里需要指出的是，**索引的设计不属于**

逻辑设计而应该属于物理设计（索引是与数据库管理系统相关的）。我们只给出了找出究竟是"驴不走"还是"磨不转"的方法，但是并未给出后面优化的步骤。其实只要读者学过相关的课程，后面的工作并不难。

如果读者想从事这方面的工作但是又没有学过这方面的相关课程，就应该补一些课程。Oracle 公司有针对联机事务处理系统的设计方面的单独课程，课程名为"数据模型和关系数据库设计（Oracle Data Modeling and Relational Database Design）"。Oracle 公司也有针对数据仓库系统设计方面的课程，主要课程为"Oracle 10g/11g：数据仓库基本原理（Oracle 10g/11g：Data Warehousing Fundamentals）"和"Oracle Database 11g：管理数据仓库（Oracle Database 11g：Administer a Data Warehouse）"。这里要说明的是，在 Oracle 的不同版本下，这些课程的名字略有差别。可以学习这方面的不是基于 Oracle 系统的课程，因为数据库的设计部分与数据库管理系统的关系不大。

作为 DBA，只要找到了问题所在，任务基本上就已经完成了。 如您管理的是一个联机事务处理系统，大多数表都是第一或第二范式，有大量的数据冗余，此时就可以通知设计者修改数据库的设计。至于他们修不修改也无所谓，反正您什么也不用做了。又例如您管理的是一个数据仓库系统，而上面存储了大量的细节数据（如电信客户的每一个电话记录），此时也可以通知设计者修改数据库的设计，将细节数据综合后再存入数据仓库。您同样什么都不用做了。

无论是联机事务处理系统还是数据仓库系统，在进行系统设计优化时，应始终牢记一点：有效地利用内存和最大限度地减少 I/O，就像本书开始所介绍的那样。

22.4　优化应用程序和 SQL 语句的基本原理

怎样才能写出高效的 SQL 语句呢？其实原则在 22.3 节刚讲过，就是写出来的 SQL 语句可以有效利用内存和最大限度地减少 I/O。由于 SQL 语句优化是一门专门的课程，其涵盖的内容相当多，因此这里只介绍一些最基本也是最常见的问题和解决方法。**在进行 SQL 语句优化时要把注意力放在减少排序和避免全表扫描上。**

首先介绍哪些操作需要进行排序，以下的 SQL 操作需要进行排序。

➭　在 SQL 语句中使用了 DISTINCT 关键字。
➭　在 SQL 语句中使用了 ORDER BY 子句。
➭　在 SQL 语句中使用了 GROUP BY 子句。
➭　创建索引的 SQL 语句。
➭　在 SQL 语句中使用了集合运算符 UNION 等。
➭　执行 Oracle 收集统计信息的命令 ANALYZE 等。

那么如何避免排序呢？当然最好的办法是不使用以上这些操作，但是按业务的需要经常必须使用它们。以下就是与之相对的解决方法：

➭　如果是对子表的外键的 DISTINCT 查询，改为对主表的主键的直接查询（在我的另一本书《Oracle SQL 培训教程——从实践中学习 Oracle SQL 及 Web 快速应用开发》中第 1.8 节有详细的介绍，这里不再赘述）。
➭　为 ORDER BY 子句使用的列创建一个索引。
➭　为 GROUP BY 子句使用的列创建一个索引。其实，所有的分组函数和分组操作对数据库系统效率的冲击都很大，而在数据仓库系统中这样的操作是经常使用的，许多数据仓库系统是将经常使用的分组数据预先算出来并存在表中的办法来提高系统的效率的，因此数据仓库系统中常常会有人为安排的数据冗余。

➥ 尽量在系统比较空闲时执行创建大型索引的 SQL 语句。如果数据已经按索引的顺序排列好了，在创建索引时可以使用 NOSORT 子句来加快创建索引的速度。

➥ **在 SQL 语句中使用 UNION ALL 运算符来代替 UNION，这样可能执行结果中会存在相同的数据行，但是效率会提高很多，因为不用排序了。**

➥ 对于大对象分析时使用指定的列而不是整个对象，用 ESTIMATE（估计）关键字代替 COMPUTE（计算）关键字。

下面，进一步解释最后两项。UNION 和 UNION ALL 都是集合运算符。UNION 表示将显示每个查询的结果但不包括重复行；UNION ALL 也将显示每个查询的结果并且包括重复行。下面将用例子来演示它们的操作和含义。现使用 hr 用户中的两个表 employees 和 job_history 来完成以下的操作。首先使用 hr 用户登录数据库系统，之后使用例 22-12 带有 UNION 集合运算符的 SQL 语句将两个查询的结果合并。

例 22-12

```
SQL> SELECT employee_id, job_id
  2  FROM   employees
  3  UNION
  4  SELECT employee_id, job_id
  5  FROM   ;
EMPLOYEE_ID JOB_ID
----------- ----------
        197 SH_CLERK
        198 SH_CLERK
        199 SH_CLERK
        200 AC_ACCOUNT
        200 AD_ASST
        201 MK_MAN
        201 MK_REP
        202 MK_REP
        203 HR_REP
        204 PR_REP
        205 AC_MGR
        206 AC_ACCOUNT
```

已选择 115 行。

为了节省篇幅，这里省略绝大多数的显示输出结果，由例 22-12 的输出结果可知一共选择了 115 行数据，而且其中没有重复行。读者可能已经发现 employee_id 为 200 的数据行有两个，但是它们的 job_id 是不同的，分别是 AC_ACCOUNT 和 AD_ASST。

接下来，使用例 22-13 带有 UNION ALL 集合运算符的 SQL 语句将同样的两个查询结果合并。

例 22-13

```
SQL> SELECT employee_id, job_id
  2  FROM   employees
  3  UNION ALL
  4  SELECT employee_id, job_id
  5  FROM   job_history
  6  ORDER BY employee_id;
EMPLOYEE_ID JOB_ID
----------- ----------
        197 SH_CLERK
```

```
        198 SH_CLERK
        199 SH_CLERK
        200 AD_ASST
        200 AC_ACCOUNT
        200 AD_ASST
        201 MK_MAN
        201 MK_REP
        202 MK_REP
        203 HR_REP
        204 PR_REP
        205 AC_MGR
        206 AC_ACCOUNT
```

已选择 117 行。

为了节省篇幅，同样省略了绝大多数的显示输出结果，由例 22-13 的输出结果可知一共选择了 117 行数据，比例 22-12 多了两行，因为包含了重复行。读者应该已经发现 employee_id 为 200 的数据行现在是 3 个了，其中有两行是完全相同的，它们的 job_id 都是 AD_ASST。现在读者应知道 UNION 和 UNION ALL 运算符的使用及它们之间的差别了吧。

Oracle 收集统计信息的命令 ANALYZE，在本书的第 4 章中提及过。在那章中曾经介绍执行了 Oracle 的 ANALYZE 命令之后，静态视图才会被刷新，但并未给出具体的操作步骤。下面通过例子演示这一命令的具体用法，并且介绍 ESTIMATE 关键字与 COMPUTE 关键字之间的差别。

首先以 system 用户登录数据库，之后使用例 22-14 的 SQL 语句从数据字典 dba_tables 中获取 pjinlian 用户下 sales 表和 customers 表的统计信息（可能要先使用 SQL*Plus 的格式化语句以使显示输出结果清晰）。

例 22-14

```
SQL> select owner, table_name, tablespace_name, blocks, empty_blocks, avg_space
  2  from dba_tables
  3  where owner LIKE 'PJ%'
  4  and table_name IN ('SALES', 'CUSTOMERS');
OWNER       TABLE_NAME    TABLESPACE_NAME    BLOCKS EMPTY_BLOCKS AVG_SPACE
--------- ----------- --------------- --------- ------------ ----------
PJINLIAN    SALES         PIONEER_DATA
PJINLIAN    CUSTOMERS     PIONEER_DATA
```

例 22-14 的显示结果表明：pjinlian 用户下的 sales 表和 customers 表没有任何统计信息，这是因为从来也没有收集过这两个表的统计信息。现在，使用例 22-15 带有 compute 关键字的 ANALYZE 命令收集 pjinlian 用户中的 sales 表的统计信息。

例 22-15

```
SQL>  analyze table pjinlian.sales compute statistics;
表已分析。
```

得等一会儿才能看到系统的显示"表已分析。"，因为 compute 要收集表中每一行的统计信息，所以比较耗时。接下来，使用例 22-16 的 SQL 语句从数据字典 dba_tables 中再次获取 pjinlian 用户下 sales 表和 customers 表的统计信息。

例 22-16

```
SQL> select owner, table_name, tablespace_name, blocks, empty_blocks, avg_space
  2  from dba_tables
  3  where owner LIKE 'PJ%'
  4  and table_name IN ('SALES', 'CUSTOMERS');
```

OWNER	TABLE_NAME	TABLESPACE_NAME	BLOCKS	EMPTY_BLOCKS	AVG_SPACE
PJINLIAN	SALES	PIONEER_DATA	4507	101	832
PJINLIAN	CUSTOMERS	PIONEER_DATA			

例 22-16 的显示结果表明：pjinlian 用户下的 sales 表已经有统计信息了，这是因为刚刚收集了这个表的统计信息。现在，使用例 22-17 带有 ESTIMATE 关键字的 ANALYZE 命令收集 pjinlian 用户中的 customers 表的统计信息。

例 22-17

```
SQL> analyze table pjinlian.customers ESTIMATE statistics;
表已分析。
```

很快就看到系统的显示"表已分析。"，因为 estimate 只使用表中一部分数据行来完成统计信息的收集，Oracle 使用内置的采样算法来完成数据行的选取。**但是，使用 estimate 所收集到的统计信息会与实际的信息有一点误差，有研究表明其误差大约为 4%。对于一些大型或超大型的数据库系统来说，用这么小的误差来换取效率的提高还是可取的。**最后，使用例 22-18 的 SQL 语句从数据字典 dba_tables 中再次获取 pjinlian 用户下 sales 表和 customers 表的统计信息。

例 22-18

```
SQL> select owner, table_name, tablespace_name, blocks, empty_blocks, avg_space
  2  from dba_tables
  3  where owner LIKE 'PJ%'
  4  and table_name IN ('SALES', 'CUSTOMERS');
```

OWNER	TABLE_NAME	TABLESPACE_NAME	BLOCKS	EMPTY_BLOCKS	AVG_SPACE
PJINLIAN	SALES	PIONEER_DATA	4507	101	832
PJINLIAN	CUSTOMERS	PIONEER_DATA	1479	57	907

例 22-18 的显示结果表明：pjinlian 用户下的 customers 表已经有统计信息了，这是因为刚刚收集了这个表的统计信息。可能有读者会问：这些统计信息有什么用？Oracle 系统有一个优化器，Oracle 在执行用户输入的 SQL 语句之前，优化器要先对这些语句进行优化以提高语句运行的效率。优化器要使用这些统计信息来优化用户输入的 SQL 语句。

另外，**BLOCKS** 这一列的信息有时也很有用，如 **sales** 表上的 **DML** 非常频繁，客户请您帮助预测半年和一年后这个表的规模。您可以每天使用 **ANALYZE** 分析一下 **sales** 表并记录下 **BLOCKS** 的值，连续进行几天就可以求出每天的平均增长值，于是您就可以比较准确地推算出半年和一年后这个表的大小。

再有，EMPTY_BLOCKS 这一列的信息有时也很有用，例如您马上就要往 customers 表中装入大量的数据行，可是发现 EMPTY_BLOCKS 这一列值很小，可以在装入数据之前手工地为这个表分配足够的磁盘空间以避免系统自动动态地分配磁盘空间，从而达到提高系统效率的目的（一般手动都比自动的效率高，这与自动磁盘分配的算法实现有关）。为一个表手动地分配磁盘空间的命令在第 10 章中已经介绍过，因此这里就不重复了。

最后再谈谈两个表连接操作的系统效率问题。**假设有两个表已经利用外键建立了"主从"关系，而这两个表又要进行频繁的连接（join）操作。Oracle 在连接时，如果在连接的列上有索引，就使用索引扫描这个表，如果没有索引就是全表扫描。**一般对主表没有问题，因为往往连接的列是该表的主键，Oracle 系统在主键上会自动地创建一个唯一的索引。但是对从表来说就有问题了，因为往往连接的列是从表的外键，而 Oracle 系统不会在外键上自动地创建任何索引。一般从表要比主表大很多，因此对从表进行全表扫描就意味着对系统效率的冲击。**所以此时最好的办法就是身为 DBA 的您手工地在从表的外键上创建一个索引。**

22.5　以命令行方式获取 SQL 语句执行的信息

为了演示以后的操作命令，首先以 pjinlian 用户登录数据库系统。要想优化 SQL 语句，必须先知道 SQL 语句执行的步骤，Oracle 称之为执行计划（Execution Plan）。**可以使用 SQL*Plus 的 EXPLAIN PLAN FOR 命令，获取一个 SQL 语句的执行计划。但在使用这个命令之前，需要运行 utlxplan.sql 脚本文件（如例 22-19）来产生 plan_table 表**（在这个命令中，F:\oracle\product\10.2.0\db_1 就是有些书中所说的 $ORACLE_HOME 的目录，在不同的 Oracle 数据库系统中该目录可能会有所差别）。

例 22-19

```
SQL> @F:\oracle\product\10.2.0\db_1\RDBMS\ADMIN\utlxplan.sql
表已创建。
```

在另一个 Oracle 11g 的数据库系统上这个名为 utlxplan.sql 的脚本文件是在 I:\app\Administrator\product\11.2.0\dbhome_1\RDBMS\ADMIN 目录下，而在 Oracle 12c 系统上，该脚本文件是在 D:\app\dog\product\12.1.0\dbhome_1\RDBMS\ADMIN 目录下。

我们知道在 pjinlian 用户中 customers 的 CUST_CITY_ID 列上并没有索引。现在使用例 22-20 的命令来解释带有 group by 子句和分组函数 count 对 customers 表的查询语句。

例 22-20

```
SQL> EXPLAIN plan for
  2  select CUST_CITY_ID, count(*)
  3  from customers
  4  group by CUST_CITY_ID;
已解释。
```

为了使显示的信息清楚易懂，先使用例 22-21～例 22-25 的 SQL*Plus 命令来格式化 SQL 查询语句的输出。

例 22-21

```
SQL> set line 120
```

例 22-22

```
SQL> col id for 999
```

例 22-23

```
SQL> col operation for a20
```

例 22-24

```
SQL> col options for a15
```

例 22-25

```
SQL> col object_name for a25
```

然后，使用例 22-26 的 SQL 查询语句从 plan_table 表中获取所解释的 SQL 语句的执行计划。

例 22-26

```
SQL> SELECT id, operation, options, object_name, position
  2  FROM plan_table;
  ID OPERATION            OPTIONS         OBJECT_NAME       POSITION
---- -------------------- --------------- ----------------- ----------
   0 SELECT STATEMENT                                            338
   1 HASH                 GROUP BY                                1
   2 TABLE ACCESS         FULL            CUSTOMERS               1
```

例 22-26 的显示结果表明：所解释的 SQL 语句是使用全表扫描完成的，这可能是因为在 group by 子句后的列上没有索引的缘故。现在使用例 22-27 的 DDL 语句为 customers 表上的 CUST_CITY_ID 列创建一个名为 customers_cityid_idx 的索引。

例 22-27

```
SQL> create index customers_cityid_idx
  2  on customers(CUST_CITY_ID);
索引已创建。
```

当创建了索引之后，可以使用例 22-28 的 DDL 语句将 plan_table 表中的所有数据删除。

例 22-28

```
SQL> truncate table plan_table;
表被截断。
```

之后，再使用例 22-29 的命令来重新解释与例 22-20 完全相同的查询语句。

例 22-29

```
SQL> EXPLAIN plan for
  2  select CUST_CITY_ID, count(*)
  3  from customers
  4  group by CUST_CITY_ID;
已解释。
```

然后，使用例 22-30 的 SQL 查询语句再次从 plan_table 表中获取所解释的 SQL 语句的执行计划。

例 22-30

```
SQL> SELECT id, operation, options, object_name, position
  2  FROM plan_table;
ID OPERATION          OPTIONS           OBJECT_NAME        POSITION
---- ---------------- ----------------- ------------------ ----------
  0 SELECT STATEMENT                                              38
  1 HASH               GROUP BY                                    1
  2 INDEX              FAST FULL SCAN    CUSTOMERS_CITYID_IDX       1
```

例 22-30 的显示结果表明：所解释的 SQL 语句使用了刚刚在 customers 表中的 CUST_CITY_ID 列上所创建的索引 customers_cityid_idx，这正是我们所希望的。

除了使用以上方法来获取一个 SQL 语句的执行计划之外，也可以使用 Oracle 提供的数据字典，如 v$sql_plan，但必须要以 system 或 sys 用户登录数据库系统。为了使查询语句的显示输出清晰，最好先使用例 22-31～例 22-34 的 SQL*Plus 格式化命令对 SQL 语句的查询结果进行格式化。

例 22-31

```
SQL> SET LINE 120
```

例 22-32

```
SQL> COL OPERATION FOR A20
```

例 22-33

```
SQL> COL OBJECT_NAME FOR A20
```

例 22-34

```
SQL> COL OBJECT_NAME FOR A15
```

接下来，使用例 22-35 的 SQL 查询语句从数据字典 v$sql_plan 中获取相关 SQL 语句的执行计划。这里要注意的是，一定要使用 WHERE 子句来限制查询语句的输出结果，否则显示的结果将非常多，以至很难找到所需要的信息。

例 22-35

```
SQL> SELECT operation, object_owner,
```

```
  2    object_name, cost
  3  FROM v$sql_plan
  4  WHERE OBJECT_OWNER = 'PJINLIAN';
OPERATION                OBJECT_OWNER    OBJECT_NAME                  COST
-------------------      ------------    ---------------------   ----------
TABLE ACCESS             PJINLIAN        PLAN_TABLE                      2
TABLE ACCESS             PJINLIAN        PLAN_TABLE                     15
```

例 22-35 的显示结果是不是令人感到意外？因为没有任何要解释的 SQL 语句执行的信息。其实，**EXPLAIN plan for 这一命令只产生后面 SQL 语句的执行计划而并不真正执行这一语句，所以数据字典 v$sql_plan 中就没有这一 SQL 语句的任何信息。**下面使用例 22-36 的命令直接执行此 SQL 查询语句（必须在 pjinlian 用户中执行该 SQL 语句）。

例 22-36

```
SQL> select CUST_CITY_ID, count(*)
  2  from customers
  3  group by CUST_CITY_ID;
CUST_CITY_ID    COUNT(*)
------------  ----------
      52437          94
      52439          44
      52442          22
......
```

已选择 620 行。

最后，使用例 22-37 的 SQL 查询语句再次从数据字典 v$sql_plan 中获取相关 SQL 语句的执行计划。

例 22-37

```
SQL> SELECT operation, object_owner,
  2    object_name, cost
  3  FROM v$sql_plan
  4  WHERE OBJECT_OWNER = 'PJINLIAN';
OPERATION                OBJECT_OWNER    OBJECT_NAME                  COST
-------------------      ------------    --------------------    ----------
TABLE ACCESS             PJINLIAN        PLAN_TABLE                      2
TABLE ACCESS             PJINLIAN        PLAN_TABLE                     15
INDEX                    PJINLIAN        CUSTOMERS_CITYID_IDX           30
```

例 22-37 的显示结果清楚地表明：所执行的 SQL 已经使用了 CUSTOMERS_CITYID_IDX 索引。其实，**保证 SQL 的查询语句使用索引就是为了减少 I/O 量，同时也提高了系统的效率。**

22.6　反转关键字索引

设想一家大型公司的联机事务处理数据库系统中有一个超大型的订单表，订单号为主键，是用序列号（每次加一）生成的。该公司的业务非常繁忙，有几十名员工可以发订单（INSERT 操作），而且可能同时有多人开订单。这就带来了一个问题，**因为主键上是有索引的，而主键又是用序列号产生的，因此相邻的索引记录就可能存在于同一个数据块中，这样会造成数据块的竞争，从而使数据库系统的效率下降。**另外，随着时间的流逝，订单中旧的数据会变成无用的数据，因此要将这些数据及时删除（一般是转到数据仓库系统）。在不断删除旧数据的同时又要不断地插入新数据，很显然删除的数据是序列号小的旧数据，而插入新数据的序列号是刚刚产生的（一定是大号），这就造成了另一个严重的效率问题，即该索引的树是往序列号大的一面偏，因此会使树的深度加深从而使系统效率下降。

为了解决上面的问题，**Oracle** 引入了反转关键字索引。反转关键字索引是通过将关键字的每个字节顺序颠倒过来再建立索引的方法来实现的，表 22-3 是将订单号（order#）反转的例子。

表 22-3

反　转　前	反　转　后
order#	order#
1230	0321
1231	1321
1232	2321
1233	3321
1234	4321
1235	5321
…	…

从表 22-3 可以看出，将订单号（order#）反转之后，原来相邻的 order# 就不再相邻了。这样就可以把相邻的订单号（order#）分散到不同的数据块中，于是上面有关系统效率问题也随之消失。那么怎样创建反转关键字索引呢？其实很简单，只需在创建索引的语句中加入 REVERSE 关键字。下面通过例子来演示对反转关键字索引所做的操作，首先以 pjinlian 用户登录数据库系统，之后使用例 22-38 的 DDL 语句为 sales 表的 promo_id 列创建一个名为 sales_promo_id 的反转关键字索引并将其放在 PIONEER_INDX 表空间中。

例 22-38

```
SQL> create index sales_promo_id
  2  on sales(promo_id) REVERSE
  3  tablespace PIONEER_INDX;
索引已创建。
```

随后，使用例 22-39 的 SQL 查询语句从数据字典 user_indexes 中获取 pjinlian 用户下 sales_promo_id 索引的相关信息。

例 22-39

```
SQL> SELECT INDEX_NAME, INDEX_TYPE, TABLE_NAME, UNIQUENESS
  2  FROM user_indexes
  3  WHERE index_name LIKE 'SALES_PROMO%';
INDEX_NAME                      INDEX_TYPE  TABLE_NAME  UNIQUENES
------------------------------  ----------  ----------  ---------
SALES_PROMO_ID                  NORMAL/REV  SALES       NONUNIQUE
SALES_PROD_ID_IDX               NORMAL      SALES       NONUNIQUE
```

从例 22-39 的显示输出结果可以看出：刚刚创建的索引 sales_promo_id 的类型为反转关键字（NORMAL/REV）。可以通过 Oracle 的命令将一个反转关键字索引转换成一个正常索引，例如可以通过使用例 22-40 的 DDL 语句将刚刚创建的反转关键字索引 sales_promo_id 转换成一个正常索引。

例 22-40

```
SQL> alter index sales_promo_id
  2  rebuild noreverse;
索引已更改。
```

之后，使用例 22-41 的 SQL 查询语句再次从数据字典 user_indexes 中获取 pjinlian 用户下 sales_ promo_id 索引的相关信息。

例 22-41

```
SQL> SELECT INDEX_NAME, INDEX_TYPE, TABLE_NAME, UNIQUENESS
  2  FROM user_indexes
  3  WHERE index_name LIKE 'SALES_PROMO%';
INDEX_NAME                     INDEX_TYPE      TABLE_NAME  UNIQUENES
------------------------------ --------------- ----------- ---------
SALES_PROMO_ID                 NORMAL          SALES       NONUNIQUE
SALES_PROD_ID_IDX              NORMAL          SALES       NONUNIQUE
```

从例 22-41 的显示输出结果可以看出：刚刚创建的索引 sales_promo_id 的类型已经转换成了正常（NORMAL）。另外，也可以通过 Oracle 的命令将一个正常索引转换成一个反转关键字索引，例如可以通过使用例 22-42 的 DDL 语句将以前创建的一个正常索引（也是基于 SALES 表的）sales_prod_id_idx 转换成一个反转关键字索引。

例 22-42

```
SQL> alter index SALES_PROD_ID_IDX
  2  rebuild reverse;
索引已更改。
```

接下来，使用例 22-43 的 SQL 查询语句从数据字典 user_indexes 中获取 pjinlian 用户下 sales_prod_id_idx 索引的相关信息。

例 22-43

```
SQL> SELECT INDEX_NAME, INDEX_TYPE, TABLE_NAME, UNIQUENESS
  2  FROM user_indexes
  3  WHERE index_name = 'SALES_PROD_ID_IDX';
INDEX_NAME                     INDEX_TYPE      TABLE_NAME  UNIQUENES
------------------------------ --------------- ----------- ---------
SALES_PROD_ID_IDX              NORMAL/REV      SALES       NONUNIQUE
```

从例 22-43 的显示输出结果可以看出：索引 sales_prod_id_idx 的类型已经从正常转换成了反转关键字（NORMAL/REV）。这里要提醒读者的是，位图索引与其他类型的索引之间不能使用这种方法进行转换；如果要转换，只能将原有的索引删除之后再重新创建要转换类型的索引。

"事物总是一分为二的"，反转关键字索引也存在问题。如在订单号（order#）上创建了反转关键字索引之后，再进行范围查询就会遇到麻烦。所谓的范围查询就是在查询语句中有类似 where order# between 1230 and 1286 的条件子句，在正常索引的情况下，这样的查询相当快，因为满足条件的索引记录行应该在同一个数据块或相邻的数据块中，但是，对于反转关键字索引来说，满足条件的索引记录行已经分散到不同的数据块中了，此时 Oracle 只能使用全表扫描。**因此在决定是否使用反转关键字索引之前，一定要清楚到底是插入操作重要，还是范围查询重要？没有一个完美的解决方案，所谓"有所得就有所失"。**

22.7　基于函数的索引

在数据仓库系统（决策支持系统）中，商业分析人员（也可能是经理们）或商业智能（BI）人员可能常常会基于某个复杂的公式或算法对公司的数据进行分析。如果所分析的表很大，就可能使操作的速度变得相当慢，甚至到令人无法忍受的地步。为此 Oracle 引入了基于函数的索引，可以把这样复杂的公式或算法做成 **PL/SQL** 存储函数，之后创建一个基于这个函数的索引。当然如果算法或公式比较简单也可以直接创建一个基于这个公式的（函数）索引，这样就会极大地提高商业分析人员和 **BI** 人员分析商业数据的效率。

有关基于函数的索引，在另一本书《Oracle SQL 培训教程——从实践中学习 Oracle SQL 及 Web 快速应用开发》的第 13 章中介绍过，在这里要介绍的是与优化有关的内容。需要说明一下，在有些版本中只有 DBA 用户有权限来创建基于函数的索引。在做以下的例子之前先使用 system 用户登录 Oracle 数据库系统。

现在假设在您的公司里，工资在 2000 元以下的员工为低收入者。您或者经理们可能时常要查看一下哪些员工属于低收入者，哪些员工不属于低收入者。为了加快这类查询的速度，可以使用例 22-44 的 DDL 语句来建立一个基于表达式 sal-2000 的索引。

例 22-44

```
SQL> CREATE INDEX emp_salgt_idx
  2  ON scott.emp(sal-2000);
索引已创建。
```

之后，使用例 22-45 的 SQL 查询语句从数据字典 dba_indexes 中查看刚刚创建的索引信息。

例 22-45

```
SQL> SELECT INDEX_NAME, INDEX_TYPE, TABLE_NAME, UNIQUENESS
  2  FROM dba_indexes
  3  WHERE table_owner = 'SCOTT';
```

INDEX_NAME	INDEX_TYPE	TABLE_NAME	UNIQUENES
PK_DEPT	NORMAL	DEPT	UNIQUE
PK_EMP	NORMAL	EMP	UNIQUE
EMP_DEPTNO_IDX	NORMAL	EMP	NONUNIQUE
EMP_SALGT_IDX	FUNCTION-BASED NORMAL	EMP	NONUNIQUE

例 22-45 的显示输出结果表明：已经成功地在 EMP 表上创建了一个基于函数（FUNCTION-BASED NORMAL）的索引 EMP_SALGT_IDX。接下来，再启动一个 SQL*Plus 并以 scott 用户登录数据库系统。在 scott 用户下，使用例 22-46 的 SQL*Plus 运行脚本文件命令生成 plan_table 表。

例 22-46

```
SQL> @D:\app\dog\product\12.1.0\dbhome_1\RDBMS\ADMIN\utlxplan
表已创建。
```

之后，使用例 22-47 的 SQL*Plus 的 EXPLAIN plan for 命令来解释在 where 子句中带有表达式 sal-2000 的查询语句。

例 22-47

```
SQL> EXPLAIN plan for
  2  SELECT ename, job, sal, comm, deptno
  3  FROM scott.emp
  4  WHERE (sal-2000) < 0;
已解释。
```

现在就可以使用例 22-52 的 SQL 语句通过查询 plan_table 表来获取所解释的 SQL 语句的执行计划。为了使例 22-52 的显示输出结果清晰，要先使用例 22-48～例 22-51 的 SQL*Plus 格式化命令对例 22-52 的显示输出进行格式化。

例 22-48

```
SQL> col id for 999
```

例 22-49

```
SQL> col operation for a20
```

例 22-50

```
SQL> col options for a25
```

例 22-51

```
SQL> col object_name for a15
```

例 22-52

```
SQL> SELECT id, operation, options, object_name, position
  2  FROM plan_table;
 ID OPERATION              OPTIONS                OBJECT_NAME     POSITION
---- -------------------  --------------------- -------------   ----------
  0 SELECT STATEMENT                                                     2
  1 TABLE ACCESS           BY INDEX ROWID BATCHED EMP                    1
  2 INDEX                  RANGE SCAN             EMP_SALGT_IDX           1
```

例 22-52 的显示输出结果清楚地表明：所解释的 SQL 语句使用了之前所创建的基于函数的索引 EMP_SALGT_IDX。尽管 Oracle 8i 就引入了基于函数的索引，但是在 Oracle 10g 之前的版本中，在默认配置的情况下是不使用基于函数的索引的。最初向我提出这一问题的是一个开发证券交易系统的高级开发人员，他是在 SQL 语句中使用启示（Hints）来强迫 Oracle 数据库的优化器使用基于函数的索引的，其 SQL 语句如例 22-53 所示（其中/*+ index (EMP_ SALGT_IDX)*/就是所谓的启示）。

例 22-53

```
SQL> select /*+ index (EMP_SALGT_IDX)*/
  2  ename, job, sal, comm, deptno
  3  FROM emp
  4  WHERE (sal-2000) < 0;
```

这样做问题是解决了，但是如果类似的查询语句很多，或者基于函数的索引也比较多，是不是太麻烦了？**如果将来碰到了类似的问题，可以检查 Oracle 系统的一个 query_rewrite_enabled 参数**。其做法是首先以 system 用户登录数据库系统，之后使用例 22-54 的 SQL*Plus 命令显示这一参数的当前值。

例 22-54

```
SQL> show parameter query_rewrite_enabled
NAME                                 TYPE                 VALUE
------------------------------------ -------------------- -----
query_rewrite_enabled                string               FALSE
```

如果 query_rewrite_enabled 参数的当前值为 FALSE，正如例 22-54 的显示输出，可以使用以下两种方法中的任何一种将这个参数的值改为 TRUE。

第 1 种方法就是在 system 用户下使用例 22-55 的 SQL 语句将该参数的值改为 TRUE，之后要使用例 22-56 的 SQL*Plus 命令验证。

例 22-55

```
SQL> alter system set query_rewrite_enabled = true;
系统已更改。
```

例 22-56

```
SQL> show parameter query_rewrite_enabled
NAME                                 TYPE                 VALUE
------------------------------------ -------------------- -----
query_rewrite_enabled                string               TRUE
```

第 2 种方法是在执行 SQL 语句的用户下（可以使用 SQL*Plus 的 show user 命令来查看当前的用户），使用例 22-57 的 SQL 语句将该参数的值改为 TRUE。

例 22-57

```
SQL> alter session set query_rewrite_enabled = true;
会话已更改。
```

经过这样的操作之后，Oracle 系统的优化器就会自动使用基于函数的索引了，而不用在每一个相关的查询语句中都要写一长串的启示了，是不是方便多了？所以干活要学会偷懒儿，所谓"苦干""实干"不如"巧干"。

22.8　导出存储程序的源代码

许多情况下，数据库系统是软件商设计和开发的。往往软件商都不愿意将他们的数据库设计和程序的源代码给客户。在前面已经介绍了如何使用数据字典导出数据库系统的实体—关系（E-R）模型。那么怎样才能导出存储程序的源代码呢？下面还是通过例子来演示如何使用 Oracle 的数据字典来导出程序的源代码。首先要以 hr 用户登录数据库系统，因为在这一用户中已经有一些存储过程了。如果已经登录了数据库系统，要使用例 22-58 的 SQL*Plus 命令验证一下当前的用户是否是 hr 用户。

例 22-58
```
SQL> show user
USER 为 "HR"
```
例 22-58 的显示输出表明目前的用户就是 hr，因此可以继续以下的操作了。如果不是 hr 用户就要使用 SQL*Plus 命令 connect hr/hr（您的系统上可能是不同的密码）切换到 hr 用户。因为此时 hr 用户中只有存储过程，没有存储函数，为了演示清楚，使用例 22-59 的 DDL 语句创建一个简单（获取某个员工的工资）的存储函数 get_sal（如果读者不熟悉 PL/SQL 程序设计语言的话，就只照着输入就行了，不用管里面的含义）。

例 22-59
```
SQL> CREATE OR REPLACE FUNCTION get_sal
  2      (p_id  IN employees.employee_id%TYPE)
  3      RETURN NUMBER
  4    IS
  5      v_salary employees.salary%TYPE :=0;
  6    BEGIN
  7      SELECT salary
  8      INTO   v_salary
  9      FROM   employees
 10      WHERE  employee_id = p_id;
 11      RETURN v_salary;
 12  END get_sal;
 13  /
函数已创建。
```
现在 hr 用户中既有存储过程又有存储函数。那么，怎样才能知道该用户中到底有多少个存储过程和函数呢？可以使用例 22-60 的 SQL 语句**通过查询数据字典 user_objects 来获取该用户下所有的存储过程和函数**。要注意的是，**在查询语句中最好使用 where 子句来限制显示的输出结果，否则可能显示太多无用的信息**。另外，为了使显示的结果清晰，要先使用 SQL*Plus 的格式化语句对查询的显示结果进行格式化。

例 22-60
```
SQL> select object_name, object_type, created, status, last_ddl_time
  2  from user_objects
  3  where object_type in ('PROCEDURE', 'FUNCTION');
OBJECT_NAME          OBJECT_TYPE     CREATED          STATUS       LAST_DDL_TIME
```

```
------------------  --------------  --------------  ----------  --------------
SECURE_DML          PROCEDURE       21-10 月 -16     VALID       21-10 月 -16
ADD_JOB_HISTORY     PROCEDURE       21-10 月 -16     VALID       21-10 月 -16
GET_SAL             FUNCTION        28-11 月 -16     VALID       28-11 月 -16
```

例 22-60 的显示输出结果表明：hr 用户中现在有两个存储过程和一个存储函数。现在可以**使用例 22-61 的 SQL*Plus 命令来显示存储过程 ADD_JOB_HISTORY 的所有输入和输出参数（接口信息）。**

例 22-61

```
SQL> desc ADD_JOB_HISTORY
PROCEDURE ADD_JOB_HISTORY
参数名称                               类型                        输入/输出默认值?
------------------------            ------------------          ------ -------
 P_EMP_ID                           NUMBER(6)                   IN
 P_START_DATE                       DATE                        IN
 P_END_DATE                         DATE                        IN
 P_JOB_ID                           VARCHAR2(10)                IN
 P_DEPARTMENT_ID                    NUMBER(4)                   IN
```

例 22-61 的显示输出结果表明：存储过程 ADD_JOB_HISTORY 共有 5 个不同数据类型的输入参数，但是没有输出参数。接下来，可以**使用例 22-62 的 SQL*Plus 命令来显示存储函数 GET_SAL 的所有输入和输出参数（接口信息）。**

例 22-62

```
SQL> desc GET_SAL
FUNCTION GET_SAL RETURNS NUMBER
参数名称                               类型                        输入/输出默认值?
------------------------            -----------------           ----- --------
 P_ID                               NUMBER(6)                   IN
```

例 22-62 的显示输出结果表明：存储函数 GET_SAL 只有一个数字类型的输入参数，但是没有输出参数。

在已经导出了存储过程和函数的接口信息之后，当然更想导出它们的源代码。可以使用数据字典 user_source 来完成这一光荣而艰巨的任务，但为了使查询显示的输出结果清晰，最好先使用例 22-63 和例 22-64 的 SQL*Plus 格式化命令对查询的显示结果进行格式化。

例 22-63

```
SQL> set pagesize 30
```

例 22-64

```
SQL> col text for a80
```

之后，就可以使用例 22-65 的 SQL 语句**通过查询数据字典 user_source 来获取该用户下的存储过程 ADD_JOB_HISTORY 的源代码。**

例 22-65

```
SQL> select line, text
  2  from user_source
  3  where name = 'ADD_JOB_HISTORY';
    LINE TEXT
---------- ----------------------------------------------------------------
      1 PROCEDURE add_job_history
      2 ( p_emp_id            job_history.employee_id%type
      3 , p_start_date        job_history.start_date%type
      4 , p_end_date          job_history.end_date%type
```

```
 5      , p_job_id            job_history.job_id%type
 6      , p_department_id     job_history.department_id%type
 7      )
 8  IS
 9  BEGIN
10    INSERT INTO job_history (employee_id, start_date, end_date,
11                          job_id, department_id)
12    VALUES(p_emp_id, p_start_date, p_end_date, p_job_id, p_department_id);

13  END add_job_history;
```

已选择 13 行。

导出了存储过程 ADD_JOB_HISTORY 的源代码之后，也可以使用例 22-66 的 SQL 语句**通过查询数据字典 user_source** 来获取该用户下的存储函数 GET_SAL 的源代码。

例 22-66

```
SQL> select line, text
  2  from user_source
  3  where name = 'GET_SAL';
     LINE   TEXT
--------- ---------------------------------------
        1    FUNCTION get_sal
        2      (p_id  IN employees.employee_id%TYPE)
        3      RETURN NUMBER
        4    IS
        5     v_salary employees.salary%TYPE :=0;
        6    BEGIN
        7     SELECT salary
        8     INTO   v_salary
        9     FROM   employees
       10     WHERE  employee_id = p_id;
       11     RETURN v_salary;
       12   END get_sal;
```

已选择 12 行。

之前学会了导出数据库的逻辑设计时，就可以"站在一个人的肩膀上"继续工作了。现在学会了导出存储过程和函数的源代码之后，就可以"踩着许多人的肩膀"工作了（一般设计可能是一个设计师，但程序员往往是一帮人）。因此您就可以爬得更高、升得也更快了，不是吗？

还可以使用类似的方法导出软件包和触发器等的相关信息和源代码，由于篇幅的限制，这里就不讨论了。

22.9 SGA 内存的优化

在 Oracle 9i 之前的版本中，内存的调整是一件令许多刚入行的 DBA 望而生畏的工作。因为找出系统的问题已经不是一件轻松的事，之后还要调整相关的内存参数，shutdown 数据库系统，最后还要重新启动数据库系统。

优化是从英文 Tuning 翻译过来的，这个词的原义是使用收音机上的调台旋钮找到想要的广播电台，常常是一次调不准，没问题，可以来回慢慢地旋转调台旋钮，最后达到最佳的收听效果。数据库系统的调整和优化也是一样，一次参数可能没调好，如调得小了可以再调大点，调得大了可以再调小点，最后调到一个合适的值。不过，这也带来了一个严重的问题，因为有些联机事务处理系统是以每天 24 小时、每周 7 天方式运行的。频繁地关闭这样的系统是完全不能接受的，因此有时即使 DBA 发现了问题也知道需要调整哪些参数，但在实际工作中却很难操作。

从 Oracle 9i 开始，Oracle 的绝大多数系统的内存参数都可以动态修改，即在不关闭数据库系统的情况下修改这些参数。在 Oracle 10g、Oracle 11g 和 Oracle 12c 内存的管理可以自动化。**要想使用动态改变 Oracle 内存参数配置的功能就要使用二进制的参数文件 spfile，但是在动态修改内存参数时有一个限制，即所有的内存缓冲区的总和不能超过 SGA_MAX_SIZE 这一参数所定义的值。**

SGA_MAX_SIZE 为分配给系统全局区（SGA）最大内存。这个参数不是动态的，而是静态的，即只能修改该参数在 spfile 中的值，修改之后还要 shutdown 数据库，再重新启动之后才能起作用。除了该参数之外，还有两个必须静态修改的与 SGA 有关的系统参数，它们分别是 lock_sga 和 pre_page_sga。

lock_sga 被设为 true 时，整个 SGA 会被锁在物理内存中。这样就可以避免将 SGA 的某些部分分配到虚拟内存磁盘上，这可以明显改进大型生产或商业数据库系统的效率。该参数的默认值是 false。如果 IT 平台不支持这样的设置，这一参数将被忽略。

如果将 pre_page_sga 设为 true，在实例启动时，整个的 SGA 会被读入物理内存中。这样做虽然增加了实例启动的时间和所需的物理内存，但是可以提高系统的效率。在一些 Oracle 版本中该参数的默认值是 false。

为了获取这些参数的当前值，要以 system 或 sys 用户登录数据库系统，这里以 system 用户登录数据库系统，之后使用例 22-67 的 SQL*Plus 命令显示它们的值。

例 22-67

```
SQL> show parameter sga
NAME                                 TYPE                    VALUE
------------------------------------ ----------------------- -----
lock_sga                             boolean                 FALSE
pre_page_sga                         boolean                 FALSE
sga_max_size                         big integer             300M
sga_target                           big integer             300M
```

例 22-67 的输出结果给出了上面所介绍的 3 个参数的当前值，其中 lock_sga 和 pre_page_sga 显然是默认值。例 22-67 的显示结果中还有一个参数 sga_target，该参数也很重要，下面马上就要介绍它。

为了验证 lock_sga 参数是不是动态参数，可以使用例 22-68 的 Oracle 命令试着将这一参数的值修改为 true。

例 22-68

```
SQL> alter system set lock_sga = true;
alter system set lock_sga = true
               *
第 1 行出现错误:
ORA-02095: 无法修改指定的初始化参数
```

例 22-68 的显示输出结果表明：无法动态地修改 lock_sga 参数的值。如果读者感兴趣，也可以使用类似的方法测试另外两个参数，这里就不重复了。

SGA_MAX_SIZE 这一参数有时必须重新设置。如安装数据库使用的是默认设置，这个参数的值就会偏小。另外，如果在数据库安装之后，系统的物理内存增加了，SGA 就无法使用新增加的内存。

如果现在管理和维护的是一个联机事务处理数据库系统，而且上面的 DML 操作相当频繁，这时就可能需要加大重做日志缓冲区（Redo Log Buffer）。可以使用例 22-69 的 SQL*Plus 命令显示重做日志缓冲区的大小（值）。

例 22-69

```
SQL> show parameter log_buffer
NAME                              TYPE                     VALUE
--------------------------------  --------  --------------------------------  -------
log_buffer                        integer                  7028736
```

该参数值的单位是字节。需要说明的是，一些版本的默认配置只有 512KB，这么小的重做日志缓冲区对繁忙的事务处理数据库系统来说显然不够。我们在自己的系统上曾调整过这一参数，所以其值稍微大一些。这个参数也是静态参数。如果读者感兴趣，可以使用与例 22-68 类似的 Oracle 命令测试一下，这里就不重复了。

所谓的静态修改参数就是指修改二进制参数文件（spfile），于是我们试着使用例 22-70 的 Oracle 命令将 log_buffer 的值改为 10MB。

例 22-70

```
SQL> alter system set log_buffer = 10M scope = spfile;
alter system set log_buffer = 10M scope = spfile
                 *
第 1 行出现错误:
ORA-02095: 无法修改指定的初始化参数
```

看到例 22-70 的错误提示时，读者用不着紧张，错误总是难免的。其实，与其说是我们错了，还不如说 Oracle 的设计太不"人性化"了，**Oracle 要求在修改这个参数时一定要使用字节**。

🔊 提示：

> 读者在学习 Oracle 时要抛弃已经熟悉的微软的设计理念和方法，Oracle 的设计理念与微软完全不同。微软的设计理念是假设用户都是傻子，所以所有的事情都由系统自动做；而 Oracle 的设计理念是假设用户都是猴子，所以绝大多数的事情都由用户自己做，Oracle 只告诉了原理。这样做的好处是，如果用户（DBA）手艺好的话，数据库系统的效率会很高而且也更安全，因为 DBA 可以做他们想做的事，但是如果 DBA 是傻瓜的话，这事就麻烦了。

可能有读者在想：10MB 换算成字节后，那么长的数也容易产生输入错误啊！下面通过使用一个小技巧来避免以上情况的发生。首先，**使用例 22-71 的 SQL 语句利用虚表 dual 来求出 10MB 的字节数**。

例 22-71

```
SQL> select 10 * 1024 * 1024
  2  from dual;
10*1024*1024
------------
    10485760
```

之后，**复制例 22-71 查询语句的结果，重复输入例 22-70 的 Oracle 命令并将复制的结果粘贴到 10MB**处，如例 22-72 所示。

例 22-72

```
SQL> alter system set log_buffer = 10485760 scope = spfile;
系统已更改。
```

但是，此时如果立即使用例 22-73 的 SQL*Plus 命令显示重做日志缓冲区的大小（值），则所显示的值还是修改之前的值，并没有变化。**要想使例 22-72 的变化值起作用必须要重新启动 Oracle 实例**。

例 22-73

```
SQL> show parameter log_buffer
NAME                              TYPE                     VALUE
```

```
---------------------- ------------------------------ -------
log_buffer                     integer                         7028736
```

接下来，使用例 22-74 的 Oracle 命令将 **sga_max_size** 的值加大为 **512MB**。

例 22-74

```
SQL> alter system set sga_max_size = 512M scope = spfile;
系统已更改。
```

之后，使用例 22-75 和例 22-76 的 Oracle 命令分别将参数 lock_sga 和 pre_page_sga 的值全都改为 true。

例 22-75

```
SQL> alter system set lock_sga = true scope = spfile;
系统已更改。
```

例 22-76

```
SQL> alter system set pre_page_sga = true scope = spfile;
系统已更改。
```

修改了这 3 个参数的值后，再使用与例 22-77 的 SQL*Plus 命令显示它们现在的值。

例 22-77

```
SQL> show parameter sga
NAME                                TYPE                         VALUE
----------------------------------- ---------------------------- -----
lock_sga                            boolean                      FALSE
pre_page_sga                        boolean                      FALSE
sga_max_size                        big integer                  300M
sga_target                          big integer                  300M
```

例 22-77 的结果表明：所显示的值还是修改之前的值，并没有发生变化。于是使用例 22-78 的 SQL*Plus 命令迅速切换到 sys 用户，因为只有该用户可以关闭 Oracle 数据库系统。

例 22-78

```
SQL> connect sys/wuda as sysdba
已连接。
```

然后，立即使用例 22-79 的 SQL*Plus 命令关闭 Oracle 数据库系统。

例 22-79

```
SQL> shutdown immediate
数据库已经关闭。
已经卸载数据库。
ORACLE 例程已经关闭。
```

随即使用例 22-80 的 SQL*Plus 命令以 OPEN 方式重新启动 Oracle 数据库系统。

例 22-80

```
SQL> startup
ORACLE 例程已经启动。

Total System Global Area  536870912 bytes
Fixed Size                  1250044 bytes
Variable Size             318770436 bytes
Database Buffers          205520896 bytes
Redo Buffers               11329536 bytes
数据库装载完毕。
数据库已经打开。
```

读者只要仔细地看看例 22-80 的显示输出，就会发现 SGA 各个部分的大小已经有了变化。现在，使用例 22-81 的 SQL*Plus 命令再次显示 3 个刚刚修改过的与 SGA 有关的参数的当前值。

例 22-81

```
SQL> show parameter sga
NAME                         TYPE                    VALUE
---------------------------  ----------------------  -----
lock_sga                     boolean                 TRUE
pre_page_sga                 boolean                 TRUE
sga_max_size                 big integer             512M
sga_target                   big integer             300M
```

例 22-81 的显示输出结果表明：3 个参数值已经是修改后的新值了。接下来，使用例 22-82 的 SQL*Plus 命令显示重做日志缓冲区的大小（值）。

例 22-82

```
SQL> show parameter log_buffer
NAME                         TYPE                    VALUE
---------------------------  ----------------------  --------
log_buffer                   integer                 11154432
```

例 22-82 的显示输出结果表明：重做日志缓冲区的值也已经是修改后的新值了。这里需要指出的是，Oracle 根据系统的情况可能会对其值的大小做一点点调整。除了 SQL*Plus 的 show parameter 命令之外，还有以下方法获取与 SGA 有关的信息，即使用例 22-83 的 SQL*Plus 的 show sga 命令来获取与 SGA 有关的信息。

例 22-83

```
SQL> show sga
Total System Global Area   536870912 bytes
Fixed Size                   1250044 bytes
Variable Size              318770436 bytes
Database Buffers           205520896 bytes
Redo Buffers                11329536 bytes
```

也可以使用例 22-84 的 SQL 语句从数据字典 v$sga 中获取与 SGA 有关的信息。需要说明 "value/1024/1024 MB" 的含义是将 value 的值由字节数转换成 MB 并将 value 的列名改为 MB，其目的是使显示输出更容易阅读。

例 22-84

```
SQL> select name, value/1024/1024 MB
  2  from v$sga;
NAME                              MB
--------------------  ----------
Fixed Size            1.19213486
Variable Size         304.003178
Database Buffers             196
Redo Buffers          10.8046875
```

除了前面介绍的 4 个静态系统参数不能动态调整之外，从 Oracle 9i 开始，多数其他系统参数都可以在不关闭实例的情况下动态地调整（修改），但是要使用 **alter system set** 命令进行修改，这对那些刚入行的 **DBA** 来说可能也不是一件容易的事。能不能让 **Oracle** 系统根据系统的实际需要自动地调整 **SGA** 各个部分的大小呢？答案是肯定的。读者可能已经注意到，在前面所使用的每个 show parameter sga 命令的显示结果中都有一个名为 sga_target 的参数，这个参数就是主管 SGA 自动管理的，Oracle 称之为自动共享内存管理（Automatic Shared Memory Management，ASMM）。

怎样才能使用 **Oracle** 的这一强大功能呢？要将参数 **sga_target** 的值设为非零，同时还要将

statistics_level 参数的值设为 TYPICAL 或 ALL。 从前面的例子中读者已经知道了在 Oracle 数据库系统中 sga_target 的参数值为 300MB。但是 statistics_level 参数的值又是什么呢？可以使用例 22-85 的 SQL*Plus 的 show parameter statistics_level 命令来获取这一信息。

例 22-85

```
SQL> show parameter statistics_level
NAME                             TYPE                    VALUE
-------------------------------- ----------------------- -------
statistics_level                 string                  TYPICAL
```

例 22-85 的显示结果表明：Oracle 系统的这一参数已经是 TYPICAL 了，不必再设置了，其实这也是 Oracle 系统的默认设置。否则就要使用 alter system set 命令修改这一参数的值。

参数 sga_target 的值是可以动态修改的，而且可以设置到与 sga_max_size 同样大。可以使用例 22-86 的命令将该系统的 sga_target 的值修改成与 sga_max_size 一样的 512MB。

例 22-86

```
SQL> alter system set sga_target = 512M;
系统已更改。
```

之后，使用例 22-87 的 SQL*Plus 命令显示与 SGA 相关参数的当前值。

例 22-87

```
SQL> show parameter sga
NAME                             TYPE                    VALUE
-------------------------------- ----------------------- -----
lock_sga                         boolean                 TRUE
pre_page_sga                     boolean                 TRUE
sga_max_size                     big integer             512M
sga_target                       big integer             512M
```

如果使用了 Oracle 的自动共享内存管理，以下相关内存缓冲区大小的参数就完全不需要设置了，这些内存缓冲区大小由 Oracle 自动管理和调整。但是其他部分还是需要手工定义或调整的，如重做日志缓冲区。

- ↘ DB_CACHE_SIZE
- ↘ SHARED_POOL_SIZE
- ↘ LARGE_POOL_SIZE
- ↘ JAVA_POOL_SIZE
- ↘ STREAMS_POOL_SIZE

当使用了 Oracle 的自动共享内存管理之后，以上参数自动设置为零。可以使用例 22-88 的 SQL 语句从数据字典 v$parameter 中获取这些参数的相关信息。为了使查询的显示结果清晰，要先使用 SQL*Plus 的格式化命令。

例 22-88

```
SQL> SELECT name, value, isdefault
  2  FROM v$parameter
  3  WHERE name LIKE '%size'
  4  order by value;
NAME                             VALUE                      ISDEFAULT
-------------------------------- -------------------------- ---------
shared_pool_size                 0                          TRUE
db_recycle_cache_size            0                          TRUE
db_keep_cache_size               0                          TRUE
```

```
db_cache_size                    0              TRUE
streams_pool_size                0              TRUE
large_pool_size                  0              TRUE
java_pool_size                   0              TRUE
sga_max_size                     536870912      FALSE
sort_area_size                   65536          TRUE
db_block_size                    8192           FALSE
create_bitmap_area_size          8388608        TRUE
```

已选择 34 行。

为了节省篇幅，删除了一些与所介绍内容无关的显示行。例 22-88 的显示输出结果清楚地表明：上面所介绍的 5 个内存缓冲区参数确实都为零。以上的这些信息也可以通过使用例 22-89 的 SQL*Plus 命令来获取，为了节省篇幅，这里就不给出显示输出结果了。

例 22-89

```
SQL> show parameter _size
```

这里需要指出的是，尽管使用了内存缓冲区的自动管理，还是可以定义某个缓冲区的大小。此时这个值是该内存缓冲区的下限，即 **Oracle 在任何时候都要保证这个缓冲区不小于该值。**例如，所管理的数据库系统上共享的数据较多时，就可以根据实际情况定义 DB_CACHE_SIZE 的值，让 Oracle 永远在系统上为数据库缓冲区（Database Buffers）预留空间。

22.10 PGA 内存的优化

大规模排序在任何系统上都是一件非常耗时的操作。Oracle 为了加快排序的速度，在内存中设有排序区，如果 SQL 语句的排序能在内存中完成就不需要使用磁盘的排序空间了，这样就提高了系统效率。

Oracle 9i 之前排序区的配置和调整都是手工进行的，内存排序区是放在 PGA 中的，排序区的大小由参数 SORT_AREA_SIZE 来定义，其默认值是按大多数联机事务处理系统设置的。这就带来了一个问题，如果某些 SQL 语句需要大规模的排序，好像可以通过加大内存排序区，即增加 SORT_AREA_SIZE 来提高这些 SQL 语句的效率，但是，由于内存排序区放在 PGA 中，而每一个 server 进程就有一个 PGA（在专用连接时，一个用户进程就对应一个 server 进程），在大型数据库系统中，server 进程可能相当多，此时如果将 SORT_AREA_SIZE 加得过大（也就是每一个 server 进程的排序区都加大），有可能将系统的内存耗光。

从 Oracle 9i 开始内存排序区的管理可以完全自动化，所有的进程共享一个大的内存区，这一区域的使用由 Oracle 统一调度和管理。要使用内存排序区的自动管理功能，必须设置两个 Oracle 的系统参数，分别为 PGA_AGGREGATE_TARGET 和 WORKAREA_ SIZE_POLICY。

参数 PGA_AGGREGATE_TARGET 定义了实例中所有服务器进程 PGA 内存的总和，定义范围是从 10MB～4000GB，其默认值为 10MB 或 SGA 的 20%（Oracle 选取两者中较大的一个）。但是在定义这一参数时要注意它的值与 SGA 之和要小于或等于实例可以获得的物理内存，否则有可能使 Oracle 的一些操作必须在虚存上进行，这样会使系统的效率急剧下降。如果将参数 PGA_AGGREGATE_TARGET 设为了 0，Oracle 会自动将参数 WORKAREA_SIZE_POLICY 设为 MANUAL，即恢复到之前的手工排序方式。

参数 WORKAREA_SIZE_POLICY 可以定义为 Auto 或 Manual。如果定义为 Manual 就恢复之前的排序方式，就要设置 SORT_AREA_SIZE。一切操作都要手工完成。**如果定义为 Auto 就表明排序区是自动管理的，但是只有已经定义了参数 PGA_AGGREGATE_TARGET，才可以将参数 WORKAREA_SIZE_**

POLICY 定义为 Auto。

可以使用例 22-90 和例 22-91 的 SQL*Plus 命令来分别获取 PGA_AGGREGATE_ TARGET 和 WORKAREA_SIZE_POLICY 的相关信息。

例 22-90

```
SQL> show parameter PGA_AGGREGATE_TARGET
NAME                                 TYPE                    VALUE
------------------------------------ ----------------------- -----
pga_aggregate_target                 big integer 160M
```

例 22-91

```
SQL> show parameter WORKAREA_SIZE_POLICY
NAME                                 TYPE                    VALUE
------------------------------------ ----------------------- -----
workarea_size_policy                 string                  AUTO
```

例 22-90 和例 22-91 的显示输出结果表明：系统的排序区是自动管理的。这两个参数都是动态的，即可以在不关闭数据库系统的状态下使用 alter system set 命令来修改它们。

下面通过例子来演示如何诊断 PGA_AGGREGATE_TARGET 的设置是否有问题。首先使用例 22-92 的 SQL 语句从数据字典 v$pgastat 获取在内存排序的百分比。

例 22-92

```
SQL> SELECT *
  2  FROM v$pgastat
  3  WHERE name = 'cache hit percentage';
NAME                                            VALUE UNIT
----------------------------------- ---------- ----------
cache hit percentage                              100 percent
```

例 22-92 的显示输出结果表明：所有的排序都是在内存中完成的，因为 cache hit percentage 的值（VALUE）为 100%。其原因读者可能已经猜到了，即在这个系统上就没有任何的排序操作。

接下来，使用例 22-93 的 SQL 语句从数据字典 **v$pga_target_advice** 获取在内存中排序的更加详细的信息。

例 22-93

```
SQL> SELECT ROUND(pga_target_for_estimate
  2             /1024/1024) AS target_mb,
  3  estd_pga_cache_hit_percentage AS
  4  cache_hit_percent, estd_overalloc_count
  5  FROM v$pga_target_advice
  6  ORDER BY target_mb;
TARGET_MB CACHE_HIT_PERCENT ESTD_OVERALLOC_COUNT
--------- ----------------- --------------------
       20               100                    1
       40               100                    0
       80               100                    0
      120               100                    0
      160               100                    0
      192               100                    0
      224               100                    0
      256               100                    0
      288               100                    0
      320               100                    0
```

480	100	0
640	100	0
960	100	0
1280	100	0

已选择 14 行。

例 22-93 的显示输出结果也清楚地表明：所有的排序都是在内存中完成的，因为每一行 CACHE_HIT_PERCENT 的值都为 100。接下来，解释例 22-93 的 SQL 语句显示输出结果每一行的含义，从第一行开始，每一行分别表示当前 **PGA_AGGREGATE_TARGET** 值的 **0.125、0.25、0.5、0.75、1、1.2、1.4、1.6、1.8、2、3、4、6 和 8 倍**。其中，第 5 行是该参数值的 **1 倍**，实际上就是 **PGA_AGGREGATE_TARGET** 的当前值，在例 **22-93** 的显示输出中为 **160MB**。例 **22-93** 的 **SQL** 语句经常用于诊断和预估 **PGA_AGGREGATE_TARGET** 的设置。

为了进一步演示 PGA_AGGREGATE_TARGET 的诊断，再启动一个 SQL*Plus 窗口并以 pjinlian 用户登录数据库系统。之后使用例 22-94 的 SQL 语句列出该用户下的所有索引。

例 22-94

```
SQL> select index_name from user_indexes;
INDEX_NAME
------------------------
SYS_IL0000053716C00036$$
PK_EMP
PK_DEPT
CUSTOMERS_GENDER_IDX
CUSTOMERS_CITY_IDX
CUSTOMERS_CITYID_IDX
SALES_PROD_ID_IDX
SALES_CUST_ID_IDX
SALES_CHANNEL_ID_IDX
SALES_PROMO_ID

已选择 10 行。
```

为了产生规模较大的排序，使用例 22-95 和例 22-96 的 DDL 语句分别删除索引 SALES_ PROD_ID_ IDX 和 SALES_CUST_ID_IDX。

例 22-95

```
SQL> drop index SALES_PROD_ID_IDX;
索引已删除。
```

例 22-96

```
SQL> drop index SALES_CUST_ID_IDX;
索引已删除。
```

之后使用例 22-97 的 SQL 语句，该语句将产生较大规模的排序。这也正是我们的目的。

例 22-97

```
SQL> select count(*)
  2  from sales
  3  group by PROD_ID, CUST_ID;
  COUNT(*)
-----------------
         1
         1
```

```
                1
                1
```

已选择 279954 行。

为了节省篇幅，删除了绝大部分的显示输出。该语句要执行一段时间，等执行完，在 DBA 用户下使用例 22-98 的 SQL 语句从数据字典 v$pgastat 中再一次获取在内存中排序的百分比。

例 22-98

```
SQL> SELECT *
  2  FROM v$pgastat
  3  WHERE name = 'cache hit percentage';
NAME                                         VALUE UNIT
------------------------------------- ---------- --------
cache hit percentage                           100 percent
```

现在，使用例 22-99 的 SQL 语句从数据字典 v$pga_target_advice 中获取在内存中排序的详细的信息。

例 22-99

```
SQL> SELECT ROUND(pga_target_for_estimate
  2              /1024/1024) AS target_mb,
  3  estd_pga_cache_hit_percentage AS
  4  cache_hit_percent, estd_overalloc_count
  5  FROM v$pga_target_advice
  6  ORDER BY target_mb;
TARGET_MB CACHE_HIT_PERCENT ESTD_OVERALLOC_COUNT
---------- ----------------- --------------------
        20                38                    2
        40                71                    0
        80               100                    0
       120               100                    0
       160               100                    0
       192               100                    0
       224               100                    0
       256               100                    0
       288               100                    0
       320               100                    0
       480               100                    0
       640               100                    0
       960               100                    0
      1280               100                    0
```

已选择 14 行。

例 22-99 的显示输出结果表明：**当参数 PGA_AGGREGATE_TARGET 为 80MB 及以上时，所有的排序都可以在内存中完成，因为从第 3 行开始每一行 CACHE_HIT_PERCENT 的值都为 100。这也就表明根据这一诊断的结果，目前 160MB 的 PGA_AGGREGATE_TARGET 区域是足够了，不需要增加内存。**

📢 提示：

在使用以上方法来诊断 PGA_AGGREGATE_TARGET 是否足够时，一定要在系统运行了一段时间之后，最好是进行了大规模的排序操作之后再使用，否则很难得到准确的信息。

为了帮助读者更好地理解，以下给出了一个在大型系统上运行类似例 22-99 的 SQL 查询的结果。

```
TARGET_MB CACHE_HIT_PERCENT ESTD_OVERALLOC_COUNT
--------- ----------------- --------------------
       63                23                  367
      125                24                   30
      250                30                    3
      375                39                    1
      500                58                    0
      600                59                    0
      700                59                    0
      800                60                    0
      900                60                    0
     1000                61                    0
     1500                67                    0
     2000                76                    0
     3000                83                    0
     4000                85                    0
```

在这个显示结果中，第 5 行（1 倍的行）为 500MB，即 PGA_AGGREGATE_TARGET 的当前值为 500MB。此时的内存命中率只有 58%，因此需要为这一区域增加额外的内存。继续往下看：当 PGA_AGGREGATE_TARGET 的值增加到 3000MB 时，内存的命中率已经增加到了 83%，当 PGA_AGGREGATE_TARGET 的值继续增加到 4000MB 时，内存的命中率只增加到 85%，即此时增加 1000MB 的内存空间只使内存的命中率增加了 2%。所以完全可以得出结论：当 PGA_AGGREGATE_TARGET 的值达到 3000MB 时，继续为它增加内存对系统效率的提高没有明显的帮助，可到此为止。

前面所介绍的内存优化的基本思想可以用一句话来概括，就是"有效地使用内存"。

22.11　将程序常驻内存

有时在生产数据库系统中，某些程序可能会经常使用、反复使用。如果这些程序频繁地从磁盘上调入内存势必对系统的效率有冲击，因此为了减少这样的输入/输出（也就是提高效率），可以考虑将这些程序常驻内存。但是一定要注意常驻内存的程序一定是经常使用的（一般是共享的程序）。那些不常用的程序常驻内存只能浪费宝贵的内存资源而对系统效率的改进没有什么帮助。

下面，通过例子来演示如何使一个程序常驻内存。为此，首先以 system 用户登录数据库系统。接下来，使用例 22-100 的 SQL 语句从数据字典 v$db_object_cache 中获取有关 hr 用户对象的内存使用情况的相关信息。

例 22-100

```
SQL> select name, namespace, sharable_mem, executions, kept
  2  from v$db_object_cache
  3  where owner = 'HR';
NAME                     NAMESPACE         SHARABLE_MEM EXECUTIONS KEP
------------------------ ----------------- ------------ ---------- ---
DUAL                     TABLE/PROCEDURE              0          0 NO
V$PARAMETER              TABLE/PROCEDURE              0          0 NO
DBMS_OUTPUT              TABLE/PROCEDURE              0          0 NO
HR                       PUB_SUB                   401          0 NO
DBMS_APPLICATION_INFO    TABLE/PROCEDURE             0          0 NO
```

USER_OBJECTS	TABLE/PROCEDURE	0	0 NO

已选择 6 行。

　　数据字典 v$db_object_cache 提供了共享池（shared pool）中对象级的统计信息。例 22-100 的 SQL 语句最好使用 where 条件子句限制语句的输出，否则显示的输出结果会太多，以至根本无法阅读。

　　读者应该还记得在 hr 用户中有一个名为 ADD_JOB_HISTORY 的存储过程，现在就**使用例 22-101 的执行命令利用软件包 dbms_shared_pool 中的 keep 过程将 ADD_JOB_HISTORY 改为常驻内存。**

　　例 22-101

```
SQL> EXECUTE dbms_shared_pool.keep('HR.ADD_JOB_HISTORY');
BEGIN dbms_shared_pool.keep('ADD_JOB_HISTORY'); END;

*
第 1 行出现错误:
ORA-04063: package body "SYSTEM.DBMS_SHARED_POOL" 有错误
ORA-06508: PL/SQL: 无法找到正在调用 : "SYSTEM.DBMS_SHARED_POOL" 的程序单元
ORA-06512: 在 line 1
```

　　看到系统出错时，读者不必着急。软件包 dbms_shared_pool 在使用之前需要安装，Oracle 系统自带一个名为 dbmspool.sql 的脚本文件，保存在同其他维护脚本文件相同的目录下。于是，使用例 22-102 的 Oracle 命令来运行这个脚本文件。

　　例 22-102

```
SQL> @F:\oracle\product\10.2.0\db_1\RDBMS\ADMIN\dbmspool.sql
程序包已创建。
授权成功。
  from dba_object_size
       *
第 4 行出现错误:
ORA-01031: 权限不足
警告: 创建的包体带有编译错误。
```

🔊 提示：

　　在 Oracle 12c 数据库系统上，system 用户是可以安装 dbms_shared_pool 软件包的，如在 Oracle 12c 上，@D:\app\dog\product\12.1.0\dbhome_1\RDBMS\ADMIN\dbmspool.sql 是可以执行成功的。

　　看到例 22-102 的显示输出就知道又出错了，其实从出错信息可以知道 system 的权限不够大。因此使用例 22-103 的 SQL*Plus 命令切换到 sys 用户。

　　例 22-103

```
SQL> connect sys/wuda as sysdba
已连接。
```

之后，在 sys 用户下使用例 22-104 的 Oracle 命令重新运行 dbmspool.sql 脚本文件。

　　例 22-104

```
SQL> @F:\oracle\product\10.2.0\db_1\RDBMS\ADMIN\dbmspool.sql
程序包已创建。
授权成功。
视图已创建。
程序包体已创建。
```

　　从例 22-104 的显示结果可知这回是没问题了。**现在使用例 22-105 的执行命令再次利用软件包 dbms_shared_pool 中的 keep 过程将 ADD_JOB_HISTORY 改为常驻内存。**

例 22-105
```
SQL> EXECUTE dbms_shared_pool.keep('HR.ADD_JOB_HISTORY');
PL/SQL 过程已成功完成。
```
接下来，使用例 22-106 的 SQL 语句再次从数据字典 v$db_object_cache 中获取有关 hr 用户对象的内存使用情况的相关信息。

例 22-106
```
SQL> select name, namespace, sharable_mem, executions, kept
  2  from v$db_object_cache
  3  where owner = 'HR';
```

NAME	NAMESPACE	SHARABLE_MEM	EXECUTIONS	KEP
DUAL	TABLE/PROCEDURE	0	0	NO
ADD_JOB_HISTORY	TABLE/PROCEDURE	16738	0	YES
JOB_HISTORY	TABLE/PROCEDURE	0	0	NO
V$PARAMETER	TABLE/PROCEDURE	0	0	NO
DBMS_OUTPUT	TABLE/PROCEDURE	0	0	NO
HR	PUB_SUB	401	0	NO
DBMS_APPLICATION_INFO	TABLE/PROCEDURE	0	0	NO
USER_OBJECTS	TABLE/PROCEDURE	0	0	NO

已选择 8 行。

例 22-106 的显示输出结果的第 2 行清楚地表明 **ADD_JOB_HISTORY** 的存储过程已经常驻内存了，因为 **KEPT** 列的值为 **YES**，这些对象是存在共享池（**shared pool**）中。除了存储过程之外，还可用以上的方法使存储函数、软件包、触发器和序列号等常驻内存。

如果现在需要使用很多的共享池（**shared pool**）的内存空间，但是共享池中的东西又太多，可以使用例 **22-107** 的 **Oracle** 命令将它们清除出共享池。

例 22-107
```
SQL> ALTER SYSTEM FLUSH SHARED_POOL;
系统已更改。
```
之后，使用例 22-108 的 SQL 语句再次从数据字典 v$db_object_cache 中获取有关 hr 用户对象的内存使用情况的相关信息。

例 22-108
```
SQL> select name, namespace, sharable_mem, executions, kept
  2  from v$db_object_cache
  3  where owner = 'HR';
```

NAME	NAMESPACE	SHARABLE_MEM	EXECUTIONS	KEP
ADD_JOB_HISTORY	TABLE/PROCEDURE	16738	0	YES
JOB_HISTORY	TABLE/PROCEDURE	0	0	NO
HR	PUB_SUB	0	0	NO
DBMS_APPLICATION_INFO	TABLE/PROCEDURE	0	0	NO
USER_OBJECTS	TABLE/PROCEDURE	0	0	NO

从例 22-108 的显示输出结果可以看出：虽然一些对象不见了，但是 **ADD_JOB_HISTORY** 还在，这是因为标为 **KEPT** 的对象是不能被 **ALTER SYSTEM FLUSH SHARED_POOL** 命令清除出共享池的。

Oracle 在 dbms_shared_pool 软件包中还提供了一个与 keep 过程相反的过程 unkeep。其实即使不说，读者也能猜到它的含义了，就是使标为 **KEPT** 的对象恢复为普通的对象，即不再常驻内存。**发现 hr 用户的存储过程 ADD_JOB_HISTORY 已经不经常使用时，可以使用例 22-109 的执行命令使它不再常驻内存。**

例 22-109

```
SQL> EXECUTE dbms_shared_pool.unkeep('HR.ADD_JOB_HISTORY');
PL/SQL 过程已成功完成。
```

最后，使用例 22-110 的 SQL 语句再一次从数据字典 v$db_object_cache 中获取有关 hr 用户对象的内存使用情况的相关信息。

例 22-110

```
SQL> select owner, name, namespace, sharable_mem, executions, kept
  2  from v$db_object_cache
  3  where owner = 'HR';

NAME                          NAMESPACE          SHARABLE_MEM EXECUTIONS KEP
----------------------------- ------------------ ------------ ---------- ---
ADD_JOB_HISTORY               TABLE/PROCEDURE           16738          0 NO
JOB_HISTORY                   TABLE/PROCEDURE               0          0 NO
HR                            PUB_SUB                       0          0 NO
DBMS_APPLICATION_INFO         TABLE/PROCEDURE               0          0 NO
USER_OBJECTS                  TABLE/PROCEDURE               0          0 NO
```

例 22-110 的显示输出结果的第 1 行清楚地表明：ADD_JOB_HISTORY 的存储过程已经不再常驻内存了，因为 KEPT 列的值已经为 NO 了。

其实，以上介绍的将经常使用的程序常驻内存以提高系统效率的方法是典型的以内存空间来换取时间的方法。

22.12　将数据缓存在内存中

22.11 节介绍了利用将常用的程序常驻内存的方法来提高数据库系统的效率，可能已经有读者想到了可不可以也将常用的数据常驻内存呢？当然可以。如果数据库中有一个小表，上面并未创建任何索引，但是这表又是经常使用的，而且都是以全表扫描的方式操作的。这就带来了一个效率上的问题，因为 Oracle 的优化器认为全表扫描的数据重用的概率极小，所以 Oracle 将全表扫描的数据都放在数据库缓冲区（Database Buffers）的 LRU 队列的队尾，即这些数据是最先从数据库缓冲区中被淘汰的。**如果觉得对一个表进行全表扫描的数据将来很快就会重用或经常使用，可以让 Oracle 将这样的数据放在 LRU 队列的队头，Oracle 称之为缓存在内存中（CACHE）。**

下面还是通过例子来演示具体的操作。假设 scott 用户的 emp 表就是上面所说的表。首先以 scott 用户登录数据库系统。接下来，使用例 22-111 的 SQL 语句从数据字典 user_ tables 中获取该用户中所有表的相关信息。为了使查询结果的显示输出清晰，要先使用 SQL*Plus 的格式化命令。

例 22-111

```
SQL> select table_name, tablespace_name, cache
  2  from user_tables;
TABLE_NAME          TABLESPACE_NAME             CACHE
------------------- --------------------------- -----
DEPT                USERS                         N
EMP                 USERS                         N
BONUS               USERS                         N
......
```

从例 22-111 的显示输出结果可知：scott 用户的所有表都不能缓存（CACHE）在内存中，即所有的表在进行全表扫描操作时，其数据都放在数据库缓冲区的 LRU 队列的队尾，因为每一行的第 3 列的值都是 N。

现在，**使用例 22-112 的 Oracle 的 alter table 命令将 scott 用户的 emp 表改为缓存表。**

例 22-112

```
SQL> alter table emp cache;
表已更改。
```

之后，使用例 22-113 的 SQL 语句再次从数据字典 user_tables 中获取该用户中 emp 表的相关信息。

例 22-113

```
SQL> select table_name, tablespace_name, cache
  2  from user_tables
  3  where table_name = 'EMP';
TABLE_NAME             TABLESPACE_NAME             CACHE
---------------------- -------------------------   -----
EMP                    USERS                           Y
```

从例 22-113 的显示输出结果可知:scott 用户的 emp 表已经可以缓存在内存中了，因为查询结果的第 3 列的值已经是 Y 了。

📢 提示：

缓存的表一定是经常使用的表，同时这个表还要小。因为表太大，把整个数据库缓冲区都占满了，其他用户就别干活了。

如果过了一段时间，发现 **scott 用户的 emp 表已经没什么人使用了，就应该使用例 22-114 的 Oracle 命令将这个表再改回为非缓存表。**

例 22-114

```
SQL> alter table emp nocache;
表已更改。
```

然后，使用例 22-115 的 SQL 语句再次从数据字典 user_tables 中获取该用户中 emp 表的相关信息。

例 22-115

```
SQL> select table_name, tablespace_name, cache
  2  from user_tables
  3  where table_name = 'EMP';
TABLE_NAME             TABLESPACE_NAME             CACHE
---------------------- -------------------------   -----
EMP                    USERS                           N
```

从例 22-115 的显示输出结果可知：scott 用户的 emp 表又变回了原来的非缓存表，因为查询结果的第 3 列的值已经变回了原来的 N。

以上介绍的将经常使用的表缓存（CACHE）在内存中的方法也是典型的以内存空间来换取时间的提高系统效率的方法。

虽然缓存表的数据是放在 LRU 队列的队头上，但是随着时间的推移还是有可能被淘汰出数据库缓冲区的，现在有没有办法将某些常用的数据永远地常驻内存呢？当然有。下面就介绍这种方法。使用这种方法不但可以将表常驻内存，还可以将其他类型的数据也常驻内存，如索引。

22.13　将数据常驻内存

要想将数据常驻内存，首先就得知道这些数据的量有多大。现在假设 pjinlian 用户下的 customers 表和基于 sales 表的 PROMO_ID 列上的索引 sales_promo_id 是经常使用的而且是公司中许多用户共享的，为了加快它们的操作速度,宝儿决定将这两个段常驻内存中。于是宝儿以 system 用户登录系统,使用例 22-116 的 SQL 语句从数据字典 dba_segments 中获取该用户中 customers 表和 sales_promo_id 索引的统计信息。

例 22-116

```
SQL> select owner, segment_name, segment_type, blocks
  2  from dba_segments
  3  where owner LIKE 'PJ%'
  4  and segment_name in ('CUSTOMERS', 'SALES_PROMO_ID');
OWNER         SEGMENT_NAME        SEGMENT_TYPE      BLOCKS
-----------   -----------------   ---------------   ----------
PJINLIAN      CUSTOMERS           TABLE             1536
PJINLIAN      SALES_PROMO_ID      INDEX             2048
```

📢 提示:

读者在使用类似的查询语句时,也最好使用条件语句,这样可以只显示所需的信息。现在,可能有读者会问:在例 22-116 显示结果中的 BLOCKS 的值的含义到底是什么? 为了回答这个问题,将使用例 22-117 的 SQL 语句从数据字典 dba_tables 中获取相关的信息。

例 22-117

```
SQL> select owner, table_name, blocks, empty_blocks, avg_space
  2  from dba_tables
  3  where owner LIKE 'PJ%'
  4  and table_name = 'CUSTOMERS';
OWNER         TABLE_NAME       BLOCKS    EMPTY_BLOCKS    AVG_SPACE
-----------   -------------   --------   -------------   ----------
PJINLIAN      CUSTOMERS        1479          57             907
```

仔细对比例 22-116 和例 22-117 的显示结果,可以发现数据字典 dba_segments 的 BLOCKS 列的值实际上是数据字典 dba_tables 的 BLOCKS 和 EMPTY_BLOCKS 这两列值之和(1479+57=1536)。现在,大家清楚它的含义了吧?

前面讲过,以 dba 开头的数据字典都是静态数据字典,Oracle 并不实时地更新(刷新)它们。如果要想利用它们获取最新的统计信息,就要先收集相关的统计信息。为了保证统计信息的准确性,现在使用例 22-118 带有 compute 关键字的 ANALYZE 命令收集 pjinlian 用户中索引 sales_promo_id 的统计信息。

例 22-118

```
SQL> analyze index pjinlian.SALES_PROMO_ID compute statistics;
索引已分析。
```

除了使用 **ANALYZE** 命令之外,还可以使用 Oracle 提供的软件包的存储过程来收集某个表的统计信息。下面,使用例 22-119 的 **SQL*Plus** 执行命令利用 **dbms_stats** 软件包的 **gather_table_stats** 的存储过程收集 **pjinlian** 用户中 **customers** 表的统计信息。

例 22-119

```
SQL> EXECUTE dbms_stats.gather_table_stats('PJINLIAN','CUSTOMERS');
PL/SQL 过程已成功完成。
```

之后,再使用例 22-120 的 SQL 语句重新从数据字典 dba_segments 中获取该用户中 customers 表和 SALES_PROMO_ID 索引的统计信息。

例 22-120

```
SQL> select owner, segment_name, segment_type, blocks
  2  from dba_segments
  3  where owner LIKE 'PJ%'
  4  and segment_name in ('CUSTOMERS', 'SALES_PROMO_ID');
```

```
OWNER              SEGMENT_NAME           SEGMENT_TYPE           BLOCKS
-----------        --------------------   --------------------   ---------
PJINLIAN           CUSTOMERS              TABLE                       1536
PJINLIAN           SALES_PROMO_ID         INDEX                       2048
```

例 22-120 的显示输出结果是不是有点奇怪？因为分析完了这两个段之后，它们的 BLOCKS 没有任何变化。读者用不着担心，这是因为自从上次收集了它们的统计信息之后，还没有对它们进行过任何的 DML 操作。

确定了要常驻内存的每一个段的 BLOCKS 之后，宝儿**使用例 22-121 的 SQL 语句求出这两个段所需的内存总数（以 MB 为单位）**。也可以使用计算器或其他方法进行换算，公式中乘以 8 是将块数转换成 KB，除以 1024 是将 KB 数转换成 MB（该数据库的块的大小为 8KB，您的系统中可能为不同的值）。

例 22-121
```
SQL> select (1536+2048)*8/1024
  2  from dual;
(1536+2048)*8/1024
------------------
                28
```

之后，使用例 22-122 的 SQL*Plus 命令显示 db_keep_cache_size 的当前值，也就是 keep pool 的大小，放在 keep pool 中的数据是常驻内存的。

例 22-122
```
SQL> show parameter db_keep_cache_size
NAME                        TYPE                     VALUE
--------------------        ---------------------    -----
db_keep_cache_size          big integer                  0
```

也可以使用例 22-123 的 SQL 语句从数据字典 v$buffer_pool 获取当前所有数据库内存缓冲区的相关信息。

例 22-123
```
SQL> select id, name, block_size, buffers
  2  from v$buffer_pool;
       ID NAME             BLOCK_SIZE        BUFFERS
---------- ----------------  ---------------   ---------
        3 DEFAULT               8192           50898
```

例 22-122 和例 22-123 的显示结果都表示在该数据库系统中没有定义 keep pool。Oracle 默认情况下是不设置 keep pool 这一内存缓冲区的。另外，Oracle 并不自动管理这一内存缓冲区，对 keep pool 的所有操作都是手动的。

下面，宝儿将手动地设置 keep pool 数据库缓冲区。按照例 22-121 SQL 语句所得的结果，只要配置 28MB 的 keep pool 数据库缓冲区就够了，但是考虑到这些段将来可能会扩展，也可能会有其他的段需要常驻内存，**所以使用例 22-124 的 Oracle 命令设置一个 64MB 的 keep pool**。

例 22-124
```
SQL> alter system set db_keep_cache_size = 64M;
系统已更改。
```

之后，使用例 22-125 的 SQL*Plus 命令重新显示参数 db_keep_cache_size 的当前值，也就是 keep pool 的大小。

例 22-125
```
SQL> show parameter db_keep_cache_size
NAME                        TYPE                     VALUE
```

```
--------------------------- -------------------- -----
db_keep_cache_size                 big integer          64M
```

例 22-125 显示结果表明：db_keep_cache_size 的当前值已经变为了 64MB。接下来，使用例 22-126 的 SQL 语句再次从数据字典 v$buffer_pool 中获取当前所有数据库内存缓冲区的相关信息。

例 22-126

```
SQL> select id, name, block_size, buffers
  2  from v$buffer_pool;
      ID NAME                 BLOCK_SIZE     BUFFERS
---------- ---------------- ------------ -----------
       1 KEEP                       8192         7984
       3 DEFAULT                    8192        42914
```

例 22-126 显示的结果已经多出了一个名为 KEEP 的数据库内存缓冲区了，宝儿从例 22-125 和例 22-126 的显示结果可以断定已经成功地在数据库中设置了一个 64MB 的 keep pool 了。接下来的事情就是怎样将 pjinlian 用户中的 customers 表和 sales_promo_id 索引放入这一内存区。

首先，他打开一个 SQL*Plus 窗口并以 pjinlian 用户登录数据库系统（或者直接切换到 pjinlian 用户）。之后，使用例 22-127 的 SQL 语句从数据字典 user_tables 中获取该用户的 customers 表所使用的数据库缓冲区的信息。

例 22-127

```
SQL> select table_name, tablespace_name, buffer_pool
  2  from user_tables
  3  where table_name = 'CUSTOMERS';
TABLE_NAME                    TABLESPACE_NAME               BUFFER_
------------------------- -------------------------- -------
CUSTOMERS                     PIONEER_DATA                  DEFAULT
```

例 22-127 的显示结果表明：customers 表使用的是默认（DEFAULT）的数据库缓冲区。接下来，使用例 22-128 的 alter table 命令将 customers 表所使用的数据库缓冲区修改为 Keep Buffer Pool。

例 22-128

```
SQL> alter table customers
  2  storage (buffer_pool keep);
表已更改。
```

之后，使用例 22-129 的 SQL 语句重新从数据字典 user_tables 中获取该用户的 customers 表所使用的数据库缓冲区的信息。

例 22-129

```
SQL> select table_name, tablespace_name, buffer_pool
  2  from user_tables
  3  where table_name = 'CUSTOMERS';
TABLE_NAME TABLESPACE_NAME      BUFFER_
---------- ------------------ -------
CUSTOMERS  PIONEER_DATA         KEEP
```

从例 22-129 显示的结果可以看出：**customers 表所使用的数据库缓冲区已经改为 Keep Buffer Pool，因为第 3 列 buffer_pool 的值为 KEEP。从现在开始，当有用户使用 customers 表时，Oracle 就将这个表放入 Keep Buffer Pool 中并一直保留在其中，即常驻内存。**

接下来，使用例 22-130 的 SQL 语句从数据字典 user_indexes 中获取基于 sales 表的所有索引所使用的数据库缓冲区的信息。

例 22-130
```
SQL> select index_name, table_name, tablespace_name, buffer_pool
  2  from user_indexes
  3  where table_name = 'SALES';
INDEX_NAME                    TABLE_NAME  TABLESPACE_NAME   BUFFER_
----------------------------- ----------- ----------------- -------
SALES_CHANNEL_ID_IDX          SALES       PIONEER_INDX      DEFAULT
SALES_PROMO_ID                SALES       PIONEER_INDX      DEFAULT
```
例 22-130 的显示结果表明：基于 sales 表的所有索引都使用的是默认的数据库缓冲区。接下来，**使用例 22-131 的 alter index 命令将 sales_promo_id 索引所使用的数据库缓冲区修改为 Keep Buffer Pool。**

例 22-131
```
SQL> alter index sales_promo_id
  2  storage (buffer_pool keep);
索引已更改。
```
紧接着，使用例 22-132 的 SQL 语句重新从数据字典 user_indexes 中获取基于 sales 表的所有索引所使用的数据库缓冲区的信息。

例 22-132
```
SQL> select index_name, table_name, tablespace_name, buffer_pool
  2  from user_indexes
  3  where table_name = 'SALES';
INDEX_NAME                    TABLE_NAME  TABLESPACE_NAME   BUFFER_
----------------------------- ----------- ----------------- -------
SALES_CHANNEL_ID_IDX          SALES       PIONEER_INDX      DEFAULT
SALES_PROMO_ID                SALES       PIONEER_INDX      KEEP
```
从例 22-132 显示的结果可以看出：**索引 sales_promo_id 所使用的数据库缓冲区已经改为 Keep Buffer Pool，因为第 2 行第 3 列 buffer_pool 的值为 KEEP。从现在开始，当有用户使用索引 sales_promo_id 时，Oracle 就将这个索引放入 Keep Buffer Pool 中并一直保留在其中，即常驻内存。**

以上介绍的将经常使用的表和索引常驻（KEEP）在内存中的方法又是典型的以内存空间来换取时间的提高系统效率的方法。经过前面的分析，可知只要将大多数的 I/O 操作变成内存操作就可以极大地提高 Oracle 数据库系统的效率。其实，这也不是 Oracle 的"专利"，这一法则适用于几乎所有的计算机系统。

记得 20 多年前，我参加一个项目。当时为了省钱，我将原来在 VAX-780 计算机上运行的数据处理程序全部搬到了 80386 PC 机上。结果一个绘图程序遇到了大麻烦，原来在 VAX-780 计算机上绘一张图只需 1～2 分钟，可在 PC 机上需要半个小时还多。当我打电话向软件商求助时，他们说这个软件就是为大机器设计的。如果要在微机上快速地运行它，就要重写全部程序，当然费用要高于原来的价钱，因为他们要对程序进行优化。当我问他们效率能提高多少时，他们回答说肯定有提高，但是提高多少要写好了才知道。

在万般无奈的情况下，领导给了我一次机会让我试试。我经过对这个程序的追踪发现它产生了很多中间的磁盘文件。我只做了一件事，就是把所有的这些中间文件都重定向为内存文件，结果使绘制一张图的时间下降到 3 分钟之内。随之而来又出现了另一个问题，就是每一个观测点的原始资料文件和处理后的结果文件太多，对它们的管理又变成了一项艰巨的工作。为此我用 C 语言写了一个文件管理程序，这个程序与其他数据处理程序的数据交换都是通过正文文件来完成，我最后将它们一起封装在一个 DOS 的批处理文件中（.BAT），使操作可以自动地执行。

现在分析一下以上工作的核心部分，读者很容易就可以发现其主要的方法如下：

↘ 将外存操作变成内存操作以提高系统的效率。

➥　利用正文文件进行不同程序语言（系统）之间的数据交换。

➥　利用 DOS 的批处理文件（相当于脚本文件）使操作自动化。

读者仔细回想一下所学过的 Oracle，是不是也使用了几乎完全相同的理念。因此**建议读者在学习 Oracle 时，尽可能学通那些不变或很少变的核心的东西。虽然表面看来 IT 的知识飞速更新，但是真正核心的内容却很少变，有的几十年都没变。**

当常驻内存的数据（表或索引等）不再经常使用时，可以使用 **alter table** 或 **alter index** 命令将它们从内存中请出来。

经过一段时间，宝儿发现将以上的两个段常驻内存之后，系统的效率并没有什么改进。于是他使用例 22-133 的 alter table 命令将 customers 表所使用的数据库缓冲区重新修改为默认数据库缓冲区。

例 22-133

```
SQL> alter table customers
  2  storage (buffer_pool default);
表已更改。
```

随后，使用例 22-134 的 SQL 语句重新从数据字典 user_tables 中获取该用户的 customers 表所使用的数据库缓冲区的信息。

例 22-134

```
SQL> select table_name, tablespace_name, buffer_pool
  2  from user_tables
  3  where table_name = 'CUSTOMERS';
TABLE_NAME TABLESPACE_NAME          BUFFER_
---------- ------------------- -------
CUSTOMERS  PIONEER_DATA            DEFAULT
```

从例 22-134 显示的结果可以看出：customers 表所使用的数据库缓冲区已经重新改为默认数据库缓冲区，因为第 3 列 buffer_pool 的值已经为 DEFAULT 了。从现在开始，当有用户使用 customers 表时，Oracle 就将这个表放入默认数据库缓冲区中，不再常驻内存了。

接下来，他使用例 22-135 的 alter index 命令将 sales_promo_id 索引所使用的数据库缓冲区重新修改为默认数据库缓冲区。

例 22-135

```
SQL> alter index sales_promo_id
  2  storage (buffer_pool default);
索引已更改。
```

紧接着，使用例 22-136 的 SQL 语句再一次从数据字典 user_indexes 中获取基于 sales 表的所有索引所使用的数据库缓冲区的信息。

例 22-136

```
SQL> select index_name, table_name, tablespace_name, buffer_pool
  2  from user_indexes
  3  where table_name = 'SALES';
INDEX_NAME                     TABLE_NAME   TABLESPACE_NAME      BUFFER_
-------------------------- ----------- ------------------- -------
SALES_CHANNEL_ID_IDX        SALES         PIONEER_INDX          DEFAULT
SALES_PROMO_ID              SALES         PIONEER_INDX          DEFAULT
```

从例 22-136 显示的结果可以看出：索引 sales_promo_id 所使用的数据库缓冲区已经重新改为了默认数据库缓冲区，因为第 2 行第 3 列 buffer_pool 的值为 DEFAULT。从现在开始，当有用户使用索引 sales_promo_id 时，Oracle 就将这个索引放入默认数据库缓冲区，不再常驻内存。

如果不再需要 Keep Buffer Pool，可以使用 alter system 命令释放所占的内存空间，将这些内存空间还给数据库系统。宝儿首先切换到 system 用户，之后**使用例 22-137 的 alter system 命令将参数 db_keep_cache_size 值设置为零**，即全部释放 Keep Buffer Pool 所使用的内存空间。

例 22-137
```
SQL> alter system set db_keep_cache_size = 0;
系统已更改。
```

之后，使用例 22-138 的 SQL*Plus 命令显示 db_keep_cache_size 的当前值，也就是 Keep Buffer Pool 的大小。

例 22-138
```
SQL> show parameter db_keep_cache_size
NAME                                 TYPE                    VALUE
------------------------------------ ----------------------- -----
db_keep_cache_size                   big integer             0
```

也可以使用例 22-139 的 SQL 语句从数据字典 v$buffer_pool 再次获取当前所有数据库内存缓冲区的相关信息。

例 22-139
```
SQL> select id, name, block_size, buffers
  2  from v$buffer_pool;
     ID NAME                BLOCK_SIZE  BUFFERS
---------- ------------------- ----------- -------
      3 DEFAULT             8192        50898
```

例 22-138 和例 22-139 的显示结果都表示在该数据库系统中只有默认数据库缓冲区了，Keep Buffer Pool 所使用的内存空间已经被全部释放了。

22.14　将查询的结果缓存在内存

在以上几节中，分别介绍了怎样将代码和数据存在内存中，如果有一个查询的结果是许多进程或用户经常使用的（即共享的），能不能将这一结果常驻内存呢？如果是 Oracle 11g 之前的版本就一点戏都没了，**Oracle 11g 和 Oracle 12c 是可以将查询的结果常驻内存**。其实，这主要得益于最近几年内存的价格持续暴跌而容量却不断提高这一硬件的发展。

共享查询的结果显然要比共享 SQL 或 PL/SQL 代码效率高很多，因为这不但节省了代码的编译时间而且还节省了代码的执行时间。**Oracle 11g 和 Oracle 12c 是使用共享池中的一个专用的内存缓冲区来存储这些缓存的 SQL 查询结果的。只要这些缓存的查询结果是有效的，其他的语句和会话就可以共享它们。如果所查询的对象被修改了，则这些缓存的查询结果就变成无效的了。**

尽管任何查询的结果都可以缓存在内存中，不过那些要访问大量的数据行而只返回少量数据的查询语句才是最好的候选者。绝大多数的数据仓库应用都适用于这一情况。实际上，这一功能的推出也主要是为支持数据仓库系统而设计的，图 22-2 就是 Oracle 系统如何处理缓存查询结果的示意图。

如图 22-2 所示，当第一个会话执行一个查询

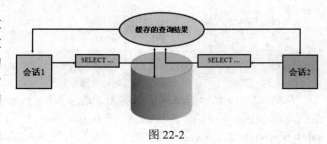

图 22-2

时，该查询语句将从数据库中获取数据，然后将这一查询的结果存储在 SQL 查询结果的内存缓存区中。如果第 2 个会话（也包括之后的所有会话）执行相同的查询语句，其查询语句将从查询结果的内存缓存区中直接提取结果而不需要访问硬盘了。

Oracle 查询优化器如何管理查询结果缓存机制依赖于初始化参数 result_cache_mode 的设置。可以使用这一参数来控制 Oracle 的优化器是否自动地将查询的结果存入查询结果缓存区。这一参数既可以在系统一级也可以在会话一级设置，其可取的值为 AUTO、 MANUAL 或 FORCE，其含义如下：

- ⏩ AUTO：优化器依据执行重复的次数决定哪些查询结果存入结果缓存区中。
- ⏩ MANUAL：为默认值，要使用 result_cache 启示说明将查询结果存入结果缓存区中。
- ⏩ FORCE：所有的查询结果都存入结果缓存区中。
- ⏩ 如果取值为 AUTO 或 FORCE，而在查询语句中包含了[NO_]RESULT_CACHE 启示，启示优先于初始化参数的设置。

可以使用例 22-140 的 SQL*Plus 命令列出初始化参数 result_cache_mode 的当前设置。从这一命令的显示结果可以进一步确定 result_cache_mode 的默认值确实是 MANUAL。

例 22-140

```
SQL> show parameter result_cache_mode
NAME                                 TYPE                 VALUE
------------------------------------ -------------------- ------
result_cache_mode                    string               MANUAL
```

除了 result_cache_mode 之外，还有若干个用于管理数据库中查询结果缓存区的初始化参数，可以通过设置这些参数的方法来管理和维护查询结果缓存区。Oracle 默认将查询结果缓存区的内存分配在系统全局区（System Global Area，SGA）中，分配给缓存查询结果的内存大小既取决于 SGA 内存的大小也取决于内存管理系统。以下就是这几个初始化参数的描述：

- ⏩ RESULT_CACHE_MAX_SIZE：分配给结果缓存区内存的大小，如果设为 0 将禁止结果缓存功能。
- ⏩ RESULT_CACHE_MAX_RESULT：每一个单一查询结果所用内存缓存区的最大值（上限），默认为整个结果缓存区内存的 5%。可以将这一参数修改成 1～100 之间的任何百分数，而且该参数既可以在系统一级也可以在会话一级设置。
- ⏩ RESULT_CACHE_REMOTE_EXPIRATION：为访问远程数据库对象保持有效的时间（单位是分钟），其默认值为 0。

可以使用 SQL*Plus 的 show parameter 命令列出这些参数当前的设置，有兴趣的读者可以自己试一下。接下来，通过几个相关的例子来窥视一下 Oracle 系统是如何使用查询结果内存缓存区的。首先，使用例 22-141 的 SQL*Plus 的命令运行 utlxplan.sql 脚本以创建 plan_table 表。

例 22-141

```
SQL> @I:\app\Administrator\product\11.2.0\dbhome_1\RDBMS\ADMIN\utlxplan
表已创建。
```

之后，使用 **SQL*Plus 的 EXPLAIN plan for 命令解释一个带有分组函数和 group by 子句的查询语句，注意在这个语句中使用了 RESULT_CACHE 启示**，如例 22-142 所示。

例 22-142

```
SQL> EXPLAIN plan for
  2  SELECT /*+ RESULT_CACHE */ department_id,
  3         AVG(salary), COUNT(salary), MIN(salary), MAX(salary)
  4  FROM hr.employees
  5  GROUP BY department_id;
已解释。
```

现在就可以使用例 22-143 的 SQL 语句通过查询 plan_table 表来获取所解释的 SQL 语句的执行计划。为了使例 22-143 的显示输出结果清晰，可能要先使用一些 SQL*Plus 格式化命令对例 22-143 的显示输出进行格式化。

例 22-143

```
SQL> SELECT id, operation, options, object_name
  2  FROM plan_table;
ID OPERATION                    OPTIONS          OBJECT_NAME
--- -------------------------   ---------------  ----------------------------
  0 SELECT STATEMENT
  1 RESULT CACHE                                 1g92c3ds0jzwp9whsja43xvn7s
  2 HASH                        GROUP BY
  3 TABLE ACCESS                FULL             EMPLOYEES
```

从例 22-143 的显示结果可知：虽然 **result_cache_mode** 的当前设置为 **MANUAL**，但是 **Oracle** 优化器还是将这一查询的结果存入了结果内存缓冲区中，这是因为在该查询语句中使用了 **RESULT_CACHE** 启示。当例 **22-142** 查询语句被执行时，**ResultCache** 操作符首先查看结果内存缓冲区以检查查询的结果是否已经在这个缓冲区中。如果存在就直接从这个内存缓冲区中取出结果。如果没有存在就执行这一语句并将返回的查询结果存入到结果内存缓冲区中。接下来，为了简化随后的操作，使用例 22-144 的 DDL 语句删除 plan_table 表中的全部内容。

例 22-144

```
SQL> truncate table plan_table;
表被截断。
```

随后，使用例 22-145 的 **EXPLAIN plan for** 再次解释与例 22-142 几乎完全相同的查询语句（只是在查询中没有使用启示而已）。

例 22-145

```
SQL> EXPLAIN plan for
  2  SELECT department_id, AVG(salary), COUNT(salary),
  3         MIN(salary), MAX(salary)
  4  FROM hr.employees
  5  GROUP BY department_id;
已解释。
```

现在就可以使用例 22-146 的 SQL 语句通过查询 plan_table 表来获取所解释的 SQL 语句的执行计划。

例 22-146

```
SQL> SELECT id, operation, options, object_name
  2  FROM plan_table;
ID OPERATION                    OPTIONS          OBJECT_NAME
--- -----------------------     ---------------  -------------
  0 SELECT STATEMENT
  1 HASH                        GROUP BY
  2 TABLE ACCESS                FULL             EMPLOYEES
```

从例 22-146 的显示结果可知：因为 **result_cache_mode** 的当前设置为 **MANUAL**，而且在该查询语句中也没有使用 **RESULT_CACHE** 启示，所以 **Oracle** 优化器没有将这一查询的结果存入结果内存缓冲区中。

为了方便而有效地管理和维护查询结果内存缓冲区，**Oracle** 提供了一个软件包，名字是 **DBMS_RESULT_CACHE**。这个软件包中包含了许多过程和函数，可以通过这些过程和函数来完成多种操作，如查看结果缓冲区的状态、提取该缓冲区内存使用的统计信息以及将结果缓冲区清空等。例如，可以使用例 22-147 的查询语句获取查询结果内存缓冲区的状态。

例 22-147
```
SQL> SELECT DBMS_RESULT_CACHE.STATUS FROM DUAL;
STATUS
--------
ENABLED
```
如果不想再使用结果内存缓冲区中所有基于 hr 用户的 employees 表的查询结果，可以使用例 22-148
执行软件包的命令将所有依赖于这个表的缓存结果都设置为无效。

例 22-148
```
SQL> EXEC DBMS_RESULT_CACHE.INVALIDATE('HR','EMPLOYEES')
PL/SQL 过程已成功完成。
```
如果马上需要大量的结果内存缓冲区，可以使用例 22-149 的执行软件包的命令将结果内存缓冲区清空。

例 22-149
```
SQL> EXECUTE DBMS_RESULT_CACHE.FLUSH;
PL/SQL 过程已成功完成。
```
也可以使用例 22-150 的执行软件包中的过程 MEMORY_REPORT 的命令获取结果内存缓冲区使用的
统计信息。

例 22-150
```
SQL> EXECUTE DBMS_RESULT_CACHE.MEMORY_REPORT;
PL/SQL 过程已成功完成。
```
但是例 22-150 的结果却没有显示任何统计信息，这是为什么呢？原因是 PL/SQL 程序设计语言没有
输入/输出语句，PL/SQL 程序的输出是通过软件包 DBMS_OUTPUT 来完成的。而要使这一软件包正常
工作，SQL*Plus 的 serveroutput 参数的值必须是 ON，Oracle 默认是 OFF。可以使用例 22-151 的 show 命
令来验证这一点。

例 22-151
```
SQL> show serveroutput
serveroutput OFF
```
知道了其中的原因之后，可以使用例 22-152 的 set 命令将 serveroutput 参数的值设为 ON。接下来，
使用例 22-153 的命令再次执行软件包中的过程 MEMORY_REPORT，这次就可以获取结果内存缓冲区使
用的统计信息了。

例 22-152
```
SQL> set serveroutput on
```
例 22-153
```
SQL> EXECUTE DBMS_RESULT_CACHE.MEMORY_REPORT;
Result Cache  Memory  Report
[Parameters]
Block Size        = 1K bytes
Maximum Cache Size  = 6336K bytes (6336 blocks)
Maximum Result Size = 380K bytes (380 blocks)
[Memory]
Total Memory = 9460 bytes [0.004% of the Shared Pool]
... Fixed Memory = 9460 bytes [0.004% of the Shared Pool]
... Dynamic Memory = 0 bytes [0.000% of the Shared Pool]

PL/SQL 过程已成功完成。
```

🔊 提示：

另外，Oracle 也提供了若干与查询结果内存缓冲区相关的数据字典视图。可以通过这些数据字典获取与查询结果内存缓冲区相关的信息，其常用的数据字典如下：

- ↘ V$RESULT_CACHE_STATISTICS：列出各种缓存的设置和内存使用的统计信息。
- ↘ V$RESULT_CACHE_MEMORY：列出所有内存块和对应的统计信息。
- ↘ V$RESULT_CACHE_OBJECTS：列出所有对象（缓存结果和依赖的）连同它们的属性。
- ↘ V$RESULT_CACHE_DEPENDENCY：列出所有缓存结果和依赖性之间的依赖性细节。

下面可以使用例 22-154 的查询语句利用数据字典 V$RESULT_CACHE_STATISTICS 列出各种缓存的设置和内存使用的统计信息。

例 22-154

```
SQL> select * from V$RESULT_CACHE_STATISTICS;
   ID NAME                                                   VALUE
 ---- -------------------------------------------------- -------
    1 Block Size (Bytes)                                    1024
    2 Block Count Maximum                                   6336
    3 Block Count Current                                   0
    4 Result Size Maximum (Blocks)                          380
    5 Create Count Success                                  0
    6 Create Count Failure                                  0
    7 Find Count                                            0
    8 Invalidation Count                                    0
    9 Delete Count Invalid                                  0
   10 Delete Count Valid                                    0
   11 Hash Chain Length                                     0
```

已选择 11 行。

🔊 提示：

22.15 SGA 和 PGA 内存的设置与它们之间内存的转换

尽管在本章 22.9 节中介绍了 SGA 和 PGA 的优化，但是那是在一个正在运行的数据库上进行的。假设您正在为公司创建一个全新的数据库而对这个公司的业务又一无所知，那又该怎样设置 SGA 和 PGA 的初始值呢？

Oracle 在调查了大量的实际运行数据库的基础之上，终于获取了 SGA 和 PGA 内存初始分配的经验数据。如果您对要创建的 Oracle 数据库一无所知，Oracle 的建议如下。

➥ **为操作系统和其他应用保留 20%的物理内存，而 Oracle 实例使用余下的 80%。**

➥ 如果是联机事务处理系统（OLTP），其设置如下：

✧ SGA_TARGET=总物理内存×80%×80%

✧ PGA_AGGREGATE_TARGET=总物理内存×80%×20%

➥ 如果是数据仓库（决策支持）系统（DSS），其设置如下：

✧ SGA_TARGET=总物理内存×80%×50%

✧ PGA_AGGREGATE_TARGET=总物理内存×80%×50%

假设这个计算机的物理内存为 10GB，根据 Oracle 的建议，如果创建的是一个联机事务处理数据库，则 SGA_TARGET 应为 6.4GB，而 PGA_AGGREGATE_TARGET 应为 1.6GB；如果创建的是一个数据仓库（决策支持）数据库，则 SGA_TARGET 应为 4GB，而 PGA_AGGREGATE_TARGET 也应为 4GB。

假设您的公司的数据库每天白天（如 8:00 am～8:00 pm）主要的操作都是 OLTP 业务，但是在其他时段里主要操作都是数据仓库业务（如数据分析或生成报表）。在 Oracle 11g 之前这是很难处理的，因为 SGA 和 PGA 内存是不能自动转换的，要进行这样的转换需要重新启动实例，而这也正是许多生产数据库所不允许的。

Oracle 11g 和 Oracle 12c 终于彻底解决了以上难题，Oracle11g 和 Oracle 12c 引入了两个新的初始化参数，它们是 **MEMORY_MAX_TARGET 和 MEMORY_TARGET。**这两个参数的功能与 **SGA_MAX_SIZE 和 SGA_TARGET** 相似，但是它们不但包括了 **SGA** 还包括了 **PGA。**只要设置了这两个参数，**Oracle 11g 和 Oracle 12c** 就可以将内存在 **SGA 和 PGA** 之间自由地调度了，也不需要再重启系统了。图 22-3 就是 Oracle 11g 和 Oracle 12c 中内存初始化参数的结构示意图。

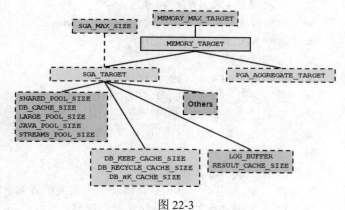

图 22-3

Oracle 11g 和 Oracle 12c 默认安装时已经设置了 MEMORY_MAX_TARGET 和 MEMORY_TARGET 这两个新参数。如果设置了这两个参数，PGA_AGGREGATE_TARGET 和 SGA_TARGET 将自被动设为 0，也就是关闭了 Oracle 11g 之前版本的自动内存管理功能，而使用全新的 Oracle 11g 和 Oracle 12c 的自动内存管理。可以使用例 22-155 的 SQL*Plus 的 show 命令来验证这一点。

例 22-155

```
SQL> show parameter _target

NAME                                 TYPE                  VALUE
------------------------------------ --------------------- ------
archive_lag_target                   integer               0
db_flashback_retention_target        integer               1440
fast_start_io_target                 integer               0
fast_start_mttr_target               integer               0
memory_max_target                    big integer           1232M
memory_target                        big integer           1232M
parallel_servers_target              integer               8
```

| pga_aggregate_target | big integer | 0 |
| sga_target | big integer | 0 |

在即将结束本章时，再强调一下：读者在学习 **Oracle** 或其他 **IT** 课程时，一定要把握住核心（那些不变或很少变的东西），这样在版本升级时就不会感到恐惧了，甚至有时都能利用自己对系统和行业的知识预测到要升级的内容。还是那句话，真正核心的内容很少变，有的几十年都没变。

22.16　您应该掌握的内容

在学习完本章之后，请检查一下您是否已经掌握了以下的内容：
- 为什么要进行数据库系统的优化。
- 什么时候需要进行数据库系统的优化。
- 什么人可能进行数据库系统的优化。
- 优化的标准和要注意的问题。
- 优化的理论顺序及实际应用时要注意的问题。
- 联机事务处理系统和数据仓库系统各自的特点。
- 这两种系统设计的不同考虑。
- 怎样导出数据库系统的设计（如 E-R Model）。
- 哪些 SQL 操作需要进行排序。
- 怎样避免排序。
- 怎样导出 SQL 语句的执行计划。
- 反转关键字索引的原理、适用范围、管理与维护。
- 基于函数的索引的原理、适用范围、管理与维护。
- 怎样导出存储程序（过程和函数等）的源代码。
- 怎样修改 SGA 的几个主要静态参数。
- SGA 自动管理和调整。
- 使用 SGA 自动管理和调整的功能时需要配置的参数。
- SGA 中哪些缓冲区是自动管理和调整的。
- SGA 中哪些缓冲区必须手动管理和调整。
- PGA 的自动管理。
- PGA 自动管理功能需要配置的参数。
- 参数 PGA_AGGREGATE_TARGET 的监督和诊断。
- 怎样将程序常驻内存。
- 哪些程序需要常驻内存。
- 怎样将程序从内存中清除。
- 怎样将数据缓存在内存中。
- 怎样使数据不再缓存在内存中。
- 怎样将数据（表和索引）常驻内存。
- 哪些数据需要缓存或常驻内存。
- 怎样设置 Keep Buffer Pool 数据库缓冲区。
- 怎样清除 Keep Buffer Pool 数据库缓冲区。
- 将数据常驻内存所需的操作。

- 怎样使数据不再常驻内存。
- 将查询的结果缓存在内存中的原理。
- 熟悉初始化参数 result_cache_mode。
- 什么样的查询语句的结果适合于存放在结果缓冲区中。
- 如何将查询语句的结果存放在结果缓冲区中。
- 熟悉软件包 DBMS_RESULT_CACHE 中的常用过程和函数。
- Oracle 推荐的事务处理系统内存参数的初始设置。
- Oracle 推荐的数据仓库系统内存参数的初始设置。
- 在 Oracle 11g 中怎样启动 SGA 与 PGA 的自动转换功能。
- 熟悉初始化参数 MEMORY_MAX_TARGET 和 MEMORY_TARGET。

第 23 章　I/O 优化

正如在第 22 章所介绍的那样，一般数据库进行了内存优化之后多数情况下数据库的性能是可以达到用户的要求的。但是有时经过了这些优化过程之后系统的性能仍然没有明显的改善，此时就可能需要进行 I/O（输入/输出）优化了。

23.1　输入/输出优化概述

正像本书一开始就强调的那样，**I/O 操作是所有计算机操作中最耗时的，因此在 Oracle 数据库系统的优化中也要千方百计地减少 I/O 操作。如果无法减少 I/O 操作，就要想办法将 I/O 操作平衡地分布到不同的硬盘上。**其实，这有点像城市的交通系统的管理，如在 一些城市中，主干道很宽，但是照样经常堵车，其原因是连接主路的辅路狭窄造成了交通拥堵（即所谓的交通瓶颈）。在这种情况下，再加宽主路对改善交通没有任何帮助，而是要首先改善辅路的交通状况。因此在进行 Oracle 数据库的 I/O 优化时，也要首先找到 I/O 瓶颈。

为了帮助读者更好地理解 Oracle 数据库的 I/O 操作，表 23-1 中列出了主要后台进程对不同种类的文件的 I/O 操作。

表 23-1

进　　程	Oracle 文件　输入/输出（I/O）			
	数据文件	重做日志文件	归档文件	控制文件
CKPT	读/写			读/写
DBWn	写			
LGWR		写		读/写
ARCn		读	写	读/写
SERVER	读/写	读	写	读/写

在接下来的讨论中，许多情况都基于这个表。其实，进行 I/O 优化的基本原则非常简单，只有两条：

- ↳ 尽量减少硬盘 I/O 操作。
- ↳ 将磁盘的 I/O 操作平衡（均匀）地分布到所有的硬盘和 I/O 控制器上。

怎样才能做到呢？**首先尽量减少与 Oracle 数据库无关的磁盘 I/O 操作，如将操作系统维护工作尽量放在非繁忙时间，例行的备份工作在凌晨两点钟进行等。其次，要将有 I/O 竞争的文件分开。最后，还要将有 I/O 竞争的数据分开。**听起来也是挺简单的。

那么，哪些文件属于有 I/O 竞争的文件呢？将它们分布到不同的硬盘上的基本原则和方法又是什么？以下就是这方面的具体解释。

- ↳ 数据文件与重做日志文件最好分别放在不同的硬盘上，特别是并行操作较多的联机事务处理系统。从表 23-1 可以看出：有 3 个进程要操作数据文件，而且数据文件的 I/O 量也是最大的；同样也有 3 个进程要操作重做日志文件。因此，数据文件与重做日志文件的 I/O 竞争非常大。
- ↳ 归档日志文件与重做日志文件最好分别放在不同的硬盘上。从表 23-1 可以看出：ARCn 后台进程要读重做日志文件，之后写归档日志文件。如果它们放在同一个硬盘上必然会造成大的 I/O 竞争。

➥ 不同的重做日志（成员）文件最好分别放在不同的硬盘上，这不仅是为了效率也是为了安全。

➥ 同理，不同的控制文件最好也分别放在不同的硬盘上。

➥ 同理，不同的归档日志文件最好也分别放在不同的硬盘上。

当然，前提是系统有那么多硬盘。**这里需要指出的是，一般控制文件和重做日志文件要放在高速盘上，因为它们的速度对数据库系统效率的影响比较大。但是许多公司购买的硬盘都是完全相同的。在这种情况下，可以将它们放在高速分区上。**

可能有读者问什么是高速分区。在磁盘分区中，最外面的柱面为 0 号（道），依次向内划分，最内的柱面为 n 号（道）。磁盘的外半圈效率最高，即为高速分区；磁盘的内半圈效率最低，即为低速分区；**高速分区的最大数据传输率可以达到低速分区的两倍。**如图 23-1 所示是物理磁盘分区的示意图。

归档日志文件可以放在低速盘或低速分区，因为这些文件一旦写到磁盘上之后正常情况下是不会使用的（除了系统恢复时）。

这里需要指出的是，增加硬盘的大小（容量）对提高数据库系统的效率没有帮助，要想提高系统效率，要增加的是硬盘的数量或 I/O 控制器的数量。硬盘、I/O 控制器的数量越多，就可以把更多的 I/O 分布到不同的硬盘和 I/O 控制器上，当然数据库系统的效率就会提高了。为了帮助读者理解，图 23-2 给出了后台进程操作 I/O 控制器和物理磁盘的示意图。

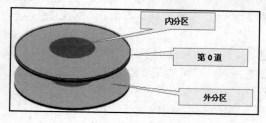

图 23-1

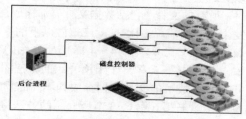

图 23-2

23.2　表空间与输入/输出优化

23.1 节主要介绍了将有 I/O 竞争的文件分开的方法。本节将要介绍怎样将有 I/O 竞争的数据分开。一般商业数据库系统会有以下几类常用表空间：

➥ 存放数据字典对象的系统（SYSTEM）表空间。

➥ 回滚段（还原段）使用的还原（UNDO）表空间。

➥ 临时段（排序）使用的临时（Temporary）表空间。

➥ 存放数据（表）的数据表空间。

➥ 存放索引的索引表空间。

➥ 存放大对象（LOB）的 LOB 表空间。

在一个数据库系统中，以上所列的表空间中系统表空间包括了 SYSTEM 和 SYSAUX 两个表空间，其他类型的表空间都可以有多个。**这些表空间最好分别保存在不同的硬盘上以避免 I/O 竞争，而且数据也要分门别类只存放在它们应该存放的表空间中。**以下给出比较详细的解释。

➥ SYSTEM 表空间应该只存放 sys 用户所有的数据字典对象，其他任何用户的对象都不应该放入该表空间。因为用户对象和数据字典放在一起会产生 I/O 竞争，如果对象的 DML 操作频繁的话，还可能在 SYSTEM 表空间中产生碎片从而进一步降低数据库系统的效率。

➥ 由于数据库系统在运行时会频繁地分配还原段，之后又会不停地释放（回收）还原段，这样很容易将还原（UNDO）表空间碎片化。因此还原表空间中只能由还原段使用，其中不能存放任何其他的对象。

- 由于临时表空间（排序区）中的临时段也是不停地分配和释放，所以临时表空间也很容易被碎片化，因此临时表空间只能作为排序区使用，其中也不能存放任何其他的对象。
- 表和索引应该分别存放在不同的表空间中，因为一个表和这个表上的索引明显存在 I/O 竞争。另外，如果表很大并且表上的索引很多，就像在备份和恢复部分介绍过的，可以通过不备份索引表空间、当恢复时采用重建索引表空间和索引的方法来减少备份的工作量。其实，这也间接地提高了数据库系统的效率。
- 大对象（LOB）应放在单独的 LOB 表空间。因为大对象往往很大，一行数据需要几个甚至几十个数据块才能存下，如刑侦系统的指纹信息需要近 200KB，一般的事务处理系统的数据块最大也就是 8KB。因此将大对象与普通的数据混在一起存放将严重地影响普通数据的 SQL 操作效率。

📢 提示：

在 Oracle 10g、Oracle 11g 和 Oracle 12c 数据库中还有一个辅助系统（SYSAUX）表空间，该表空间可存储许多的数据库组件，要使所有数据库组件正常运行，该表空间必须处于联机状态。

以上这些表空间（也包括 SYSAUX 表空间）最好分别存放在不同的物理硬盘上。但是 Oracle 默认安装时，所有的文件（包括数据文件）都存放在一个文件目录中，当然也就是存放在一块物理硬盘上了。如果发生这样的情况，DBA 就应该做以下的事情：

- 用本书第 4 章 4.14～4.16 节所介绍的方法将控制文件分别移动到不同的物理硬盘上。
- 用本书第 5 章 5.11 节所介绍的方法添加重做日志成员（也可能还要添加重做日志组）并将重做日志成员的文件分别存放到不同的物理硬盘上。
- 用本书第 6 章 6.13 节所介绍的方法将数据文件分别移动到不同的物理硬盘上。

为了节省篇幅，这里就不再重复了。如果读者记不清了，可以重新复习有关章节的内容。

23.3　数据文件量的监控与诊断

现在的问题是怎样才能确定哪个数据文件是目前系统的 I/O 瓶颈？**Oracle 提供了一个不错的命令行工具 v\$filestat，利用这一工具可以很容易地找到每个数据文件的 I/O 量。**下面介绍后面的例子中要使用的 5 个列的具体含义。

（1）FILE#: 数据文件号。

（2）PHYBLKRD: 所读的物理数据块的块数。

（3）PHYBLKWRT: 所写的物理数据块的块数。

（4）READTIM: 读操作所使用的时间（单位为毫秒）。

（5）WRITETIM: 写操作所使用的时间（单位为毫秒）。

在动态视图 v\$filestat 中，除了以上介绍的 5 列之外，还有一些其他的列。感兴趣的读者可以查阅 Oracle Database Reference。还需要指出的是，**如果 TIMED_STATISTICS 参数的值是 FALSE，READTIM 和 WRITETIM 这两列的值都为 0。要想获得它们的值必须将参数 TIMED_STATISTICS 的值设为 TRUE。**可以使用例 23-1 的 SQL*Plus 命令获得参数 TIMED_STATISTICS 的当前值。

例 23-1

```
SQL> show parameter TIMED_STATISTICS
NAME                                 TYPE                        VALUE
```

```
--------------------------- ------------------------------ -----
timed_statistics                       boolean                        TRUE
```

例 23-1 的显示结果表明：在我们使用的 Oracle 数据库系统中，参数 TIMED_ STATISTICS 的值已经是 TRUE 了。如果是 FALSE，就要使用如下的 Oracle 命令将这一参数设置为 True：

```
alter system set TIMED_STATISTICS = true
```

接下来，启动一个 DOS 窗口。之后，利用 SQL*Plus 以 system 用户登录数据库系统。使用例 23-2 的 SQL 语句从动态视图 v$filestat 获取当前数据文件 I/O 操作的信息。

例 23-2

```
SQL> select file#, phyblkrd, phyblkwrt, readtim, writetim
  2  from v$filestat;
     FILE#  PHYBLKRD  PHYBLKWRT    READTIM   WRITETIM
--------- --------- ---------- ---------- ----------
         1      2922          3       1606          5
         2        37         10        236          5
         3       245          2        103          2
         4         7          2         14          0
         5         9          2         21          0
         6         7          2         13          0
         7         7          2         12          0
         8         7          2         14          0
```
已选择 8 行。

从例 23-2 的显示结果可知：现在数据库系统相当平静，几乎没有什么操作。请注意此时不要退出当前的 SQL*Plus 界面，也不要关闭 DOS 窗口。此时，再启动一个 SQL*Plus 窗口并以 pjinlian 用户登录数据库系统。然后，使用例 23-3 的 SQL 语句求出表 sales 的数据行总数。

例 23-3

```
SQL> select count(*) from sales;
  COUNT(*)
----------
    918843
```

例 23-3 的显示结果表明：sales 表有 918843 行数据，这对于接下来的实验已经足够大了。为了产生大量的 I/O，使用例 23-4 的 DML 语句删除整个 sales 表。这个操作进行时间比较长，所以要等一会儿才能得到显示结果 "已删除 918843 行。"。

例 23-4

```
SQL> delete sales;
已删除 918843 行。
```

当运行了例 23-4 的 DML 语句之后，立即切换到前面例 23-2 所用的 DOS 下的 SQL*Plus 窗口，并使用 SQL*Plus 的命令 "/" 重新运行例 23-2 的 SQL 查询语句，如例 23-5 所示。

例 23-5

```
SQL> /
     FILE#  PHYBLKRD  PHYBLKWRT    READTIM   WRITETIM
--------- --------- ---------- ---------- -----------
         1      2995         30       1659         11
         2        43       6382        247     103183
         3       264         51        116          2
         4         9          4         27          0
         5        11          4         34          0
```

```
        6      1531         805          426        17081
        7      2504         688          551        14934
        8         9           4           33            0
```

已选择 8 行。

例 23-5 显示输出的结果清楚地表明：第 2 号、第 6 号和第 7 号数据文件的 I/O 量突然增加。等一会儿，再使用同样的 SQL*Plus 命令 "/" 重新运行例 23-3 的 SQL 查询语句，如例 23-6 所示。

例 23-6

```
SQL> /
    FILE#  PHYBLKRD  PHYBLKWRT   READTIM   WRITETIM
--------- ---------- ---------- ---------- ------------
        1      3005         40        1678          15
        2        53      30383         293      569851
        3       274         61         170           8
        4        19         14          83          10
        5        21         14          90           6
        6      4525       3887        1256      101309
        7      3809       3327        2129       87575
        8        19         14          80          10
```

已选择 8 行。

例 23-6 显示输出的结果清楚地表明：第 2 号、第 6 号和第 7 号数据文件的 I/O 量持续增加。这一增加过程一直持续到删除 sales 表的操作结束。现在，可以使用例 23-7 的 SQL 语句从静态视图 dba_data_files 中获取文件号与数据文件和表空间的对应关系。

例 23-7

```
SQL> select file_id, file_name, tablespace_name
  2  from dba_data_files
  3  order by file_id;
                                                        TABLESPACE_NAME
FILE_ID FILE_NAME                                       ----------------
------- ---------------------------------------------
      1 F:\DISK2\MOON\SYSTEM01.DBF                      SYSTEM
      2 F:\ORACLE\PRODUCT\10.2.0\ORADATA\JINLIAN\UNDOTBS01.DBF  UNDOTBS1
      3 F:\ORACLE\PRODUCT\10.2.0\ORADATA\JINLIAN\SYSAUX01.DBF   SYSAUX
      4 F:\ORACLE\PRODUCT\10.2.0\ORADATA\JINLIAN\USERS01.DBF    USERS
      5 F:\ORACLE\PRODUCT\10.2.0\ORADATA\JINLIAN\EXAMPLE01.DBF  EXAMPLE
      6 F:\DISK12\MOON\PIONEER_DATA.DBF                 PIONEER_DATA
      7 F:\DISK4\MOON\PIONEER_INDX.DBF                  PIONEER_INDX
      8 F:\DISK4\MOON\JINLIAN_UNDO.DBF                  JINLIAN_UNDO
```

已选择 8 行。

从例 23-7 显示输出的结果可知：第 2 号数据文件上的表空间是还原表空间，第 6 号数据文件上的表空间正是存放 sales 表的 PIONEER_DATA 表空间，而第 7 号数据文件上的表空间正是存放 sales 表中所有索引的 PIONEER_INDX 表空间。

现在就很容易解释例 23-2、例 23-5 和例 23-6 的 SQL 语句的输出结果了。在没有进行任何 DML 操作时，数据库系统很平静，I/O 操作很少，所以在例 23-2 的显示结果中所有数据文件的 I/O 量都很小；当进行删除整个 sales 表的操作时，由于进行的是删除操作，所以要使用大量的还原段，因此在例 23-5 和例 23-6 的显示结果中与还原表空间对应的第 2 号数据文件的 I/O 量持续地增加；同时由于表 sales 是存放在 PIONEER_DATA 表空间上的，而它的索引都是存放在 PIONEER_INDX 表空间上的，因此在例 23-5 和例 23-6 的显示结果中与 PIONEER_DATA 表空间对应的第 6 号数据文件和与 PIONEER_INDX 表空间对应的第 7 号数据文件的 I/O 量也是持续地增加。

因为我们不想真的删除这个表，所以得到上面所需的信息之后，赶紧切换回 pjinlian 用户并使用例 23-8 的 Oracle 回滚语句回滚所做的删除操作。

例 23-8

```
SQL> rollback;
回退已完成。
```

之后，再次切换到 DOS 下的 SQL*Plus 窗口，并使用 SQL*Plus 的命令 "/" 重新运行例 23-2 的 SQL 查询语句，如例 23-9 所示。

例 23-9

```
SQL> /
     FILE#   PHYBLKRD   PHYBLKWRT   READTIM   WRITETIM
---------- ---------- ----------- ---------- ------------
         1       3022          50       1773           41
         2         63       64101        381      2157198
         3        286          71        255           22
         4         29          24        163           53
         5         31          24        187           20
         6       4535        8192       1354       358526
         7       3819        6886       2214       294225
         8         29          24        168           36

已选择 8 行。
```

例 23-9 显示输出的结果清楚地表明：第 2 号、第 6 号和第 7 号数据文件的 I/O 量又有了变化。

利用 Oracle 的数据字典 v$filestat 可以追踪数据文件一级的 I/O 操作。在多数操作系统中都有操作系统的 I/O 监督或诊断工具，如 UNIX 和 Linux 系统上的 iostat 命令，但是该命令只可以追踪到磁盘一级和分区一级的 I/O 操作。

可能与 Oracle 的集成商或 Oracle 的顾问公司接触过的人常常会发现，那些 Oracle 大虾或专家在进行 Oracle 系统的诊断或调试时，一会儿使用 Oracle 命令，一会儿使用 UNIX（或 Linux）命令，让人看上去就眼晕。其实，在许多情况下，这些工作既可以使用操作系统命令也可以使用 Oracle 命令来完成。可能有读者会问："到底什么时候该使用操作系统命令，什么时候该使用 Oracle 的命令？"

这里向读者透露一个行内的小秘密（不过恳请读者千万别说出去，说出去会招人骂的）。一般地，如果用户对 Oracle 比较熟悉就使用 UNIX（或 Linux）命令；如果对 UNIX（或 Linux）比较熟悉就使用 Oracle 的命令。这样用户也就不知道您在做什么，当然就觉得您的技术水平高了，您也就变成了"大虾"甚至专家了。越看不懂，就说明知识越渊博，技术含量也就越高。

如果 I/O 的问题是由于多个 I/O 量大的数据文件存放在一块硬盘上引起的，就可以使用本书第 6 章 6.13 节所介绍的方法将数据文件分别移动到不同的物理硬盘上。

以上介绍的 I/O 问题都是数据文件一级的，有没有可能某个大型、超大型表或索引也会产生 I/O 瓶颈呢？答案是肯定的。23.4 节将讲解这方面的问题和解决方法。

23.4　表和索引一级的优化

如果某个表的修改操作非常频繁而 pctfree 又设得太低，就可能产生数据行的迁移，即本来同一行的数据被放在了两个数据块中。如果这样的数据行过多，就会使访问这个表的速度明显下降。怎样才能诊断出这一问题呢？如果现在 pjinlian 用户的 sales 表的访问速度很慢，怀疑可能是大量的数据行迁移造成的，首先要使用例 23-10 的 ANALYZE 命令分析这个表。

例 23-10

```
SQL> ANALYZE TABLE pjinlian.sales COMPUTE STATISTICS;
表已分析。
```

之后，使用例 23-11 的 SQL 语句从静态数据字典 dba_tables 获取与数据行迁移相关的信息。

例 23-11

```
SQL> SELECT num_rows, chain_cnt FROM dba_tables
  2  WHERE table_name='SALES';
  NUM_ROWS  CHAIN_CNT
---------- -----------
    918843          0
```

例 23-11 的显示结果表明：pjinlian 用户的 sales 表中的数据行没有任何迁移，**因为 CHAIN_CNT 列为 0**。实际上，在该表上根本就没做过 update 操作，当然也就不可能有数据行迁移了。

如果 CHAIN_CNT 列值较大，为了防止进一步的数据行迁移，可能要增加该表的存储参数 pctfree 的值。 不过首先要获得这一参数的当前值，为此使用例 23-12 的 SQL 语句从静态数据字典 dba_tables 获取 sales 表的 pctfree 的值。

例 23-12

```
SQL> select table_name, pct_free
  2  from dba_tables
  3  where owner = 'PJINLIAN'
  4  and table_name = 'SALES';
TABLE_NAME                      PCT_FREE
------------------------------ ----------
SALES                                 10
```

例 23-12 的显示结果表明：pctfree 的值只有 10%，这可能太小了。于是使用例 23-13 的 alter table 语句将该值改为 20%。

例 23-13

```
SQL> alter table pjinlian.sales
  2  pctfree 20;
表已更改。
```

为了验证以上的修改是否成功，使用例 23-14 的 SQL 语句两次从静态数据字典 dba_tables 获取 sales 表的 pctfree 的值。

例 23-14

```
SQL> select table_name, pct_free
  2  from dba_tables
  3  where owner = 'PJINLIAN'
  4  and table_name = 'SALES';
TABLE_NAME                      PCT_FREE
------------------------------ ----------
SALES                                 20
```

例 23-14 的显示结果表明：pctfree 的值已经变为 20%，这说明对 PCTFREE 这一参数所做的修改是成功的。但是加大 **PCTFREE 的值只能防止将来的数据行迁移，对现有的数据行没有任何影响。**

如何消除已经产生的数据行迁移呢？可以使用导入/导出（数据泵）程序来完成这一工作，具体步骤如下：

（1）使用 exp 或 expdp 导出程序导出该表。

（2）使用 DDL 的 truncate 语句截断该表。

（3）使用 imp 或 impdp 导入程序导入该表。

如果这个表是非分区表，也可使用 **ALTER TABLE"用户名.表名"MOVE** 命令来消除该表中已经产生的数据行迁移。

讨论完表的（I/O）优化问题，下面将介绍索引的（I/O）优化问题。**为了减少维护索引树平衡的成本，当一个索引记录被删除时，Oracle 并不真正删除这一索引记录而只是在删除的记录上加上一个标记（Mark）。** 存放索引记录的数据块与存放数据的数据块的大小是一样的，但是往往索引记录要比表的记录短。这样一个数据块就可以存放很多索引记录，假设存放了 100 行的索引数据行，现在有 99 行的索引记录都已经被删除了，可是 Oracle 系统还是要保存这些已经删除的索引记录。随着时间的流逝，在索引中类似的块会很多，从而使访问索引的速度急剧下降。

索引可能产生效率问题的另一种情况是：索引关键字是用序列号产生的，而索引是以这样的方式操作的：**在不断地删除旧数据的同时又要不断地插入新数据（如订单或发票系统）。** 很显然删除的数据是序列号小的旧数据，但插入的新数据的序列号是刚刚产生的（一定是较大的序列号），**这就造成了另一个严重的效率问题，即该索引的树是往序列号大的一面偏，因此会使树的深度加深，从而使系统效率下降。**

与对表的诊断相似，如果怀疑 pjinlian 用户的 SALES_PROMO_ID 索引可能是造成系统效率下降的原因，首先要使用例 23-15 通过执行软件包 dbms_stats 中的 gather_index_stats 过程来分析这个索引。其中，例 23-15 中第一行中的"-"为续行符号。

例 23-15

```
SQL> EXECUTE dbms_stats.gather_index_stats -
>     ('PJINLIAN', 'SALES_PROMO_ID');
PL/SQL 过程已成功完成。
```

也可以通过使用例 23-16 的 **ANALYZE** 命令分析这个索引，其效果是一样的。

例 23-16

```
SQL> ANALYZE index pjinlian.SALES_PROMO_ID COMPUTE STATISTICS;
索引已分析。
```

之后，使用例 23-17 的 SQL 语句从数据字典 index_stats 获取与索引删除相关的统计信息。

例 23-17

```
SQL> SELECT name, (DEL_LF_ROWS_LEN/LF_ROWS_LEN) * 100 AS wastage
  2  FROM index_stats;
未选定行。
```

例 23-17 的显示结果为"未选定行。"，这表明在 pjinlian 用户的 SALES_PROMO_ID 索引中没有所谓的被删除索引记录，因为我们根本就没有对 sales 表进行过大规模的 DML 操作。下面介绍数据字典 index_stats 中一些常用的列的含义：

➥ lf_rows：当前索引记录的行数。

➥ lf_rows_len：所有索引记录的全部长度（单位是字节）。

➥ del_lf_rows：索引中被删除的索引记录。

➥ del_lf_rows_len：所有被删除索引记录的全部长度。

如果以上查询结果中的 wastage 超过了 20%，就需要使用 alter index"用户名.索引名"rebuild 重建索引。为了发现索引树的深度很大的问题，可以使用 例 23-18 的 SQL 语句从数据字典 **dba_indexes** 获取相关的信息。

例 23-18

```
SQL> select index_name, num_rows, blevel, status
  2  from dba_indexes
```

```
 3  where table_owner = 'PJINLIAN'
 4  and table_name = 'SALES';
INDEX_NAME                               NUM_ROWS      BLEVEL STATUS
--------------------------------- ----------- ---------- ------
SALES_CHANNEL_ID_IDX                       918843           2 VALID
SALES_PROMO_ID                             918843           2 VALID
```

例 23-18 的显示结果中 BLEVEL 都为 2，这表明这两个索引都没问题。**一般索引的深度在 3 或以下时系统的效率不会有问题；如果大于 3，可能需要使用 alter index "用户名.索引名" rebuild 重建索引，有时可能需要通过加大数据块的大小（DB_BLOCK_SIZE）来降低索引的深度。**

尽管在早期的联机事务处理数据库系统的设计中，为了提高并行操作的效率，有时将数据块设为 2KB 或 4KB。但是最新的研究表明通常数据块为 8KB 时，系统的总体效率最好。也就是说当设计数据块的大小时，如果拿不定主意就选 8KB。其原因就是使用较大的数据块，每个数据块中装的索引记录就增加了，因此索引树的深度就会下降，这样索引的访问速度也就提高了。

另外，请读者注意例 23-18 的显示结果中的第 4 列（STATUS）。**这一列的值在系统优化时，有时也是有用的。因为有时不知道什么原因，某个索引就变成了无效的。此时，对表的查询就会变成全表扫描。这时如果利用上面的查询语句发现了哪个索引变成了无效，就可以重建该索引，从而提高系统的效率。**

23.5 删除操作对还原段的冲击及解决方法

在 23.3 节中，介绍了使用 DML 语句删除一个大型表或超大型表，如 sales 表，会产生大量的 I/O，其操作进行时间也很长。有时只是一个删除大型表或超大型表的语句就可能压垮数据库系统，因为这条语句可能将系统的回滚（还原）段耗光，进而造成数据库系统的挂起。因此如果对一个大型表或超大型表进行全表删除操作，为了数据库系统的效率，一般使用 truncate 命令而不是 delete 命令，因为 truncate 命令是 DDL 语句（命令），不使用回滚段。但是可能有时并不是删除全表，而是删除表中的绝大部分数据，只保留极少的数据（如 1000 行数据）。这该如何处理呢？可以采取如下的方法：

（1）创建一个临时的表并将要保留的数据插入该表。

（2）truncate 要删除的大表。

（3）将临时的表中的数据插回到原来的大表。

（4）drop 临时的表。

以上方法避免了由于删除（delete）全表要消耗大量回滚段的情况的发生，虽然看上去比较繁琐，但却极大地提高了数据库系统的效率。下面通过一个例子来演示这一方法的使用。

首先以 pjinlian 用户登录数据库系统。为了安全起见，先使用例 23-19 的 DDL 语句创建一个与 sales 完全相同的表 all_sales。

例 23-19

```
SQL> create table all_sales
  2  as select * from sales;
表已创建。
```

之后，使用例 23-20 的 SQL 语句查看一下 all_sales 表中有多少数据行，以验证该表是否真的创建成功。

例 23-20

```
SQL> select count(*) from all_sales;
  COUNT(*)
----------
    918843
```

例 23-20 语句的结果显示在 all_sales 表中共有 918843 行数据，这正是我们所期望的。接下来，启动一个 DOS 窗口，并使用例 23-21 的命令以 system 用户登录数据库系统。

例 23-21

```
F:\>sqlplus system/wuda
```

之后，使用例 23-22 的 SQL 语句从数据字典 v$filestat 中获取所有数据文件的输入/输出（I/O）信息。

例 23-22

```
SQL> select file#, phyblkrd, phyblkwrt, readtim, writetim
  2  from v$filestat;
     FILE#   PHYBLKRD  PHYBLKWRT     READTIM   WRITETIM
---------- ---------- ---------- ---------- ----------
         1       6111        255     159035         31
         2         56        887        743         47
         3       1667       1677       1021         92
         4         10          2         34          0
         5         10          2         26          0
         6       8881       4435     501902        237
         7          8          2         17          0
```

已选择 7 行。

现在使用例 23-23 的 DDL 语句创建一个只包含要保留数据的临时表 sales_temp（这里保留了 18 行数据，实际情况可能是 1 800 行数据，而且条件表达式也会更加复杂）。

例 23-23

```
SQL> create table sales_temp
  2  as
  3  select *
  4  from all_sales
  5  where rownum <=18;
表已创建。
```

为慎重起见，可以使用类似于例 23-24 的 SQL 语句查看一下临时表 sales_temp 中的数据。

例 23-24

```
SQL> select * from sales_temp;
  PROD_ID   CUST_ID TIME_ID    CHANNEL_ID  PROMO_ID QUANTITY_SOLD AMOUNT_SOLD
--------- --------- --------   ---------  --------- ------------ -----------
       13       987 10-1月 -98          3       999            1     1232.16
       13      1660 10-1月 -98          3       999            1     1232.16
       13      1762 10-1月 -98          3       999            1     1232.16
......
已选择 18 行。
```

当确认所有需要保留的数据都已经存放在临时表 sales_temp 中后，就可以使用例 23-25 的 DDL 语句删除 all_sales 中的全部数据。

例 23-25

```
SQL> truncate table all_sales;
表被截断。
```

紧接着，使用例 23-26 的 DML 语句将临时表 sales_temp 中保留的全部数据插回到 all_sales 表中。

例 23-26

```
SQL> insert into all_sales
  2  select * from sales_temp;
已创建 18 行。
```

最后，还是出于慎重考虑，可以使用类似于例 23-27 的 SQL 语句查看一下表 all_sales 中的数据。

例 23-27

```
SQL> select * from all_sales;
     PROD_ID    CUST_ID      TIME_ID   CHANNEL_ID  PROMO_ID  QUANTITY_SOLD  AMOUNT_SOLD
---------- ------- ---------- ---------- --------- -------------- --------------
         13        987 10-1月 -98            3        999              1  1232.16
         13       1660 10-1月 -98            3        999              1  1232.16
         13       1762 10-1月 -98            3        999              1  1232.16
......
已选择 18 行。
```

接下来，切换回（DOS 窗口中）system 用户，使用例 23-28 的 SQL*Plus 命令重新运行例 23-28 的 SQL 语句。

例 23-28

```
SQL> /
     FILE#   PHYBLKRD   PHYBLKWRT     READTIM    WRITETIM
---------- --------- ---------- --------- -----------
         1      6295       284      159121          31
         2        56       918         743          49
         3      1691      1696        1037          92
         4        10         2          34           0
         5        10         2          26           0
         6      8917      4520      501905         237
         7         8         2          17           0
已选择 7 行。
```

对比例 **23-28** 与例 **23-22** 的显示结果，可以发现第 **2** 号文件的 **I/O** 量之间的变化非常小。这也就证明了使用本节所介绍的方法删除表可以消除回滚段消耗过多或回滚段阻塞的问题。其实读者在做上面的实验时可能已经注意到了，其中所有的命令都是在瞬间完成的，几乎没有什么等待。如果以上操作是经常使用的，可以在测试完之后，去掉验证的 **SQL** 查询语句，将其他命令封装到一个脚本文件中，以后需要时，运行这个脚本文件就行了。

23.6 重做日志的优化

前面几节所介绍的数据库 I/O 问题和解决方法都是集中在数据文件上的。那么，重做日志文件的配置会不会造成数据库系统的效率问题呢？当然会。如果重做日志文件（成员）设置得太小，势必造成重做日志组的频繁切换。而重做日志组在切换时要产生检查点。在产生检查点时，除了检查点后台进程要读/写数据文件的文件头和控制文件之外，还要调用 DBWR 后台进程将所有的脏数据写到数据文件中，因此要产生大量的输入/输出。所以重做日志文件（成员）不能设置得太小。我本人就曾多次遇到由于重做日志文件设置得太小而造成的系统效率问题，这时重做日志在一两分钟内就切换一次。解决的方法就是使用本书第 5.11 节所介绍的方法重新配置重做日志，这里就不再重复了。

到底重做日志文件要设置为多大呢？有些书上说重做日志文件的设置要适中。问题是多大是适中？相信多数读者还是希望知道一个确切的值。对大量的生产或商业数据库的调查研究表明：一般将重做日志的切换控制在 20～30 分钟，这对多数的数据库系统都是可以接受的。

接下来的问题是怎样获得重做日志切换的时间及时间间隔？绝大多数书上说通过查看报警（alert）

文件来获得。这种方法是可以的，但是在生产数据库上工作过的读者可能会发现这个文件常常太大，要想找到相关的信息并不容易。**如果数据库是运行在归档模式，可以使用操作系统命令来获取这一信息。**如在 **Windows** 操作系统上可以使用资源管理器，也可以使用 **DOS** 命令，此时先使用 **cd** 命令切换到归档文件所在的目录（文件夹），之后使用 **dir /od** 命令，其中 **dir** 为列目命令，"**/**" 后是命令的选项，**o** 表示 **order**（排序），**d** 表示 **date**（日期）。如果是 **UNIX** 或 **Linux** 操作系统，就可以使用 **ls –l** 命令。

但是如果数据库没有运行在归档模式或对该操作系统不熟悉又该如何处理呢？此时可以使用数据字典 **v$log_history**。以下是使用这一数据字典获取重做日志切换的时间及时间间隔的例子。首先必须以 system 或 sys 用户登录数据库系统，之后使用例 23-29 和例 23-30 的 SQL*Plus 命令对显示输出进行格式化。

例 23-29
```
SQL> set line 120
```
例 23-30
```
SQL> set pagesize 50
```
之后，就可以**使用例 23-31 的 SQL 语句从数据字典 v$log_history 获取重做日志切换的时间及时间间隔了。**

例 23-31
```
SQL> select sequence#, TO_CHAR(FIRST_TIME, 'RR-MM-DD HH:MM:SS') "Date Time"
  2  from v$log_history;
 SEQUENCE# Date Time
---------- -----------------
         1 08-04-25 05:04:56
         2 08-04-25 05:04:59
         3 08-04-25 05:04:11
         4 08-04-25 05:04:44
         5 08-05-21 08:05:28
......
已选择 12 行。
```
这种方法是不是更简单？但是在大型的数据库中 v$log_history 中的数据行可能太多，此时可以使用 WHERE 子句来限制输出的量，也可以使用 SPOOL 命令将显示的结果放到正文文件中。此时可能需要知道当前日志序列号，可以使用 SQL*Plus 的 archive log list 命令来获取，但是该命令只有 sys 用户才能使用。

23.7 通过移动表和索引来减少 I/O 竞争的实例

先驱公司的一个分公司的数据库最近随着业务量的急剧增加，访问速度也越来越慢。令 DBA 感到不解的是，虽然他已经增大了所有的内存缓冲区，而且还将不同的文件分别移动到了不同的硬盘和 I/O 控制器上，但是数据库系统的效率几乎没有任何改进的迹象。无奈之下他只得再次求助顶头上司宝儿。

宝儿来到现场后得知该数据库是两年前这个分公司还没有并入先驱公司之前请的一位 IT 论坛的版主创建的。可能那时这位"大虾"刚刚出道不久，为了降低风险，也可能为了省事，居然所有的用户数据都存放在了 scott 用户下。于是宝儿首先以 scott 用户登录数据库系统，为了使后面 SQL 语句的显示输出结果清晰易读，他使用了例 23-32 和例 23-33 的 SQL*Plus 格式化命令。

例 23-32
```
SQL> col TABLE_NAME for a15
```
例 23-33
```
SQL> col TABLESPACE_NAME for a18
```

随后，他使用例 23-34 的 SQL 语句从数据字典 user_tables 获取 scott 用户中所有的表所存放的表空间的信息。

例 23-34

```
SQL> select table_name, tablespace_name
  2  from user_tables;
TABLE_NAME        TABLESPACE_NAME
---------------   ---------------

BONUS             USERS
DEPT              USERS
EMP               USERS
SALGRADE          USERS
```

天哪！居然所有的用户表都存放在一个表空间中，难怪系统效率这么低。宝儿紧接着使用例 23-35 的 SQL 语句从数据字典 user_indexes 获取该用户的所有的索引所存放的表空间的信息。

例 23-35

```
SQL> select index_name, table_name, tablespace_name, status
  2  from user_indexes;
INDEX_NAME                 TABLE_NAME        TABLESPACE_NAME      STATUS
------------------------   ---------------   ------------------   ------

PK_EMP                     EMP               USERS                VALID
PK_DEPT                    DEPT              USERS                VALID
```

真是不看不知道，一看吓一跳。所有的用户索引居然也都存放在一个表空间里，而且还与它们所对应的表放在了一起，系统能不慢吗？

📢 提示：

在有些 Oracle 数据库上更恐怖，所有的用户表和索引都存放在 system 表空间中，因此产生的数据库系统效率问题就可想而知了。

之后，宝儿立即启动一个 DOS 窗口，随即使用例 23-36 的操作系统命令启动 SQL*Plus 并以 system 用户登录数据库系统。

例 23-36

```
F:\>sqlplus system/wuda
```

接下来，他使用例 23-37 的 SQL 语句从数据字典 dba_users 获取 scott 用户的默认表空间等信息。

例 23-37

```
SQL> select username, created, DEFAULT_TABLESPACE
  2  from dba_users
  3  where username = 'SCOTT';
USERNAME          CREATED          DEFAULT_TABLESPACE
---------------   --------------   ------------------

SCOTT             30-8月 -05        USERS
```

看到了例 23-37 的显示结果，宝儿立即明白了为什么 scott 用户所有的数据都放在了 USERS 表空间，因为这个表空间是该用户的默认表空间。为了将 scott 用户的数据移到其他的表空间，宝儿先得找到合适的表空间。于是，他使用了例 23-38 的 SQL 语句从数据字典 dba_data_files 列出数据库中所有的表空间及它们所对应的数据文件。

例 23-38

```
SQL> select file_name, tablespace_name
  2  from dba_data_files;
```

```
FILE_NAME                                                        TABLESPACE_NAME
-------------------------------------------------------------    ----------------
F:\ORACLE\PRODUCT\10.2.0\ORADATA\JINLIAN\USERS01.DBF             USERS
F:\ORACLE\PRODUCT\10.2.0\ORADATA\JINLIAN\SYSAUX01.DBF            SYSAUX
F:\ORACLE\PRODUCT\10.2.0\ORADATA\JINLIAN\UNDOTBS01.DBF           UNDOTBS1
F:\ORACLE\PRODUCT\10.2.0\ORADATA\JINLIAN\SYSTEM01.DBF            SYSTEM
F:\ORACLE\PRODUCT\10.2.0\ORADATA\JINLIAN\EXAMPLE01.DBF           EXAMPLE
F:\DISK2\MOON\PIONEER_DATA.DBF                                   PIONEER_DATA
F:\DISK4\MOON\PIONEER_INDX.DBF                                   PIONEER_INDX
```

已选择 7 行。

宝儿知道 PIONEER_DATA 表空间是为了存放用户表而设计的, 而 PIONEER_INDX 表空间是为了存放用户的索引而设计的, 并且它们上面都有足够的磁盘空间。于是, 他**使用例 23-39 的 SQL 语句先将 scott 用户的默认表空间改为 PIONEER_DATA**。

例 23-39

```
SQL> alter user scott default tablespace pioneer_data;
用户已更改。
```

随即, 他使用了例 23-40 的 SQL 语句来验证 scott 用户的默认表空间是否真的已经成为了 PIONEER_DATA。

例 23-40

```
SQL> select username, created, DEFAULT_TABLESPACE
  2  from dba_users
  3  where username = 'SCOTT';
USERNAME         CREATED         DEFAULT_TABLESPACE
---------------  --------------  -------------------
SCOTT            30-8 月 -05      PIONEER_DATA
```

当确认准确无误之后, 他立即切换回 scott 用户并使用例 23-41 的 SQL 语句将 scott 用户的 emp 表移动到 PIONEER_DATA 表空间中。

例 23-41

```
SQL> alter table emp move tablespace pioneer_data;
```

之后, 他使用了例 23-42 的 SQL 语句来验证现在 scott 用户的 emp 表是否真的存放在了 PIONEER_DATA 表空间中。

例 23-42

```
SQL> select table_name, tablespace_name
  2  from user_tables;
 TABLE_NAME          TABLESPACE_NAME
---------------    ----------------
BONUS              USERS
DEPT               USERS
EMP                PIONEER_DATA
SALGRADE           USERS
```

宝儿紧接着使用例 23-43 的 SQL 语句再次从数据字典 user_indexes 获取该用户的所有索引所存放的表空间和状态等信息。

例 23-43

```
SQL> select index_name, table_name, tablespace_name, status
  2  from user_indexes;
```

INDEX_NAME	TABLE_NAME	TABLESPACE_NAME	STATUS
PK_EMP	EMP	USERS	UNUSABLE
PK_DEPT	DEPT	USERS	VALID

从例 23-43 的显示结果可知，当移动了表之后，基于这个表的索引的状态就变成了 UNUSABLE。此时必须重建这些索引，否则所有对该表的访问都要以全表扫描的方式进行，这势必使数据库系统的效率下降。

📢 提示：

有时发现访问某个表的速度突然不知什么原因变得很慢，就可以使用例 23-43 的 SQL 语句查看一下，没准哪个索引变成了 UNUSABLE。

之后，他使用例 23-44 的 SQL 语句**重建了索引 pk_emp 并同时将它移动到表空间 PIONEER_INDX 中**。
例 23-44
```
SQL> alter index pk_emp rebuild tablespace pioneer_indx;
索引已更改。
```
随后，他使用了例 23-45 的 SQL 语句来验证索引 pk_emp 的状态是否已经变成了 VALID 并且它是否真的存放在了 PIONEER_INDX 表空间中。

例 23-45
```
SQL> select index_name, table_name, tablespace_name, status
  2  from user_indexes;
```

INDEX_NAME	TABLE_NAME	TABLESPACE_NAME	STATUS
PK_EMP	EMP	PIONEER_INDX	VALID
PK_DEPT	DEPT	USERS	VALID

例 23-45 的显示输出结果表明：所做的索引的重建和移动操作都已经成功。**现将表和所对应的索引移动到其他表空间的操作总结如下：**

（1）以要移动对象的用户登录数据库系统。
（2）使用数据字典 user_tables 获取要移动表的相关信息。
（3）使用数据字典 user_indexes 获取与这些表对应的索引的相关信息。
（4）再启动一个 SQL*Plus 窗口并以 system 用户登录数据库系统。
（5）使用数据字典 dba_users 获取要移动对象的用户的默认表空间。
（6）使用数据字典 dba_data_files 列出所有表空间及所对应的数据文件。
（7）**使用 alter user 命令修改这个用户的默认表空间。**
（8）使用数据字典 dba_users 检查修改是否成功。
（9）**切换回要移动对象的用户并用 alter table move 命令将表移动到新的表空间中。**
（10）使用数据字典 user_tables 检查移动是否成功。
（11）使用数据字典 user_indexes 查看相关索引的状态等。
（12）**使用 alter index rebuild 命令重建索引并将其移动到新的索引表空间中。**
（13）再使用数据字典 user_indexes 检查重建和移动是否成功。

重复以上操作将所有需要移动的表和索引都移动到应该存放的表空间中。**这里需要说明一下移动的次序：**
（1）**先修改用户的默认表空间。**
（2）**之后再移动表。**
（3）**最后移动索引。**

先修改了用户的默认表空间才能保证当用户再创建新表时不至于又存放到了原来的表空间。因为表移动后与这个表所对应的索引都变成了无用，所以一定是先移动表之后才能移动相关的索引。

可能有读者在想：移动表的工作是不是太麻烦了？其实上面的工作对商业公司来说本身就是件很大的事，所以读者在进行上面的操作时根本不用着急。那么大的问题，您能找到并解决，老板已经高兴得不得了了，多花点时间根本不是问题。

23.8　您应该掌握的内容

在学习完本章之后，请检查一下您是否已经掌握了以下的内容：

- 输入/输出（I/O）优化的重要性。
- 主要后台进程对不同种类文件的 I/O 操作。
- 文件输入/输出优化的基本原则。
- 表空间输入/输出优化的基本原则。
- 怎样进行数据文件（I/O）量的监控与诊断。
- 进行表和索引一级的（I/O）优化的基本操作。
- 怎样解决删除操作对还原段的冲击问题。
- 怎样进行重做日志的优化。
- 怎样将用户表和索引分布到不同的表空间。

第 24 章　EM、iSQL*Plus 和数据库自动管理

在第 22 章和 23 章中介绍了怎样利用命令行工具进行 Oracle 数据库系统的诊断和优化，但是一些从没有接触过命令行的初学者往往觉得图形工具更亲切也更容易掌握。下面将首先介绍 Oracle 图形管理工具——企业管理器（Enterprise Manager，EM）。

24.1　Oracle 10g 和 Oracle 11g 企业管理器简介

为了能比较深入地解释图形工具的工作原理，请读者使用如下的方法在 Windows 操作系统中停止 Oracle 的监听（listener）、控制台（console）和 iSQL*Plus 这 3 个服务：

（1）打开控制面板。

（2）打开管理工具。

（3）打开服务。

（4）选择要停止的服务并双击打开服务的属性。

（5）停止该服务。

重复第（4）、第（5）步直到将这 3 个服务全都停止。之后，就可以继续下面的工作了。

由于 **Oracle 10g 和 Oracle 11g 必须在 Internet 浏览器中登录 Oracle 数据库控制台，因此首先要获得企业管理器（EM）控制台的 HTTP 端口号**。为此要进入 $ORACLE_HOME\ install 目录，在这个目录下有一个名为 portlist.ini 的正文文件，选择并双击将该文件打开。该文件不但存有企业管理器控制台的 HTTP 端口号，而且还存有 Oracle 的另外一个工具 iSQL*Plus 的 HTTP 端口号，如图 24-1 所示。

当获得了 **EM 的 HTTP 端口号之后，就可以使用网络浏览器登录企业管理器控制台了。现在启动 IE，并在 IE 中输入 http://localhost: 1158/em（如果是远程登录要将 localhost 换成主机名或 IP 地址）。**如果一切正常应该出现企业管理器控制台的登录界面。但是此时，却只能看到如图 24-2 所示的出错画面。

图 24-1

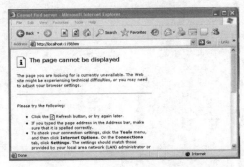

图 24-2

🔊 提示：

> 如果读者使用的是 Oracle 11g，在连接企业管理器控制台时使用的是 https 而不是 http。如使用的是 Oracle 11.2，目录 I:\app\Administrator\product\11.2.0\dbhome_1\install 存放 portlist.ini 文件。而在 IE 中的输入为 https://localhost:1158/em。

读者根本不必着急，因为控制台服务（在 UNIX 和 Linux 系统上是进程）没有启动。为了使操作看上去专业，下面使用命令行的方式启动控制台进程。首先启动一个 DOS 窗口，之后使用例 24-1 的操作

系统 cd 命令进入 C:\oracle\product\10.2.0\db_1\BIN 目录（这里 C:\oracle\product\10.2.0\db_1 就是所谓的 $ORACLE_HOME）。

例 24-1

```
C:\Documents and Settings\Owner>cd C:\oracle\product\10.2.0\db_1\BIN
```

使用例 24-2 的命令利用 **Oracle 提供的企业管理器控制程序查看当前控制台进程的状态。**

例 24-2

```
C:\oracle\product\10.2.0\db_1\BIN>emctl status dbconsole
Oracle Enterprise Manager 10g Database Control Release 10.2.0.1.0
Copyright (c) 1996, 2005 Oracle Corporation.  All rights reserved.
http://localhost:1158/em/console/aboutApplication
Oracle Enterprise Manager 10g is not running.
-----------------------------------------------------------------
Logs are generated in directory C:\oracle\product\10.2.0\db_1/localhost_jinlian/
sysman/log
```

例 24-2 的显示结果表明控制台进程没有启动。接下来，试着**使用例 24-3 的命令利用 Oracle 提供的企业管理器控制程序启动控制台进程。**

例 24-3

```
C:\oracle\product\10.2.0\db_1\BIN>emctl start dbconsole
Environment variable ORACLE_SID not defined. Please define it.
```

此时，控制台进程并没有按预期启动。但是**从例 24-3 的显示结果可知这是没有定义 ORACLE_SID 造成的，于是使用例 24-4 的操作系统命令设置这一操作系统变量。**

例 24-4

```
C:\oracle\product\10.2.0\db_1\BIN>set ORACLE_SID=jinlian
```

随后，使用例 24-5 的命令**再次利用 Oracle 提供的企业管理器控制程序启动控制台进程，**如图 24-3 所示。

例 24-5

```
C:\oracle\product\10.2.0\db_1\BIN>emctl start dbconsole
Oracle Enterprise Manager 10g Database Control Release 10.2.0.1.0
Copyright (c) 1996, 2005 Oracle Corporation.  All rights reserved.
http://localhost:1158/em/console/aboutApplication
Starting Oracle Enterprise Manager 10g Database Control ...The OracleDBConsoleji
nlian service is starting................
The OracleDBConsolejinlian service was started successfully.
```

从例 24-5 的显示结果可知：**这次控制台进程已经启动了。此时，再次在 IE 中输入 http://localhost:1158/em，终于可以登录 Oracle 10g 数据库控制台了，**登录后的画面如图 24-4 所示。

图 24-3

图 24-4

从图 24-4 看出好像什么地方有点不对劲，此时如果使用这一图形工具会发现它无法正常工作，这是因为还有个非常重要的进程，**即监听进程没有启动。于是使用例 24-6 的命令在操作系统上启动 Oracle**

的一个命令行工具——监听控制程序（**lsnrctl**）。

例 24-6

```
C:\oracle\product\10.2.0\db_1\BIN>lsnrctl
LSNRCTL for 32-bit Windows: Version 10.2.0.1.0 - Production on 21-3月 -2008 16:2
1:32
Copyright (c) 1991, 2005, Oracle.  All rights reserved.
欢迎来到 LSNRCTL，请键入"help"以获得信息。
```

如果想知道在监听控制程序中可以使用哪些命令，可以在 LSNRCTL 提示符下（在监听控制程序中）使用例 24-7 的 help 命令（在 LSNRCTL 提示符下输入的命令都是监听控制程序提供的命令）。

例 24-7

```
LSNRCTL> help
以下操作可用
星号 (*) 表示修改符或扩展命令：

start              stop              status
services           version           reload
save_config        trace             change_password
quit               exit              set*
show*
```

help 命令列出了监听控制程序提供的所有命令。下面使用例 24-8 利用 **status** 的命令获取监听控制程序当前的状态（为了节省篇幅和显示清晰，删除了一些输出显示并对格式做了调整）。

例 24-8

```
LSNRCTL> status
正在连接到 (DESCRIPTION=(ADDRESS=(PROTOCOL=IPC)(KEY=EXTPROC1)))
TNS-12541: TNS: 无监听程序
 TNS-12560: TNS: 协议适配器错误
  TNS-00511: 无监听程序
   32-bit Windows Error: 2: No such file or directory
正在连接到 (DESCRIPTION=(ADDRESS=(PROTOCOL=TCP)(HOST=localhost)(PORT=1521)))
TNS-12541: TNS: 无监听程序
 TNS-12560: TNS: 协议适配器错误
  TNS-00511: 无监听程序
   32-bit Windows Error: 61: Unknown error
```

从例 24-8 的显示结果可知：监听程序没有启动。于是**使用例 24-9 的 start 命令启动监听进程**。

📢 提示：

监听进程是负责处理远程连接的，如果监听进程没有启动，用户是不能进行远程连接的。

例 24-9

```
LSNRCTL> start
启动 tnslsnr: 请稍候...
TNSLSNR for 32-bit Windows: Version 10.2.0.1.0 - Production
系统参数文件为 C:\oracle\product\10.2.0\db_1\network\admin\listener.ora
写入 C:\oracle\product\10.2.0\db_1\network\log\listener.log 的日志信息
监听: (DESCRIPTION=(ADDRESS=(PROTOCOL=ipc)(PIPENAME=\\.\pipe\EXTPROC1ipc)))
监听: (DESCRIPTION=(ADDRESS=(PROTOCOL=tcp)(HOST=sun)(PORT=1521)))
正在连接到 (DESCRIPTION=(ADDRESS=(PROTOCOL=IPC)(KEY=EXTPROC1)))
LISTENER 的 STATUS
------------------------------------------------------------
别名              LISTENER
```

版本	TNSLSNR for 32-bit Windows: Version 10.2.0.1.0 - Production
启动日期	21-3 月 -2008 16:23:20
正常运行时间	0 天 0 小时 0 分 3 秒
跟踪级别	off
安全性	ON: Local OS Authentication
SNMP	OFF
监听程序参数文件	C:\oracle\product\10.2.0\db_1\network\admin\listener.ora
命令执行成功	

从例 24-9 的显示结果可知：**监听进程已经启动了**。再次在 Internet 浏览器中输入 http://localhost:1158/em，Oracle 10g 数据库控制台终于可以正常工作了，登录后的画面如图 24-5 所示。

是不是挺麻烦的？这也是为什么许多有经验的 DBA 不愿意使用图形工具的原因之一。使用图形工具时，可能出问题的地方就增多了，一旦数据库系统出了问题，就很难找到究竟是"驴不走"还是"磨盘不转"。而命令行工具就不存在这一问题。

本来想使用图形工具在干活时偷点懒，结果光是登录图形工具就折腾了这么久，真是令人感到郁闷。现在终于可以使用它了，看看它到底有什么能耐。进入数据库控制台之后，选择"管理"选项卡（**在 Oracle 11g 中已经将"管理"选项卡改成了"服务器"选项卡**），如图 24-6 所示。

图 24-5

图 24-6

然后，单击"表空间"链接，就会看到该数据库所有表空间的配置。选择一个感兴趣的表空间（这里选择了 users），再从操作菜单中选择"生成 DDL"选项，如图 24-7 所示。

稍微等一会，就会出现如图 24-8 的创建 USERS 表空间所需的 DDL 语句。现在，可以将这些 DDL 语句导到一个 Oracle 脚本文件中，并可以在另一个系统上重新创建该表空间了。就这么简单，您又一次这么容易地站在别人的肩膀上了。

图 24-7

图 24-8

以上轻松导出了表空间的结构。下面，使用这一图形工具导出表结构及表之间的关系，即约束。为此，先退回到数据库控制台的管理页，然后单击方案部分的数据库对象下的"表"超链接，如图 24-9 所示。

之后，在方案中输入感兴趣的方案名（用户名），在这里输入大家十分熟悉的 scott 用户，如图 24-10 所示。

图 24-9

图 24-10

单击"开始"按钮，就会出现如图 24-11 所示的画面。再选择 emp 表，用鼠标左键单击 EMP 超链接。

之后，就会出现如图 24-12 所示的画面，上面包含了关于 emp 表的结构的所有信息，以及在该表上所有的约束和索引的信息。有了这些信息可以非常容易地还原其实体—关系图。

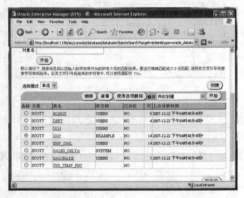

图 24-11

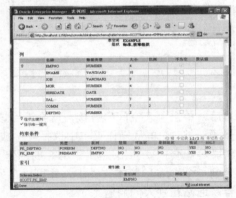

图 24-12

还可以使用类似图 24-7 的操作导出生成 emp 表的 DDL 语句。为了节省篇幅，这里就不再介绍了。如果读者感兴趣，可以自己试一下。当导出了所有需要的信息之后，可以使用如图 24-13 所示的操作退出图形界面。

Oracle 还提供了一个 iSQL*Plus 工具，曾经讲过，但是一直也没用过，现在也用一把。为此，**启动 IE，并在 IE 中输入 http://localhost:5560/ isqlplus/（如果是远程登录要将 localhost 换成主机名或 IP 地址）。如果一切正常应该出现 isqlplus 的登录界面。**但是此时，却只能看到如图 24-14 所示的出错画面。

🔊 提示：

Oracle 11g 和 Oracle 12c 默认并不安装 iSQL*Plus 工具，取而代之的是安装了 SQL Developer。如果读者的系统上没有安装 iSQL*Plus，相关的部分可以跳过。

图 24-13

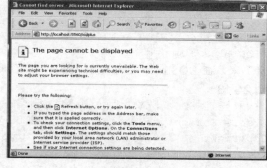

图 24-14

真有点扫兴，又出错了。不过读者也没有必要着急，这是因为 isqlplus 服务（在 UNIX 和 Linux 系统上是进程）没有启动。为了使操作看上去专业，下面使用命令行的方式启动 isqlplus 进程。由于在前面进入监听控制程序进行操作之后并未退出，所以重新进入 DOS 窗口时应该还在监听控制程序中，于是**使用例 24-10 的 exit 命令退出监听控制程序。**

例 24-10

```
LSNRCTL> exit
```

随后，使用例 24-11 的命令**利用 Oracle 提供的 isqlplus 控制程序启动 isqlplus 进程。**

例 24-11

```
C:\oracle\product\10.2.0\db_1\BIN>isqlplusctl start
iSQL*Plus 10.2.0.1.0
Copyright (c) 2003, 2005, Oracle.  All rights reserved.
Starting iSQL*Plus ...
iSQL*Plus started.
```

之后，**再次启动 Internet 浏览器，并在 Internet 浏览器中重新输入 http://localhost:5560/ isqlplus/，这次就会出现 isqlplus 的登录界面了**，如图 24-15 所示。

此时，就可以输入用户名、密码等信息登录数据库系统了。isqlplus 并不是在 Oracle 10g 才引入的，而是从 Oracle 9i 就引入了。但在 Oracle 9i 中，isqlplus 的端口号保存在 $ORACLE_ HOME\Apache\Apache\ ports.ini 文件中，例如 E:\ORACLE\ora92\Apache\Apache\ports.ini 文件。

如果现在要关闭数据库系统，最好不要直接关闭计算机，因为这样做可能会损坏系统，甚至造成数据库系统崩溃。一般关闭数据库系统的操作顺序如下：

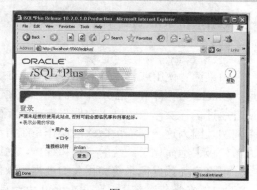

图 24-15

（1）在操作系统下，使用 isqlplusctl stop 命令停止 isqlplus 进程。

（2）在操作系统下，使用 emctl stop dbconsole 命令停止企业管理器的控制台进程。

（3）在操作系统下，使用 lsnrctl stop 命令停止监听进程。

（4）在 SQL*Plus 中使用 shutdown immediate 命令关闭数据库。

（5）使用 SQL*Plus 的 exit 命令退出 SQL*Plus。

其中，第（1）步和第（2）步的次序可以互换。下面，给出具体的操作命令。首先，在 DOS 操作系统上使用例 24-12 的 isqlplusctl stop 命令停止 isqlplus 进程。

例 24-12

```
C:\oracle\product\10.2.0\db_1\BIN>isqlplusctl stop
```

```
iSQL*Plus 10.2.0.1.0
Copyright (c) 2003, 2005, Oracle.  All rights reserved.
Stopping iSQL*Plus ...
iSQL*Plus stopped.
```

接下来，在 DOS 操作系统上使用例 24-13 的 emctl stop dbconsole 命令停止控制台进程。

例 24-13

```
C:\oracle\product\10.2.0\db_1\BIN>emctl stop dbconsole
Oracle Enterprise Manager 10g Database Control Release 10.2.0.1.0
Copyright (c) 1996, 2005 Oracle Corporation.  All rights reserved.
http://localhost:1158/em/console/aboutApplication
The OracleDBConsolejinlian service is stopping.....
The OracleDBConsolejinlian service was stopped successfully.
```

随后，在 DOS 操作系统上使用例 24-14 的 lsnrctl stop 命令停止该数据库的监听进程。

例 24-14

```
C:\oracle\product\10.2.0\db_1\BIN>lsnrctl stop
LSNRCTL for 32-bit Windows: Version 10.2.0.1.0 - Production on 21-3月 -2008 16:5
7:59
Copyright (c) 1991, 2005, Oracle.  All rights reserved.
正在连接到 (DESCRIPTION=(ADDRESS=(PROTOCOL=IPC)(KEY=EXTPROC1)))
命令执行成功
```

然后，在 SQL*Plus 中使用例 24-15 的 shutdown immediate 命令关闭数据库系统。

例 24-15

```
SQL> shutdown immediate
数据库已经关闭。
已经卸载数据库。
ORACLE 例程已经关闭。
```

最后，在 SQL*Plus 中使用例 24-16 的 exit 命令退出 SQL*Plus。

例 24-16

```
SQL> exit
```

如果读者使用或管理过 UNIX 或 Linux 操作系统中的 Oracle 数据库，可能会发现：当操作系统启动后，Oracle 数据库和上面所介绍的几个重要的进程并不自动启动，而是需要系统管理员用命令来启动，或者通过运行操作系统脚本文件来启动（当然得有高手写了脚本文件才能运行）。在微软的系统上没有这个问题，因为这一切都由微软的操作系统自动做完了。这样看，比尔·盖茨应该算是一个大善人了，因为微软极大地简化了系统的安装和维护，为计算机和软件的普及立下了头功。

现将启动数据库系统和相关的进程的操作顺序归纳如下：

（1）在操作系统下，使用 lsnrctl start 启动监听进程。

（2）在 SQL*Plus 中使用 connect sys/ "密码" as sysdba 以 SYSDBA 身份登录数据库。

（3）在操作系统提示下，使用 sqlplus /nolog 进入 SQL*Plus。

（4）在 SQL*Plus 中使用 startup 命令启动数据库系统。

（5）在操作系统下，使用 emctl start dbconsole 启动企业管理器的控制台进程。

（6）在操作系统下，使用 isqlplusctl start 启动 isqlplus 进程。

其中，第（5）步和第（6）步的次序可以互换。下面，给出具体的操作命令。

首先，在 DOS 操作系统上使用例 24-17 的 lsnrctl start 命令启动数据库监听进程。

例 24-17

```
C:\oracle\product\10.2.0\db_1\BIN>lsnrctl start
```

接下来，在 DOS 操作系统上使用例 24-18 的命令启动 SQL*Plus 进程。

例 24-18

```
C:\Documents and Settings\Owner>sqlplus /nolog
SQL*Plus: Release 10.2.0.1.0 - Production on 星期五 3 月 21 17:00:42 2008

Copyright (c) 1982, 2005, Oracle.  All rights reserved.
```

之后，使用例 24-19 的 SQL*Plus 命令以 SYSDBA 身份登录数据库系统。

例 24-19

```
SQL> connect sys/wuda as sysdba
已连接到空闲例程。
```

接下来，使用例 24-20 的 SQL*Plus 命令 startup 启动数据库系统。

例 24-20

```
SQL> startup
ORACLE 例程已经启动。

Total System Global Area    314572800 bytes
Fixed Size                    1248768 bytes
Variable Size               171966976 bytes
Database Buffers            134217728 bytes
Redo Buffers                  7139328 bytes
数据库装载完毕。
数据库已经打开。
```

之后，在操作系统中，使用例 24-21 的 emctl start dbconsole 命令启动企业管理器的控制台进程。

例 24-21

```
C:\oracle\product\10.2.0\db_1\BIN>emctl start dbconsole
```

最后，在操作系统中，使用例 24-22 的 isqlplusctl start 命令启动 isqlplus 进程。

例 24-22

```
C:\oracle\product\10.2.0\db_1\BIN>isqlplusctl start
```

为了节省篇幅，在以上所有的操作中都省略了显示输出。读者也可以将上面的命令存入脚本文件中，通过每次运行脚本文件来执行这些操作命令。

在即将结束这一节时，需要提醒读者一下。**Oracle 企业管理器是一个管理员工具，不少公司出于安全的原因，只允许 DBA 用户使用这一工具。由于这一工具太强大了，所以使用时要相当小心**。现实社会也是一样，如氢弹可以说是超级武器，但是从它诞生到现在，半个多世纪都过去了，还没有哪个国家领导人敢把它用于实战。另外，**如果用户在系统效率很低时，用这一工具进行诊断的话，有时可能会遇到麻烦，因为这一图形工具本身要消耗不少的系统资源**。有关 Oracle 11g 企业管理器的使用，请读者参阅资源包中的视频教程。

📢 **提示：**

Oracle 还提供了两个比较流行和实用的 Oracle 开发人员使用的图形工具，它们是 PL/SQL Developer 和 Oracle SQL Developer。由于本书篇幅所限，并未将它们包含在本书正文中，而是以电子版的方式将其放在了资源包 "内容补充" 文件夹中，感兴趣的读者可以自己查阅。有关 Oracle 12c 的 EM Database Express 和 SQL Developer 的使用，请读者参阅资源包中的视频教程。

24.2 Oracle 10g、Oracle 11g 和 Oracle 12c 数据库自动管理简介

虽然 Oracle 数据库管理系统在数据库领域的优越表现是毋庸置疑的，它的市场占有率多年来一直超

过所有竞争对手的总和，不过由于管理和维护方面过于繁琐和复杂，一些潜在的用户对 Oracle 系统产生了一种畏惧心理。一些维护和优化工作，即使是一些有经验的数据库管理员或运维人员也觉得是一项令人望而生畏的工作，如 Oracle 的优化器在进行代码优化时需要及时地统计信息，但是统计信息的收集却是手动的。也许正是这一原因使一些 Oracle 的潜在用户最终放弃了 Oracle，而选用了更为简单易学的微软的 SQL Server。

尽管从 Oracle 8 以来 Oracle 公司一直在这方面进行着不懈的努力，但是由于受当时硬件和技术方面的一些限制，Oracle 数据库管理系统在这方面与微软的产品之间的距离并没有明显的缩小。**到了这个世纪初，Oracle 终于推出了它的第一个自我管理数据库系统——Oracle 10g，这使得许多 Oracle 从业人员和一些潜在的用户终于看到了一线曙光。Oracle 的这一巨大改进还有一个主要的幕后推手，那就是硬件技术的快速进步**（硬件性能的快速提高而且价格持续下降）。

为了完成数据库系统的自我管理，**Oracle 数据库引入了一个复杂的自我管理基础设施/结构（self-management infrastructure）。这一基础设施能够使数据库进行自我学习**，并据此来调整系统的配置以适应工作负荷的变化，而且还能自动地"治愈"许多潜在的"疾病"。是不是有点太神了？那么这一自我管理基础设施是如何实现的呢？这么神的东西又是由什么组成的呢？**Oracle 自我管理基础设施的功能如图 24-16**，其中包括了如下的主要功能和基础结构：

（1）自动工作负荷资料档案库（Automatic Workload Repository，AWR）。

（2）一些自动维护任务（Automatic maintenance tasks）。

（3）一些由服务器产生的预警（Server-generated alerts）。

（4）指导框架结构（Advisor framework）。

（5）变化管理机制（Change management）。

（6）故障管理机制（Fault management）。

正是 Oracle 10g 的自我管理功能使 Oracle 数据库的管理和维护变得轻松和简单起来（至少 Oracle 公司自己这么认为）。然而，**Oracle 10g 仅仅将其重点集中在性能和资源的自我管理上——只实现了以上所列出功能的（1）～（4）。Oracle 11g 进一步扩展了它的自我管理功能，在 Oracle 10g 的基础上额外增加了变化管理和故障管理——又增加了以上所列出功能的 5 和 6。这使得 Oracle 11g 自我管理所覆盖的范围更加全面。**

Oracle 自我管理基础设施的主要结构及工作原理如图 24-17。通过这一复杂的 Oracle 数据库基础结构，Oracle 系统本身就可以自动地管理和维护自身的数据库了，而且这种管理和维护工作既可以是主动（预先）进行的也可以是被动进行的。

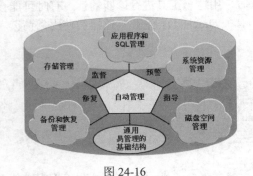

图 24-16

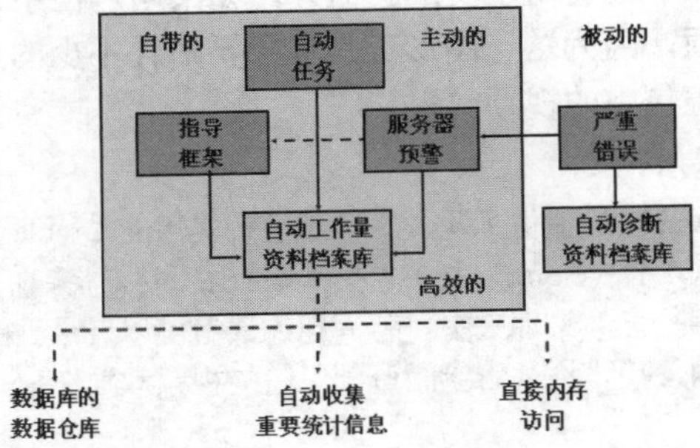

图 24-17

为了方便地执行主动数据库维护，在每个 Oracle 数据库中都有一个内置的资料档案库——自动工作负荷资料档案库(AWR)。**Oracle 数据库系统定期为所有重要统计信息及工作负荷信息创建快照**

（snapshot），并将这些快照数据存储在 AWR 中。用户可以对捕获的这些数据进行分析，也可以由数据库系统本身进行分析，或者两者兼有。Oracle 数据库系统可以使用自动任务执行常规维护操作，如常规备份、刷新 Oracle 优化器所需要的统计信息以及执行数据库健康检查等。

被动数据库维护包括了通过数据库健康检查器（程序）发现的严重错误和状态，即当出现无法自动解决且需要通知管理员的问题（如磁盘空间耗尽）时，Oracle 数据库会发出服务器生成的预警。在默认情况下，Oracle 数据库系统监视数据库本身，并发送预警通知您发生的问题。预警不仅发送通知，通常还会就如何解决所报告的问题提供建议。Oracle 系统将根据一些指导生成推荐的解决方案，而每个指导又负责一个子系统，其中包括内存指导、段指导和 SQL 指导等。

24.3　数据库自动管理中的常用术语和统计级别

为了能够进行数据库的自我管理，Oracle 引入了许多新的结构，同时也引入了一些新的技术术语。以下就是一些主要技术术语的定义。

- ➥ **自动工作负荷资料档案库(AWR)：是用于搜集和分析数据，以及提供解决方案建议的基础设施。**
- ➥ **AWR 基线：用于性能比较的一组 AWR 快照。**
- ➥ **统计信息：**用于提供数据库和对象详细信息的数据集合，其中包括：
  - ✧ 优化程序统计信息：供查询优化程序使用。
  - ✧ 数据库统计信息：　用于性能监视。
- ➥ **度量：累计统计数据的变化率。**
- ➥ **阈值：度量值与之相比较的边界值。**

自动工作量（负荷）资料档案库（AWR）为内部 Oracle 服务器组件提供服务，通过收集、处理、维护和使用性能统计信息来进行问题检测和自优化。活动会话历史记录（ASH）指的是存储在 AWR 中的最近会话活动的历史记录（有关 ASH 的内容将在随后的章节中详细介绍）。

统计信息是一些数据的集合，提供有关数据库及数据库中对象的详细信息。查询优化器（也有人翻译成查询优化程序）通过使用优化器统计信息可为每个 SQL 语句选择最佳执行计划。数据库统计信息提供用于性能监视的信息。

度量为累计统计数据的变化率，如每秒物理读。而**阈值**是一组变化的度量，当某个度量的值超过规定的阀值时 Oracle 就会产生预警（信息）。

AWR 快照包括数据库统计信息和度量、应用程序统计信息（事务处理量和响应时间）、操作系统统计信息及其他度量。**AWR 基线**是在一段时间内收集的一组 AWR 快照。基线用于性能比较，这既可以是当前性能与基线的比较，也可以是一个基线与另一基线的比较。

这里介绍一下快照。快照（snapshot）是一个在 Oracle 中使用频率比较高的术语，不过多多少少有些令初学者感到困惑的是很难在书中找到这一术语的明确定义。可能许多作者认为快照的概念太简单直观了已经无需解释了。**快照这一词源自摄影，原意是指在摄影时按下照相机快门所拍下的"美好"瞬间。在 Oracle 数据库中是指所记录下来的在某一瞬间的系统数据。**

在 Oracle 11g 和 Oracle 12c 中，默认情况下会收集系统移动窗口基线。系统移动窗口基线是一组不断变化的快照，默认情况下包括最近 8 天的快照。收集了足够的数据后，此基线会变为有效，并会执行统计信息计算。默认情况下，统计信息计算被安排在每周六午夜。

要使 Oracle 能够自动地收集统计信息，还必须设置初始化参数 STATISTICS_LEVEL。这一初始化参数可控制对各种统计信息和指导信息的捕获，实际上也包括了控制自动维护任务。而自动维护任务就包括搜集优化程序统计信息。可以将初始化参数 STATISTICS_LEVEL 设置为如图 24-18 所示的三个不同级别，其解释如下。

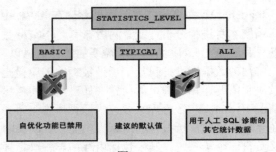

图 24-18

BASIC：关闭 AWR 统计信息和度量的计算。自动优化程序统计信息任务处于禁用状态，所有指导和服务器生成的预警也处于禁用状态。

TYPICAL：只收集了部分的统计信息。这一级别保证自动收集数据库自我管理功能所需的全部主要统计信息，同时也提供了整体上系统最优的性能。这些统计信息是监督 Oracle 数据库运行通常所需要的信息。利用自动收集所需的统计信息，可以减少由于统计信息过时或无效而导致不正确执行 SQL 语句的可能性。

ALL：捕获所有可能的统计信息。正常情况下一般是不需要那些额外的统计信息的，要获得最佳性能，一般不要设置这一级别，因为这一级别会消耗大量的系统资源。**只有在执行特定的诊断测试时才可能需要这些额外的统计信息，一旦收集完了足够的统计信息之后，应立即切换回 TYPICAL 级别。**

Oracle 建议将 STATISTICS_LEVEL 初始化参数设置为默认值 TYPICAL（这也是 Oracle 的默认设置）。如果将该参数的值设置为 BASIC，则会禁用自动收集优化程序统计信息。

24.4 自动工作负荷资料档案库

自动工作负荷资料档案库 AWR 是为 Oracle 数据库组件提供服务的基础设施，通过它可收集、维护和使用统计信息，以进行问题检测和自优化。可将这个基础设施视为存放数据库统计信息、度量等的一个数据仓库。

在默认情况下，数据库每 60 分钟（默认快照的时间间隔为 1 小时）从 SGA 中自动捕获统计信息，然后将其以快照形式存储在 AWR 中。这些快照通过一个名为可管理性监视器（Manageability Monitor，MMON）的后台进程存储在磁盘上，其操作方式如图 24-19 所示。**默认情况下，在 Oracle 11g 和 Oracle 12c 中快照会保留 8 天，而在 Oracle 10g 中快照则会保留 7 天。**其原因是如果想保留一周内所有的快照，7 天的设置有时会无法保留一周内的所有快照。Oracle 11g 和 Oracle 12c 将快照的保留时间增加到了 8 天，从而确保可以捕捉到完整一周的性能数据。快照时间间隔和保留期都可以修改。

AWR 中包含数百个表，所有这些表均属于 SYSMAN 模式并且存储在 SYSAUX 表空间中，AWR 是所有自我管理功能的基础。**Oracle 建议在使用 AWR 时，仅通过企业管理器或 DBMS_WORKLOAD_ REPOSITORY 软件包来访问这个资料档案库，Oracle 并不支持直接访问这些资料档案库表的 DML。**

AWR 基础设施主要由两部分组成，如图 24-20 所示，其具体解释如下：

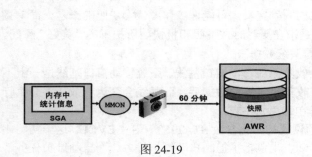

图 24-19

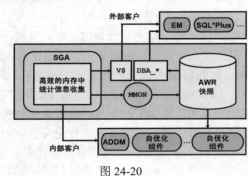

图 24-20

（1）一部分为内存中的统计信息收集设施，Oracle 数据库组件使用它收集统计信息。为了保证性能，这些统计信息都存储在内存中。可以通过动态性能(V$) 视图访问这些存储在内存中的统计信息。

（2）另一部分为存放在永久性存储设备（硬盘）上的部分——AWR 快照。通过数据字典视图和企业管理器数据库控制台（Enterprise Manager Database Control）可以访问 AWR 快照。

那么为什么一定要将数据库的统计信息存放在永久性存储（磁盘）上呢？这是出于如下几方面的考虑：

- ➥　实例崩溃后仍然需要这些统计信息。
- ➥　某些分析需要使用历史记录数据进行基线比较。
- ➥　可能会发生内存溢出。当旧的统计信息因内存不足而被新统计信息覆盖时，可存储被覆盖（替换）的数据，供以后使用。

内存版本的统计信息定期通过 MMON 后台进程转存到磁盘上。使用 AWR 时，Oracle 数据库可自动捕获历史统计信息，而不需要 DBA 进行干预。

由于 Oracle 在进行当前分析时常常需要过去 5～10 分钟内的详细统计信息，而 AWR 是每 60 分钟产生一次系统的快照，也就是说上一次的快照已经是一个小时前的了，因此 AWR 没有包含系统执行当前分析所需的足够信息。这就是为什么要引入活动会话历史（Active Session History，ASH）的原因。ASH 的结构及操作示意图如图 24-21 所示。

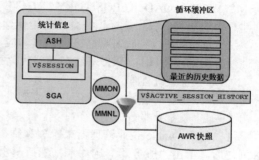

图 24-21

活动会话历史（ASH）包含了最近会话活动的历史。为了保证系统的效率，ASH 是存放在内存缓冲区中的。存放 ASH 的内存是在 SGA 中并且在实例的运行生命周期中为固定的，其大小为 2 MB/CPU。Oracle 规定 ASH 内存缓冲区的大小不能超过共享池（shared pool）大小的 5%。

正因为上述的原因，记录会话活动是非常昂贵的（对系统效率的冲击很大），所以 ASH 机制每秒钟对数据字典 V$SESSION 进行采样并只记录正在等待的会话的事件，而对非活动的会话不进行采样。ASH 的采样机制效率非常高，因为这一机制直接访问内部的数据库结构。

ASH 缓冲区被设计成内存中的一个循环使用的缓冲区（rolling buffer）——当有需要时较早的信息会被覆盖。ASH 的统计信息可以通过访问 V$ACTIVE_SESSION_HISTORY 视图获取，这个视图为每个样本的每个活动会话保存一条记录。

由于数据量过大，将所有的 ASH 数据都存放在硬盘上是根本不现实的。Oracle 采取的方法是在将这些数据存盘时对它们进行过滤，其操作由 MMON 后台进程每 60 分钟自动执行一次。另外，只要 ASH 缓冲区一存满，MMNL（Manageability Monitor Light）后台进程就自动执行这一操作。

24.5　AWR 基线

接下来，详细地介绍 Oracle 10g、Oracle 11g 和 Oracle 12c 引入的另一个重要概念——**AWR 基线(Baseline)**。其实，基线的概念并不复杂，有些类似于现实生活中的病历。因为实际的生产数据库的规模、用户数和操作特性等变化非常大，所以很难有一个统一的标准来判断数据库系统的运行正常与否。如果没有一个参照点，即使获取了所有详细的统计信息和系统配置数据，也很难断定系统的运行是否正常，更不用说确定出问题的地方了。

解决以上这一棘手问题的方法就是为所管理和维护的 Oracle 数据库建"病历"——建立一个基准的

参照点。也就是在 Oracle 系统正常运行时记录下所有将来可能有用的统计信息和系统配置。将来数据库系统有问题时就可以将所收集到的统计信息与记录的正常值进行比较，这样就很容易找出有问题的部分。实际上，这就是基线的概念。只不过在 Oracle 10g 之前这些信息的收集和保存完全使用手工方式完成，而 Oracle 10g、Oracle 11g 和 Oracle 12c 将其完全自动化了，收集和保持的这些信息实际上就是基线的基础。

基线(Baseline)通常是做了标记的并长期保存在 AWR 中的一组重要时段的快照集。快照集以一对快照来定义，这些快照用快照序列号(snap_ids)或开始与结束时间来标识。每个快照集都有一个开始和结束快照并且包括了这两个快照之间的所有快照。

🔊 提示：

> 有些书说，每个基线（快照集）对应于一对（且仅对应于一对）快照。这是不精确的，因为一个基线（快照集）不但对应于开始和结束这对快照而且也包括了这两个快照之间的所有快照。

快照集既可以使用由用户提供的名称进行标识，也可以用系统生成的标识符进行区分。通过执行 DBMS_WORKLOAD_REPOSITORY.CREATE_BASELINE 过程并指定一个名称和一对快照标识符，就可创建一个快照集。快照集标识符会分配给新建的快照集。在数据库生命周期内，快照集标识符是唯一的。

那么 AWR 基线到底有哪些方面的具体应用呢？图 24-22 给出了利用 AWR 基线进行 Oracle 数据库系统性能分析的示意图，AWR 基线在性能优化方面主要应用于以下几个方面：

（1）监视系统性能。
（2）为预警阀值的设置提供参考信息。
（3）比较指导报告。

可以使用 Oracle 企业管理器来管理和维护 AWR 快照和基线。进入 Oracle 企业管理器数据库控制台首页之后，单击"服务器"选项卡，然后单击统计信息管理部分中的自动工作量资料档案库，就将进入"自动工作量资料档案库"页，如图 24-23 所示。

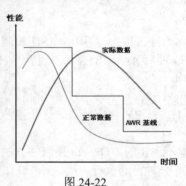

图 24-22

图 24-23

从图 24-23 可以看出在这个数据库中目前共 111 个快照和两个基线。在"自动工作量资料档案库"页上，可执行如下的操作：

- ↘ 编辑工作量资料档案库设置。
- ↘ 查看已创建快照的详细信息，或者手动创建新快照。
- ↘ 创建 AWR 基线。
- ↘ 生成 AWR 报表。

通过设置快照保留时间和快照时间间隔来控制 AWR 的历史统计信息量。通常 Oracle 将以日历的顺序自动地删除旧的快照，但是属于某一基线的所有快照将一直保留到该基线被删除或该基线失效。在一个典型的有 **10** 个活动会话的数据库系统上，如果 **AWR 数据保留一周的话，则 AWR 需要大约 200MB～300MB 的磁盘空间。**

常常是利用 Oracle 数据库的统计信息和度量值是很难确定具体的问题，如想知道目前系统的性能与一周前或一个月前的同一时间相比有什么不同，就必须将当前的性能与某个基线进行比较。

基线是一组取自某一段时间的快照集。这些快照按统计信息分组产生了随时间变化的一组基线值。如在某个特定数据库中随特定日期的特定时间而变的每秒事务（transactions）数。每秒事务数的值在工作时段就比较高而在非工作时段就比较低。基线记录下这样的变化，如果当前的每秒事务数与基线值有明显的不同就可以设置预警了。

Oracle 数据库的基线提供了基于基线数据计算随时间变化的阀值所需的信息。基线允许实时地将性能度量与基线数据进行比较并可以产生想比较的两个时段的 AWR 报告。

Oracle 11g 和 Oracle 12c 默认有一个系统定义的移动窗口基线，该基线对应着 AWR 保留期内所有的 AWR 数据。Oracle 数据库自动维护这个系统定义的移动窗口基线，该基线的名字为 SYSTEM_MOVING_WINDOW，这个移动窗口基线是基于过去 8 天的 AWR 数据产生的。每个 Oracle 数据库只能有一个移动窗口的基线。

Oracle 11g 和 Oracle 12c 能够收集两种类型的基线——静态基线和移动窗口基线，而静态基线既可以是单一基线也可以是重复基线。在单一时间段所定义的基线为单一 AWR 基线，而在一个重复时间段（如 11 月的每周三）定义的基线为重复基线。

📢 提示：

> 不少初学者反映很难区分快照和基线之间的关系，其实基线就是一组做了标记系统必须长期保留的快照。如果您的数据库在每周四的上午 9 点到下午 5 点是典型的工作状态——代表了数据库正常运行状态，您想记录下这一段时间的数据库系统全部的统计信息和度量并长期保留以方便将来做系统效率的比较。在这种情况下，普通的快照是无法胜任的，因为默认 Oracle 11g 和 Oracle 12c 只保留 8 天，而 Oracle 10g 只保留 7 天，因此只能创建基线。默认基线中的所有快照永远保留，当然可以修改保留的天数。属于某一基线的快照集就是用于保留快照数据的。在删除基线（快照集）之前，属于快照集的快照会一直保留。

24.6 获取快照的信息与创建基线

通常会对过去的某些有代表性的时段设置基线（快照集），用于与当前系统行为进行比较。可以使用 Oracle 提供的软件包 **DBMS_WORKLOAD_REPOSITORY** 中的 **CREATE_BASELINE** 过程来创建一个 AWR 基线。这个过程的主要调用参数格式和数据类型如下：

```
DBMS_WORKLOAD_REPOSITORY.CREATE_BASELINE ( -
        start_snap_id IN NUMBER,
        end_snap_id  IN NUMBER,
        baseline_name IN VARCHAR2);
```

其中：**start_snap_id** 为该基线开始的快照 **id**，**end_snap_id** 为结束快照 **id**，都是数字类型；而 **baseline_name** 为该基线的名（创建者来定义），是变长字符型。

接下来就是如何获取所需的 **start_snap_id** 和 **end_snap_id** 了，既可以从 Oracle 企业管理器的数据库控制台获取也可以使用数据字典 **DBA_HIST_SNAPSHOT** 来获取。

📢 提示：

> 在繁忙的生产系统中应该尽量避免使用数据库控制台这一图形化工具，因为这个图形工具本身要消耗很大的系统资源，如果此时数据库系统已经在满负荷下运行，再启动这一图形工具可能会产生更严重的效率问题，甚至将系统压垮。在以下的相关实例中都使用命令行的方式进行。这样做除了上面所述的原因之外，还可以减少本书的篇幅。为了帮助读者熟悉数据库控制台这一图形工具的相关用法，在赠送的资源包中包括了这部分操作的教学视频，有兴趣的读者可以参阅这些视频。

经过细致而大规模的市场调研之后，先驱公司发现目前城市里的人都越来越孤独。这一普遍现象的直接后果是对宠物狗的需求量成爆炸性的增长。为此先驱公司启动了一个培育适合城市人需要的新品种狗的项目，简称狗项目。自从狗项目开始以来，数据库的业务量和操作方式发生了一些明显的变化。为了保证狗项目的正常进行，宝儿决定为公司的数据库做一个"病历"——创建一个基线。他知道 2016年 11 月 5 日早上 9 点左右到晚上 10 点左右数据库的运行状态基本上反映了数据库正常的运行状态。

于是，他使用例 **24-23** 的查询语句利用数据字典 **dba_hist_snapshot** 获取数据库系统中所有的 **AWR** 快照信息（为了使输出结果清晰易读，在这个查询语句之前应该使用一些 SQL*Plus 的格式化命令）。

例 24-23

```
SQL> select snap_id, begin_interval_time, end_interval_time
  2  from dba_hist_snapshot
  3  order by snap_id;
  SNAP_ID BEGIN_INTERVAL_TIME                END_INTERVAL_TIME
---------- --------------------------       -------------------------
      27 30-8 月 -16 03.52.14.968 下午      30-8 月 -16 04.38.08.531 下午
      28 19-9 月 -16 03.30.59.000 下午      19-9 月 -16 04.16.11.343 下午
......

     105 05-11 月-16 09.00.04.687 上午      05-11 月-16 10.00.08.156 上午
     106 05-11 月-16 10.00.08.156 上午      05-11 月-16 11.00.11.625 上午
     107 05-11 月-16 03.42.14.000 下午      05-11 月-16 03.52.53.671 下午
     108 05-11 月-16 03.52.53.671 下午      05-11 月-16 05.00.44.859 下午
     109 05-11 月-16 05.00.44.859 下午      05-11 月-16 06.00.48.546 下午
     110 05-11 月-16 06.00.48.546 下午      05-11 月-16 07.00.46.046 下午
     111 05-11 月-16 07.00.46.046 下午      05-11 月-16 08.00.46.562 下午
     112 05-11 月-16 08.00.46.562 下午      05-11 月-16 09.00.41.687 下午
     113 05-11 月-16 09.00.41.687 下午      05-11 月-16 10.00.36.265 下午
     114 05-11 月-16 10.00.36.265 下午      05-11 月-16 11.00.37.000 下午
......
```

从例 24-23 的显示结果可知：**2016 年 11 月 5 日早上 9 点左右到晚上 10 点左右这段时间所对应的开始快照 ID 为 105，而结束快照 ID 为 114。**

有了准确的 start_snap_id 和 end_snap_id 值，宝儿使用例 24-24 的 execute 命令调用软件包 DBMS_WORKLOAD_REPOSITORY 中的 CREATE_BASELINE 过程来创建他所需要的 AWR 基线，该基线的名为 dog_project（狗项目）。

例 24-24

```
SQL> execute DBMS_WORKLOAD_REPOSITORY.CREATE_BASELINE(105, 114, 'dog_project');
PL/SQL 过程已成功完成。
```

虽然从例 24-24 的显示结果可以看出：dog_project 基线应该已经创建成功了，但为了保险起见，宝儿还是使用例 24-26 的查询语句利用数据字典 **dba_hist_baseline** 列出了数据库系统中全部的 **AWR** 基线。为了使输出结果清晰易读，在这个查询语句之前他使用了例 24-25 的 SQL*Plus 的格式化命令。

例 24-25

```
SQL> col baseline_name for a20
```

例 24-26

```
SQL> select baseline_id, baseline_name, start_snap_id, end_snap_id
  2  from dba_hist_baseline;
BASELINE_ID BASELINE_NAME            START_SNAP_ID END_SNAP_ID
----------- --------------------     ------------- -----------
          2 dog_project                       105         114
```

```
        1 first_dog                      28        33
        0 SYSTEM_MOVING_WINDOW           27        139
```

例 24-26 的显示结果清楚地表明：**他已经成功地创建了 dog_project（狗项目）基线，而这个基线的开始快照 ID 为 105 且结束快照 ID 为 114。**

实际上，DBMS_WORKLOAD_REPOSITORY 软件包提供了大量的过程和函数，可以使用在 SQL*Plus 提示符下输入 desc DBMS_WORKLOAD_REPOSITORY 命令列出该软件包中所有函数和过程的描述，也可以参阅《Oracle Database PL/SQL Packages and Types Reference》文档，该文档在 Oracle 10g 版本有 1400 多页而 Oracle 11g 版本超过了 1500 页。没有必要认真钻研 DBMS_WORKLOAD_REPOSITORY 软件包的使用，因为这个软件包中的绝大多数过程和函数都是为企业管理器自动管理 AWR 而设计的。

24.7　AWR 报告的创建与分析

虽然 Oracle 引入 AWR 的主要目的是为了进行自动问题检测、自我管理和自我优化，但是也可以利用这些收集到的统计信息和度量值产生 AWR 报告以指导系统诊断或优化工作。**既可以使用企业管理器也可以使用 SQL*Plus 命令（命令行）来产生 AWR 报告，而且无论使用哪一种方法，所产生的 AWR 报告的内容完全相同。**

接下来，**使用命令行的方法来创建 AWR 报告，这需要在 SQL*Plus 下运行一个名为 awrrpt.sql 的脚本文件，该脚本文件存放在$ORACLE_HOME/rdbms/admin 目录下。运行这个脚本的用户必须具有 SELECT_CATALOG_ROLE 系统权限。**

就在宝儿创建了 dog_project（狗项目）基线没两天，公司的数据库运行速度明显变慢。为了找到原因，宝儿决定生成一份这一时段的 AWR 报告。为了管理和维护方便，他创建了一个单独的目录 I:\awr 保存 AWR 报告。为了在指定目录 I:\awr 中创建 AWR 报告，他首先开启一个 DOS 窗口，随后在 DOS 系统提示符下使用例 24-27 的目录**切换命令将当前工作目录切换为 I:\awr。**

例 24-27

```
I:\Documents and Settings\Administrator>cd I:\awr
```

接下来，他使用例 24-28 的命令以 system 用户（DBA 用户）登录数据库系统。随即，**使用例 24-29 的 SQL*Plus 命令运行$ORACLE_HOME/rdbms/admin 目录下的 awrrpt.sql 脚本文件。在例 24-29 的显示结果中，阴影部分为系统显示，方框括起来的部分为需要输入的部分，而#之后的部分为注释。为了节省篇幅，对显示输出结果进行了压缩。**

例 24-28

```
I:\SQL>sqlplus system/wang
```

例 24-29

```
SQL> @I:\app\Administrator\product\11.2.0\dbhome_1\RDBMS\ADMIN\awrrpt.sql
Current Instance
~~~~~~~~~~~~~~~~~~~~~~~~~~~~~~~~~~~~~~~~~~~~~~~~~~~~~~~~~~~~~~~~~~~

  DB Id    DB Name      Inst Num Instance
----------- ------------ -------- ---------------------------------
3975591005 DOG                1 dog


Specify the Report Type
~~~~~~~~~~~~~~~~~~~~~~~~~~~~~~~~~~~~~~~~~~~~~~~~~~~~~~~~~~~~~~~~~~~
```

```
Would you like an HTML report, or a plain text report?
Enter 'html' for an HTML report, or 'text' for plain text
Defaults to 'html'
输入 report_type 的值：  #按回车键接受默认以产生 html 类型的文件

Type Specified:                     html

Instances in this Workload Repository schema
~~~~~~~~~~~~~~~~~~~~~~~~~~~~~~~~~~~~~~~~~~~~~~~~~~~~~~~~~~~~~~~~~~~~

   DB Id      Inst Num DB Name      Instance      Host
------------ -------- ------------ ------------ --------------------
* 3975591005        1 DOG          dog          SUN

Using 3975591005 for database Id
Using            1 for instance number

Specify the number of days of snapshots to choose from
~~~~~~~~~~~~~~~~~~~~~~~~~~~~~~~~~~~~~~~~~~~~~~~~~~~~~~~~~~~~~~~~~~~~
Entering the number of days (n) will result in the most recent
(n) days of snapshots being listed. Pressing <return> without
specifying a number lists all completed snapshots.

输入 num_days 的值：  #按回车键接受默认以列出系统中全部的快照
Listing all Completed Snapshots

                                                        Snap
Instance     DB Name      Snap Id   Snap Started     Level
------------ ------------ --------- ----------------- ------------
dog          DOG               27 30 8月  2038 16:38     1
......
                            128 07 11月 2012 10:00       1
                            129 07 11月 2012 11:00       1
        #空行表示在收集完 ID 为 129 的快照之后，数据库重新启动过
                            130 07 11月 2012 15:41       1
                            131 07 11月 2012 17:00       1
                            132 07 11月 2012 18:00       1
                            133 07 11月 2012 19:00       1
                            134 07 11月 2012 20:00       1
                            135 07 11月 2012 21:00       1
                            136 07 11月 2012 22:00       1
......
Specify the Begin and End Snapshot Ids
~~~~~~~~~~~~~~~~~~~~~~~~~~~~~~~~~~~~~~~~~~~~~~~~~~~~~~~~~~~~~~~~~~~~
输入 begin_snap 的值：  130  #开始快照 ID，不能选 128 或 129，因为数据库重启过
Begin Snapshot Id specified: 130

输入 end_snap 的值：  135  #结束快照 ID
End  Snapshot Id specified: 135
Specify the Report Name
```

```
~~~~~~~~~~~~~~~~~~~~~~~~~~~~~~~~~~~~~~~~~~~~~~~~~~~~~~~~~~~~~~~
The default report file name is awrrpt_1_130_135.html.  To use this
name,press <return> to continue, otherwise enter an alternative.

输入 report_name 的值：[ dog_2012_11_07 ]  #AWR 报告的名称
......
<p />
End of Report
</body></html>
Report written to dog_2012_11_07
SQL>
```

当例 24-29 的命令出现了 Report written to dog_2012_11_07 显示结果时，就表示名为 dog_2012_11_07 的 AWR 报告已经生成并且存放在当前目录（I:\awr）中。

📢 提示：

这里需要指出的是，刚刚生成的文件的扩展名是.LST，因此需要首先将其改为.htm 之后，才可以使用网络浏览器打开这个 html 文件。

他使用资源管理器打开 I:\awr 目录（文件夹），就发现了 dog_2012_11_07.htm 文件，接下来双击 dog_2012_11_07.htm 文件图标，Windows 系统就会使用网络浏览器开启这个文件，如图 24-24 所示。现在，宝儿就可以仔细地阅读和分析这份重要的 AWR 报告了。

接下来，简要介绍一下 AWR 报告中的内容。AWR 报告的第一部分首先提供系统的概要信息，如数据库名、实例名、主机名等，然后提供了如下诊断信息：

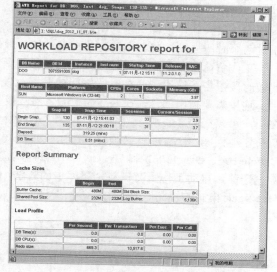

图 24-24

- ↳ 快照的时间（Snapshot times）。
- ↳ 内存的使用情况（Memory usage）。
- ↳ 负荷的概要文件（Load Profile）。
- ↳ 实例效率的百分比（Instance Efficiency percentages）。
- ↳ 共享池统计信息（Shared Pool Statistics）。
- ↳ 在时间上影响最大的 5 个前台事件（Top 5 Timed Foreground Events），**在 Oracle 12c 中为在时间上影响最大的 10 个前台事件。**
- ↳ 操作系统统计信息以及实例所使用的 CPU 和内存（OS statistics, CPU and memory used by the instance）。

除了第一部分之外，在 AWR 报告中可以通过一些超链接访问其他的网页。这些网页给出了一些特定领域的详细统计信息。AWR 报告的第一部分的目的就是要突出影响最大的问题。之后，再根据此访问 AWR 报告的其他相关的网页，以获取更加详细的信息帮助诊断在第一部分所发现的问题。

24.8　不同时间段的 AWR 数据的比较

细心的读者可能已经发现：使用 24.7 节中所产生的 AWR 报告，有时很难诊断出具体的问题，因为上面并没有包含数据库正常运行时的相关数据，也就是说数据库正常时的数据我们并不知道。此时可以使用如下的方法来解决这一问题：

（1）先创建一个在对应时段数据库正常运行时的 AWR 报告。

（2）再创建一个在指定时段数据库的 AWR 报告。

（3）将两个 AWR 报告中的对应数据进行比较。

利用以上方法，通过比较两个不同时段的 AWR 数据集（这两个时段是定义的）就可以很容易地发现它们对应数据之间的差别并据此确定问题所在。

Oracle 公司总是高瞻远瞩，又提供了一种更简单的方法——创建工作负荷资料档案库比较时段报告（Workload Repository Compare Periods Report）。利用工作负荷资料档案库比较时段报告可以比较 AWR 中两个时段的数据，如图 24-25 所示。一个 AWR 报告只给出了两个快照（两个时间点）之间的数据，而工作负荷资料档案库比较时段报告则给出了两个时段（两个 AWR 报告，这等于四个快照）之间数据的差别。

利用负荷资料档案库比较时段报告可以方便地标识出在两个不同时段中系统性能属性以及系统设置的差异。例如，如果一个应用的工作负荷在每一天的特定时间段都是稳定的，但是在星期五晚上 5 点整到晚上 9 点整数据库系统的性能突然变差。在这种情况下，就可以为星期五晚上 5 点整到晚上 9 点整与星期二晚上 5 点整到晚上 9 点整（系统平稳运行时段）产生一个工作负荷资料档案库比较时段报告。利用这一报告就可以标识出这两个时段在系统配置参数、工作负荷概要文件和统计信息之间的差别。基于这两个时段之间这些数据的变化情况，就可以比较容易地诊断出造成系统效率下降的具体原因了。

工作负荷资料档案库比较时段报告包括了所有 Statspack 或 AWR 报告中的内容。除此之外，这一比较时段报告还给出了两个时段之间的数据比较。

这里需要指出的是，在 Oracle 10g 之前一般是使用 Statspack 来收集一个应用的历史数据的。虽然现在用户可以在 Oracle 10g、Oracle 11g 和 Oracle 12c 中继续使用 Statspack，但是如果用户想使用自动工作负荷资料档案库(AWR)就必须修改应用代码，如图 24-26 所示。**Oracle 建议 Statspack 用户应该改为使用 Oracle 10g、Oracle 11g 和 Oracle 12c 中的自动工作负荷资料档案库。Oracle 没有提供任何将 Statspack 数据迁移到自动工作负荷资料档案库中的方法，Oracle 也没有提供任何基于工作负荷资料档案库的模拟 Statspack 模式的视图。**

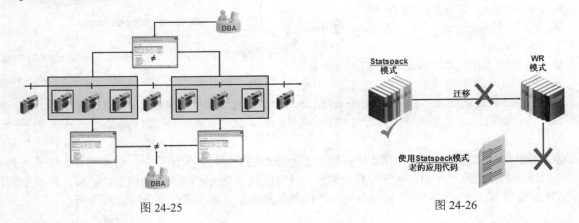

图 24-25　　　　　　　　　　　　　　　　　　　图 24-26

获得了所需的 AWR 报告之后，宝儿仔细地分析过这份报告，但由于没有比较的基准点（数据库系统的正常数据），他还是无法确定究竟是什么地方出了问题。经过仔细地调查，他发现 2012 年 11 月 7 日下午 5 点到晚上 9 点这段时间系统的效率非常差。于是，他决定将这段时间内的 AWR 数据与基线中相同时段的 AWR 数据进行比较。此时，他想到了工作负荷资料档案库比较时段报告，他在 **SQL*Plus**

提示符下输入例 **24-30** 的 **SQL*Plus** 命令运行**$ORACLE_HOME/rdbms/admin** 目录下的 **awrddrpt.sql 脚本文件**。在例 24-30 的结果中，阴影部分为系统显示，方框括起来的部分为需要输入的部分，而#之后的部分为注释。为了节省篇幅，已对显示输出结果进行了压缩。

例 24-30

```
SQL> @I:\app\Administrator\product\11.2.0\dbhome_1\RDBMS\ADMIN\awrddrpt.sql
Current Instance
~~~~~~~~~~~~~~~~~~~~~~~~~~~~~~~~~~~~~~~~~~~~~~~~~~~~~~~~~~~~~~~~~~~~~~~~~~~~~~~

   DB Id      DB Id       DB Name        Inst Num Inst Num  Instance
----------- ----------- ------------- -------- -------- ------------
3975591005  3975591005  DOG                  1        1   dog

Specify the Report Type
~~~~~~~~~~~~~~~~~~~~~~~~~~~~~~~~~~~~~~~~~~~~~~~~~~~~~~~~~~~~~~~~~~~~~~~~~~~~~~~
Would you like an HTML report, or a plain text report?
Enter 'html' for an HTML report, or 'text' for plain text
Defaults to 'html'
输入 report_type 的值：  #按回车键接受默认
Type Specified:                 html

Instances in this Workload Repository schema
~~~~~~~~~~~~~~~~~~~~~~~~~~~~~~~~~~~~~~~~~~~~~~~~~~~~~~~~~~~~~~~~~~~~~~~~~~~~~~~

   DB Id     Inst Num  DB Name       Instance       Host
----------- -------- ------------- ------------- -------------------
* 3975591005       1 DOG           dog           SUN

Database Id and Instance Number for the First Pair of Snapshots
~~~~~~~~~~~~~~~~~~~~~~~~~~~~~~~~~~~~~~~~~~~~~~~~~~~~~~~~~~~~~~~~~~~~~~~~~~~~~~~
Using 3975591005 for Database Id for the first pair of snapshots
Using          1 for Instance Number for the first pair of snapshots

Specify the number of days of snapshots to choose from
~~~~~~~~~~~~~~~~~~~~~~~~~~~~~~~~~~~~~~~~~~~~~~~~~~~~~~~~~~~~~~~~~~~~~~~~~~~~~~~
Entering the number of days (n) will result in the most recent
(n) days of snapshots being listed.  Pressing <return> without
specifying a number lists all completed snapshots.

输入 num_days 的值：  #按回车键接受默认以列出系统中全部的快照
Listing all Completed Snapshots

                                                       Snap
Instance      DB Name       Snap Id   Snap Started   Level
------------ ------------- --------- ------------------ ------------
dog          DOG                27   30 8月 2038 16:38      1
......

                               103   05 11月 2012 07:56     1
                               104   05 11月 2012 09:00     1
                               105   05 11月 2012 10:00     1
                               106   05 11月 2012 11:00     1
......

                               107   05 11月 2012 15:52     1
```

```
                           108  05 11 月 2012 17:00        1
                           109  05 11 月 2012 18:00        1
                           110  05 11 月 2012 19:00        1
                           111  05 11 月 2012 20:00        1
                           112  05 11 月 2012 21:00        1
                           113  05 11 月 2012 22:00        1
                           114  05 11 月 2012 23:00        1
......

                           126  07 11 月 2012 07:33        1
                           127  07 11 月 2012 09:00        1
                           128  07 11 月 2012 10:00        1
                           129  07 11 月 2012 11:00        1
......

                           130  07 11 月 2012 15:41        1
                           131  07 11 月 2012 17:00        1
                           132  07 11 月 2012 18:00        1
                           133  07 11 月 2012 19:00        1
                           134  07 11 月 2012 20:00        1
                           135  07 11 月 2012 21:00        1
                           136  07 11 月 2012 22:00        1


Specify the First Pair of Begin and End Snapshot Ids
~~~~~~~~~~~~~~~~~~~~~~~~~~~~~~~~~~~~~~~~~~~~~~~~~~~~~~~~~~~~~~~~~~~~~
```

输入 begin_snap 的值： 108   #第 1 时段开始快照 ID
```
First Begin Snapshot Id specified: 108
```

输入 end_snap 的值： 112   #第 1 时段结束快照 ID
```
First End  Snapshot Id specified: 112


Instances in this Workload Repository schema
~~~~~~~~~~~~~~~~~~~~~~~~~~~~~~~~~~~~~~~~~~~~~~~~~~~~~~~~~~~~~~~~~~~~~


   DB Id    Inst Num DB Name      Instance     Host
------------ -------- ------------ ------------ --------------------
* 3975591005     1   DOG          dog          SUN

Database Id and Instance Number for the Second Pair of Snapshots
~~~~~~~~~~~~~~~~~~~~~~~~~~~~~~~~~~~~~~~~~~~~~~~~~~~~~~~~~~~~~~~~~~~~~


Using 3975591005 for Database Id for the second pair of snapshots
Using          1 for Instance Number for the second pair of snapshots
Specify the number of days of snapshots to choose from
~~~~~~~~~~~~~~~~~~~~~~~~~~~~~~~~~~~~~~~~~~~~~~~~~~~~~~~~~~~~~~~~~~~~~
Entering the number of days (n) will result in the most recent
(n) days of snapshots being listed.  Pressing <return> without
specifying a number lists all completed snapshots.
```

输入 num_days2 的值： #按回车键接受默认以列出系统中全部的快照
```
Listing all Completed Snapshots


                                          Snap
```

```
Instance        DB Name        Snap Id    Snap Started      Level
------------    -----------    --------   ---------------   --------------
dog             DOG                  27   30 8月 2038 16:38       1

Specify the Second Pair of Begin and End Snapshot Ids
~~~~~~~~~~~~~~~~~~~~~~~~~~~~~~~~~~~~~~~~~~~~~~~~~~~~~~~~~~~~~~~~~~~~~~
```

输入 begin_snap2 的值： `131`　#第二时段开始快照 ID
```
Second Begin Snapshot Id specified: 131
```

输入 end_snap2 的值： `135`　#第二时段结束快照 ID
```
Second End   Snapshot Id specified: 135

Specify the Report Name
~~~~~~~~~~~~~~~~~~~~~~~~~~~~~~~~~~~~~~~~~~~~~~~~~~~~~~~~~~~~~~~~~~~~~~
The default report file name is awrdiff_1_108_1_131.html  To use this
 name,press <return> to continue, otherwise enter an alternative.
```

输入 report_name 的值： `dog_compare_2012_11_07.htm` # 比较报告的名称

```
<p />
<br /><a class="awr" href="#top">Back to Top</a><p />
<p />
</body></html>
Report written to dog_compare_2012_11_07.htm
SQL>
```

当例 24-30 的命令出现了 Report written to dog_compare_2012_11_07.htm 显示结果时，就表示名为 dog_compare_2012_11_07.htm 的工作负荷资料档案库比较时段报告已经生成并且存放在了当前目录（I:\awr）中。

📢 提示：

> 这里需要指出的是，刚刚生成的文件的扩展名是.htm 而不是.LST 了，因为在输入这个报告名时使用了.htm 扩展名。所以此时就可以立即使用网络浏览器打开这个文件了。

接下来，宝儿使用资源管理器打开 I:\awr 目录（文件夹）并发现了工作负荷资料档案库比较时段报告文件 dog_compare_2012_11_07.htm，双击 dog_compare_2012_11_07.htm 文件的图标，Windows 系统就会使用网络浏览器开启这个文件，如图 24-27 所示。现在，宝儿就可以仔细地阅读和分析这份信息更加丰富的报告了。

在进行两个时段之间的比较时，负荷概要文件非常有用，负荷概要文件可以帮助找出可能造成性能下降的工作负荷的差异。由于我们这个系统上几乎一直没什么大规模的操作，所以很难看出有什么差别。接下来，应该将目光聚焦在影响最大的等待事件上。通常这些影响最大的等待事件标识出了系统效率改进最大所需进行优化的区域。

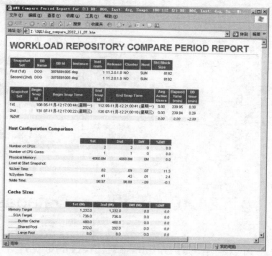

图 24-27

519

24.9 自动数据库诊断监视器

Oracle 数据库是怎样实现数据库的自我管理和维护的呢？每个 Oracle（Oracle 10g、Oracle 11g 或 Oracle 12c）数据库中都有一个自动数据库诊断监视器（ADDM）。每个 AWR 快照被记录之后 ADDM 就自动运行。**每次记录快照后，ADDM 会分析与最后两个快照对应的时段中的数据。ADDM** 会主动监视实例，以便在大多数瓶颈问题变为严重之前检测到这些问题。自动数据库诊断监视器（ADDM）的工作原理如图 24-28 所示。

多数情况下，ADDM 会为检测到的问题提供解决方案，甚至可以量化这些解决方案所产生的收益。ADDM 可以检测到的一些常见问题如下：

- CPU 瓶颈。
- Oracle Net 连接管理问题。
- 锁的竞争。
- 输入/输出（I/O）问题。
- 一些数据库实例内存结构的大小不足。
- 过载的 SQL 语句。
- PL/SQL 和 Java 运行时间过高。
- 检查点负载过高及原因（如日志文件过小）。

每次 ADDM 分析的结果也都存储在 AWR 中，可通过企业管理器的数据库控制台访问其分析的结果。当数据库控制台开启之后，选择"服务器"选项卡，在相关链接之下单击"指导中心"超链接，之后就会进入指导中心网页，如图 24-29 所示。在这个网页中包括了 Oracle 的所有指导，而 ADDM 则排在第一位。现在就可以通过相关的超链接或按钮来完成所需的操作了。

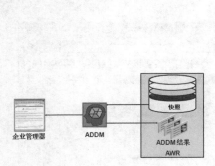

图 24-28

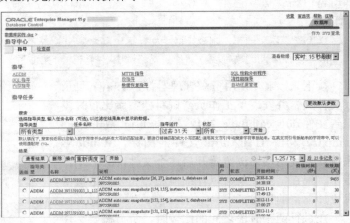

图 24-29

24.10 利用 EM Database Express 12c 获取优化信息

可以利用 **EM Database Express** 的数据库主页来监督数据库的状态和数据库目前的工作负荷，因为该数据库主页提供了这方面的详细信息，如图 24-30 所示。

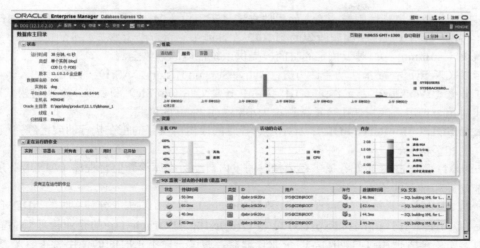

图 24-30

通过选择菜单可以获取一些有关问题的更为详细的信息，如获取解决这些问题的推荐意见。数据库主页中包括了以下的图表和部分。

- **活动类图表（Active Class chart）**：显示过去 1 小时的数据库会话活动的平均数量，包括每个会话的活动类型（CPU、输入/输出等待或等待其他资源）。
- **服务图表（Service chart）**：显示过去 1 小时对于数据库服务的数据库会话活动的平均数量。
- **主机 CPU 图表（Host CPU chart）**：显示过去 1 分钟期间数据库实例和其他进程所使用的 CPU 的百分比，包括前台或后台进程所使用的 CPU 的百分比。
- **活动会话图表（Active Session chart）**：显示过去 1 分钟期间活动会话的平均值，包括等待、用户的输入/输出和 CPU。

在数据库主页上选择"性能"菜单，之后选择"性能中心"（Performance Hub）就进入了性能中心主页。可以通过性能中心主页查看某一特定时间段的性能数据。当选择了某一时间段之后，Oracle 就会基于性能的主题领域收集和显示性能数据，如图 24-31 所示。

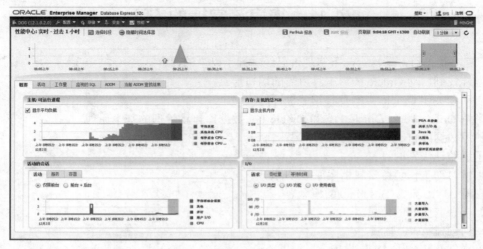

图 24-31

既可以选择显示实时数据，也可以选择显示历史数据。如果选择了显示实时数据，那么显示的数据更精确，因为默认数据每分钟刷新一次。如果选择了显示历史数据，那么显示的数据更详细，但是它们是 AWR 中的平均数据（取决于快照收集的频率）。在性能中心主页中主要有如下的选项卡。

- **概要（Summary）**：对于特定的时间段提供系统性能的总体全貌。
- **活动（Active）**：显示活动会话历史（Active Session History，ASH）的分析结果。
- **工作量（Workload）**：工作量（工作负荷）概要文件（Profile）图表显示在实时模式中在过去 1 小时用户调用、解析调用、重做日志大小和 SQL*Net 的模式。
- **监督 SQL（Monitored SQL）**：显示所选择时间段内所监督的正在执行的或已经完成的 SQL 语句的相关信息。
- **ADDM**：对于执行的任务提供在选择时间段内自动数据库诊断监督程序（ADDM）所发现的性能问题和推荐的建议。
- **当前 ADDM 查找结果（Current ADDM Findings）**：提供了过去 5 分钟实时的 ADDM 查找结果。

实际上，Oracle EM Database Express12c 与 Oracle 10g 和 Oracle 11g 的企业管理器功能和使用方法非常类似。如果读者使用过早期版本的企业管理器，通过一段不长时间的使用就很容易掌握 Oracle EM Database Express12c。另外，随书的 DVD 上也有不少有关 EM Database Express 的教学视频。相信这些教学视频会对读者熟悉和理解这一新的图形数据库管理和维护工具有帮助。

在即将结束本章之前，我简单地介绍一下经济学上的"挖坑理论"。该理论是指在经济大萧条或衰退时，政府启动一些大的项目，如雇佣一大帮人挖坑。挖了坑没有用就再让人给埋了。虽然所有这一切看上去一点用处也没有，但是由于所参与挖坑的人要消费，另外挖坑也需要工具。这样就刺激了消费，就有可能利用政府那双有形的手将经济拉动起来。

最新的考古发现表明：金字塔似乎就是挖坑理论最古老的案例。法老们在尼罗河泛滥的农闲季节里雇佣贫民百姓修建金字塔这样的大型公共工程，这不但拉动了经济，而且也增加了社会的凝聚力，因此才使得古老的埃及文明延续了千年。

曾有国际知名的经济学家这样评价先驱工程："先驱工程把一个没谱的项目变成了带动一方经济的发动机，它拉动了一方经济的繁荣，解决了众多人的温饱（就业）问题，圆了不少人的发财梦。这绝对是 21 世纪'挖坑理论'最成功的案例之一，它无疑创造了经济学上的一个奇迹。"

24.11 您应该掌握的内容

在学习完本章之后，请检查一下您是否已经掌握了以下的内容：

- 怎样找到启动 Oracle 图形工具所需的端口号。
- 启动和关闭 Oracle 实例及其相关进程的次序。
- 了解 Oracle 10g、Oracle 11g 和 Oracle 12c 数据库自动管理的基本原理。
- 熟悉数据库自动管理中的常用术语。
- 了解统计级别的设置。
- 理解自动工作负荷资料档案库（AWR）。
- 理解 AWR 基线（Baseline）的概念。
- 怎样获取快照的信息。
- 如何创建 AWR 基线。
- 怎样创建和分析 AWR 报告。
- 怎样创建和分析工作负荷资料档案库比较时段报告。
- 怎样利用 Oracle 12c 的 EM Database Express 获取优化信息。

第 25 章　SQL 语句追踪与优化

在本书的最后一章，将详细地介绍 SQL 语句追踪的方法。所谓 SQL 语句追踪包括导出 SQL 语句的执行计划和获取 SQL 语句执行的统计信息。本章将首先介绍 SQL 语句优化在整个 Oracle 系统优化的重要性，接下来介绍一些相关的技术术语和 Oracle 自带的常用 SQL 语句追踪工具，最后用实例对本章所讲述的内容做一个简短的总结。

25.1　发现有问题的 SQL 语句及执行计划的概念

大量的研究表明，一般在数据库系统中，**20%** 的 **SQL** 语句消耗了 **80%** 的数据库系统资源，而进一步的研究表明，**10%** 的 **SQL** 语句消耗了多达 **50%** 的数据库系统资源。这意味着在通常情况下，如果标识出这些 **10%～20%** 最消耗系统资源的 **SQL** 语句，实际上已经找到了优化整个数据库系统的方法。

怎样才能发现这些最消耗系统资源的 SQL 语句呢？虽然这听起来是一件令人畏惧的工作，但是实际上却是一件比较容易的工作（前提是已经掌握了本书之前的内容）。**最简单也是最直接的方法就是使用本书第 24 章 24.7 节所介绍的 AWR 报告**。在这个报告中包括了一组按消耗不同系统资源分类的最消耗资源的 SQL 统计信息列表，其每一类 SQL 统计信息是按照资源使用的多少由大到小排列（共 20 个，即最消耗资源的 20 个 SQL 语句），而资源的分类主要包括：

- ↳ 执行的时间（Elapsed Time）。
- ↳ CPU 时间（CPU 时间）。
- ↳ 用户的 I/O 等待时间。
- ↳ 共享内存。
- ↳ 物理读操作。
- ↳ 完整的 SQL 语句正文。

接下来的问题是，如何在 AWR 报告中找到这些最重要的 SQL 统计信息。以下就是其具体的步骤：

（1）首先打开 AWR 报告所在的目录（文件夹），用鼠标双击 AWR 报告文件（如 dog_2012_11_07.htm），以默认的网络浏览器开启这一 HTML 格式的文件，如图 25-1 所示。

（2）向下滚动网络浏览器最左面的滚动条，直到看到 Main Report 部分，双击 SQL Statistics 超链接，如图 25-2 所示。

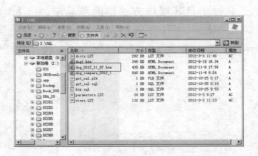

图 25-1

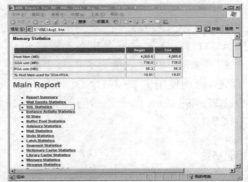

图 25-2

（3）随即转到 AWR 报告的 SQL Statistics 部分，双击感兴趣的超链接，如 SQL ordered by Elapsed Time 超链接，如图 25-3 所示。

（4）最后转到 AWR 报告的 SQL ordered by Elapsed Time 部分，在这一部分显示出按 Elapsed Time 由大到小排序的最耗时的 20 个 SQL 语句，如图 25-4 所示。其中 SQL Id 列在追踪系统运行过的 SQL 语句时经常会使用，将在本章的稍后部分进行详细介绍。

图 25-3

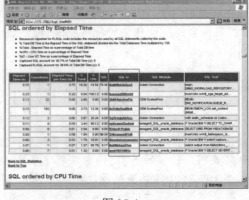

图 25-4

当确定了一个最有可能出问题的 SQL 语句之后，接下来就是如何追踪这一语句的执行。使用的最普遍的方法就是导出这一 SQL 语句的执行计划（Execution Plan）。那么，执行计划又是什么呢？

简单地说，一个执行计划就是在执行一条 SQL 语句和进行相关的操作时，优化器所执行的一组步骤。

当 Oracle 服务器执行一个 SQL 语句时，优化器需要执行许多步操作。其中每一步或者从数据库中物理地提取一些数据行，或者以某种方式为用户发出的语句准备数据。而运行一个语句所使用的这些步骤的组合就被称为一个执行计划。

一个执行计划包括了该语句需访问的每一个表的访问方法以及访问这些表的顺序（连接的顺序）。优化器也会使用不同的方法将来自多个表的数据组合在一起。执行计划可以使您观察到优化器所选择的执行方法。时常执行计划本身已经能够清楚地解释为什么这个语句效率如此之低了。

那怎样才能获取一个 SQL 语句的执行计划？其实，Oracle 提供了多种获取 SQL 语句执行计划的方法。在接下来的几节中将比较详细地介绍几种常用的而且简单易学的获取 SQL 语句执行计划的方法。

25.2　利用 AUTOTRACE 追踪 SQL 语句

实际上，SQL*Plus 本身就提供了追踪 SQL 语句的功能。可以通过设置 autotrace 参数来追踪 SQL 语句，AUTOTRACE 是一个相当不错的 SQL 追踪和优化工具，而且其操作方法也简单易学。下面通过以下的例子来演示这一功能强大的命令行工具的具体用法。以下操作都是在 system 用户下进行的。

首先，应该使用例 25-1 的 SQL*Plus 的 set 命令将显示的宽度设置为 100 个字符。之后，使用例 25-2 的 SQL*Plus 的 show 命令显示当前 autotrace 参数的设置。

例 25-1

```
SQL> set line 100
```

例 25-2

```
SQL> show autotrace
autotrace OFF
```

例 25-2 的显示结果表明：当前 autotrace 参数的值为 OFF，即 SQL*Plus 的自动追踪功能默认是关闭的。接下来，使用例 25-3 的 SQL*Plus 的 set 命令将 autotrace 的参数值设置为 ON，开启 SQL*Plus 的自动追踪功能。

例 25-3

```
SQL> set autotrace on
```

随后，运行例 25-4 的带有两个表连接的查询语句。当该语句执行之后，屏幕上不但会显示出查询语句的结果，而且还会显示出这个语句的执行计划和统计信息。

例 25-4

```
SQL> SELECT e.last_name, d.department_name
  2  FROM hr.employees e, hr.departments d
  3  WHERE e.department_id =d.department_id;
```

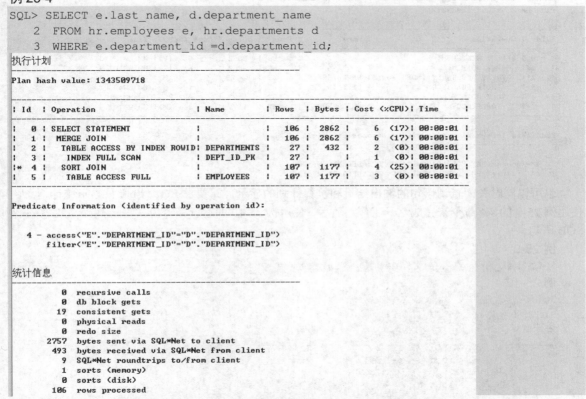

现在就可以仔细地阅读这个语句的执行计划和统计信息了。如在执行计划中，我们发现对 **EMPLOYEES** 表的访问是使用的全表扫描而没有使用索引。这可能就是系统效率差的原因。可以进一步调查，看看 **EMPLOYEES** 表的 department_id 是否已经创建了索引，如果没有，可能要在这一列上创建一个索引。统计信息也很有用，如 sort（disks）的数字很大就说明这个查询使用了大规模排序，这可能就是造成系统效率下降的原因等。

也可以要求 SQL*Plus 不显示查询语句的结果，即关闭查询语句的输出结果，可以使用例 25-5 的 SQL*Plus 命令来完成这一工作。随后，使用例 25-6 的运行命令重新执行 SQL 缓冲区中的 SQL 语句，其显示结果除了没有查询语句的输出结果之外，与例 25-4 的显示结果完全相同。为了节省篇幅，这里省略显示输出结果。

例 25-5

```
SQL> set autotrace traceonly
```

例 25-6

```
SQL> /
```

不但可以关闭查询语句的输出结果，而且还可以关闭统计信息的显示，即要求 **SQL*Plus** 只显示执行计划，可以使用例 **25-7** 的 **set** 命令来完成这一工作。随后，使用例 25-8 的执行命令再次重新执行 SQL 缓冲区中的 SQL 语句。

例 25-7

```
SQL> set autotrace traceonly explain
```

例 25-8

```
SQL> /
执行计划
----------------------------------------
Plan hash value: 1343509718

| Id | Operation                    | Name         | Rows | Bytes | Cost (%CPU)| Time     |
|  0 | SELECT STATEMENT             |              |  106 |  2862 |    6  (17)| 00:00:01 |
|  1 |  MERGE JOIN                  |              |  106 |  2862 |    6  (17)| 00:00:01 |
|  2 |   TABLE ACCESS BY INDEX ROWID| DEPARTMENTS  |   27 |   432 |    2   (0)| 00:00:01 |
|  3 |    INDEX FULL SCAN           | DEPT_ID_PK   |   27 |       |    1   (0)| 00:00:01 |
|* 4 |   SORT JOIN                  |              |  107 |  1177 |    4  (25)| 00:00:01 |
|  5 |    TABLE ACCESS FULL         | EMPLOYEES    |  107 |  1177 |    3   (0)| 00:00:01 |


Predicate Information (identified by operation id):

   4 - access("E"."DEPARTMENT_ID"="D"."DEPARTMENT_ID")
       filter("E"."DEPARTMENT_ID"="D"."DEPARTMENT_ID")
```

也可以同时关闭查询语句的输出结果和执行计划的显示，即要求 **SQL*Plus** 只显示统计信息，可以使用例 **25-9** 的 **set** 命令来完成这一工作。随后，使用例 25-10 的运行命令再次重新执行 SQL 缓冲区中的 SQL 语句。

例 25-9

```
SQL> set autotrace traceonly statistics
```

例 25-10

```
SQL> /
已选择 106 行。
统计信息
----------------------------------------
          0  recursive calls
          0  db block gets
         19  consistent gets
          0  physical reads
          0  redo size
       2757  bytes sent via SQL*Net to client
        493  bytes received via SQL*Net from client
          9  SQL*Net roundtrips to/from client
          1  sorts (memory)
          0  sorts (disk)
        106  rows processed
```

等追踪完 SQL 语句之后，可以使用例 **25-11** 的 **set** 命令重新关闭 **autotrace** 的自动追踪 SQL 语句的功能。随后，应该使用例 25-12 的 show 命令验证一下 autotrace 的自动追踪是否真正关闭了。

例 25-11

```
SQL> set autotrace off
```

例 25-12

```
SQL> show autotrace
autotrace OFF
```

25.3　执行计划的应用和 EXPLAIN PLAN 命令

在 25.2 节中，介绍了如何利用 AUTOTRACE 获取一个 SQL 语句的执行计划的具体方法。那么，所得到的执行计划在 Oracle 数据库系统的性能优化中究竟有什么用处呢？**通过观察所获取的执行计划，可以获取以下与性能优化操作相关的信息：**

- ↳ 确定当前的执行计划。
- ↳ 标识在一个表上创建一个索引的效果。
- ↳ 确定数据的绝对存取路径（如是全表扫描还是索引的范围扫描）。
- ↳ 标识优化器所选取的索引，以及优化器没有选取的索引等。

如果已经将之前的一些执行计划保存在了自己创建的表中，当某一个 SQL 语句的性能突然下降了，可以将这个语句的当前执行计划与之前的执行计划进行比较，这样就比较容易发现造成系统效率下降的原因。可以利用执行计划做出如下的与性能优化相关的决策：

- ↳ 删除或创建索引。
- ↳ 为哪些数据库对象生成统计信息。
- ↳ 修改初始化参数的值。
- ↳ 将应用程序或数据库升级到新的版本等。

当然，最后得由作为 DBA 或开发人员的您来一锤定音，SQL 语句的执行计划只是为决策提供了信息，就像军队里的参谋，而您才是真正的"司令"（只不过是一个光杆司令而已）。

除了在 25.2 节中所介绍的利用 AUTOTRACE 获取 SQL 语句执行计划的方法之外，另一种比较常用的 SQL 语句追踪（获取 SQL 语句执行计划）的方法是使用 EXPLAIN PLAN 命令。实际上，本书第 22 章 22.7 节和 22.14 节中已经使用过这个命令。本节中，将比较详细地介绍这个命令的功能和用法。

EXPLAIN PLAN 命令被用来产生一个优化器所使用的执行计划（而该执行计划就是执行所解释的 SQL 语句的步骤）。这一命令将所产生的执行计划存储在一个表（系统默认为 PLAN 表）中，但是该命令并不真正执行语句而只是产生可能使用的执行计划。如果仔细观察这一执行计划，就可以了解到 Oracle 服务器是如何执行所解释的 SQL 语句的。以下就是 EXPLAIN PLAN 命令的语法图：

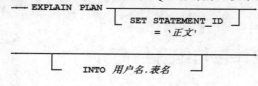

在以上 EXPLAIN PLAN 命令的语法图中，其斜体部分的含义如下：

- ↳ **正文**：为语句的标识符，是一个可选项。应该确保每一个解释的 SQL 语句的标识符都是唯一的，以便在之后的分析中能够区分出具体的 SQL 语句。当在同一个计划表中存放多个执行计划时，定义语句的标识符就显得格外重要了。
- ↳ **用户名.表名**：存放执行计划的表名，默认为 PLAN_TABLE，这也是一个可选项。
- ↳ **语句**：要解释的 SQL 语句正文。

本书第 22 章 22.7 节和 22.14 节中所使用的 EXPLAIN PLAN 命令都没有使用 SET STATEMENT_ID 选项，但是**如果需要在 PLAN_TABLE 表中保留多个 SQL 语句的执行计划，就应该使用 STATEMENT_ID 选项为每一个 SQL 语句的执行计划指定一个有意义的语句标识符，因为利用语句标识符可以方便地从众多的**

执行计划中过滤出想要的 SQL 语句执行计划。

为了演示 STATEMENT_ID 选项在 EXPLAIN PLAN 命令中的具体用法，现使用例 25-13 的命令重新生成本书第 22 章 22.14 节中的例 22-145，只不过在原来的命令中加入了 STATEMENT_ID 选项，其中 dog_project 就是所谓的语句标识符。

例 25-13

```
SQL> EXPLAIN plan SET STATEMENT_ID = 'dog_project' for
  2  SELECT department_id, AVG(salary), COUNT(salary),
  3         MIN(salary), MAX(salary)
  4  FROM hr.employees
  5  GROUP BY department_id;
已解释。
```

当以上的 EXPLAIN PLAN 命令执行成功之后，就可以使用例 25-14 的命令显示 PLAN_TABLE 表中的所有执行计划了（为了使显示清晰，可能需要执行一些 SQL*Plus 的格式化语句）。

📢 **注意：**

例 25-14 的 SQL 语句所对应的执行计划都标有 dog_project，作为该 SQL 语句的标识符。这会带来很大的方便，例如可以在例 25-14 的语句中使用 WHERE 子句以过滤出 dog_project 的执行计划。

例 25-14

```
SELECT id, operation, options, object_name, STATEMENT_ID
FROM plan_table;
ID OPERATION            OPTIONS         OBJECT_NAME    STATEMENT_ID
--- -------------------- --------------- -------------- -------------
  0 SELECT STATEMENT
  1 HASH                 GROUP BY
  2 TABLE ACCESS         FULL            EMPLOYEES
  1 HASH                 GROUP BY
  2 TABLE ACCESS         FULL            EMPLOYEES
  0 SELECT STATEMENT                                    dog_project
  1 HASH                 GROUP BY                       dog_project
  2 TABLE ACCESS         FULL            EMPLOYEES      dog_project

已选择 9 行。
```

25.4   DBMS_XPLAN 软件包与编译树简介

之前，都是使用直接查询 PLAN_TABLE 表的方法来获取执行计划的详细信息。可能细心的读者已经注意到了这种方法用起来并不方便，特别是每次查询时还可能需要执行多个 SQL*Plus 的格式化语句以便能够产生容易阅读的显示输出结果。

在 Oracle 10g、Oracle 11g 和 Oracle 12c 中有一种更为简便的方法来显示一个 SQL 语句的执行计划，即使用 Oracle 提供的软件包 DBMS_XPLAN。DBMS_XPLAN 软件包提供了一种简单的显示 EXPLAIN PLAN 命令输出结果的方法，而且其显示的结果更为清晰易懂。

为了演示 DBMS_XPLAN 软件包的具体用法，使用例 25-15 的命令重新解释例 25-14 的 SQL 语句，并在 EXPLAIN PLAN 命令中加入了 STATEMENT_ID 选项，其中 cat_project 就是所谓的语句标识符。

例 25-15

```
SQL> EXPLAIN plan SET STATEMENT_ID = 'cat_project' for
```

```
2   SELECT e.last_name, d.department_name
3   FROM hr.employees e, hr.departments d
4   WHERE e.department_id =d.department_id;
```
已解释。

当以上的 **EXPLAIN PLAN** 命令执行成功之后，就可以使用例 **25-16** 的命令利用 **DBMS_XPLAN** 软件包中的 **DISPLAY** 函数显示 **EXPLAIN PLAN** 命令输出结果了。

例 25-16

```
SQL> SELECT PLAN_TABLE_OUTPUT FROM TABLE(DBMS_XPLAN.DISPLAY());
Plan hash value: 1473400139

-------------------------------------------------------------------------------
| Id  | Operation                    | Name        | Rows | Bytes | Cost (%CPU|
-------------------------------------------------------------------------------
|  0  | SELECT STATEMENT             |             |  106 |  2862 |   6   (17|
|  1  |  MERGE JOIN                  |             |  106 |  2862 |   6   (17|
|  2  |   TABLE ACCESS BY INDEX ROWID| DEPARTMENTS |   27 |   432 |   2    (0|
|  3  |    INDEX FULL SCAN           | DEPT_ID_PK  |   27 |       |   1    (0|
|* 4  |   SORT JOIN                  |             |  107 |  1177 |   4   (25|
|  5  |    TABLE ACCESS FULL         | EMPLOYEES   |  107 |  1177 |   3    (0|
-------------------------------------------------------------------------------

Predicate Information (identified by operation id):
-------------------------------------------------------
  4 - access("E"."DEPARTMENT_ID"="D"."DEPARTMENT_ID")
      filter("E"."DEPARTMENT_ID"="D"."DEPARTMENT_ID")
```

以上的输出显示结果是不是更为清晰易懂？ 为了方便用户和 DBA 的工作，Oracle 还提供了一个名为 utlxpls.sql 的脚本文件，其功能是显示最后解释的 SQL 语句的执行计划。这个脚本文件存放在 $ORACLE_HOME\RDBMS\ADMIN\目录（文件夹）中，可以使用例 25-17 的命令来运行这一脚本。实际上，该例的显示结果与例 25-16 的一模一样，为了节省篇幅这里将其省略。

例 25-17

```
SQL>@I:\app\product\11.2.0\dbhome_1\RDBMS\ADMIN\utlxpls.sql
```

有兴趣的读者可以打开这一脚本文件阅读一下，会惊奇地发现这个脚本文件所使用的方法就是例 25-16 的方法——调用了 DBMS_XPLAN 软件包中的 DISPLAY 函数。闹了半天，这 Oracle 优化脚本的开发也不过如此。

在 utlxpls.sql 脚本文件中调用 DISPLAY 函数时还使用了几个参数，比较完整的 DISPLAY 函数调用格式如下：

```
dbms_xplan.display('plan_table', 'STATEMENT_ID', 'serial')
```

其中：

- ↘ **plan_table**：存放 SQL 语句执行计划的表。
- ↘ **STATEMENT_ID**：SQL 语句的标识符。
- ↘ **serial**：表示不显示并行操作的信息。

基于例 25-16 的显示结果，即例 25-15 的 SQL 语句的执行计划，可以比较方便地导出这一 SQL 语句的编译树（执行树）。导出编译树的方法并不复杂，其具体的方法如下：

（1）将例 25-16 的显示结果中的每一行变成编译树中的一个节点，ID 列的值就是相对应的节点号。同时可以将 Operation 列的值作为该节点的说明（注释）。

（2）将节点号最小的（即 0）作为根节点。

（3）具有相同缩进的行（节点）为同一层的节点。

（4）比该行多一个缩进单位的行（节点）为下一层的子节点。

（5）反复利用（3）和（4）步方法最终构造出整个编译树。

利用以上所介绍的方法，可以很容易构造出例 **25-16** 所示的执行计划的编译树，其编译树如图 **25-5** 所示。

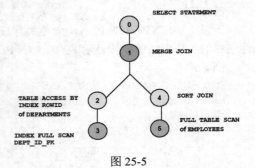

图 25-5

在编译树中，执行计划的每一步都由一个节点来描述。而每一个节点的操作结果都将传送给该节点的父节点（**parent node**），父节点以此作为它的输入。编译树可以更好地帮助理解 Oracle 服务器内部是如何处理一个语句的。当然将其放在报告中显示给客户或领导看也显得非常专业，是不是？

正像在本章 25.3 节中介绍的那样，**EXPLAIN PLAN** 命令并不真正执行语句而只是产生可能使用的执行计划。如果想要获取一个刚刚运行过的 SQL 语句的执行计划，那又该怎么办呢？

实际上，Oracle 将刚刚运行过的 SQL 语句的执行计划存放在数据字典 V$SQL_PLAN 中。可以这样理解：PLAN_TABLE 表中存放的是一个可能被使用的理论执行计划，即如果这个语句被执行可能使用的执行计划，而 V$SQL_PLAN 中所包含的却是真正使用过的执行计划。

其实，可以不直接查询 V$SQL_PLAN 视图，Oracle 提供了更为简便的方法，那就是首先使用数据字典 V$SQL 获取所需的 SQL 语句的 SQL_ID，之后使用 SQL_ID 来调用 DBMS_XPLAN 软件包中的 DISPLAY 函数。将在 25.5 节中给出一个完整的例子。

25.5 数据字典 V$SQL 与编译树应用实例

由于先驱公司业务的不断膨胀，公司请一个外资的软件开发商开发了一个新的基于 Oracle 数据库的信息系统。这一信息系统的开发进展并不顺利，问题可以说是层出不穷，而且几乎每次是旧问题解决了新问题又出来了，系统被延期交付了多次。为此先驱公司拒付了 10%的费用，再加上验收合格后要付的 30%的尾数，一共是拖欠开发商 40%的开发款项。历经磨难，这一系统终于交付使用了。但是加载了全部数据之后，这一系统的一些核心模块的效率却低得令人无法忍受，一些分析人员开玩笑说，每次他们做下一周的预测时，得等一个多月才能见到结果。

最后，先驱公司的高管和该开发商的开发团队坐下来讨论系统的效率问题。在会上，当然开发商方面一直强调他们开发的信息系统已经达到了所要求的标准，而且声明如果先驱公司无法证明该系统有问题，就应该立即付清所有的款项。先驱公司的市场和销售总监实在坐不住了，因为该开发商是他找的。他说："现在系统这么慢，慢得都跟蜗牛似的了，你们还让我们证明什么？"

但开发商的技术总监却说问题不可能出在他们这方面，因为他手下的开发人员英语都至少考过了 6 级，多数为 8 级，并且都是名牌大学毕业的硕士，不可能犯这样的低级错误。听了这些话，那位市场和销售总监心里暗暗叫苦，心想这回可真的要倒霉了！他终于火冒三丈地质问那位技术总监："名牌大学的硕士与我们系统的好坏有关吗？"

争吵异常激烈，双方各说其词，谁也无法说服对方。开发商的技术总监始终坚持他们开发的系统不可能有问题，因为他们公司所雇用的员工都是"最好中的最好（The best in the best）"。最后还是在宝儿的协调下，双方达成协议：如果在两周内先驱公司没有找到令人信服的证据，先驱公司到时必须全额付清所有的款项。如果找到了令人信服的证据，后续款项的支付由先驱公司根据情况来决定。

随后，先驱公司的高管和相关的信息系统工作人员开了一个内部会议。会上，那位市场和销售总监气愤地说:"这帮不知天高地厚的毛孩子是把咱们当作傻瓜来蒙了。如果我们拿不出确凿的证据,这帮混小子还认为他们是天下第一呢!"最后,会议决定由宝儿在今后两周内全职负责测试这个信息系统,如果实在查不出问题,公司将花高价聘请 Oracle 的超级高手帮忙。

首先,宝儿瞄准了几个大表和超大表的操作,特别是多个大表的连接(join)操作。尽管他很快就用 SQL*Plus 的 AUTOTRACE 功能获取了所追踪的 SQL 语句的执行计划和统计信息,但是为了镇住这些自认为是"最好中的最好"的毛孩子,他想到了更为复杂(当然看上去也更专业了)的一种方法,即先执行所追踪的 SQL 语句,随即使用数据字典 V$SQL 获取这一 SQL 语句的 SQL_ID,最后再用那个像乱码一样的 SQL_ID 以 DBMS_XPLAN 软件包中的 DISPLAY 函数显示该 SQL 语句的执行计划。

为此,宝儿首先执行了例 25-18 带有连接操作的 SQL 查询语句。这里,可以想象 employees 表是有上千万行数据,而 departments 表也有数百万行数据。为了节省篇幅,省略了大部分的输出显示结果。

例 25-18

```
SQL> SELECT e.last_name, d.department_name
  2  FROM hr.employees e, hr.departments d
  3  WHERE e.department_id =d.department_id;
LAST_NAME                                                DEPARTMENT_NAME
-------------------------------------------------------- --------------------
Whalen                                                   Administration
Fay                                                      Marketing
Hartstein                                                Marketing
Tobias                                                   Purchasing
Colmenares                                               Purchasing
......
Higgins                                                  Accounting
已选择 106 行。
```

当以上要追踪的 SQL 语句执行完成之后,宝儿使用例 25-19 的查询语句利用数据字典 V$SQL 获取了刚刚执行过的 SQL 语句的 SQL_ID,注意一定要使用 WHERE 子句来限制显示输出的结果,否则可能显示太多的信息以至于很难阅读。

例 25-19

```
SQL> SELECT SQL_ID, SQL_TEXT FROM V$SQL
  2  WHERE SQL_TEXT LIKE '%SELECT e.last_name,%';
SQL_ID
------------------------------------------------------------------------
SQL_TEXT
------------------------------------------------------------------------
------------------------------------------------------------------------
30szhzbafja3v
SELECT e.last_name, d.department_name FROM hr.employees e, hr.departments
 d WHERE e.department_id =d.department_id
7ps256synmtur
SELECT SQL_ID, SQL_TEXT FROM V$SQL WHERE SQL_TEXT LIKE '%SELECT e.last_name,%'
```

从例 25-19 查询语句的显示结果可以清楚地看出:所需追踪的 SQL 语句的 SQL_ID 为 30szhzbafja3v。于是,宝儿利用这一 SQL_ID 调用 DBMS_XPLAN 软件包中的 DISPLAY 函数以显示他刚刚执行过的 SQL 语句的执行计划,如例 25-20。

例 25-20

```
SQL> SELECT PLAN_TABLE_OUTPUT FROM
  2  TABLE(DBMS_XPLAN.DISPLAY_CURSOR('30szhzbafja3v'));
```

```
SQL_ID  30szhzbafja3v, child number 0
-------------------------------------
SELECT e.last_name, d.department_name
FROM hr.employees e, hr.departments d WHERE
e.department_id =d.department_id
Plan hash value: 1473400139

-------------------------------------------------------------------------
| Id  | Operation                    | Name         | Rows  | Bytes | Cost (%CPU|
-------------------------------------------------------------------------
|   0 | SELECT STATEMENT             |              |       |       |     6 (100|
|   1 |  MERGE JOIN                  |              |   106 |  2862 |     6  (17|
|   2 |   TABLE ACCESS BY INDEX ROWID| DEPARTMENTS  |    27 |   432 |     2   (0|
|   3 |    INDEX FULL SCAN           | DEPT_ID_PK   |    27 |       |     1   (0|
|*  4 |   SORT JOIN                  |              |   107 |  1177 |     4  (25|
|   5 |    TABLE ACCESS FULL         | EMPLOYEES    |   107 |  1177 |     3   (0|
-------------------------------------------------------------------------

Predicate Information (identified by operation id):
-------------------------------------------------------
   4 - access("E"."DEPARTMENT_ID"="D"."DEPARTMENT_ID")
       filter("E"."DEPARTMENT_ID"="D"."DEPARTMENT_ID")
24 rows selected.
```

从例 25-20 的显示结果可以看出：其实这一方法所显示的 SQL 执行计划与例 25-15 和例 25-16 的完全相同，只不过它是所执行过的 SQL 语句的执行计划，而前者的 SQL 语句并未真正执行。当宝儿看到这些信息时顿时明白了系统为什么这么慢了，因为在两个表 Join 时，那个最大的子表（child table）employees 居然使用的是全部扫描。

为了进一步提高技术含量，宝儿利用以上 SQL 语句的执行计划画出了该语句的编译树（与图 25-5 完全相同，为了节省篇幅，这里就不再重复了）。随即，宝儿又采用同样的方法获取了其他一些重要 SQL 语句的执行计划和编译树以及统计信息。最后，宝儿利用所获取信息写了份技术含量极高而且非常专业的"测试报告"。**为了进一步增加技术含量和权威性，他还附上了快照基线、AWR 报告和 AWR 比较时段报告，而且在一些重点的地方还用彩笔做了标记。**本来宝儿想让市场和销售总监帮忙检查一下报告中的英语语法和拼写错误，因为他是国外名牌大学商学院的荣誉硕士（优秀毕业生），据说这家伙为了提高英语水平曾有好几个外国女朋友。不过这次他却非常谦虚，他对宝儿说："哥们最好找你的英语老师帮忙检查一下，因为只有英语是母语的人写出的英语才最地道，要不这帮不知天高地厚的毛孩子指不定又搞出什么新花样。"

当这帮"最好中的最好"的牛人们看了这份用几乎接近完美的英语写的技术含量极高的测试报告时，个个都像泄了气的皮球，而他们的洋老板拍着桌子对技术总监说："你不是说你们是'最好中的最好'开发团队吗？这回让那帮精得跟猴子似的家伙们抓到了把柄，别说那 30%的尾款收不回来，我看就连他们拖着没付的 10%款项也得泡汤了。"最后，他对着这个"最好中的最好"开发团队的所有人怒吼着："我不管你们用什么办法，必须至少要将先驱公司拖欠的那 10%要回来，否则我绝饶不了你们这帮只会吹牛皮的家伙。"

尽管先驱公司已经找到了开发商问题的铁证，先驱公司的相关工作人员对系统的许多功能还是比较满意的。高管们也十分清楚在目前的市场中以这样的价钱找到这样的开发商也就算不错了，所以他们也不想把事做绝了。经过认真讨论决定将拖欠的 10%款项如数付清，而且为了安抚开发商要再付 7%（即一共付 77%）。为了杀一杀这帮不知天高地厚的"天之骄子"们的威风，他们决定再拖一段时间，让这帮大牛们着着急。

25.6　位图连接索引

Oracle 10g、Oracle 11g 和 Oracle 12c 对位图索引进行了进一步的扩展，现在不但可以基于一个表创建位图索引，而且还可以基于两个或多个表创建位图连接（Bitmap Join）索引。位图连接索引通过在连接之前执行一些限制可以明显地减少访问的数据量。

一般位图连接索引适用于这样的情况：两个表之间已经建立了主键-外键的关系（**primary key–foreign key relationship**），而且两个表频繁地进行连接操作（**join** 关键字为主表的主键和子表的外键）并有附加的条件（其附加条件中的列又是主表中的列）。在这种情况下，就可以在子表上创建一个基于主表中的那一列的位图连接索引。例如，主表是 customers，而从表是 sales，用户经常基于 customers 表中的 cust_city 列查询 sales 表的信息，就可以在 sales 表上基于 customers 表中的 cust_city 列创建一个位图连接索引，如图 25-6 所示。

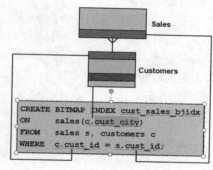

图 25-6

那么究竟这一位图连接索引有什么好处呢？接下来，通过一系列完整的例子来演示位图连接索引的创建与追踪方法以及它的优点。首先，为了操作方便，使用例 25-21 的 DDL 语句授予 scott 用户 select any table 系统权限（要在 DBA 用户下执行这一命令）。

例 25-21

```
SQL> grant select any table to scott;
授权成功。
```

接下来，使用例 25-22 的 SQL*Plus 连接命令切换到 scott 用户。随后，使用例 25-23 和例 25-24 的 DDL 语句创建两个比较大的表：sales 和 customers。为了节省篇幅，省略了验证操作，但是在实际工作中最好不要省略。

例 25-22

```
SQL> connect scott/tiger
已连接。
```

例 25-23

```
SQL> create table sales as select * from sh.sales;
表已创建。
```

例 25-24

```
SQL> create table customers as select * from sh.customers;
表已创建。
```

当确认 sales 表和 customers 表都创建成功之后，使用例 25-25 的 DDL 语句为主表 customers 添加上主键，并使用例 25-26 的 DDL 语句为子表 sales 添加上外键。

例 25-25

```
SQL> ALTER TABLE customers
  2 ADD CONSTRAINT customers_cust_id_pk
  3 PRIMARY KEY (cust_id);
表已更改。
```

例 25-26

```
SQL> ALTER TABLE sales
 2 ADD CONSTRAINT sales_cust_id_fk
```

```
  3  FOREIGN KEY(cust_id) REFERENCES customers(cust_id);
表已更改。
```

先驱公司的新信息系统的问题还远不止已经查出的那些，随着试运行的继续，生成报表的员工们发现当使用例 25-29 的命令查询数据库时系统慢到难以忍受的地步，而这个查询又是经常使用的一个查询。当接到了他们的反映之后，管理层就立即向开发商通知了这一伟大的新发现，不过这次开发商开始选择了沉默。现在开发商的技术总监可以说是心急火燎。因为如果被先驱公司扣掉 40%的项目款，他不但拿不到任何提成，而且几乎被炒鱿鱼已经是板上钉钉的事了，估计他的开发团队中的大多数人的命运将与他差不多。也许是天无绝人之路，碰巧他公司的一位同事的一个远房表亲居然与宝儿是铁哥们（也是宝儿最困难时的室友）。

先驱公司的高管们也十分清楚，这事开发商也解决不了。为此，宝儿也没别的好办法，只得硬着头皮亲自出马试一下了。大不了，把死马当作活马医。于是，他使用例 25-27 的 SQL*Plus 连接命令切换到 system 用户。接下来，使用例 25-28 的命令开启 SQL 语句的自动追踪功能。随即，执行了员工们使用的那个查询语句，如例 25-29。

例 25-27

```
SQL> connect system/wang
已连接。
```

例 25-28

```
SQL> set autotrace traceonly
```

例 25-29

```
SQL> SELECT SUM(s.amount_sold)
  2  FROM   scott.sales s, scott.customers c
  3  WHERE  s.cust_id = c.cust_id
  4  AND    c.cust_city = 'Blackduck';
```

执行计划

```
----------------------------------------------------------------
Plan hash value: 3348672949

--------------------------------------------------------------------------------
| Id  | Operation           | Name      | Rows  | Bytes | Cost (%CPU)| Time     |
--------------------------------------------------------------------------------
|   0 | SELECT STATEMENT    |           |     1 |    56 |  1649   (2)| 00:00:20 |
|   1 |  SORT AGGREGATE     |           |     1 |    56 |            |          |
|*  2 |   HASH JOIN         |           |  4260 |  232K |  1649   (2)| 00:00:20 |
|*  3 |    TABLE ACCESS FULL| CUSTOMERS |    24 |   720 |   405   (1)| 00:00:05 |
|   4 |    TABLE ACCESS FULL| SALES     |  950K |   23M |  1238   (2)| 00:00:15 |
--------------------------------------------------------------------------------
Predicate Information (identified by operation id):
---------------------------------------------------

   2 - access("S"."CUST_ID"="C"."CUST_ID")
   3 - filter("C"."CUST_CITY"='Blackduck')

Note
-----
   - dynamic sampling used for this statement (level=2)
```

统计信息

```
----------------------------------------------------------
          7  recursive calls
          0  db block gets
```

```
  6026  consistent gets
  4433  physical reads
     0  redo size
   443  bytes sent via SQL*Net to client
   419  bytes received via SQL*Net from client
     2  SQL*Net roundtrips to/from client
     0  sorts (memory)
     0  sorts (disk)
     1  rows processed
```

当看到了以上 SQL 语句的追踪结果和统计信息之后，他终于明白了这个 SQL 语句执行的速度像蜗牛一样慢的原因。原来两个这么大的表在连接操作中使用的都是全部扫描。此时，宝儿突然想起来刚刚学会的位图连接索引。于是，他也想试一试自己新学到的本事，看看灵不灵。

接下来，他使用例 25-30 的 SQL*Plus 连接命令切换到 scott 用户。随即，使用例 25-31 的 DDL 语句在 sales 表上创建一个基于 customers 表的 cust_city 列的位图索引。为了节省篇幅，这里省略了验证操作，但是在实际工作中最好不要省略。

例 25-30

```
SQL> connect scott/tiger
已连接。
```

例 25-31

```
SQL> CREATE BITMAP INDEX cust_sales_bjidx
  2  ON     sales(c.cust_city)
  3  FROM   sales s, customers c
  4  WHERE  c.cust_id = s.cust_id;
索引已创建。
```

随即，他使用例 25-32 的 SQL*Plus 连接命令重新切换回 system 用户。接下来，他使用例 25-33 的命令再次开启 SQL 语句的自动追踪功能。随即，重新执行了员工们经常使用的那个查询语句，如例 25-34 所示。

例 25-32

```
SQL> connect system/wang
已连接。
```

例 25-33

```
SQL> set autotrace traceonly
```

例 25-34

```
SQL> SELECT SUM(s.amount_sold)
  2  FROM   scott.sales s, scott.customers c
  3  WHERE  s.cust_id = c.cust_id
  4  AND    c.cust_city = 'Blackduck';
```

执行计划

```
------------------------------------------------------------
Plan hash value: 629439545
```

```
------------------------------------------------------------------------------------
| Id | Operation                     | Name            Rows |Bytes| Cost (%CPU)| Time    |
------------------------------------------------------------------------------------
|  0 | SELECT STATEMENT              |                 |  1 | 26 |276(0) |00:00:04|
|  1 | SORT AGGREGATE                |                 |  1 | 26 |       |        |
|  2 | TABLE ACCESS BY INDEX ROWID   | SALES           |1564 |40664|276(0) |00:00:04|
|  3 | BITMAP CONVERSION TO ROWIDS   |                 |    |     |       |        |
|* 4 | BITMAP INDEX SINGLE VALUE     |CUST_SALES_BJIDX |    |     |       |        |
------------------------------------------------------------------------------------
```

```
Predicate Information (identified by operation id):
```

```
-------------------------------------------------------
  4 - access("S"."SYS_NC00008$"='Blackduck')
Note
-----
  - dynamic sampling used for this statement (level=2)
```

统计信息

```
      9  recursive calls
      0  db block gets
    910  consistent gets
      7  physical reads
      0  redo size
    443  bytes sent via SQL*Net to client
    419  bytes received via SQL*Net from client
      2  SQL*Net roundtrips to/from client
      1  sorts (memory)
      0  sorts (disk)
      1  rows processed
```

随后，宝儿开始仔细地阅读以上 SQL 语句的执行计划和统计信息，并且将其与例 25-29 的结果进行比较。他惊奇地发现：这次查询语句不但没有了任何全表扫描操作，而且也没有查询 customers 表，取而代之的是使用了刚刚创建的位图连接索引 cust_sales_bjidx；与此同时，从统计信息来看系统效率的改进也非常明显，如 CPU 成本（cost）、访问的数据行数、一致性获取（consistent gets）和物理读（physical reads）都下降得非常明显。

有了基于 **customers** 表中的 **cust_city** 列上的位图连接索引 **cust_sales_bjidx**，现在像例 25-29 那样耗时的查询再也不需要与 **customers** 表进行连接操作了，取而代之的是仅仅使用了位图连接索引和 **sales** 表（**sales** 表也不再使用全表扫描了，而是使用位图连接索引 **cust_sales_bjid** 的查询）。当 **customers** 和 **sales** 表为大表或超大型表时，这一语句的查询效率改进得特别大。

位图连接索引主要是为了支持数据仓库系统（决策支持系统）而设计的，它适合于相对静止的表而不适合于 DML 操作频繁的表。 位图连接索引的主要优缺点如下：

➷ 优点：
   ❖ 对连接查询性能非常好，而且节省空间。
   ❖ 对星型模型（数据仓库中常用的模型）中大的维表非常有用。
➷ 缺点：
   ❖ 需要更多的索引，可达到维表的每个列一个索引，而不是每个维表一个索引。
   ❖ 维护成本较高，建立或刷新位图连接索引时，需要进行连接操作。

由于位图连接索引需要排序连接结果，因此 Oracle 服务器对这一索引有如下的限制：

➷ 如果在表上创建了位图连接索引，在同一时刻不同的事务（transactions）只能修改一个表。
➷ 每个表只能在连接中使用一次。
➷ 不能在索引表（index-organized table）上或临时表（temporary table）上创建位图连接索引。
➷ 位图连接索引中的列必须全部是维表（主表）中的列。
➷ 维表（主表）中的连接（join）列必须或者是主键列或者是唯一键的列（即列上定义了 primary key 或 unique constraint）。
➷ 如果维表（主表）具有复合主键（composite primary key），主键中的每一列都必须存在于连接中。
➷ 不能联机创建或重建（built or rebuilt online）位图连接索引。

最后，在宝儿的这位挚友的安排下，他们与宝儿在他们公司附近的一个茶楼一起会了面。期间，那位技术总监说了许多恭维的话，而且对宝儿的"高超的技术水平"也是赞不绝口，并说他们终于发现了宝儿才是真正的"The best in the best"。宝儿却谦虚地说："千万别这么说，看在患难的铁哥们面上我会尽全力帮忙。先尽力要回那拖欠的 10%，能要回多少也不好说。如果能要回，剩下的再尽力为你们争取，能争取多少是多少。"宝儿告诉他们："最好私底下做一做先驱公司中相关工作人员的工作，让这些人多反映一些你们系统的优点，这样我为你们说话也就比较自然了。"宝儿还表示要给他些时间，太急了可能反倒办不成事。临别时，技术总监对宝儿说，如果事情办成了，他们一定会重谢。宝儿却坚决地回绝了，因为这事让先驱公司的人知道可就了不得了。最后，宝儿说你们要是实在想感谢就感谢我的这位哥们吧！因为这事我也全是看在患难兄弟情谊的份上才来帮忙的。

不知等了多少难熬的日日夜夜之后，那位技术总监终于收到了他盼望已久的先驱公司的特快专递。他快速地浏览了先驱公司的公函，上面的几行字终于使他那根一直紧绷的神经放松下来，上面说："虽然该系统在效率方面确实存在一些严重的问题，但是据许多相关工作人员反映，这一系统其他方面的许多特性还是比较好的。并考虑到我们之间较好的合作关系，公司决定立即付清拖欠的 10%款项，并再付 7%（即总共付了项目款的 77%）"。并附上了支票。这封信和支票交给了他们的洋老板之后，这位洋老板很快通知该项目的所有工作人员今晚在他们经常聚会的一个大酒楼开会，而且要求每个人必须参加，若缺席后果自负。

25.7　手工设置排序区的实例

尽管宝儿通过在大表和超大型表上创建索引提高了公司新信息系统的效率，但是这些创建索引操作本身却要消耗大量的系统资源，每次创建一个大型索引时系统的效率都会明显下降。而在大规模装入数据时，为了系统的效率，操作人员又都将这些大表和超大型表上的索引先删除掉，等数据载入完成后再重新创建这些索引。实际上，在大表和超大型表上创建索引已经变成了一种经常性的操作。如何解决这个两难的问题呢？

宝儿想起了手工设置内存排序区，具体步骤为：先将创建索引用户的排序方式改为手动，随后为这一用户分配一个非常大的内存排序区以使排序操作可以在内存中完成，接下来用户将利用这一内存排序区创建索引（完成大规模排序操作），最后退出系统以释放资源。

以上操作当然可以在 DBA 用户下完成，但是为了系统的安全最好使用普通用户，这里继续使用 scott 用户。但是默认情况下，普通用户是不能查看数据字典和使用 show parameter 命令的。当然可以使用本书第 14 章 14.8 节介绍的方法将 Oracle 数据库的参数 O7_DICTIONARY_ACCESSIBILITY 设置成 TRUE，但这无疑会留下安全隐患。有没有一种更好的方法呢？当然有，只有想不到的，没有 Oracle 做不到的。那就是授予创建索引的用户（如 scott）SELECT_CATALOG_ROLE 角色，当一个用户授予了这一角色之后就可以访问数据字典，而且也可以使用 SQL*Plus 的 show parameter 命令了。

为此，首先以 scott 用户登录数据库系统。随即，使用例 25-35 的 SQL 查询语句列出该用户当前所拥有的所有角色。

例 25-35

```
SQL> select * from session_roles;
ROLE
--------
CONNECT
RESOURCE
```

接下来，**使用例 25-36 的 SQL*Plus 命令列出当前会话的排序方式（自动还是手工）。最后，使用**

例 25-37 的 SQL*Plus 命令列出数据字典 v$database 的定义。两个命令的显示结果表明 scott 用户没有权限列出数据库的初始化参数，也没有权限访问数据字典。

例 25-36

```
SQL> show parameter WORKAREA_SIZE_POLICY
ORA-00942: 表或视图不存在
```

例 25-37

```
SQL> desc v$database
ERROR:
ORA-04043: 对象 "SYS"."V_$DATABASE" 不存在
```

随后，再开启一个 SQL*Plus 窗口并以 system 用户登录数据库系统。接下来。使用例 25-38 的 DCL 语句将 SELECT_CATALOG_ROLE 角色赋予 scott 用户。

例 25-38

```
SQL> grant SELECT_CATALOG_ROLE to scott;
授权成功。
```

重新以 scott 用户登录数据库。随即，使用例 25-39 的 SQL 查询语句再次列出该用户当前拥有的所有角色。

例 25-39

```
SQL> select * from session_roles;
ROLE
--------------------
CONNECT
RESOURCE
SELECT_CATALOG_ROLE
HS_ADMIN_SELECT_ROLE
```

例 25-39 的显示结果表明：现在 scott 用户所拥有的角色又多了两个，一个是 system 用户刚刚授予的 SELECT_CATALOG_ROLE 角色，而另一个是系统隐含授予的。现在 scott 用户就可以列出数据库的初始化参数了，也可以访问数据字典了。接下来，使用例 25-40 的 show parameter 命令列出 WORKAREA_ SIZE_POLICY 参数的当前值。

例 25-40

```
SQL> show parameter WORKAREA_SIZE_POLICY
NAME                                 TYPE               VALUE
------------------------------------ ------------------ -------
workarea_size_policy                 string             AUTO
```

当确认 WORKAREA_SIZE_POLICY 的值为 AUTO 之后，宝儿使用例 25-41 的 DDL 语句将当前会话的 WORKAREA_SIZE_POLICY 的值设为 MANUAL。随即，使用例 25-42 的 show parameter 命令再次列出 WORKAREA_SIZE_POLICY 参数的当前值以确认修改是否成功。

例 25-41

```
SQL> ALTER SESSION SET WORKAREA_SIZE_POLICY = MANUAL;
会话已更改。
```

例 25-42

```
SQL> show parameter WORKAREA_SIZE_POLICY
NAME                                 TYPE               VALUE
------------------------------------ ------------------ --------
workarea_size_policy                 string             MANUAL
```

当确认所做的修改已经成功之后，使用例 25-43 的 show parameter 命令以列出 PGA 中内存排序区的大小——SORT_AREA_SIZE 参数的当前值。

例 25-43

```
SQL> show parameter SORT_AREA
NAME                               TYPE        VALUE
---------------------------------- ----------- -------
sort_area_retained_size            integer     0
sort_area_size                     integer     65536
```

例 25-43 的显示结果表明：当前的内存排序区非常小，只有 65KB。要注意的是，参数 sort_area_retained_size 为排序所用的合并区，即内存不够时要使用临时表空间进行排序，而最后的结果需要在这一区域合并。

为了保证在创建大规模索引时所有的排序都能在内存中完成，宝儿决定将 **scott** 用户的 **sort_area_size** 和 **sort_area_retained_size** 都增大到 **250MB**。因为在修改这两个参数时 **Oracle** 要求使用字节，所以他使用例 **25-44** 的查询语句求出 **250MB** 的字节数。

例 25-44

```
SQL> select 250 * 1024 * 1024 from dual;
250*1024*1024
-------------
   262144000
```

最后，他使用了例 **25-45** 和 **25-46** 的 ALTER SESSION SET 语句分别将 sort_area_size 和 sort_area_retained_size 参数的值都增大到 **250MB**，并使用例 **25-47** 的 **show parameter** 命令再次列出这两个参数的值。

例 25-45

```
SQL> ALTER SESSION SET SORT_AREA_SIZE = 262144000;
会话已更改。
```

例 25-46

```
SQL> ALTER SESSION SET SORT_AREA_RETAINED_SIZE = 262144000;
会话已更改。
```

例 25-47

```
SQL> show parameter SORT_AREA
NAME                               TYPE        VALUE
---------------------------------- ----------- ----------
sort_area_retained_size            integer     262144000
sort_area_size                     integer     262144000
```

当确认会话的排序区和排序合并区都已经加大到 **250MB** 之后，操作人员就可以在这个会话中进行大规模排序操作了。

经过认真地测试之后，宝儿将以上所示的三个 ALTER SESSION SET 语句和 SQL*Plus 的执行语句 "/" 封装在一个 SQL 脚本文件中（如 sort.sql）：

```
ALTER SESSION SET WORKAREA_SIZE_POLICY = MANUAL;
ALTER SESSION SET SORT_AREA_SIZE = 262144000;
ALTER SESSION SET SORT_AREA_RETAINED_SIZE = 262144000;
/
```

今后，当有工作人员需要大规模排序操作时只要先运行一下这个脚本文件，再进行排序操作就行了。当然操作完成之后应该使用 **SQL*Plus** 的 **exit** 命令退出会话以释放所有的内存资源。

当晚所有人员到齐之后，洋老板居然让服务员为每个人都斟满了一杯酒，并与大家一起干杯。此时，许多人心里七上八下的，心想这会不会是散伙酒呀？随后，老板发给每人一个信封，当他们打开信封时，每个人脸上的愁云都顿时消散了，因为老板如数付给了他们奖金并有所增加，并在信中使用了"书写历史，创造传奇"来称赞他们的工作。当然，之后的气氛就轻松下来了。在整个席间，所有人都使用着流利得打嘟噜的英语大声地交谈着，成为整个酒楼的关注中心。老板可能是喝多了点，期间兴奋地告诉大家，他领导了不知多少个开发队伍，就没有一个能要回那 30% 的尾款的。现在大家终于明白了为什么老板称赞他们"书写历史，创造传奇"了。

说来也巧，在附近正好坐了几桌英语培训学校的师生，这是校方为师生们安排的一个毕业庆祝会。为了让学生学习到地道的英语和美语，培训学校还特别聘请了几位美国和英国的外教。校长也想利用这个机会显示一下他的毕业生的英语水平，可令他失望的是经过近一年的艰苦学习和训练，这些毕业生中居然没有一个能听懂他们的英语。在无奈之下校长只得问学校的外教了。这几个外教仔细听了一会儿，最后断定他们说的肯定不是英语，因为无论在英式英语还是美式英语中都没有那些滑稽的声音（funny noise），而且他们还断定肯定也不是德语、意大利语和西班牙语，因为他们当中有人可以流利地说这些语言。这些外教们接着说，确实他们的话中夹了一些英语单词，可以确定的就是"the best in the best"，不过这些外教说："他们的英语绝对不能算最好的，能算及格就不错了，因为英语中根本就没有那些 funny noise。"最后，这些外教们表示他们的所有学生的英语都绝对比这些人好很多，因为没有一个学生说英语时带有那么奇怪的发音。

您觉得书中所讲述的故事是真的吗？答案需要读者在自己的工作和生活实践中去寻找，也许不同的人会找到不同的答案。

25.8　您应该掌握的内容

在学习完本章之后，请检查一下您是否已经掌握了以下的内容：
- 为什么要标识出那些 10%～20% 最消耗系统资源的 SQL 语句。
- 怎样使用 AWR 报告发现最消耗系统资源的 SQL 语句。
- 理解 SQL 语句的执行计划（Execution Plan）。
- 怎样将 autotrace 参数设置为 ON 以开启 SQL*Plus 的自动追踪功能。
- 怎样阅读和分析 SQL 语句的执行计划和统计信息。
- 熟悉 set autotrace traceonly 命令的用法。
- 熟悉 set autotrace traceonly explain 命令的用法。
- 熟悉 set autotrace traceonly statistics 命令的用法。
- 理解执行计划在 Oracle 数据库系统的性能优化中的应用。
- 熟悉 EXPLAIN PLAN 命令的语法。
- 理解 STATEMENT_ID 选项的应用。
- 熟悉软件包 DBMS_XPLAN 的应用。
- 熟悉 utlxpls.sql 脚本文件的应用。
- 怎样利用一个 SQL 语句的执行计划导出它的编译树（执行树）。
- 怎样利用 V$SQL 获取刚刚执行过的 SQL 语句的 SQL_ID。
- 怎样利用 DBMS_XPLAN 软件包显示刚刚执行过的 SQL 语句的执行计划。
- 什么是位图连接索引。
- 怎样创建和使用位图连接索引。
- 怎样使一个普通用户具有访问数据字典的权限。
- 怎样将排序方式由自动方式改为手动方式。
- 怎样手工设置 PGA 的内存排序区。

结 束 语

本书内容是 Oracle 数据库管理员必须掌握的，也是 Oracle 数据库开发人员或其他 Oracle 从业人员应该掌握的。因为这部分内容是 Oracle 数据库管理系统核心的内容，也是其他 Oracle 课程的基础。如果没有掌握这一部分内容是很难成为一名优秀的 Oracle 数据库管理员或 Oracle 数据库开发人员的。

重复学习或重复培训是一件非常浪费资源的事，有人很多年前就开始参加 Oracle 的培训，一直到现在还在参加同一级别的 Oracle 培训，而且长进不大。为了不使读者重蹈覆辙，**本书系统全面地讲解了在这一级别 Oracle 从业人员工作中常用和可能用到的几乎所有的知识和技能。**因此读者在完全掌握了本书的内容之后就不用再重复学习类似的课程了，可以上到一个新的层次，学习更高级的课程。

本书差不多每一章中都有很多例题，这些例题对读者理解书中的解释很有帮助。科学已经证明：文字作为一种交流的工具，它的承载能力要比声音和图像小。书作为一种古老的单向交流工具，它的承载能力是很有限的，因此产生二义性几乎是不可避免的。**基于以上理由，当您看书时，有些内容看一遍不懂是很正常的。**这时通过上机做例题可能会帮助理解。只要能理解书中所介绍的内容就达到了目的。至于是通过上机做练习还是通过阅读书中的解释学会的并不重要。

通常要熟练地掌握一门能保住饭碗的手艺（技能）需要较长时间反复地练习才行。通过参加短期的 Oracle 数据库管理员的培训课程就成为这方面的行家是根本不可能的。这种课程只能把您引入 Oracle 这个行业（希望如此）。之后，**还需要自己做大量的练习才能熟练地掌握 Oracle 数据库的维护和管理技能。因此最好将本书中的例题在计算机上至少做一遍。**在实际工作中当 Oracle 数据库出了问题时，一般是没有很多时间查书的，作为 Oracle 的专业人员必须在很短的时间内就得开始工作。正因为这样，在平时就要把常用的 Oracle 命令操作练熟。

为了保证所介绍的内容和例题尽量没有错误，本书绝大多数内容都与 Oracle 公司的原文教材或文档进行了对比，书中的例题都在计算机上测试过。尽管作了这些努力，但还是无法保证书中没有错误。如果读者发现任何错误或不当的地方，欢迎发电子邮件给我。

可能许多读者在学习完本书之后想找一份与 Oracle 相关的工作。其实，学生能否在毕业后找到工作，一直是困扰着许多培训机构和大学的难题。一个人能否找到工作除了与此人的知识和技术水平有关之外，还有不少其他的因素，而这些因素在教科书中是几乎见不到的。这也是为什么在本书中引入虚拟人物"宝儿"和虚拟项目"先驱工程"的原因之一。

现实有时就与本书的主人公宝儿的经历差不多，当您是这一行业的门外汉时，无法理解和想象行内的规矩，更无法从招聘广告和公司的介绍，甚至媒体的报道中得到对一个求职者真正有用的信息。在我二十多年的 IT 工作历程中，工作的单位有纯科研机构、大学、培训机构、中小型私人公司和大型的跨国公司，几乎所有的单位我都是在要离开时或离开之后才真正地理解它们。

记得我在新西兰梅西大学做论文（论文的题目是《新西兰和中国软件程序员所需的技能》）时，当分析完了大量的中国和新西兰的招聘广告之后，就开始向公司发问卷。问卷的结果与招工广告分析所得到的结果大相径庭，一些相同公司的广告和问卷的结果也是天差地别。当我怀着一颗不安的心请教我的导师时，他的一番话才使得困扰我多年的难题终于得到了答案。他说："不一致就对了，你这才找到了真实的信息，如果一致的话我倒觉得你可能作弊了。你想想看招聘广告是给谁看的？广告是给公众看的。问卷的答案又是给谁看的？它们是给研究人员看的。管理者从来都是见什么人说什么话的。"但我们也应该理解他们，他们也是人在江湖，身不由己。

当读者是一个 Oracle 行业的局外人时，就像我在《从实践中学习 Oracle/SQL》书中介绍视图时所说的那样，您所看到的公司、经理和 **Oracle** 职位等都是"视图"，是公司想让外界看到的，是经过了无数次包装后的一个类似人间仙境的形象。如果您真的按他们所说的去要求自己和进行所谓的事业追求，那您就是在追梦。每个人都有过追梦的经历，但是为了现实的生活，还是不要一辈子都在追那个由一些不负责任的所谓的成功人士们给我们编造出来的海市蜃楼。因此建议读者在找第一份 Oracle 的工作时，不要要求太高。应该以最快的速度进入这个行业，许多行规局外人是无法知道的。第一份工作几乎没什么讨价还价的资本，第一份工作不是为挣钱而是为了学本事，只当作参加一次带薪的在职培训，这样心里就能平衡了。一旦羽翼丰满了就天高任您飞了。

就像 Oracle 公司称呼的那样，等学会了这本书所介绍的内容之后您就达到了 OCA（初级数据库管理员），即 Oracle 从业人员的入门水平。根据个人经验和从一些同行那里得到的信息，一个人要想真正成为在工作中能独当一面的 Oracle 专家，一般需要至少 3～5 年的工夫。但是数据库管理员的职业寿命很长，我知道有人已经五十多岁了还在跨国公司当数据库管理员而且干得还不错。**数据库管理员这一职业也有点像医生，干的年头越久经验越丰富。**这本书是帮助读者解决温饱问题的，即帮您进入 Oracle 这个行业，而无法使您读完了本书就能漫步在梦想舞台的星光大道上。那还要靠您自己的努力加上运气。学习 Oracle 有点像煲汤，要用文火慢慢地煲，时间越长效果越好，千万不要性急，正所谓"欲速则不达"。

培训老师这个职业，唱个高调就是一个高尚的职业，说句不好听的话则是一个很残酷的职业。媒体上常把老师比作蜡烛，用燃烧自己照亮别人来形容这一职业的高尚，其实说白了就是教会徒弟饿死师父。我在写这本书时也有好心人劝我："你把所有的内容都写明白了，你将来靠什么吃饭啊？"虽然可能是金玉良言却没打动我。我个人觉得既然选择了培训老师这一职业，就必须遵守这一职业的道德，即教会学生是一个老师的天职。因此在写书时我为自己定下了 5 个标准：

（1）要覆盖 Oracle 这一级别的几乎全部内容。
（2）内容要容易理解而且要很容易转换成实际的操作。
（3）语言要尽可能地生动和幽默。
（4）要经得起时间的考验。
（5）要能够使读者便于自学。

可能有读者会问："你有那么好吗？人家葛优先生都说了现在好人跟大熊猫似的都快绝种了。"您要这么问等于是逼我把隐藏在自己心里的秘密讲出来。

其实还有另外两个重要的原因。第一，就像前面说的那样，作为初学者，读者要想达到甚至超过我现在的水平，还需要至少三五年的时间。那时我离退休也没多远了。说不定碰上哪位有菩萨心肠的读者或学生帮我安排个闲差就混到退休了。第二，这本书如果能帮助一些人解决了温饱问题，这等于做了一件大善事。等我百年之后，就凭这一件善事相信上帝也不忍心派我到地狱工作的。这样的解释相信读者应该满意了吧？不过恳求读者千万别把我告诉您的秘密讲出去，大家都知道后我的形象可能永远也不会光彩照人了。

希望读者能喜欢本书，也更希望本书所介绍的内容能使读者真正领悟 Oracle 数据库管理系统并能对读者今后的 IT 生涯有所帮助。时间会做出正确的回答。如果读者对本书有任何意见或要求，欢迎来信提出。我的电子邮箱为 sql_minghe@aliyun.com。

最后，恭祝读者胜利地完成了 Oracle 数据库管理的学习之旅。"前途是光明的，道路是曲折的"。

鸣　　谢

　　首先，感谢新西兰 GZ Comtech (NZ) LTD 和 Unitec Institute of Technology——新西兰奥克兰技术学院的同事和学生们。他们对本书初稿的讲义和例题提出了许多宝贵的意见。

　　其次，感谢中国计算机软件与技术服务总公司培训中心、中国科学院软件研究所高级技术培训中心、昆仑瑞通高级技术培训中心和中国 UNIX 协会的同事和学生们，特别是那些阅读了本书部分初稿并给出了反馈意见的学生们。

　　感谢所有支持和关心过本书写作的朋友、同事、学生和父老乡亲们。

　　最后，必须感谢我的家人，感谢她们的支持和理解。特别是我的两个女儿（尤其是我的小女儿），我用去了许多应该属于她们的时间完成了这本书的写作。

参 考 文 献

1. Austin D & Dyke R van etc. Oracle 9i New Features for Administrators: Student Guide Volume 1 & 2. USA: Oracle Corporation, 2001
2. Chaitanya K. Oracle Database 11g SQL Fundamentals II. USA: Oracle Corporation, 2007
3. Christian B & Maria B etc. Oracle Database 11g New Features for Administrators. USA: Oracle Corporation, 2009
4. Colin M & Ruth B etc. Oracle Database 2 Day DBA, 10g Release 1 (10.1). USA: Oracle Corporation, 2003
5. Deirdre M & Mark F Oracle Database 11g Administration Workshop I: Student Guide Volume 1 & 2. USA: Oracle Corporation, 2009
6. Diana L etc. Oracle® Database SQL Language Reference 11g Release 1 (11.1). USA: Oracle Corporation, 2010
7. Dominique J & Jean-Francois V. Oracle Database 12c: Managing Multitenant Architecture: Student Guide: Oracle Corporation, 2013
8. Dominique J & Jean-Francois V. Oracle Database 12c: New Feature for Administrators: Student Guide Volume I & II. USA: Oracle Corporation, 2013
9. Donna K & James S. Oracle Database 12c: Administration Workshop: Student Guide Volume I & II. USA: Oracle Corporation, 2014.
10. Donna K & James S. Oracle Database 12c: Performance Management and Tuning: Student Guide Volume I & II. USA: Oracle Corporation, 2015.
11. Donna K & Maria B. Oracle Database 10g Backup and Recovery: Student Guide . USA: Oracle Corporation, 2006
12. Donna K, Dominique J & James S. Oracle Database 12c: Admin, Install and Upgrade Accelerated: Student Guide Volume I & II. USA: Oracle Corporation, 2013.
13. Dyke R van & Haan L de etc. Oracle Database 10g: New Features for Administrators: Student Guide Volume 1 & 2. USA: Oracle Corporation, 2004
14. Ernest B & Rasmussen H R. Enterprise DBA Part 1A: Architecture and Administration: Student Guide Volume 1 & 2. USA: Oracle Corporation, 1999
15. Immanuel C etc. Oracle® Database Performance Tuning Guide 11g Release 1 (11.1). USA: Oracle Corporation, 2008
16. James W. Oracle Database 11g: RAC Administration. Oracle Corporation, 2007
17. James S. Oracle Database 11g Performance Tuning: Student Guide Volume I, II, & III. USA: Oracle Corporation, 2008
18. Jan S, Patrice D & Jeff G. Data Modeling and Relational Database Design. USA: Oracle Corporation, 2001
19. Jean-Francois V. Oracle Database 11g SQL Tuning Workshop: Student Guide. USA: Oracle Corporation, 2008
20. Jim W & Dominique J. Oracle Database 12c: RAC Administration: Student Guide. USA: Oracle Corporation, 2014.

21. Jim W. Oracle Database 12c: Clusterware Administration: Student Guide. USA: Oracle Corporation, 2014.

22. Lance A etc. Oracle® Database Backup and Recovery Reference 11*g* Release 2 (11.2). USA: Oracle Corporation, 2011

23. Lauran K & Mark F etc. Oracle Database 11g: Administer a Data Warehouse. USA: Oracle Corporation, 2008

24. Maria B & Donna K. Oracle Database 12c: Backup and Recovery Workshop: Student Guide Volume I & II. USA: Oracle Corporation, 2015.

25. Maria B. Oracle Database 11g Administration Workshop II: Student Guide Volume I, II & II. USA: Oracle Corporation, 2010

26. Marie G. Oracle 9i Database Administration Fundamentals I: Student Guide Volume 1 & 2. USA: Oracle Corporation, 2002

27. Michael Z. Oracle® Universal Installer and OPatch User's Guide 11*g* Release 1 (11.1) for Windows and UNIX. USA: Oracle Corporation, 2010

28. Michele C & Connie G. Oracle 9i Database Performance Guide and Reference Release 1 (9.0.1). USA: Oracle Corporation, 2001

29. Michele C & Paul L. Oracle Database Concepts, 10g Release 1 (10.1). USA: Oracle Corporation, 2003

30. Padmaja Mitravinda K. Oracle 10g: Data Warehousing Fundamentals. Oracle Corporation, 2006

31. Peter F & Jim W. Oracle Database 12c: RAC and Grid Deployment Workshop: Student Guide. USA: Oracle Corporation, 2014.

32. Peter K, Shankar R & Jim W. Oracle 9i Database Performance Tuning: Student Guide Volume 1 & 2. USA: Oracle Corporation, 2002

33. Prakash J & Namartha B etc. Oracle® Database Installation Guide 11*g* Release 1 (11.1) for Linux. USA: Oracle Corporation, 2011

34. Puja S. Oracle Database 11g: SQL Fundamentals I. USA: Oracle Corporation, 2007

35. Rob P & Coronel C. Database Systems Design, Implementation, and Management. Belmont, California: Wadsworth Publishing Company, 1993

36. Steve F etc. Oracle® Database Administrator's Guide 11*g* Release 1 (11.1). USA: Oracle Corporation, 2010

37. Tom B & Billings M. Oracle Database 10g: Administration Workshop I (Edition 3.0). Oracle Corporation, 2005

38. Tom B & Billings M. Oracle Database 10g: Administration Workshop II (Edition 3.0). Oracle Corporation, 2006

39. Tom B & James S. Oracle Database 10g: Managing Oracle on Linux for System Administrators. USA: Oracle Corporation, 2007

40. Tom B etc. Oracle Database 10g: Managing Oracle on Linux for DBAs. USA: Oracle Corporation, 2007

41. Tom B, James S & Maria B. etc. Oracle Database 11g: Administration Workshop II. USA: Oracle Corporation, 2007

42. Tony M & Diana L. Oracle 9i Database Reference Release 1 (9.0.1). USA: Oracle Corporation, 2001

43. Tony M. Oracle Database Upgrade Guide, 10g Release 1 (10.1). USA: Oracle Corporation, 2003